2009—2023

GLISTIME 明德·弘毅·惟精

金榜时代考研数学系列 | V研客及全国各大考研培训学校指定用书

数学历年真题

全精解析·提高篇（数学二）习题册

编著◎李永乐 王式安 武忠祥 宋浩 姜晓千 硕哥（薛威）刘喜波
章纪民 陈默 申亚男 毕生明 朱杰 王一鸣 吴紫云

中国农业出版社
CHINA AGRICULTURE PRESS
·北京·

图书在版编目(CIP)数据

数学历年真题全精解析:提高篇.数学二/李永乐等编著.—北京:中国农业出版社,2023.1
(金榜时代考研数学系列)
ISBN 978-7-109-30413-0

Ⅰ.①数… Ⅱ.①李… Ⅲ.①高等数学—研究生—入学考试—题解 Ⅳ.①O13-44

中国国家版本馆CIP数据核字(2023)第018041号

数学历年真题全精解析:提高篇.数学二
SHUXUE LINIAN ZHENTI QUANJING JIEXI:TIGAOPIAN. SHUXUE ER

中国农业出版社出版
地址:北京市朝阳区麦子店街18号楼
邮编:100125
责任编辑:吕 睿
责任校对:吴丽婷
印刷:河北正德印务有限公司
版次:2023年1月第1版
印次:2023年1月河北第1次印刷
发行:新华书店北京发行所
开本:787mm×1092mm 1/16
印张:27.5
字数:652千字
定价:99.80元

金榜時代™ 考研数学系列图书

GLIST 明德 弘毅 品质

内容简介及使用说明

考研数学满分150分，数学在考研成绩中的比重很大；同时又因数学学科本身的特点，考生的数学成绩历年来千差万别，数学成绩好在考研中很占优势，因此有“得数学者考研成”之说。既然数学对考研成绩如此重要，那么就有必要探讨一下影响数学成绩的主要因素。

本系列图书作者根据多年的命题经验和阅卷经验，发现考研数学命题的灵活性非常大，不仅表现在一个知识点与多个知识点的考查难度不同，更表现在对多个知识点的综合考查上，这些题目在表达上多一个字或多一句话，难度都会变得截然不同。正是这些综合型题目拉开了考试成绩的差距，而构成这些难点的主要因素，实际上是最基础的基本概念、定理和公式的综合。同时，从阅卷反映的情况来看，考生答错题目的主要原因也是对基本概念、定理和公式记忆和掌握得不够熟练。总结为一句话，那就是：要想数学拿高分，就必须熟练掌握、灵活运用基本概念、定理和公式。

基于此，李永乐考研数学辅导团队结合多年来考研辅导和研究的经验，精心编写了本系列图书，目的在于帮助考生有计划、有步骤地完成数学复习，从基本概念、定理和公式的记忆，到对其的熟练运用，循序渐进。以下介绍本系列图书的主要特点和使用说明，供考生复习时参考。

书名	本书特点	本书使用说明
《数学复习全书·基础篇》	**内容基础·提炼精准·易学易懂**（推荐使用时间：2022年7月—2022年12月）	
	本书根据大纲的考试范围将考研所需复习内容提炼出来，形成考研数学的基础内容和复习逻辑，实现大学数学同考研数学之间的顺利过渡，开启考研复习第一篇章。	考生复习过本校大学数学教材后，即可使用本书。如果大学没学过数学或者本校课本是自编教材，与考研大纲差别较大，也可使用本书替代大学数学教材。
《数学基础过关660题》	**题目经典·体系完备·逻辑清晰**（推荐使用时间：2022年7月—2023年4月）	
	本书是主编团队出版20多年的经典之作，一直被模仿，从未被超越。年销量达百万余册，是当之无愧的考研数学头号畅销书，拥有无数甘当“自来水”的粉丝读者，口碑爆棚，考研数学不可不入！“660”也早已成为考研数学的年度关键词。 本书重基础，重概念，重理论，一旦你拥有了《数学复习全书·基础篇》《数学基础过关660题》教你的思维方式、知识逻辑、做题方法，你就能基础稳固、思维灵活，对知识、定理、公式的理解提升到新的高度，避免陷入复习中后期“基础不牢，地动山摇”的窘境。	与《数学复习全书·基础篇》搭配使用，在完成对基础知识的学习后，有针对性地做一些练习。帮助考生熟练掌握定理、公式和解题技巧，加强知识点的前后联系，将之体系化、系统化，分清重难点，让复习周期尽量缩短。 虽说书中都是选择题和填空题，同学们不要轻视，也不要一开始就盲目做题。看到一道题，要能分辨出是考哪个知识点，考什么，然后在做题过程中看看自己是否掌握了这个知识点，应用的定理、公式的条件是否熟悉，这样才算真正做好了一道题。
《数学历年真题全精解析·基础篇》	**分类详解·注重基础·突出重点**（推荐使用时间：2022年7月—2022年12月）	
	本书精选精析1987—2008年考研数学真题，帮助考生提前了解大学水平考试与考研选拔考试的差别，不会盲目自信，也不会妄自菲薄，真正跨入考研的门槛。	与《数学复习全书·基础篇》《数学基础过关660题》搭配使用，复习完一章，即可做相应的章节真题。不会做的题目做好笔记，第二轮复习时继续练习。

书名	本书特点	本书使用说明
《数学复习全书·提高篇》	**系统全面·深入细致·结构科学**（推荐使用时间：2023 年 2 月—2023 年 7 月）	
	本书为作者团队扛鼎之作，常年稳居各大平台考研图书畅销榜前列，主编之一的李永乐老师更是入选 2019 年“当当 20 周年白金作家”，考研界仅两位作者获此称号。 本书从基本理论、基础知识、基本方法出发，全面、深入、细致地讲解考研数学大纲要求的所有考点，不提供花拳绣腿的不实用技巧，也不提倡误人子弟的费时背书法，而是扎扎实实地带同学们深入每一个考点背后，找到它们之间的关联、逻辑，让同学们从知识点零碎、概念不清楚、期末考试过后即忘的“低级”水平，提升到考研必需的高度。	利用《数学复习全书·基础篇》把基本知识“捡”起来之后，再使用本书。本书有知识点的详细讲解和相应的练习题，有利于同学们建立考研知识体系和框架，打好基础。 在《数学基础过关 660 题》中若遇到不会做的题，可以放到这里来做。以章或节为单位，学习新内容前要复习前面的内容，按照一定的规律来复习。基础薄弱或中等偏下的考生，务必要利用考研当年上半年的时间，整体吃透书中的理论知识，摸清例题设置的原理和必要性，特别是对大纲中要求的基本概念、理论、方法要系统理解和掌握。
《数学历年真题全精解析·提高篇》	**真题真练·总结规律·提升技巧**（推荐使用时间：2023 年 7 月—2023 年 11 月）	
	本书完整收录 2009—2023 年考研数学的全部试题，将真题按考点分类，还精选了其他卷的试题作为练习题。力争做到考点全覆盖，题型多样，重点突出，不简单重复。书中的每道题给出的参考答案有常用、典型的解法，也有技巧性强的特殊解法。分析过程逻辑严谨、思路清晰，具有很强的可操作性，通过学习，考生可以独立完成对同类题的解答。	边做题、边总结，遇到“卡壳”的知识点、题目，回到《数学复习全书·提高篇》和之前听过的基础课、强化课中去补，争取把每个真题知识点吃透、搞懂，不留死角。 通过做真题，进一步提高解题能力和技巧，满足实际考试的要求。第一阶段，浏览每年真题，熟悉题型和常考点。第二阶段，进行专项复习。
《高等数学辅导讲义》 《线性代数辅导讲义》 《概率论与数理统计辅导讲义》	**经典讲义·专项突破·强化提高**（推荐使用时间：2023 年 7 月—2023 年 10 月）	
	三本讲义分别由作者的教学讲稿改编而成，系统阐述了考研数学的基础知识。书中例题都经过严格筛选、归纳，是多年经验的总结，对同学们的重点、难点的把握准确，有针对性。适合认真研读，做到举一反三。	哪科较薄弱，精研哪本。搭配《数学强化通关 330 题》一起使用，先复习讲义上的知识点，做章节例题、练习，再去听相关章节的强化课，做《数学强化通关 330 题》的相关习题，更有利于知识的巩固和提高。
《数学强化通关 330 题》	**综合训练·突破重点·强化提高**（推荐使用时间：2023 年 5 月—2023 年 10 月）	
	强化阶段的练习题，综合训练必备。具有典型性、针对性、技巧性、综合性等特点，可以帮助同学们突破重点、难点，熟悉解题思路和方法，增强应试能力。	与《数学基础过关 660 题》互为补充，包含选择题、填空题和解答题。搭配《高等数学辅导讲义》《线性代数辅导讲义》《概率论与数理统计辅导讲义》使用，效果更佳。
《数学临阵磨枪》	**查漏补缺·问题清零·从容应战**（推荐使用时间：2023 年 10 月—2023 年 12 月）	
	本书是常用定理公式、基础知识的清单。最后阶段，大部分考生缺乏信心，感觉没复习完，本来会做的题目，因为紧张、压力，也容易出错。本书能帮助考生在考前查漏补缺，确保基础知识不丢分。	搭配《数学决胜冲刺 6 套卷》使用。上考场前，可以再次回忆、翻看本书。
《数学决胜冲刺 6 套卷》 《考研数学最后 3 套卷》	**冲刺模拟·有的放矢·高效提分**（推荐使用时间：2023 年 11 月—2023 年 12 月）	
	通过整套题的训练，对所学知识进行系统总结和梳理。不同于重点题型的练习，需要全面的知识，要综合应用。必要时应复习基本概念、公式、定理，准确记忆。	在精研真题之后，用模拟卷练习，找漏洞，保持手感。不要掐时间、估分，遇到不会的题目，回归基础，翻看以前的学习笔记，把每道题吃透。

前言
Preface

从真题中你能够了解真实的考研数学，找到考研数学的规律

真题是教育部教育考试院一届又一届命题老师们集体智慧的结晶，题目经典，又有规律可循。为了帮助广大考生在较短的时间内，准确理解和熟练掌握研究生数学考试的出题方式和解题规律，全面提高解题能力，进而更好地驾驭考试，本书编写团队依据十余年的命题与阅卷经验，并结合二十多年的考研辅导和研究精华，精心编写了本书，以期起到帮助同学们提高综合分析和综合解题能力的作用。

历年来，研究生数学考试的知识点没有太大变化，并且考查的重难点也比较稳定，都是往年考试反复考查的内容，依据往年考题掌握了这些重难点，我们就等于成功了一半。练真题，反复揣摩是有效把握这些重难点的最佳途径。考生们可以思考考过的知识点会再从什么角度命题，如何与没有考过的知识点结合起来考查，进而复习没有考过的知识点，这就可以有深度、有广度地全方位把握知识点了。因此，真题能够更有效地暴露我们的不足和复习误区，提供更有效的复习思路和策略，甚至可以说，真题就是最好的"辅导老师"，它告诉我们考试会考什么、怎么考，反过来又指导我们思考如何应对，也只有真题准确体现了考试所要求的能力和方法。

真题对大部分考生来说都是"陌生"的。真题命制科学，经过命题人的反复推敲，是市面上的练习题所无法比拟的，而这些练习题中难易适中、命制科学、贴近考试要求的也很少。做真题，反复揣摩，能节省我们宝贵的复习时间，达到事半功倍的效果。紧紧抓住真题，在考试时也可以使我们做到从容应对。

本书共分两篇。第一篇给出最新的真题和解析，目的是让读者了解最新考题的结构、形式和难易程度，方便复习备考；第二篇是历年的真题分类解析，将真题按考点所属内容分类并进行解析. 第二篇是本书的精华部分，各章编排如下：

1. 本章导读

设置本部分的目的是使考生明白此章的考试内容和考试重点，从而复习时目标明确。

2. 试题特点

本部分总结此类知识的历年考试出题规律，分析可能的出题点。

3. 真题分类练习

本部分对历年真题的考点、题型进行归纳分类，总结各类题型的解题方法。今年对这部

分做了调整，将解析与题目分开，便于同学们练习，不受答案的影响。答案册中的题目解法均来自各位专家多年教学实践总结和长期命题阅卷经验。针对以往考生在解题过程中普遍存在的问题及常犯的错误，我们给出相应的注意事项，对每一道真题都给出解题思路分析，以便考生真正地理解和掌握解题方法。

4. 解题加速度

数学复习离不开做题，只有做适量的练习才能巩固所学的知识。为了使考生更好地巩固所学知识、提高实际解题能力，本书作者从历年其他卷别的试题中精心选取同类考题供考生练习，以便使考生在熟练掌握基本知识的基础上，能够轻松解答真题。同时，每道题都配备了详细的参考答案和解析，以便考生解答疑难问题时能及时得到最详尽的指导。

建议考生在使用本书时不要就题论题，而是要多动脑筋，通过对题目的练习、比较、思考，总结并发现题目设置和解答的规律性。请大家一定要在今后的复习中，时刻想到将各个方面的知识融会贯通，做好串联和总结，以检验自己对问题的把握程度，真正掌握应试解题的金钥匙，从而迅速提高知识水平和应试能力，取得理想的分数。

使用本书的同时，也可以配合使用本书作者编写的《数学复习全书·基础篇》《数学基础过关 660 题》《数学复习全书·提高篇》《数学强化通关 330 题》等，提高复习效率。

另外，为了更好地帮助同学们进行复习，“清华李永乐考研数学”特在新浪微博上开设答疑专区，同学们在复习考研数学时，遇到问题，均可在线留言，团队老师将尽心为你解答。

希望本书能对同学们的复习备考带来更大的帮助。对书中的不足之处，恳请读者批评指正。

祝同学们复习顺利，心想事成，考研成功！

图书中的疏漏之处会即时更正

微信扫码查看

编者

2023 年 1 月

目录

Contents

第一篇　最新真题

第二篇　真题分类解析

第一篇 最新真题

绝密★启用前

2023 年全国硕士研究生招生考试

数 学（二）

（科目代码：302）

考生注意事项

1. 答题前，考生须在试题册指定位置上填写考生编号和考生姓名；在答题卡指定位置上填写报考单位、考生姓名和考生编号，并涂写考生编号信息点。
2. 选择题的答案必须涂写在答题卡相应题号的选项上，非选择题的答案必须书写在答题卡指定位置的边框区域内，超出答题区域书写的答案无效；在草稿纸、试题册上答题无效。
3. 填（书）写部分必须使用黑色字迹签字笔书写，字迹工整，笔迹清楚；涂写部分必须使用 2B 铅笔填涂。
4. 考试结束，将答题卡、试题册和草稿纸按规定交回。

考生编号															
考生姓名															

一、选择题（1～10小题，每小题5分，共50分．下列每题给出的四个选项中，只有一个选项是最符合题目要求的．）

(1) 曲线 $y=x\ln\left(\mathrm{e}+\dfrac{1}{x-1}\right)$ 的斜渐近线方程为

(A) $y=x+\mathrm{e}$.　　(B) $y=x+\dfrac{1}{\mathrm{e}}$.

(C) $y=x$.　　(D) $y=x-\dfrac{1}{\mathrm{e}}$.

(2) 函数 $f(x)=\begin{cases}\dfrac{1}{\sqrt{1+x^2}}, & x\leqslant 0,\\ (x+1)\cos x, & x>0\end{cases}$ 的一个原函数为

(A) $F(x)=\begin{cases}\ln(\sqrt{1+x^2}-x), & x\leqslant 0,\\ (x+1)\cos x-\sin x, & x>0.\end{cases}$

(B) $F(x)=\begin{cases}\ln(\sqrt{1+x^2}-x)+1, & x\leqslant 0,\\ (x+1)\cos x-\sin x, & x>0.\end{cases}$

(C) $F(x)=\begin{cases}\ln(\sqrt{1+x^2}+x), & x\leqslant 0,\\ (x+1)\sin x+\cos x, & x>0.\end{cases}$

(D) $F(x)=\begin{cases}\ln(\sqrt{1+x^2}+x)+1, & x\leqslant 0,\\ (x+1)\sin x+\cos x, & x>0.\end{cases}$

(3) 已知 $\{x_n\}$，$\{y_n\}$ 满足：$x_1=y_1=\dfrac{1}{2}$，$x_{n+1}=\sin x_n$，$y_{n+1}=y_n^2(n=1,2,\cdots)$，则当 $n\to\infty$ 时，

(A) x_n 是 y_n 的高阶无穷小.　　(B) y_n 是 x_n 的高阶无穷小.

(C) x_n 与 y_n 是等价无穷小.　　(D) x_n 与 y_n 是同阶但不等价的无穷小.

(4) 若微分方程 $y''+ay'+by=0$ 的解在 $(-\infty,+\infty)$ 上有界，则

(A) $a<0,\ b>0$.　　(B) $a>0,\ b>0$.

(C) $a=0,\ b>0$.　　(D) $a=0,\ b<0$.

(5) 设函数 $y=f(x)$ 由 $\begin{cases}x=2t+|t|,\\ y=|t|\sin t\end{cases}$ 确定，则

(A) $f(x)$ 连续，$f'(0)$ 不存在.　　(B) $f'(0)$ 存在，$f'(x)$ 在 $x=0$ 处不连续.

(C) $f'(x)$ 连续，$f''(0)$ 不存在.　　(D) $f''(0)$ 存在，$f''(x)$ 在 $x=0$ 处不连续.

(6) 若函数 $f(\alpha)=\displaystyle\int_2^{+\infty}\frac{1}{x(\ln x)^{\alpha+1}}\mathrm{d}x$ 在 $\alpha=\alpha_0$ 处取得最小值，则 $\alpha_0=$

(A) $-\dfrac{1}{\ln(\ln 2)}$.　　(B) $-\ln(\ln 2)$.　　(C) $\dfrac{1}{\ln 2}$.　　(D) $\ln 2$.

(7) 设函数 $f(x)=(x^2+a)\mathrm{e}^x$. 若 $f(x)$ 没有极值点，但曲线 $y=f(x)$ 有拐点，则 a 的取值范围是

(A) $[0,1)$.　　(B) $[1,+\infty)$.　　(C) $[1,2)$.　　(D) $[2,+\infty)$.

(8) 设 $\boldsymbol{A},\boldsymbol{B}$ 为 n 阶可逆矩阵，$\boldsymbol{E}$ 为 n 阶单位矩阵，$\boldsymbol{M}^*$ 为矩阵 $\boldsymbol{M}$ 的伴随矩阵，则 $\begin{bmatrix}\boldsymbol{A} & \boldsymbol{E}\\ \boldsymbol{O} & \boldsymbol{B}\end{bmatrix}^* =$

(A) $\begin{bmatrix}|\boldsymbol{A}|\boldsymbol{B}^* & -\boldsymbol{B}^*\boldsymbol{A}^*\\ \boldsymbol{O} & |\boldsymbol{B}|\boldsymbol{A}^*\end{bmatrix}$.　　(B) $\begin{bmatrix}|\boldsymbol{A}|\boldsymbol{B}^* & -\boldsymbol{A}^*\boldsymbol{B}^*\\ \boldsymbol{O} & |\boldsymbol{B}|\boldsymbol{A}^*\end{bmatrix}$.

(C) $\begin{bmatrix}|\boldsymbol{B}|\boldsymbol{A}^* & -\boldsymbol{B}^*\boldsymbol{A}^*\\ \boldsymbol{O} & |\boldsymbol{A}|\boldsymbol{B}^*\end{bmatrix}$.　　(D) $\begin{bmatrix}|\boldsymbol{B}|\boldsymbol{A}^* & -\boldsymbol{A}^*\boldsymbol{B}^*\\ \boldsymbol{O} & |\boldsymbol{A}|\boldsymbol{B}^*\end{bmatrix}$.

(9) 二次型 $f(x_1,x_2,x_3)=(x_1+x_2)^2+(x_1+x_3)^2-4(x_2-x_3)^2$ 的规范形为

(A) $y_1^2+y_2^2$.　　(B) $y_1^2-y_2^2$.

(C) $y_1^2+y_2^2-4y_3^2$.　　(D) $y_1^2+y_2^2-y_3^2$.

(10) 已知向量 $\boldsymbol{\alpha}_1=\begin{pmatrix}1\\2\\3\end{pmatrix},\boldsymbol{\alpha}_2=\begin{pmatrix}2\\1\\1\end{pmatrix},\boldsymbol{\beta}_1=\begin{pmatrix}2\\5\\9\end{pmatrix},\boldsymbol{\beta}_2=\begin{pmatrix}1\\0\\1\end{pmatrix}$. 若 $\boldsymbol{\gamma}$ 既可由 $\boldsymbol{\alpha}_1,\boldsymbol{\alpha}_2$ 线性表示，也可由 $\boldsymbol{\beta}_1$，$\boldsymbol{\beta}_2$ 线性表示，则 $\boldsymbol{\gamma}=$

(A) $k\begin{pmatrix}3\\3\\4\end{pmatrix},k\in\mathbf{R}$.　(B) $k\begin{pmatrix}3\\5\\10\end{pmatrix},k\in\mathbf{R}$.　(C) $k\begin{pmatrix}-1\\1\\2\end{pmatrix},k\in\mathbf{R}$.　(D) $k\begin{pmatrix}1\\5\\8\end{pmatrix},k\in\mathbf{R}$.

二、填空题（11 ～ 16 小题，每小题 5 分，共 30 分.）

(11) 当 $x\to 0$ 时，函数 $f(x)=ax+bx^2+\ln(1+x)$ 与 $g(x)=e^{x^2}-\cos x$ 是等价无穷小，则 ab = ________.

(12) 曲线 $y=\int_{-\sqrt{3}}^{x}\sqrt{3-t^2}\,dt$ 的弧长为________.

(13) 设函数 $z=z(x,y)$ 由 $e^z+xz=2x-y$ 确定，则 $\left.\dfrac{\partial^2 z}{\partial x^2}\right|_{(1,1)}=$ ________.

(14) 曲线 $3x^3=y^5+2y^3$ 在 $x=1$ 对应点处的法线斜率为________.

(15) 设连续函数 $f(x)$ 满足：$f(x+2)-f(x)=x$，$\int_0^2 f(x)dx=0$，则 $\int_1^3 f(x)dx=$ ________.

(16) 已知线性方程组 $\begin{cases}ax_1+x_3=1,\\ x_1+ax_2+x_3=0,\\ x_1+2x_2+ax_3=0,\\ ax_1+bx_2=2\end{cases}$ 有解，其中 a,b 为常数. 若 $\begin{vmatrix}a&0&1\\1&a&1\\1&2&a\end{vmatrix}=4$，则 $\begin{vmatrix}1&a&1\\1&2&a\\a&b&0\end{vmatrix}=$ ________.

三、解答题（17 ～ 22 小题，共 70 分. 解答应写出文字说明、证明过程或演算步骤.）

(17)（本题满分 10 分）

设曲线 $L: y=y(x)(x>e)$ 经过点 $(e^2,0)$，L 上任一点 $P(x,y)$ 到 y 轴的距离等于该点处的切线在 y 轴上的截距.

（Ⅰ）求 $y(x)$；

（Ⅱ）在 L 上求一点，使该点处的切线与两坐标轴所围三角形的面积最小，并求此最小面积.

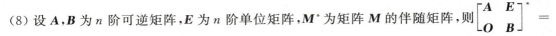

(18)（本题满分 12 分）

求函数 $f(x, y)=xe^{\cos y}+\frac{x^2}{2}$ 的极值.

(19)（本题满分 12 分）

已知平面区域 $D=\left\{(x, y) \mid 0 \leqslant y \leqslant \frac{1}{x\sqrt{1+x^2}}, x \geqslant 1\right\}$.

（Ⅰ）求 D 的面积；

（Ⅱ）求 D 绕 x 轴旋转所成旋转体的体积.

(20)（本题满分 12 分）

设平面有界区域 D 位于第一象限，由曲线 $x^2+y^2-xy=1$，$x^2+y^2-xy=2$ 与直线 $y=\sqrt{3}x$，$y=0$ 围成，计算 $\iint\limits_D \frac{1}{3x^2+y^2}\mathrm{d}x\mathrm{d}y$.

(21)（本题满分 12 分）

设函数 $f(x)$ 在 $[-a, a]$ 上具有 2 阶连续导数. 证明：

（Ⅰ）若 $f(0)=0$，则存在 $\xi \in(-a, a)$，使得 $f''(\xi)=\frac{1}{a^2}[f(a)+f(-a)]$；

（Ⅱ）若 $f(x)$ 在 $(-a, a)$ 内取得极值，则存在 $\eta \in(-a, a)$，使得 $|f''(\eta)| \geqslant \frac{1}{2a^2}|f(a)-f(-a)|$.

(22)（本题满分 12 分）

设矩阵 $\boldsymbol{A}$ 满足：对任意 x_1, x_2, x_3 均有 $\boldsymbol{A}\begin{pmatrix}x_1\\x_2\\x_3\end{pmatrix}=\begin{pmatrix}x_1+x_2+x_3\\2x_1-x_2+x_3\\x_2-x_3\end{pmatrix}$.

（Ⅰ）求 $\boldsymbol{A}$；

（Ⅱ）求可逆矩阵 $\boldsymbol{P}$ 与对角矩阵 $\boldsymbol{\Lambda}$，使得 $\boldsymbol{P}^{-1}\boldsymbol{A}\boldsymbol{P}=\boldsymbol{\Lambda}$.

第二篇 真题分类解析

第一部分 高等数学

第一章 函数、极限、连续

本章导读

函数是微积分的研究对象,极限是建立微积分理论和方法的基础,连续性是函数的基本性态,是函数可导和可积的基本条件,连续函数是微积分所讨论的函数的主要类型.因此,函数、极限与函数连续性是本章的主要内容,也是微积分的理论基础.

本章的主要内容有:

1.函数的概念、基本性质及复合函数;

2.极限的概念、性质,存在准则及求极限的方法;无穷小量的概念、性质及阶的比较;

3.连续的概念、间断点及其分类,连续函数的性质(运算性质及有限闭区间上连续函数性质).

试题特点

本章是微积分的基础,每年必考.而本章的特点是,基本概念和基本理论非常多,许多考题重点考查这些基本概念和基本理论,从往年试卷分析情况来看,失分率比较高,因此,望考生重视基本概念和基本理论的复习.

本章常考题型

1. 求极限.
2. 无穷小量及其比较.
3. 求间断点及判别间断点类型.

无穷小量比较实际上就是研究"$\frac{0}{0}$"型未定式的极限,而间断点类型判定的关键也是求极限,所以,本章常考的三种题型的核心都是求极限.重点是求极限的常用方法(如有理运算、基本极限、等价无穷小代换、洛必达法则等).

真题分类练习

一、复合函数及函数的几种特性

虽然有关复合函数和函数的几种特性（即有界性、单调性、奇偶性、周期性）的试题在近几年的试卷中没有专门出现过，但它是一个基本内容，也是本章第一部分函数的重点内容. 近几年其他类型的考题中考到了该内容，在以前的考卷中也曾多次专门出题考查，望读者重视.

小 结

这里主要是两类问题：

（一）复合函数

主要有两种题型：

1. 已知 $f(x)$ 和 $g(x)$，求 $f[g(x)]$.

求复合函数的基本方法是将内层函数 $g(x)$ 代入外层函数 $f(x)$. 如果出现分段函数，内层函数 $g(x)$ 的函数值 $g(x)$ 落在外层函数 $f(x)$ 的定义域的哪个部分，就将 $g(x)$ 代入相应的 $f(x)$ 的表达式中，即可求得 $f[g(x)]$.

2. 已知 $f(x)$ 和 $g(x)$ 复合的结果，即 $f[g(x)]=\varphi(x)$，又知道 $f(x)$ 和 $g(x)$ 其中之一，求另一个.

(1) 若已知 $f(x)$，且 $f(x)$ 有反函数，$f[g(x)]=\varphi(x)$，则

$$g(x)=f^{-1}[\varphi(x)].$$

(2) 若已知 $g(x)$，且 $g(x)$ 有反函数，$f[g(x)]=\varphi(x)$，令 $g(x)=u$，则 $x=g^{-1}(u)$，将其代入 $f[g(x)]=\varphi(x)$ 得

$$f(u)=\varphi[g^{-1}(u)].$$

事实上，这两类问题都是求反函数的问题.

（二）函数的四种特性

这里主要是函数四种特性的判定. 考生首先应熟悉五类基本初等函数（幂函数，指数函数，对数函数，三角函数和反三角函数）的有界性、单调性、奇偶性和周期性，同时还需掌握一些常用的判别法.

1. 有界性.

(1) 利用有界的定义.

(2) 利用有限闭区间 $[a,b]$ 上连续的函数在该区间上一定有界.

(3) 利用若 $f(x)$ 在 (a,b) 上连续，且 $\lim\limits_{x\to a^+}f(x)$ 和 $\lim\limits_{x\to b^-}f(x)$ 都存在，则 $f(x)$ 在 (a,b) 上有界（这里区间 (a,b) 可以是无穷区间）.

2. 单调性.

(1) 利用单调性的定义.

(2) 利用导数的正负判定，即

若在区间 I 上 $f'(x)>0$（或 <0），则函数 $f(x)$ 在区间 I 上单调增加（或减少）.

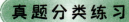

3. 奇偶性.

(1) 利用奇偶性的定义.

(2) 利用奇偶函数的运算性质判定,即

$$\text{奇函数} \pm \text{奇函数} = \text{奇函数}, \text{偶函数} \pm \text{偶函数} = \text{偶函数}$$
$$\text{奇函数} \times \text{奇函数} = \text{偶函数}, \text{奇函数} \times \text{偶函数} = \text{奇函数}$$
$$\text{偶函数} \times \text{偶函数} = \text{偶函数}$$

4. 周期性

(1) 利用周期函数定义;

(2) 若 $f(x)$ 是以 T 为周期的函数,则 $f(ax+b)(a \neq 0)$ 是以 $\frac{T}{|a|}$ 为周期的函数.

二、极限的概念与性质

1 (2017,3 题,4 分) 设数列 $\{x_n\}$ 收敛,则

(A) 当 $\lim\limits_{n\to\infty}\sin x_n = 0$ 时,$\lim\limits_{n\to\infty}x_n = 0$.

(B) 当 $\lim\limits_{n\to\infty}(x_n + \sqrt{|x_n|}) = 0$ 时,$\lim\limits_{n\to\infty}x_n = 0$.

(C) 当 $\lim\limits_{n\to\infty}(x_n + x_n^2) = 0$ 时,$\lim\limits_{n\to\infty}x_n = 0$.

(D) 当 $\lim\limits_{n\to\infty}(x_n + \sin x_n) = 0$ 时,$\lim\limits_{n\to\infty}x_n = 0$.

答题区

2 (2022,6 题,5 分) 已知数列 $\{x_n\}$,其中 $-\frac{\pi}{2} \leqslant x_n \leqslant \frac{\pi}{2}$,则

(A) 当 $\lim\limits_{n\to\infty}\cos(\sin x_n)$ 存在时,$\lim\limits_{n\to\infty}x_n$ 存在.

(B) 当 $\lim\limits_{n\to\infty}\sin(\cos x_n)$ 存在时,$\lim\limits_{n\to\infty}x_n$ 存在.

(C) 当 $\lim\limits_{n\to\infty}\cos(\sin x_n)$ 存在时,$\lim\limits_{n\to\infty}\sin x_n$ 存在,但 $\lim\limits_{n\to\infty}x_n$ 不一定存在.

(D) 当 $\lim\limits_{n\to\infty}\sin(\cos x_n)$ 存在时,$\lim\limits_{n\to\infty}\cos x_n$ 存在,但 $\lim\limits_{n\to\infty}x_n$ 不一定存在.

答题区

小 结

(1) 极限的概念重点是理解数列极限的$\varepsilon-N$定义和函数极限的$\varepsilon-\delta$及$\varepsilon-X$定义，而不是用定义证明极限.

(2) 极限的性质重点是有界性，保号性及有理运算性质.

(3) 极限的存在准则重点是单调有界准则和夹逼原理.

解题加速度

1.（2014，数三，4 分）设$\lim\limits_{n\to\infty}a_n=a$，且$a\neq 0$，则当$n$充分大时有

(A) $|a_n|>\dfrac{|a|}{2}$.　　(B) $|a_n|<\dfrac{|a|}{2}$.

(C) $a_n>a-\dfrac{1}{n}$.　　(D) $a_n<a+\dfrac{1}{n}$.

演算空间

2.（2015，数三，4 分）设$\{x_n\}$是数列，下列命题中不正确的是

(A) 若$\lim\limits_{n\to\infty}x_n=a$，则$\lim\limits_{n\to\infty}x_{2n}=\lim\limits_{n\to\infty}x_{2n+1}=a$.

(B) 若$\lim\limits_{n\to\infty}x_{2n}=\lim\limits_{n\to\infty}x_{2n+1}=a$，则$\lim\limits_{n\to\infty}x_n=a$.

(C) 若$\lim\limits_{n\to\infty}x_n=a$，则$\lim\limits_{n\to\infty}x_{3n}=\lim\limits_{n\to\infty}x_{3n+1}=a$.

(D) 若$\lim\limits_{n\to\infty}x_{3n}=\lim\limits_{n\to\infty}x_{3n+1}=a$，则$\lim\limits_{n\to\infty}x_n=a$.

演算空间

三、求函数的极限

3 (2014,5 题,4 分) 设函数 $f(x) = \arctan x$. 若 $f(x) = xf'(\xi)$,则 $\lim\limits_{x \to 0} \dfrac{\xi^2}{x^2} =$

(A) 1. (B) $\dfrac{2}{3}$. (C) $\dfrac{1}{2}$. (D) $\dfrac{1}{3}$.

答题区

4 (2009,15 题,9 分) 求极限 $\lim\limits_{x \to 0} \dfrac{(1 - \cos x)[x - \ln(1 + \tan x)]}{\sin^4 x}$.

答题区

5 (2011,9 题,4 分) $\lim\limits_{x \to 0} \left(\dfrac{1 + 2^x}{2}\right)^{\frac{1}{x}} =$ ________.

答题区

6（2013，9 题，4 分）$\lim\limits_{x\to0}\left(2-\dfrac{\ln(1+x)}{x}\right)^{\frac{1}{x}}=$ ________.

答题区

7（2014，15 题，10 分）求极限 $\lim\limits_{x\to+\infty}\dfrac{\int_1^x\left[t^2\left(e^{\frac{1}{t}}-1\right)-t\right]dt}{x^2\ln\left(1+\dfrac{1}{x}\right)}$.

答题区

8（2016，15 题，10 分）求极限 $\lim\limits_{x\to0}(\cos 2x+2x\sin x)^{\frac{1}{x^4}}$.

答题区

9（2017，15 题，10 分）求 $\lim\limits_{x\to 0^+}\dfrac{\int_0^x \sqrt{x-t}\,e^t\,dt}{\sqrt{x^3}}$.

答题区

10（2018，9 题，4 分）$\lim\limits_{x\to +\infty} x^2[\arctan(x+1)-\arctan x]=$ ________.

答题区

11（2019，9 题，4 分）$\lim\limits_{x\to 0}(x+2^x)^{\frac{2}{x}}=$ ________.

答题区

12（2021，17 题，10 分）求极限 $\lim\limits_{x\to 0}\left(\dfrac{1+\int_0^x e^{t^2}\,dt}{e^x-1}-\dfrac{1}{\sin x}\right)$.

答题区

13（2022，11 题，5 分）$\lim\limits_{x\to 0}\left(\dfrac{1+e^x}{2}\right)^{\cot x}=$ ________.

答题区

小 结

1. 求函数的极限主要是求未定式$\left(\dfrac{0}{0},\dfrac{\infty}{\infty},\infty-\infty,0\cdot\infty,1^{\infty},\infty^{0},0^{0}\right)$的极限，这里的重点是前两种，即“$\dfrac{0}{0}$”型和“$\dfrac{\infty}{\infty}$”型，而后 5 种都可化为前两种，前两种当中特别是“$\dfrac{0}{0}$”型考得最多，求“$\dfrac{0}{0}$”型极限主要有三种方法：

（1）利用洛必达法则．在处理“$\dfrac{0}{0}$”型极限问题时，不要急于用洛必达法则，应先进行化简，常用的方法有：极限为非零常数的因子先求出来极限，等价无穷小代换，有理化，化简完后再用洛必达法则．

（2）利用等价无穷小代换．

（3）利用泰勒公式：其中 $\sin x,\ln(1+x),e^x,\cos x$ 在 $x=0$ 处的泰勒公式比较常用，考生应熟悉．

2．“1^{∞}”型极限也是一种常考的类型，最简单的方法是利用结论：

若 $\lim\alpha(x)=0,\lim\beta(x)=\infty$，且 $\lim\alpha(x)\beta(x)=A$，则 $\lim(1+\alpha(x))^{\beta(x)}=e^{A}$．

解题加速度

1．（2010，数一，4 分）极限$\lim\limits_{x\to\infty}\left[\dfrac{x^2}{(x-a)(x+b)}\right]^x=$

(A) 1．　　(B) e．　　(C) e^{a-b}．　　(D) e^{b-a}．

演算空间

2.（2010，数三，10 分）求极限 $\lim\limits_{x\to+\infty}(x^{\frac{1}{x}}-1)^{\frac{1}{\ln x}}$.

演算空间

3.（2011，数一，10 分）求极限 $\lim\limits_{x\to0}\left[\dfrac{\ln(1+x)}{x}\right]^{\frac{1}{e^x-1}}$.

演算空间

4.（2015，数一，4 分）$\lim\limits_{x\to0}\dfrac{\ln(\cos x)}{x^2}=$ ________.

演算空间

5.（2016，数三，4 分）已知函数 $f(x)$ 满足 $\lim\limits_{x\to0}\dfrac{\sqrt{1+f(x)\sin 2x}-1}{e^{3x}-1}=2$，则 $\lim\limits_{x\to0}f(x)=$ ________.

演算空间

6.（2016，数一，4分）$\lim\limits_{x\to 0}\dfrac{\int_0^x t\ln(1+t\sin t)\mathrm{d}t}{1-\cos x^2}=$ ________.

演算空间

四、求数列的极限

14（2009，11题，4分）$\lim\limits_{n\to\infty}\int_0^1 \mathrm{e}^{-x}\sin nx\,\mathrm{d}x=$ ________.

答题区

15（2012，3题，4分）设 $a_n>0(n=1,2,\cdots)$，$S_n=a_1+a_2+\cdots+a_n$，则数列 $\{S_n\}$ 有界是数列 $\{a_n\}$ 收敛的

(A) 充分必要条件.
(B) 充分非必要条件.
(C) 必要非充分条件.
(D) 既非充分也非必要条件.

答题区

16(2011,19 题,10 分)

(Ⅰ)证明:对任意的正整数 n,都有 $\frac{1}{n+1} < \ln\left(1+\frac{1}{n}\right) < \frac{1}{n}$ 成立.

(Ⅱ)设 $a_n = 1+\frac{1}{2}+\cdots+\frac{1}{n}-\ln n (n=1,2,\cdots)$,证明数列 $\{a_n\}$ 收敛.

答题区

17(2012,10 题,4 分) $\lim\limits_{n\to\infty} n\left(\frac{1}{1+n^2}+\frac{1}{2^2+n^2}+\cdots+\frac{1}{n^2+n^2}\right)=$ ________.

答题区

18(2013,20 题,11 分)设函数 $f(x)=\ln x+\frac{1}{x}$,

(Ⅰ)求 $f(x)$ 的最小值;

(Ⅱ)设数列 $\{x_n\}$ 满足 $\ln x_n+\frac{1}{x_{n+1}}<1$,证明 $\lim\limits_{n\to\infty} x_n$ 存在,并求此极限.

答题区

19（2014，20 题，11 分）设函数 $f(x)=\dfrac{x}{1+x}, x\in[0,1]$，定义函数列：

$$f_1(x)=f(x), f_2(x)=f(f_1(x)), \cdots, f_n(x)=f(f_{n-1}(x)), \cdots$$

记 S_n 是由曲线 $y=f_n(x)$，直线 $x=1$ 及 x 轴所围平面图形的面积，求极限 $\lim\limits_{n\to\infty} nS_n$.

答题区

20（2016，10 题，4 分）极限 $\lim\limits_{n\to\infty}\dfrac{1}{n^2}\left(\sin\dfrac{1}{n}+2\sin\dfrac{2}{n}+\cdots+n\sin\dfrac{n}{n}\right)=$ ________.

答题区

21（2018，21 题，11 分）设数列 $\{x_n\}$ 满足：$x_1>0, x_n e^{x_{n+1}}=e^{x_n}-1(n=1,2,\cdots)$. 证明 $\{x_n\}$ 收敛，并求 $\lim\limits_{n\to\infty}x_n$.

答题区

小 结

处理数列极限问题的常用方法是：

1. 将所求数列极限问题转化为求函数极限(一般是为了使用洛必达法则).

2. 利用夹逼原理求极限(更多的是用在 n 项和的数列极限中).

3. 利用定积分定义求极限(一般用在 n 项和的数列极限问题)，该方法的关键先提一个因子 $\frac{1}{n}$，然后确定被积函数和积分区间.

4. 利用单调有界准则求极限(一般用在由递推关系 $x_{n+1}=f(x_n)$ 所定义的数列).

5. 利用结论 $\lim\limits_{n\to\infty}\sqrt[n]{a_1^n+a_2^n+\cdots+a_m^n}=\max\limits_{1\leqslant i\leqslant m}a_i$ (其中 $a_i>0$) 求极限.

解题加速度

1. (1998，数四，6分) 求极限 $\lim\limits_{n\to\infty}\left(n\tan\frac{1}{n}\right)^{n^2}$ (n 为自然数).

演算空间

2. (2008，数四，4分) 设 $0<a<b$，则 $\lim\limits_{n\to\infty}(a^{-n}+b^{-n})^{\frac{1}{n}}=$

(A) a.　　(B) a^{-1}.　　(C) b.　　(D) b^{-1}.

演算空间

3.（2019，数三，10分）设 $a_n=\int_0^1 x^n\sqrt{1-x^2}\,\mathrm{d}x\,(n=0,1,2,\cdots)$.

（Ⅰ）证明：数列 $\{a_n\}$ 单调减少，且 $a_n=\dfrac{n-1}{n+2}a_{n-2}\,(n=2,3,\cdots)$；

（Ⅱ）求 $\lim\limits_{n\to\infty}\dfrac{a_n}{a_{n-1}}$.

演算空间

五、确定极限中的参数

22（2011，15题，10分）已知函数 $F(x)=\dfrac{\int_0^x \ln(1+t^2)\,\mathrm{d}t}{x^\alpha}$，设 $\lim\limits_{x\to+\infty}F(x)=\lim\limits_{x\to0^+}F(x)=0$，试求 α 的取值范围.

答题区

23(2018,1 题,4 分) 若$\lim\limits_{x\to 0}(e^x+ax^2+bx)^{\frac{1}{x^2}}=1$,则

(A)$a=\frac{1}{2},b=-1$.

(B)$a=-\frac{1}{2},b=-1$.

(C)$a=\frac{1}{2},b=1$.

(D)$a=-\frac{1}{2},b=1$.

答题区

小 结

对于确定极限中参数的问题,一般方法是求所给的极限,确定题中的参数.有些参数在求极限的过程中可确定,有些参数在求得极限以后可确定出来.求极限的方法要根据题中所给极限类型来确定,一种最常见的类型是"$\frac{0}{0}$"型,常用的方法是三种,洛必达法则,等价无穷小代换和泰勒公式.

解题加速度

(2018,数三,10 分) 已知实数 a,b 满足 $\lim\limits_{x\to+\infty}\left[(ax+b)e^{\frac{1}{x}}-x\right]=2$,求 a,b.

演算空间

六、无穷小量及其阶的比较

24（2009，2 题，4 分）当 $x \to 0$ 时，$f(x) = x - \sin ax$ 与 $g(x) = x^2 \ln(1 - bx)$ 是等价无穷小量，则

(A) $a = 1, b = -\dfrac{1}{6}$. (B) $a = 1, b = \dfrac{1}{6}$.

(C) $a = -1, b = -\dfrac{1}{6}$. (D) $a = -1, b = \dfrac{1}{6}$.

答题区

25（2011，1 题，4 分）已知当 $x \to 0$ 时，$f(x) = 3\sin x - \sin 3x$ 与 cx^k 是等价无穷小，则

(A) $k = 1, c = 4$. (B) $k = 1, c = -4$. (C) $k = 3, c = 4$. (D) $k = 3, c = -4$.

答题区

26（2012，15 题，10 分）已知函数 $f(x) = \dfrac{1+x}{\sin x} - \dfrac{1}{x}$，记 $a = \lim\limits_{x \to 0} f(x)$.

（Ⅰ）求 a 的值；

（Ⅱ）若当 $x \to 0$ 时，$f(x) - a$ 与 x^k 是同阶无穷小，求常数 k 的值.

答题区

27(2013,1 题,4 分) 设 $\cos x - 1 = x\sin \alpha(x)$,其中 $|\alpha(x)| < \frac{\pi}{2}$,则当 $x \to 0$ 时,$\alpha(x)$ 是

(A) 比 x 高阶的无穷小.　　(B) 比 x 低阶的无穷小.

(C) 与 x 同阶但不等价的无穷小.　　(D) 与 x 等价的无穷小.

答题区

28(2013,15 题,10 分) 当 $x \to 0$ 时,$1 - \cos x \cdot \cos 2x \cdot \cos 3x$ 与 ax^n 为等价无穷小,求 n 与 a 的值.

答题区

29(2014,1 题,4 分) 当 $x \to 0^+$ 时,若 $\ln^\alpha(1+2x)$,$(1-\cos x)^{\frac{1}{\alpha}}$ 均是比 x 高阶的无穷小,则 α 的取值范围是

(A) $(2, +\infty)$.　　(B) $(1, 2)$.　　(C) $\left(\frac{1}{2}, 1\right)$.　　(D) $\left(0, \frac{1}{2}\right)$.

答题区

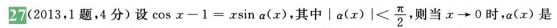

30（2015，15题，10分）设函数 $f(x)=x+a\ln(1+x)+bx\sin x$，$g(x)=kx^3$，若 $f(x)$ 与 $g(x)$ 在 $x\to 0$ 时是等价无穷小，求 a,b,k 的值.

答题区

31（2016，1题，4分）设 $\alpha_1=x(\cos\sqrt{x}-1)$，$\alpha_2=\sqrt{x}\ln(1+\sqrt[3]{x})$，$\alpha_3=\sqrt[3]{x+1}-1$. 当 $x\to 0^+$ 时，以上3个无穷小量按照从低阶到高阶的排序是

(A) $\alpha_1,\alpha_2,\alpha_3$.　(B) $\alpha_2,\alpha_3,\alpha_1$.　(C) $\alpha_2,\alpha_1,\alpha_3$.　(D) $\alpha_3,\alpha_2,\alpha_1$.

答题区

32（2019，1题，4分）当 $x\to 0$ 时，若 $x-\tan x$ 与 x^k 是同阶无穷小，则 $k=$

(A) 1.　(B) 2.　(C) 3.　(D) 4.

答题区

33(2020,1题,4分)当 $x \to 0^+$ 时,下列无穷小量中最高阶是

(A) $\int_0^x (e^{t^2}-1)dt$.　(B) $\int_0^x \ln(1+\sqrt{t^3})dt$.　(C) $\int_0^{\sin x} \sin t^2 dt$.　(D) $\int_0^{1-\cos x} \sqrt{\sin^3 t}\,dt$.

答题区

34(2021,1题,5分)当 $x \to 0$ 时,$\int_0^{x^2} (e^{t^3}-1)dt$ 是 x^7 的

(A) 低阶无穷小.　(B) 等价无穷小.

(C) 高阶无穷小.　(D) 同阶但非等价无穷小.

答题区

35(2022,1题,5分)当 $x \to 0$ 时,$\alpha(x),\beta(x)$ 是非零无穷小量,给出以下四个命题:

① 若 $\alpha(x) \sim \beta(x)$,则 $\alpha^2(x) \sim \beta^2(x)$;

② 若 $\alpha^2(x) \sim \beta^2(x)$,则 $\alpha(x) \sim \beta(x)$;

③ 若 $\alpha(x) \sim \beta(x)$,则 $\alpha(x)-\beta(x) = o(\alpha(x))$;

④ 若 $\alpha(x)-\beta(x) = o(\alpha(x))$,则 $\alpha(x) \sim \beta(x)$.

其中所有真命题的序号是

(A)①③.　(B)①④.　(C)①③④.　(D)②③④.

答题区

小 结

有关无穷小量及其阶的比较主要是两类问题：

1. 无穷小量的比较，也就是判断一个无穷小量是另外一个无穷小量的高阶、同阶、等价或低阶无穷小.

2. 由两个无穷小量之间的关系（等价、同阶等），确定极限中的参数问题.

以上两类问题的实质是“$\frac{0}{0}$”型极限问题，常用方法有以下三种：

(1) 洛必达法则. (2) 等价无穷小代换. (3) 泰勒公式.

解题加速度

1. (2014，数三，4分) 设 $p(x)=a+bx+cx^2+dx^3$. 当 $x\to 0$ 时，若 $p(x)-\tan x$ 是比 x^3 高阶的无穷小，则下列选项中**错误**的是

(A) $a=0$.　　(B) $b=1$.

(C) $c=0$.　　(D) $d=\frac{1}{6}$.

演算空间

2.(2020,数三,6 分) 已知 a,b 为常数,若 $\left(1+\frac{1}{n}\right)^n-\mathrm{e}$ 与 $\frac{b}{n^a}$ 在 $n\to\infty$ 时是等价无穷小,求 a,b.

演算空间

七、函数的连续性及间断点类型

36(2009,1 题,4 分) 函数 $f(x)=\frac{x-x^3}{\sin \pi x}$ 的可去间断点的个数为

(A)1. (B)2. (C)3. (D) 无穷多个.

答题区

37(2010,1 题,4 分) 函数 $f(x)=\frac{x^2-x}{x^2-1}\sqrt{1+\frac{1}{x^2}}$ 的无穷间断点的个数为

(A)0. (B)1. (C)2. (D)3.

答题区

38（2015，2 题，4 分）函数 $f(x)=\lim\limits_{t\to 0}\left(1+\dfrac{\sin t}{x}\right)^{\frac{x^2}{t}}$ 在 $(-\infty,+\infty)$ 内

(A) 连续.　　(B) 有可去间断点.　　(C) 有跳跃间断点.　　(D) 有无穷间断点.

答题区

39（2017，1 题，4 分）若函数 $f(x)=\begin{cases}\dfrac{1-\cos\sqrt{x}}{ax}, & x>0,\\ b, & x\leqslant 0\end{cases}$ 在 $x=0$ 处连续，则

(A) $ab=\dfrac{1}{2}$.　　(B) $ab=-\dfrac{1}{2}$.　　(C) $ab=0$.　　(D) $ab=2$.

答题区

40（2018，3 题，4 分）设函数 $f(x)=\begin{cases}-1, & x<0,\\ 1, & x\geqslant 0,\end{cases}$ $g(x)=\begin{cases}2-ax, & x\leqslant -1,\\ x, & -1<x<0,\\ x-b, & x\geqslant 0.\end{cases}$ 若 $f(x)+g(x)$ 在 $\mathbf{R}$ 上连续，则

(A) $a=3,b=1$.　　(B) $a=3,b=2$.　　(C) $a=-3,b=1$.　　(D) $a=-3,b=2$.

答题区

41（2020，2 题，4 分）函数 $f(x)=\dfrac{e^{\frac{1}{x-1}}\ln|1+x|}{(e^x-1)(x-2)}$ 的第二类间断点的个数为

(A) 1.　　(B) 2.　　(C) 3.　　(D) 4.

答题区

小 结

这里主要有以下三类问题：

1. 讨论函数的连续性.

常用的方法有：

(1) 利用连续的定义(特别是分段函数的分界点).

(2) 利用连续函数的运算法则(四则、复合及反函数).

(3) 利用初等函数在其定义区间内都是连续的.

2. 求已知表达式函数的间断点并判别类型.

首先求出函数没有定义的点(必为间断点)和分段函数分界点(可疑间断点)，再对以上点按间断点的分类判别其类型.

3. 求由极限式定义的函数的间断点并判别其类型.

此类问题首先求出极限，得到所要讨论的函数 $f(x)$ 的表达式，然后再求间断点并判别其类型.

解题加速度

1.(2013，数三，4分)函数 $f(x)=\dfrac{|x|^x-1}{x(x+1)\ln|x|}$ 的可去间断点的个数为

(A)0.　　(B)1.　　(C)2.　　(D)3.

演算空间

2.(2016，数一，4分)已知函数 $f(x)=\begin{cases} x, & x\leqslant 0, \\ \dfrac{1}{n}, & \dfrac{1}{n+1}<x\leqslant\dfrac{1}{n}, n=1,2,\cdots, \end{cases}$ 则

(A) $x=0$ 是 $f(x)$ 的第一类间断点.

(B) $x=0$ 是 $f(x)$ 的第二类间断点.

(C) $f(x)$ 在 $x=0$ 处连续但不可导.

(D) $f(x)$ 在 $x=0$ 处可导.

演算空间

第二章　一元函数微分学

本章导读

导数与微分是微分学的两个基本概念，是研究函数局部性质的基础．微分中值定理建立了函数和导数之间的联系，是利用导数研究函数基本性质的理论基础．

其主要内容

1. 导数与微分的概念及其几何意义．
2. 连续、可导、可微之间的关系．
3. 微分法(有理运算，复合函数，隐函数，参数方程等)．
4. 微分中值定理(罗尔，拉格朗日，柯西，泰勒)．
5. 函数基本性质及判定(单调性，极值与最值，曲线的凹凸性与拐点，渐近线)．

试题特点

本章考试内容多，考题占比大(一般 20 分左右)，主要知识点有基本概念 —— 导数与微分；基本方法 —— 微分法，基本理论 —— 微分中值定理，应用 —— 函数性质．

本章常考题型

1. 导数概念．
2. 微分法(复合函数，隐函数，参数方程)．
3. 函数的单调性与极值．
4. 曲线的凹向与拐点．
5. 方程的根．
6. 证明函数不等式．
7. 微分中值定理证明题．

后三种题型是难点，考研试卷上最难的题经常出在这一章，也就是与微分中值定理有关的证明题．

真题分类练习

一、导数与微分的概念

1 (2011，2 题，4 分) 已知 $f(x)$ 在 $x=0$ 处可导，且 $f(0)=0$，则 $\lim\limits_{x\to 0}\dfrac{x^2 f(x)-2f(x^3)}{x^3}=$

(A) $-2f'(0)$.　　(B) $-f'(0)$.　　(C) $f'(0)$.　　(D) 0.

答题区

2 (2015,3 题,4 分) 设函数 $f(x)=\begin{cases} x^{\alpha}\cos\dfrac{1}{x^{\beta}}, & x>0, \\ 0, & x\leqslant 0, \end{cases}$ $(\alpha>0,\beta>0)$,若 $f'(x)$ 在 $x=0$ 处连续,则

(A) $\alpha-\beta>1$.　　(B) $0<\alpha-\beta\leqslant 1$.　　(C) $\alpha-\beta>2$.　　(D) $0<\alpha-\beta\leqslant 2$.

答题区

3 (2018,2 题,4 分) 下列函数中,在 $x=0$ 处不可导的是

(A) $f(x)=|x|\sin|x|$.　　(B) $f(x)=|x|\sin\sqrt{|x|}$.

(C) $f(x)=\cos|x|$.　　(D) $f(x)=\cos\sqrt{|x|}$.

答题区

4 (2022,3 题,5 分) 设函数 $f(x)$ 在 $x=x_0$ 处具有 2 阶导数,则

(A) 当 $f(x)$ 在 x_0 的某邻域内单调增加时,$f'(x_0)>0$.

(B) 当 $f'(x_0)>0$ 时,$f(x)$ 在 x_0 的某邻域内单调增加.

(C) 当 $f(x)$ 在 x_0 的某邻域内是凹函数时,$f''(x_0)>0$.

(D) 当 $f''(x_0)>0$ 时,$f(x)$ 在 x_0 的某邻域内是凹函数.

答题区

小 结

这里常见的是以下两种问题：

(1) 已知 $f(x)$ 在 x_0 处可导，求与 $f(x)$ 在 x_0 点导数定义 $f'(x_0)=\lim\limits_{x\to x_0}\dfrac{f(x)-f(x_0)}{x-x_0}$ 有关的极限，请总结解决此类问题常用方法；

(2) 上一种问题的反问题. 已知与 $f(x)$ 在 x_0 点导数定义 $f'(x_0)=\lim\limits_{x\to x_0}\dfrac{f(x)-f(x_0)}{x-x_0}$ 有关的极限存在，问 $f(x)$ 在 x_0 处是否可导？

解题加速度

(2020，数一，4 分) 设函数 $f(x)$ 在区间 $(-1,1)$ 内有定义，且 $\lim\limits_{x\to 0}f(x)=0$，则

(A) 当 $\lim\limits_{x\to 0}\dfrac{f(x)}{\sqrt{|x|}}=0$，$f(x)$ 在 $x=0$ 处可导.

(B) 当 $\lim\limits_{x\to 0}\dfrac{f(x)}{x^2}=0$，$f(x)$ 在 $x=0$ 处可导.

(C) 当 $f(x)$ 在 $x=0$ 处可导时，$\lim\limits_{x\to 0}\dfrac{f(x)}{\sqrt{|x|}}=0$.

(D) 当 $f(x)$ 在 $x=0$ 处可导时，$\lim\limits_{x\to 0}\dfrac{f(x)}{x^2}=0$.

演算空间

二、导数与微分计算

5 (2009，12 题，4 分) 设 $y=y(x)$ 是由方程 $xy+e^y=x+1$ 确定的隐函数，则 $\left.\dfrac{d^2y}{dx^2}\right|_{x=0}=$ ______.

答题区

6（2010，11 题，4 分）函数 $y=\ln(1-2x)$ 在 $x=0$ 处的 n 阶导数 $y^{(n)}(0)=$ ________.

答题区

7（2012，2 题，4 分）设函数 $f(x)=(\mathrm{e}^{x}-1)(\mathrm{e}^{2x}-2)\cdots(\mathrm{e}^{nx}-n)$，其中 n 为正整数，则 $f'(0)=$

(A) $(-1)^{n-1}(n-1)!$.
(B) $(-1)^{n}(n-1)!$.
(C) $(-1)^{n-1}n!$.
(D) $(-1)^{n}n!$.

答题区

8（2012，9 题，4 分）设 $y=y(x)$ 是由方程 $x^{2}-y+1=\mathrm{e}^{y}$ 所确定的隐函数，则 $\left.\dfrac{\mathrm{d}^{2}y}{\mathrm{d}x^{2}}\right|_{x=0}=$ ________.

答题区

9（2013，2 题，4 分）设函数 $y=f(x)$ 由方程 $\cos(xy)+\ln y-x=1$ 确定，则 $\lim\limits_{n\to\infty}n\left[f\left(\dfrac{2}{n}\right)-1\right]=$

(A) 2.
(B) 1.
(C) -1.
(D) -2.

答题区

10（2013，10 题，4 分）设函数 $f(x)=\int_{-1}^{x}\sqrt{1-e^t}\,dt$，则 $y=f(x)$ 的反函数 $x=f^{-1}(y)$ 在 $y=0$ 处的导数 $\left.\frac{dx}{dy}\right|_{y=0}=$ ______.

答题区

11（2014，10 题，4 分）设 $f(x)$ 是周期为 4 的可导奇函数，且 $f'(x)=2(x-1)$，$x\in[0,2]$，则 $f(7)=$ ______.

答题区

12（2015，9 题，4 分）设 $\begin{cases}x=\arctan t,\\ y=3t+t^3,\end{cases}$ 则 $\left.\frac{d^2y}{dx^2}\right|_{t=1}=$ ______.

答题区

13（2015，10 题，4 分）函数 $f(x)=x^2 2^x$ 在 $x=0$ 处的 n 阶导数 $f^{(n)}(0)=$ ______.

答题区

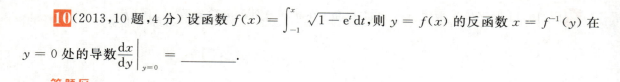

14(2017,10题,4分)设函数 $y=y(x)$ 由参数方程 $\begin{cases}x=t+\mathrm{e}^t,\\y=\sin t\end{cases}$ 确定,则 $\left.\dfrac{\mathrm{d}^2y}{\mathrm{d}x^2}\right|_{t=0}=$ ________.

答题区

15(2018,13题,4分)设函数 $z=z(x,y)$ 由方程 $\ln z+\mathrm{e}^{z-1}=xy$ 确定,则 $\left.\dfrac{\partial z}{\partial x}\right|_{(2,\frac{1}{2})}=$ ________.

答题区

16(2019,10题,4分)曲线 $\begin{cases}x=t-\sin t,\\y=1-\cos t\end{cases}$ 在 $t=\dfrac{3\pi}{2}$ 对应点处的切线在 y 轴上的截距为 ________.

答题区

17(2020,4题,4分)已知函数 $f(x)=x^2\ln(1-x)$,当 $n\geqslant 3$ 时,$f^{(n)}(0)=$

(A) $-\dfrac{n!}{n-2}$.　　(B) $\dfrac{n!}{n-2}$.

(C) $-\dfrac{(n-2)!}{n}$.　　(D) $\dfrac{(n-2)!}{n}$.

答题区

18(2020,9 题,4 分)$\begin{cases} x=\sqrt{t^2+1}, \\ y=\ln(t+\sqrt{t^2+1}), \end{cases}$ $\left.\dfrac{d^2y}{dx^2}\right|_{t=1}=$ ________.

答题区

19(2021,12 题,5 分)设函数 $y=y(x)$ 由参数方程 $\begin{cases} x=2e^t+t+1, \\ y=4(t-1)e^t+t^2 \end{cases}$ 确定,则 $\left.\dfrac{d^2y}{dx^2}\right|_{t=0}=$ ________.

答题区

20(2021,5 题,5 分)设函数 $f(x)=\sec x$ 在 $x=0$ 处的 2 次泰勒多项式为 $1+ax+bx^2$,则

(A)$a=1,b=-\dfrac{1}{2}$.　　(B)$a=1,b=\dfrac{1}{2}$.

(C)$a=0,b=-\dfrac{1}{2}$.　　(D)$a=0,b=\dfrac{1}{2}$.

答题区

21(2022,12 题,5 分)已知函数 $y=y(x)$ 由方程 $x^2+xy+y^3=3$ 确定,则 $y''(1)=$ ________.

答题区

22 (2022, 17 题, 10 分) 已知函数 $f(x)$ 在 $x=1$ 处可导，且 $\lim\limits_{x\to 0}\dfrac{f(e^{x^2})-3f(1+\sin^2 x)}{x^2}=2$，求 $f'(1)$.

答题区

小 结

导数与微分计算属基本运算，几乎年年都考，主要有以下几种题型：

1. 复合函数求导.
2. 隐函数求导.
3. 参数方程求导.
4. 高阶导数计算.
5. 分段函数的导数.

解题加速度

1. (2010, 数一, 4 分) 设 $\begin{cases} x=e^{-t}, \\ y=\int_0^t \ln(1+u^2)\,du, \end{cases}$ 则 $\left.\dfrac{d^2y}{dx^2}\right|_{t=0}=$ ________.

演算空间

2.（2012，数三，4 分）设函数 $f(x)=\begin{cases}\ln\sqrt{x}, & x\geqslant 1,\\ 2x-1, & x<1,\end{cases}$ $y=f(f(x))$，则 $\left.\dfrac{\mathrm{d}y}{\mathrm{d}x}\right|_{x=\mathrm{e}}=$ ________.

演算空间

3.（2013，数一，4 分）设函数 $y=f(x)$ 由方程 $y-x=\mathrm{e}^{x(1-y)}$ 确定，则 $\lim\limits_{n\to\infty}n\left[f\left(\dfrac{1}{n}\right)-1\right]=$ ________.

演算空间

4.（2016，数一，4 分）设函数 $f(x)=\arctan x-\dfrac{x}{1+ax^2}$，且 $f'''(0)=1$，则 $a=$ ________.

演算空间

三、导数的几何意义及相关变化率

23（2010，3 题，4 分）曲线 $y=x^2$ 与曲线 $y=a\ln x(a\neq 0)$ 相切，则 $a=$

(A)4e.　　(B)3e.　　(C)2e.　　(D)e.

答题区

24(2014,4 题,4 分) 曲线 $\begin{cases} x = t^2 + 7, \\ y = t^2 + 4t + 1 \end{cases}$ 上对应于 $t = 1$ 的点处的曲率半径是

(A) $\dfrac{\sqrt{10}}{50}$.　　(B) $\dfrac{\sqrt{10}}{100}$.　　(C) $10\sqrt{10}$.　　(D) $5\sqrt{10}$.

答题区

25(2009,9 题,4 分) 曲线 $\begin{cases} x = \int_0^{1-t} e^{-u^2} du, \\ y = t^2 \ln(2 - t^2) \end{cases}$ 在 $(0,0)$ 处的切线方程为________.

答题区

26(2010,13 题,4 分) 已知一个长方形的长 l 以 2cm/s 的速率增加,宽 w 以 3cm/s 的速率增加,当 $l = 12$cm,$w = 5$cm,它的对角线增加的速率为________.

答题区

27(2013,12 题,4 分) 曲线 $\begin{cases} x = \arctan t, \\ y = \ln \sqrt{1 + t^2} \end{cases}$ 上对应于 $t = 1$ 的点处的法线方程为________.

答题区

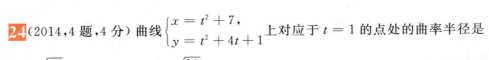

28（2014，12 题，4 分）曲线 L 的极坐标方程是 $r=\theta$，则 L 在点 $(r,\theta)=\left(\frac{\pi}{2},\frac{\pi}{2}\right)$ 处的切线的直角坐标方程是________.

答题区

29（2015，21 题，10 分）已知函数 $f(x)$ 在区间 $[a,+\infty)$ 上具有 2 阶导数，$f(a)=0$，$f'(x)>0$，$f''(x)>0$. 设 $b>a$，曲线 $y=f(x)$ 在点 $(b,f(b))$ 处的切线与 x 轴的交点是 $(x_0,0)$，证明：$a<x_0<b$.

答题区

30（2016，5 题，4 分）设函数 $f_i(x)(i=1,2)$ 具有 2 阶连续导数，且 $f_i''(x_0)<0(i=1,2)$，若两条曲线 $y=f_i(x)\ (i=1,2)$ 在点 (x_0,y_0) 处具有公切线 $y=g(x)$，且在该点处曲线 $y=f_1(x)$ 的曲率大于曲线 $y=f_2(x)$ 的曲率，则在 x_0 的某个邻域内，有

(A) $f_1(x)\leqslant f_2(x)\leqslant g(x)$.　　(B) $f_2(x)\leqslant f_1(x)\leqslant g(x)$.

(C) $f_1(x)\leqslant g(x)\leqslant f_2(x)$.　　(D) $f_2(x)\leqslant g(x)\leqslant f_1(x)$.

答题区

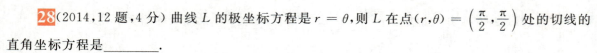

31(2016,13 题,4 分)已知动点 P 在曲线 $y=x^3$ 上运动,记坐标原点与 P 间的距离为 l,若点 P 的横坐标对时间的变化率为常数 v_0,则当点 P 运动到点(1,1)时,l 对时间的变化率是________.

答题区

32(2018,12 题,4 分)曲线 $\begin{cases} x=\cos^3 t, \\ y=\sin^3 t \end{cases}$ 在 $t=\dfrac{\pi}{4}$ 对应点处的曲率为________.

答题区

33(2018,20 题,11 分)已知曲线 $L: y=\dfrac{4}{9}x^2(x \geqslant 0)$,点 $O(0,0)$,点 $A(0,1)$. 设 P 是 L 上的动点,S 是直线 OA 与直线 AP 及曲线 L 所围图形的面积,若 P 运动到点(3,4)时沿 x 轴正向的速度是 4,求此时 S 关于时间 t 的变化率.

答题区

34（2019，6题，4分）设函数 $f(x),g(x)$ 的2阶导函数在 $x=a$ 处连续，则 $\lim\limits_{x\to a}\dfrac{f(x)-g(x)}{(x-a)^2}=0$ 是两条曲线 $y=f(x),y=g(x)$ 在 $x=a$ 对应的点处相切及曲率相等的

(A) 充分不必要条件.　　(B) 充分必要条件.

(C) 必要不充分条件.　　(D) 既不充分又不必要条件.

答题区

35（2021，3题，5分）有一圆柱体底面半径与高随时间变化的速率分别为2 cm/s，−3 cm/s. 当底面半径为10 cm，高为5 cm时，圆柱体的体积与表面积随时间变化的速率分别为

(A) $125\pi\ cm^3/s,40\pi\ cm^2/s$.　　(B) $125\pi\ cm^3/s,-40\pi\ cm^2/s$.

(C) $-100\pi\ cm^3/s,40\pi\ cm^2/s$.　　(D) $-100\pi\ cm^3/s,-40\pi\ cm^2/s$.

答题区

小 结

1. 导数的几何意义是切线的斜率. 有关的考题通常是建立曲线的切线方程或法线方程，其关键是求切线的斜率 k.

(1) 若曲线由显式方程 $y=f(x)$ 给出，则该曲线在 $x=x_0$ 处切线斜率为：$k=f'(x_0)$.

(2) 若曲线由 $F(x,y)=0$ 给出，则可用隐函数求导法求得：$k=y'(x_0)$.

(3) 若曲线由参数方程 $\begin{cases}x=x(t),\\y=y(t)\end{cases}$ 给出，则曲线对应 $t=t_0$ 处切线斜率为

$$k=\left.\frac{dy}{dx}\right|_{t=t_0}=\frac{y'(t_0)}{x'(t_0)}.$$

(4) 若曲线由极坐标方程 $r=r(\theta)$ 给出，此时，可得到该曲线参数方程 $\begin{cases}x=r(\theta)\cos\theta,\\y=r(\theta)\sin\theta,\end{cases}$

$$k=\frac{dy}{dx}=\frac{y'(\theta)}{x'(\theta)}.$$

2. 相关变化率问题通常首先建立题中几个相关量之间的关系式，然后该关系式两端对 t 求导.

解题加速度

1.(2011,数三,4 分)曲线 $\tan\left(x+y+\frac{\pi}{4}\right)=e^y$ 在点(0,0)处的切线方程为________.

演算空间

2.(2013,数三,4 分)设曲线 $y=f(x)$ 与 $y=x^2-x$ 在点(1,0)处有公共切线,则 $\lim\limits_{n\to\infty}nf\left(\frac{n}{n+2}\right)=$________.

演算空间

3.(2015,数一,10 分)设函数 $f(x)$ 在定义域 I 上的导数大于零.若对任意的 $x_0\in I$,曲线 $y=f(x)$ 在点 $(x_0,f(x_0))$ 处的切线与直线 $x=x_0$ 及 x 轴所围成区域的面积恒为 4,且 $f(0)=2$,求 $f(x)$ 的表达式.

演算空间

4.(2020,数三,4 分)曲线 $x+y+e^{2xy}=0$ 在点(0,-1)处的切线方程为________.

演算空间

四、函数的单调性、极值与最值

36（2011，3 题，4 分）函数 $f(x)=\ln|(x-1)(x-2)(x-3)|$ 的驻点个数为

(A)0.　　(B)1.　　(C)2.　　(D)3.

答题区

37（2010，15 题，10 分）求函数 $f(x)=\int_1^{x^2}(x^2-t)e^{-t^2}dt$ 的单调区间与极值.

答题区

38（2009，13 题，4 分）函数 $y=x^{2x}$ 在区间(0,1]上的最小值为________.

答题区

39(2014,16 题,10 分) 已知函数 $y=y(x)$ 满足微分方程 $x^2+y^2y'=1-y'$,且 $y(2)=0$.求 $y(x)$ 的极大值与极小值.

答题区

40(2016,4 题,4 分) 设函数 $f(x)$ 在$(-\infty,+\infty)$ 内连续,其导函数的图形如图所示,则

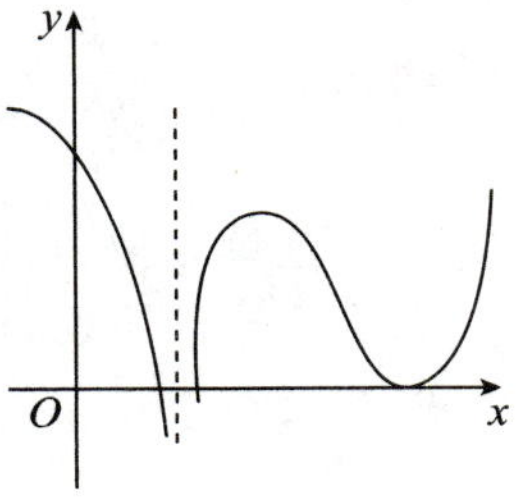

(A) 函数 $f(x)$ 有 2 个极值点,曲线 $y=f(x)$ 有 2 个拐点.

(B) 函数 $f(x)$ 有 2 个极值点,曲线 $y=f(x)$ 有 3 个拐点.

(C) 函数 $f(x)$ 有 3 个极值点,曲线 $y=f(x)$ 有 1 个拐点.

(D) 函数 $f(x)$ 有 3 个极值点,曲线 $y=f(x)$ 有 2 个拐点.

答题区

41(2016,16 题,10 分) 设函数 $f(x)=\int_0^1 |t^2-x^2|\,dt(x>0)$,求 $f'(x)$ 并求 $f(x)$ 的最小值.

答题区

42（2019，15题，10分）已知函数 $f(x)=\begin{cases}x^{2x}, & x>0,\\ xe^x+1, & x\leqslant 0,\end{cases}$ 求 $f'(x)$，并求 $f(x)$ 的极值.

答题区

43（2021，2题，5分）函数 $f(x)=\begin{cases}\dfrac{e^x-1}{x}, & x\neq 0,\\ 1, & x=0\end{cases}$ 在 $x=0$ 处

(A) 连续且取得极大值.　　(B) 连续且取得极小值.

(C) 可导且导数等于零.　　(D) 可导且导数不为零.

答题区

小结

这里主要是三个基本问题：

1. 判断函数单调性的常用结论：

(1) 设 $f(x)$ 在 $[a,b]$ 上连续，在 (a,b) 内可导，

① 若在 (a,b) 内 $f'(x)>0(<0)$，则 $f(x)$ 在 $[a,b]$ 上单调增加(减少).

② 若在 (a,b) 内 $f'(x)\geqslant 0(\leqslant 0)$，且在 (a,b) 的任意子区间上 $f'(x)\not\equiv 0$，则 $f(x)$ 在 $[a,b]$ 上单调增加(减少).

(2) 设 $f(x)$ 在区间 I 上可导，则

$f(x)$ 在区间 I 上单调不减(增)$\Leftrightarrow f'(x)\geqslant 0(\leqslant 0)$.

2. 求函数的极值.

分两步进行：

(1) 求出可能的极值点，即驻点和导数不存在的点.

(2) 对以上两种点用极值充分条件作判定.

3. 求最大最小值.

主要是两类问题：

(1) 求连续函数 $f(x)$ 在闭区间 $[a,b]$ 上的最值.

首先求出 $f(x)$ 在 (a,b) 内可能的极值点，即驻点和导数不存在的点，然后将可能的极值点上的函数值与两端点函数值 $f(a)$，$f(b)$ 比较，便可得到 $f(x)$ 在 $[a,b]$ 上的最值.

若 $f(x)$ 在 (a,b) 内只有唯一的极值点，且在该点取得极值，则该极值必为 $f(x)$ 在 $[a,b]$ 上的最值.

(2) 求最值的应用题.

首先建立目标函数并确定其定义域，此时问题转化为(1) 进一步求解.

解题加速度

1. (1996，数一，3 分) 设 $f(x)$ 有 2 阶连续导数，且 $f'(0)=0$，$\lim\limits_{x\to 0}\dfrac{f''(x)}{|x|}=1$，则

(A) $f(0)$ 是 $f(x)$ 的极大值.

(B) $f(0)$ 是 $f(x)$ 的极小值.

(C) $(0,f(0))$ 是曲线 $y=f(x)$ 的拐点.

(D) $f(0)$ 不是 $f(x)$ 的极值点，$(0,f(0))$ 也不是曲线 $y=f(x)$ 的拐点.

演算空间

2. (2010，数三，4 分) 设函数 $f(x)$，$g(x)$ 具有 2 阶导数，且 $g''(x)<0$. 若 $g(x_0)=a$ 是 $g(x)$ 极值，则 $f(g(x))$ 在 x_0 取极大值的一个充分条件是

(A) $f'(a)<0$. (B) $f'(a)>0$. (C) $f''(a)<0$. (D) $f''(a)>0$.

演算空间

3. (2017，数一，4 分) 设函数 $f(x)$ 可导，且 $f(x)f'(x)>0$，则

(A) $f(1)>f(-1)$. (B) $f(1)<f(-1)$.

(C) $|f(1)|>|f(-1)|$. (D) $|f(1)|<|f(-1)|$.

演算空间

4.（2017，数一，10 分）已知函数 $y(x)$ 由方程 $x^3+y^3-3x+3y-2=0$ 确定，求 $y(x)$ 的极值.

演算空间

五、曲线的凹向、拐点及渐近线

44（2011，16 题，11 分）设函数 $y=y(x)$ 由参数方程 $\begin{cases} x=\dfrac{1}{3}t^3+t+\dfrac{1}{3}, \\ y=\dfrac{1}{3}t^3-t+\dfrac{1}{3} \end{cases}$ 确定，求函数 $y=y(x)$ 的极值和曲线 $y=y(x)$ 的凹凸区间及拐点.

答题区

45（2010，10 题，4 分）曲线 $y=\dfrac{2x^3}{x^2+1}$ 的渐近线方程为________.

答题区

46(2012,1 题,4 分) 曲线 $y=\dfrac{x^2+x}{x^2-1}$ 的渐近线的条数为

(A)0. (B)1. (C)2. (D)3.

答题区

47(2012,13 题,4 分) 曲线 $y=x^2+x(x<0)$ 上曲率为$\dfrac{\sqrt{2}}{2}$ 的点的坐标是________.

答题区

48(2014,2 题,4 分) 下列曲线中有渐近线的是

(A)$y=x+\sin x$. (B)$y=x^2+\sin x$.

(C)$y=x+\sin\dfrac{1}{x}$. (D)$y=x^2+\sin\dfrac{1}{x}$.

答题区

49(2015,4 题,4 分) 设函数 $f(x)$ 在$(-\infty,+\infty)$ 内连续,其 2 阶导函数 $f''(x)$ 的图形如图所示,则曲线 $y=f(x)$ 的拐点个数为

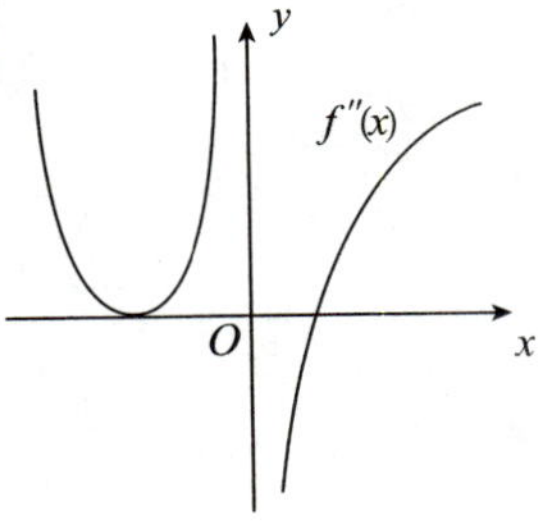

(A)0. (B)1.

(C)2. (D)3.

答题区

50（2016，9 题，4 分）曲线 $y=\dfrac{x^3}{1+x^2}+\arctan(1+x^2)$ 的斜渐近线方程为________.

答题区

51（2017，9 题，4 分）曲线 $y=x\left(1+\arcsin\dfrac{2}{x}\right)$ 的斜渐近线方程为________.

答题区

52（2018，10 题，4 分）曲线 $y=x^2+2\ln x$ 在其拐点处的切线方程是________.

答题区

53（2019，2 题，4 分）曲线 $y=x\sin x+2\cos x\left(-\dfrac{\pi}{2}<x<2\pi\right)$ 的拐点是

(A) $(0,2)$.　　(B) $(\pi,-2)$.　　(C) $\left(\dfrac{\pi}{2},\dfrac{\pi}{2}\right)$.　　(D) $\left(\dfrac{3\pi}{2},-\dfrac{3\pi}{2}\right)$.

答题区

54(2020,15 题,10 分) 求曲线 $y=\dfrac{x^{1+x}}{(1+x)^x}(x>0)$ 的斜渐近线方程.

答题区

55(2021,18 题,12 分) 已知函数 $f(x)=\dfrac{x|x|}{1+x}$,求曲线 $y=f(x)$ 的凹凸区间及渐近线.

答题区

小 结

这里主要是三个基本问题:

1. 确定曲线 $y=f(x)$ 的凹凸区间.

设 $f(x)$ 在$[a,b]$上连续,在(a,b)内 2 阶可导,若在(a,b)内 $f''(x)>0(<0)$,则曲线 $y=f(x)$ 在区间$[a,b]$ 上是凹(凸)的.

2. 求曲线的拐点.

拐点只可能出现在两种点处,即 2 阶导数为零和 2 阶导数不存在的点处.

(1) 设 $f''(x_0)=0$ 或 $f''(x_0)$ 不存在,若 $f''(x)$ 在 x_0 点两侧变号,则点$(x_0,f(x_0))$为曲线 $y=f(x)$ 的拐点;若 $f''(x)$ 在 x_0 点两侧不变号,则点$(x_0,f(x_0))$不是曲线 $y=f(x)$ 的拐点.

(2) 若 $f''(x_0)=0,f'''(x_0)\neq 0$,则点$(x_0,f(x_0))$为曲线 $y=f(x)$ 的拐点.

3. 求曲线的渐近线.

渐近线有三种.

(1) 铅直渐近线. 若$\lim\limits_{x\to x_0}f(x)=\infty$(或$\lim\limits_{x\to x_0^-}f(x)=\infty$,或$\lim\limits_{x\to x_0^+}f(x)=\infty$),则$x=x_0$为曲线$y=f(x)$的一条铅直渐近线.

(2) 水平渐近线. 若$\lim\limits_{x\to\infty}f(x)=A$(或$\lim\limits_{x\to-\infty}f(x)=A$,或$\lim\limits_{x\to+\infty}f(x)=A$),则$y=A$为曲线$y=f(x)$的一条水平渐近线.

(3) 斜渐近线. 若$\lim\limits_{x\to\infty}\dfrac{f(x)}{x}=a$,且$\lim\limits_{x\to\infty}(f(x)-ax)=b$,则$y=ax+b$为曲线$y=f(x)$的一条斜渐近线.

解题加速度

1. (2007,数三,10分) 设函数$y=y(x)$由方程$y\ln y-x+y=0$确定,试判断曲线$y=y(x)$在点(1,1)附近的凹凸性.

演算空间

2. (2010,数三,4分) 若曲线$y=x^3+ax^2+bx+1$有拐点$(-1,0)$,则$b=$ ________.

演算空间

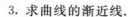

3.(2012,数三,10 分) 已知函数 $f(x)$ 满足方程 $f''(x)+f'(x)-2f(x)=0$ 及 $f''(x)+f(x)=2e^x$.

(Ⅰ)求 $f(x)$ 的表达式;

(Ⅱ)求曲线 $y=f(x^2)\int_0^x f(-t^2)\mathrm{d}t$ 的拐点.

演算空间

六、证明函数不等式

56(2012,20 题,10 分) 证明:$x\ln\dfrac{1+x}{1-x}+\cos x\geqslant 1+\dfrac{x^2}{2}(-1<x<1)$.

答题区

57（2014，3题，4分）设函数 $f(x)$ 具有2阶导数，$g(x)=f(0)(1-x)+f(1)x$，则在区间 $[0,1]$ 上

(A) 当 $f'(x)\geqslant 0$ 时，$f(x)\geqslant g(x)$.

(B) 当 $f'(x)\geqslant 0$ 时，$f(x)\leqslant g(x)$.

(C) 当 $f''(x)\geqslant 0$ 时，$f(x)\geqslant g(x)$.

(D) 当 $f''(x)\geqslant 0$ 时，$f(x)\leqslant g(x)$.

答题区

58（2018，4题，4分）设函数 $f(x)$ 在 $[0,1]$ 上2阶可导，且 $\int_0^1 f(x)\mathrm{d}x=0$，则

(A) 当 $f'(x)<0$ 时，$f\left(\frac{1}{2}\right)<0$.

(B) 当 $f''(x)<0$ 时，$f\left(\frac{1}{2}\right)<0$.

(C) 当 $f'(x)>0$ 时，$f\left(\frac{1}{2}\right)<0$.

(D) 当 $f''(x)>0$ 时，$f\left(\frac{1}{2}\right)<0$.

答题区

59（2018，18题，10分）已知常数 $k\geqslant \ln 2-1$. 证明：$(x-1)(x-\ln^2 x+2k\ln x-1)\geqslant 0$.

答题区

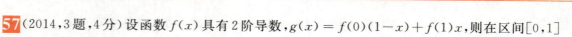

60(2020,6 题,4 分)设函数 $f(x)$ 在区间$[-2,2]$上可导,且 $f'(x)>f(x)>0$,则

(A) $\dfrac{f(-2)}{f(-1)}>1$.　　(B) $\dfrac{f(0)}{f(-1)}>\mathrm{e}$.　　(C) $\dfrac{f(1)}{f(-1)}<\mathrm{e}^2$.　　(D) $\dfrac{f(2)}{f(-1)}<\mathrm{e}^3$.

答题区

61(2022,21 题,12 分)设函数 $f(x)$ 在$(-\infty,+\infty)$内具有 2 阶连续导数.证明:$f''(x)\geqslant 0$ 的充分必要条件是对不同的实数 $a,b,f\left(\dfrac{a+b}{2}\right)\leqslant\dfrac{1}{b-a}\displaystyle\int_a^b f(x)\mathrm{d}x$.

答题区

小 结

证明函数不等式常用的有以下五种方法:

1. 利用函数单调性.
2. 利用函数的最值.
3. 利用拉格朗日中值定理.
4. 利用泰勒公式.
5. 利用凹凸性(定义或性质).

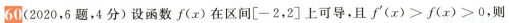

解题加速度

（2009，数三，4分）使不等式$\int_1^x \frac{\sin t}{t}\mathrm{d}t > \ln x$成立的$x$的范围是

(A) $(0,1)$.　　(B) $\left(1,\frac{\pi}{2}\right)$.　　(C) $\left(\frac{\pi}{2},\pi\right)$.　　(D) $(\pi,+\infty)$.

演算空间

七、方程根的存在性与个数

62（2009，5题，4分）若$f''(x)$不变号，且曲线$y=f(x)$在点$(1,1)$上的曲率圆为$x^2+y^2=2$，则函数$f(x)$在区间$(1,2)$内

(A) 有极值点，无零点.　　(B) 无极值点，有零点.

(C) 有极值点，有零点.　　(D) 无极值点，无零点.

答题区

63（2012，21题，10分）

（Ⅰ）证明方程$x^n+x^{n-1}+\cdots+x=1$（n为大于1的整数）在区间$\left(\frac{1}{2},1\right)$内有且仅有一个实根；

（Ⅱ）记（Ⅰ）中的实根为x_n，证明$\lim\limits_{n\to\infty}x_n$存在，并求此极限.

答题区

64（2016，21 题，11 分）已知 $f(x)$ 在 $\left[0,\frac{3\pi}{2}\right]$ 上连续，在 $\left(0,\frac{3\pi}{2}\right)$ 内是函数 $\frac{\cos x}{2x-3\pi}$ 的一个原函数，$f(0)=0$.

（Ⅰ）求 $f(x)$ 在区间 $\left[0,\frac{3\pi}{2}\right]$ 上的平均值；

（Ⅱ）证明 $f(x)$ 在区间 $\left(0,\frac{3\pi}{2}\right)$ 内存在唯一零点.

答题区

65（2017，19 题，10 分）设函数 $f(x)$ 在区间 $[0,1]$ 上具有 2 阶导数，且 $f(1)>0$，$\lim\limits_{x\to 0^+}\frac{f(x)}{x}<0$，证明：

（Ⅰ）方程 $f(x)=0$ 在区间 $(0,1)$ 内至少存在一个实根；

（Ⅱ）方程 $f(x)f''(x)+[f'(x)]^2=0$ 在区间 $(0,1)$ 内至少存在两个不同实根.

答题区

66（2021，4 题，5 分）设函数 $f(x)=ax-b\ln x(a>0)$ 有 2 个零点，则 $\dfrac{b}{a}$ 的取值范围是

(A) $(\mathrm{e},+\infty)$.　　(B) $(0,\mathrm{e})$.　　(C) $\left(0,\dfrac{1}{\mathrm{e}}\right)$.　　(D) $\left(\dfrac{1}{\mathrm{e}},+\infty\right)$.

答题区

小 结

方程根的问题通常是两个基本问题：

1. 根的存在性问题. 解决方法有两种：

(1) 利用连续函数的零点定理. 若 $f(x)$ 在 $[a,b]$ 上连续，且 $f(a)$ 与 $f(b)$ 异号，则方程 $f(x)=0$ 在 (a,b) 内至少有一个实根.

(2) 利用罗尔定理. 若 $F(x)$ 在 $[a,b]$ 上满足罗尔定理条件，且 $F'(x)\equiv f(x)$，$x\in(a,b)$，则方程 $f(x)=0$ 在 (a,b) 内至少有一个实根.

2. 根的个数. 解决方法有两种：

(1) 利用函数的单调性. 若 $f(x)$ 在 (a,b) 内单调（可通过 $f'(x)>0$ 或 $f'(x)<0$ 判定），则方程 $f(x)=0$ 在 (a,b) 内最多有一个实根.

(2) 利用罗尔定理的推论. 若在区间 I 上 $f^{(n)}(x)\neq 0$，则方程 $f(x)=0$ 在 (a,b) 内至多有 n 个实根.

解题加速度

1.（2011，数一，10 分）求方程 $k\arctan x-x=0$ 不同实根的个数，其中 k 为参数.

演算空间

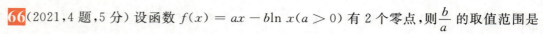

2.(2011,数三,10 分) 证明 $4\arctan x - x + \frac{4\pi}{3} - \sqrt{3} = 0$ 恰有两个实根.

演算空间

八、微分中值定理有关的证明题

67(2010,21 题,10 分) 设函数 $f(x)$ 在闭区间 $[0,1]$ 上连续,在开区间 $(0,1)$ 内可导,且 $f(0)=0, f(1)=\frac{1}{3}$,证明:存在 $\xi \in \left(0,\frac{1}{2}\right), \eta \in \left(\frac{1}{2},1\right)$,使得

$$f'(\xi)+f'(\eta)=\xi^2+\eta^2.$$

答题区

68（2009，21 题，11 分）（Ⅰ）证明拉格朗日中值定理：若函数 $f(x)$ 在 $[a,b]$ 上连续，在 (a,b) 内可导，则存在点 $\xi \in (a,b)$，使得 $f(b)-f(a)=f'(\xi)(b-a)$；

（Ⅱ）证明：若函数 $f(x)$ 在 $x=0$ 处连续，在 $(0,\delta)(\delta>0)$ 内可导，且 $\lim\limits_{x\to 0^+} f'(x)=A$，则 $f'_+(0)$ 存在，且 $f'_+(0)=A$.

答题区

69（2013，18 题，10 分）设奇函数 $f(x)$ 在 $[-1,1]$ 上具有 2 阶导数，且 $f(1)=1$. 证明：

（Ⅰ）存在 $\xi \in (0,1)$，使得 $f'(\xi)=1$；

（Ⅱ）存在 $\eta \in (-1,1)$，使得 $f''(\eta)+f'(\eta)=1$.

答题区

70（2015，19 题，11 分）已知函数 $f(x)=\int_x^1 \sqrt{1+t^2}\,\mathrm{d}t+\int_1^{x^2}\sqrt{1+t}\,\mathrm{d}t$，求 $f(x)$ 零点的个数.

答题区

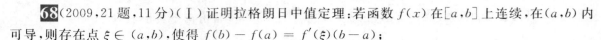

71(2019,21 题,11 分)已知函数 $f(x)$ 在$[0,1]$上具有 2 阶导数,且 $f(0)=0,f(1)=1$,$\int_0^1 f(x)\mathrm{d}x=1$,证明:

(Ⅰ)存在 $\xi\in(0,1)$,使得 $f'(\xi)=0$;

(Ⅱ)存在 $\eta\in(0,1)$,使得 $f''(\eta)<-2$.

答题区

72(2020,20 题,11 分)设函数 $f(x)=\int_1^x \mathrm{e}^{t^2}\mathrm{d}t$.

(Ⅰ)证明:存在 $\xi\in(1,2)$,使得 $f(\xi)=(2-\xi)\mathrm{e}^{\xi^2}$;

(Ⅱ)证明:存在 $\eta\in(1,2)$,使得 $f(2)=\ln 2\cdot\eta\mathrm{e}^{\eta^2}$.

答题区

小 结

微分中值定理证明题通常主要是三类问题:

1. 证明存在一个点 ξ,使 $F[\xi,f(\xi),f'(\xi)]=0$

这类问题一般是构造辅助函数用罗尔定理或用拉格朗日中值定理.

常用的辅助函数有:

要证明的结论	可考虑的辅助函数
$\xi f'(\xi)+f(\xi)=0$	$xf(x)$
$\xi f'(\xi)+nf(\xi)=0$	$x^n f(x)$
$\xi f'(\xi)-f(\xi)=0$	$\dfrac{f(x)}{x}$
$\xi f'(\xi)-nf(\xi)=0$	$\dfrac{f(x)}{x^n}$
$f'(\xi)+\lambda f(\xi)=0$	$\mathrm{e}^{\lambda x}f(x)$
$f'(\xi)+f(\xi)=0$	$\mathrm{e}^{x}f(x)$
$f'(\xi)-f(\xi)=0$	$\mathrm{e}^{-x}f(x)$

2. 证明存在两个点 ξ,η(双中值) 使 $F(\xi,f(\xi),f'(\xi),\eta,f(\eta),f'(\eta))=0$.

这里又可分为两种问题：

(1) 不要求 $\xi\neq\eta$. 这种问题通常是在同一区间$[a,b]$上用两次微分中值定理，一般是用拉格朗日定理和柯西定理，具体如何用要将要证结论中含有 ξ 的项和含有 η 的项分离开，然后再确定.

(2) 要求 $\xi\neq\eta$. 这种问题不能在同一区间$[a,b]$上用两次中值定理，因为无法证明 $\xi\neq\eta$. 通常要将原区间$[a,b]$分成两个区间$[a,c]$和$[c,b]$，然后在$[a,c]$和$[c,b]$上分别用拉格朗日定理. 这里分点 c 的选取是关键.

3. 有关泰勒中值定理的证明题.

一般来说，当题设条件或要证的结论中出现 2 阶或 2 阶以上导数，往往要用泰勒中值定理.

解题加速度

1. (1999, 数三, 7 分) 设函数 $f(x)$ 在区间$[0,1]$上连续，在$(0,1)$内可导，且 $f(0)=f(1)=0$，$f\left(\frac{1}{2}\right)=1$. 试证

(1) 存在 $\eta\in\left(\frac{1}{2},1\right)$，使 $f(\eta)=\eta$；

(2) 对任意实数 λ，必存在 $\xi\in(0,\eta)$，使得 $f'(\xi)-\lambda(f(\xi)-\xi)=1$.

演算空间

2.(1998,数三,6 分) 设函数 $f(x)$ 在 $[a,b]$ 上连续,在 (a,b) 内可导,且 $f'(x)\neq 0$. 试证存在 $\xi,\eta\in(a,b)$,使得

$$\frac{f'(\xi)}{f'(\eta)}=\frac{\mathrm{e}^b-\mathrm{e}^a}{b-a}\mathrm{e}^{-\eta}.$$

演算空间

3.(2010,数三,10 分) 设函数 $f(x)$ 在 $[0,3]$ 上连续,在 $(0,3)$ 内存在 2 阶导数,且

$$2f(0)=\int_0^2 f(x)\mathrm{d}x=f(2)+f(3).$$

(Ⅰ) 证明:存在 $\eta\in(0,2)$,使 $f(\eta)=f(0)$;

(Ⅱ) 证明:存在 $\xi\in(0,3)$,使得 $f''(\xi)=0$.

演算空间

4.(2013,数三,6分) 设函数 $f(x)$ 在 $[0,+\infty)$ 上可导，$f(0)=0$ 且 $\lim\limits_{x\to+\infty} f(x)=2$，证明：

（Ⅰ）存在 $a>0$，使得 $f(a)=1$；

（Ⅱ）对（Ⅰ）中的 a，存在 $\xi\in(0,a)$，使得 $f'(\xi)=\dfrac{1}{a}$.

演算空间

5.(2020,数一,10分) 设函数 $f(x)$ 在区间 $[0,2]$ 上具有连续导数，$f(0)=f(2)=0$，$M=\max\limits_{x\in[0,2]}\{|f(x)|\}$，证明：

（Ⅰ）存在 $\xi\in(0,2)$，使得 $|f'(\xi)|\geqslant M$.

（Ⅱ）若对任意的 $x\in(0,2)$，$|f'(x)|\leqslant M$，则 $M=0$.

演算空间

第三章　一元函数积分学

本章导读

一元函数积分学是微积分的另一个主要内容．与微分学不同，积分是研究函数整体性质的．其中不定积分是微分的逆运算，定积分是一种和式的极限，微积分基本定理和牛顿-莱布尼茨公式阐明了微分学和积分学的内在联系，换元法和分部积分法是计算不定积分和定积分的两种主要方法，微元法是用定积分解决几何、物理等问题的一种常用的基本方法．一元函数积分是多元函数积分的基础．

其主要内容

(1) 不定积分与原函数的概念，求不定积分的两种主要方法——换元法，分部积分法；

(2) 定积分的概念、性质及计算方法(换元、分部)，变上限积分及其导数；

(3) 反常积分的概念与计算；

(4) 定积分应用(几何，物理)．

试题特点

定积分与不定积分是积分学的两个基本概念，计算不定积分和定积分是微积分的一种基本运算，是考研的一个重点，定积分应用是考研试卷中应用题考得最多的一个内容．

本章常考题型

(1) 不定积分、定积分及反常积分的计算．

(2) 变上限积分及其应用．

(3) 用定积分计算几何、物理量．

(4) 一元微积分学的综合题．

真题分类练习

一、不定积分的计算

1 (2009，16 题，10 分) 计算不定积分$\int \ln\left(1+\sqrt{\frac{1+x}{x}}\right)\mathrm{d}x\,(x>0)$．

答题区

2（2016,2 题,4 分）已知函数 $f(x)=\begin{cases}2(x-1), & x<1,\\ \ln x, & x\geqslant 1,\end{cases}$ 则 $f(x)$ 的一个原函数是

(A) $F(x)=\begin{cases}(x-1)^2, & x<1,\\ x(\ln x-1), & x\geqslant 1.\end{cases}$ (B) $F(x)=\begin{cases}(x-1)^2, & x<1,\\ x(\ln x+1)-1, & x\geqslant 1.\end{cases}$

(C) $F(x)=\begin{cases}(x-1)^2, & x<1,\\ x(\ln x+1)+1, & x\geqslant 1.\end{cases}$ (D) $F(x)=\begin{cases}(x-1)^2, & x<1,\\ x(\ln x-1)+1, & x\geqslant 1.\end{cases}$

答题区

3（2018,15 题,10 分）求不定积分 $\int e^{2x}\arctan\sqrt{e^x-1}\,dx$.

答题区

4（2019,16 题,10 分）求不定积分 $\int \frac{3x+6}{(x-1)^2(x^2+x+1)}dx$.

答题区

小　结

1. 不定积分的计算重点考察求不定积分的基本方法：

(1) 分项积分法.　　(2) 凑微分法.

(3) 换元法.　　(4) 分部积分法.

考生不应用大量时间在一些难题和偏题上.

2. 专门考不定积分的试题并不是很多，但计算不定积分是一种基本运算，在其他试题中经常考(定积分、多元积分、微分方程)，所以考生必须熟练掌握求不定积分的基本方法.

解题加速度

1.(2011，数三，10 分) 求不定积分 $\int \frac{\arcsin \sqrt{x} + \ln x}{\sqrt{x}} \mathrm{d}x$.

演算空间

2.(2018，数三，4 分) $\int \mathrm{e}^{x} \arcsin \sqrt{1 - \mathrm{e}^{2x}} \mathrm{d}x =$ ________.

演算空间

二、定积分概念、性质及几何意义

5（2011，6 题，4 分）设 $I=\int_0^{\frac{\pi}{4}}\ln(\sin x)\mathrm{d}x$，$J=\int_0^{\frac{\pi}{4}}\ln(\cot x)\mathrm{d}x$，$K=\int_0^{\frac{\pi}{4}}\ln(\cos x)\mathrm{d}x$，则 I,J,K 的大小关系为

(A) $I<J<K$.　(B) $I<K<J$.　(C) $J<I<K$.　(D) $K<J<I$.

答题区

6（2012，4 题，4 分）设 $I_k=\int_0^{k\pi}\mathrm{e}^{x^2}\sin x\mathrm{d}x(k=1,2,3)$，则有

(A) $I_1<I_2<I_3$.　(B) $I_3<I_2<I_1$.

(C) $I_2<I_3<I_1$.　(D) $I_2<I_1<I_3$.

答题区

7（2017，17 题，10 分）求 $\lim\limits_{n\to\infty}\sum\limits_{k=1}^{n}\frac{k}{n^2}\ln\left(1+\frac{k}{n}\right)$.

答题区

8（2021，7 题，5 分）设函数 $f(x)$ 在区间$[0,1]$上连续，则$\int_0^1 f(x)\mathrm{d}x=$

(A) $\lim\limits_{n\to\infty}\sum\limits_{k=1}^{n} f\left(\frac{2k-1}{2n}\right)\frac{1}{2n}$.

(B) $\lim\limits_{n\to\infty}\sum\limits_{k=1}^{n} f\left(\frac{2k-1}{2n}\right)\frac{1}{n}$.

(C) $\lim\limits_{n\to\infty}\sum\limits_{k=1}^{2n} f\left(\frac{k-1}{2n}\right)\frac{1}{n}$.

(D) $\lim\limits_{n\to\infty}\sum\limits_{k=1}^{2n} f\left(\frac{k}{2n}\right)\frac{2}{n}$.

答题区

9（2022，7 题，5 分）已知 $I_1=\int_0^1 \frac{x}{2(1+\cos x)}\mathrm{d}x, I_2=\int_0^1 \frac{\ln(1+x)}{1+\cos x}\mathrm{d}x, I_3=\int_0^1 \frac{2x}{1+\sin x}\mathrm{d}x$，则

(A) $I_1<I_2<I_3$.

(B) $I_2<I_1<I_3$.

(C) $I_1<I_3<I_2$.

(D) $I_3<I_2<I_1$.

答题区

小 结

1. 定积分是一种和式的极限$\int_a^b f(x)\mathrm{d}x=\lim\limits_{\lambda\to 0}\sum\limits_{i=1}^{n} f(\xi_i)\Delta x_i$，利用定积分定义求某种和式极限是考查定积分概念的一种常见题型，其关键是先提一个因子$\frac{1}{n}$，然后再确定被积函数和积分区间. 一种最常见的和式极限

$$\lim_{n\to\infty}\frac{1}{n}\sum_{i=1}^{n} f\left(\frac{i}{n}\right)=\int_0^1 f(x)\mathrm{d}x.$$

2. 定积分的几何意义

定积分$\int_a^b f(x)\mathrm{d}x$ 在几何上表示曲线 $y=f(x)$，直线 $x=a, x=b$ 及 x 轴在 x 轴上方所围面积与在 x 轴下方所围面积之差.

3. 定积分的性质重点是不等式性质及积分中值定理.

(1) 不等式性质.

① 若在$[a,b]$上 $f(x)\leqslant g(x)$，则$\int_a^b f(x)\mathrm{d}x\leqslant\int_a^b g(x)\mathrm{d}x$；

特别的，若 $f(x)\geqslant 0$，则$\int_a^b f(x)\mathrm{d}x\geqslant 0$.

② 若 $f(x)$ 在$[a,b]$上连续，M 和 m 为 $f(x)$ 在$[a,b]$上的最大值和最小值，则

$$m(b-a)\leqslant\int_a^b f(x)\mathrm{d}x\leqslant M(b-a).$$

③ $\left|\int_a^b f(x)\mathrm{d}x\right|\leqslant\int_a^b |f(x)|\mathrm{d}x(a<b)$.

(2) 积分中值定理.

① 设 $f(x)$ 在$[a,b]$上连续，则$\int_a^b f(x)\mathrm{d}x=f(c)(b-a)$，其中 $a<c<b$.

② 设 $f(x)$ 和 $g(x)$ 都在$[a,b]$上连续，且 $g(x)$ 不变号，则

$$\int_a^b f(x)g(x)\mathrm{d}x=f(c)\int_a^b g(x)\mathrm{d}x,(a\leqslant c\leqslant b).$$

三、定积分计算

10（2014，9 题，4 分）$\int_{-\infty}^{1}\frac{1}{x^2+2x+5}\mathrm{d}x=$ ________.

答题区

11（2018，5 题，4 分）设 $M=\int_{-\frac{\pi}{2}}^{\frac{\pi}{2}}\frac{(1+x)^2}{1+x^2}\mathrm{d}x$，$N=\int_{-\frac{\pi}{2}}^{\frac{\pi}{2}}\frac{1+x}{\mathrm{e}^x}\mathrm{d}x$，$K=\int_{-\frac{\pi}{2}}^{\frac{\pi}{2}}(1+\sqrt{\cos x})\mathrm{d}x$，则

(A)$M>N>K$.　(B)$M>K>N$.　(C)$K>M>N$.　(D)$K>N>M$.

答题区

12（2019，13 题，4 分）已知函数 $f(x)=x\int_1^x \frac{\sin t^2}{t}\mathrm{d}t$，则$\int_0^1 f(x)\mathrm{d}x=$ ________.

答题区

13（2022，13 题，5 分）$\int_0^1 \frac{2x+3}{x^2-x+1}\mathrm{d}x=$ ________.

答题区

小 结

计算定积分常用的有以下五种方法：

1. 利用牛顿-莱布尼茨公式：

$$\int_a^b f(x)\mathrm{d}x=F(b)-F(a).$$

2. 利用定积分换元法.

3. 利用定积分的分部积分法.

4. 利用奇偶性，周期性计算定积分：

(1) $\int_{-a}^a f(x)\mathrm{d}x=\begin{cases}2\int_0^a f(x)\mathrm{d}x, & f(x)\text{ 为连续的偶函数},\\ 0, & f(x)\text{ 为连续的奇函数}.\end{cases}$

(2) 若 $f(x)$ 为周期为 T 的连续函数，则

$$\int_a^{a+T} f(x)\mathrm{d}x=\int_0^T f(x)\mathrm{d}x.$$

5. 利用已有公式计算定积分：

(1) $\int_0^{\frac{\pi}{2}}\sin^n x\mathrm{d}x=\int_0^{\frac{\pi}{2}}\cos^n x\mathrm{d}x=\begin{cases}\frac{n-1}{n}\cdot\frac{n-3}{n-2}\cdot\cdots\cdot\frac{1}{2}\cdot\frac{\pi}{2}, & n\text{ 为正偶数},\\ \frac{n-1}{n}\cdot\frac{n-3}{n-2}\cdot\cdots\cdot\frac{2}{3}, & n\text{ 为大于 1 的正奇数}.\end{cases}$

(2) 若 $f(x)$ 为$[0,1]$上的连续函数，则

$$\int_0^\pi xf(\sin x)\mathrm{d}x=\frac{\pi}{2}\int_0^\pi f(\sin x)\mathrm{d}x.$$

解题加速度

1.（1999，数三，6 分）设函数 $f(x)$ 连续，且 $\int_0^x tf(2x-t)\mathrm{d}t=\frac{1}{2}\arctan x^2$，已知 $f(1)=1$，求 $\int_1^2 f(x)\mathrm{d}x$ 的值.

演算空间

2.（2013，数一，10 分）计算 $\int_0^1 \frac{f(x)}{\sqrt{x}}\mathrm{d}x$，其中 $f(x)=\int_1^x \frac{\ln(t+1)}{t}\mathrm{d}t$.

演算空间

3.(2015,数一,4 分)$\int_{-\frac{\pi}{2}}^{\frac{\pi}{2}}\left(\frac{\sin x}{1+\cos x}+|x|\right)\mathrm{d}x=$ ________.

演算空间

4.(2018,数一,4 分)设函数 $f(x)$ 具有 2 阶连续导数,若曲线 $y=f(x)$ 过点(0,0)且与曲线 $y=2^x$ 在点(1,2)处相切,则 $\int_0^1 xf''(x)\mathrm{d}x=$ ________.

演算空间

四、变上限积分函数及其应用

14(2009,6 题,4 分)设函数 $y=f(x)$ 在区间$[-1,3]$上的图形如图所示

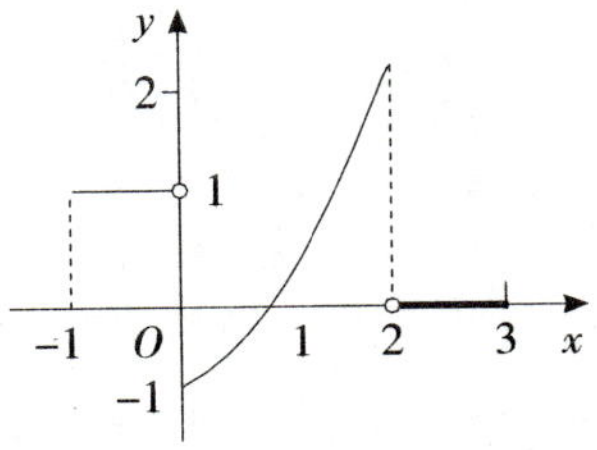

则函数 $F(x)=\int_0^x f(t)\mathrm{d}t$ 的图形为

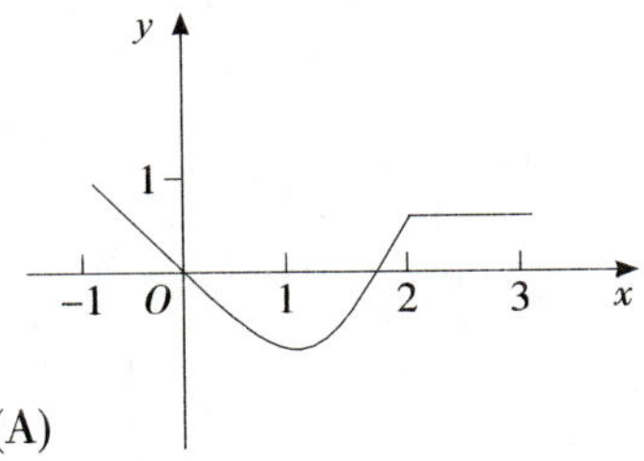

(A)

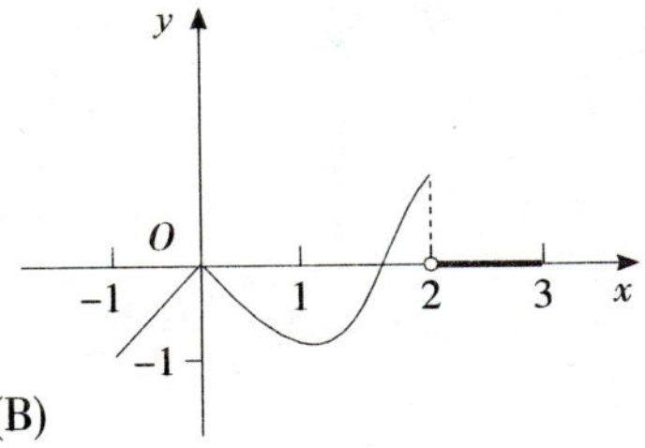

(B)

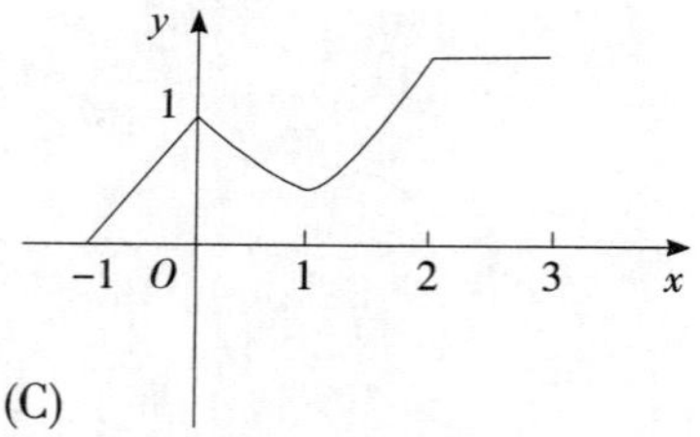

(C)

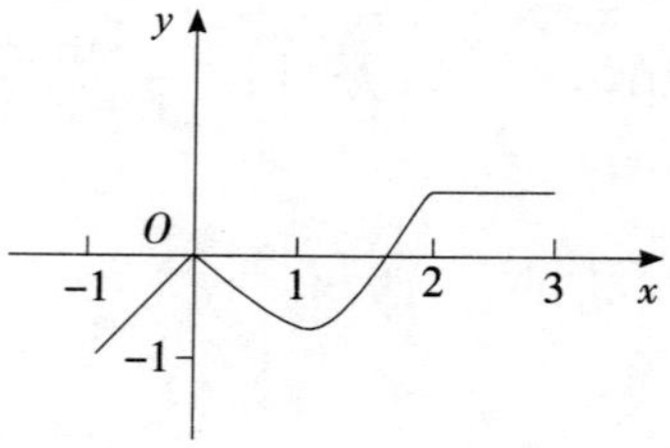

(D)

答题区

15（2013,3 题,4 分）设函数 $f(x)=\begin{cases}\sin x, & 0\leqslant x<\pi,\\ 2, & \pi\leqslant x\leqslant 2\pi,\end{cases}$ $F(x)=\int_0^x f(t)\mathrm{d}t$,则

(A) $x=\pi$ 是函数 $F(x)$ 的跳跃间断点.　　(B) $x=\pi$ 是函数 $F(x)$ 的可去间断点.

(C) $F(x)$ 在 $x=\pi$ 处连续但不可导.　　(D) $F(x)$ 在 $x=\pi$ 处可导.

答题区

16（2015,11 题,4 分）设函数 $f(x)$ 连续,$\varphi(x)=\int_0^{x^2} xf(t)\mathrm{d}t$,若 $\varphi(1)=1,\varphi'(1)=5$,则 $f(1)=$ ______.

答题区

17（2016，12 题，4 分）已知函数 $f(x)$ 在$(-\infty,+\infty)$上连续，且 $f(x)=(x+1)^2+2\int_0^x f(t)\mathrm{d}t$，则当 $n\geqslant 2$ 时，$f^{(n)}(0)=$ ________.

答题区

18（2018，16 题，10 分）已知连续函数 $f(x)$ 满足$\int_0^x f(t)\mathrm{d}t+\int_0^x tf(x-t)\mathrm{d}t=ax^2$.

（Ⅰ）求 $f(x)$.

（Ⅱ）若 $f(x)$ 在区间$[0,1]$上的平均值为 1，求 a 的值.

答题区

19（2020，16 题，10 分）已知函数 $f(x)$ 连续且 $\lim\limits_{x\to0}\dfrac{f(x)}{x}=1$，$g(x)=\int_0^1 f(xt)\,\mathrm{d}t$，求 $g'(x)$ 并证明 $g'(x)$ 在 $x=0$ 处连续.

答题区

小 结

与变上限积分函数有关的考题在考研试卷中几乎年年都有，且题型变化也很多，而解决这些问题的关键是变上限积分函数 $\int_a^x f(t)\,\mathrm{d}t$ 的三个性质，即连续性、可导性及奇偶性.

1. 连续性. 若 $f(x)$ 在 $[a,b]$ 上可积，则 $F(x)=\int_a^x f(t)\,\mathrm{d}t$ 在 $[a,b]$ 上连续.

2. 可导性. 若 $f(x)$ 在 $[a,b]$ 上连续，则 $F(x)=\int_a^x f(t)\,\mathrm{d}t$ 在 $[a,b]$ 上可导，且

$$F'(x)=f(x).$$

这两个性质是变上限积分求导的理论基础，虽然变上限积分求导题目很多，但常见的就以下三种类型：

(1) $\left(\int_{\varphi(x)}^{\psi(x)} f(t)\,\mathrm{d}t\right)'$.

这种类型直接利用公式

$$\left(\int_{\varphi(x)}^{\psi(x)} f(t)\,\mathrm{d}t\right)'=f(\psi(x))\psi'(x)-f(\varphi(x))\varphi'(x)$$

求解，其中 $f(x)$ 连续，$\psi(x)$ 和 $\varphi(x)$ 都可导.

(2) $\left(\int_{\varphi(x)}^{\psi(x)} f(x,t)\,\mathrm{d}t\right)'$.

这种类型的被积函数 $f(x,t)$ 中含有求导变量 x，不能直接求导，通常是通过变量代换把 $f(x,t)$ 中的 x 换出来，或设法把 x 从积分号中提出来，然后再求导.

(3) $\left(\int_a^b f(x,t)\,\mathrm{d}t\right)'$.

事实上，(3) 是(2) 的特例($\psi(x)=b,\varphi(x)=a$)，因此解题方法与(2) 相同.

3. 奇偶性.

设 $f(x)$ 连续，则

(1) 若 $f(x)$ 是奇函数，则 $F(x)=\int_0^x f(t)\,\mathrm{d}t$ 是偶函数.

(2) 若 $f(x)$ 是偶函数，则 $F(x)=\int_0^x f(t)\,\mathrm{d}t$ 是奇函数.

解题加速度

1.(2010,数三,4 分)设可导函数 $y=y(x)$ 由方程 $\int_0^{x+y} \mathrm{e}^{-t^2}\mathrm{d}t=\int_0^x x\sin t^2\mathrm{d}t$ 确定,则 $\left.\frac{\mathrm{d}y}{\mathrm{d}x}\right|_{x=0}=$ ________.

演算空间

2.(2016,数三,10 分)设函数 $f(x)$ 连续,且满足 $\int_0^x f(x-t)\mathrm{d}t=\int_0^x (x-t)f(t)\mathrm{d}t+\mathrm{e}^{-x}-1$,求 $f(x)$.

演算空间

3.(2020,数三,4 分)设奇函数 $f(x)$ 在 $(-\infty,+\infty)$ 上具有连续导数,则

(A) $\int_0^x [\cos f(t)+f'(t)]\mathrm{d}t$ 是奇函数.

(B) $\int_0^x [\cos f(t)+f'(t)]\mathrm{d}t$ 是偶函数.

(C) $\int_0^x [\cos f'(t)+f(t)]\mathrm{d}t$ 是奇函数.

(D) $\int_0^x [\cos f'(t)+f(t)]\mathrm{d}t$ 是偶函数.

演算空间

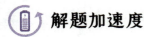

五、与定积分有关的证明题

20（2010，16 题，10 分）

（Ⅰ）比较$\int_0^1 |\ln t|[\ln(1+t)]^n \mathrm{d}t$与$\int_0^1 t^n |\ln t| \mathrm{d}t(n=1,2,\cdots)$的大小，说明理由；

（Ⅱ）记$u_n=\int_0^1 |\ln t|[\ln(1+t)]^n \mathrm{d}t(n=1,2,\cdots)$，求极限$\lim\limits_{n\to\infty}u_n$.

答题区

21（2014，19 题，10 分）设函数$f(x)$，$g(x)$在区间$[a,b]$上连续，且$f(x)$单调增加，$0\leqslant g(x)\leqslant 1$. 证明：

（Ⅰ）$0\leqslant\int_a^x g(t)\mathrm{d}t\leqslant x-a,x\in[a,b]$；

（Ⅱ）$\int_a^{a+\int_a^b g(t)\mathrm{d}t} f(x)\mathrm{d}x\leqslant\int_a^b f(x)g(x)\mathrm{d}x$.

答题区

小 结

有关定积分的证明题，常见两类问题，即证明与定积分有关的等式或不等式，在证明中常用的结论是积分不等式性质和积分中值定理.

1. 证明积分等式的常用方法.

(1) 换元法.

(2) 分部积分法，特别是被积函数中出现 $f(x)$ 的导数时.

(3) 利用积分中值定理.

2. 证明积分不等式的常用方法.

(1) 利用积分不等式的性质.

(2) 利用积分中值定理.

(3) 将积分上限换为 x，转化为证明函数不等式.

六、反常积分的概念与计算

22(2009，10 题，4 分) 已知 $\int_{-\infty}^{+\infty} e^{k|x|}\mathrm{d}x = 1$，则 $k =$ ________.

答题区

23(2011，12 题，4 分) 设函数 $f(x) = \begin{cases} \lambda e^{-\lambda x}, & x > 0, \\ 0, & x \leqslant 0, \end{cases}$ $\lambda > 0$，则 $\int_{-\infty}^{+\infty} xf(x)\mathrm{d}x =$ ________.

答题区

24（2010，4 题，4 分）设 m,n 均为正整数，则反常积分 $\int_0^1 \frac{\sqrt[m]{\ln^2(1-x)}}{\sqrt[n]{x}}\mathrm{d}x$ 的收敛性

(A) 仅与 m 的取值有关.

(B) 仅与 n 的取值有关.

(C) 与 m,n 的取值都有关.

(D) 与 m,n 的取值都无关.

答题区

25（2013，4 题，4 分）设函数 $f(x)=\begin{cases}\frac{1}{(x-1)^{\alpha-1}}, & 1<x<\mathrm{e},\\ \frac{1}{x\ln^{\alpha+1}x}, & x\geqslant \mathrm{e},\end{cases}$ 若反常积分 $\int_1^{+\infty} f(x)\mathrm{d}x$ 收敛，则

(A) $\alpha<-2$.

(B) $\alpha>2$.

(C) $-2<\alpha<0$.

(D) $0<\alpha<2$.

答题区

26（2015，1 题，4 分）下列反常积分中收敛是

(A) $\int_2^{+\infty}\frac{1}{\sqrt{x}}\mathrm{d}x$.

(B) $\int_2^{+\infty}\frac{\ln x}{x}\mathrm{d}x$.

(C) $\int_2^{+\infty}\frac{1}{x\ln x}\mathrm{d}x$.

(D) $\int_2^{+\infty}\frac{x}{\mathrm{e}^x}\mathrm{d}x$.

答题区

27(2016,3 题,4 分) 反常积分 ①$\int_{-\infty}^{0}\frac{1}{x^2}e^{\frac{1}{x}}dx$,②$\int_{0}^{+\infty}\frac{1}{x^2}e^{\frac{1}{x}}dx$ 的敛散性为

(A)① 收敛,② 收敛.　　(B)① 收敛,② 发散.

(C)① 发散,② 收敛.　　(D)① 发散,② 发散.

答题区

28(2017,11 题,4 分)$\int_{0}^{+\infty}\frac{\ln(1+x)}{(1+x)^2}dx=$ ________.

答题区

29(2018,11 题,4 分)$\int_{5}^{+\infty}\frac{1}{x^2-4x+3}dx=$ ________.

答题区

30(2019,3 题,4 分) 下列反常积分发散的是

(A)$\int_{0}^{+\infty}xe^{-x}dx$.　　(B)$\int_{0}^{+\infty}xe^{-x^2}dx$.

(C)$\int_{0}^{+\infty}\frac{\arctan x}{1+x^2}dx$.　　(D)$\int_{0}^{+\infty}\frac{x}{1+x^2}dx$.

答题区

31(2020,3 题,4 分) $\int_0^1 \frac{\arcsin\sqrt{x}}{\sqrt{x(1-x)}}\mathrm{d}x=$

(A) $\frac{\pi^2}{4}$.　　(B) $\frac{\pi^2}{8}$.　　(C) $\frac{\pi}{4}$.　　(D) $\frac{\pi}{8}$.

答题区

32(2021,11 题,5 分) $\int_{-\infty}^{+\infty} |x| 3^{-x^2}\mathrm{d}x=$ ________.

答题区

33(2022,5 题,5 分) 设 p 为常数,若反常积分 $\int_0^1 \frac{\ln x}{x^p(1-x)^{1-p}}\mathrm{d}x$ 收敛,则 p 的取值范围是

(A) $(-1,1)$.　　(B) $(-1,2)$.　　(C) $(-\infty,1)$.　　(D) $(-\infty,2)$.

答题区

小 结

反常积分有两种,即无穷区间上的反常积分和无界函数的反常积分,两种反常积分都定义为变限定积分的极限.因此,计算反常积分就是先算一个定积分,再计算一个极限,在解题过程中这两个步骤可一并进行,这就得到了计算反常积分的换元法和分部积分法,这两种方法是计算反常积分的主要方法.

解题加速度

1.（1996，数三，6 分）计算 $\int_0^{+\infty} \frac{x\mathrm{e}^{-x}}{(1+\mathrm{e}^{-x})^2}\mathrm{d}x$.

演算空间

2.（2013，数一，4 分）$\int_1^{+\infty} \frac{\ln x}{(1+x)^2}\mathrm{d}x=$ ________.

演算空间

3.（2021，数一，5 分）$\int_0^{+\infty} \frac{\mathrm{d}x}{x^2+2x+2}=$ ________.

演算空间

七、定积分应用

34（2011，11 题，4 分）曲线 $y=\int_0^x \tan t\,dt\left(0\leqslant x\leqslant \frac{\pi}{4}\right)$ 的弧长 $s=$ ________.

答题区

35（2010，12 题，4 分）当 $0\leqslant\theta\leqslant\pi$，对数螺线 $r=e^{\theta}$ 的弧长为______.

答题区

36（2010，18 题，10 分）一个高为 l 的柱体形贮油罐，底面是长轴为 $2a$，短轴为 $2b$ 的椭圆. 现将贮油罐平放，当油罐中油面高度为 $\frac{3}{2}b$ 时，如图所示，计算油的质量（长度单位为 m，质量单位为 kg，油的密度为常数 ρ kg/m³）.

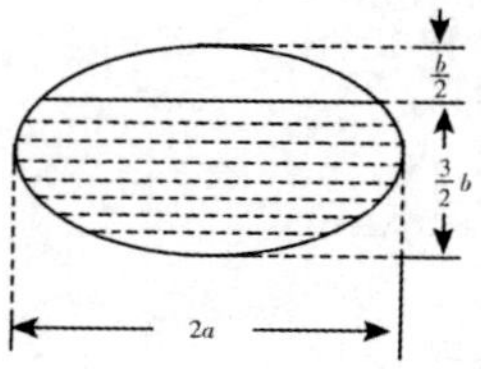

答题区

37(2011,20 题,11 分)一容器的内侧是由图中曲线 y 轴旋转一周而成的曲面,该曲线由 $x^2+y^2=2y\left(y\geqslant\frac{1}{2}\right)$与 $x^2+y^2=1\left(y\leqslant\frac{1}{2}\right)$连接而成.

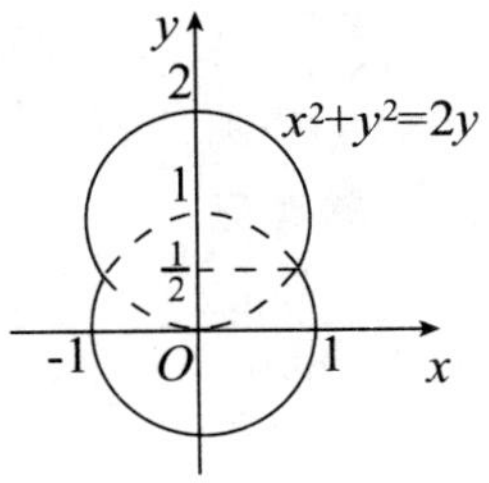

(Ⅰ)求容器的容积;

(Ⅱ)若将容器内盛满的水从容器顶部全部抽出,至少需要做多少功?(长度单位:m,重力加速度为 $g\,\mathrm{m/s^2}$,水的密度为 $10^3\,\mathrm{kg/m^3}$)

答题区

38(2012,17 题,12 分)过点(0,1)作曲线 $L:y=\ln x$ 的切线,切点为 A,又 L 与 x 轴交于 B 点,区域 D 由 L 与直线 AB 围成.求区域 D 的面积及 D 绕 x 轴旋转一周所得旋转体体积.

答题区

39(2013,11 题,4 分)设封闭曲线 L 的极坐标方程为 $r=\cos 3\theta\left(-\frac{\pi}{6}\leqslant\theta\leqslant\frac{\pi}{6}\right)$,则 L 所围成的平面图形的面积为________.

答题区

40（2013，16 题，10 分）设 D 是由曲线 $y=x^{\frac{1}{3}}$，直线 $x=a(a>0)$ 及 x 轴所围成的平面图形，V_x,V_y 分别是 D 绕 x 轴，y 轴旋转一周所得旋转体的体积，若 $V_y=10V_x$，求 a 的值.

答题区

41（2013，21 题，11 分）设曲线 L 的方程为 $y=\frac{1}{4}x^2-\frac{1}{2}\ln x,(1\leqslant x\leqslant \mathrm{e})$.

（Ⅰ）求 L 的弧长；

（Ⅱ）设 D 是由曲线 L，直线 $x=1,x=\mathrm{e}$ 及 x 轴所围平面图形，求 D 的形心的横坐标.

答题区

42（2014，13 题，4 分）一根长度为 1 的细棒位于 x 轴的区间 $[0,1]$ 上，若其线密度 $\rho(x)=-x^2+2x+1$，则该细棒的质心坐标 $\overline{x}=$ ________.

答题区

43(2014,21 题,11 分) 已知函数 $f(x,y)$ 满足$\frac{\partial f}{\partial y}=2(y+1)$,且 $f(y,y)=(y+1)^2-(2-y)\ln y$,求曲线 $f(x,y)=0$ 所围图形绕直线 $y=-1$ 旋转所成旋转体的体积.

答题区

44(2015,16 题,10 分) 设 $A>0$,D 是由曲线段 $y=A\sin x\left(0\leqslant x\leqslant\frac{\pi}{2}\right)$及直线 $y=0$,$x=\frac{\pi}{2}$所围成的平面区域,V_1,V_2 分别表示 D 绕 x 轴与绕 y 轴旋转所成旋转体的体积. 若 $V_1=V_2$,求 A 的值.

答题区

45(2016,20 题,11 分) 设 D 是由曲线 $y=\sqrt{1-x^2}\,(0\leqslant x\leqslant 1)$ 与 $\begin{cases}x=\cos^3 t,\\ y=\sin^3 t\end{cases}\left(0\leqslant t\leqslant\frac{\pi}{2}\right)$围成的平面区域,求 D 绕 x 轴旋转一周所得旋转体的体积和表面积.

答题区

46（2017，2 题，4 分）设 2 阶可导函数 $f(x)$ 满足 $f(1)=f(-1)=1$，$f(0)=-1$ 且 $f''(x)>0$，则

(A) $\int_{-1}^{1} f(x)\mathrm{d}x > 0$.　　(B) $\int_{-1}^{1} f(x)\mathrm{d}x < 0$.

(C) $\int_{-1}^{0} f(x)\mathrm{d}x > \int_{0}^{1} f(x)\mathrm{d}x$.　　(D) $\int_{-1}^{0} f(x)\mathrm{d}x < \int_{0}^{1} f(x)\mathrm{d}x$.

答题区

47（2017，6 题，4 分）甲，乙两人赛跑，计时开始时，甲在乙前方 10（单位：m）处，图中实线表示甲的速度曲线 $v=v_1(t)$（单位：m/s），虚线表示乙的速度曲线 $v=v_2(t)$，三块阴影部分面积的数值依次为 10，20，3. 计时开始后乙追上甲的时刻记为 t_0（单位：s），则

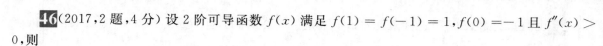

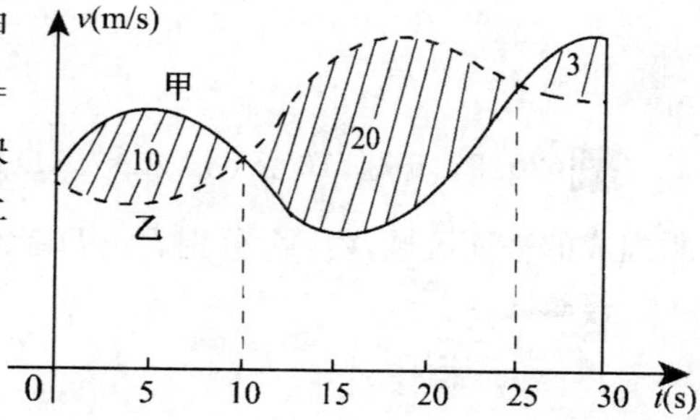

(A) $t_0=10$.

(B) $15<t_0<20$.

(C) $t_0=25$.

(D) $t_0>25$.

答题区

48（2019，12 题，4 分）曲线 $y=\ln\cos x\left(0\leqslant x\leqslant\frac{\pi}{6}\right)$ 的弧长为________.

答题区

49(2019,19题,10分)设 n 是正整数,记 S_n 为曲线 $y=e^{-x}\sin x(0\leqslant x\leqslant n\pi)$ 与 x 轴所围图形的面积.求 S_n,并求 $\lim\limits_{n\to\infty}S_n$.

答题区

50(2020,18题,10分)设函数 $f(x)$ 的定义域为 $(0,+\infty)$ 且满足 $2f(x)+x^2f\left(\frac{1}{x}\right)=\frac{x^2+2x}{\sqrt{1+x^2}}$.求 $f(x)$,并求曲线 $y=f(x)$,$y=\frac{1}{2}$,$y=\frac{\sqrt{3}}{2}$ 及 y 轴所围图形绕 x 轴旋转所成旋转体的体积.

答题区

51(2020,12题,4分)斜边长为 $2a$ 等腰直角三角形平板铅直地沉没在水中,且斜边与水面相齐.设重力加速度为 g,水的密度为 ρ,则该平板一侧所受的水压力为________.

答题区

52（2021，19 题，12 分）设函数 $f(x)$ 满足 $\int \frac{f(x)}{\sqrt{x}}\mathrm{d}x = \frac{1}{6}x^2 - x + C$，$L$ 为曲线 $y = f(x)(4 \leqslant x \leqslant 9)$. 记 L 的长度为 s，L 绕 x 轴旋转所成旋转曲面的面积为 A，求 s 和 A.

答题区

53（2022，15 题，5 分）已知曲线 L 的极坐标方程为 $r = \sin 3\theta\left(0 \leqslant \theta \leqslant \frac{\pi}{3}\right)$，则 L 围成有界区域的面积为________.

答题区

小 结

考研试卷中几乎每年都有应用题. 定积分的应用题是考的最多的，定积分的应用题主要有两个类型：

1. 定积分在几何上的应用.

定积分在几何上的应用主要包括：计算平面图形的面积，求平面曲线的弧长，求旋转体的体积及表面积，其中平面域面积和旋转体体积考得更多.

2. 定积分在物理上的应用.

定积分在物理上的应用主要包括：求功、压力及引力. 比起几何应用，物理应用考得少多了.

解决以上问题常用的两种方法：

1. 代公式.

几何应用通常是利用已有公式计算，但有些问题没有现成公式，此时，用“微元法”.

2. 微元法.

物理应用没有现成公式可以直接用，因此，要用“微元法”. 首先建立“微元”，即写出所计算的几何或物理量 M 在微小区间 $[x, x+\mathrm{d}x]$ 上对应量的近似值 $\mathrm{d}M = f(x)\mathrm{d}x$，然后微元积分，得到所求的量 $M = \int_a^b f(x)\mathrm{d}x$.

解题加速度

1. (2002，数三，7分) 设 D_1 是由抛物线 $y = 2x^2$ 和直线 $x = a$，$x = 2$ 及 $y = 0$ 所围成的平面区域；D_2 是由抛物线 $y = 2x^2$ 和直线 $y = 0$，$x = a$ 所围成的平面区域，其中 $0 < a < 2$.

(Ⅰ) 试求 D_1 绕 x 轴旋转而成的旋转体体积 V_1；D_2 绕 y 轴旋转而成旋转体体积 V_2；

(Ⅱ) 问当 a 为何值时，$V_1 + V_2$ 取得最大值？试求此最大值.

演算空间

2.（2012，数一，10 分）已知曲线 $L:\begin{cases} x = f(t), \\ y = \cos t, \end{cases} \left(0 \leqslant t < \dfrac{\pi}{2}\right)$，其中函数 $f(t)$ 具有连续导数，且 $f(0) = 0, f'(t) > 0\left(0 < t < \dfrac{\pi}{2}\right)$. 若曲线 L 的切线与 x 轴的交点到切点的距离恒为 1，求函数 $f(t)$ 的表达式，并求以曲线 L 及 x 轴和 y 轴为边界的区域的面积.

演算空间

3.（2020，数三，4 分）设平面区域 $D = \left\{(x,y) \middle| \dfrac{x}{2} \leqslant y \leqslant \dfrac{1}{1+x^2}, 0 \leqslant x \leqslant 1\right\}$，则 D 绕 y 轴旋转所成的旋转体的体积为________.

演算空间

4.（2021，数三，5 分）设平面区域 D 由曲线段 $y = \sqrt{x}\sin \pi x (0 \leqslant x \leqslant 1)$ 与 x 轴围成，则 D 绕 x 轴旋转所成旋转体的体积为________.

演算空间

第四章　多元函数微分学

本章导读

本章主要研究二元函数的偏导数、全微分等概念，要掌握计算它们的各种方法以及它们的应用. 一元函数中的许多结论可以推广到二元函数中来，但有些结论是不成立的. 二元函数微分学要比一元函数的微分学要复杂的多，我们要掌握它们的共同规律，踏踏实实地做一些题目，一定会收到预期的效果.

试题特点

每年试题一般是一个大题、一个小题，分数约占试卷的 8%，主要考查复合函数求偏导数及多元函数的极值，难度不是很大. 一定要熟练掌握复合函数求偏导数的公式，特别要注意抽象函数求高阶偏导数的题目，以及复合函数求偏导数的方法在隐函数求偏导中的应用. 同时，多元函数微分学在几何中的应用和求函数的极值、最值也是考研数学的一个重点.

真题分类练习

一、基本概念及性质

1 (2012,5 题,4 分) 设函数 $f(x,y)$ 可微，且对任意的 x,y 都有 $\dfrac{\partial f(x,y)}{\partial x} > 0$, $\dfrac{\partial f(x,y)}{\partial y} < 0$，则使不等式 $f(x_1,y_1) < f(x_2,y_2)$ 成立的一个充分条件是

(A) $x_1 > x_2$, $y_1 < y_2$.　　(B) $x_1 > x_2$, $y_1 > y_2$.

(C) $x_1 < x_2$, $y_1 < y_2$.　　(D) $x_1 < x_2$, $y_1 > y_2$.

答题区

2（2017,5 题,4 分）设 $f(x,y)$ 具有 1 阶偏导数，且在任意的 (x,y)，都有 $\dfrac{\partial f(x,y)}{\partial x}>0$，$\dfrac{\partial f(x,y)}{\partial y}<0$，则

(A) $f(0,0)>f(1,1)$.　　(B) $f(0,0)<f(1,1)$.

(C) $f(0,1)>f(1,0)$.　　(D) $f(0,1)<f(1,0)$.

答题区

3（2020,5 题,4 分）关于函数 $f(x,y)=\begin{cases}xy, & xy\neq 0,\\ x, & y=0,\\ y, & x=0,\end{cases}$ 给出以下结论：

① $\left.\dfrac{\partial f}{\partial x}\right|_{(0,0)}=1$；② $\left.\dfrac{\partial^2 f}{\partial x\partial y}\right|_{(0,0)}=1$；③ $\lim\limits_{(x,y)\to(0,0)}f(x,y)=0$；④ $\lim\limits_{y\to 0}\lim\limits_{x\to 0}f(x,y)=0$.

其中正确的个数为

(A) 4.　　(B) 3.　　(C) 2.　　(D) 1.

答题区

小结

本题型主要涉及多元函数（主要是二元函数）的极限、连续、偏导数、可微等概念及它们之间的关系.

1. 求二元函数的极限是难点但不是重点，考试要求较低，一般来说可借助一元函数求极限的方法.

2. 证明二元函数 $\lim\limits_{\substack{x\to x_0\\ y\to y_0}}f(x,y)$ 的极限不存在，通常可证两条不同的路径具有不同的极限或沿某条曲线的极限不存在.

3. 考查二元函数的连续性用定义 $\lim\limits_{\substack{x\to x_0\\ y\to y_0}}f(x,y)=f(x_0,y_0)$.

4. 分块函数在分界点处的偏导数一般用定义.

5. 讨论二元函数 $f(x,y)$ 在 (x_0,y_0) 的可微性，可从下面几个方面考虑：

(1) 若二元函数 $f(x,y)$ 在 (x_0,y_0) 的偏导数至少有一个不存在，则函数不可微.

(2) 若二元函数 $f(x,y)$ 在 (x_0,y_0) 不连续，则函数不可微.

(3) 若二元函数 $f(x,y)$ 在 (x_0,y_0) 连续，两个偏导数存在，则考虑

$$\lim_{\rho\to 0}\frac{\Delta z-[f'_x(x_0,y_0)\Delta x+f'_y(x_0,y_0)\Delta y]}{\rho},$$

其中 $\rho=\sqrt{(\Delta x)^2+(\Delta y)^2}$. 若极限为 0，则函数在 (x_0,y_0) 可微，否则不可微.

6. 注意一元函数微分学的有些结论不能照搬到多元函数中来.

解题加速度

1.(1997，数一，3 分) 二元函数 $f(x,y)=\begin{cases}\dfrac{xy}{x^2+y^2}, & (x,y)\neq(0,0),\\ 0, & (x,y)=(0,0)\end{cases}$ 在 $(0,0)$ 处

(A) 连续，偏导数存在.　　(B) 连续，偏导数不存在.

(C) 不连续，偏导数存在.　　(D) 不连续，偏导数不存在.

演算空间

2.(2002，数一，3 分) 考虑二元函数 $f(x,y)$ 的下面 4 条性质：

① $f(x,y)$ 在点 (x_0,y_0) 处连续；

② $f(x,y)$ 在点 (x_0,y_0) 处的两个偏导数连续；

③ $f(x,y)$ 在点 (x_0,y_0) 处可微；

④ $f(x,y)$ 在点 (x_0,y_0) 处的两个偏导数存在.

若用“$P\Rightarrow Q$”表示可由性质 P 推出性质 Q，则有

(A) ②⇒③⇒①.　　(B) ③⇒②⇒①.

(C) ③⇒④⇒①.　　(D) ③⇒①⇒④.

演算空间

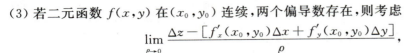

3.（2012，数一，4分）如果函数 $f(x,y)$ 在 $(0,0)$ 处连续，那么下列命题正确的是

(A) 若极限 $\lim\limits_{\substack{x\to 0\\ y\to 0}} \dfrac{f(x,y)}{|x|+|y|}$ 存在，则 $f(x,y)$ 在 $(0,0)$ 处可微.

(B) 若极限 $\lim\limits_{\substack{x\to 0\\ y\to 0}} \dfrac{f(x,y)}{x^2+y^2}$ 存在，则 $f(x,y)$ 在 $(0,0)$ 处可微.

(C) 若 $f(x,y)$ 在 $(0,0)$ 处可微，则极限 $\lim\limits_{\substack{x\to 0\\ y\to 0}} \dfrac{f(x,y)}{|x|+|y|}$ 存在.

(D) 若 $f(x,y)$ 在 $(0,0)$ 处可微，则极限 $\lim\limits_{\substack{x\to 0\\ y\to 0}} \dfrac{f(x,y)}{x^2+y^2}$ 存在.

演算空间

4.（2012，数三，4分）设连续函数 $z=f(x,y)$ 满足 $\lim\limits_{\substack{x\to 0\\ y\to 1}} \dfrac{f(x,y)-2x+y-2}{\sqrt{x^2+(y-1)^2}}=0$，则 $\mathrm{d}z\big|_{(0,1)}=$ ________.

演算空间

二、求多元函数的偏导数及全微分

4（2009，17题，10分）设 $z=f(x+y,x-y,xy)$，其中 f 具有2阶连续偏导数，求 $\mathrm{d}z$ 与 $\dfrac{\partial^2 z}{\partial x\partial y}$.

答题区

5（2010，5 题，4 分）设函数 $z=z(x,y)$ 由方程 $F\left(\frac{y}{x},\frac{z}{x}\right)=0$ 确定，其中 F 为可微函数，且 $F_2'\neq 0$，则 $x\frac{\partial z}{\partial x}+y\frac{\partial z}{\partial y}=$

(A) x.　　(B) z.　　(C) $-x$.　　(D) $-z$.

答题区

6（2011，17 题，9 分）设函数 $z=f(xy,yg(x))$，函数 f 具有 2 阶连续偏导数，函数 $g(x)$ 可导且在 $x=1$ 处取得极值 $g(1)=1$. 求 $\left.\frac{\partial^2 z}{\partial x\partial y}\right|_{\substack{x=1\\y=1}}$.

答题区

7（2012，11 题，4 分）设 $z=f\left(\ln x+\frac{1}{y}\right)$，其中函数 $f(u)$ 可微，则 $x\frac{\partial z}{\partial x}+y^2\frac{\partial z}{\partial y}=$ ________.

答题区

8 (2013,5 题,4 分) 设 $z=\frac{y}{x}f(xy)$,其中函数 f 可微,则 $\frac{x}{y}\frac{\partial z}{\partial x}+\frac{\partial z}{\partial y}=$

(A) $2yf'(xy)$.　　(B) $-2yf'(xy)$.　　(C) $\frac{2}{x}f(xy)$.　　(D) $-\frac{2}{x}f(xy)$.

答题区

9 (2014,11 题,4 分) 设 $z=z(x,y)$ 是由方程 $e^{2yz}+x+y^2+z=\frac{7}{4}$ 确定的函数,则 $dz\Big|_{\left(\frac{1}{2},\frac{1}{2}\right)}=$ ________.

答题区

10 (2015,5 题,4 分) 设函数 $f(u,v)$ 满足 $f\left(x+y,\frac{y}{x}\right)=x^2-y^2$,则 $\frac{\partial f}{\partial u}\Big|_{\substack{u=1\\v=1}}$ 与 $\frac{\partial f}{\partial v}\Big|_{\substack{u=1\\v=1}}$ 依次是

(A) $\frac{1}{2},0$.　　(B) $0,\frac{1}{2}$.　　(C) $-\frac{1}{2},0$.　　(D) $0,-\frac{1}{2}$.

答题区

11 (2015,13 题,4 分) 若函数 $z=z(x,y)$ 由方程 $e^{x+2y+3z}+xyz=1$ 确定,则 $dz\Big|_{(0,0)}=$ ________.

答题区

12(2016,6 题,4 分) 已知函数 $f(x,y)=\dfrac{e^x}{x-y}$,则

(A) $f'_x-f'_y=0$.　(B) $f'_x+f'_y=0$.　(C) $f'_x-f'_y=f$.　(D) $f'_x+f'_y=f$.

答题区

13(2017,12 题,4 分) 设函数 $f(x,y)$ 具有 1 阶连续偏导数,且 $\mathrm{d}f(x,y)=ye^y\mathrm{d}x+x(1+y)e^y\mathrm{d}y$,$f(0,0)=0$,则 $f(x,y)=$ ________.

答题区

14(2017,16 题,10 分) 设函数 $f(u,v)$ 具有 2 阶连续偏导数,$y=f(e^x,\cos x)$,

求 $\left.\dfrac{\mathrm{d}y}{\mathrm{d}x}\right|_{x=0}$,$\left.\dfrac{\mathrm{d}^2y}{\mathrm{d}x^2}\right|_{x=0}$.

答题区

15(2019,11 题,4 分) 设函数 $f(u)$ 可导,$z=yf\left(\dfrac{y^2}{x}\right)$,则 $2x\dfrac{\partial z}{\partial x}+y\dfrac{\partial z}{\partial y}=$ ________.

答题区

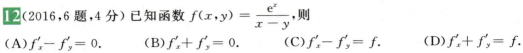

16(2019,20 题,11 分)已知函数 $u(x,y)$ 满足 $2\frac{\partial^2 u}{\partial x^2}-2\frac{\partial^2 u}{\partial y^2}+3\frac{\partial u}{\partial x}+3\frac{\partial u}{\partial y}=0$,求 a,b 的值使得在变换 $u(x,y)=v(x,y)\mathrm{e}^{ax+by}$ 之下,上述等式可化为函数 $v(x,y)$ 的不含 1 阶偏导数的等式.

答题区

17(2020,11 题,4 分)设 $z=\arctan[xy+\sin(x+y)]$,则 $\mathrm{d}z\Big|_{(0,\pi)}=$ ________.

答题区

18(2021,6 题,5 分)设函数 $f(x,y)$ 可微,且 $f(x+1,\mathrm{e}^x)=x(x+1)^2$,$f(x,x^2)=2x^2\ln x$,则 $\mathrm{d}f(1,1)=$

(A)$\mathrm{d}x+\mathrm{d}y$.　　(B)$\mathrm{d}x-\mathrm{d}y$.　　(C)$\mathrm{d}y$.　　(D)$-\mathrm{d}y$.

答题区

19(2021,13 题,5 分)设函数 $z=z(x,y)$ 由方程 $(x+1)z+y\ln z-\arctan(2xy)=1$ 确定,则 $\frac{\partial z}{\partial x}\Big|_{(0,2)}=$ ________.

答题区

20(2022,4 题,5 分) 设函数 $f(t)$ 连续,令 $F(x,y)=\int_0^{x-y}(x-y-t)f(t)\mathrm{d}t$,则

(A) $\dfrac{\partial F}{\partial x}=\dfrac{\partial F}{\partial y},\dfrac{\partial^2 F}{\partial x^2}=\dfrac{\partial^2 F}{\partial y^2}$.

(B) $\dfrac{\partial F}{\partial x}=\dfrac{\partial F}{\partial y},\dfrac{\partial^2 F}{\partial x^2}=-\dfrac{\partial^2 F}{\partial y^2}$.

(C) $\dfrac{\partial F}{\partial x}=-\dfrac{\partial F}{\partial y},\dfrac{\partial^2 F}{\partial x^2}=\dfrac{\partial^2 F}{\partial y^2}$.

(D) $\dfrac{\partial F}{\partial x}=-\dfrac{\partial F}{\partial y},\dfrac{\partial^2 F}{\partial x^2}=-\dfrac{\partial^2 F}{\partial y^2}$.

答题区

小 结

本题型包括如下几个方面的问题:初等函数的偏导数和全微分,求抽象函数的复合函数的偏导数,由方程所确定的隐函数的偏导数和全微分,含抽象函数的方程所确定的隐函数的偏导数和全微分,由方程组所确定的隐函数的偏导数.主要使用的方法是直接求导法、公式法,以及利用微分形式不变性.

此题型是常考的题型,复习时需注意:

1.要做一定量的题目,从头到尾做下来,不要因为繁杂而放弃,复杂的运算能力是研究生考试的重要测试点.

2.求抽象函数的高阶偏导数时,要做到不遗漏、不重复.

解题加速度

1.(2009,数一,4 分) 设函数 $f(u,v)$ 具有 2 阶连续偏导数,$z=f(x,xy)$,则 $\dfrac{\partial^2 z}{\partial x\partial y}=$ ________.

演算空间

2.(2011,数三,4 分) 设函数 $z=\left(1+\dfrac{x}{y}\right)^{\frac{x}{y}}$,则 $\mathrm{d}z\Big|_{(1,1)}=$ ________.

演算空间

3.（2011，数一，4 分）设函数 $F(x,y)=\int_0^{xy}\frac{\sin t}{1+t^2}\mathrm{d}t$，则 $\left.\frac{\partial^2 F}{\partial x^2}\right|_{x=0,y=2}=$ ________.

演算空间

4.（2016，数三，4 分）设函数 $f(u,v)$ 可微，$z=z(x,y)$ 由方程 $(x+1)z-y^2=x^2f(x-z,y)$ 确定，则 $\left.\mathrm{d}z\right|_{(0,1)}=$ ________.

演算空间

5.（2019，数三，10 分）设函数 $f(u,v)$ 具有 2 阶连续偏导数，函数 $g(x,y)=xy-f(x+y,x-y)$. 求 $\frac{\partial^2 g}{\partial x^2}+\frac{\partial^2 g}{\partial x\partial y}+\frac{\partial^2 g}{\partial y^2}$.

演算空间

三、求多元函数的极值

21(2009,3 题,4 分) 设函数 $z = f(x,y)$ 的全微分为 $dz = xdx + ydy$,则点(0,0)

(A) 不是 $f(x,y)$ 的连续点.
(B) 不是 $f(x,y)$ 的极值点.
(C) 是 $f(x,y)$ 的极大值点.
(D) 是 $f(x,y)$ 的极小值点.

答题区

22(2011,5 题,4 分) 设函数 $f(x)$,$g(x)$ 均有 2 阶连续导数,满足 $f(0) > 0$,$g(0) < 0$,且 $f'(0) = g'(0) = 0$,则函数 $z = f(x)g(y)$ 在点(0,0) 处取得极小值的一个充分条件是

(A) $f''(0) < 0, g''(0) > 0$.
(B) $f''(0) < 0, g''(0) < 0$.
(C) $f''(0) > 0, g''(0) > 0$.
(D) $f''(0) > 0, g''(0) < 0$.

答题区

23(2012,16 题,10 分) 求函数 $f(x,y) = xe^{-\frac{x^2+y^2}{2}}$ 的极值.

答题区

24（2013，19 题，10 分）求曲线 $x^3 - xy + y^3 = 1(x \geqslant 0, y \geqslant 0)$ 上的点到坐标原点的最长距离与最短距离.

答题区

25（2014，6 题，4 分）设函数 $u(x,y)$ 在有界闭区域 D 上连续，在 D 的内部具有 2 阶连续偏导数，且满足 $\dfrac{\partial^2 u}{\partial x \partial y} \neq 0$ 及 $\dfrac{\partial^2 u}{\partial x^2} + \dfrac{\partial^2 u}{\partial y^2} = 0$，则

(A) $u(x,y)$ 的最大值和最小值都在 D 的边界上取得.

(B) $u(x,y)$ 的最大值和最小值都在 D 的内部取得.

(C) $u(x,y)$ 的最大值在 D 的内部取得，最小值在 D 的边界上取得.

(D) $u(x,y)$ 的最小值在 D 的内部取得，最大值在 D 的边界上取得.

答题区

26（2015，17 题，11 分）已知函数 $f(x,y)$ 满足 $f''_{xy}(x,y) = 2(y+1)e^x$，$f'_x(x,0) = (x+1)e^x$，$f(0,y) = y^2 + 2y$，求 $f(x,y)$ 的极值.

答题区

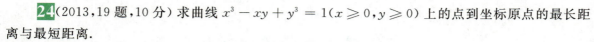

27(2016,17 题,10 分) 已知函数 $z=z(x,y)$ 由方程 $(x^2+y^2)z+\ln z+2(x+y+1)=0$ 确定,求 $z=z(x,y)$ 的极值.

答题区

28(2017,18 题,10 分) 已知函数 $y(x)$ 由方程 $x^3+y^3-3x+3y-2=0$ 确定,求 $y(x)$ 的极值.

答题区

29(2018,19 题,10 分) 将长为 2 m 的铁丝分成三段,依次围成圆、正方形与正三角形. 三个图形的面积之和是否存在最小值?若存在,求出最小值.

答题区

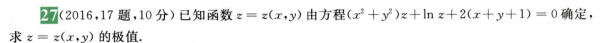

30（2020，17 题，10 分）求函数 $f(x,y)=x^3+8y^3-xy$ 的极值.

答题区

31（2022，20 题，12 分）已知可微函数 $f(u,v)$ 满足 $\dfrac{\partial f(u,v)}{\partial u}-\dfrac{\partial f(u,v)}{\partial v}=2(u-v)\mathrm{e}^{-(u+v)}$，且 $f(u,0)=u^2\mathrm{e}^{-u}$.

（Ⅰ）记 $g(x,y)=f(x,y-x)$，求 $\dfrac{\partial g(x,y)}{\partial x}$；

（Ⅱ）求 $f(u,v)$ 的表达式和极值.

答题区

小 结

1. 二元函数极值的求法.

(1) 解方程组 $f'_x(x_0,y_0)=0, f'_y(x_0,y_0)=0$，得所有驻点.

(2) 对每一个驻点 (x_0,y_0)，求 $A=f''_{xx}(x_0,y_0)$，$B=f''_{xy}(x_0,y_0)$，$C=f''_{yy}(x_0,y_0)$ 的值.

(3) 由 B^2-AC 的符号确定是否为极值点，是极大值点还是极小值点.

2. 条件极值的求法.

用拉格朗日乘数法.

3. 最值的求法.

闭区域上连续多元函数的最值可能在区域内部或边界上达到,先求出在区域内部的所有驻点以及偏导数不存在的点,比较这些点与边界上点的函数值,最大者即为最大值,最小者即为最小值. 对于实际问题一般根据实际背景来确定是否取最值. 如可能极值点唯一,则极小(大) 值点即最小(大) 值点.

解题加速度

1. (2003,数一,4 分) 已知函数 $f(x,y)$ 在点$(0,0)$ 的某个邻域内连续,且 $\lim\limits_{x\to0,y\to0}\dfrac{f(x,y)-xy}{(x^2+y^2)^2}=1$,则

(A) 点$(0,0)$ 不是 $f(x,y)$ 的极值点.

(B) 点$(0,0)$ 是 $f(x,y)$ 的极大值点.

(C) 点$(0,0)$ 是 $f(x,y)$ 的极小值点.

(D) 根据所给条件无法判断点$(0,0)$ 是否为 $f(x,y)$ 的极值点.

演算空间

2. (2004,数一,12 分) 设 $z=z(x,y)$ 是由 $x^2-6xy+10y^2-2yz-z^2+18=0$ 确定的函数,求 $z=z(x,y)$ 的极值点和极值.

演算空间

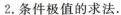

3.(2008，数一，11分）已知曲线 $C:\begin{cases}x^2+y^2-2z^2=0,\\x+y+3z=5,\end{cases}$ 求曲线 C 距 xOy 面最远和最近的点.

演算空间

4.(2009，数一、数三，9分）求二元函数 $f(x,y)=x^2(2+y^2)+y\ln y$ 的极值.

演算空间

5.(2010，数三，10分）求函数 $u=xy+2yz$ 在约束条件 $x^2+y^2+z^2=10$ 下的最大值和最小值.

演算空间

6.(2021,数三,12分)求函数 $f(x,y)=2\ln|x|+\dfrac{(x-1)^2+y^2}{2x^2}$ 的极值.

演算空间

7.(2015,数一,10分)已知函数 $f(x,y)=x+y+xy$,曲线 $C:x^2+y^2+xy=3$,求 $f(x,y)$ 在曲线 C 上的最大方向导数.

演算空间

四、反问题

32(2014,18题,10分)设函数 $f(u)$ 具有2阶连续导数,$z=f(e^x\cos y)$ 满足

$$\frac{\partial^2 z}{\partial x^2}+\frac{\partial^2 z}{\partial y^2}=(4z+e^x\cos y)e^{2x}.$$

若 $f(0)=0,f'(0)=0$,求 $f(u)$ 的表达式.

答题区

小 结

由已知满足的关系式或条件，利用多元函数微分学的方法和结论，求出待定的函数、参数等．特别是已知偏导数或偏导数所满足的关系式（方程）求函数，主要有两种题型：

1．已知偏导数，通过不定积分求函数．

设 $f(x,y)$ 有连续偏导数，且 $f'_x(x,y)=g(x,y)$，$f'_y(x,y)=h(x,y)$，则有

$$f(x,y)=\int f'_x(x,y)\mathrm{d}x+\varphi(y)=\int g(x,y)\mathrm{d}x+\varphi(y),$$

$$f(x,y)=\int f'_y(x,y)\mathrm{d}y+\psi(x)=\int h(x,y)\mathrm{d}y+\psi(x).$$

2．已知多元函数的偏导数所满足的方程，通过变量变换，化为一元函数的导数所满足的方程，即常微分方程，求解微分方程得到函数．

解题加速度

1．（1996，数一，3 分）已知 $\dfrac{(x+ay)\mathrm{d}x+y\mathrm{d}y}{(x+y)^2}$ 为某函数的全微分，则 a 等于

(A) -1．　　(B) 0．　　(C) 1．　　(D) 2．

演算空间

2.（2014，数三，10 分）设函数 $f(u)$ 具有连续导数，且 $z=f(e^x\cos y)$ 满足

$$\cos y\frac{\partial z}{\partial x}-\sin y\frac{\partial z}{\partial y}=(4z+e^x\cos y)e^x.$$

若 $f(0)=0$，求 $f(u)$ 的表达式.

演算空间

五、利用变量代换变形方程

33（2010，19 题，11 分）设函数 $u=f(x,y)$ 具有 2 阶连续偏导数，且满足等式 $4\frac{\partial^2 u}{\partial x^2}+12\frac{\partial^2 u}{\partial x\partial y}+5\frac{\partial^2 u}{\partial y^2}=0$，确定 a,b 的值，使等式在变换 $\xi=x+ay,\eta=x+by$ 下化简为 $\frac{\partial^2 u}{\partial\xi\partial\eta}=0$.

答题区

小 结

本题型实质上仍然是对多元函数各种求导方法的考查.

解题加速度

(1996,数一,6分) 设变换 $\begin{cases} u = x - 2y, \\ v = x + ay \end{cases}$ 可把方程 $6\dfrac{\partial^2 z}{\partial x^2} + \dfrac{\partial^2 z}{\partial x \partial y} - \dfrac{\partial^2 z}{\partial y^2} = 0$ 化简为 $\dfrac{\partial^2 z}{\partial u \partial v} = 0$,求常数 a,其中 $z = z(x,y)$ 有2阶连续偏导数.

演算空间

第五章 二重积分

本章导读

本章考查的重点是二重积分的计算，除了掌握基本的计算方法，需注意对称性、拆分区域、拆分函数、交换积分次序、交换积分坐标系等的应用.

试题特点

从 2004 年起数学二考试增加了二重积分的内容，它是重要的考试知识点，每年试题一般是一个大题、一个小题，分数约占试卷的 9%，题目主要集中在二重积分计算的考查上，往往在被积函数和积分区域上设置障碍，因而要掌握一定的方法和技巧. 另外，被积函数为抽象函数的二重积分值得关注.

真题分类练习

一、基本概念及性质

1（2010，6 题，4 分）$\lim\limits_{n\to\infty}\sum\limits_{i=1}^{n}\sum\limits_{j=1}^{n}\dfrac{n}{(n+i)(n^2+j^2)}=$

(A) $\int_0^1 dx\int_0^x \dfrac{1}{(1+x)(1+y^2)}dy$.

(B) $\int_0^1 dx\int_0^x \dfrac{1}{(1+x)(1+y)}dy$.

(C) $\int_0^1 dx\int_0^1 \dfrac{1}{(1+x)(1+y)}dy$.

(D) $\int_0^1 dx\int_0^1 \dfrac{1}{(1+x)(1+y^2)}dy$.

答题区

2 (2019,5 题,4 分) 已知平面区域 $D=\left\{(x,y)\,\middle|\,|x|+|y|\leqslant\frac{\pi}{2}\right\}$,记 $I_1=\iint\limits_D\sqrt{x^2+y^2}\,dxdy$,$I_2=\iint\limits_D\sin\sqrt{x^2+y^2}\,dxdy$,$I_3=\iint\limits_D(1-\cos\sqrt{x^2+y^2})\,dxdy$ 则

(A) $I_3<I_2<I_1$.　(B) $I_2<I_1<I_3$.　(C) $I_1<I_2<I_3$.　(D) $I_2<I_3<I_1$.

答题区

小 结

1. $\iint\limits_D f(u,v)\,dudv=A$ 为常数,与积分变量用哪个字母表示无关.

2. 二重积分不等式性质须注意条件,如

(1) $f(x,y)\geqslant g(x,y)$ 推不出 $\iint\limits_D f(x,y)\,dxdy>\iint\limits_D g(x,y)\,dxdy$,但加上 $f(x,y)$,$g(x,y)$ 连续且 $f(x,y)$ 不恒等于 $g(x,y)$,则结论正确.

(2) $f(x,y)\geqslant 0$ 且 $\iint\limits_D f(x,y)\,dxdy=0$ 推不出 $f(x,y)=0$,但加上 $f(x,y)$ 连续,则结论正确.

解题加速度

1. (2005,数三,4 分) 设 $I_1=\iint\limits_D\cos\sqrt{x^2+y^2}\,d\sigma$,$I_2=\iint\limits_D\cos(x^2+y^2)\,d\sigma$,$I_3=\iint\limits_D\cos(x^2+y^2)^2\,d\sigma$,其中 $D=\{(x,y)\,|\,x^2+y^2\leqslant 1\}$,则

(A) $I_3>I_2>I_1$.　(B) $I_1>I_2>I_3$.

(C) $I_2>I_1>I_3$.　(D) $I_3>I_1>I_2$.

演算空间

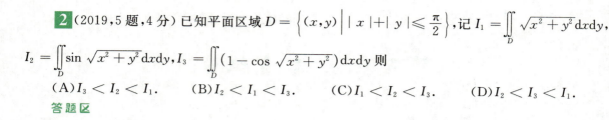

2.(2016,数三,4 分) 设 $J_i = \iint\limits_{D_i} \sqrt[3]{x-y}\,dxdy\,(i=1,2,3)$,其中 $D_1 = \{(x,y) \mid 0 \leqslant x \leqslant 1, 0 \leqslant y \leqslant 1\}$,$D_2 = \{(x,y) \mid 0 \leqslant x \leqslant 1, 0 \leqslant y \leqslant \sqrt{x}\}$,$D_3 = \{(x,y) \mid 0 \leqslant x \leqslant 1, x^2 \leqslant y \leqslant 1\}$,则

(A) $J_1 < J_2 < J_3$.　　(B) $J_3 < J_1 < J_2$.

(C) $J_2 < J_3 < J_1$.　　(D) $J_2 < J_1 < J_3$.

演算空间

二、二重积分的基本计算

3 (2009,19 题,10 分) 求二重积分 $\iint\limits_D (x-y)\,dxdy$,其中

$$D = \{(x,y) \mid (x-1)^2 + (y-1)^2 \leqslant 2, y \geqslant x\}.$$

答题区

4 (2011,13 题,4 分) 设平面区域 D 由直线 $y = x$,圆 $x^2 + y^2 = 2y$ 及 y 轴所围成,则二重积分 $\iint\limits_D xy\,d\sigma =$ ________.

答题区

5（2011，21 题，11 分）已知函数 $f(x,y)$ 具有 2 阶连续偏导数，且 $f(1,y)=f(x,1)=0$，$\iint\limits_D f(x,y)\mathrm{d}x\mathrm{d}y=a$，其中 $D=\{(x,y)\mid 0\leqslant x\leqslant 1,0\leqslant y\leqslant 1\}$，计算二重积分

$$\iint\limits_D xyf''_{xy}(x,y)\mathrm{d}x\mathrm{d}y.$$

答题区

6（2012，18 题，10 分）计算二重积分$\iint\limits_D xy\,\mathrm{d}\sigma$，其中区域 D 由曲线 $r=1+\cos\theta(0\leqslant\theta\leqslant\pi)$ 与极轴围成.

答题区

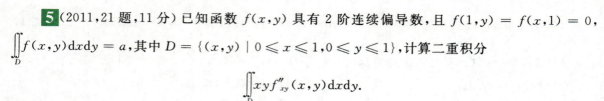

7（2013，17 题，10 分）设平面内区域 D 由直线 $x=3y, y=3x$ 及 $x+y=8$ 围成，计算$\iint\limits_D x^2\mathrm{d}x\mathrm{d}y$.

答题区

8（2014，17 题，10 分）设平面区域 $D=\{(x,y)\mid 1\leqslant x^2+y^2\leqslant 4, x\geqslant 0, y\geqslant 0\}$，计算

$$\iint\limits_D \frac{x\sin(\pi\sqrt{x^2+y^2})}{x+y}\mathrm{d}x\mathrm{d}y.$$

答题区

9（2018，6 题，4 分）$\int_{-1}^{0}\mathrm{d}x\int_{-x}^{2-x^2}(1-xy)\mathrm{d}y+\int_{0}^{1}\mathrm{d}x\int_{x}^{2-x^2}(1-xy)\mathrm{d}y=$

(A) $\frac{5}{3}$.　　(B) $\frac{5}{6}$.　　(C) $\frac{7}{3}$.　　(D) $\frac{7}{6}$.

答题区

10（2018，17题，10分）设平面区域D由曲线$\begin{cases} x=t-\sin t, \\ y=1-\cos t, \end{cases}$$(0\leqslant t\leqslant 2\pi)$与$x$轴围成，计算二重积分$\iint\limits_D (x+2y)\mathrm{d}x\mathrm{d}y$.

答题区

11（2019，18题，10分）已知平面区域$D=\left\{(x,y)\,\middle|\, |x|\leqslant y,(x^2+y^2)^3\leqslant y^4\right\}$，计算二重积分$\iint\limits_D \dfrac{x+y}{\sqrt{x^2+y^2}}\mathrm{d}x\mathrm{d}y$.

答题区

12（2020，19题，10分）设平面区域D由直线$x=1,x=2,y=x$与x轴围成，计算$\iint\limits_D \dfrac{\sqrt{x^2+y^2}}{x}\mathrm{d}x\mathrm{d}y$.

答题区

13(2021,21题,12分)设平面区域D由曲线$(x^2+y^2)^2=x^2-y^2(x\geqslant 0,y\geqslant 0)$与$x$轴围成,计算二重积分$\iint\limits_D xy\mathrm{d}x\mathrm{d}y$.

答题区

14(2022,19题,12分)已知平面区域$D=\{(x,y)\mid y-2\leqslant x\leqslant\sqrt{4-y^2},0\leqslant y\leqslant 2\}$,计算$I=\iint\limits_D\frac{(x-y)^2}{x^2+y^2}\mathrm{d}x\mathrm{d}y$.

答题区

小 结

1.计算二重积分的步骤为:

(1) 画出积分区域D的示意图.(2) 用不等式组表示积分区域D.(3) 把 二重积分表示为二次积分.(4) 计算二次积分.

2.注意积分坐标及积分次序的选择,一般说:若积分区域为圆域或圆域的一部分,被积函数为

形如 $f(\sqrt{x^2+y^2})$，$f\left(\dfrac{y}{x}\right)$，$f\left(\dfrac{x}{y}\right)$ 等，可考虑采用在极坐标系下进行计算.

3. 利用直角坐标计算二重积分 $\mathrm{d}\sigma=\mathrm{d}x\mathrm{d}y$.

若 $D: a\leqslant x\leqslant b, \varphi_1(x)\leqslant y\leqslant \varphi_2(x)$，则 $\iint\limits_D f(x,y)\mathrm{d}\sigma=\int_a^b \mathrm{d}x\int_{\varphi_1(x)}^{\varphi_2(x)} f(x,y)\mathrm{d}y$.

若 $D: c\leqslant y\leqslant d, \psi_1(y)\leqslant x\leqslant \psi_2(y)$，则 $\iint\limits_D f(x,y)\mathrm{d}\sigma=\int_c^d \mathrm{d}y\int_{\psi_1(y)}^{\psi_2(y)} f(x,y)\mathrm{d}x$.

4. 利用极坐标计算 $\mathrm{d}\sigma=r\mathrm{d}r\mathrm{d}\theta$，计算方法同直角坐标，一般先 r 后 θ.

若极点 O 在积分区域 D 的外部，D 可以表示为 $D: \alpha\leqslant\theta\leqslant\beta, \varphi_1(\theta)\leqslant r\leqslant\varphi_2(\theta)$，则

$$\iint\limits_D f(x,y)\mathrm{d}x\mathrm{d}y=\int_\alpha^\beta \mathrm{d}\theta\int_{\varphi_1(\theta)}^{\varphi_2(\theta)} f(r\cos\theta, r\sin\theta)r\mathrm{d}r.$$

若极点 O 在积分区域 D 的边界上，D 可以表示为 $D: \alpha\leqslant\theta\leqslant\beta, 0\leqslant r\leqslant\varphi(\theta)$，则

$$\iint\limits_D f(x,y)\mathrm{d}x\mathrm{d}y=\int_\alpha^\beta \mathrm{d}\theta\int_0^{\varphi(\theta)} f(r\cos\theta, r\sin\theta)r\mathrm{d}r.$$

若极点 O 在积分区域 D 的内部，D 的边界方程为 $r=\varphi(\theta)$，则

$$\iint\limits_D f(x,y)\mathrm{d}x\mathrm{d}y=\int_0^{2\pi} \mathrm{d}\theta\int_0^{\varphi(\theta)} f(r\cos\theta, r\sin\theta)r\mathrm{d}r.$$

5. 注意利用二重积分的对称性化简运算.

解题加速度

1.（2006，数三，7 分）计算二重积分 $\iint\limits_D \sqrt{y^2-xy}\,\mathrm{d}x\mathrm{d}y$，其中 D 是由直线 $y=x$，$y=1$，$x=0$ 所围成的平面区域.

演算空间

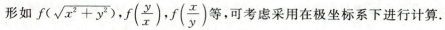

2.(2003,数三,8 分) 计算二重积分

$$I=\iint\limits_{D}e^{-(x^2+y^2-\pi)}\sin(x^2+y^2)\mathrm{d}x\mathrm{d}y,$$

其中积分区域 $D=\{(x,y)\mid x^2+y^2\leqslant\pi\}$.

演算空间

3.(2015,数三,4 分) 设 $D=\{(x,y)\mid x^2+y^2\leqslant 2x,x^2+y^2\leqslant 2y\}$,函数 $f(x,y)$ 在 D 上连续,则 $\iint\limits_{D}f(x,y)\mathrm{d}x\mathrm{d}y=$

(A) $\int_0^{\frac{\pi}{4}}\mathrm{d}\theta\int_0^{2\cos\theta}f(r\cos\theta,r\sin\theta)r\mathrm{d}r+\int_{\frac{\pi}{4}}^{\frac{\pi}{2}}\mathrm{d}\theta\int_0^{2\sin\theta}f(r\cos\theta,r\sin\theta)r\mathrm{d}r.$

(B) $\int_0^{\frac{\pi}{4}}\mathrm{d}\theta\int_0^{2\sin\theta}f(r\cos\theta,r\sin\theta)r\mathrm{d}r+\int_{\frac{\pi}{4}}^{\frac{\pi}{2}}\mathrm{d}\theta\int_0^{2\cos\theta}f(r\cos\theta,r\sin\theta)r\mathrm{d}r.$

(C) $2\int_0^1\mathrm{d}x\int_{1-\sqrt{1-x^2}}^{x}f(x,y)\mathrm{d}y.$

(D) $2\int_0^1\mathrm{d}x\int_{x}^{\sqrt{2x-x^2}}f(x,y)\mathrm{d}y.$

演算空间

4.(2018,数三,10 分) 设平面区域 D 由曲线 $y=\sqrt{3(1-x^2)}$ 与直线 $y=\sqrt{3}x$ 及 y 轴围成,计算二重积分 $\iint\limits_{D}x^2\mathrm{d}x\mathrm{d}y$.

演算空间

5.（2020，数三，10 分）设 $D=\{(x,y)\mid x^2+y^2\leqslant 1,y\geqslant 0\}$，连续函数 $f(x,y)$ 满足

$$f(x,y)=y\sqrt{1-x^2}+x\iint\limits_D f(x,y)\mathrm{d}x\mathrm{d}y.$$

求 $\iint\limits_D xf(x,y)\mathrm{d}x\mathrm{d}y$.

演算空间

三、利用区域的对称性及函数的奇偶性计算积分

15（2012，6 题，4 分）设区域 D 由曲线 $y=\sin x,x=\pm\dfrac{\pi}{2},y=1$ 围成，则 $\iint\limits_D(xy^5-1)\mathrm{d}x\mathrm{d}y=$

(A) π.　　(B) 2.　　(C) -2.　　(D) $-\pi$.

答题区

16（2013，6 题，4 分）设 D_k 是圆域 $D=\{(x,y)\mid x^2+y^2\leqslant 1\}$ 位于第 k 象限的部分，记 $I_k=\iint\limits_{D_k}(y-x)\mathrm{d}x\mathrm{d}y(k=1,2,3,4)$，则

(A) $I_1>0$.　　(B) $I_2>0$.　　(C) $I_3>0$.　　(D) $I_4>0$.

答题区

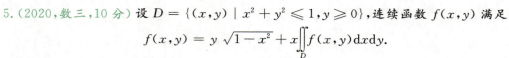

17(2015,18 题,10 分)计算二重积分$\iint\limits_{D}x(x+y)\mathrm{d}x\mathrm{d}y$,其中$D=\{(x,y)\mid x^2+y^2\leqslant 2,y\geqslant x^2\}$.

答题区

18(2016,18 题,10 分)设 D 是由直线 $y=1,y=x,y=-x$ 围成的有界区域,计算二重积分$\iint\limits_{D}\frac{x^2-xy-y^2}{x^2+y^2}\mathrm{d}x\mathrm{d}y$.

答题区

19(2017,20 题,11 分)已知平面区域$D=\{(x,y)\mid x^2+y^2\leqslant 2y\}$,计算二重积分$\iint\limits_{D}(x+1)^2\mathrm{d}x\mathrm{d}y$.

答题区

小 结

1. 下面的结论十分重要.

(1) 若 D 关于 x 轴对称, D_1 为 D 的上半平面部分,则

$$\iint_D f(x,y)\mathrm{d}\sigma=\begin{cases}0, & 当\ f(x,-y)=-f(x,y)\ 时,\\ 2\iint_{D_1} f(x,y)\mathrm{d}\sigma, & 当\ f(x,-y)=f(x,y)\ 时.\end{cases}$$

(2) 若 D 关于 y 轴对称, D_2 为 D 的右半平面部分,则

$$\iint_D f(x,y)\mathrm{d}\sigma=\begin{cases}0, & 当\ f(-x,y)=-f(x,y)\ 时,\\ 2\iint_{D_2} f(x,y)\mathrm{d}\sigma, & 当\ f(-x,y)=f(x,y)\ 时.\end{cases}$$

(3) $x\longleftrightarrow y$ 互换, D 保持不变时,则

$$\iint_D f(x,y)\mathrm{d}x\mathrm{d}y=\iint_D f(y,x)\mathrm{d}x\mathrm{d}y=\frac{1}{2}\iint_D[f(x,y)+f(y,x)]\mathrm{d}x\mathrm{d}y.$$

2. 若积分区域不具有对称性,或被积函数不具有奇偶性,可考虑拆分区域或函数.

解题加速度

1. (2004,数三,8 分) 求 $\iint_D(\sqrt{x^2+y^2}+y)\mathrm{d}\sigma$, 其中 D 是由圆 $x^2+y^2=4$ 和 $(x+1)^2+y^2=1$ 所围成的平面区域(如图).

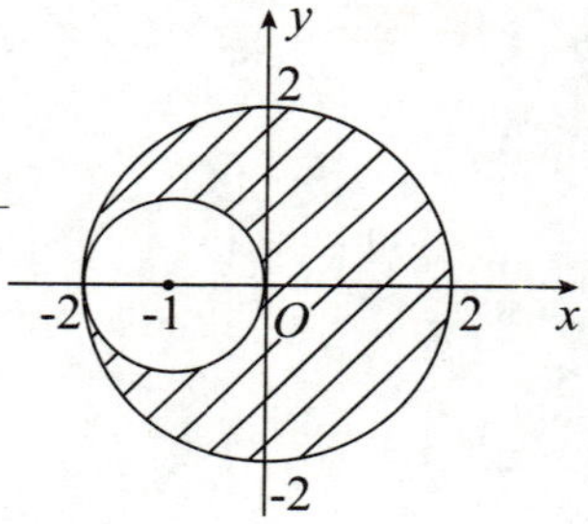

演算空间

2.(2008,数三,4分)设 $D=\{(x,y)\mid x^2+y^2\leqslant 1\}$,则 $\iint\limits_D (x^2-y)\mathrm{d}x\mathrm{d}y=$ ________.

演算空间

3.(2010,数三,10分)计算二重积分 $\iint\limits_D (x+y)^3\mathrm{d}\sigma$,其中 D 由曲线 $x=\sqrt{1+y^2}$ 与直线 $x+\sqrt{2}y=0$ 及 $x-\sqrt{2}y=0$ 所围成.

演算空间

四、分块函数积分的计算

小 结

形如积分 $\iint\limits_D |f(x,y)|\mathrm{d}\sigma$, $\iint\limits_D \max\{f(x,y),g(x,y)\}\mathrm{d}\sigma$, $\iint\limits_D \min\{f(x,y),g(x,y)\}\mathrm{d}\sigma$, $\iint\limits_D [f(x,y)]\mathrm{d}\sigma$, $\iint\limits_D \mathrm{sgn}\{f(x,y)-g(x,y)\}\mathrm{d}\sigma$ 等的被积函数均应当作分区域函数看待,利用积分的可加性分区域积分.

解题加速度

1.（2002，数一，7 分）计算二重积分$\iint\limits_{D} e^{\max\{x^2,y^2\}}\mathrm{d}x\mathrm{d}y$，其中 $D=\{(x,y)\mid 0\leqslant x\leqslant 1,0\leqslant y\leqslant 1\}$.

演算空间

2.（2005，数一，11 分）设 $D=\{(x,y)\mid x^2+y^2\leqslant\sqrt{2},x\geqslant 0,y\geqslant 0\}$，$[1+x^2+y^2]$ 表示不超过 $1+x^2+y^2$ 的最大整数. 计算二重积分$\iint\limits_{D} xy[1+x^2+y^2]\mathrm{d}x\mathrm{d}y$.

演算空间

五、交换积分次序及坐标系

20(2009,4 题,4 分) 设函数 $z=f(x,y)$ 连续,则 $\int_1^2 dx\int_x^2 f(x,y)dy+\int_1^2 dy\int_y^{4-y} f(x,y)dx=$

(A) $\int_1^2 dx\int_1^{4-x} f(x,y)dy$.

(B) $\int_1^2 dx\int_x^{4-x} f(x,y)dy$.

(C) $\int_1^2 dy\int_1^{4-y} f(x,y)dx$.

(D) $\int_1^2 dy\int_y^2 f(x,y)dx$.

答题区

21(2010,20 题,10 分) 计算二重积分

$$\iint_D r^2\sin\theta\sqrt{1-r^2\cos 2\theta}\,drd\theta,$$

其中 $D=\left\{(r,\theta)\,\middle|\,0\leqslant r\leqslant \sec\theta,0\leqslant\theta\leqslant\frac{\pi}{4}\right\}$.

答题区

22（2015，6 题，4 分）设 D 是第一象限中由曲线 $2xy=1,4xy=1$ 与直线 $y=x,y=\sqrt{3}x$ 围成的平面区域，函数 $f(x,y)$ 在 D 上连续，则 $\iint\limits_D f(x,y)\mathrm{d}x\mathrm{d}y=$

(A) $\int_{\frac{\pi}{4}}^{\frac{\pi}{3}}\mathrm{d}\theta\int_{\frac{1}{2\sin 2\theta}}^{\frac{1}{\sin 2\theta}}f(r\cos\theta,r\sin\theta)r\mathrm{d}r$.

(B) $\int_{\frac{\pi}{4}}^{\frac{\pi}{3}}\mathrm{d}\theta\int_{\frac{1}{\sqrt{2\sin 2\theta}}}^{\frac{1}{\sqrt{\sin 2\theta}}}f(r\cos\theta,r\sin\theta)r\mathrm{d}r$.

(C) $\int_{\frac{\pi}{4}}^{\frac{\pi}{3}}\mathrm{d}\theta\int_{\frac{1}{2\sin 2\theta}}^{\frac{1}{\sin 2\theta}}f(r\cos\theta,r\sin\theta)\mathrm{d}r$.

(D) $\int_{\frac{\pi}{4}}^{\frac{\pi}{3}}\mathrm{d}\theta\int_{\frac{1}{\sqrt{2\sin 2\theta}}}^{\frac{1}{\sqrt{\sin 2\theta}}}f(r\cos\theta,r\sin\theta)\mathrm{d}r$.

答题区

23（2017，13 题，4 分）$\int_0^1\mathrm{d}y\int_y^1\frac{\tan x}{x}\mathrm{d}x=$ ______.

答题区

24（2020，10 题，4 分）$\int_0^1\mathrm{d}y\int_{\sqrt{y}}^1\sqrt{x^3+1}\mathrm{d}x=$ ______.

答题区

25（2021，14 题，5 分）已知函数 $f(t)=\int_1^{t^2}\mathrm{d}x\int_{\sqrt{x}}^{t}\sin\frac{x}{y}\mathrm{d}y$，则 $f'\left(\frac{\pi}{2}\right)=$ ______.

答题区

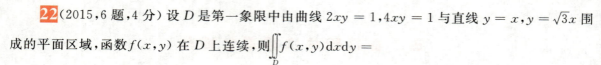

26（2022，2 题，5 分）$\int_0^2 \mathrm{d}y \int_y^2 \frac{y}{\sqrt{1+x^3}} \mathrm{d}x =$

(A) $\frac{\sqrt{2}}{6}$.　　(B) $\frac{1}{3}$.　　(C) $\frac{\sqrt{2}}{3}$.　　(D) $\frac{2}{3}$.

答题区

小 结

1. 交换积分次序是常考的题型，通常有如下两种情形：

(1) 题目本身要求交换积分次序.

(2) 计算时，按原积分次序计算比较复杂或无法计算，需交换积分次序，一般可从被积函数的类型看出，如含有形如 e^{x^2}，$\frac{\sin x}{x}$ 等，应后对 x 积分.

2. 需注意的是一定要准确地画出积分区域.

3. 有些累次积分仅交换积分次序不能解决问题，此时应考虑交换坐标系.

4. 极坐标系下的交换积分次序虽然没有考过，但需关注.

解题加速度

1.（1996，数四，3 分）累次积分 $\int_0^{\frac{\pi}{2}} \mathrm{d}\theta \int_0^{\cos\theta} f(r\cos\theta, r\sin\theta) r\mathrm{d}r$ 可以写成

(A) $\int_0^1 \mathrm{d}y \int_0^{\sqrt{y-y^2}} f(x,y)\mathrm{d}x$.　　(B) $\int_0^1 \mathrm{d}y \int_0^{\sqrt{1-y^2}} f(x,y)\mathrm{d}x$.

(C) $\int_0^1 \mathrm{d}y \int_0^1 f(x,y)\mathrm{d}x$.　　(D) $\int_0^1 \mathrm{d}x \int_0^{\sqrt{x-x^2}} f(x,y)\mathrm{d}y$.

演算空间

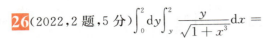

2.（2003，数一，4 分）交换积分次序：$\int_0^{\frac{1}{4}}\mathrm{d}y\int_y^{\sqrt{y}}f(x,y)\mathrm{d}x+\int_{\frac{1}{4}}^{\frac{1}{2}}\mathrm{d}y\int_y^{\frac{1}{2}}f(x,y)\mathrm{d}x=$ ________.

演算空间

3.（2012，数三，4 分）设函数 $f(t)$ 连续，则二次积分 $\int_0^{\frac{\pi}{2}}\mathrm{d}\theta\int_{2\cos\theta}^{2}f(r^2)r\mathrm{d}r=$

(A) $\int_0^2\mathrm{d}x\int_{\sqrt{2x-x^2}}^{\sqrt{4-x^2}}\sqrt{x^2+y^2}f(x^2+y^2)\mathrm{d}y.$　　(B) $\int_0^2\mathrm{d}x\int_{\sqrt{2x-x^2}}^{\sqrt{4-x^2}}f(x^2+y^2)\mathrm{d}y.$

(C) $\int_0^2\mathrm{d}y\int_{1+\sqrt{1-y^2}}^{\sqrt{4-y^2}}\sqrt{x^2+y^2}f(x^2+y^2)\mathrm{d}x.$　　(D) $\int_0^2\mathrm{d}y\int_{1+\sqrt{1-y^2}}^{\sqrt{4-y^2}}f(x^2+y^2)\mathrm{d}x.$

演算空间

4.（2014，数三，4 分）二次积分 $\int_0^1\mathrm{d}y\int_y^1\left(\frac{\mathrm{e}^{x^2}}{x}-\mathrm{e}^{y^2}\right)\mathrm{d}x=$ ________.

演算空间

第六章 常微分方程

本章导读

本章内容是考试的重要组成部分，特别在数学二所占份额更大，主要侧重于一阶微分方程、可降阶的二阶微分方程及二阶常系数线性微分方程的求解，微分方程的应用多涉及几何方面.

试题特点

每年试题一般是一个大题、一个小题，分数约占试卷的 10%，难度不是很大. 除了各种微分方程的求解，对常系数线性微分方程解的结构及性质的考查也是测试的一个重要方面. 特别是近几年涉及几何应用的题目较多.

真题分类练习

一、一阶微分方程的求解

1 (2010，2 题，4 分) 设 y_1, y_2 是一阶线性非齐次微分方程 $y' + p(x)y = q(x)$ 的两个特解. 若常数 λ, μ 使 $\lambda y_1 + \mu y_2$ 是该方程的解，$\lambda y_1 - \mu y_2$ 是对应的齐次方程的解，则

(A) $\lambda = \frac{1}{2}, \mu = \frac{1}{2}$.　　(B) $\lambda = -\frac{1}{2}, \mu = -\frac{1}{2}$.

(C) $\lambda = \frac{2}{3}, \mu = \frac{1}{3}$.　　(D) $\lambda = \frac{2}{3}, \mu = \frac{2}{3}$.

答题区

2 (2011，10 题，4 分) 微分方程 $y' + y = e^{-x}\cos x$ 满足条件 $y(0) = 0$ 的解为 $y =$ ________.

答题区

3（2012,12 题,4 分）微分方程 $y\mathrm{d}x+(x-3y^2)\mathrm{d}y=0$ 满足条件 $y\big|_{x=1}=1$ 的解为 $y=$ ________.

答题区

4（2012,19 题,10 分）已知函数 $f(x)$ 满足方程 $f''(x)+f'(x)-2f(x)=0$ 及 $f''(x)+f(x)=2\mathrm{e}^x$,

（Ⅰ）求 $f(x)$ 的表达式；

（Ⅱ）求曲线 $y=f(x^2)\int_0^x f(-t^2)\mathrm{d}t$ 的拐点.

答题区

5（2016,11 题,4 分）以 $y=x^2-\mathrm{e}^x$ 和 $y=x^2$ 为特解的一阶非齐次线性微分方程为________.

答题区

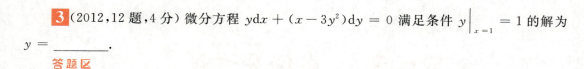

6(2021,20 题,12 分)设 $y=y(x)(x>0)$ 是微分方程 $xy'-6y=-6$ 满足条件 $y(\sqrt{3})=10$ 的解.

(Ⅰ)求 $y(x)$;

(Ⅱ)设 P 为曲线 $y=y(x)$ 上一点,记曲线 $y=y(x)$ 在点 P 处的法线在 y 轴上的截距为 I_P.当 I_P 最小时,求点 P 的坐标.

答题区

7(2022,18 题,12 分)设函数 $y(x)$ 是微分方程 $2xy'-4y=2\ln x-1$ 满足条件 $y(1)=\frac{1}{4}$ 的解,求曲线 $y=y(x)(1\leqslant x\leqslant \mathrm{e})$ 的弧长.

答题区

小 结

1. 此类题解题步骤:

(1) 判断方程的类型.可将方程写成形式:$\frac{\mathrm{d}y}{\mathrm{d}x}=f(x,y)$ 或 $\frac{\mathrm{d}x}{\mathrm{d}y}=g(x,y)$(这里将变量 x 看作函数,y 看作自变量).

(2) 若不能确定类型，考虑用适当的变量代换.

2. 应熟练掌握考试大纲所要求的一阶方程类型及其解法：

(1) 可分离变量方程. 分离变量化为 $f(x)\mathrm{d}x = g(y)\mathrm{d}y$，两边积分得通解.

(2) 齐次方程. 将方程化为$\dfrac{\mathrm{d}y}{\mathrm{d}x} = f\left(\dfrac{y}{x}\right)$，令 $u = \dfrac{y}{x}$，有 $y = xu$，$\dfrac{\mathrm{d}y}{\mathrm{d}x} = u + x\dfrac{\mathrm{d}u}{\mathrm{d}x}$ 代入方程并化为可分离变量方程$\dfrac{\mathrm{d}u}{f(u)-u} = \dfrac{\mathrm{d}x}{x}$.

(3) 一阶线性方程. 将方程化为标准形式 $y' + P(x)y = Q(x)$，由通解公式得通解为

$$y = \mathrm{e}^{-\int P(x)\mathrm{d}x}\left[\int Q(x)\cdot \mathrm{e}^{\int P(x)\mathrm{d}x}\mathrm{d}x + C\right].$$

解题加速度

1. (2005，数三，4分) 微分方程 $xy' + y = 0$ 满足初始条件 $y(1) = 2$ 的特解为________.

演算空间

2. (2006，数三，4分) 非齐次线性微分方程 $y' + P(x)y = Q(x)$ 有两个不同的解 $y_1(x)$，$y_2(x)$，C 为任意常数，则该方程的通解是

(A) $C[y_1(x) - y_2(x)]$.

(B) $y_1(x) + C[y_1(x) - y_2(x)]$.

(C) $C[y_1(x) + y_2(x)]$.

(D) $y_1(x) + C[y_1(x) + y_2(x)]$.

演算空间

3. (2007，数三，4分) 微分方程$\dfrac{\mathrm{d}y}{\mathrm{d}x} = \dfrac{y}{x} - \dfrac{1}{2}\left(\dfrac{y}{x}\right)^3$ 满足 $y\Big|_{x=1} = 1$ 的特解为 $y =$________.

演算空间

4.(2008,数一,4分) 微分方程 $xy'+y=0$ 满足条件 $y(1)=1$ 的解是 $y=$ ________.

演算空间

5.(2014,数一,4分) 微分方程 $xy'+y(\ln x-\ln y)=0$ 满足条件 $y(1)=e^3$ 的解为 $y=$ ________.

演算空间

6.(2018,数一,10分) 已知微分方程 $y'+y=f(x)$,其中 $f(x)$ 是 $\mathbf{R}$ 上的连续函数.

(Ⅰ) 若 $f(x)=x$,求方程的通解.

(Ⅱ) 若 $f(x)$ 是周期为 T 的函数,证明:方程存在唯一的以 T 为周期的解.

演算空间

7.(2019,数一,4分) 微分方程 $2yy'-y^2-2=0$ 满足条件 $y(0)=1$ 的特解 $y=$ ________.

演算空间

8.（2019，数一，10 分）设函数 $y(x)$ 是微分方程 $y'+xy=\mathrm{e}^{-\frac{x^2}{2}}$ 满足条件 $y(0)=0$ 的特解.

（Ⅰ）求 $y(x)$；

（Ⅱ）求曲线 $y=y(x)$ 的凹凸区间及拐点.

演算空间

二、可降阶的二阶微分方程的求解

8（2010，17 题，11 分）设函数 $y=f(x)$ 由参数方程 $\begin{cases} x=2t+t^2, \\ y=\psi(t), \end{cases}$（$t>-1$）所确定，其中 $\psi(t)$ 具有二阶导数，且 $\psi(1)=\frac{5}{2}$，$\psi'(1)=6$，已知 $\frac{\mathrm{d}^2y}{\mathrm{d}x^2}=\frac{3}{4(1+t)}$，求函数 $\psi(t)$.

答题区

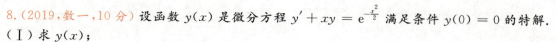

9（2016，19 题，10 分）已知 $y_1(x)=\mathrm{e}^x$，$y_2(x)=u(x)\mathrm{e}^x$ 是二阶微分方程 $(2x-1)y''-(2x+1)y'+2y=0$ 的两个解，若 $u(-1)=\mathrm{e}$，$u(0)=-1$，求 $u(x)$，并写出该微分方程的通解.

答题区

小 结

考试大纲要求的可降阶方程有三种类型：

1. $y^{(n)}=f(x)$. 方程两边对 x 积分 n 次，即可求得通解.
2. $y''=f(x,y')$. 称为不显含 y 的可降阶方程. 令 $p=y'$，则原方程化为一阶方程

$$\frac{\mathrm{d}p}{\mathrm{d}x}=f(x,p).$$

3. $y''=f(y,y')$. 称为不显含 x 的可降阶方程.

令 $p=y'$，$y''=\dfrac{\mathrm{d}p}{\mathrm{d}x}=\dfrac{\mathrm{d}p}{\mathrm{d}y}\cdot\dfrac{\mathrm{d}y}{\mathrm{d}x}=p\dfrac{\mathrm{d}p}{\mathrm{d}y}$，则原方程化为一阶方程 $p\dfrac{\mathrm{d}p}{\mathrm{d}y}=f(y,p)$.

三、高阶常系数线性微分方程的求解

10（2010，9 题，4 分）三阶常系数线性齐次微分方程 $y'''-2y''+y'-2y=0$ 的通解为 $y=$________.

答题区

11（2011,4 题,4 分）微分方程 $y''-\lambda^2 y=e^{\lambda x}+e^{-\lambda x}(\lambda>0)$ 的特解形式为

(A) $a(e^{\lambda x}+e^{-\lambda x})$.　　(B) $ax(e^{\lambda x}+e^{-\lambda x})$.

(C) $x(ae^{\lambda x}+be^{-\lambda x})$.　　(D) $x^2(ae^{\lambda x}+be^{-\lambda x})$.

答题区

12（2013,13 题,4 分）已知 $y_1=e^{3x}-xe^{2x}$，$y_2=e^{x}-xe^{2x}$，$y_3=-xe^{2x}$ 是某二阶常系数非齐次线性微分方程的 3 个解，则该方程满足条件 $y\big|_{x=0}=0$，$y'\big|_{x=0}=1$ 的解为 $y=$ ________.

答题区

13（2015,12 题,4 分）设函数 $y=y(x)$ 是微分方程 $y''+y'-2y=0$ 的解，且在 $x=0$ 处 $y(x)$ 取得极值 3，则 $y(x)=$ ________.

答题区

14（2017,4 题,4 分）微分方程 $y''-4y'+8y=e^{2x}(1+\cos 2x)$ 的特解可设为 $y^*=$

(A) $Ae^{2x}+e^{2x}(B\cos 2x+C\sin 2x)$.　　(B) $Axe^{2x}+e^{2x}(B\cos 2x+C\sin 2x)$.

(C) $Ae^{2x}+xe^{2x}(B\cos 2x+C\sin 2x)$.　　(D) $Axe^{2x}+xe^{2x}(B\cos 2x+C\sin 2x)$.

答题区

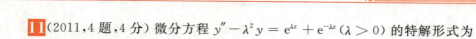

15(2019,4 题,4 分) 已知微分方程 $y''+ay'+by=ce^x$ 的通解为 $y=(C_1+C_2x)e^{-x}+e^x$，则 a,b,c 依次为

(A)1,0,1. (B)1,0,2. (C)2,1,3. (D)2,1,4.

答题区

16(2020,13 题,4 分) 设 $y=y(x)$ 满足 $y''+2y'+y=0$，且 $y(0)=0,y'(0)=1$，则 $\int_0^{+\infty}y(x)\mathrm{d}x$ $=$ ________.

答题区

17(2021,15 题,5 分) 微分方程 $y'''-y=0$ 的通解为 $y=$ ________.

答题区

18(2022,14 题,5 分) 微分方程 $y'''-2y''+5y'=0$ 的通解 $y(x)=$ ________.

答题区

小 结

1. 求二阶常系数非齐次线性微分方程的解的步骤：

(1) 求特征方程的根.

(2) 写出齐次线性微分方程的通解.

(3) 求出非齐次线性微分方程的一个特解.

(4) 写出非齐次线性微分方程的通解.

2. 对于高阶线性微分方程，应掌握解的性质、叠加原理以及通解的结构.

3. 对于二阶常系数线性微分方程 $y''+py'+qy=f(x)$，应熟练掌握求通解的方法.

(1) 对于对应的齐次线性微分方程 $y''+py'+qy=0$，会根据其特征方程 $r^2+pr+q=0$ 的根的情况，写出齐次线性微分方程的通解.

(2) 当自由项 $f(x)$ 为多项式函数、指数函数、三角函数以及它们的和、差、积所得的函数时，应熟练掌握用待定系数法确定特解.

4. 对于二阶常系数齐次线性微分方程 $y''+py'+qy=0$，函数 $Ae^{\alpha x}$ 是其解的充要条件为 $r=\alpha$ 是特征方程 $r^2+pr+q=0$ 的根；函数 $Ae^{\alpha x}\sin\beta x$，$Be^{\alpha x}\cos\beta x$ 或 $e^{\alpha x}(A\sin\beta x+B\cos\beta x)$ 是其解的充要条件为 $r=\alpha\pm\beta i$ 是特征方程 $r^2+pr+q=0$ 的根. 利用以上结论，可由方程的解，确定其对应的特征方程的根，从而得到特征方程及其对应的齐次微分方程.

5. 对于简单的高于二阶的常系数齐次线性微分方程，会根据其特征方程的根的情况，写出其通解.

解题加速度

1.（2009，数一，4 分）若二阶常系数线性齐次微分方程 $y''+ay'+by=0$ 的通解为 $y=(C_1+C_2x)e^x$，则非齐次方程 $y''+ay'+by=x$ 满足条件 $y(0)=2,y'(0)=0$ 的解为 $y=$ ________.

演算空间

2.（2010，数一，10 分）求微分方程 $y''-3y'+2y=2xe^x$ 的通解.

演算空间

3.(2012,数一,4 分) 若函数 $f(x)$ 满足方程 $f''(x)+f'(x)-2f(x)=0$ 及 $f''(x)+f(x)=2e^x$,则 $f(x)=$ ________.

演算空间

4.(2016,数一,10 分) 设函数 $y(x)$ 满足方程 $y''+2y'+ky=0$,其中 $0<k<1$.

(Ⅰ) 证明:反常积分 $\int_0^{+\infty} y(x)\mathrm{d}x$ 收敛;

(Ⅱ) 若 $y(0)=1, y'(0)=1$,求 $\int_0^{+\infty} y(x)\mathrm{d}x$ 的值.

演算空间

5.(2017,数一,4 分) 微分方程 $y''+2y'+3y=0$ 的通解为 $y=$ ________.

演算空间

四、微分方程的应用

19（2009，18 题，10 分）设非负函数 $y=y(x)(x\geqslant 0)$ 满足微分方程 $xy''-y'+2=0$，当曲线 $y=y(x)$ 过原点时，其与直线 $x=1$ 及 $y=0$ 围成平面区域 D 的面积为 2，求 D 绕 y 轴旋转所得旋转体的体积.

答题区

20（2009，20 题，12 分）设 $y=y(x)$ 是区间 $(-\pi,\pi)$ 内过 $\left(-\frac{\pi}{\sqrt{2}},\frac{\pi}{\sqrt{2}}\right)$ 的光滑曲线，当 $-\pi<x<0$ 时，曲线上任一点处的法线都过原点；当 $0\leqslant x<\pi$ 时，函数满足 $y''+y+x=0$. 求函数 $y(x)$ 的表达式.

答题区

21(2011,18 题,10 分) 设函数 $y(x)$ 具有二阶导数,且曲线 $l: y = y(x)$ 与直线 $y = x$ 相切于原点.记 α 为曲线 l 在点(x,y) 处切线的倾角,若$\frac{d\alpha}{dx} = \frac{dy}{dx}$,求 $y(x)$ 的表达式.

答题区

22(2015,20 题,10 分) 已知高温物体置于低温介质中,任一时刻该物体温度对时间的变化率与该时刻物体和介质的温差成正比,现将一初始温度为 120℃ 的物体在 20℃ 恒温介质中冷却,30min 后该物体温度降至 30℃.若要将该物体的温度继续降至 21℃,还需冷却多长时间?

答题区

23(2017,21 题,11 分) 设 $y(x)$ 是区间 $\left(0,\frac{3}{2}\right)$ 内的可导函数,且 $y(1) = 0$,点 P 是曲线 $L: y = y(x)$ 上的任意一点,L 在点 P 处的切线与 y 轴相交于点$(0,y_P)$,法线与 x 轴相交于点$(x_P,0)$,若 $x_P = y_P$,求 L 上的点的坐标(x,y) 满足的方程.

答题区

24（2019，17题，10分）设函数 $y(x)$ 是微分方程 $y'-xy=\frac{1}{2\sqrt{x}}e^{\frac{x^2}{2}}$ 满足条件 $y(1)=\sqrt{e}$ 的特解.

（Ⅰ）求 $y(x)$；

（Ⅱ）设平面区域 $D=\{(x,y)\mid 1\leqslant x\leqslant 2,0\leqslant y\leqslant y(x)\}$，求 D 绕 x 轴旋转所得旋转体的体积.

答题区

25（2020，21题，11分）设函数 $f(x)$ 可导，且 $f'(x)>0$. 曲线 $y=f(x)(x\geqslant 0)$ 经过坐标原点 O，其上任意一点 M 处的切线与 x 轴交于 T，又 MP 垂直 x 轴于点 P. 已知由曲线 $y=f(x)$，直线 MP 以及 x 轴所围图形的面积与 $\triangle MTP$ 的面积之比恒为 $3:2$，求满足上述条件的曲线的方程.

答题区

小 结

1. 应用题求解步骤：

(1) 根据实际要求确定要研究的量(物理量或几何量).

(2) 找出这些量所满足的规律(物理的或几何的).

(3) 运用这些规律列出方程：如牛顿第二定律 $m\frac{d^2x}{dt^2}=f(x,x',t)$ 或微元法.

(4) 列出初始条件.

2. 微分方程的应用是考查应用能力的重要题型，主要有以下几个方面的应用：

(1) 在几何上的应用.

① 导数的应用. 主要考曲线 $y=y(x)$ 在任意点 (x,y) 处的切线斜率 $\frac{dy}{dx}$、法线斜率 $-\frac{1}{\frac{dy}{dx}}$ 及曲

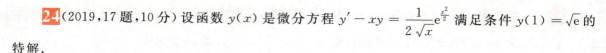

率$\frac{|y''|}{(1+y'^2)^{3/2}}$等导数的应用，应结合题设其他条件，得到微分方程.

② 定积分的应用. 主要考在一变化区间$[a,x]$（或$[x,b]$）上的弧长、面积、体积等定积分的应用问题. 得到变限积分$\int_a^x f(t)\mathrm{d}t$（$\int_x^b f(t)\mathrm{d}t$），结合题设其他条件，得到含变限积分的函数方程，然后通过求导消去变限积分，转化为微分方程.

(2) 在物理上的应用.

① 变化率问题. 由变量$y=y(t)$的变化率$\frac{\mathrm{d}y}{\mathrm{d}t}$，或者由变量$y=y(t)$在区间$[t,t+\mathrm{d}t]$的增量（微元）$\mathrm{d}y=y'(t)\mathrm{d}t$，并结合题设其他条件，得到微分方程.

② 运动问题. 设物体沿曲线$\begin{cases}x=x(t),\\ y=y(t)\end{cases}$运动，则在任意时刻$t$，物体的运动方向与向量$(x'(t),y'(t))$同向或反向，运动速度的大小为$v=\sqrt{x'^2(t)+y'^2(t)}$，并结合题设其他条件，得到微分方程.

③ 利用牛顿第二定律，得到微分方程.

解题加速度

1.（2006，数三，8 分）在xOy坐标平面上，连续曲线L过点$M(1,0)$，其上任意点$P(x,y)(x\neq 0)$处的切线斜率与直线OP的斜率之差等于ax（常数$a>0$）.

（Ⅰ）求L的方程；

（Ⅱ）当L与直线$y=ax$所围成平面图形的面积为$\frac{8}{3}$时，确定a的值.

演算空间

2.（2009，数三，10 分）设曲线$y=f(x)$，其中$y=f(x)$是可导函数，且$f(x)>0$. 已知曲线$y=f(x)$与直线$y=0$，$x=1$及$x=t(t>1)$所围成的曲边梯形，绕x轴旋转一周所得的立体体积值是曲边梯形面积值的πt倍，求该曲线方程.

演算空间

第二部分　线性代数

第一章　行列式

本章导读

历年来单纯行列式的考题不多.分值也不大，相对重要的是抽象型行列式的计算，另一方面大家要注意如何通过行列式的计算来帮助回答矩阵、向量、方程组、特征值、二次型方面的问题，即行列式的应用.

真题分类练习

一、数字型行列式的计算

试题特点

数字型行列式的计算主要是用按行、按列展开公式，但在展开之前往往先运用行列式性质对其作恒等变形，以期某行或某列有较多的零元素，这时再展开可减少计算量.同时，也要注意一些特殊公式，如上（下）三角、范德蒙行列式、拉普拉斯展开式的运用.

计算行列式时，一些常用的技巧有：把第一行的 k_i 倍加至第 i 行；把每行都加到第一行；逐行相加等.

1（2014，7 题，4 分）行列式 $\begin{vmatrix} 0 & a & b & 0 \\ a & 0 & 0 & b \\ 0 & c & d & 0 \\ c & 0 & 0 & d \end{vmatrix} =$

(A) $(ad-bc)^2$.　　(B) $-(ad-bc)^2$.　　(C) $a^2d^2-b^2c^2$.　　(D) $b^2c^2-a^2d^2$.

说明：数学二是从 1997 年开始考线性代数的，大纲称其为“线性代数初步”，涉及行列式、矩阵、向量、方程组四章，试题 3～4 道，约 16 分. 2003 年增加特征值，试题 5 道约 30 分. 2007 年大纲把“初步”取消，内容上又增加了二次型，试题 5 道 34 分. 2020 年大纲对题型结构调整，试题 5 道 32 分.

目前，数一、数二、数三线性代数大纲要求基本一样.考题几乎完全相同.数二由 1997—2023 年的线代考题组成，题目数量明显不够，考数二的同学一定要认真做解题加速度，搞清考研的题型、方法、技巧.

2(2019,14 题,4 分)已知矩阵 $\boldsymbol{A}=\begin{bmatrix}1&-1&0&0\\-2&1&-1&1\\3&-2&2&-1\\0&0&3&4\end{bmatrix}$,$A_{ij}$ 表示 $|\boldsymbol{A}|$ 中(i,j)元素的代数余子式,则 $A_{11}-A_{12}=$ ________.

答题区

3(2020,14 题,4 分)行列式 $\begin{vmatrix}a&0&-1&1\\0&a&1&-1\\-1&1&a&0\\1&-1&0&a\end{vmatrix}=$ ________.

答题区

4(2021,16 题,5 分)多项式 $f(x)=\begin{vmatrix}x&x&1&2x\\1&x&2&-1\\2&1&x&1\\2&-1&1&x\end{vmatrix}$ 中 x^3 项的系数为________.

答题区

解题加速度

1.(1996,数一,3 分)4 阶行列式 $\begin{vmatrix}a_1&0&0&b_1\\0&a_2&b_2&0\\0&b_3&a_3&0\\b_4&0&0&a_4\end{vmatrix}$ 的值等于

(A) $a_1a_2a_3a_4 - b_1b_2b_3b_4$.　　(B) $a_1a_2a_3a_4 + b_1b_2b_3b_4$.

(C) $(a_1a_2 - b_1b_2)(a_3a_4 - b_3b_4)$.　　(D) $(a_2a_3 - b_2b_3)(a_1a_4 - b_1b_4)$.

演算空间

2.（1999，数二，3 分）记行列式 $\begin{vmatrix} x-2 & x-1 & x-2 & x-3 \\ 2x-2 & 2x-1 & 2x-2 & 2x-3 \\ 3x-3 & 3x-2 & 4x-5 & 3x-5 \\ 4x & 4x-3 & 5x-7 & 4x-3 \end{vmatrix}$ 为 $f(x)$，则方程 $f(x)=0$ 的根的个数为

(A) 1.　　(B) 2.　　(C) 3.　　(D) 4.

演算空间

3.（1997，数四，3 分）设 n 阶矩阵

$$\boldsymbol{A} = \begin{bmatrix} 0 & 1 & 1 & \cdots & 1 & 1 \\ 1 & 0 & 1 & \cdots & 1 & 1 \\ 1 & 1 & 0 & \cdots & 1 & 1 \\ \vdots & \vdots & \vdots & & \vdots & \vdots \\ 1 & 1 & 1 & \cdots & 0 & 1 \\ 1 & 1 & 1 & \cdots & 1 & 0 \end{bmatrix}$$

则 $|\boldsymbol{A}| =$ ________.

演算空间

4.(2015,数一,4 分)n 阶行列式 $\begin{vmatrix} 2 & 0 & \cdots & 0 & 2 \\ -1 & 2 & \cdots & 0 & 2 \\ \vdots & \vdots & & \vdots & \vdots \\ 0 & 0 & \cdots & 2 & 2 \\ 0 & 0 & \cdots & -1 & 2 \end{vmatrix} =$ ________.

演算空间

二、抽象型行列式的计算

试题特点

对于抽象型行列式的计算,有可能考查行列式性质的理解、运用,有可能涉及矩阵的运算,也可能用特征值、相似等处理.这一类题目往往综合性强,涉及知识点多.因此,考生复习时要注意知识的衔接与转换,如果内在联系把握得好,解题时的思路就灵活.这一类题目计算量一般不会太大.

5 (2010,14 题,4 分)设 $\boldsymbol{A},\boldsymbol{B}$ 为 3 阶矩阵,且 $|\boldsymbol{A}|=3$,$|\boldsymbol{B}|=2$,$|\boldsymbol{A}^{-1}+\boldsymbol{B}|=2$,则 $|\boldsymbol{A}+\boldsymbol{B}^{-1}|=$ ________.

答题区

6 (2012,14 题,4 分)设 $\boldsymbol{A}$ 为 3 阶矩阵,$|\boldsymbol{A}|=3$,$\boldsymbol{A}^*$ 为 $\boldsymbol{A}$ 的伴随矩阵,若交换 $\boldsymbol{A}$ 的第一行与第二行得矩阵 $\boldsymbol{B}$,则 $|\boldsymbol{B}\boldsymbol{A}^*|=$ ________.

答题区

7（2013，14 题，4 分）设 $\boldsymbol{A}=[a_{ij}]$ 是 3 阶非零矩阵，$|\boldsymbol{A}|$ 为 $\boldsymbol{A}$ 的行列式，A_{ij} 为 a_{ij} 的代数余子式，若 $a_{ij}+A_{ij}=0(i,j=1,2,3)$，则 $|\boldsymbol{A}|=$ ________.

答题区

解题加速度

1.（1993，数四，3 分）若 $\boldsymbol{\alpha}_1,\boldsymbol{\alpha}_2,\boldsymbol{\alpha}_3,\boldsymbol{\beta}_1,\boldsymbol{\beta}_2$ 都是 4 维列向量，且 4 阶行列式 $|\boldsymbol{\alpha}_1,\boldsymbol{\alpha}_2,\boldsymbol{\alpha}_3,\boldsymbol{\beta}_1|=m$，$|\boldsymbol{\alpha}_1,\boldsymbol{\alpha}_2,\boldsymbol{\beta}_2,\boldsymbol{\alpha}_3|=n$，则 4 阶行列式 $|\boldsymbol{\alpha}_3,\boldsymbol{\alpha}_2,\boldsymbol{\alpha}_1,\boldsymbol{\beta}_1+\boldsymbol{\beta}_2|=$

(A) $m+n$.　　(B) $-(m+n)$.　　(C) $n-m$.　　(D) $m-n$.

演算空间

2.（2000，数三，3 分）若 4 阶矩阵 $\boldsymbol{A}$ 与 $\boldsymbol{B}$ 相似，矩阵 $\boldsymbol{A}$ 的特征值为 $\frac{1}{2},\frac{1}{3},\frac{1}{4},\frac{1}{5}$，则行列式 $|\boldsymbol{B}^{-1}-\boldsymbol{E}|=$ ________.

演算空间

3.（2000，数四，3 分）设 $\boldsymbol{\alpha}=(1,0,-1)^{\mathrm{T}}$，矩阵 $\boldsymbol{A}=\boldsymbol{\alpha}\boldsymbol{\alpha}^{\mathrm{T}}$，$n$ 为正整数，则 $|a\boldsymbol{E}-\boldsymbol{A}^n|=$ ________.

演算空间

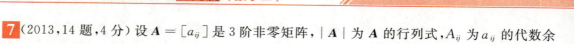

4.(2018,13 题,4 分)设 2 阶矩阵 $\boldsymbol{A}$ 有两个不同特征值,$\boldsymbol{\alpha}_1,\boldsymbol{\alpha}_2$ 是 $\boldsymbol{A}$ 的线性无关的特征向量,且满足 $\boldsymbol{A}^2(\boldsymbol{\alpha}_1+\boldsymbol{\alpha}_2)=\boldsymbol{\alpha}_1+\boldsymbol{\alpha}_2$,则 $|\boldsymbol{A}|=$ ________.

演算空间

5.(2021,15 题,5 分)设 $\boldsymbol{A}=[a_{ij}]$ 为 3 阶矩阵,A_{ij} 为元素 a_{ij} 的代数余子式.若 $\boldsymbol{A}$ 的每行元素之和均为 2,且 $|\boldsymbol{A}|=3$,则 $A_{11}+A_{21}+A_{31}=$ ________.

演算空间

三、行列式 $|A|$ 是否为零的判定

试题特点

常用的判断 $|\boldsymbol{A}|$ 是否为零的问题的思路有:

① 利用秩,设法证 $r(\boldsymbol{A})<n$.

② 用齐次方程组 $\boldsymbol{Ax}=\boldsymbol{0}$ 是否有非零解.

③ 据 $|\boldsymbol{A}|=\prod\lambda_i$,判断 0 是否是特征值.

④ 反证法.

⑤ 相反数 $|\boldsymbol{A}|=-|\boldsymbol{A}|$.

最近十年没有单独考这类题型.下列考题会做吗?

解题加速度

1.(1999,数一,3 分)设 $\boldsymbol{A}$ 是 $m\times n$ 矩阵,$\boldsymbol{B}$ 是 $n\times m$ 矩阵,则

(A) 当 $m>n$ 时,必有行列式 $|\boldsymbol{AB}|\neq0$. (B) 当 $m>n$ 时,必有行列式 $|\boldsymbol{AB}|=0$.

(C) 当 $n>m$ 时,必有行列式 $|\boldsymbol{AB}|\neq0$. (D) 当 $n>m$ 时,必有行列式 $|\boldsymbol{AB}|=0$.

演算空间

2.(1994,数一,6分) 设 $\boldsymbol{A}$ 为 n 阶非零矩阵,$\boldsymbol{A}^*$ 是 $\boldsymbol{A}$ 的伴随矩阵,$\boldsymbol{A}^{\mathrm{T}}$ 是 $\boldsymbol{A}$ 的转置矩阵,当 $\boldsymbol{A}^* = \boldsymbol{A}^{\mathrm{T}}$ 时,证明 $|\boldsymbol{A}| \neq 0$.

演算空间

3.(1995,数一,6分) 设 $\boldsymbol{A}$ 为 n 阶矩阵,满足 $\boldsymbol{A}\boldsymbol{A}^{\mathrm{T}} = \boldsymbol{E}$,$|\boldsymbol{A}| < 0$,求 $|\boldsymbol{A} + \boldsymbol{E}|$.

演算空间

第二章 矩阵

本章导读

矩阵是线性代数的核心内容，矩阵的概念、运算及理论贯穿线性代数的始终. 几乎年年都有单纯的矩阵知识方面的考题，而且其他考题也回避不了矩阵方面的知识，矩阵的重要性不言而喻.

二十多年来，矩阵的解答题考得很少. 复习时，对于填空与选择不要“大意失荆州”.

真题分类练习

一、矩阵运算、初等变换

试题特点

试题简单、基础但容易失误. 由于矩阵乘法没有交换律、没有消去律、有零因子，这和大家熟悉的算术运算有很大区别，试题往往就是考查这里的基本功，因此复习时对于矩阵的运算要正确，熟练，不要眼高手低，犯低级失误.

矩阵的初等行变换是左乘初等矩阵，矩阵的初等列变换是右乘初等矩阵，这里要分清左乘、右乘，记住初等矩阵的逆矩阵.

1 (2009,8 题,4 分) 设 $\boldsymbol{A},\boldsymbol{P}$ 均为 3 阶矩阵，$\boldsymbol{P}^{\mathrm{T}}$ 为 $\boldsymbol{P}$ 的转置矩阵，且 $\boldsymbol{P}^{\mathrm{T}}\boldsymbol{A}\boldsymbol{P}=\begin{bmatrix}1&0&0\\0&1&0\\0&0&2\end{bmatrix}$. 若 $\boldsymbol{P}=[\boldsymbol{\alpha}_1,\boldsymbol{\alpha}_2,\boldsymbol{\alpha}_3]$，$\boldsymbol{Q}=[\boldsymbol{\alpha}_1+\boldsymbol{\alpha}_2,\boldsymbol{\alpha}_2,\boldsymbol{\alpha}_3]$，则 $\boldsymbol{Q}^{\mathrm{T}}\boldsymbol{A}\boldsymbol{Q}$ 为

(A) $\begin{bmatrix}2&1&0\\1&1&0\\0&0&2\end{bmatrix}$.　(B) $\begin{bmatrix}1&1&0\\1&2&0\\0&0&2\end{bmatrix}$.　(C) $\begin{bmatrix}2&0&0\\0&1&0\\0&0&2\end{bmatrix}$.　(D) $\begin{bmatrix}1&0&0\\0&2&0\\0&0&2\end{bmatrix}$.

答题区

2（2011，7 题，4 分）设 $\boldsymbol{A}$ 为 3 阶矩阵，将 $\boldsymbol{A}$ 的第 2 列加到第 1 列得矩阵 $\boldsymbol{B}$，再交换 $\boldsymbol{B}$ 的第 2 行与第 3 行得单位矩阵．记 $\boldsymbol{P}_1=\begin{bmatrix}1&0&0\\1&1&0\\0&0&1\end{bmatrix}$，$\boldsymbol{P}_2=\begin{bmatrix}1&0&0\\0&0&1\\0&1&0\end{bmatrix}$，则 $\boldsymbol{A}=$

(A) $\boldsymbol{P}_1\boldsymbol{P}_2$.　　(B) $\boldsymbol{P}_1^{-1}\boldsymbol{P}_2$.　　(C) $\boldsymbol{P}_2\boldsymbol{P}_1$.　　(D) $\boldsymbol{P}_2\boldsymbol{P}_1^{-1}$.

答题区

3（2012，8 题，4 分）设 $\boldsymbol{A}$ 为 3 阶矩阵，$\boldsymbol{P}$ 为 3 阶可逆矩阵，且 $\boldsymbol{P}^{-1}\boldsymbol{A}\boldsymbol{P}=\begin{bmatrix}1&0&0\\0&1&0\\0&0&2\end{bmatrix}$．若 $\boldsymbol{P}=[\boldsymbol{\alpha}_1,\boldsymbol{\alpha}_2,\boldsymbol{\alpha}_3]$，$\boldsymbol{Q}=[\boldsymbol{\alpha}_1+\boldsymbol{\alpha}_2,\boldsymbol{\alpha}_2,\boldsymbol{\alpha}_3]$，则 $\boldsymbol{Q}^{-1}\boldsymbol{A}\boldsymbol{Q}=$

(A) $\begin{bmatrix}1&0&0\\0&2&0\\0&0&1\end{bmatrix}$.　　(B) $\begin{bmatrix}1&0&0\\0&1&0\\0&0&2\end{bmatrix}$.　　(C) $\begin{bmatrix}2&0&0\\0&1&0\\0&0&2\end{bmatrix}$.　　(D) $\begin{bmatrix}2&0&0\\0&2&0\\0&0&1\end{bmatrix}$.

答题区

4（2017，7 题，4 分）设 $\boldsymbol{A}$ 为 3 阶矩阵，$\boldsymbol{P}=[\boldsymbol{\alpha}_1,\boldsymbol{\alpha}_2,\boldsymbol{\alpha}_3]$ 为可逆矩阵，使得 $\boldsymbol{P}^{-1}\boldsymbol{A}\boldsymbol{P}=\begin{bmatrix}0&0&0\\0&1&0\\0&0&2\end{bmatrix}$，则 $\boldsymbol{A}(\boldsymbol{\alpha}_1+\boldsymbol{\alpha}_2+\boldsymbol{\alpha}_3)=$

(A) $\boldsymbol{\alpha}_1+\boldsymbol{\alpha}_2$.　　(B) $\boldsymbol{\alpha}_2+2\boldsymbol{\alpha}_3$.　　(C) $\boldsymbol{\alpha}_2+\boldsymbol{\alpha}_3$.　　(D) $\boldsymbol{\alpha}_1+2\boldsymbol{\alpha}_2$.

答题区

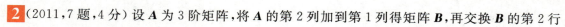

5(2021,10 题,5 分)已知矩阵 $\boldsymbol{A}=\begin{bmatrix}1&0&-1\\2&-1&1\\-1&2&-5\end{bmatrix}$. 若下三角可逆矩阵 $\boldsymbol{P}$ 和上三角可逆矩阵 $\boldsymbol{Q}$,使得 $\boldsymbol{PAQ}$ 为对角矩阵,则 $\boldsymbol{P},\boldsymbol{Q}$ 可以分别取

(A) $\begin{bmatrix}1&0&0\\0&1&0\\0&0&1\end{bmatrix},\begin{bmatrix}1&0&1\\0&1&3\\0&0&1\end{bmatrix}$.

(B) $\begin{bmatrix}1&0&0\\2&-1&0\\-3&2&1\end{bmatrix},\begin{bmatrix}1&0&0\\0&1&0\\0&0&1\end{bmatrix}$.

(C) $\begin{bmatrix}1&0&0\\2&-1&0\\-3&2&1\end{bmatrix},\begin{bmatrix}1&0&1\\0&1&3\\0&0&1\end{bmatrix}$.

(D) $\begin{bmatrix}1&0&0\\0&1&0\\1&3&1\end{bmatrix},\begin{bmatrix}1&2&-3\\0&-1&2\\0&0&1\end{bmatrix}$.

答题区

6(2022,16 题,5 分)设 $\boldsymbol{A}$ 为 3 阶矩阵,交换 $\boldsymbol{A}$ 的第 2 行和第 3 行,再将第 2 列的 -1 倍加到第 1 列,得到矩阵 $\begin{bmatrix}-2&1&-1\\1&-1&0\\-1&0&0\end{bmatrix}$,则 $\boldsymbol{A}^{-1}$ 的迹 $\mathrm{tr}(\boldsymbol{A}^{-1})=$ ________.

答题区

解题加速度

1.(1994,数一,3 分)已知 $\boldsymbol{\alpha}=(1,2,3)$,$\boldsymbol{\beta}=\left(1,\frac{1}{2},\frac{1}{3}\right)$,设 $\boldsymbol{A}=\boldsymbol{\alpha}^{\mathrm{T}}\boldsymbol{\beta}$,其中 $\boldsymbol{\alpha}^{\mathrm{T}}$ 是 $\boldsymbol{\alpha}$ 的转置,则 $\boldsymbol{A}^n=$ ________.

演算空间

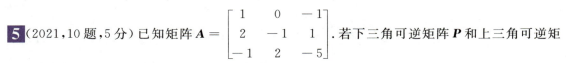

2.（1999，数三、数四，3分）设 $\boldsymbol{A}=\begin{bmatrix}1&0&1\\0&2&0\\1&0&1\end{bmatrix}$，而 $n\geqslant 2$ 为正整数，则 $\boldsymbol{A}^n-2\boldsymbol{A}^{n-1}=$ ________.

演算空间

3.（2004，数四，4分）设 $\boldsymbol{A}=\begin{bmatrix}0&-1&0\\1&0&0\\0&0&-1\end{bmatrix}$，$\boldsymbol{B}=\boldsymbol{P}^{-1}\boldsymbol{A}\boldsymbol{P}$，其中 $\boldsymbol{P}$ 为3阶可逆矩阵，则 $\boldsymbol{B}^{2004}-2\boldsymbol{A}^2$ $=$ ________.

演算空间

4.（1997，数一，3分）设 $\boldsymbol{A}=\begin{bmatrix}1&2&-2\\4&t&3\\3&-1&1\end{bmatrix}$，$\boldsymbol{B}$ 为3阶非零矩阵，且 $\boldsymbol{AB}=\boldsymbol{O}$，则 $t=$ ________.

演算空间

5.（2020，数一，4分）若矩阵 $\boldsymbol{A}$ 经初等列变换化成 $\boldsymbol{B}$，则

(A) 存在矩阵 $\boldsymbol{P}$，使得 $\boldsymbol{PA}=\boldsymbol{B}$.

(B) 存在矩阵 $\boldsymbol{P}$，使得 $\boldsymbol{BP}=\boldsymbol{A}$.

(C) 存在矩阵 $\boldsymbol{P}$，使得 $\boldsymbol{PB}=\boldsymbol{A}$.

(D) 方程组 $\boldsymbol{Ax}=\boldsymbol{0}$ 与 $\boldsymbol{Bx}=\boldsymbol{0}$ 同解.

演算空间

二、伴随矩阵、可逆矩阵

试题特点

伴随与可逆是矩阵中最重要的知识点，关键公式：$\boldsymbol{A}\boldsymbol{A}^{*}=\boldsymbol{A}^{*}\boldsymbol{A}=|\boldsymbol{A}|\boldsymbol{E}$，进而有

$$\boldsymbol{A}^{-1}=\frac{1}{|\boldsymbol{A}|}\boldsymbol{A}^{*}\text{ 或 }\boldsymbol{A}^{*}=|\boldsymbol{A}|\boldsymbol{A}^{-1}.$$

涉及伴随与可逆的试题非常多.要想到并灵活运用 $\boldsymbol{A}\boldsymbol{A}^{*}=\boldsymbol{A}^{*}\boldsymbol{A}=|\boldsymbol{A}|\boldsymbol{E}$ 这一核心公式.

定义法，单位矩阵恒等变形，可逆的充要条件都是重要的考点.

7 (2009，7 题，4 分) 设 $\boldsymbol{A},\boldsymbol{B}$ 均为 2 阶方阵，$\boldsymbol{A}^{*},\boldsymbol{B}^{*}$ 分别为 $\boldsymbol{A},\boldsymbol{B}$ 的伴随矩阵. 若 $|\boldsymbol{A}|=2$，$|\boldsymbol{B}|=3$，则分块矩阵 $\begin{bmatrix}\boldsymbol{O}&\boldsymbol{A}\\\boldsymbol{B}&\boldsymbol{O}\end{bmatrix}$ 的伴随矩阵为

(A) $\begin{bmatrix}\boldsymbol{O}&3\boldsymbol{B}^{*}\\2\boldsymbol{A}^{*}&\boldsymbol{O}\end{bmatrix}$.　(B) $\begin{bmatrix}\boldsymbol{O}&2\boldsymbol{B}^{*}\\3\boldsymbol{A}^{*}&\boldsymbol{O}\end{bmatrix}$.　(C) $\begin{bmatrix}\boldsymbol{O}&3\boldsymbol{A}^{*}\\2\boldsymbol{B}^{*}&\boldsymbol{O}\end{bmatrix}$.　(D) $\begin{bmatrix}\boldsymbol{O}&2\boldsymbol{A}^{*}\\3\boldsymbol{B}^{*}&\boldsymbol{O}\end{bmatrix}$.

答题区

下面这些考题，希望大家认真地做，好好体会与把握处理伴随和可逆的思想方法.

解题加速度

1.(2001，数一，3 分) 设矩阵 $\boldsymbol{A}$ 满足 $\boldsymbol{A}^2+\boldsymbol{A}-4\boldsymbol{E}=\boldsymbol{O}$，其中 $\boldsymbol{E}$ 为单位矩阵，则 $(\boldsymbol{A}-\boldsymbol{E})^{-1}=$ ________.

演算空间

2.(1995，数三、数四，3 分) 设 $\boldsymbol{A}=\begin{bmatrix}1&0&0\\2&2&0\\3&4&5\end{bmatrix}$，$\boldsymbol{A}^{*}$ 是 $\boldsymbol{A}$ 的伴随矩阵，则 $(\boldsymbol{A}^{*})^{-1}=$ ________.

演算空间

3.（2002，数四，3分）设 $\boldsymbol{A},\boldsymbol{B}$ 为 n 阶矩阵，$\boldsymbol{A}^*,\boldsymbol{B}^*$ 分别为 $\boldsymbol{A},\boldsymbol{B}$ 对应的伴随矩阵，分块矩阵 $\boldsymbol{C}=\begin{bmatrix}\boldsymbol{A} & \boldsymbol{O}\\ \boldsymbol{O} & \boldsymbol{B}\end{bmatrix}$，则 $\boldsymbol{C}$ 的伴随矩阵 $\boldsymbol{C}^*=$

(A) $\begin{bmatrix}|\boldsymbol{A}|\boldsymbol{A}^* & \boldsymbol{O}\\ \boldsymbol{O} & |\boldsymbol{B}|\boldsymbol{B}^*\end{bmatrix}$.　　(B) $\begin{bmatrix}|\boldsymbol{B}|\boldsymbol{B}^* & \boldsymbol{O}\\ \boldsymbol{O} & |\boldsymbol{A}|\boldsymbol{A}^*\end{bmatrix}$.

(C) $\begin{bmatrix}|\boldsymbol{A}|\boldsymbol{B}^* & \boldsymbol{O}\\ \boldsymbol{O} & |\boldsymbol{B}|\boldsymbol{A}^*\end{bmatrix}$.　　(D) $\begin{bmatrix}|\boldsymbol{B}|\boldsymbol{A}^* & \boldsymbol{O}\\ \boldsymbol{O} & |\boldsymbol{A}|\boldsymbol{B}^*\end{bmatrix}$.

演算空间

4.（1997，数一，5分）设 $\boldsymbol{A}$ 是 n 阶可逆方阵，将 $\boldsymbol{A}$ 的第 i 行和第 j 行对换后得到的矩阵记为 $\boldsymbol{B}$.（Ⅰ）证明 $\boldsymbol{B}$ 可逆；（Ⅱ）求 $\boldsymbol{A}\boldsymbol{B}^{-1}$.

演算空间

5.（1996，数一，6分）设 $\boldsymbol{A}=\boldsymbol{E}-\boldsymbol{\xi}\boldsymbol{\xi}^{\mathrm{T}}$，其中 $\boldsymbol{E}$ 为 n 阶单位矩阵，$\boldsymbol{\xi}$ 是 n 维非零列向量，$\boldsymbol{\xi}^{\mathrm{T}}$ 是 $\boldsymbol{\xi}$ 的转置. 证明：（Ⅰ）$\boldsymbol{A}^2=\boldsymbol{A}$ 的充要条件是 $\boldsymbol{\xi}^{\mathrm{T}}\boldsymbol{\xi}=1$；（Ⅱ）当 $\boldsymbol{\xi}^{\mathrm{T}}\boldsymbol{\xi}=1$ 时，$\boldsymbol{A}$ 是不可逆矩阵.

演算空间

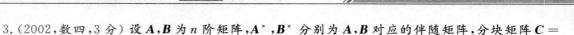

6.(1997，数三，6分；数四，7分)设 $\boldsymbol{A}$ 为 n 阶非奇异矩阵，$\boldsymbol{\alpha}$ 为 n 维列向量，b 为常数，记分块矩阵

$$\boldsymbol{P}=\begin{bmatrix}\boldsymbol{E} & \boldsymbol{0}\\ -\boldsymbol{\alpha}^{\mathrm{T}}\boldsymbol{A}^{*} & |\boldsymbol{A}|\end{bmatrix},\boldsymbol{Q}=\begin{bmatrix}\boldsymbol{A} & \boldsymbol{\alpha}\\ \boldsymbol{\alpha}^{\mathrm{T}} & b\end{bmatrix},$$

其中 $\boldsymbol{A}^{*}$ 是矩阵 $\boldsymbol{A}$ 的伴随矩阵，$\boldsymbol{E}$ 为 n 阶单位矩阵.

(Ⅰ)计算并化简 $\boldsymbol{PQ}$；

(Ⅱ)证明：矩阵 $\boldsymbol{Q}$ 可逆的充分必要条件是 $\boldsymbol{\alpha}^{\mathrm{T}}\boldsymbol{A}^{-1}\boldsymbol{\alpha}\neq b$.

演算空间

7.(2003，数三，4分)设 n 维向量 $\boldsymbol{\alpha}=(a,0,\cdots,0,a)^{\mathrm{T}}$，$a<0$，$\boldsymbol{E}$ 为 n 阶单位矩阵. 矩阵 $\boldsymbol{A}=\boldsymbol{E}-\boldsymbol{\alpha}\boldsymbol{\alpha}^{\mathrm{T}}$，$\boldsymbol{B}=\boldsymbol{E}+\frac{1}{a}\boldsymbol{\alpha}\boldsymbol{\alpha}^{\mathrm{T}}$，其中 $\boldsymbol{A}$ 的逆矩阵为 $\boldsymbol{B}$. 则 $a=$ ________.

演算空间

8.(2022，数一，6分)已知矩阵 $\boldsymbol{A}$ 和 $\boldsymbol{E}-\boldsymbol{A}$ 可逆，其中 $\boldsymbol{E}$ 为单位矩阵. 若矩阵 $\boldsymbol{B}$ 满足 $(\boldsymbol{E}-(\boldsymbol{E}-\boldsymbol{A})^{-1})\boldsymbol{B}=\boldsymbol{A}$，则 $\boldsymbol{B}-\boldsymbol{A}=$ ________.

演算空间

三、矩阵的秩

试题特点

矩阵的秩是重点也是难点，要正确理解矩阵的秩的概念.

$r(\boldsymbol{A})=r \Leftrightarrow \boldsymbol{A}$ 中有 r 阶子式不为 0，每个 $r+1$ 阶子式（若还有）全为 0.

在这里要分清“有一个”与“每一个”，当 $r(\boldsymbol{A})=r$ 时，$\boldsymbol{A}$ 中能否有 $r-1$ 阶子式为 0？能否有 $r+1$ 阶子式不为 0？

你用行列式来如何描述 $r(\boldsymbol{A})\geqslant r$？如何描述 $r(\boldsymbol{A})<r$？

要搞清矩阵的秩与向量组秩之间的关系，这种转换是重要的. 在线性相关的判断与证明中往往是由矩阵的秩推导向量组的秩，而解方程组时往往由相关、无关推导矩阵的秩.

经初等变换矩阵的秩不变，这是求秩的最重要的方法，有时可以把定义法与初等变换法相结合来分析推导矩阵的秩.

要会用 $|\boldsymbol{A}|$ 是否为 0，相关、无关，方程组的解三项中的两个夹逼求出矩阵 $\boldsymbol{A}$ 的秩.

8（2016，14 题，4 分）设矩阵 $\begin{bmatrix} a & -1 & -1 \\ -1 & a & -1 \\ -1 & -1 & a \end{bmatrix}$ 与 $\begin{bmatrix} 1 & 1 & 0 \\ 0 & -1 & 1 \\ 1 & 0 & 1 \end{bmatrix}$ 等价，则 $a=$ ________.

答题区

9（2018，8 题，4 分）设 $\boldsymbol{A},\boldsymbol{B}$ 为 n 阶矩阵，记 $r(\boldsymbol{X})$ 为矩阵 $\boldsymbol{X}$ 的秩，$(\boldsymbol{X}\ \ \boldsymbol{Y})$ 表示分块矩阵，则

(A) $r(\boldsymbol{A}\ \ \boldsymbol{AB})=r(\boldsymbol{A})$.

(B) $r(\boldsymbol{A}\ \ \boldsymbol{BA})=r(\boldsymbol{A})$.

(C) $r(\boldsymbol{A}\ \ \boldsymbol{B})=\max\{r(\boldsymbol{A}),r(\boldsymbol{B})\}$.

(D) $r(\boldsymbol{A}\ \ \boldsymbol{B})=r(\boldsymbol{A}^{\mathrm{T}}\ \ \boldsymbol{B}^{\mathrm{T}})$.

答题区

解题加速度

1.(1998,数三,3 分)设 $n(n \geqslant 3)$ 阶矩阵

$$A = \begin{bmatrix} 1 & a & a & \cdots & a \\ a & 1 & a & \cdots & a \\ a & a & 1 & \cdots & a \\ \vdots & \vdots & \vdots & & \vdots \\ a & a & a & \cdots & 1 \end{bmatrix},$$

若矩阵 $\boldsymbol{A}$ 的秩为 $n-1$,则 a 必为

(A)1.　　(B) $\dfrac{1}{1-n}$.　　(C) -1.　　(D) $\dfrac{1}{n-1}$.

演算空间

2.(2003,数三,4 分)设 3 阶矩阵 $\boldsymbol{A} = \begin{bmatrix} a & b & b \\ b & a & b \\ b & b & a \end{bmatrix}$,若 $\boldsymbol{A}$ 的伴随矩阵的秩等于 1,则必有

(A)$a = b$ 或 $a + 2b = 0$.　　(B)$a = b$ 或 $a + 2b \neq 0$.

(C)$a \neq b$ 且 $a + 2b = 0$.　　(D)$a \neq b$ 且 $a + 2b \neq 0$.

演算空间

3.(1993,数一,3 分)已知 $\boldsymbol{Q} = \begin{bmatrix} 1 & 2 & 3 \\ 2 & 4 & t \\ 3 & 6 & 9 \end{bmatrix}$,$\boldsymbol{P}$ 为 3 阶非零矩阵,且满足 $\boldsymbol{PQ} = \boldsymbol{O}$,则

(A)$t = 6$ 时 $\boldsymbol{P}$ 的秩必为 1.　　(B)$t = 6$ 时 $\boldsymbol{P}$ 的秩必为 2.

(C)$t \neq 6$ 时 $\boldsymbol{P}$ 的秩必为 1.　　(D)$t \neq 6$ 时 $\boldsymbol{P}$ 的秩必为 2.

演算空间

4.（2003，数四，4 分）设矩阵 $\boldsymbol{B}=\begin{bmatrix}0&0&1\\0&1&0\\1&0&0\end{bmatrix}$，已知矩阵 $\boldsymbol{A}$ 相似于 $\boldsymbol{B}$，则秩$(\boldsymbol{A}-2\boldsymbol{E})$与秩$(\boldsymbol{A}-\boldsymbol{E})$之和等于

(A)2.　　(B)3.　　(C)4.　　(D)5.

演算空间

5.（2008，数四，4 分）设 3 阶矩阵 $\boldsymbol{A}$ 的特征值互不相同，若行列式 $|\boldsymbol{A}|=0$，则 $\boldsymbol{A}$ 的秩为________.

演算空间

6.（2010，数一，4 分）设 $\boldsymbol{A}$ 为 $m\times n$ 矩阵，$\boldsymbol{B}$ 为 $n\times m$ 矩阵，$\boldsymbol{E}$ 为 m 阶单位矩阵. 若 $\boldsymbol{AB}=\boldsymbol{E}$，则

(A) 秩 $r(\boldsymbol{A})=m$，秩 $r(\boldsymbol{B})=m$.　　(B) 秩 $r(\boldsymbol{A})=m$，秩 $r(\boldsymbol{B})=n$.

(C) 秩 $r(\boldsymbol{A})=n$，秩 $r(\boldsymbol{B})=m$.　　(D) 秩 $r(\boldsymbol{A})=n$，秩 $r(\boldsymbol{B})=n$.

演算空间

7.（2012，数一，4 分）设 $\boldsymbol{\alpha}$ 为三维单位列向量，$\boldsymbol{E}$ 为 3 阶单位矩阵，则矩阵 $\boldsymbol{E}-\boldsymbol{\alpha}\boldsymbol{\alpha}^{\mathrm{T}}$ 的秩为________.

演算空间

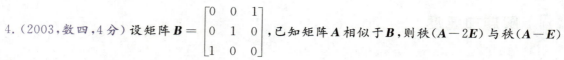

四、矩阵方程

试题特点

解矩阵方程时，首先要根据矩阵的运算法则、性质把方程化简（特别要注意矩阵的乘法没有交换律），化简之后有三种形式：

$$\boldsymbol{AX}=\boldsymbol{B};\boldsymbol{XA}=\boldsymbol{B};\boldsymbol{AXB}=\boldsymbol{C}.$$

对于前两个方程，若判断出 $\boldsymbol{A}$ 可逆，则有

$$\boldsymbol{X}=\boldsymbol{A}^{-1}\boldsymbol{B};\boldsymbol{X}=\boldsymbol{BA}^{-1}.$$

对于第三个方程，若 $\boldsymbol{A},\boldsymbol{B}$ 均可逆，则有 $\boldsymbol{X}=\boldsymbol{A}^{-1}\boldsymbol{CB}^{-1}$.

那么，再通过求逆等运算就可求出 $\boldsymbol{X}$.

近十年未考过矩阵方程，可以自行练习较早的考题.

10（2015，22 题，11 分）设矩阵 $\boldsymbol{A}=\begin{bmatrix}a&1&0\\1&a&-1\\0&1&a\end{bmatrix}$，且 $\boldsymbol{A}^3=\boldsymbol{O}$.

（Ⅰ）求 a 的值；

（Ⅱ）若矩阵 $\boldsymbol{X}$ 满足 $\boldsymbol{X}-\boldsymbol{XA}^2-\boldsymbol{AX}+\boldsymbol{AXA}^2=\boldsymbol{E}$，其中 $\boldsymbol{E}$ 为 3 阶单位矩阵，求 $\boldsymbol{X}$.

答题区

解题加速度

1.（2005，数四，4分）设 $\boldsymbol{A},\boldsymbol{B},\boldsymbol{C}$ 均为 n 阶矩阵，$\boldsymbol{E}$ 为 n 阶单位矩阵，若 $\boldsymbol{B}=\boldsymbol{E}+\boldsymbol{AB}$，$\boldsymbol{C}=\boldsymbol{A}+\boldsymbol{CA}$，则 $\boldsymbol{B}-\boldsymbol{C}=$

(A) $\boldsymbol{E}$.　　(B) $-\boldsymbol{E}$.　　(C) $\boldsymbol{A}$.　　(D) $-\boldsymbol{A}$.

演算空间

2.（2000，数一，6分）　设矩阵 $\boldsymbol{A}$ 的伴随矩阵

$$\boldsymbol{A}^*=\begin{bmatrix}1&0&0&0\\0&1&0&0\\1&0&1&0\\0&-3&0&8\end{bmatrix}$$

且 $\boldsymbol{ABA}^{-1}=\boldsymbol{BA}^{-1}+3\boldsymbol{E}$，其中 $\boldsymbol{E}$ 是4阶单位矩阵，求矩阵 $\boldsymbol{B}$.

演算空间

第三章 向量

本章导读

向量既是重点又是难点，由于考研在向量的抽象性及逻辑推理上有较高的要求，同学们在复习时要迎难而上.

考研的重点首先是对线性相关、无关概念的理解与判断，要清晰选择、填空、证明等各类题型的解题思路和技巧；其次，要把握线性表出问题的处理；第三，要理解向量组的极大线性无关组和向量组秩的概念，会推导和计算.

真题分类练习

一、向量的线性表出

试题特点

向量 $\boldsymbol{\beta}$ 可以由 $\boldsymbol{\alpha}_1,\boldsymbol{\alpha}_2,\cdots,\boldsymbol{\alpha}_s$ 线性表出.

$\Leftrightarrow$ 方程组 $x_1\boldsymbol{\alpha}_1+x_2\boldsymbol{\alpha}_2+\cdots+x_s\boldsymbol{\alpha}_s=\boldsymbol{\beta}$ 有解.

$\Leftrightarrow r(\boldsymbol{\alpha}_1,\boldsymbol{\alpha}_2,\cdots,\boldsymbol{\alpha}_s)=r(\boldsymbol{\alpha}_1,\boldsymbol{\alpha}_2,\cdots,\boldsymbol{\alpha}_s,\boldsymbol{\beta})$.

☆ 如果已知向量的坐标，那就通过判断方程组是否有解来回答向量能否线性表出的问题，不仅要会判断一个向量 $\boldsymbol{\beta}$ 能否由 $\boldsymbol{\alpha}_1,\boldsymbol{\alpha}_2,\cdots,\boldsymbol{\alpha}_s$ 线性表出，还要会分析、讨论一个向量组 $\boldsymbol{\beta}_1,\boldsymbol{\beta}_2,\cdots,\boldsymbol{\beta}_t$ 能否由 $\boldsymbol{\alpha}_1,\boldsymbol{\alpha}_2,\cdots,\boldsymbol{\alpha}_s$ 线性表出的问题.

☆ 如果向量 $\boldsymbol{\beta}$ 的坐标是未知的，那就要能用秩、用概念以及相关的定理来推理、分析.

1 (2011,22 题,11 分) 设向量组 $\boldsymbol{\alpha}_1=(1,0,1)^{\mathrm{T}},\boldsymbol{\alpha}_2=(0,1,1)^{\mathrm{T}},\boldsymbol{\alpha}_3=(1,3,5)^{\mathrm{T}}$ 不能由向量组 $\boldsymbol{\beta}_1=(1,1,1)^{\mathrm{T}},\boldsymbol{\beta}_2=(1,2,3)^{\mathrm{T}},\boldsymbol{\beta}_3=(3,4,a)^{\mathrm{T}}$ 线性表示.

(Ⅰ) 求 a 的值；

(Ⅱ) 将 $\boldsymbol{\beta}_1,\boldsymbol{\beta}_2,\boldsymbol{\beta}_3$ 用 $\boldsymbol{\alpha}_1,\boldsymbol{\alpha}_2,\boldsymbol{\alpha}_3$ 线性表示.

答题区

2（2013，7 题，4 分）设 $\boldsymbol{A},\boldsymbol{B},\boldsymbol{C}$ 均为 n 阶矩阵，若 $\boldsymbol{AB}=\boldsymbol{C}$，则 $\boldsymbol{B}$ 可逆，则

(A) 矩阵 $\boldsymbol{C}$ 的行向量组与矩阵 $\boldsymbol{A}$ 的行向量组等价.

(B) 矩阵 $\boldsymbol{C}$ 的列向量组与矩阵 $\boldsymbol{A}$ 的列向量组等价.

(C) 矩阵 $\boldsymbol{C}$ 的行向量组与矩阵 $\boldsymbol{B}$ 的行向量组等价.

(D) 矩阵 $\boldsymbol{C}$ 的列向量组与矩阵 $\boldsymbol{B}$ 的列向量组等价.

答题区

3（2019，22 题，11 分）已知向量组

Ⅰ：$\boldsymbol{\alpha}_1=(1,1,4)^{\mathrm{T}},\boldsymbol{\alpha}_2=(1,0,4)^{\mathrm{T}},\boldsymbol{\alpha}_3=(1,2,a^2+3)^{\mathrm{T}}$；

Ⅱ：$\boldsymbol{\beta}_1=(1,1,a+3)^{\mathrm{T}},\boldsymbol{\beta}_2=(0,2,1-a)^{\mathrm{T}},\boldsymbol{\beta}_3=(1,3,a^2+3)^{\mathrm{T}}$.

若向量组 Ⅰ 与向量组 Ⅱ 等价，求 a 的取值，并将 $\boldsymbol{\beta}_3$ 用 $\boldsymbol{\alpha}_1,\boldsymbol{\alpha}_2,\boldsymbol{\alpha}_3$ 线性表示.

答题区

4（2022，10 题，5 分）设 $\boldsymbol{\alpha}_1=\begin{pmatrix}\lambda\\1\\1\end{pmatrix},\boldsymbol{\alpha}_2=\begin{pmatrix}1\\\lambda\\1\end{pmatrix},\boldsymbol{\alpha}_3=\begin{pmatrix}1\\1\\\lambda\end{pmatrix},\boldsymbol{\alpha}_4=\begin{pmatrix}1\\\lambda\\\lambda^2\end{pmatrix}$. 若向量组 $\boldsymbol{\alpha}_1,\boldsymbol{\alpha}_2,\boldsymbol{\alpha}_3$ 与 $\boldsymbol{\alpha}_1,\boldsymbol{\alpha}_2,\boldsymbol{\alpha}_4$ 等价，则 λ 的取值范围是

(A) $\{0,1\}$.

(B) $\{\lambda\mid\lambda\in\mathbf{R},\lambda\neq-2\}$.

(C) $\{\lambda\mid\lambda\in\mathbf{R},\lambda\neq-1,\lambda\neq-2\}$.

(D) $\{\lambda\mid\lambda\in\mathbf{R},\lambda\neq-1\}$.

答题区

解题加速度

1.(2003,数四,13 分)设有向量组(Ⅰ)$\boldsymbol{\alpha}_1=(1,0,2)^{\mathrm{T}}$,$\boldsymbol{\alpha}_2=(1,1,3)^{\mathrm{T}}$,$\boldsymbol{\alpha}_3=(1,-1,a+2)^{\mathrm{T}}$和向量组(Ⅱ)$\boldsymbol{\beta}_1=(1,2,a+3)^{\mathrm{T}}$,$\boldsymbol{\beta}_2=(2,1,a+6)^{\mathrm{T}}$,$\boldsymbol{\beta}_3=(2,1,a+4)^{\mathrm{T}}$.试问:当 a 为何值时,向量组(Ⅰ)与(Ⅱ)等价?当 a 为何值时,向量组(Ⅰ)与(Ⅱ)不等价?

演算空间

2.(1998,数四,3 分)若向量组 $\boldsymbol{\alpha},\boldsymbol{\beta},\boldsymbol{\gamma}$ 线性无关;$\boldsymbol{\alpha},\boldsymbol{\beta},\boldsymbol{\delta}$ 线性相关,则

(A)$\boldsymbol{\alpha}$ 必可由 $\boldsymbol{\beta},\boldsymbol{\gamma},\boldsymbol{\delta}$ 线性表示.

(B)$\boldsymbol{\beta}$ 必不可由 $\boldsymbol{\alpha},\boldsymbol{\gamma},\boldsymbol{\delta}$ 线性表示.

(C)$\boldsymbol{\delta}$ 必可由 $\boldsymbol{\alpha},\boldsymbol{\beta},\boldsymbol{\gamma}$ 线性表示.

(D)$\boldsymbol{\delta}$ 必不可由 $\boldsymbol{\alpha},\boldsymbol{\beta},\boldsymbol{\gamma}$ 线性表示.

演算空间

3.(1999,数四,3 分)设向量 $\boldsymbol{\beta}$ 可由向量组 $\boldsymbol{\alpha}_1,\boldsymbol{\alpha}_2,\cdots,\boldsymbol{\alpha}_m$ 线性表示,但不能由向量组(Ⅰ):$\boldsymbol{\alpha}_1,\boldsymbol{\alpha}_2,\cdots,\boldsymbol{\alpha}_{m-1}$ 线性表示,记向量组(Ⅱ):$\boldsymbol{\alpha}_1,\boldsymbol{\alpha}_2,\cdots,\boldsymbol{\alpha}_{m-1},\boldsymbol{\beta}$,则

(A)$\boldsymbol{\alpha}_m$ 不能由(Ⅰ)线性表示,也不能由(Ⅱ)线性表示.

(B)$\boldsymbol{\alpha}_m$ 不能由(Ⅰ)线性表示,也可由(Ⅱ)线性表示.

(C)$\boldsymbol{\alpha}_m$ 可由(Ⅰ)线性表示,也可由(Ⅱ)线性表示.

(D)$\boldsymbol{\alpha}_m$ 可由(Ⅰ)线性表示,但不可由(Ⅱ)线性表示.

演算空间

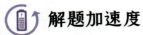

二、向量组的线性相关和线性无关

试题特点

线性相关是难点之一，也是历年考生在考试时丢分最多的一个考点.

如存在不全为 0 的数组 $k_1,k_2,\cdots,k_s$，使 $k_1\boldsymbol{\alpha}_1+k_2\boldsymbol{\alpha}_2+\cdots+k_s\boldsymbol{\alpha}_s=\mathbf{0}$ 成立，则称向量组 $\boldsymbol{\alpha}_1,\boldsymbol{\alpha}_2,\cdots,\boldsymbol{\alpha}_s$ 线性相关.

$$\boldsymbol{\alpha}_1,\boldsymbol{\alpha}_2,\cdots,\boldsymbol{\alpha}_s\text{ 线性相关}\Leftrightarrow\text{ 齐次方程组}(\boldsymbol{\alpha}_1,\boldsymbol{\alpha}_2,\cdots,\boldsymbol{\alpha}_s)\begin{pmatrix}x_1\\x_2\\\vdots\\x_s\end{pmatrix}=\mathbf{0}\text{ 有非零解}$$

$$\Leftrightarrow r(\boldsymbol{\alpha}_1,\boldsymbol{\alpha}_2,\cdots,\boldsymbol{\alpha}_s)<s.$$

若使 $k_1\boldsymbol{\alpha}_1+k_2\boldsymbol{\alpha}_2+\cdots+k_s\boldsymbol{\alpha}_s=\mathbf{0}$ 成立，必有 $k_1=0,k_2=0,\cdots,k_s=0$，则称向量组 $\boldsymbol{\alpha}_1,\boldsymbol{\alpha}_2,\cdots,\boldsymbol{\alpha}_s$ 线性无关.

$$\boldsymbol{\alpha}_1,\boldsymbol{\alpha}_2,\cdots,\boldsymbol{\alpha}_s\text{ 线性无关}\Leftrightarrow\text{ 齐次方程组}(\boldsymbol{\alpha}_1,\boldsymbol{\alpha}_2,\cdots,\boldsymbol{\alpha}_s)\begin{pmatrix}x_1\\x_2\\\vdots\\x_s\end{pmatrix}=\mathbf{0}\text{ 只有零解}$$

$$\Leftrightarrow r(\boldsymbol{\alpha}_1,\boldsymbol{\alpha}_2,\cdots,\boldsymbol{\alpha}_s)=s.$$

☆ 证明线性无关，若用定义法，就是设法证 $k_1=0,\cdots,k_s=0$；若用秩，就是设法证 $r(\boldsymbol{\alpha}_1,\boldsymbol{\alpha}_2,\cdots,\boldsymbol{\alpha}_s)=s$（这里要通过用矩阵秩的定理、公式转换推导出向量组秩的信息）.

5（2010，7 题，4 分）设向量组 Ⅰ：$\boldsymbol{\alpha}_1,\boldsymbol{\alpha}_2,\cdots,\boldsymbol{\alpha}_r$ 可由向量组 Ⅱ：$\boldsymbol{\beta}_1,\boldsymbol{\beta}_2,\cdots,\boldsymbol{\beta}_s$ 线性表示. 下列命题正确的是

(A) 若向量组 Ⅰ 线性无关，则 $r\leqslant s$.

(B) 若向量组 Ⅰ 线性相关，则 $r>s$.

(C) 若向量组 Ⅱ 线性无关，则 $r\leqslant s$.

(D) 若向量组 Ⅱ 线性相关，则 $r>s$.

答题区

6（2012，7 题，4 分）设 $\boldsymbol{\alpha}_1=\begin{pmatrix}0\\0\\c_1\end{pmatrix}$，$\boldsymbol{\alpha}_2=\begin{pmatrix}0\\1\\c_2\end{pmatrix}$，$\boldsymbol{\alpha}_3=\begin{pmatrix}1\\-1\\c_3\end{pmatrix}$，$\boldsymbol{\alpha}_4=\begin{pmatrix}-1\\1\\c_4\end{pmatrix}$，其中 c_1,c_2,c_3,c_4 为任意常数，则下列向量组线性相关的为

(A) $\boldsymbol{\alpha}_1,\boldsymbol{\alpha}_2,\boldsymbol{\alpha}_3$.　(B) $\boldsymbol{\alpha}_1,\boldsymbol{\alpha}_2,\boldsymbol{\alpha}_4$.　(C) $\boldsymbol{\alpha}_1,\boldsymbol{\alpha}_3,\boldsymbol{\alpha}_4$.　(D) $\boldsymbol{\alpha}_2,\boldsymbol{\alpha}_3,\boldsymbol{\alpha}_4$.

答题区

7（2014，8 题，4 分）设 $\boldsymbol{\alpha}_1,\boldsymbol{\alpha}_2,\boldsymbol{\alpha}_3$ 均为三维向量，则对任意常数 k,l，向量组 $\boldsymbol{\alpha}_1+k\boldsymbol{\alpha}_3,\boldsymbol{\alpha}_2+l\boldsymbol{\alpha}_3$ 线性无关是向量组 $\boldsymbol{\alpha}_1,\boldsymbol{\alpha}_2,\boldsymbol{\alpha}_3$ 线性无关的

(A) 必要非充分条件.　(B) 充分非必要条件.

(C) 充分必要条件.　(D) 既非充分也非必要条件.

答题区

解题加速度

1.（2004，数一，4 分）设 $\boldsymbol{A},\boldsymbol{B}$ 为满足 $\boldsymbol{AB}=\boldsymbol{O}$ 的任意两个非零矩阵，则必有

(A) $\boldsymbol{A}$ 的列向量组线性相关，$\boldsymbol{B}$ 的行向量组线性相关.

(B) $\boldsymbol{A}$ 的列向量组线性相关，$\boldsymbol{B}$ 的列向量组线性相关.

(C) $\boldsymbol{A}$ 的行向量组线性相关，$\boldsymbol{B}$ 的行向量组线性相关.

(D) $\boldsymbol{A}$ 的行向量组线性相关，$\boldsymbol{B}$ 的列向量组线性相关.

演算空间

2.(2003,数一,4 分)设向量组 Ⅰ:$\boldsymbol{\alpha}_1,\boldsymbol{\alpha}_2,\cdots,\boldsymbol{\alpha}_r$ 可由向量组 Ⅱ:$\boldsymbol{\beta}_1,\boldsymbol{\beta}_2,\cdots,\boldsymbol{\beta}_s$ 线性表示,则

(A) 当 $r<s$ 时,向量组 Ⅱ 必线性相关.　(B) 当 $r>s$ 时,向量组 Ⅱ 必线性相关.

(C) 当 $r<s$ 时,向量组 Ⅰ 必线性相关.　(D) 当 $r>s$ 时,向量组 Ⅰ 必线性相关.

3.(1996,数三,8 分)设向量 $\boldsymbol{\alpha}_1,\boldsymbol{\alpha}_2,\cdots,\boldsymbol{\alpha}_t$ 是齐次方程组 $\boldsymbol{Ax}=\boldsymbol{0}$ 的一个基础解系,向量 $\boldsymbol{\beta}$ 不是方程组 $\boldsymbol{Ax}=\boldsymbol{0}$ 的解即 $\boldsymbol{A\beta}\neq\boldsymbol{0}$. 试证明:向量组 $\boldsymbol{\beta},\boldsymbol{\beta}+\boldsymbol{\alpha}_1,\boldsymbol{\beta}+\boldsymbol{\alpha}_2,\cdots,\boldsymbol{\beta}+\boldsymbol{\alpha}_t$ 线性无关.

4.(2001,数四,8 分)设 $\boldsymbol{\alpha}_i=(a_{i1},a_{i2},\cdots,a_{in})^{\mathrm{T}}(i=1,2,\cdots,r;r<n)$ 是 n 维实向量,且 $\boldsymbol{\alpha}_1,\boldsymbol{\alpha}_2,\cdots,\boldsymbol{\alpha}_r$ 线性无关. 已知 $\boldsymbol{\beta}=(b_1,b_2,\cdots,b_n)^{\mathrm{T}}$ 是线性方程组

$$\begin{cases}a_{11}x_1+a_{12}x_2+\cdots+a_{1n}x_n=0,\\ a_{21}x_1+a_{22}x_2+\cdots+a_{2n}x_n=0,\\ \qquad\cdots\cdots\\ a_{r1}x_1+a_{r2}x_2+\cdots+a_{rn}x_n=0\end{cases}$$

的非零解向量. 试判断向量组 $\boldsymbol{\alpha}_1,\boldsymbol{\alpha}_2,\cdots,\boldsymbol{\alpha}_r,\boldsymbol{\beta}$ 的线性相关性.

三、向量组的极大线性无关组与秩

试题特点

向量组的极大无关组或向量组秩的考题虽不多，但是齐次方程组的基础解系实际上就是解向量的极大线性无关组，这在方程组求解和求特征向量时是回避不了的，所以复习时这里的概念、计算、证明仍然要认真对待.

解题加速度

1.(2006，数三、数四，13 分) 设 4 维向量组 $\boldsymbol{\alpha}_1=(1+a,1,1,1)^{\mathrm{T}}$，$\boldsymbol{\alpha}_2=(2,2+a,2,2)^{\mathrm{T}}$，$\boldsymbol{\alpha}_3=(3,3,3+a,3)^{\mathrm{T}}$，$\boldsymbol{\alpha}_4=(4,4,4,4+a)^{\mathrm{T}}$，问 a 为何值时，$\boldsymbol{\alpha}_1,\boldsymbol{\alpha}_2,\boldsymbol{\alpha}_3,\boldsymbol{\alpha}_4$ 线性相关？当 $\boldsymbol{\alpha}_1,\boldsymbol{\alpha}_2,\boldsymbol{\alpha}_3,\boldsymbol{\alpha}_4$ 线性相关时，求其一个极大线性无关组，并将其余向量用该极大线性无关组线性表出.

演算空间

2.(1995，数三，9 分) 已知向量组(Ⅰ)：$\boldsymbol{\alpha}_1,\boldsymbol{\alpha}_2,\boldsymbol{\alpha}_3$；(Ⅱ)：$\boldsymbol{\alpha}_1,\boldsymbol{\alpha}_2,\boldsymbol{\alpha}_3,\boldsymbol{\alpha}_4$；(Ⅲ)：$\boldsymbol{\alpha}_1,\boldsymbol{\alpha}_2,\boldsymbol{\alpha}_3,\boldsymbol{\alpha}_5$. 如果各向量组的秩分别为 $r(\text{Ⅰ})=r(\text{Ⅱ})=3$，$r(\text{Ⅲ})=4$.

证明：向量组 $\boldsymbol{\alpha}_1,\boldsymbol{\alpha}_2,\boldsymbol{\alpha}_3,\boldsymbol{\alpha}_5-\boldsymbol{\alpha}_4$ 的秩为 4.

演算空间

3.(2000,数二,7 分）已知向量组

$$\boldsymbol{\beta}_1=\begin{pmatrix}0\\1\\-1\end{pmatrix},\boldsymbol{\beta}_2=\begin{pmatrix}a\\2\\1\end{pmatrix},\boldsymbol{\beta}_3=\begin{pmatrix}b\\1\\0\end{pmatrix}$$

与向量组

$$\boldsymbol{\alpha}_1=\begin{pmatrix}1\\2\\-3\end{pmatrix},\boldsymbol{\alpha}_2=\begin{pmatrix}3\\0\\1\end{pmatrix},\boldsymbol{\alpha}_3=\begin{pmatrix}9\\6\\-7\end{pmatrix}$$

具有相同的秩,且 $\boldsymbol{\beta}_3$ 可由 $\boldsymbol{\alpha}_1,\boldsymbol{\alpha}_2,\boldsymbol{\alpha}_3$ 线性表示,求 a,b 的值.

演算空间

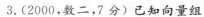

第四章 线性方程组

本章导读

线性方程组是否有解?若有解,那么一共有多少解?有解时怎样求出其所有的解?如何求齐次方程组的基础解系?

当给出具体的方程组时,如何加减消元化简(注意只用行变换)?如何求出所有的解(可能还涉及对一些参数的讨论)?

没有具体的方程组时,如何利用解的结构(注意对矩阵秩的推断)分析、推导出通解?

面对两个方程组,如何处理公共解或同解问题?

这一切都是大家在复习方程组时要认真对待的,方程组历年来都是考试的重点,其比重大,分值高,解答题多,大家一定要好好复习.

真题分类练习

一、齐次方程组、基础解系

试题特点

考查的主要定理是:

(1) 设 $\boldsymbol{A}$ 是 $m \times n$ 矩阵,齐次方程组 $\boldsymbol{Ax} = \boldsymbol{0}$ 有非零解 $\Leftrightarrow$ 秩 $r(\boldsymbol{A}) < n$.

(2) 齐次方程组 $\boldsymbol{Ax} = \boldsymbol{0}$ 如有非零解,则必有无穷多解,而线性无关的解向量个数为 $n - r(\boldsymbol{A})$.

求基础解系是重点.

$n - r(\boldsymbol{A})$ 既表示 $\boldsymbol{Ax} = \boldsymbol{0}$ 线性无关解向量的个数,也表示方程组中自由变量的个数. 如何确定自由变量、如何给自由变量赋值并求解,是这的基本功.

不论是 $\boldsymbol{Ax} = \boldsymbol{0}$,还是 $\boldsymbol{Ax} = \boldsymbol{b}$ 都要涉及求 $\boldsymbol{Ax} = \boldsymbol{0}$ 的基础解系,这里的计算一定要过关(正确、熟练).

线性无关的证明题的另一种出题方法是证基础解系.

1 (2011,8 题,4 分) 设 $\boldsymbol{A} = [\boldsymbol{\alpha}_1, \boldsymbol{\alpha}_2, \boldsymbol{\alpha}_3, \boldsymbol{\alpha}_4]$ 是 4 阶矩阵,$\boldsymbol{A}^*$ 为 $\boldsymbol{A}$ 的伴随矩阵. 若 $(1,0,1,0)^{\mathrm{T}}$ 是方程组 $\boldsymbol{Ax} = \boldsymbol{0}$ 的一个基础解系,则 $\boldsymbol{A}^* \boldsymbol{x} = \boldsymbol{0}$ 的基础解系可为

(A) $\boldsymbol{\alpha}_1, \boldsymbol{\alpha}_3$.　　(B) $\boldsymbol{\alpha}_1, \boldsymbol{\alpha}_2$.　　(C) $\boldsymbol{\alpha}_1, \boldsymbol{\alpha}_2, \boldsymbol{\alpha}_3$.　　(D) $\boldsymbol{\alpha}_2, \boldsymbol{\alpha}_3, \boldsymbol{\alpha}_4$.

答题区

2 (2019,7 题,4 分) 设 $\boldsymbol{A}$ 是 4 阶矩阵,$\boldsymbol{A}^*$ 为 $\boldsymbol{A}$ 的伴随矩阵,若线性方程组 $\boldsymbol{Ax}=\boldsymbol{0}$ 的基础解系中只有 2 个向量,则 $r(\boldsymbol{A}^*)=$

(A)0.　　(B)1.　　(C)2.　　(D)3.

答题区

3 (2020,7 题,4 分) 设 4 阶矩阵 $\boldsymbol{A}=[a_{ij}]$ 不可逆,a_{12} 的代数余子式 $A_{12}\neq 0$,$\boldsymbol{\alpha}_1,\boldsymbol{\alpha}_2,\boldsymbol{\alpha}_3,\boldsymbol{\alpha}_4$ 为矩阵 $\boldsymbol{A}$ 的列向量组,$\boldsymbol{A}^*$ 为 $\boldsymbol{A}$ 的伴随矩阵,则方程组 $\boldsymbol{A}^*\boldsymbol{x}=\boldsymbol{0}$ 的通解为

(A) $\boldsymbol{x}=k_1\boldsymbol{\alpha}_1+k_2\boldsymbol{\alpha}_2+k_3\boldsymbol{\alpha}_3$,其中 k_1,k_2,k_3 为任意常数.

(B) $\boldsymbol{x}=k_1\boldsymbol{\alpha}_1+k_2\boldsymbol{\alpha}_2+k_3\boldsymbol{\alpha}_4$,其中 k_1,k_2,k_3 为任意常数.

(C) $\boldsymbol{x}=k_1\boldsymbol{\alpha}_1+k_2\boldsymbol{\alpha}_3+k_3\boldsymbol{\alpha}_4$,其中 k_1,k_2,k_3 为任意常数.

(D) $\boldsymbol{x}=k_1\boldsymbol{\alpha}_2+k_2\boldsymbol{\alpha}_3+k_3\boldsymbol{\alpha}_4$,其中 k_1,k_2,k_3 为任意常数.

答题区

下面的考题既涉及如何加减消元求基础解系,也涉及如何判断矩阵的秩和基础解系的证明.

解题加速度

1.(2002,数三,8 分) 设齐次线性方程组

$$\begin{cases} ax_1+bx_2+bx_3+\cdots+bx_n=0, \\ bx_1+ax_2+bx_3+\cdots+bx_n=0, \\ \cdots\cdots \\ bx_1+bx_2+bx_3+\cdots+ax_n=0, \end{cases}$$

其中 $a\neq 0,b\neq 0,n\geqslant 2$. 试讨论 a,b 为何值时,方程组仅有零解,有无穷多组解?在有无穷多组解时,求出全部解,并用基础解系表示全部解.

演算空间

2.(2004,数三,4 分) 设 n 阶矩 $\boldsymbol{A}$ 的伴随矩阵 $\boldsymbol{A}^* \neq \boldsymbol{O}$,若 ξ_1,ξ_2,ξ_3,ξ_4 是非齐次线性方程组 $\boldsymbol{Ax}=\boldsymbol{b}$ 的互不相等的解,则对应的齐次线性方程组 $\boldsymbol{Ax}=\boldsymbol{0}$ 的基础解系

(A) 不存在.

(B) 仅含一个非零解向量.

(C) 含有两个线性无关的解向量.

(D) 含有三个线性无关的解向量.

演算空间

3.(2001,数一,6 分) 设 $\boldsymbol{\alpha}_1,\boldsymbol{\alpha}_2,\cdots,\boldsymbol{\alpha}_s$ 为线性方程组 $\boldsymbol{Ax}=\boldsymbol{0}$ 的一个基础解系:

$$\boldsymbol{\beta}_1=t_1\boldsymbol{\alpha}_1+t_2\boldsymbol{\alpha}_2,\boldsymbol{\beta}_2=t_1\boldsymbol{\alpha}_2+t_2\boldsymbol{\alpha}_3,\cdots,\boldsymbol{\beta}_s=t_1\boldsymbol{\alpha}_s+t_2\boldsymbol{\alpha}_1,$$

其中 t_1,t_2 为实常数.试问 t_1,t_2 满足什么关系时,$\boldsymbol{\beta}_1,\boldsymbol{\beta}_2,\cdots,\boldsymbol{\beta}_s$ 也为 $\boldsymbol{Ax}=\boldsymbol{0}$ 的一个基础解系.

演算空间

4.(2019,数一,4 分) 设 $\boldsymbol{A}=[\boldsymbol{\alpha}_1,\boldsymbol{\alpha}_2,\boldsymbol{\alpha}_3]$ 为 3 阶矩阵.若 $\boldsymbol{\alpha}_1,\boldsymbol{\alpha}_2$ 线性无关,且 $\boldsymbol{\alpha}_3=-\boldsymbol{\alpha}_1+2\boldsymbol{\alpha}_2$,则线性方程组 $\boldsymbol{Ax}=\boldsymbol{0}$ 的通解为________.

演算空间

二、非齐次方程组的求解

试题特点

记住解的结构

$$\boldsymbol{\alpha}+k_1\boldsymbol{\eta}_1+k_2\boldsymbol{\eta}_2+\cdots+k_{n-r}\boldsymbol{\eta}_{n-r},$$

其中 $\boldsymbol{\alpha}$ 是 $\boldsymbol{Ax}=\boldsymbol{b}$ 的特解，$\boldsymbol{\eta}_1,\boldsymbol{\eta}_2,\cdots,\boldsymbol{\eta}_{n-r}$ 是 $\boldsymbol{Ax}=\boldsymbol{0}$ 的基础解系.

往届考生在加减消元时计算错误较多(一定要多动手做；认真)；讨论参数时不能丢三落四，要严谨.

求 $\boldsymbol{A}$ 的秩、求特解、求基础解系、讨论参数是复习时要注意的知识点.

4（2009，22 题，11 分）设

$$\boldsymbol{A}=\begin{bmatrix}1&-1&-1\\-1&1&1\\0&-4&-2\end{bmatrix},\boldsymbol{\xi}_1=\begin{bmatrix}-1\\1\\-2\end{bmatrix}.$$

（Ⅰ）求满足 $\boldsymbol{A\xi}_2=\boldsymbol{\xi}_1,\boldsymbol{A}^2\boldsymbol{\xi}_3=\boldsymbol{\xi}_1$ 的所有向量 $\boldsymbol{\xi}_2,\boldsymbol{\xi}_3$；

（Ⅱ）对（Ⅰ）中的任意向量 $\boldsymbol{\xi}_2,\boldsymbol{\xi}_3$，证明：$\boldsymbol{\xi}_1,\boldsymbol{\xi}_2,\boldsymbol{\xi}_3$ 线性无关.

答题区

5（2010，22 题，11 分）设 $\boldsymbol{A}=\begin{bmatrix}\lambda&1&1\\0&\lambda-1&0\\1&1&\lambda\end{bmatrix},\boldsymbol{b}=\begin{bmatrix}a\\1\\1\end{bmatrix}$. 已知线性方程组 $\boldsymbol{Ax}=\boldsymbol{b}$ 存在两个不同的解，

（Ⅰ）求 λ,a；

（Ⅱ）求方程组 $\boldsymbol{Ax}=\boldsymbol{b}$ 的通解.

答题区

6（2012,22 题,11 分）设 $\boldsymbol{A}=\begin{bmatrix}1&a&0&0\\0&1&a&0\\0&0&1&a\\a&0&0&1\end{bmatrix}$，$\boldsymbol{\beta}=\begin{bmatrix}1\\-1\\0\\0\end{bmatrix}$，

（Ⅰ）计算行列式 $|\boldsymbol{A}|$；

（Ⅱ）当实数 a 为何值时，方程组 $\boldsymbol{Ax}=\boldsymbol{\beta}$ 有无穷多解？并求其通解.

答题区

7（2013,22 题,11 分）设 $\boldsymbol{A}=\begin{bmatrix}1&a\\1&0\end{bmatrix}$，$\boldsymbol{B}=\begin{bmatrix}0&1\\1&b\end{bmatrix}$，当 a,b 为何值时，存在矩阵 $\boldsymbol{C}$ 使得 $\boldsymbol{AC}-\boldsymbol{CA}=\boldsymbol{B}$？并求所有矩阵 $\boldsymbol{C}$.

答题区

8（2014，22 题，11 分）设 $A=\begin{bmatrix}1 & -2 & 3 & -4\\0 & 1 & -1 & 1\\1 & 2 & 0 & -3\end{bmatrix}$，$E$ 为 3 阶单位矩阵.

（Ⅰ）求方程组 $Ax=0$ 的一个基础解系；

（Ⅱ）求满足 $AB=E$ 的所有矩阵 B.

答题区

9（2015，7 题，4 分）设矩阵 $A=\begin{bmatrix}1 & 1 & 1\\1 & 2 & a\\1 & 4 & a^2\end{bmatrix}$，$b=\begin{pmatrix}1\\d\\d^2\end{pmatrix}$，若集合 $\Omega=\{1,2\}$，则线性方程组 $Ax=b$ 有无穷多解的充分必要条件为

(A) $a\notin\Omega,d\notin\Omega$.　(B) $a\notin\Omega,d\in\Omega$.　(C) $a\in\Omega,d\notin\Omega$.　(D) $a\in\Omega,d\in\Omega$.

答题区

10（2016，22 题，11 分）设矩阵 $A=\begin{bmatrix}1 & 1 & 1-a\\1 & 0 & a\\a+1 & 1 & a+1\end{bmatrix}$，$\beta=\begin{bmatrix}0\\1\\2a-2\end{bmatrix}$，且方程组 $Ax=\beta$ 无解.

（Ⅰ）求 a 的值；

（Ⅱ）求方程组 $A^{T}Ax=A^{T}\beta$ 的通解.

答题区

11(2017,22 题,11 分) 设 3 阶矩阵 $\boldsymbol{A}=[\boldsymbol{\alpha}_1,\boldsymbol{\alpha}_2,\boldsymbol{\alpha}_3]$ 有 3 个不同的特征值,且 $\boldsymbol{\alpha}_3=\boldsymbol{\alpha}_1+2\boldsymbol{\alpha}_2$.

(Ⅰ) 证明:$r(\boldsymbol{A})=2$;

(Ⅱ) 若 $\boldsymbol{\beta}=\boldsymbol{\alpha}_1+\boldsymbol{\alpha}_2+\boldsymbol{\alpha}_3$,求方程组 $\boldsymbol{Ax}=\boldsymbol{\beta}$ 的通解.

答题区

12(2018,23 题,11 分) 已知 a 是常数,且矩阵 $\boldsymbol{A}=\begin{bmatrix}1&2&a\\1&3&0\\2&7&-a\end{bmatrix}$ 可经初等列变换化为矩阵 $\boldsymbol{B}=\begin{bmatrix}1&a&2\\0&1&1\\-1&1&1\end{bmatrix}$.

(Ⅰ) 求 a;

(Ⅱ) 求满足 $\boldsymbol{AP}=\boldsymbol{B}$ 的可逆矩阵 $\boldsymbol{P}$.

答题区

13（2022，9题，5分）设矩阵 $\boldsymbol{A}=\begin{bmatrix}1 & 1 & 1\\1 & a & a^2\\1 & b & b^2\end{bmatrix}$，$\boldsymbol{b}=\begin{bmatrix}1\\2\\4\end{bmatrix}$，则线性方程组 $\boldsymbol{Ax}=\boldsymbol{b}$ 解的情况为

(A) 无解.　　(B) 有解.

(C) 有无穷多解或无解.　　(D) 有唯一解或无解.

答题区

解题加速度

1.（2000，数一，3分）已知方程组 $\begin{bmatrix}1 & 2 & 1\\2 & 3 & a+2\\1 & a & -2\end{bmatrix}\begin{bmatrix}x_1\\x_2\\x_3\end{bmatrix}=\begin{bmatrix}1\\3\\0\end{bmatrix}$ 无解，则 $a=$ ________.

演算空间

2.（1997，数四，3分）非齐次线性方程组 $\boldsymbol{Ax}=\boldsymbol{b}$ 中未知量个数为 n，方程个数为 m，系数矩阵 $\boldsymbol{A}$ 的秩为 r，则

(A) $r=m$ 时，方程组 $\boldsymbol{Ax}=\boldsymbol{b}$ 有解.　　(B) $r=n$ 时，方程组 $\boldsymbol{Ax}=\boldsymbol{b}$ 有唯一解.

(C) $m=n$ 时，方程组 $\boldsymbol{Ax}=\boldsymbol{b}$ 有唯一解.　　(D) $r<n$ 时，方程组 $\boldsymbol{Ax}=\boldsymbol{b}$ 有无穷多解.

演算空间

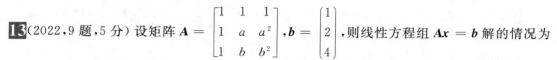

3.(2001,数三,3 分)设 $\boldsymbol{A}$ 是 n 阶矩阵,$\boldsymbol{\alpha}$ 是 n 维列向量,若秩$\begin{bmatrix}\boldsymbol{A} & \boldsymbol{\alpha}\\ \boldsymbol{\alpha}^{\mathrm{T}} & 0\end{bmatrix}=$ 秩$(\boldsymbol{A})$,则线性方程组

(A)$\boldsymbol{A}\boldsymbol{x}=\boldsymbol{\alpha}$ 必有无穷多解. (B)$\boldsymbol{A}\boldsymbol{x}=\boldsymbol{\alpha}$ 必有唯一解.

(C)$\begin{bmatrix}\boldsymbol{A} & \boldsymbol{\alpha}\\ \boldsymbol{\alpha}^{\mathrm{T}} & 0\end{bmatrix}\begin{bmatrix}\boldsymbol{x}\\ \boldsymbol{y}\end{bmatrix}=\boldsymbol{0}$ 仅有零解. (D)$\begin{bmatrix}\boldsymbol{A} & \boldsymbol{\alpha}\\ \boldsymbol{\alpha}^{\mathrm{T}} & 0\end{bmatrix}\begin{bmatrix}\boldsymbol{x}\\ \boldsymbol{y}\end{bmatrix}=\boldsymbol{0}$ 必有非零解.

演算空间

4.(2004,数四,13 分) 设线性方程组

$$\begin{cases}x_1+\lambda x_2+\mu x_3+x_4=0,\\ 2x_1+x_2+x_3+2x_4=0,\\ 3x_1+(2+\lambda)x_2+(4+\mu)x_3+4x_4=1.\end{cases}$$

已知$(1,-1,1,-1)^{\mathrm{T}}$是该方程组的一个解.试求

(Ⅰ)方程组的全部解,并用对应的齐次线性方程组的基础解系表示全部解;

(Ⅱ)该方程组满足 $x_2=x_3$ 的全部解.

演算空间

三、公共解与同解

试题特点

如果已知两个方程组(Ⅰ)和(Ⅱ),那么将其联立$\begin{cases}(\text{Ⅰ}),\\ (\text{Ⅱ}),\end{cases}$其联立方程组的解就是(Ⅰ)与(Ⅱ)的公共解.

如果已知(Ⅰ)与(Ⅱ)的基础解系分别是 $\boldsymbol{\alpha}_1,\boldsymbol{\alpha}_2,\boldsymbol{\alpha}_3$ 和 $\boldsymbol{\beta}_1,\boldsymbol{\beta}_2$,则可设公共解为 $\boldsymbol{\gamma}$,那么

$$\boldsymbol{\gamma}=k_1\boldsymbol{\alpha}_1+k_2\boldsymbol{\alpha}_2+k_3\boldsymbol{\alpha}_3=l_1\boldsymbol{\beta}_1+l_2\boldsymbol{\beta}_2.$$

由此得 $k_1\boldsymbol{\alpha}_1+k_2\boldsymbol{\alpha}_2+k_3\boldsymbol{\alpha}_3-l_1\boldsymbol{\beta}_1-l_2\boldsymbol{\beta}_2=\mathbf{0}$,解出 k_1,k_2,k_3,l_1,l_2 可求出公共解 $\boldsymbol{\gamma}$.

以上这两种常见的出题方法应当把握.

而处理同解的方法,往往是代入来处理,即把(Ⅰ)的解代入(Ⅱ),把(Ⅱ)的解代入(Ⅰ).

14(2021,9题,5分)设3阶矩阵 $\boldsymbol{A}=[\boldsymbol{\alpha}_1,\boldsymbol{\alpha}_2,\boldsymbol{\alpha}_3]$,$\boldsymbol{B}=[\boldsymbol{\beta}_1,\boldsymbol{\beta}_2,\boldsymbol{\beta}_3]$. 若向量组 $\boldsymbol{\alpha}_1,\boldsymbol{\alpha}_2,\boldsymbol{\alpha}_3$ 可以由向量组 $\boldsymbol{\beta}_1,\boldsymbol{\beta}_2,\boldsymbol{\beta}_3$ 线性表出,则

(A)$\boldsymbol{Ax}=\mathbf{0}$ 的解均为 $\boldsymbol{Bx}=\mathbf{0}$ 的解.

(B)$\boldsymbol{A}^{\mathrm{T}}\boldsymbol{x}=\mathbf{0}$ 的解均为 $\boldsymbol{B}^{\mathrm{T}}\boldsymbol{x}=\mathbf{0}$ 的解.

(C)$\boldsymbol{Bx}=\mathbf{0}$ 的解均为 $\boldsymbol{Ax}=\mathbf{0}$ 的解.

(D)$\boldsymbol{B}^{\mathrm{T}}\boldsymbol{x}=\mathbf{0}$ 的解均为 $\boldsymbol{A}^{\mathrm{T}}\boldsymbol{x}=\mathbf{0}$ 的解.

答题区

解题加速度

1.(2002,数四,8分) 设4元齐次线性方程组(Ⅰ)为

$$\begin{cases}2x_1+3x_2-x_3=0,\\ x_1+2x_2+x_3-x_4=0.\end{cases}$$

而已知另一4元齐次线性方程组(Ⅱ)的一个基础解系为

$$\boldsymbol{\alpha}_1=(2,-1,a+2,1)^{\mathrm{T}},\boldsymbol{\alpha}_2=(-1,2,4,a+8)^{\mathrm{T}}.$$

(1)求方程组(Ⅰ)的一个基础解系;

(2)当 a 为何值时,方程组(Ⅰ)与(Ⅱ)有非零公共解?在有非零公共解时,求出全部非零公共解.

演算空间

2.(2003,数一,4 分)设有齐次线性方程组 $\boldsymbol{Ax}=\boldsymbol{0}$ 和 $\boldsymbol{Bx}=\boldsymbol{0}$,其中 $\boldsymbol{A},\boldsymbol{B}$ 均为 $m\times n$ 矩阵,现有 4 个命题:

① 若 $\boldsymbol{Ax}=\boldsymbol{0}$ 的解均是 $\boldsymbol{Bx}=\boldsymbol{0}$ 的解,则秩$(\boldsymbol{A})\geqslant$秩$(\boldsymbol{B})$;

② 若秩$(\boldsymbol{A})\geqslant$秩$(\boldsymbol{B})$,则 $\boldsymbol{Ax}=\boldsymbol{0}$ 的解均是 $\boldsymbol{Bx}=\boldsymbol{0}$ 的解;

③ 若 $\boldsymbol{Ax}=\boldsymbol{0}$ 与 $\boldsymbol{Bx}=\boldsymbol{0}$ 同解,则秩$(\boldsymbol{A})=$秩$(\boldsymbol{B})$;

④ 若秩$(\boldsymbol{A})=$秩$(\boldsymbol{B})$ 则 $\boldsymbol{Ax}=\boldsymbol{0}$ 与 $\boldsymbol{Bx}=\boldsymbol{0}$ 同解.

以上命题中正确的是

(A)①②.　　(B)①③.　　(C)②④.　　(D)③④.

3.(2000,数三,3 分)设 $\boldsymbol{A}$ 为 n 阶实矩阵,$\boldsymbol{A}^{\mathrm{T}}$ 是 $\boldsymbol{A}$ 的转置矩阵,则对于线性方程组(Ⅰ):$\boldsymbol{Ax}=\boldsymbol{0}$ 和(Ⅱ):$\boldsymbol{A}^{\mathrm{T}}\boldsymbol{Ax}=\boldsymbol{0}$,必有

(A)(Ⅱ)的解是(Ⅰ)的解,(Ⅰ)的解也是(Ⅱ)的解.

(B)(Ⅱ)的解是(Ⅰ)的解,但(Ⅰ)的解不是(Ⅱ)的解.

(C)(Ⅰ)的解不是(Ⅱ)的解,(Ⅱ)的解也不是(Ⅰ)的解.

(D)(Ⅰ)的解是(Ⅱ)的解,但(Ⅱ)的解不是(Ⅰ)的解.

4.(2005,数三、数四,13 分)已知齐次线性方程组

$$(\text{Ⅰ})\begin{cases}x_1+2x_2+3x_3=0,\\2x_1+3x_2+5x_3=0,\\x_1+x_2+ax_3=0,\end{cases}\text{和}(\text{Ⅱ})\begin{cases}x_1+bx_2+cx_3=0,\\2x_1+b^2x_2+(c+1)x_3=0\end{cases}$$

同解,求 a,b,c 的值.

5.（1998，数四，7 分）已知下列非齐次线性方程组（Ⅰ），（Ⅱ）

$$(\mathrm{I})\begin{cases} x_1+x_2-2x_4=-6, \\ 4x_1-x_2-x_3-x_4=1, \\ 3x_1-x_2-x_3=3; \end{cases} \qquad (\mathrm{II})\begin{cases} x_1+mx_2-x_3-x_4=-5, \\ nx_2-x_3-2x_4=-11, \\ x_3-2x_4=-t+1, \end{cases}$$

(1) 求解方程组（Ⅰ），用其导出组的基础解系表示通解.

(2) 当方程组中的参数 m,n,t 为何值时，方程组（Ⅰ）与（Ⅱ）同解？

演算空间

6.（2022，数一，5 分）设 $\boldsymbol{A},\boldsymbol{B}$ 为 n 阶矩阵，$\boldsymbol{E}$ 为单位矩阵. 若方程组 $\boldsymbol{Ax}=\boldsymbol{0}$ 与 $\boldsymbol{Bx}=\boldsymbol{0}$ 同解，则

(A) 方程组 $\begin{bmatrix} \boldsymbol{A} & \boldsymbol{O} \\ \boldsymbol{E} & \boldsymbol{B} \end{bmatrix}\boldsymbol{y}=\boldsymbol{0}$ 只有零解.

(B) 方程组 $\begin{bmatrix} \boldsymbol{E} & \boldsymbol{A} \\ \boldsymbol{O} & \boldsymbol{AB} \end{bmatrix}\boldsymbol{y}=\boldsymbol{0}$ 只有零解.

(C) 方程组 $\begin{bmatrix} \boldsymbol{A} & \boldsymbol{B} \\ \boldsymbol{O} & \boldsymbol{B} \end{bmatrix}\boldsymbol{y}=\boldsymbol{0}$ 与 $\begin{bmatrix} \boldsymbol{B} & \boldsymbol{A} \\ \boldsymbol{O} & \boldsymbol{A} \end{bmatrix}\boldsymbol{y}=\boldsymbol{0}$ 同解.

(D) 方程组 $\begin{bmatrix} \boldsymbol{AB} & \boldsymbol{B} \\ \boldsymbol{O} & \boldsymbol{A} \end{bmatrix}\boldsymbol{y}=\boldsymbol{0}$ 与 $\begin{bmatrix} \boldsymbol{BA} & \boldsymbol{A} \\ \boldsymbol{O} & \boldsymbol{B} \end{bmatrix}\boldsymbol{y}=\boldsymbol{0}$ 同解.

演算空间

第五章　特征值与特征向量

本章导读

特征值和特征向量是线性代数的重要内容之一，也是考研的重点之一，它涉及行列式、矩阵；相关、无关；秩；基础解系等一系列问题，知识点多，综合性强，必须好好复习.

首先要掌握求特征值、特征向量的各种方法；第二是相似，要掌握和对角矩阵相似的充分必要条件，会求可逆矩阵 $\boldsymbol{P}$；第三(可能更重要)，要学会利用实对称矩阵的隐含信息处理求特征值、特征向量，用正交矩阵相似对角化等一系列方法.

真题分类练习

一、特征值、特征向量的概念与计算

试题特点

常见的命题形式：

1. 用定义 $\boldsymbol{A\alpha}=\lambda\boldsymbol{\alpha},\boldsymbol{\alpha}\neq\boldsymbol{0}$ 推理、分析、判断.

2. 由 $|\lambda\boldsymbol{E}-\boldsymbol{A}|=0$ 和 $(\lambda_i\boldsymbol{E}-\boldsymbol{A})\boldsymbol{x}=\boldsymbol{0}$ 求基础解系.

3. 通过相似 $\boldsymbol{P}^{-1}\boldsymbol{AP}=\boldsymbol{B}$.

(1) 如 $\boldsymbol{A\alpha}=\lambda\boldsymbol{\alpha}$，则 $\boldsymbol{B}(\boldsymbol{P}^{-1}\boldsymbol{\alpha})=\lambda(\boldsymbol{P}^{-1}\boldsymbol{\alpha})$.

(2) 如 $\boldsymbol{B\alpha}=\lambda\boldsymbol{\alpha}$，则 $\boldsymbol{A}(\boldsymbol{P\alpha})=\lambda(\boldsymbol{P\alpha})$.

特别地，如 $r(\boldsymbol{A})=1$，有

$$|\lambda\boldsymbol{E}-\boldsymbol{A}|=\lambda^n-\sum a_{ii}\lambda^{n-1},$$

$$\lambda_1=\sum a_{ii},\lambda_2=\lambda_3=\cdots=\lambda_n=0.$$

请通过下面的考题，进一步体会在考场上如何求特征值、特征向量.

1 (2015，14 题，4 分) 设 3 阶矩阵 $\boldsymbol{A}$ 的特征值为 $2,-2,1$，$\boldsymbol{B}=\boldsymbol{A}^2-\boldsymbol{A}+\boldsymbol{E}$，其中 $\boldsymbol{E}$ 为 3 阶单位矩阵，则行列式 $|\boldsymbol{B}|=$ ________.

答题区

2（2017，14 题，4 分）设矩阵 $\boldsymbol{A}=\begin{bmatrix}4 & 1 & -2\\1 & 2 & a\\3 & 1 & -1\end{bmatrix}$ 的一个特征向量为 $\begin{bmatrix}1\\1\\2\end{bmatrix}$，则 $a=$ ________.

答题区

3（2018，14 题，4 分）设 $\boldsymbol{A}$ 为 3 阶矩阵，$\boldsymbol{\alpha}_1,\boldsymbol{\alpha}_2,\boldsymbol{\alpha}_3$ 为线性无关的向量组．若 $\boldsymbol{A\alpha}_1=2\boldsymbol{\alpha}_1+\boldsymbol{\alpha}_2+\boldsymbol{\alpha}_3$，$\boldsymbol{A\alpha}_2=\boldsymbol{\alpha}_2+2\boldsymbol{\alpha}_3$，$\boldsymbol{A\alpha}_3=-\boldsymbol{\alpha}_2+\boldsymbol{\alpha}_3$，则 $\boldsymbol{A}$ 的实特征值为________.

答题区

解题加速度

1.（1993，数四，3 分）设 $\lambda=2$ 是非奇异矩阵 $\boldsymbol{A}$ 的一个特征值，则矩阵 $\left(\frac{1}{3}\boldsymbol{A}^2\right)^{-1}$ 有一个特征值等于

(A) $\frac{4}{3}$.　　(B) $\frac{3}{4}$.　　(C) $\frac{1}{2}$.　　(D) $\frac{1}{4}$.

演算空间

2.（2008，数一，4 分）设 $\boldsymbol{A}$ 为 2 阶矩阵，$\boldsymbol{\alpha}_1,\boldsymbol{\alpha}_2$ 为线性无关的二维列向量，$\boldsymbol{A\alpha}_1=\boldsymbol{0}$，$\boldsymbol{A\alpha}_2=2\boldsymbol{\alpha}_1+\boldsymbol{\alpha}_2$，则 $\boldsymbol{A}$ 的非零特征值为________.

演算空间

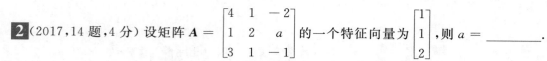

3.(1998,数三、数四,9 分)设向量 $\boldsymbol{\alpha}=(a_1,a_2,\cdots,a_n)^{\mathrm{T}}$,$\boldsymbol{\beta}=(b_1,b_2,\cdots,b_n)^{\mathrm{T}}$ 都是非零向量,且满足条件 $\boldsymbol{\alpha}^{\mathrm{T}}\boldsymbol{\beta}=0$,记 n 阶矩阵 $\boldsymbol{A}=\boldsymbol{\alpha}\boldsymbol{\beta}^{\mathrm{T}}$. 求:(Ⅰ)$\boldsymbol{A}^2$;(Ⅱ)矩阵 $\boldsymbol{A}$ 的特征值和特征向量.

演算空间

4.(2003,数一,10 分)设矩阵 $\boldsymbol{A}=\begin{bmatrix}3&2&2\\2&3&2\\2&2&3\end{bmatrix}$,$\boldsymbol{P}=\begin{bmatrix}0&1&0\\1&0&1\\0&0&1\end{bmatrix}$,$\boldsymbol{B}=\boldsymbol{P}^{-1}\boldsymbol{A}^*\boldsymbol{P}$,求 $\boldsymbol{B}+2\boldsymbol{E}$ 的特征值与特征向量,其中 $\boldsymbol{A}^*$ 为 $\boldsymbol{A}$ 的伴随矩阵,$\boldsymbol{E}$ 为 3 阶单位矩阵.

演算空间

5.(2009,数一,4 分)若三维列向量 $\boldsymbol{\alpha},\boldsymbol{\beta}$ 满足 $\boldsymbol{\alpha}^{\mathrm{T}}\boldsymbol{\beta}=2$,其中 $\boldsymbol{\alpha}^{\mathrm{T}}$ 为 $\boldsymbol{\alpha}$ 为转置,则矩阵 $\boldsymbol{\beta}\boldsymbol{\alpha}^{\mathrm{T}}$ 的非零特征值为________.

演算空间

二、相似与相似对角化

试题特点

围绕相似定义 $\boldsymbol{P}^{-1}\boldsymbol{A}\boldsymbol{P}=\boldsymbol{B}$、相似的性质设计试题，或者考查判断是否和对角矩阵相似.

$\boldsymbol{A}\sim\boldsymbol{\Lambda}\Leftrightarrow\boldsymbol{A}$ 有 n 个线性无关的特征向量

$\Leftrightarrow$ 如 λ 是 $\boldsymbol{A}$ 的 k 重特征值，则 λ 有 k 个线性无关的特征向量.

如 $\boldsymbol{A}$ 有 n 个不同的特征值 $\Rightarrow\boldsymbol{A}\sim\boldsymbol{\Lambda}$.

4（2009，14 题，4 分）设 $\boldsymbol{\alpha},\boldsymbol{\beta}$ 为三维列向量，$\boldsymbol{\beta}^{\mathrm{T}}$ 为 $\boldsymbol{\beta}$ 的转置，若矩阵 $\boldsymbol{\alpha}\boldsymbol{\beta}^{\mathrm{T}}$ 相似于 $\begin{bmatrix}2&0&0\\0&0&0\\0&0&0\end{bmatrix}$，则 $\boldsymbol{\beta}^{\mathrm{T}}\boldsymbol{\alpha}=$ ________.

答题区

5（2014，23 题，11 分）证明：n 阶矩阵 $\begin{bmatrix}1&1&\cdots&1\\1&1&\cdots&1\\\vdots&\vdots&&\vdots\\1&1&\cdots&1\end{bmatrix}$ 与 $\begin{bmatrix}0&\cdots&0&1\\0&\cdots&0&2\\\vdots&&\vdots&\vdots\\0&\cdots&0&n\end{bmatrix}$ 相似.

答题区

6（2016，7 题，4 分）设 $\boldsymbol{A},\boldsymbol{B}$ 是可逆矩阵，且 $\boldsymbol{A}$ 与 $\boldsymbol{B}$ 相似，则下列结论错误的是

(A) $\boldsymbol{A}^{\mathrm{T}}$ 与 $\boldsymbol{B}^{\mathrm{T}}$ 相似.

(B) $\boldsymbol{A}^{-1}$ 与 $\boldsymbol{B}^{-1}$ 相似.

(C) $\boldsymbol{A}+\boldsymbol{A}^{\mathrm{T}}$ 与 $\boldsymbol{B}+\boldsymbol{B}^{\mathrm{T}}$ 相似.

(D) $\boldsymbol{A}+\boldsymbol{A}^{-1}$ 与 $\boldsymbol{B}+\boldsymbol{B}^{-1}$ 相似.

答题区

7（2017，8 题，4 分）已知矩阵 $\boldsymbol{A}=\begin{bmatrix}2&0&0\\0&2&1\\0&0&1\end{bmatrix}$，$\boldsymbol{B}=\begin{bmatrix}2&1&0\\0&2&0\\0&0&1\end{bmatrix}$，$\boldsymbol{C}=\begin{bmatrix}1&0&0\\0&2&0\\0&0&2\end{bmatrix}$，则

(A) $\boldsymbol{A}$ 与 $\boldsymbol{C}$ 相似，$\boldsymbol{B}$ 与 $\boldsymbol{C}$ 相似.

(B) $\boldsymbol{A}$ 与 $\boldsymbol{C}$ 相似，$\boldsymbol{B}$ 与 $\boldsymbol{C}$ 不相似.

(C) $\boldsymbol{A}$ 与 $\boldsymbol{C}$ 不相似，$\boldsymbol{B}$ 与 $\boldsymbol{C}$ 相似.

(D) $\boldsymbol{A}$ 与 $\boldsymbol{C}$ 不相似，$\boldsymbol{B}$ 与 $\boldsymbol{C}$ 不相似.

答题区

8（2018，7 题，4 分）下列矩阵中，与矩阵 $\begin{bmatrix}1&1&0\\0&1&1\\0&0&1\end{bmatrix}$ 相似的为

(A) $\begin{bmatrix}1&1&-1\\0&1&1\\0&0&1\end{bmatrix}$.　(B) $\begin{bmatrix}1&0&-1\\0&1&1\\0&0&1\end{bmatrix}$.　(C) $\begin{bmatrix}1&1&-1\\0&1&0\\0&0&1\end{bmatrix}$.　(D) $\begin{bmatrix}1&0&-1\\0&1&0\\0&0&1\end{bmatrix}$.

答题区

9（2020，23 题，11 分）设 $\boldsymbol{A}$ 为 2 阶矩阵，$\boldsymbol{P}=[\boldsymbol{\alpha},\boldsymbol{A\alpha}]$，其中 $\boldsymbol{\alpha}$ 是非零向量且不是 $\boldsymbol{A}$ 的特征向量.

（Ⅰ）证明：$\boldsymbol{P}$ 为可逆矩阵.

（Ⅱ）若 $\boldsymbol{A}^2\boldsymbol{\alpha}+\boldsymbol{A\alpha}-6\boldsymbol{\alpha}=\boldsymbol{0}$. 求 $\boldsymbol{P}^{-1}\boldsymbol{AP}$，并判断 $\boldsymbol{A}$ 是否相似于对角矩阵.

答题区

10（2022，8 题，5 分）设 $\boldsymbol{A}$ 为 3 阶矩阵，$\boldsymbol{\Lambda}=\begin{bmatrix}1&0&0\\0&-1&0\\0&0&0\end{bmatrix}$，则 $\boldsymbol{A}$ 的特征值为 1，−1，0 的充分必要条件是

(A) 存在可逆矩阵 $\boldsymbol{P},\boldsymbol{Q}$，使得 $\boldsymbol{A}=\boldsymbol{P\Lambda Q}$.

(B) 存在可逆矩阵 $\boldsymbol{P}$，使得 $\boldsymbol{A}=\boldsymbol{P\Lambda P}^{-1}$.

(C) 存在正交矩阵 $\boldsymbol{Q}$，使得 $\boldsymbol{A}=\boldsymbol{Q\Lambda Q}^{-1}$.

(D) 存在可逆矩阵 $\boldsymbol{P}$，使得 $\boldsymbol{A}=\boldsymbol{P\Lambda P}^{\mathrm{T}}$.

答题区

解题加速度

1.（2001，数一，8 分）已知 3 阶矩阵 $\boldsymbol{A}$ 与三维向量 $\boldsymbol{x}$，使得向量组 $\boldsymbol{x},\boldsymbol{Ax},\boldsymbol{A}^2\boldsymbol{x}$ 线性无关，且满足

$$\boldsymbol{A}^3\boldsymbol{x}=3\boldsymbol{Ax}-2\boldsymbol{A}^2\boldsymbol{x}.$$

（Ⅰ）记 $\boldsymbol{P}=[\boldsymbol{x},\boldsymbol{Ax},\boldsymbol{A}^2\boldsymbol{x}]$，求 3 阶矩阵 $\boldsymbol{B}$，使 $\boldsymbol{A}=\boldsymbol{PBP}^{-1}$；

（Ⅱ）计算行列式 $|\boldsymbol{A}+\boldsymbol{E}|$.

演算空间

2.(2009,数三,4 分)设 $\boldsymbol{\alpha}=(1,1,1)^{\mathrm{T}},\boldsymbol{\beta}=(1,0,k)^{\mathrm{T}}$. 若矩阵 $\boldsymbol{\alpha}\boldsymbol{\beta}^{\mathrm{T}}$ 相似于 $\begin{bmatrix}3&0&0\\0&0&0\\0&0&0\end{bmatrix}$,则 $k=$ ________.

演算空间

3.(1997,数一,6 分)已知 $\boldsymbol{\xi}=\begin{bmatrix}1\\1\\-1\end{bmatrix}$ 是矩阵 $\boldsymbol{A}=\begin{bmatrix}2&-1&2\\5&a&3\\-1&b&-2\end{bmatrix}$ 的一个特征向量.

(Ⅰ)试确定参数 a,b 及特征向量 $\boldsymbol{\xi}$ 所对应的特征值;

(Ⅱ)问 $\boldsymbol{A}$ 能否相似于对角阵?说明理由.

演算空间

4.（2004，数一，9 分）设矩阵 $\boldsymbol{A}=\begin{bmatrix}1 & 2 & -3\\ -1 & 4 & -3\\ 1 & a & 5\end{bmatrix}$ 的特征方程有一个二重根，求 a 的值，并讨论 $\boldsymbol{A}$ 是否可相似对角化.

演算空间

三、关于相似时可逆矩阵 P

试题特点

$\boldsymbol{P}^{-1}\boldsymbol{A}\boldsymbol{P}=\boldsymbol{\Lambda}$ 时，$\boldsymbol{\Lambda}$ 是 $\boldsymbol{A}$ 的特征值，$\boldsymbol{P}$ 是 $\boldsymbol{A}$ 的特征向量，要意识到这类题目实际上就是求矩阵 $\boldsymbol{A}$ 特征值和特征向量的另一种出题方法. 这类试题往往还会涉及到处理一些参数.

解题加速度中 1 题和 2 题是常规题型，而 3 题是用合成的方法求可逆矩阵 $\boldsymbol{P}$（$\boldsymbol{P}_1^{-1}\boldsymbol{A}\boldsymbol{P}_1=\boldsymbol{B}$，$\boldsymbol{P}_2^{-1}\boldsymbol{B}\boldsymbol{P}_2=\boldsymbol{C}\Rightarrow\boldsymbol{P}^{-1}\boldsymbol{A}\boldsymbol{P}=\boldsymbol{C}$，$\boldsymbol{P}=\boldsymbol{P}_1\boldsymbol{P}_2$）.

11（2015，23 题，11 分）设矩阵 $\boldsymbol{A}=\begin{bmatrix}0 & 2 & -3\\ -1 & 3 & -3\\ 1 & -2 & a\end{bmatrix}$ 相似于矩阵 $\boldsymbol{B}=\begin{bmatrix}1 & -2 & 0\\ 0 & b & 0\\ 0 & 3 & 1\end{bmatrix}$.

（Ⅰ）求 a,b 的值；

（Ⅱ）求可逆矩阵 $\boldsymbol{P}$，使 $\boldsymbol{P}^{-1}\boldsymbol{A}\boldsymbol{P}$ 为对角矩阵.

答题区

12(2016,23 题,11 分) 已知矩阵 $\boldsymbol{A}=\begin{bmatrix}0 & -1 & 1\\ 2 & -3 & 0\\ 0 & 0 & 0\end{bmatrix}$.

(Ⅰ) 求 $\boldsymbol{A}^{99}$;

(Ⅱ) 设 3 阶矩阵 $\boldsymbol{B}=[\boldsymbol{\alpha}_1,\boldsymbol{\alpha}_2,\boldsymbol{\alpha}_3]$,满足 $\boldsymbol{B}^2=\boldsymbol{BA}$,记 $\boldsymbol{B}^{100}=[\boldsymbol{\beta}_1,\boldsymbol{\beta}_2,\boldsymbol{\beta}_3]$,将 $\boldsymbol{\beta}_1,\boldsymbol{\beta}_2,\boldsymbol{\beta}_3$ 分别表示为 $\boldsymbol{\alpha}_1,\boldsymbol{\alpha}_2,\boldsymbol{\alpha}_3$ 的线性组合.

答题区

13(2019,23 题,11 分) 已知矩阵 $\boldsymbol{A}=\begin{bmatrix}-2 & -2 & 1\\ 2 & x & -2\\ 0 & 0 & -2\end{bmatrix}$ 与 $\boldsymbol{B}=\begin{bmatrix}2 & 1 & 0\\ 0 & -1 & 0\\ 0 & 0 & y\end{bmatrix}$ 相似.

(Ⅰ) 求 x,y;

(Ⅱ) 求可逆矩阵 $\boldsymbol{P}$ 使得 $\boldsymbol{P}^{-1}\boldsymbol{AP}=\boldsymbol{B}$.

答题区

14(2020,8题,4分)设$\boldsymbol{A}$为3阶矩阵,$\boldsymbol{\alpha}_1,\boldsymbol{\alpha}_2$为$\boldsymbol{A}$的属于特征值1的线性无关的特征向量,$\boldsymbol{\alpha}_3$为$\boldsymbol{A}$的属于特征值$-1$的特征向量,则满足$\boldsymbol{P}^{-1}\boldsymbol{AP}=\begin{bmatrix}1&0&0\\0&-1&0\\0&0&1\end{bmatrix}$的可逆矩阵$\boldsymbol{P}$为

(A)$[\boldsymbol{\alpha}_1+\boldsymbol{\alpha}_3,\boldsymbol{\alpha}_2,-\boldsymbol{\alpha}_3]$.
(B)$[\boldsymbol{\alpha}_1+\boldsymbol{\alpha}_2,\boldsymbol{\alpha}_2,-\boldsymbol{\alpha}_3]$.
(C)$[\boldsymbol{\alpha}_1+\boldsymbol{\alpha}_3,-\boldsymbol{\alpha}_3,\boldsymbol{\alpha}_2]$.
(D)$[\boldsymbol{\alpha}_1+\boldsymbol{\alpha}_2,-\boldsymbol{\alpha}_3,\boldsymbol{\alpha}_2]$.

答题区

15(2021,22题,12分)设矩阵$\boldsymbol{A}=\begin{bmatrix}2&1&0\\1&2&0\\1&a&b\end{bmatrix}$仅有两个不同的特征值.若$\boldsymbol{A}$相似于对角矩阵,求$a,b$的值,并求可逆矩阵$\boldsymbol{P}$,使$\boldsymbol{P}^{-1}\boldsymbol{AP}$为对角矩阵.

答题区

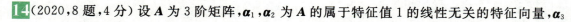

解题加速度

1.(1992,数三,7 分)设矩阵 $\boldsymbol{A}$ 与 $\boldsymbol{B}$ 相似,其中

$$\boldsymbol{A}=\begin{bmatrix}-2&0&0\\2&x&2\\3&1&1\end{bmatrix},\boldsymbol{B}=\begin{bmatrix}-1&0&0\\0&2&0\\0&0&y\end{bmatrix}.$$

(Ⅰ)求 x 和 y 的值;

(Ⅱ)求可逆矩阵 $\boldsymbol{P}$,使 $\boldsymbol{P}^{-1}\boldsymbol{AP}=\boldsymbol{B}$.

演算空间

2.(1999,数四,7 分)设矩阵 $\boldsymbol{A}=\begin{bmatrix}3&2&-2\\-k&-1&k\\4&2&-3\end{bmatrix}$,问当 k 为何值时,存在可逆矩阵 $\boldsymbol{P}$,使得 $\boldsymbol{P}^{-1}\boldsymbol{AP}$ 为对角矩阵?并求出 $\boldsymbol{P}$ 和相应的对角矩阵.

演算空间

3.(2005,数四,13分)　设 $\boldsymbol{A}$ 为3阶矩阵，$\boldsymbol{\alpha}_1,\boldsymbol{\alpha}_2,\boldsymbol{\alpha}_3$ 是线性无关的三维列向量，且满足

$$\boldsymbol{A\alpha}_1=\boldsymbol{\alpha}_1+\boldsymbol{\alpha}_2+\boldsymbol{\alpha}_3,\boldsymbol{A\alpha}_2=2\boldsymbol{\alpha}_2+\boldsymbol{\alpha}_3,\boldsymbol{A\alpha}_3=2\boldsymbol{\alpha}_2+3\boldsymbol{\alpha}_3.$$

（Ⅰ）求矩阵 $\boldsymbol{B}$，使得 $\boldsymbol{A}[\boldsymbol{\alpha}_1,\boldsymbol{\alpha}_2,\boldsymbol{\alpha}_3]=[\boldsymbol{\alpha}_1,\boldsymbol{\alpha}_2,\boldsymbol{\alpha}_3]\boldsymbol{B}$；

（Ⅱ）求矩阵 $\boldsymbol{A}$ 的特征值；

（Ⅲ）求可逆矩阵 $\boldsymbol{P}$，使得 $\boldsymbol{P}^{-1}\boldsymbol{AP}$ 为对角矩阵.

演算空间

四、实对称矩阵

试题特点

实对称矩阵有几个重要的定理，例如：实对称矩阵一定和对角矩阵相似（不管特征值有没有重根）；实对称矩阵特征值不同时特征向量必相互正交（由此有内积为0，从而可构造齐次方程组求特征向量）；实对称矩阵可以用正交矩阵来相似对角化．试题就是围绕这些定理来设计的．此部分内容是考研的重点，特别要复习好综合性强的解答题．

16(2010,8题,4分) 设 $\boldsymbol{A}$ 为4阶实对称矩阵，且 $\boldsymbol{A}^2+\boldsymbol{A}=\boldsymbol{O}$. 若 $\boldsymbol{A}$ 的秩为3，则 $\boldsymbol{A}$ 相似于

(A) $\begin{bmatrix}1&&&\\&1&&\\&&1&\\&&&0\end{bmatrix}$.　　(B) $\begin{bmatrix}1&&&\\&1&&\\&&-1&\\&&&0\end{bmatrix}$.

(C) $\begin{bmatrix}1&&&\\&-1&&\\&&-1&\\&&&0\end{bmatrix}$.　　(D) $\begin{bmatrix}-1&&&\\&-1&&\\&&-1&\\&&&0\end{bmatrix}$.

答题区

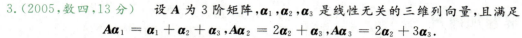

17(2010,23 题,11 分) 设 $\boldsymbol{A}=\begin{bmatrix}0 & -1 & 4\\ -1 & 3 & a\\ 4 & a & 0\end{bmatrix}$,正交矩阵 $\boldsymbol{Q}$ 使得 $\boldsymbol{Q}^{\mathrm{T}}\boldsymbol{A}\boldsymbol{Q}$ 为对角矩阵,若 $\boldsymbol{Q}$ 的第 1 列为 $\frac{1}{\sqrt{6}}(1,2,1)^{\mathrm{T}}$,求 a,$\boldsymbol{Q}$.

答题区

18(2011,23 题,11 分) 设 $\boldsymbol{A}$ 为 3 阶实对称矩阵,$\boldsymbol{A}$ 的秩为 2,且

$$\boldsymbol{A}\begin{bmatrix}1 & 1\\ 0 & 0\\ -1 & 1\end{bmatrix}=\begin{bmatrix}-1 & 1\\ 0 & 0\\ 1 & 1\end{bmatrix}.$$

(Ⅰ) 求 $\boldsymbol{A}$ 的所有特征值与特征向量;

(Ⅱ) 求矩阵 $\boldsymbol{A}$.

答题区

19(2013,8 题,4 分) 矩阵 $\begin{bmatrix}1 & a & 1\\ a & b & a\\ 1 & a & 1\end{bmatrix}$ 与 $\begin{bmatrix}2 & 0 & 0\\ 0 & b & 0\\ 0 & 0 & 0\end{bmatrix}$ 相似的充分必要条件为

(A) $a=0,b=2$.　　(B) $a=0$,b 为任意常数.

(C) $a=2,b=0$.　　(D) $a=2$,b 为任意常数.

答题区

小 结

通过这几个试题希望你很好地归纳一下,面对实对称矩阵都有哪些求特征值、特征向量的方法技巧?

解题加速度

1.(2002,数四,8 分) 设实对称矩阵 $\boldsymbol{A}=\begin{bmatrix}a & 1 & 1\\ 1 & a & -1\\ 1 & -1 & a\end{bmatrix}$,求可逆矩阵 $\boldsymbol{P}$,使 $\boldsymbol{P}^{-1}\boldsymbol{AP}$ 为对角矩阵,并计算行列式 $|\boldsymbol{A}-\boldsymbol{E}|$ 的值.

演算空间

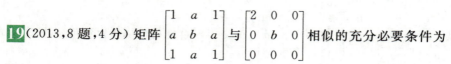

2.(2001,数三、数四,9 分)设矩阵 $\boldsymbol{A}=\begin{bmatrix}1 & 1 & a\\ 1 & a & 1\\ a & 1 & 1\end{bmatrix}$,$\boldsymbol{\beta}=\begin{bmatrix}1\\ 1\\ -2\end{bmatrix}$,已知线性方程组 $\boldsymbol{Ax}=\boldsymbol{\beta}$ 有解但不唯一,试求:(Ⅰ)a 的值;(Ⅱ)正交矩阵 $\boldsymbol{Q}$,使 $\boldsymbol{Q}^{\mathrm{T}}\boldsymbol{AQ}$ 为对角矩阵.

演算空间

3.(2021,数一,12 分)设矩阵 $\boldsymbol{A}=\begin{bmatrix}a & 1 & -1\\ 1 & a & -1\\ -1 & -1 & a\end{bmatrix}$.

(Ⅰ)求正交矩阵 $\boldsymbol{P}$,使 $\boldsymbol{P}^{\mathrm{T}}\boldsymbol{AP}$ 为对角矩阵;

(Ⅱ)求正定矩阵 $\boldsymbol{C}$,使 $\boldsymbol{C}^2=(a+3)\boldsymbol{E}-\boldsymbol{A}$,其中 $\boldsymbol{E}$ 为 3 阶单位矩阵.

演算空间

第六章　二次型

本章导读

二次型实际上是特征值的几何应用,复习二次型就一定搞清它与特征值、特征向量之间的内在联系.

考点主要有三个:第一个是二次型化标准形的正、反两方面的问题,依托的是特征值、特征向量相似对角化的理论与方法;第二个是二次型的正定性,既有正定的判定,又有正定性质的运用,也都会涉及到特征值;第三个是合同,它是由二次型经坐标变换引申出来的概念.

真题分类练习

一、二次型的标准形

试题特点

用正交变换化二次型为标准形,求其标准就是求二次型矩阵 $\boldsymbol{A}$ 的特征值,求坐标变换就是求 $\boldsymbol{A}$ 的特征向量.

若求二次型的表达式就是求矩阵 $\boldsymbol{A}$,这样的试题一般都是实对称矩阵试题的翻版.

1 (2009,23 题,11 分) 设二次型

$$f(x_1,x_2,x_3)=ax_1^2+ax_2^2+(a-1)x_3^2+2x_1x_3-2x_2x_3.$$

(Ⅰ) 求二次型 f 的矩阵的所有特征值;

(Ⅱ) 若二次型 f 的规范形为 $y_1^2+y_2^2$,求 a 的值.

答题区

2（2011，14 题，4 分）二次型 $f(x_1,x_2,x_3)=x_1^2+3x_2^2+x_3^2+2x_1x_2+2x_1x_3+2x_2x_3$，则 f 的正惯性指数为________.

答题区

3（2012，23 题，11 分）已知 $\boldsymbol{A}=\begin{bmatrix}1&0&1\\0&1&1\\-1&0&a\\0&a&-1\end{bmatrix}$，二次型 $f(x_1,x_2,x_3)=\boldsymbol{x}^{\mathrm{T}}(\boldsymbol{A}^{\mathrm{T}}\boldsymbol{A})\boldsymbol{x}$ 的秩为 2.

（Ⅰ）求实数 a 的值；

（Ⅱ）求正交变换 $\boldsymbol{x}=\boldsymbol{Q}\boldsymbol{y}$ 将二次型 f 化为标准形.

答题区

4 (2013,23 题,11 分) 设二次型 $f(x_1,x_2,x_3)=2(a_1x_1+a_2x_2+a_3x_3)^2+(b_1x_1+b_2x_2+b_3x_3)^2$,记

$$\boldsymbol{\alpha}=\begin{bmatrix}a_1\\a_2\\a_3\end{bmatrix},\boldsymbol{\beta}=\begin{bmatrix}b_1\\b_2\\b_3\end{bmatrix},$$

(Ⅰ)证明:二次型 f 对应的矩阵为 $2\boldsymbol{\alpha}\boldsymbol{\alpha}^{\mathrm{T}}+\boldsymbol{\beta}\boldsymbol{\beta}^{\mathrm{T}}$;

(Ⅱ)若 $\boldsymbol{\alpha},\boldsymbol{\beta}$ 正交且均为单位向量,证明:f 在正交变换下的标准形为 $2y_1^2+y_2^2$.

答题区

5 (2014,14 题,4 分) 设二次型 $f(x_1,x_2,x_3)=x_1^2-x_2^2+2ax_1x_3+4x_2x_3$ 的负惯性指数为 1,则 a 的取值范围是________.

答题区

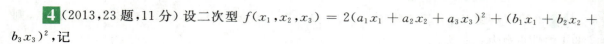

6 (2015,8 题,4 分) 设二次型 $f(x_1,x_2,x_3)$ 在正交变换 $\boldsymbol{x}=\boldsymbol{P}\boldsymbol{y}$ 下的标准形为 $2y_1^2+y_2^2-y_3^2$，其中 $\boldsymbol{P}=[\boldsymbol{e}_1,\boldsymbol{e}_2,\boldsymbol{e}_3]$，若 $\boldsymbol{Q}=[\boldsymbol{e}_1,-\boldsymbol{e}_3,\boldsymbol{e}_2]$，则 $f(x_1,x_2,x_3)$ 在正交变换 $\boldsymbol{x}=\boldsymbol{Q}\boldsymbol{y}$ 下的标准形为

(A) $2y_1^2-y_2^2+y_3^2$.　(B) $2y_1^2+y_2^2-y_3^2$.　(C) $2y_1^2-y_2^2-y_3^2$.　(D) $2y_1^2+y_2^2+y_3^2$.

答题区

7 (2016,8 题,4 分) 设二次型 $f(x_1,x_2,x_3)=a(x_1^2+x_2^2+x_3^2)+2x_1x_2+2x_2x_3+2x_1x_3$ 的正、负惯性指数分别为 1,2,则

(A) $a>1$.　(B) $a<-2$.

(C) $-2<a<1$.　(D) $a=1$ 或 $a=-2$.

答题区

8 (2017,23 题,11 分) 设二次型 $f(x_1,x_2,x_3)=2x_1^2-x_2^2+ax_3^2+2x_1x_2-8x_1x_3+2x_2x_3$ 在正交变换 $\boldsymbol{x}=\boldsymbol{Q}\boldsymbol{y}$ 下的标准形为 $\lambda_1y_1^2+\lambda_2y_2^2$，求 a 的值及一个正交矩阵 $\boldsymbol{Q}$.

答题区

9（2018,22 题,11 分）设实二次型 $f(x_1,x_2,x_3)=(x_1-x_2+x_3)^2+(x_2+x_3)^2+(x_1+ax_3)^2$，其中 a 是参数.

（Ⅰ）求 $f(x_1,x_2,x_3)=0$ 的解；

（Ⅱ）求 $f(x_1,x_2,x_3)$ 的规范形.

答题区

10（2019,8 题,4 分）设 $\boldsymbol{A}$ 是 3 阶实对称矩阵，$\boldsymbol{E}$ 是 3 阶单位矩阵. 若 $\boldsymbol{A}^2+\boldsymbol{A}=2\boldsymbol{E}$，且 $|\boldsymbol{A}|=4$，则二次型 $\boldsymbol{x}^{\mathrm{T}}\boldsymbol{A}\boldsymbol{x}$ 的规范形为

(A) $y_1^2+y_2^2+y_3^2$.　　(B) $y_1^2+y_2^2-y_3^2$.

(C) $y_1^2-y_2^2-y_3^2$.　　(D) $-y_1^2-y_2^2-y_3^2$.

答题区

11（2020,22 题,11 分）设二次型 $f(x_1,x_2,x_3)=x_1^2+x_2^2+x_3^2+2ax_1x_2+2ax_1x_3+2ax_2x_3$ 经可逆线性变换 $\begin{pmatrix}x_1\\x_2\\x_3\end{pmatrix}=\boldsymbol{P}\begin{pmatrix}y_1\\y_2\\y_3\end{pmatrix}$ 化为二次型 $g(y_1,y_2,y_3)=y_1^2+y_2^2+4y_3^2+2y_1y_2$.

（Ⅰ）求 a 的值；

（Ⅱ）求可逆矩阵 $\boldsymbol{P}$.

答题区

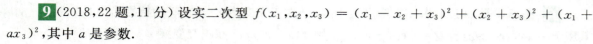

12(2021,8 题,5 分) 二次型 $f(x_1,x_2,x_3)=(x_1+x_2)^2+(x_2+x_3)^2-(x_3-x_1)^2$ 的正惯性指数与负惯性指数依次为

(A)2,0. (B)1,1. (C)2,1. (D)1,2.

答题区

13(2022,22 题,12 分) 已知二次型 $f(x_1,x_2,x_3)=3x_1^2+4x_2^2+3x_3^2+2x_1x_3$.

(Ⅰ) 求正交变换 $\boldsymbol{x}=\boldsymbol{Q}\boldsymbol{y}$ 将 $f(x_1,x_2,x_3)$ 化为标准形;

(Ⅱ) 证明:$\min\limits_{\boldsymbol{x}\neq\boldsymbol{0}}\dfrac{f(\boldsymbol{x})}{\boldsymbol{x}^{\mathrm{T}}\boldsymbol{x}}=2$.

答题区

解题加速度

1. (2004,数三,4 分) 二次型 $f(x_1,x_2,x_3)=(x_1+x_2)^2+(x_2-x_3)^2+(x_3+x_1)^2$ 的秩为________.

演算空间

2.(2005,数一,9 分) 已知二次型 $f(x_1,x_2,x_3)=(1-a)x_1^2+(1-a)x_2^2+2x_3^2+2(1+a)x_1x_2$ 的秩为 2.

(Ⅰ) 求 a 的值；

(Ⅱ) 求正交变换 $\boldsymbol{x}=\boldsymbol{Q}\boldsymbol{y}$，把 $f(x_1,x_2,x_3)$ 化成标准形；

(Ⅲ) 求方程 $f(x_1,x_2,x_3)=0$ 的解.

演算空间

3.(2003,数三,13 分) 设二次型

$$f(x_1,x_2,x_3)=\boldsymbol{x}^{\mathrm{T}}\boldsymbol{A}\boldsymbol{x}=ax_1^2+2x_2^2-2x_3^2+2bx_1x_3 \quad (b>0),$$

其中二次型的矩阵 $\boldsymbol{A}$ 的特征值之和为 1，特征值之积为 -12.

(Ⅰ) 求 a,b 的值；

(Ⅱ) 利用正交变换将二次型 f 化为标准形，并写出所用的正交变换和对应的正交矩阵.

演算空间

4.(2010,数一,11 分) 已知二次型 $f(x_1,x_2,x_3)=\boldsymbol{x}^{\mathrm{T}}\boldsymbol{A}\boldsymbol{x}$ 在正交变换 $\boldsymbol{x}=\boldsymbol{Q}\boldsymbol{y}$ 下的标准形为 $y_1^2+y_2^2$，且 $\boldsymbol{Q}$ 的第 3 列为 $\left(\dfrac{\sqrt{2}}{2},0,\dfrac{\sqrt{2}}{2}\right)^{\mathrm{T}}$.

(Ⅰ) 求矩阵 $\boldsymbol{A}$；

(Ⅱ) 证明 $\boldsymbol{A}+\boldsymbol{E}$ 为正定矩阵，其中 $\boldsymbol{E}$ 为 3 阶单位矩阵.

演算空间

5.(2022,数一,12 分) 已知二次型 $f(x_1,x_2,x_3)=\sum_{i=1}^{3}\sum_{j=1}^{3} ijx_ix_j$.

(Ⅰ) 写出 $f(x_1,x_2,x_3)$ 对应的矩阵;

(Ⅱ) 求正交变换 $\boldsymbol{x}=\boldsymbol{Q}\boldsymbol{y}$ 将 $f(x_1,x_2,x_3)$ 化为标准形;

(Ⅲ) 求 $f(x_1,x_2,x_3)=0$ 的解.

演算空间

二、二次型的正定

试题特点

围绕正定的定义"$\forall \boldsymbol{x}\neq \boldsymbol{0}$ 必有 $\boldsymbol{x}^{\mathrm{T}}\boldsymbol{A}\boldsymbol{x}>0$"设计的试题一般难度较大,其中需用特征值(参看数一 2010 年试题)、顺序主子式的考题是容易的.

复习时,注意考定义法的题(参看下面的解题加速度).

解题加速度

1.(1997,数三,3 分) 若二次型 $f(x_1,x_2,x_3)=2x_1^2+x_2^2+x_3^2+2x_1x_2+tx_2x_3$ 是正定的,则 t 的取值范围是__________.

演算空间

2.(1999,数一,6分)设 $\boldsymbol{A}$ 为 m 阶实对称矩阵且正定,$\boldsymbol{B}$ 为 $m\times n$ 实矩阵,$\boldsymbol{B}^{\mathrm{T}}$ 为 $\boldsymbol{B}$ 的转置矩阵,试证:$\boldsymbol{B}^{\mathrm{T}}\boldsymbol{A}\boldsymbol{B}$ 为正定矩阵的充分必要条件是 $\boldsymbol{B}$ 的秩 $r(\boldsymbol{B})=n$.

演算空间

3.(1999,数三,7分)设 $\boldsymbol{A}$ 为 $m\times n$ 实矩阵,$\boldsymbol{E}$ 为 n 阶单位矩阵,已知矩阵 $\boldsymbol{B}=\lambda\boldsymbol{E}+\boldsymbol{A}^{\mathrm{T}}\boldsymbol{A}$,试证:当 $\lambda>0$ 时,矩阵 $\boldsymbol{B}$ 为正定矩阵.

演算空间

4.(2000,数三,9分)设有 n 元实二次型

$$f(x_1,x_2,\cdots,x_n)=(x_1+a_1x_2)^2+(x_2+a_2x_3)^2+\cdots+(x_{n-1}+a_{n-1}x_n)^2+(x_n+a_nx_1)^2,$$

其中 $a_i(i=1,2,\cdots,n)$ 为实数.试问:当 $a_1,a_2,\cdots,a_n$ 满足何种条件时,二次型 $f(x_1,x_2,\cdots,x_n)$ 为正定二次型.

演算空间

5.(2005,数三,11 分)设 $\boldsymbol{D}=\begin{bmatrix}\boldsymbol{A} & \boldsymbol{C}\\ \boldsymbol{C}^{\mathrm{T}} & \boldsymbol{B}\end{bmatrix}$为正定矩阵,其中 $\boldsymbol{A},\boldsymbol{B}$ 分别为 m 阶,n 阶对称矩阵,$\boldsymbol{C}$ 为 $m\times n$ 阶矩阵.

(Ⅰ)计算 $\boldsymbol{P}^{\mathrm{T}}\boldsymbol{D}\boldsymbol{P}$,其中 $\boldsymbol{P}=\begin{bmatrix}\boldsymbol{E}_m & -\boldsymbol{A}^{-1}\boldsymbol{C}\\ \boldsymbol{O} & \boldsymbol{E}_n\end{bmatrix}$;

(Ⅱ)利用(Ⅰ)的结果判断矩阵 $\boldsymbol{B}-\boldsymbol{C}^{\mathrm{T}}\boldsymbol{A}^{-1}\boldsymbol{C}$ 是否为正定矩阵,并证明你的结论.

演算空间

三、合同矩阵

试题特点

不是重点,填空题、选择题为主.

$$\boldsymbol{A}\simeq\boldsymbol{B}\Leftrightarrow p_{\boldsymbol{A}}=p_{\boldsymbol{B}},q_{\boldsymbol{A}}=q_{\boldsymbol{B}}.$$

通过什么来确定正、负惯性指数?特征值!有时也可用配方法.

注意相似与合同的联系和区别.

解题加速度

1.(2001,数一,3 分)设 $\boldsymbol{A}=\begin{bmatrix}1&1&1&1\\1&1&1&1\\1&1&1&1\\1&1&1&1\end{bmatrix}$,$\boldsymbol{B}=\begin{bmatrix}4&0&0&0\\0&0&0&0\\0&0&0&0\\0&0&0&0\end{bmatrix}$则 $\boldsymbol{A}$ 与 $\boldsymbol{B}$

(A) 合同且相似.　　(B) 合同但不相似.

(C) 不合同但相似.　　(D) 不合同且不相似.

演算空间

2.（1996，数三，8 分）设矩阵 $\boldsymbol{A}=\begin{bmatrix}0&1&0&0\\1&0&0&0\\0&0&y&1\\0&0&1&2\end{bmatrix}$.

（Ⅰ）已知 $\boldsymbol{A}$ 的一个特征值为 3，试求 y；

（Ⅱ）求可逆矩阵 $\boldsymbol{P}$，使 $(\boldsymbol{AP})^{\mathrm{T}}(\boldsymbol{AP})$ 为对角矩阵.

演算空间

3.（2008，数四，4 分）设 $\boldsymbol{A}=\begin{bmatrix}1&2\\2&1\end{bmatrix}$，则在实数域上与 $\boldsymbol{A}$ 合同的矩阵为

(A) $\begin{bmatrix}-2&1\\1&-2\end{bmatrix}$.　(B) $\begin{bmatrix}2&-2\\-1&2\end{bmatrix}$.　(C) $\begin{bmatrix}2&1\\1&2\end{bmatrix}$.　(D) $\begin{bmatrix}1&-2\\-2&1\end{bmatrix}$.

演算空间

2009—2023

金榜时代

GLISTIME 明德·弘毅·惟精

金榜时代考研数学系列 | V研客及全国各大考研培训学校指定用书

数学历年真题

全精解析·提高篇（数学二）答案册

编著◎李永乐 王式安 武忠祥 宋浩 姜晓千 硕哥(薛威) 刘喜波
章纪民 陈默 申亚男 毕生明 朱杰 王一鸣 吴紫云

中国农业出版社
CHINA AGRICULTURE PRESS
·北京·

目录

Contents

第一篇　最新真题

第二篇　真题分类解析

第一篇 最新真题

2023年全国硕士研究生招生考试

数学(二)参考答案

一、选择题

(1)【答案】 B.

【解析】 (方法一)

$$k=\lim_{x\to\infty}\frac{y}{x}=\lim_{x\to\infty}\ln\left(\mathrm{e}+\frac{1}{x-1}\right)=1,$$

$$b=\lim_{x\to\infty}(y-kx)=\lim_{x\to\infty}x\left[\ln\left(\mathrm{e}+\frac{1}{x-1}\right)-1\right]$$

$$=\lim_{x\to\infty}x\left[\ln\left(1+\frac{1}{\mathrm{e}(x-1)}\right)\right]=\lim_{x\to\infty}\frac{x}{\mathrm{e}(x-1)}=\frac{1}{\mathrm{e}},$$

则所求斜渐近线方程为 $y=x+\frac{1}{\mathrm{e}}$.

(方法二) $y=x\ln\left(\mathrm{e}+\frac{1}{x-1}\right)=x+x\ln\left[1+\frac{1}{\mathrm{e}(x-1)}\right]$

$$=x+\frac{1}{\mathrm{e}}+\left\{x\ln\left[1+\frac{1}{\mathrm{e}(x-1)}\right]-\frac{1}{\mathrm{e}}\right\},$$

其中$\lim_{x\to\infty}\left\{x\ln\left[1+\frac{1}{\mathrm{e}(x-1)}\right]-\frac{1}{\mathrm{e}}\right\}=0$,则所求斜渐近线方程为 $y=x+\frac{1}{\mathrm{e}}$.

(2)【答案】 D.

【解析】 $$\int f(x)\mathrm{d}x=\begin{cases}\int\frac{1}{\sqrt{1+x^2}}\mathrm{d}x, & x\leqslant 0,\\ \int(x+1)\cos x\mathrm{d}x, & x>0,\end{cases}$$

$$=\begin{cases}\ln(x+\sqrt{x^2+1})+C_1, & x\leqslant 0,\\ (x+1)\sin x+\cos x+C_2, & x>0,\end{cases}$$

为连续函数,所以 $C_1=1+C_2$,

$$\int f(x)\mathrm{d}x=\begin{cases}\ln(x+\sqrt{x^2+1})+1+C, & x\leqslant 0,\\ (x+1)\sin x+\cos x+C, & x>0.\end{cases}$$

(D) 为正确答案.

(3)【答案】 B.

【解析】 由递推关系可知，$\{x_n\}$，$\{y_n\}$ 均为单调减数列，且为无穷小.

由 $y_1=\dfrac{1}{2}, y_{n+1}=y_n^2$ 可知，

$$y_2=\left(\frac{1}{2}\right)^2, y_3=\left(\frac{1}{2}\right)^{2^2}, \cdots, y_{n+1}=\left(\frac{1}{2}\right)^{2^n}=\left(\frac{1}{4}\right)^{2^{n-1}}.$$

由于 $\sin x>\dfrac{2}{\pi}x\left(0<x<\dfrac{\pi}{2}\right)$，则由 $x_1=\dfrac{1}{2}, x_{n+1}=\sin x_n$ 可知，

$$x_{n+1}>\frac{2}{\pi}x_n>\left(\frac{2}{\pi}\right)^2 x_{n-1}>\cdots>\left(\frac{2}{\pi}\right)^n x_1=\frac{1}{2}\left(\frac{2}{\pi}\right)^n,$$

则 $0<\dfrac{y_{n+1}}{x_{n+1}}<\dfrac{\left(\frac{1}{4}\right)^{2^{n-1}}}{\frac{1}{2}\left(\frac{2}{\pi}\right)^n}\to 0$，故当 $n\to\infty$ 时，y_n 是 x_n 的高阶无穷小.

(4)【答案】 C.

【解析】 微分方程的特征方程为 $\lambda^2+a\lambda+b=0$，特征根为 $\lambda_{1,2}=\dfrac{-a\pm\sqrt{a^2-4b}}{2}$.

若 $a^2-4b>0$，则特征方程有两个实根且 $\lambda_1\neq\lambda_2$.
微分方程的解为 $y=C_1\mathrm{e}^{\lambda_1 x}+C_2\mathrm{e}^{\lambda_2 x}$ 在 $(-\infty,+\infty)$ 上无界.

若 $a^2-4b=0$，则 $\lambda_1=\lambda_2=-\dfrac{a}{2}$.

微分方程的解为 $y=(C_1+C_2x)\mathrm{e}^{-\frac{a}{2}x}$ 在 $(-\infty,+\infty)$ 上无界.

若 $a^2-4b<0$，则 $\lambda_{1,2}=\dfrac{-a\pm\sqrt{4b-a^2}\,\mathrm{i}}{2}$.

微分方程的解为 $y=\mathrm{e}^{-\frac{a}{2}x}\left(C_1\cos\dfrac{\sqrt{4b-a^2}}{2}x+C_2\sin\dfrac{\sqrt{4b-a^2}}{2}x\right)$.
如果此解在 $(-\infty,+\infty)$ 上有界，则 $a=0$，进而 $b>0$.
因此答案选(C).

【评注】 本题还可从选项出发，验证只有(C)符合条件.

(5)【答案】 C.

【解析】 当 $t\geqslant 0$ 时，$\begin{cases}x=3t,\\ y=t\sin t,\end{cases}$ $y=\dfrac{x}{3}\sin\dfrac{x}{3}$.

当 $t<0$ 时，$\begin{cases}x=t,\\ y=-t\sin t,\end{cases}$ $y=-x\sin x$. 则 $y=\begin{cases}\dfrac{x}{3}\sin\dfrac{x}{3}, & x\geqslant 0,\\ -x\sin x, & x<0.\end{cases}$

则由 $y'_+(0)=\lim\limits_{x\to 0^+}\dfrac{\frac{x}{3}\sin\frac{x}{3}-0}{x}=0, y'_-(0)=\lim\limits_{x\to 0^-}\dfrac{-x\sin x-0}{x}=0$，得 $y'(0)=0$.

$$y'(x)=\begin{cases}\dfrac{1}{3}\sin\dfrac{x}{3}+\dfrac{x}{9}\cos\dfrac{x}{3}, & x>0,\\ 0, & x=0,\\ -\sin x-x\cos x, & x<0.\end{cases}$$

由此可知 $y'(x)$ 连续，又由

$$y''_{+}(0)=\lim_{x\to 0^{+}}\frac{\frac{1}{3}\sin\frac{x}{3}+\frac{x}{9}\cos\frac{x}{3}-0}{x}=\frac{2}{9},$$

$$y''_{-}(0)=\lim_{x\to 0^{-}}\frac{-\sin x-x\cos x}{x}=-2,$$

可知 $y''(0)$ 不存在.

【评注】 泰勒公式判断导数存在性.

$$y=\begin{cases}\frac{x}{3}\sin\frac{x}{3}=\frac{x}{3}\left(\frac{x}{3}+\cdots\right)=\frac{x^2}{9}+\cdots, x\geqslant 0,\\ -x\sin x=-x(x-\cdots)=-x^2+\cdots, x<0.\end{cases}$$

又 $y''_{+}(0)=\frac{2}{9}$，$y''_{-}(0)=-2$，故 $y''(0)$ 不存在.

(6)【答案】 A.

【解析】 广义积分 $\int_{2}^{+\infty}\frac{\mathrm{d}x}{x(\ln x)^{\alpha+1}}$ 当 $\alpha>0$ 时收敛，所以 $f(\alpha)$ 的定义域为 $\alpha>0$.

当 $\alpha>0$ 时，

$$f(\alpha)=\int_{2}^{+\infty}\frac{\mathrm{d}x}{x(\ln x)^{\alpha+1}}=\int_{2}^{+\infty}\frac{\mathrm{d}\ln x}{(\ln x)^{\alpha+1}}=-\frac{1}{\alpha(\ln x)^{\alpha}}\bigg|_{2}^{+\infty}=\frac{1}{\alpha(\ln 2)^{\alpha}}.$$

记 $g(\alpha)=\alpha(\ln 2)^{\alpha}$，$g'(\alpha)=(\ln 2)^{\alpha}+\alpha(\ln 2)^{\alpha}\ln(\ln 2)\begin{cases}>0, & 0<\alpha<-\frac{1}{\ln(\ln 2)},\\ <0, & \alpha>-\frac{1}{\ln(\ln 2)},\end{cases}$

所以 $g(\alpha)$ 在 $\alpha_0=-\frac{1}{\ln(\ln 2)}$ 点取得最大值，$f(\alpha)$ 在 $\alpha_0=-\frac{1}{\ln(\ln 2)}$ 点取得最小值.

(7)【答案】 C.

【解析】 由 $f(x)=(x^2+a)\mathrm{e}^{x}$ 可知，

$$f'(x)=(x^2+2x+a)\mathrm{e}^{x},$$
$$f''(x)=(x^2+4x+a+2)\mathrm{e}^{x},$$

要使得 $f(x)$ 没有极值，二次多项式 x^2+2x+a 的判别式 $\Delta=4-4a\leqslant 0, a\geqslant 1$；
要使得 $f(x)$ 有拐点，二次多项式 $x^2+4x+(a+2)$ 的判别式 $\Delta=16-4(a+2)>0, a<2$.
所以 $a\in[1,2)$.

(8)【答案】 D.

【解析】 （方法一） 分别令(A)(B)(C)(D) 选项中的矩阵为 $\boldsymbol{I}_1,\boldsymbol{I}_2,\boldsymbol{I}_3,\boldsymbol{I}_4$.

$$\begin{bmatrix}\boldsymbol{A} & \boldsymbol{E}\\ \boldsymbol{O} & \boldsymbol{B}\end{bmatrix}\boldsymbol{I}_1=\begin{bmatrix}\boldsymbol{A} & \boldsymbol{E}\\ \boldsymbol{O} & \boldsymbol{B}\end{bmatrix}\begin{bmatrix}|\boldsymbol{A}|\boldsymbol{B}^* & -\boldsymbol{B}^*\boldsymbol{A}^*\\ \boldsymbol{O} & |\boldsymbol{B}|\boldsymbol{A}^*\end{bmatrix}=\begin{bmatrix}|\boldsymbol{A}|\boldsymbol{A}\boldsymbol{B}^* & \cdots\\ \cdots & \cdots\end{bmatrix},$$

不能保证 $|\boldsymbol{A}|\boldsymbol{A}\boldsymbol{B}^*=|\boldsymbol{A}||\boldsymbol{B}|\boldsymbol{E}$，所以 $\boldsymbol{I}_1$ 不是 $\begin{bmatrix}\boldsymbol{A} & \boldsymbol{E}\\ \boldsymbol{O} & \boldsymbol{B}\end{bmatrix}^*$，选项(A) 不正确. 同理，选项(B) 也不正确.

$$\begin{bmatrix}\boldsymbol{A} & \boldsymbol{E}\\ \boldsymbol{O} & \boldsymbol{B}\end{bmatrix}\boldsymbol{I}_3=\begin{bmatrix}\boldsymbol{A} & \boldsymbol{E}\\ \boldsymbol{O} & \boldsymbol{B}\end{bmatrix}\begin{bmatrix}|\boldsymbol{B}|\boldsymbol{A}^* & -\boldsymbol{B}^*\boldsymbol{A}^*\\ \boldsymbol{O} & |\boldsymbol{A}|\boldsymbol{B}^*\end{bmatrix}$$
$$=\begin{bmatrix}|\boldsymbol{A}||\boldsymbol{B}|\boldsymbol{E} & -\boldsymbol{A}\boldsymbol{B}^*\boldsymbol{A}^*+|\boldsymbol{A}|\boldsymbol{B}^*\\ \boldsymbol{O} & |\boldsymbol{A}||\boldsymbol{B}|\boldsymbol{E}\end{bmatrix},$$(C) 不正确.

$$\begin{bmatrix}A & E\\ O & B\end{bmatrix}I_4=\begin{bmatrix}A & E\\ O & B\end{bmatrix}\begin{bmatrix}|B|A^* & -A^*B^*\\ O & |A|B^*\end{bmatrix}=\begin{bmatrix}|A||B|E & -|A|B^*+|A|B^*\\ O & |A||B|E\end{bmatrix}$$

$$=\begin{bmatrix}|A||B|E & O\\ O & |A||B|E\end{bmatrix},$$

选项(D)是正确的.

(方法二) $\begin{bmatrix}A & E\\ O & B\end{bmatrix}^*=\begin{vmatrix}A & E\\ O & B\end{vmatrix}\begin{bmatrix}A & E\\ O & B\end{bmatrix}^{-1}=|A||B|\begin{bmatrix}A^{-1} & -A^{-1}B^{-1}\\ O & B^{-1}\end{bmatrix}$

$$=\begin{bmatrix}|A||B|A^{-1} & -|A||B|A^{-1}B^{-1}\\ O & |A||B|B^{-1}\end{bmatrix}=\begin{bmatrix}|B|A^* & -A^*B^*\\ O & |A|B^*\end{bmatrix}.$$

【评注】 本题用到分块矩阵的逆或伴随,设 A_{mm},B_{nn}

$$\begin{bmatrix}A & C\\ O & B\end{bmatrix}^*=\begin{vmatrix}A & C\\ O & B\end{vmatrix}\begin{bmatrix}A & C\\ O & B\end{bmatrix}^{-1}=|A||B|\begin{bmatrix}A^{-1} & -A^{-1}CB^{-1}\\ O & B^{-1}\end{bmatrix}=\begin{bmatrix}|B|A^* & -A^*CB^*\\ O & |A|B^*\end{bmatrix},$$

$$\begin{bmatrix}A & O\\ C & B\end{bmatrix}^*=\begin{vmatrix}A & O\\ C & B\end{vmatrix}\begin{bmatrix}A & O\\ C & B\end{bmatrix}^{-1}=|A||B|\begin{bmatrix}A^{-1} & O\\ -B^{-1}CA^{-1} & B^{-1}\end{bmatrix}=\begin{bmatrix}|B|A^* & O\\ -B^*CA^* & |A|B^*\end{bmatrix},$$

$$\begin{bmatrix}C & A\\ B & O\end{bmatrix}^*=\begin{vmatrix}C & A\\ B & O\end{vmatrix}\begin{bmatrix}C & A\\ B & O\end{bmatrix}^{-1}=(-1)^{mn}|A||B|\begin{bmatrix}O & B^{-1}\\ A^{-1} & -A^{-1}CB^{-1}\end{bmatrix}$$

$$=(-1)^{mn}\begin{bmatrix}O & |A|B^*\\ |B|A^* & -A^*CB^*\end{bmatrix},$$

$$\begin{bmatrix}O & A\\ B & C\end{bmatrix}^*=\begin{vmatrix}O & A\\ B & C\end{vmatrix}\begin{bmatrix}O & A\\ B & C\end{bmatrix}^{-1}=(-1)^{mn}|A||B|\begin{bmatrix}-B^{-1}CA^{-1} & B^{-1}\\ A^{-1} & O\end{bmatrix}$$

$$=(-1)^{mn}\begin{bmatrix}-B^*CA^* & |A|B^*\\ |B|A^* & O\end{bmatrix}.$$

(9)【答案】 B.

【解析】 (方法一) 配方法

$$\begin{aligned}&(x_1+x_2)^2+(x_1+x_3)^2-4(x_2-x_3)^2\\&=x_1^2+2x_1x_2+x_2^2+x_1^2+2x_1x_3+x_3^2-4x_2^2+8x_2x_3-4x_3^2\\&=2x_1^2-3x_2^2-3x_3^2+2x_1x_2+2x_1x_3+8x_2x_3\\&=2\left[\left(x_1+\frac{1}{2}x_2+\frac{1}{2}x_3\right)^2-\frac{1}{4}x_2^2-\frac{1}{4}x_3^2-\frac{1}{2}x_2x_3\right]-3x_2^2-3x_3^2+8x_2x_3\\&=2\left(x_1+\frac{1}{2}x_2+\frac{1}{2}x_3\right)^2-\frac{7}{2}x_2^2-\frac{7}{2}x_3^2+7x_2x_3\\&=2\left(x_1+\frac{1}{2}x_2+\frac{1}{2}x_3\right)^2-\frac{7}{2}(x_2-x_3)^2\end{aligned}$$

正确答案为(B).

(方法二) 合同变换法

二次型对应的对称矩阵 $A=\begin{bmatrix}2 & 1 & 1\\ 1 & -3 & 4\\ 1 & 4 & -3\end{bmatrix}$,

$$\begin{bmatrix} A \\ E \end{bmatrix}=\begin{bmatrix} 2 & 1 & 1 \\ 1 & -3 & 4 \\ 1 & 4 & -3 \\ \hdashline 1 & 0 & 0 \\ 0 & 1 & 0 \\ 0 & 0 & 1 \end{bmatrix}\rightarrow\begin{bmatrix} 2 & 0 & 0 \\ 0 & -\frac{7}{2} & \frac{7}{2} \\ 0 & \frac{7}{2} & -\frac{7}{2} \\ \hdashline 1 & -\frac{1}{2} & -\frac{1}{2} \\ 0 & 1 & 0 \\ 0 & 0 & 1 \end{bmatrix}\rightarrow\begin{bmatrix} 2 & 0 & 0 \\ 0 & -\frac{7}{2} & 0 \\ 0 & 0 & 0 \\ \hdashline 1 & -\frac{1}{2} & -1 \\ 0 & 1 & 1 \\ 0 & 0 & 1 \end{bmatrix}\rightarrow\begin{bmatrix} 1 & 0 & 0 \\ 0 & -1 & 0 \\ 0 & 0 & 0 \\ \hdashline \frac{1}{\sqrt{2}} & -\frac{\sqrt{2}}{2\sqrt{7}} & -1 \\ 0 & \frac{\sqrt{2}}{\sqrt{7}} & 1 \\ 0 & 0 & 1 \end{bmatrix}.$$

令 $P=\begin{bmatrix} \frac{1}{\sqrt{2}} & -\frac{\sqrt{2}}{2\sqrt{7}} & -1 \\ 0 & \frac{\sqrt{2}}{\sqrt{7}} & 1 \\ 0 & 0 & 1 \end{bmatrix}$，$x=Py$，则 $f=y_1^2-y_2^2$.

（方法三） 特征值

二次型对应的对称矩阵 $A=\begin{bmatrix} 2 & 1 & 1 \\ 1 & -3 & 4 \\ 1 & 4 & -3 \end{bmatrix}$.

由 $|\lambda E-A|=\begin{vmatrix} \lambda-2 & -1 & -1 \\ -1 & \lambda+3 & -4 \\ -1 & -4 & \lambda+3 \end{vmatrix}=\lambda(\lambda+7)(\lambda-3)=0$，得 A 的特征值为 $3,-7,0$，

故正惯性指数为 1，负惯性指数为 1，故选(B).

（方法四） 可逆线性变换

令 $\begin{cases} z_1=x_1+x_2, \\ z_2=x_1+x_3, \\ z_3=x_3, \end{cases}$ 则 $f=z_1^2+z_2^2-4(z_1-z_2)^2=-3z_1^2-3z_2^2+8z_1z_2$.

再由配方法、合同变化法或特征值.

二次型对应的矩阵 $A=\begin{bmatrix} -3 & 4 & 0 \\ 4 & -3 & 0 \\ 0 & 0 & 0 \end{bmatrix}$，$A$ 的特征值为 $1,-7,0$，正惯性指数为 1，负惯性指数为 1，故选(B).

(10)【答案】 D.

【解析】 设 $\gamma=x_1\alpha_1+x_2\alpha_2=x_3\beta_1+x_4\beta_2$，即

$$x_1\alpha_1+x_2\alpha_2-x_3\beta_1-x_4\beta_2=\mathbf{0}. \qquad (*)$$

下面求解该方程组：

$$[\alpha_1,\alpha_2,-\beta_1,-\beta_2]=\begin{bmatrix} 1 & 2 & -2 & -1 \\ 2 & 1 & -5 & 0 \\ 3 & 1 & -9 & -1 \end{bmatrix}\xrightarrow{\text{行初等变换}}\begin{bmatrix} 1 & 0 & 0 & 3 \\ 0 & 1 & 0 & -1 \\ 0 & 0 & 1 & 1 \end{bmatrix}\text{（行最简形）},$$

方程组(*)与 $\begin{cases} x_1=-3x_4, \\ x_2=x_4, \\ x_3=-x_4 \end{cases}$ 同解.

通解为 $\boldsymbol{x}=\begin{pmatrix}x_1\\x_2\\x_3\\x_4\end{pmatrix}=x_4\begin{pmatrix}-3\\1\\-1\\1\end{pmatrix},x_4\in\mathbf{R}.$

$$\begin{aligned}\boldsymbol{\gamma}=x_1\boldsymbol{\alpha}_1+x_2\boldsymbol{\alpha}_2&=-3x_4\begin{pmatrix}1\\2\\3\end{pmatrix}+x_4\begin{pmatrix}2\\1\\1\end{pmatrix}\\&=x_4\begin{pmatrix}-3\\-6\\-9\end{pmatrix}+x_4\begin{pmatrix}2\\1\\1\end{pmatrix}=k\begin{pmatrix}1\\5\\8\end{pmatrix},k=-x_4\in\mathbf{R}.\end{aligned}$$

正确答案为(D).

二、填空题

(11)【答案】 -2.

【解析】 由题设知

$$1=\lim_{x\to0}\frac{ax+bx^2+\ln(1+x)}{e^{x^2}-\cos x}=\lim_{x\to0}\frac{ax+bx^2+x-\frac{x^2}{2}+o(x^2)}{[1+x^2+o(x^2)]-\left[1-\frac{x^2}{2}+o(x^2)\right]}$$

$$=\lim_{x\to0}\frac{(a+1)x+\left(b-\frac{1}{2}\right)x^2+o(x^2)}{\frac{3}{2}x^2+o(x^2)},$$

则 $a=-1,b=2$. 故 $ab=-2$.

(12)【答案】 $\sqrt{3}+\frac{4}{3}\pi$.

【解析】 $y=\int_{-\sqrt{3}}^{x}\sqrt{3-t^2}\,dt$ 的定义域为$[-\sqrt{3},\sqrt{3}]$,所求弧长为

$$s=\int_{-\sqrt{3}}^{\sqrt{3}}\sqrt{1+y'^2}\,dx=\int_{-\sqrt{3}}^{\sqrt{3}}\sqrt{4-x^2}\,dx=2\int_0^{\sqrt{3}}\sqrt{4-x^2}\,dx$$

$$\xlongequal{x=2\sin t}\int_0^{\frac{\pi}{3}}8\cos^2t\,dt=4\int_0^{\frac{\pi}{3}}(1+\cos 2t)\,dt=\sqrt{3}+\frac{4}{3}\pi.$$

(13)【答案】 $-\frac{3}{2}$.

【解析】 当 $x=y=1$ 时,$e^z+z=1$,得 $z=0$.

方程 $e^z+xz=2x-y$ 两边对 x 求偏导,有

$$e^z\cdot\frac{\partial z}{\partial x}+z+x\frac{\partial z}{\partial x}=2. \qquad ①$$

① 式两端再对 x 求偏导数,有

$$e^z\cdot\left(\frac{\partial z}{\partial x}\right)^2+e^z\cdot\frac{\partial^2 z}{\partial x^2}+\frac{\partial z}{\partial x}+\frac{\partial z}{\partial x}+x\frac{\partial^2 z}{\partial x^2}=0. \qquad ②$$

将 $x=y=1,z=0$ 代入 ① 得$\left.\frac{\partial z}{\partial x}\right|_{(1,1)}=1$,

再将 $x=y=1,z=0,\frac{\partial z}{\partial x}=1$ 代入 ② 得$\left.\frac{\partial^2 z}{\partial x^2}\right|_{(1,1)}=-\frac{3}{2}$.

(14)【答案】 $-\frac{11}{9}$.

【解析】 将 $x=1$ 代入 $3x^3=y^5+2y^3$ 得 $y=1$. 等式 $3x^3=y^5+2y^3$ 两端对 x 求导得

$$9x^2=5y^4y'+6y^2y'.$$

将 $x=1,y=1$ 代入上式得 $y'(1)=\frac{9}{11}$，所以，曲线 $3x^3=y^5+2y^3$ 在 $x=1$ 对应点处的法线斜率为 $-\frac{11}{9}$.

(15)【答案】 $\frac{1}{2}$.

【解析】 $\int_1^3 f(x)\mathrm{d}x=\int_1^2 f(x)\mathrm{d}x+\int_2^3 f(x)\mathrm{d}x.$

$$\int_2^3 f(x)\mathrm{d}x \xlongequal{x=t+2} \int_0^1 f(t+2)\mathrm{d}t=\int_0^1 f(x+2)\mathrm{d}x$$

$$=\int_0^1[f(x)+x]\mathrm{d}x=\int_0^1 f(x)\mathrm{d}x+\frac{1}{2},$$

$$\int_1^3 f(x)\mathrm{d}x=\int_1^2 f(x)\mathrm{d}x+\int_0^1 f(x)\mathrm{d}x+\frac{1}{2}=\frac{1}{2}.$$

(16)【答案】 8.

【解析】 已知题中方程组有解，所以 $r(\boldsymbol{A})=r(\boldsymbol{B})$，

其中 $\boldsymbol{A}=\begin{bmatrix}a&0&1\\1&a&1\\1&2&a\\a&b&0\end{bmatrix}$，$\boldsymbol{B}=\begin{bmatrix}a&0&1&1\\1&a&1&0\\1&2&a&0\\a&b&0&2\end{bmatrix}$.

又因为 $\begin{vmatrix}a&0&1\\1&a&1\\1&2&a\end{vmatrix}=4\neq 0$，所以 $r(\boldsymbol{A})=3$，从而 $r(\boldsymbol{B})=3$，$|\boldsymbol{B}|=0$.

$$|\boldsymbol{B}|=\begin{vmatrix}a&0&1&1\\1&a&1&0\\1&2&a&0\\a&b&0&2\end{vmatrix}\xlongequal{\text{按 4 列展开}}-\begin{vmatrix}1&a&1\\1&2&a\\a&b&0\end{vmatrix}+2\begin{vmatrix}a&0&1\\1&a&1\\1&2&a\end{vmatrix}$$

$$=8-\begin{vmatrix}1&a&1\\1&2&a\\a&b&0\end{vmatrix}=0.$$

所以 $\begin{vmatrix}1&a&1\\1&2&a\\a&b&0\end{vmatrix}=8$.

三、解答题

(17)【解】 (Ⅰ) 设曲线 $y=y(x)$ 在点 (x,y) 处的切线方程为 $Y-y=y'(X-x)$，则在 y 轴上的截距为 $y-xy'$，从而有 $x=y-xy'$，即 $y'-\frac{1}{x}y=-1$，解此方程得

$$y(x)=x(C-\ln x).$$

由 $y(e^2)=0$ 可知，$C=2$，则 $y(x)=x(2-\ln x)$.

（Ⅱ）设曲线 $y=x(2-\ln x)$ 在点 (x,y) 处的切线方程为 $Y-y=y'(X-x)$，令 $X=0$ 得 $Y=y-xy'=x$，令 $Y=0$ 得 $X=\dfrac{x}{\ln x-1}$，该切线与两坐标轴所围三角形的面积为

$$S(x)=\frac{1}{2}XY=\frac{x^2}{2(\ln x-1)},$$

则 $S'(x)=\dfrac{x(2\ln x-3)}{2(\ln x-1)^2}$，令 $S'(x)=0$ 得驻点 $x=e^{\frac{3}{2}}$，且当 $e<x<e^{\frac{3}{2}}$ 时，$S'(x)<0$，当 $e^{\frac{3}{2}}<x$ 时，$S'(x)>0$，故 $S(x)$ 在 $x=e^{\frac{3}{2}}$ 处取最小值，最小值为 $S(e^{\frac{3}{2}})=e^3$. 因而所求点为 $\left(e^{\frac{3}{2}},\dfrac{1}{2}e^{\frac{3}{2}}\right)$，所围三角形的最小面积为 e^3.

(18)【解】 由 $\begin{cases}f'_x=e^{\cos y}+x=0,\\ f'_y=-x\sin y e^{\cos y}=0\end{cases}$ 得驻点为 $(-e^{(-1)^k},k\pi)(k=0,\pm1,\cdots)$.

可计算，$A=f''_{xx}=1,B=f''_{xy}=-\sin y e^{\cos y},C=f''_{yy}=-x(\cos y-\sin^2 y)e^{\cos y}$.

在驻点处，判别式 $\Delta=B^2-AC=-e^{(-1)^k}\cdot(-1)^k e^{(-1)^k}$，

当 k 为奇数时，$\Delta=e^{-2}>0$，不是极值点，

当 k 为偶数时，$\Delta=-e^2<0$，且 $A=1>0$，

此时函数取极小值为

$$f(-e,k\pi)=-\frac{e^2}{2},(k \text{ 为偶数}).$$

(19)【解】 （Ⅰ）所求面积为

$$S=\int_1^{+\infty}\frac{dx}{x\sqrt{1+x^2}}=\int_1^{+\infty}\frac{dx}{x^2\sqrt{1+\left(\frac{1}{x}\right)^2}}=-\int_1^{+\infty}\frac{d\frac{1}{x}}{\sqrt{1+\left(\frac{1}{x}\right)^2}}$$

$$=-\ln\left(\frac{1}{x}+\sqrt{1+\frac{1}{x^2}}\right)\Bigg|_1^{+\infty}=\ln(1+\sqrt{2}).$$

（Ⅱ）所求旋转体体积为

$$V=\pi\int_1^{+\infty}\frac{dx}{x^2(1+x^2)}=\pi\int_1^{+\infty}\left(\frac{1}{x^2}-\frac{1}{1+x^2}\right)dx$$

$$=-\pi\left(\frac{1}{x}+\arctan x\right)\Bigg|_1^{+\infty}=\pi\left(1-\frac{\pi}{4}\right).$$

【评注】 第Ⅰ问的积分计算还有其他方法.

方法一　令 $t=\sqrt{x^2+1}$，$S=\displaystyle\int_{\sqrt{2}}^{+\infty}\frac{dt}{t^2-1}=\frac{1}{2}\ln\frac{t-1}{t+1}\Bigg|_{\sqrt{2}}^{+\infty}=\ln(\sqrt{2}+1)$.

方法二　$S=\displaystyle\int_1^{+\infty}\frac{1}{x\sqrt{1+x^2}}dx\xlongequal{x=\tan t}\int_{\frac{\pi}{4}}^{\frac{\pi}{2}}\frac{\sec^2 t}{\tan t\sec t}dt=\int_{\frac{\pi}{4}}^{\frac{\pi}{2}}\csc t dt$

$$=-\ln|\csc t+\cot t|\Bigg|_{\frac{\pi}{4}}^{\frac{\pi}{2}}=\ln(\sqrt{2}+1).$$

(20)【解】 曲线 $x^2+y^2-xy=1,x^2+y^2-xy=2$ 的极坐标方程为

$$r_1^2=\frac{1}{1-\cos\theta\sin\theta},r_2^2=\frac{2}{1-\cos\theta\sin\theta},$$

则 $\iint\limits_D \frac{1}{3x^2+y^2}\mathrm{d}x\mathrm{d}y = \int_0^{\frac{\pi}{3}}\mathrm{d}\theta\int_{\sqrt{\frac{1}{1-\cos\theta\sin\theta}}}^{\sqrt{\frac{2}{1-\cos\theta\sin\theta}}}\frac{1}{r^2(3\cos^2\theta+\sin^2\theta)}\cdot r\mathrm{d}r$

$$= \int_0^{\frac{\pi}{3}}\ln\sqrt{2}\cdot\frac{1}{3\cos^2\theta+\sin^2\theta}\mathrm{d}\theta$$

$$= \frac{1}{2}\ln 2\cdot\int_0^{\frac{\pi}{3}}\frac{\mathrm{d}\tan\theta}{3+\tan^2\theta}$$

$$= \frac{\ln 2}{2\sqrt{3}}\cdot\arctan\frac{\tan\theta}{\sqrt{3}}\bigg|_0^{\frac{\pi}{3}}$$

$$= \frac{\sqrt{3}\ln 2}{24}\pi.$$

(21)**【证明】**（Ⅰ）由泰勒公式可知

$f(x) = f(0)+f'(0)x+\frac{f''(\eta)}{2!}x^2 = f'(0)x+\frac{f''(\eta)}{2!}x^2$，其中 η 介于 0 与 x 之间.

则 $$f(a) = f'(0)a+\frac{f''(\eta_1)}{2!}a^2,(0<\eta_1<a), \quad ①$$

$$f(-a) = -f'(0)a+\frac{f''(\eta_2)}{2!}a^2,(-a<\eta_2<0), \quad ②$$

① + ② 得 $$f(a)+f(-a) = \frac{a^2}{2}[f''(\eta_1)+f''(\eta_2)]. \quad ③$$

又 $f''(x)$ 在 $[\eta_2,\eta_1]$ 上连续，则必有最小值 m 和最大值 M. 而

$$m\leqslant\frac{1}{2}[f''(\eta_1)+f''(\eta_2)]\leqslant M.$$

由介值定理知，存在 $\xi\in[\eta_2,\eta_1]\subset(-a,a)$，使得 $f''(\xi) = \frac{1}{2}[f''(\eta_1)+f''(\eta_2)]$.

代入 ③ 式得 $f''(\xi) = \frac{1}{a^2}[f(a)+f(-a)]$.

（Ⅱ）设 $f(x)$ 在 $x_0\in(-a,a)$ 取得极值，则 $f'(x_0) = 0$，由泰勒公式可知

$$f(x) = f(x_0)+f'(x_0)(x-x_0)+\frac{f''(\xi)}{2!}(x-x_0)^2$$

$= f(x_0)+\frac{f''(\xi)}{2!}(x-x_0)^2$，其中 ξ 介于 x_0 与 x 之间，

则 $f(-a) = f(x_0)+\frac{f''(\xi_1)}{2!}(-a-x_0)^2,(-a<\xi_1<x_0)$，

$f(a) = f(x_0)+\frac{f''(\xi_2)}{2!}(a-x_0)^2,(x_0<\xi_2<a)$，

$$|f(a)-f(-a)| = \left|\frac{f''(\xi_2)}{2!}(a-x_0)^2-\frac{f''(\xi_1)}{2!}(a+x_0)^2\right|$$

$$\leqslant\frac{|f''(\xi_2)|}{2}(a-x_0)^2+\frac{|f''(\xi_1)|}{2}(a+x_0)^2.$$

又 $|f''(x)|$ 在 $[\xi_1,\xi_2]$ 上连续，则必有最大值 M.

故存在 $\eta\in[\xi_1,\xi_2]\subset(-a,a)$，使得 $|f''(\eta)| = M$.

$$|f(a)-f(-a)|\leqslant\frac{M}{2}[(a-x_0)^2+(a+x_0)^2]$$

$$\leqslant \frac{M}{2}(4a^2)=2a^2\,|f''(\eta)|,$$

$$|f''(\eta)|\geqslant \frac{1}{2a^2}\,|f(a)-f(-a)|.$$

(22)【解析】（Ⅰ）$\boldsymbol{A}=\boldsymbol{AE}=\boldsymbol{A}\begin{bmatrix}1&0&0\\0&1&0\\0&0&1\end{bmatrix}=\begin{bmatrix}1&1&1\\2&-1&1\\0&1&-1\end{bmatrix}$.

（Ⅱ）令 $|\boldsymbol{A}-\lambda\boldsymbol{E}|=\begin{vmatrix}1-\lambda&1&1\\2&-1-\lambda&1\\0&1&-1-\lambda\end{vmatrix}$

$$\overline{\overline{(1+\lambda)c_2+c_3}}\begin{vmatrix}1-\lambda&1&2+\lambda\\2&-1-\lambda&1-(1+\lambda)^2\\0&1&0\end{vmatrix}$$

$$=-(\lambda+2)(\lambda-2)(\lambda+1)=0$$

求得 $\boldsymbol{A}$ 的特征值为 $\lambda_1=-1,\lambda_2=-2,\lambda_3=2$.

先求解方程组 $(\boldsymbol{A}+\boldsymbol{E})\boldsymbol{x}=\boldsymbol{0}$

$$\boldsymbol{A}+\boldsymbol{E}=\begin{bmatrix}2&1&1\\2&0&1\\0&1&0\end{bmatrix}\xrightarrow{\text{行变换}}\begin{bmatrix}1&0&\frac{1}{2}\\0&1&0\\0&0&0\end{bmatrix},$$

$(\boldsymbol{A}+\boldsymbol{E})\boldsymbol{x}=\boldsymbol{0}$ 的通解为 $\boldsymbol{x}=k_1(-1,0,2)^{\mathrm{T}},k_1\in\mathbf{R}$.

取 $\boldsymbol{A}$ 的属于 $\lambda_1=-1$ 的特征向量为 $\boldsymbol{\xi}_1=(-1,0,2)^{\mathrm{T}}$.

再求解 $(\boldsymbol{A}+2\boldsymbol{E})\boldsymbol{x}=\boldsymbol{0}$

$$\boldsymbol{A}+2\boldsymbol{E}=\begin{bmatrix}3&1&1\\2&1&1\\0&1&1\end{bmatrix}\xrightarrow{\text{行变换}}\begin{bmatrix}1&0&0\\0&1&1\\0&0&0\end{bmatrix},$$

$(\boldsymbol{A}+2\boldsymbol{E})\boldsymbol{x}=\boldsymbol{0}$ 的通解为 $\boldsymbol{x}=k_2(0,1,-1)^{\mathrm{T}},k_2\in\mathbf{R}$.

取 $\boldsymbol{A}$ 的属于 $\lambda_2=-2$ 的特征向量为 $\boldsymbol{\xi}_2=(0,1,-1)^{\mathrm{T}}$.

最后求解 $(\boldsymbol{A}-2\boldsymbol{E})\boldsymbol{x}=\boldsymbol{0}$

$$\boldsymbol{A}-2\boldsymbol{E}=\begin{bmatrix}-1&1&1\\2&-3&1\\0&1&-3\end{bmatrix}\xrightarrow{\text{行变换}}\begin{bmatrix}1&0&-4\\0&1&-3\\0&0&0\end{bmatrix},$$

$(\boldsymbol{A}-2\boldsymbol{E})\boldsymbol{x}=\boldsymbol{0}$ 的通解为 $\boldsymbol{x}=k_3(4,3,1)^{\mathrm{T}},k_3\in\mathbf{R}$.

取 $\boldsymbol{A}$ 的属于 $\lambda_3=2$ 的特征向量为 $\boldsymbol{\xi}_3=(4,3,1)^{\mathrm{T}}$.

令 $\boldsymbol{P}=[\boldsymbol{\xi}_1,\boldsymbol{\xi}_2,\boldsymbol{\xi}_3]=\begin{bmatrix}-1&0&4\\0&1&3\\2&-1&1\end{bmatrix}$，则 $\boldsymbol{P}^{-1}\boldsymbol{AP}=\begin{bmatrix}-1&0&0\\0&-2&0\\0&0&2\end{bmatrix}$.

第二篇　真题分类解析

第一部分　高等数学

第一章　函数、极限、连续

二、极限的概念与性质

1 (2017,3 题)【答案】 D.

【解析】　由于$\{x_n\}$收敛,令$\lim\limits_{n\to\infty}x_n = a$,则由(A)知$\sin a = 0$,此时$a$不一定为零,$a$可以等于$\pi,2\pi$等.则(A)不正确,同理(B)(C)不正确,而由(D)知

$$\sin a = -a.$$

此时,只有$a = 0$,故应选(D).

2 (2022,6 题)【答案】 D.

【解析】 (方法一)　直接法

由于当$-\frac{\pi}{2} \leqslant x_n \leqslant \frac{\pi}{2}$时,$0 \leqslant \cos x_n \leqslant 1$,而$\sin x$在$[0,1]$内单调且连续,则由$\lim\limits_{n\to\infty}\sin(\cos x_n)$存在可知

$$\lim_{n\to\infty}\cos x_n$$

存在,但$\lim\limits_{n\to\infty}x_n$未必存在,如

$$x_n = \begin{cases} -\frac{\pi}{2}, & n\text{为奇数}, \\ \frac{\pi}{2}, & n\text{为偶数}, \end{cases}$$

则$\lim\limits_{n\to\infty}\cos x_n = 0$,$\lim\limits_{n\to\infty}\sin(\cos x_n) = 0$,但$\lim\limits_{n\to\infty}x_n$不存在,故应选(D).

(方法二)　排除法

令 $x_n=\begin{cases}-\dfrac{\pi}{2}, & n\text{ 为奇数},\\ \dfrac{\pi}{2}, & n\text{ 为偶数},\end{cases}$

则 $\lim\limits_{n\to\infty}\cos(\sin x_n)=\lim\limits_{n\to\infty}\cos[(-1)^n]=\cos 1$,

$\lim\limits_{n\to\infty}\sin(\cos x_n)=\lim\limits_{n\to\infty}\sin(0)=0$,

但 $\lim\limits_{n\to\infty}x_n$ 不存在,$\lim\limits_{n\to\infty}\sin x_n$ 也不存在,故排除(A)(B)(C),应选(D).

解题加速度

1.【答案】 A.

【解析】 (方法一) 直接法:

由 $\lim\limits_{n\to\infty}a_n=a$,且 $a\neq 0$,知 $\lim\limits_{n\to\infty}|a_n|=|a|>0$,则当 n 充分大时有

$$|a_n|>\frac{|a|}{2},$$

故应选(A).

(方法二) 排除法:

若取 $a_n=2+\dfrac{2}{n}$,显然 $a=2$,则(B) 和(D) 都不正确;

若取 $a_n=2-\dfrac{2}{n}$,显然 $a=2$,则(C) 不正确.

故应选(A).

2.【答案】 D.

【解析】 若 $x_{3n}=1+\dfrac{1}{3n}$,$x_{3n+1}=1+\dfrac{1}{3n+1}$,$x_{3n+2}=2+\dfrac{1}{3n+2}$,则

$\lim\limits_{n\to\infty}x_{3n}=1$,$\lim\limits_{n\to\infty}x_{3n+1}=1$,但 $\lim\limits_{n\to\infty}x_{3n+2}=2$,故 $\lim\limits_{n\to\infty}x_n\neq 1$.

三、求函数的极限

3 (2014,5 题)【答案】 D.

【解析】由题设,$f'(\xi)=\dfrac{1}{1+\xi^2}$,从而题设等式化为

$$\arctan x=\frac{x}{1+\xi^2},\xi\in(0,x).$$

并解出 $\xi^2=\dfrac{x}{\arctan x}-1$. 于是

$$\lim_{x\to 0}\frac{\xi^2}{x^2}=\lim_{x\to 0}\frac{x-\arctan x}{x^2\arctan x}=\lim_{x\to 0}\frac{x-\arctan x}{x^3}$$

$$=\lim_{x\to 0}\frac{1-\dfrac{1}{1+x^2}}{3x^2}=\lim_{x\to 0}\frac{x^2}{3x^2(1+x^2)}=\frac{1}{3},$$

即选项(D) 是正确的.

【评注】 本题以等式 $f(x)=xf'(\xi)$ 建立了 ξ 与 x 之间的关系，此等式就是函数 $f(x)$ 在区间 $(0,x]$ 上应用拉格朗日中值定理所得到的. 本题的本质是求极限.

4 (2009,15 题)【解】 (方法一) 当 $x\to 0$ 时，$1-\cos x\sim\frac{1}{2}x^2$，$\sin^4 x\sim x^4$，则

$$\lim_{x\to 0}\frac{(1-\cos x)[x-\ln(1+\tan x)]}{\sin^4 x}=\lim_{x\to 0}\frac{\frac{1}{2}x^2[x-\ln(1+\tan x)]}{\sin^4 x}$$

$$=\frac{1}{2}\lim_{x\to 0}\frac{x-\ln(1+\tan x)}{x^2}=\frac{1}{2}\lim_{x\to 0}\frac{1-\frac{1}{1+\tan x}\sec^2 x}{2x}$$

$$=\frac{1}{2}\lim_{x\to 0}\frac{1+\tan x-\sec^2 x}{2x(1+\tan x)}=\frac{1}{4}\lim_{x\to 0}\frac{\tan x-\tan^2 x}{x}=\frac{1}{4}.$$

(方法二) $$\lim_{x\to 0}\frac{(1-\cos x)[x-\ln(1+\tan x)]}{\sin^4 x}=\lim_{x\to 0}\frac{\frac{1}{2}x^2[x-\ln(1+\tan x)]}{\sin^4 x}$$

$$=\frac{1}{2}\lim_{x\to 0}\frac{x-\ln(1+\tan x)}{x^2}$$

$$=\frac{1}{2}\lim_{x\to 0}\frac{x-\left[\tan x-\frac{\tan^2 x}{2}+o(x^2)\right]}{x^2}\quad\left(\ln(1+x)=x-\frac{x^2}{2}+o(x^2)\right)$$

$$=\frac{1}{2}\lim_{x\to 0}\frac{(x-\tan x)+\frac{\tan^2 x}{2}+o(x^2)}{x^2}$$

$$=\frac{1}{4}\lim_{x\to 0}\frac{\tan^2 x}{x^2}=\frac{1}{4},$$

其中 $\lim\limits_{x\to 0}\frac{x-\tan x}{x^2}=0$.

注意：当 $x\to 0$ 时，$x-\tan x$，$x-\sin x$，$\sin x-\tan x$ 都是 x 的 3 阶无穷小，这是一个常用的结论.

【评注】 本题是求 $\frac{0}{0}$ 型极限. 方法一主要是利用洛必达法则和等价无穷小代换；方法二主要是利用泰勒公式和等价无穷小代换.

5 (2011,9 题)【答案】 $\sqrt{2}$.

【解析】 (方法一) $$\lim_{x\to 0}\left(\frac{1+2^x}{2}\right)^{\frac{1}{x}}=\lim_{x\to 0}\left\{\left[1+\frac{2^x-1}{2}\right]^{\frac{2}{2^x-1}}\right\}^{\frac{2^x-1}{2x}},$$

而 $\lim\limits_{x\to 0}\frac{2^x-1}{2x}=\lim\limits_{x\to 0}\frac{2^x\ln 2}{2}=\frac{\ln 2}{2}$,

则 $\lim\limits_{x\to 0}\left(\frac{1+2^x}{2}\right)^{\frac{1}{x}}=e^{\frac{\ln 2}{2}}=e^{\ln\sqrt{2}}=\sqrt{2}$.

(方法二) $$\lim_{x\to 0}\left(\frac{1+2^x}{2}\right)^{\frac{1}{x}}=\lim_{x\to 0}e^{\frac{\ln\left(\frac{1+2^x}{2}\right)}{x}},$$

而$\lim\limits_{x\to 0}\dfrac{\ln\left(\dfrac{1+2^x}{2}\right)}{x}=\lim\limits_{x\to 0}\dfrac{\ln(1+2^x)-\ln 2}{x}$

$=\lim\limits_{x\to 0}\dfrac{2^x\ln 2}{1+2^x}$ （洛必达法则）

$=\dfrac{\ln 2}{2}$,

则$\lim\limits_{x\to 0}\left(\dfrac{1+2^x}{2}\right)^{\frac{1}{x}}=e^{\frac{\ln 2}{2}}=\sqrt{2}$.

（方法三） 对于“1^∞”型极限可利用结论：

若 $\lim\alpha(x)=0,\lim\beta(x)=\infty$,且 $\lim\alpha(x)\beta(x)=A$,则 $\lim(1+\alpha(x))^{\beta(x)}=e^A$.

由于$\left(\dfrac{1+2^x}{2}\right)^{\frac{1}{x}}=\left(1+\dfrac{2^x-1}{2}\right)^{\frac{1}{x}}$,

则$\lim\limits_{x\to 0}\alpha(x)\beta(x)=\lim\limits_{x\to 0}\dfrac{2^x-1}{2x}=\lim\limits_{x\to 0}\dfrac{2^x\ln 2}{2}=\dfrac{\ln 2}{2}$.

$\lim\limits_{x\to 0}\left(\dfrac{1+2^x}{2}\right)^{\frac{1}{x}}=e^{\frac{\ln 2}{2}}=\sqrt{2}$.

【评注】 本题是一个“1^∞”型极限问题.

方法一是将原极限凑成基本极限 $e=\lim\limits_{x\to 0}(1+x)^{\frac{1}{x}}$ 的形式求极限；

方法二是将原式改写成指数形式，然后用洛必达法则；

方法三是利用关于“1^∞”型极限的基本结论求极限.

以上三种方法是求“1^∞”型极限常用的三种方法，第三种方法往往最为简单，并且第三种方法所用的结论很容易证明.

$$\lim(1+\alpha(x))^{\beta(x)}=\lim\left\{[1+\alpha(x)]^{\frac{1}{\alpha(x)}}\right\}^{\alpha(x)\beta(x)}=e^A.$$

该结论在以后求解“1^∞”型极限时可直接用.

6（2013,9 题）【答案】 $\sqrt{e}$.

【解析】 $\left(2-\dfrac{\ln(1+x)}{x}\right)^{\frac{1}{x}}=\left(1+\dfrac{x-\ln(1+x)}{x}\right)^{\frac{1}{x}}$,

$$\lim_{x\to 0}\frac{x-\ln(1+x)}{x^2}=\lim_{x\to 0}\frac{x-\left(x-\dfrac{x^2}{2}+o(x^2)\right)}{x^2}=\frac{1}{2},$$

则$\lim\limits_{x\to 0}\left(2-\dfrac{\ln(1+x)}{x}\right)^{\frac{1}{x}}=e^{\frac{1}{2}}=\sqrt{e}$.

【评注】 本题主要考查“1^∞”型极限的求法.

7（2014,15 题）【解】 （方法一） $\lim\limits_{x\to+\infty}\dfrac{\int_1^x\left[t^2\left(e^{\frac{1}{t}}-1\right)-t\right]dt}{x^2\ln\left(1+\dfrac{1}{x}\right)}$

$$= \lim_{x\to+\infty}\frac{\int_1^x\left[t^2\left(e^{\frac{1}{t}}-1\right)-t\right]dt}{x^2\cdot\frac{1}{x}}$$　（等价无穷小代换）

$$= \lim_{x\to+\infty}\left[x^2\left(e^{\frac{1}{x}}-1\right)-x\right]$$　（洛必达法则）

$$\xlongequal{\frac{1}{x}=t}\lim_{t\to0^+}\frac{e^t-1-t}{t^2}$$　（变量代换）

$$= \lim_{t\to0^+}\frac{e^t-1}{2t}$$　（洛必达法则）

$$= \frac{1}{2}.$$

（方法二）$$\lim_{x\to+\infty}\frac{\int_1^x\left[t^2\left(e^{\frac{1}{t}}-1\right)-t\right]dt}{x^2\ln\left(1+\frac{1}{x}\right)} = \lim_{x\to+\infty}\frac{\int_1^x\left[t^2\left(e^{\frac{1}{t}}-1\right)-t\right]dt}{x^2\cdot\frac{1}{x}}$$　（等价无穷小代换）

$$= \lim_{x\to+\infty}\left[x^2\left(e^{\frac{1}{x}}-1\right)-x\right]$$　（洛必达法则）

$$= \lim_{x\to+\infty}\left[x^2\left(\frac{1}{x}+\frac{1}{2!x^2}+o\left(\frac{1}{x^2}\right)\right)-x\right]$$　（泰勒公式）

$$= \frac{1}{2}.$$

8（2016，15 题）**【解】** $\lim\limits_{x\to0}(\cos 2x+2x\sin x)^{\frac{1}{x^4}} = \lim\limits_{x\to0}[1+(\cos 2x-1+2x\sin x)]^{\frac{1}{x^4}}$，

$$\lim_{x\to0}\frac{\cos 2x-1+2x\sin x}{x^4} = \lim_{x\to0}\frac{\left[-\frac{(2x)^2}{2!}+\frac{(2x)^4}{4!}+o(x^4)\right]+2x\left[x-\frac{x^3}{3!}+o(x^3)\right]}{x^4}$$

$$= \lim_{x\to0}\frac{\frac{1}{3}x^4}{x^4} = \frac{1}{3},$$

原式 $= e^{\frac{1}{3}}$.

9（2017，15 题）**【解】** $\int_0^x\sqrt{x-t}\,e^t dt \xlongequal{x-t=u}\int_0^x\sqrt{u}\,e^{x-u}du = e^x\int_0^x\sqrt{u}\,e^{-u}du$，

$$\lim_{x\to0^+}\frac{\int_0^x\sqrt{x-t}\,e^t dt}{\sqrt{x^3}} = \lim_{x\to0^+}\frac{e^x\int_0^x\sqrt{u}\,e^{-u}du}{x^{\frac{3}{2}}}$$

$$= \lim_{x\to0^+}\frac{\int_0^x\sqrt{u}\,e^{-u}du}{x^{\frac{3}{2}}}$$　$(\lim\limits_{x\to0^+}e^x=1)$

$$= \lim_{x\to0^+}\frac{\sqrt{x}\,e^{-x}}{\frac{3}{2}x^{\frac{1}{2}}} = \frac{2}{3}.$$

10（2018，9 题）**【答案】** 1.

【解析】 $\lim\limits_{x\to+\infty}x^2[\arctan(x+1)-\arctan x] = \lim\limits_{x\to+\infty}\frac{x^2}{1+\xi^2}$，　（拉格朗日中值定理）

这里 $x<\xi<x+1$，则 $x^2<\xi^2<(x+1)^2$.

$$x^2+1<1+\xi^2<(x+1)^2+1$$

$$\frac{x^2}{(x+1)^2+1}<\frac{x^2}{1+\xi^2}<\frac{x^2}{x^2+1}$$

由于 $\lim\limits_{x\to+\infty}\frac{x^2}{(x+1)^2+1}=\lim\limits_{x\to+\infty}\frac{x^2}{x^2+1}=1$，则 $\lim\limits_{x\to+\infty}\frac{x^2}{1+\xi^2}=1$.

11(2019,9 题)【答案】 $4e^2$.

【解析】 $\lim\limits_{x\to0}(x+2^x)^{\frac{2}{x}}=\lim\limits_{x\to0}[1+(x+2^x-1)]^{\frac{2}{x}}$，

又 $\lim\limits_{x\to0}\frac{2(x+2^x-1)}{x}=2(1+\ln 2)$，

则原式 $=e^{2+2\ln 2}=4e^2$.

12(2021,17 题)【解】

(方法一) 原式 $=\lim\limits_{x\to0}\frac{\sin x\left(1+\int_0^x e^{t^2}dt\right)-(e^x-1)}{(e^x-1)\sin x}$

$$=\lim_{x\to0}\frac{\sin x\left(1+\int_0^x e^{t^2}dt\right)-(e^x-1)}{x^2}$$

$$=\lim_{x\to0}\frac{\cos x\left(1+\int_0^x e^{t^2}dt\right)+\sin x\cdot e^{x^2}-e^x}{2x}$$

$$=\lim_{x\to0}\frac{\cos x-1+\cos x\int_0^x e^{t^2}dt+\sin x\cdot e^{x^2}+1-e^x}{2x}$$

$$=\lim_{x\to0}\frac{\cos x-1}{2x}+\lim_{x\to0}\frac{\cos x\int_0^x e^{t^2}dt}{2x}+\lim_{x\to0}\frac{\sin x\cdot e^{x^2}}{2x}+\lim_{x\to0}\frac{1-e^x}{2x}$$

$$=0+\frac{1}{2}+\frac{1}{2}-\frac{1}{2}=\frac{1}{2}.$$

(方法二) 原式 $=\lim\limits_{x\to0}\frac{\int_0^x e^{t^2}dt}{e^x-1}+\lim\limits_{x\to0}\frac{\sin x-(e^x-1)}{(e^x-1)\sin x}$

$$=\lim_{x\to0}\frac{\int_0^x e^{t^2}dt}{x}+\lim_{x\to0}\frac{\sin x-(e^x-1)}{x^2}$$

$$=\lim_{x\to0}\frac{e^{x^2}}{1}+\lim_{x\to0}\frac{\cos x-e^x}{2x}$$

$$=1+\lim_{x\to0}\frac{-\sin x-e^x}{2}$$

$$=1-\frac{1}{2}=\frac{1}{2}.$$

13(2022,11 题)【答案】 $e^{\frac{1}{2}}$.

【解析】 $\lim\limits_{x\to0}\left(\frac{1+e^x}{2}\right)^{\cot x}=\lim\limits_{x\to0}\left(1+\frac{e^x-1}{2}\right)^{\cot x}$，

又$\lim\limits_{x\to 0}\frac{e^x-1}{2}\cot x=\lim\limits_{x\to 0}\frac{x}{2}\cdot\frac{\cos x}{\sin x}=\frac{1}{2}$，

则$\lim\limits_{x\to 0}\left(\frac{1+e^x}{2}\right)^{\cot x}=e^{\frac{1}{2}}$.

解题加速度

1.【答案】C.

【解析】（方法一）　这是一个“1^∞”型极限，直接有

$$\lim_{x\to\infty}\left[\frac{x^2}{(x-a)(x+b)}\right]^x=\lim_{x\to\infty}\left\{\left[1+\frac{(a-b)x+ab}{(x-a)(x+b)}\right]^{\frac{(x-a)(x+b)}{(a-b)x+ab}}\right\}^{\frac{(a-b)x+ab}{(x-a)(x+b)}\cdot x}$$
$$=e^{a-b}.$$

（方法二）　原式$=\lim\limits_{x\to\infty}e^{x\ln\frac{x^2}{(x-a)(x+b)}}$，而

$$\lim_{x\to\infty}x\ln\frac{x^2}{(x-a)(x+b)}=\lim_{x\to\infty}x\ln\left(1+\frac{(a-b)x+ab}{(x-a)(x+b)}\right)$$
$$=\lim_{x\to\infty}x\cdot\frac{(a-b)x+ab}{(x-a)(x+b)}\text{（等价无穷小代换）}$$
$$=a-b,$$

则原式$=e^{a-b}$.

（方法三）　对“1^∞”型极限，可利用基本结论：

若$\lim\alpha(x)=0$，$\lim\beta(x)=\infty$，且$\lim\alpha(x)\beta(x)=A$，则$\lim(1+\alpha(x))^{\beta(x)}=e^A$.

由于

$$\lim_{x\to\infty}\alpha(x)\beta(x)=\lim_{x\to\infty}\frac{x^2-(x-a)(x+b)}{(x-a)(x+b)}\cdot x=\lim_{x\to\infty}\frac{(a-b)x+ab}{(x-a)(x+b)}\cdot x=a-b.$$

则原式$=e^{a-b}$.

（方法四）　原式$=\lim\limits_{x\to\infty}\left[\frac{(x-a)(x+b)}{x^2}\right]^{-x}$

$$=\lim_{x\to\infty}\left(1-\frac{a}{x}\right)^{-x}\cdot\lim_{x\to\infty}\left(1+\frac{b}{x}\right)^{-x}$$
$$=e^a\cdot e^{-b}=e^{a-b}.$$

【评注】　方法三和方法四都用到本节小结中关于“1^∞”型极限的结论．方法四最简单．

2.【分析】　由于$\lim\limits_{x\to+\infty}x^{\frac{1}{x}}=\lim\limits_{x\to+\infty}e^{\frac{\ln x}{x}}$，而$\lim\limits_{x\to+\infty}\frac{\ln x}{x}=\lim\limits_{x\to+\infty}\frac{1}{x}=0$，则本题是一个“$0^0$”型极限，通常是改写成指数形式或取对数后用洛必达法则.

【解】　原式$=\lim\limits_{x\to+\infty}e^{\frac{\ln(x^{\frac{1}{x}}-1)}{\ln x}}$，

又$\lim\limits_{x\to+\infty}\frac{\ln(x^{\frac{1}{x}}-1)}{\ln x}=\lim\limits_{x\to+\infty}\frac{(x^{\frac{1}{x}})'}{\frac{1}{x}(x^{\frac{1}{x}}-1)}$（洛必达法则）

$$=\lim_{x\to+\infty}\frac{x(e^{\frac{\ln x}{x}})'}{e^{\frac{\ln x}{x}}-1}=\lim_{x\to+\infty}\frac{xe^{\frac{\ln x}{x}}\left(\frac{1}{x^2}-\frac{\ln x}{x^2}\right)}{e^{\frac{\ln x}{x}}-1}$$

$$= \lim_{x \to +\infty} \frac{1 - \ln x}{x\left(e^{\frac{\ln x}{x}} - 1\right)} = \lim_{x \to +\infty} \frac{1 - \ln x}{\ln x} \quad \left(e^{\frac{\ln x}{x}} - 1 \sim \frac{\ln x}{x}\right)$$

$$= -1,$$

原式 $= e^{-1} = \dfrac{1}{e}$.

3.【解】（方法一） $\lim\limits_{x \to 0}\left[\dfrac{\ln(1+x)}{x}\right]^{\frac{1}{e^x-1}} = \lim\limits_{x \to 0} e^{\frac{\ln\frac{\ln(1+x)}{x}}{e^x-1}}$

$$\text{而}\lim_{x \to 0} \frac{\ln\dfrac{\ln(1+x)}{x}}{e^x - 1} = \lim_{x \to 0} \frac{\ln\left(1 + \dfrac{\ln(1+x) - x}{x}\right)}{x} \qquad \text{（等价无穷小代换）}$$

$$= \lim_{x \to 0} \frac{\ln(1+x) - x}{x^2} \qquad \text{（等价无穷小代换）}$$

$$= \lim_{x \to 0} \frac{\dfrac{1}{1+x} - 1}{2x} \qquad \text{（洛必达法则）}$$

$$= \lim_{x \to 0} \frac{\dfrac{-x}{1+x}}{2x} = -\frac{1}{2},$$

则 $\lim\limits_{x \to 0}\left[\dfrac{\ln(1+x)}{x}\right]^{\frac{1}{e^x-1}} = e^{-\frac{1}{2}}$.

（方法二） 由于 $\lim\limits_{x \to 0}\left[\dfrac{\ln(1+x)}{x}\right]^{\frac{1}{e^x-1}} = \lim\limits_{x \to 0}\left[1 + \dfrac{\ln(1+x) - x}{x}\right]^{\frac{1}{e^x-1}}$

$$\text{而}\lim_{x \to 0} \frac{\ln(1+x) - x}{x} \cdot \frac{1}{e^x - 1} = \lim_{x \to 0} \frac{\ln(1+x) - x}{x^2} \qquad \text{（等价无穷小代换）}$$

$$= \lim_{x \to 0} \frac{\dfrac{1}{1+x} - 1}{2x} = -\frac{1}{2},$$

则 $\lim\limits_{x \to 0}\left(\dfrac{\ln(1+x)}{x}\right)^{\frac{1}{e^x-1}} = e^{-\frac{1}{2}}$.

【评注】 这是一个“1^∞”型极限. 方法一是改写成指数形式后用洛必达法则和等价无穷小代换，方法二中用的是关于“1^∞”型极限的基本结论. 显然方法二简单.

本题中的极限 $\lim\limits_{x \to 0} \dfrac{\ln(1+x) - x}{x^2}$ 也可用泰勒公式求解.

$$\lim_{x \to 0} \frac{\ln(1+x) - x}{x^2} = \lim_{x \to 0} \frac{\left(x - \dfrac{x^2}{2} + o(x^2)\right) - x}{x^2} = -\frac{1}{2}.$$

4.【答案】 $-\dfrac{1}{2}$.

【解析】 $\lim\limits_{x \to 0} \dfrac{\ln(\cos x)}{x^2} = \lim\limits_{x \to 0} \dfrac{\ln[1 + (\cos x - 1)]}{x^2}$

$$=\lim_{x\to 0}\frac{\cos x-1}{x^2}=\lim_{x\to 0}\frac{-\frac{1}{2}x^2}{x^2}=-\frac{1}{2}.$$

或$\lim\limits_{x\to 0}\dfrac{\ln(\cos x)}{x^2}=\lim\limits_{x\to 0}\dfrac{\frac{-\sin x}{\cos x}}{2x}=\lim\limits_{x\to 0}\dfrac{-\tan x}{2x}=-\dfrac{1}{2}.$

5.【答案】 6.

【解析】 $\lim\limits_{x\to 0}\dfrac{\sqrt{1+f(x)\sin 2x}-1}{e^{3x}-1}=\lim\limits_{x\to 0}\dfrac{\frac{1}{2}f(x)\sin 2x}{3x}=\dfrac{1}{3}\lim\limits_{x\to 0}f(x)=2$，则$\lim\limits_{x\to 0}f(x)=6$.

6.【答案】 $\dfrac{1}{2}$.

【解析】 $\lim\limits_{x\to 0}\dfrac{\int_0^x t\ln(1+t\sin t)\mathrm{d}t}{1-\cos x^2}=\lim\limits_{x\to 0}\dfrac{\int_0^x t\ln(1+t\sin t)\mathrm{d}t}{\frac{1}{2}x^4}$

$$=\lim_{x\to 0}\frac{x\ln(1+x\sin x)}{2x^3}=\lim_{x\to 0}\frac{x^2\sin x}{2x^3}=\frac{1}{2}.$$

四、求数列的极限

14(2009，11 题)【答案】 0.

【解析】（方法一） 首先用分部积分法算出积分$\int_0^1 e^{-x}\sin nx\,\mathrm{d}x$，然后再求极限. 令

$$I_n=\int e^{-x}\sin nx\,\mathrm{d}x=-e^{-x}\sin nx+n\int e^{-x}\cos nx\,\mathrm{d}x$$
$$=-e^{-x}\sin nx-ne^{-x}\cos nx-n^2I_n$$

所以 $I_n=-\dfrac{(\sin nx+n\cos nx)e^{-x}}{n^2+1}+C$，即

$$\lim_{n\to\infty}\int_0^1 e^{-x}\sin nx\,\mathrm{d}x=\lim_{n\to\infty}\left[-\frac{(\sin nx+n\cos nx)e^{-x}}{n^2+1}\bigg|_0^1\right]$$
$$=\lim_{n\to\infty}\left[-\frac{(\sin n+n\cos n)e^{-1}}{n^2+1}+\frac{n}{n^2+1}\right]=0.$$

（方法二） $\int_0^1 e^{-x}\sin nx\,\mathrm{d}x=-\dfrac{1}{n}\int_0^1 e^{-x}\mathrm{d}\cos nx$

$$=-\frac{1}{n}e^{-x}\cos nx\bigg|_0^1-\frac{1}{n}\int_0^1 e^{-x}\cos nx\,\mathrm{d}x$$
$$=\left(-\frac{e^{-1}\cos n}{n}+\frac{1}{n}\right)-\frac{1}{n}\int_0^1 e^{-x}\cos nx\,\mathrm{d}x,$$

又因为$\lim\limits_{n\to\infty}\left(-\dfrac{e^{-1}\cos n}{n}+\dfrac{1}{n}\right)=0$，且

$$\left|\int_0^1 e^{-x}\cos nx\,\mathrm{d}x\right|\leqslant\int_0^1 |e^{-x}\cos nx|\,\mathrm{d}x\leqslant 1$$

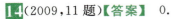

即有界. 则 $\lim\limits_{n\to\infty}\dfrac{1}{n}\int_0^1 e^{-x}\cos nx\,dx = 0$.

故 $\lim\limits_{n\to\infty}\int_0^1 e^{-x}\sin nx\,dx = 0$.

> **【评注】** 本题得分率较低，主要原因是考生分部积分法不够熟练. 本题的难度值为 0.483.

15（2012，3 题）**【答案】** B.

【解析】 由于 $a_n > 0$，可知 $\{S_n\}$ 为单调增加数列.

当 $\{S_n\}$ 有界时，$\{a_n\}$ 收敛，即 $\lim\limits_{n\to\infty}S_n$ 存在.

反之，$\{a_n\}$ 收敛，$\{S_n\}$ 却不一定有界. 举例子 $a_n = 1$，显然有 $\{a_n\}$ 收敛，但 $S_n = n$ 是无界的.

故数列 $\{S_n\}$ 有界是数列 $\{a_n\}$ 收敛的充分非必要条件，选(B).

16（2011，19 题）**【证明】** （Ⅰ）由拉格朗日中值定理知，存在 $\xi\in(n,n+1)$，使得

$$\ln\left(1+\frac{1}{n}\right) = \ln(n+1)-\ln n = \frac{1}{\xi},$$

则

$$\frac{1}{n+1} < \ln\left(1+\frac{1}{n}\right) = \frac{1}{\xi} < \frac{1}{n}.$$

（Ⅱ）由（Ⅰ）知，当 $n\geqslant 1$ 时，$a_{n+1}-a_n = \dfrac{1}{n+1}-\ln\left(1+\dfrac{1}{n}\right) < 0$，

即数列 $\{a_n\}$ 单调减少，又 $a_n = 1+\dfrac{1}{2}+\cdots+\dfrac{1}{n}-\ln n$

$$\begin{aligned}&> \ln(1+1)+\ln\left(1+\frac{1}{2}\right)+\cdots+\ln\left(1+\frac{1}{n}\right)-\ln n\\&= \ln 2+(\ln 3-\ln 2)+\cdots+(\ln(n+1)-\ln n)-\ln n\\&= \ln(n+1)-\ln n > 0.\end{aligned}$$

从而数列 $\{a_n\}$ 有下界，故该数列收敛.

> **【评注】** 本题中（Ⅰ）是对一个不等式的证明. 高等数学中有两个常用的不等式：
>
> (1) $\sin x < x < \tan x, x\in\left(0,\dfrac{\pi}{2}\right)$.
>
> (2) $\dfrac{x}{1+x} < \ln(1+x) < x, x\in(0,+\infty)$.
>
> 考生应该熟悉，本题的（Ⅰ）只要在不等式(2)中令 $x=\dfrac{1}{n}$ 便可证明. 本题中的（Ⅱ）主要考查数列的单调有界准则.

17（2012，10 题）**【答案】** $\dfrac{\pi}{4}$.

【解析】 这是一个 n 项和的极限，提一个 $\dfrac{1}{n^2}$ 的因子，知原式为一个积分和式

$$\lim_{n\to\infty} n\left(\frac{1}{1+n^2}+\frac{1}{2^2+n^2}+\cdots+\frac{1}{n^2+n^2}\right)$$

$$=\lim_{n\to\infty}\frac{1}{n}\left[\frac{1}{1+\left(\frac{1}{n}\right)^2}+\frac{1}{1+\left(\frac{2}{n}\right)^2}+\cdots+\frac{1}{1+\left(\frac{n}{n}\right)^2}\right]$$

$$=\int_0^1\frac{\mathrm{d}x}{1+x^2}=\arctan x\Big|_0^1=\frac{\pi}{4}.$$

18(2013,20 题)**【解】**　(Ⅰ) $f'(x)=\frac{x-1}{x^2}$,令 $f'(x)=0$,解得 $f(x)$ 的唯一驻点 $x=1$.

又 $f''(1)=\frac{2-x}{x^3}\Big|_{x=1}=1>0$,故 $f(1)=1$ 是唯一极小值,即最小值.

(Ⅱ) 由(Ⅰ) 的结果知 $\ln x+\frac{1}{x}\geqslant 1$,从而有

$$\ln x_n+\frac{1}{x_{n+1}}<1\leqslant \ln x_n+\frac{1}{x_n}.$$

于是 $x_n\leqslant x_{n+1}$,即数列$\{x_n\}$ 单调增加.

又由 $\ln x_n+\frac{1}{x_{n+1}}<1$,知 $\ln x_n<1$,得 $x_n<\mathrm{e}$.

从而数列$\{x_n\}$ 单调增加,且有上界,故$\lim\limits_{n\to\infty}x_n$ 存在.

记$\lim\limits_{n\to\infty}x_n=a$,可知 $a\geqslant x_1>0$.

在不等式 $\ln x_n+\frac{1}{x_{n+1}}<1$ 两边取极限,得 $\ln a+\frac{1}{a}\leqslant 1$.

又 $\ln a+\frac{1}{a}\geqslant 1$,故 $\ln a+\frac{1}{a}=1$,可得 $a=1$,即$\lim\limits_{n\to\infty}x_n=1$.

【评注】　本题主要考查一元函数极值的判定和数列极限的单调有界准则.

19(2014,20 题)**【解】**　$f_2(x)=f(f_1(x))=\frac{f_1(x)}{1+f_1(x)}=\frac{\frac{x}{1+x}}{1+\frac{x}{1+x}}=\frac{x}{1+2x}$;

$$f_3(x)=f(f_2(x))=\frac{f_2(x)}{1+f_2(x)}=\frac{x}{1+3x};$$

……

由数学归纳法得 $f_n(x)=\frac{x}{1+nx}\quad(n=1,2,3,\cdots)$. 于是

$$S_n=\int_0^1\frac{x}{1+nx}\mathrm{d}x=\frac{1}{n}\int_0^1\left(1-\frac{1}{1+nx}\right)\mathrm{d}x=\frac{1}{n}-\frac{\ln(1+n)}{n^2},$$

故$\lim\limits_{n\to\infty}nS_n=\lim\limits_{n\to\infty}\left(1-\frac{\ln(1+n)}{n}\right)=1$.

20(2016,10 题)**【答案】**　$\sin 1-\cos 1$.

【解析】　$\lim\limits_{n\to\infty}\frac{1}{n^2}\left(\sin\frac{1}{n}+2\sin\frac{2}{n}+\cdots+n\sin\frac{n}{n}\right)$

$$=\lim_{n\to\infty}\frac{1}{n}\left(\frac{1}{n}\sin\frac{1}{n}+\frac{2}{n}\sin\frac{2}{n}+\cdots+\frac{n}{n}\sin\frac{n}{n}\right)$$

$$=\int_0^1 x\sin x\mathrm{d}x=-x\cos x\Big|_0^1+\int_0^1\cos x\mathrm{d}x=\sin 1-\cos 1.$$

21(2018,21 题)【解】 (方法一) 由于当 $x>0$ 时，$\mathrm{e}^x-1>x$，则由 $x_1>0$，知 $\mathrm{e}^{x_2}=\dfrac{\mathrm{e}^{x_1}-1}{x_1}>1,x_2>0$.

若 $x_k>0$，则 $\mathrm{e}^{x_{k+1}}=\dfrac{\mathrm{e}^{x_k}-1}{x_k}>1$ 知 $x_{k+1}>0$，即数列 $\{x_n\}$ 下有界.

由 $x_n\mathrm{e}^{x_{n+1}}=\mathrm{e}^{x_n}-1$ 知 $\mathrm{e}^{x_{n+1}}=\dfrac{\mathrm{e}^{x_n}-1}{x_n}$，$x_{n+1}=\ln\dfrac{\mathrm{e}^{x_n}-1}{x_n}$.

$$x_{n+1}-x_n=\ln\frac{\mathrm{e}^{x_n}-1}{x_n}-\ln\mathrm{e}^{x_n}=\ln\frac{\mathrm{e}^{x_n}-1}{x_n\mathrm{e}^{x_n}}.$$

令 $f(x)=x\mathrm{e}^x-(\mathrm{e}^x-1),x\in[0,+\infty)$，则 $f(0)=0$.

$$f'(x)=\mathrm{e}^x+x\mathrm{e}^x-\mathrm{e}^x=x\mathrm{e}^x>0,x\in(0,+\infty),$$

则 $f(x)>0,x\mathrm{e}^x>\mathrm{e}^x-1,x\in(0,+\infty)$.

$$x_{n+1}-x_n=\ln\frac{\mathrm{e}^{x_n}-1}{x_n\mathrm{e}^{x_n}}<\ln 1=0,$$

$\{x_n\}$ 单调减少，由单调有界准则知，数列 $\{x_n\}$ 收敛，令 $\lim\limits_{n\to\infty}x_n=a$，等式

$$x_n\mathrm{e}^{x_{n+1}}=\mathrm{e}^{x_n}-1.$$

两端取极限得 $a\mathrm{e}^a=\mathrm{e}^a-1$，由此得 $a=0$.

(方法二) 由于当 $x>0$ 时，$\mathrm{e}^x-1>x$，则由 $x_1>0$，$\mathrm{e}^{x_2}=\dfrac{\mathrm{e}^{x_1}-1}{x_1}>1$ 可知，$x_2>0$，由归纳法可知 $x_n>0$，即 $\{x_n\}$ 下有界. 由 $x_n\mathrm{e}^{x_{n+1}}=\mathrm{e}^{x_n}-1$ 知

$$\mathrm{e}^{x_{n+1}}=\frac{\mathrm{e}^{x_n}-1}{x_n}=\frac{\mathrm{e}^{x_n}-\mathrm{e}^0}{x_n-0}=\mathrm{e}^{\xi_n}<\mathrm{e}^{x_n},\qquad\text{(拉格朗日定理，其中 }0<\xi_n<x_n\text{)}$$

由于 e^x 单调增加，故 $x_{n+1}<x_n$，即 $\{x_n\}$ 单调减少，由单调有界准则知 $\{x_n\}$ 收敛. 设 $\lim\limits_{n\to\infty}x_n=a$，等式 $x_n\mathrm{e}^{x_{n+1}}=\mathrm{e}^{x_n}-1$ 两端取极限得

$$a\mathrm{e}^a=\mathrm{e}^a-1.$$

由此解得 $a=0$.

解题加速度

1.【分析】 本题是一个"1^∞"型极限，可利用"1^∞"型极限的基本结论求该极限.

【解】 由于

$$\left(n\tan\frac{1}{n}\right)^{n^2}=\left(\frac{\tan\frac{1}{n}}{\frac{1}{n}}\right)^{n^2}=\left(1+\frac{\tan\frac{1}{n}-\frac{1}{n}}{\frac{1}{n}}\right)^{n^2},$$

而 $\lim\limits_{n\to\infty}\dfrac{\tan\frac{1}{n}-\frac{1}{n}}{\frac{1}{n}}\cdot n^2=\lim\limits_{n\to\infty}\dfrac{\tan\frac{1}{n}-\frac{1}{n}}{\left(\frac{1}{n}\right)^3}$,

这是一个"$\dfrac{0}{0}$"型数列极限，不能直接用洛必达法则，通常是化为相应的函数极限后再用洛必达法则，为此考虑极限

$$\lim_{x\to0}\frac{\tan x-x}{x^3}=\lim_{x\to0}\frac{\sec^2x-1}{3x^2}=\lim_{x\to0}\frac{\tan^2x}{3x^2}=\lim_{x\to0}\frac{x^2}{3x^2}=\frac{1}{3},$$

则$\lim\limits_{n\to\infty}\dfrac{\tan\dfrac{1}{n}-\dfrac{1}{n}}{\left(\dfrac{1}{n}\right)^3}=\dfrac{1}{3}$.

故$\lim\limits_{n\to\infty}\left(n\tan\dfrac{1}{n}\right)^{n^2}=\mathrm{e}^{\frac{1}{3}}$.

2.【答案】 B.

【解析】 (方法一)　由于 $0<a<b$,则

$$\begin{aligned}\lim_{n\to\infty}(a^{-n}+b^{-n})^{\frac{1}{n}}&=a^{-1}\lim_{n\to\infty}\left[1+\left(\frac{a}{b}\right)^n\right]^{\frac{1}{n}}\\&=a^{-1}\left(其中\lim_{n\to\infty}\left(\frac{a}{b}\right)^n=0\right)\end{aligned}$$

(方法二)　利用夹逼原理求极限,由于 $0<a<b$,且

$$(a^{-n}+b^{-n})^{\frac{1}{n}}=\sqrt[n]{\left(\frac{1}{a}\right)^n+\left(\frac{1}{b}\right)^n},$$

$$\frac{1}{a}=\sqrt[n]{\left(\frac{1}{a}\right)^n}<\sqrt[n]{\left(\frac{1}{a}\right)^n+\left(\frac{1}{b}\right)^n}<\sqrt[n]{2\left(\frac{1}{a}\right)^n}=\frac{1}{a}\cdot\sqrt[n]{2}.$$

又$\lim\limits_{n\to\infty}\sqrt[n]{2}=1$,则

$$\lim_{n\to\infty}(a^{-n}+b^{-n})^{\frac{1}{n}}=\frac{1}{a}.$$

(方法三)　利用此类极限的一个常用结论:

$$\lim_{n\to\infty}\sqrt[n]{a_1^n+a_2^n+\cdots+a_m^n}=\max_{1\leqslant i\leqslant m}a_i,其中\ a_i>0(i=1,2,\cdots,m).$$

由于 $0<a<b$,则$\dfrac{1}{a}>\dfrac{1}{b}$,

$$\lim_{n\to\infty}(a^{-n}+b^{-n})^{\frac{1}{n}}=\lim_{n\to\infty}\sqrt[n]{\left(\frac{1}{a}\right)^n+\left(\frac{1}{b}\right)^n}=\frac{1}{a}.$$

【评注】　本题属$\lim\limits_{n\to\infty}\sqrt[n]{a_1^n+a_2^n+\cdots+a_m^n}$　$(a_i>0)$ 型极限.

方法一是将 m 个底数 a_i 中最大的提出来;方法二是利用夹逼原理;方法三是利用此类极限的一个常用结论,该结论可用方法一和方法二中的两种方法来证明,以后该结论可直接用,会给我们带来方便,如

$$\lim_{n\to\infty}\sqrt[n]{1+2^n+3^n},\lim_{n\to\infty}\sqrt[n]{1+x^n+\left(\frac{x^2}{2}\right)^n}(x\geqslant0),$$

都可用该结论求出.

3.【证明】 (Ⅰ)当 $0\leqslant x\leqslant1$ 时,$x^n\sqrt{1-x^2}\geqslant x^{n+1}\sqrt{1-x^2}$,则

$$\int_0^1x^n\sqrt{1-x^2}\,\mathrm{d}x\geqslant\int_0^1x^{n+1}\sqrt{1-x^2}\,\mathrm{d}x,$$

即 $a_n \geqslant a_{n+1}$，从而数列 $\{a_n\}$ 单调减少.

$$\begin{aligned}a_n &= \int_0^1 x^n \sqrt{1-x^2}\,\mathrm{d}x = -\frac{1}{3}\int_0^1 x^{n-1}\mathrm{d}(1-x^2)^{\frac{3}{2}} \\ &= -\frac{1}{3}x^{n-1}(1-x^2)^{\frac{3}{2}}\Big|_0^1 + \frac{n-1}{3}\int_0^1 x^{n-2}(1-x^2)^{\frac{3}{2}}\mathrm{d}x \\ &= \frac{n-1}{3}\int_0^1 x^{n-2}\sqrt{1-x^2}\,\mathrm{d}x - \frac{n-1}{3}\int_0^1 x^n\sqrt{1-x^2}\,\mathrm{d}x \\ &= \frac{n-1}{3}\left(\int_0^1 x^{n-2}\sqrt{1-x^2}\,\mathrm{d}x - \int_0^1 x^n\sqrt{1-x^2}\,\mathrm{d}x\right) \\ &= \frac{n-1}{3}(a_{n-2}-a_n).\end{aligned}$$

从而有 $a_n = \dfrac{n-1}{n+2}a_{n-2}\ (n=2,3,\cdots)$.

（Ⅱ）由于 $\{a_n\}$ 单调减少，且 $a_n > 0$，则

$$\frac{a_n}{a_{n-2}} \leqslant \frac{a_n}{a_{n-1}} \leqslant \frac{a_n}{a_n} = 1.$$

又 $\lim\limits_{n\to\infty}\dfrac{a_n}{a_{n-2}} = \lim\limits_{n\to\infty}\dfrac{n-1}{n+2} = 1$，由夹逼原理知，$\lim\limits_{n\to\infty}\dfrac{a_n}{a_{n-1}} = 1$.

五、确定极限中的参数

22（2011，15 题）**【解】** 当 $\alpha \leqslant 0$ 时，$\lim\limits_{x\to+\infty}F(x) = +\infty$；当 $\alpha > 0$ 时，$\lim\limits_{x\to+\infty}F(x) = \lim\limits_{x\to+\infty}\dfrac{\ln(1+x^2)}{\alpha x^{\alpha-1}}$，若 $0 < \alpha \leqslant 1$，则 $\lim\limits_{x\to+\infty}F(x) = +\infty$；若 $\alpha > 1$，则

$$\lim_{x\to+\infty}F(x) = \lim_{x\to+\infty}\frac{2x}{\alpha(\alpha-1)x^{\alpha-2}(1+x^2)} = \lim_{x\to+\infty}\frac{2x}{\alpha(\alpha-1)x^{\alpha}\left(1+\dfrac{1}{x^2}\right)} = 0.$$

以下只须考查 $\alpha > 1$ 时极限 $\lim\limits_{x\to0^+}F(x)$，

$$\begin{aligned}\lim_{x\to0^+}F(x) &= \lim_{x\to0^+}\frac{\ln(1+x^2)}{\alpha x^{\alpha-1}} && \text{（洛必达法则）}\\ &= \lim_{x\to0^+}\frac{x^2}{\alpha x^{\alpha-1}} && \text{（等价无穷小代换）}\\ &= \frac{1}{\alpha}\lim_{x\to0^+}x^{3-\alpha} \\ &= \begin{cases}0, & \alpha<3,\\ \dfrac{1}{3}, & \alpha=3,\\ +\infty, & \alpha>3.\end{cases}\end{aligned}$$

故当 $1<\alpha<3$ 时 $\lim\limits_{x\to+\infty}F(x) = \lim\limits_{x\to0^+}F(x) = 0$.

23（2018，1 题）**【答案】** B.

【解析】 $\lim\limits_{x\to0}(\mathrm{e}^x+ax^2+bx)^{\frac{1}{x^2}} = \lim\limits_{x\to0}[1+(\mathrm{e}^x-1+ax^2+bx)]^{\frac{1}{\mathrm{e}^x-1+ax^2+bx}\cdot\frac{\mathrm{e}^x-1+ax^2+bx}{x^2}} = 1 = \mathrm{e}^0$，

则 $\lim\limits_{x\to0}\dfrac{\mathrm{e}^x-1+ax^2+bx}{x^2} = 0$，即

$$a=-\lim_{x\to 0}\frac{e^x-1+bx}{x^2}=-\lim_{x\to 0}\frac{e^x+b}{2x} \quad \text{(洛必达法则)}$$

$$=-\lim_{x\to 0}\frac{e^x-1}{2x} \quad (b=-1)$$

$$=-\frac{1}{2},$$

则 $a=-\frac{1}{2}, b=-1$,故应选(B).

解题加速度

【解】 $2=\lim\limits_{x\to+\infty}[(ax+b)e^{\frac{1}{x}}-x]=\lim\limits_{x\to+\infty}be^{\frac{1}{x}}+\lim\limits_{x\to+\infty}(axe^{\frac{1}{x}}-x)$

$$=b+\lim_{x\to+\infty}x(ae^{\frac{1}{x}}-1),$$

即

$$2-b=\lim_{x\to+\infty}x(ae^{\frac{1}{x}}-1)$$

$$=\lim_{x\to+\infty}x(e^{\frac{1}{x}}-1) \quad (a=1)$$

$$=\lim_{x\to+\infty}x\cdot\frac{1}{x} \quad \text{(等价无穷小代换)}$$

$$=1,$$

则 $a=b=1$.

六、无穷小量及其阶的比较

24(2009,2 题)【答案】 A.

【解析】 (方法一) 由题设知 $\lim\limits_{x\to 0}\frac{x-\sin ax}{x^2\ln(1-bx)}=1$. 又

$$\lim_{x\to 0}\frac{x-\sin ax}{x^2\ln(1-bx)}=\lim_{x\to 0}\frac{x-\sin ax}{-bx^3} \quad \text{(等价无穷小代换)}$$

$$=\lim_{x\to 0}\frac{1-a\cos ax}{-3bx^2} \quad \text{(洛必达法则)}$$

$$=\lim_{x\to 0}\frac{1-\cos x}{-3bx^2} \quad (a=1,\text{否则与题设矛盾})$$

$$=\lim_{x\to 0}\frac{\frac{1}{2}x^2}{-3bx^2} \quad \text{(等价无穷小代换)}$$

$$=-\frac{1}{6b}=1,$$

则 $b=-\frac{1}{6}$,故应选(A).

(方法二) 由泰勒公式知 $\sin ax=ax-\frac{(ax)^3}{3!}+o(x^3)$,则

$$\lim_{x\to 0}\frac{x-\sin ax}{x^2\ln(1-bx)}=\lim_{x\to 0}\frac{x-\left[ax-\frac{(ax)^3}{3!}+o(x^3)\right]}{x^2\ln(1-bx)}$$

$$= \lim_{x\to 0}\frac{(1-a)x+\frac{a^3}{3!}x^3+o(x^3)}{-bx^3} \quad \text{（等价无穷小代换）}$$

$$=1.$$

由此可解$\begin{cases}1-a=0,\\ \dfrac{\frac{a^3}{3!}}{-b}=1,\end{cases}$ 解得 $a=1, b=-\dfrac{1}{6}$. 故应选(A).

（方法三） 由 $\lim\limits_{x\to 0}\dfrac{x-\sin ax}{x^2\ln(1-bx)}=\lim\limits_{x\to 0}\dfrac{x-\sin ax}{-bx^3}=1$，知 $a=1$，则

$$1=\lim_{x\to 0}\frac{x-\sin ax}{-bx^3}=\lim_{x\to 0}\frac{\frac{1}{6}x^3}{-bx^3},$$

从而 $b=-\dfrac{1}{6}$.

【评注】 方法三最简单，这里用到一个常用结论：当 $x\to 0$ 时，$x-\sin x\sim\dfrac{1}{6}x^3$.

25(2011,1题)**【答案】** C.

【解析】（方法一）

$$\lim_{x\to 0}\frac{3\sin x-\sin 3x}{cx^k}=\lim_{x\to 0}\frac{3\cos x-3\cos 3x}{ckx^{k-1}} \quad \text{（洛必达法则）}$$

$$=3\lim_{x\to 0}\frac{-\sin x+3\sin 3x}{ck(k-1)x^{k-2}} \quad \text{（洛必达法则）}$$

$$=\frac{1}{c}\left(\lim_{x\to 0}\frac{-\sin x}{2x}+\lim_{x\to 0}\frac{3\sin 3x}{2x}\right) \quad (k=3)$$

$$=\frac{1}{c}\left(-\frac{1}{2}+\frac{9}{2}\right)=1$$

由此得 $c=4$.

（方法二） 由泰勒公式知

$$\sin x=x-\frac{x^3}{3!}+o(x^3),$$

$$\sin 3x=3x-\frac{(3x)^3}{3!}+o(x^3),$$

则当 $x\to 0$ 时 $f(x)=3\sin x-\sin 3x=3x-\dfrac{x^3}{2}-3x+\dfrac{(3x)^3}{3!}+o(x^3)$

$$=4x^3+o(x^3)\sim 4x^3.$$

故 $k=3, c=4$.

（方法三） $\lim\limits_{x\to 0}\dfrac{3\sin x-\sin 3x}{cx^k}=\lim\limits_{x\to 0}\dfrac{3\sin x-3x+3x-\sin 3x}{cx^k}$

$$=\frac{1}{c}\left[\lim_{x\to 0}\frac{3(\sin x-x)}{x^k}+\lim_{x\to 0}\frac{3x-\sin 3x}{x^k}\right]$$

$$=\frac{1}{c}\left[\lim_{x\to0}\frac{3\cdot\left(-\frac{1}{6}x^3\right)}{x^k}+\lim_{x\to0}\frac{\frac{1}{6}(3x)^3}{x^k}\right]$$

$$=\frac{1}{c}\left(-\frac{1}{2}+\frac{9}{2}\right)\qquad(k=3)$$

$$=\frac{8}{2c}=1,$$

故 $c=4$.

26(2012,15 题)【解】 (Ⅰ)由题意得

$$a=\lim_{x\to0}\left(\frac{1+x}{\sin x}-\frac{1}{x}\right)=\lim_{x\to0}\frac{x+x^2-\sin x}{x\sin x}$$

$$=\lim_{x\to0}\frac{x+x^2-\sin x}{x^2}=1+\lim_{x\to0}\frac{x-\sin x}{x^2}$$

$$=1+\lim_{x\to0}\frac{\frac{1}{6}x^3}{x^2}=1,\qquad\left(\text{其中 } x-\sin x\sim\frac{1}{6}x^3\right)$$

(Ⅱ)(方法一) 因为

$$f(x)-a=\frac{1+x}{\sin x}-\frac{1}{x}-1$$

$$=\frac{x+x^2-\sin x-x\sin x}{x\sin x}.$$

$$\lim_{x\to0}\frac{f(x)-a}{x^k}=\lim_{x\to0}\frac{x+x^2-\sin x-x\sin x}{x^{k+2}}$$

$$=\lim_{x\to0}\frac{1+2x-\cos x-\sin x-x\cos x}{(k+2)x^{k+1}}$$

$$=\lim_{x\to0}\frac{2+\sin x-2\cos x+x\sin x}{(k+2)(k+1)x^k}$$

$$=\lim_{x\to0}\frac{\cos x+3\sin x+x\cos x}{(k+2)(k+1)kx^{k-1}}.$$

所以,当 $k=1$ 时,有 $\lim\limits_{x\to0}\frac{f(x)-a}{x^k}=\frac{1}{6}$. 此时 $f(x)-a$ 与 x 是同阶无穷小($x\to0$),因此 $k=1$.

(方法二) 因为 $\sin x=x-\frac{x^3}{6}+o(x^3)$,所以

$$\lim_{x\to0}\frac{f(x)-a}{x^k}=\lim_{x\to0}\frac{x+x^2-\sin x-x\sin x}{x^{k+2}}$$

$$=\lim_{x\to0}\frac{x+x^2-\left(x-\frac{1}{6}x^3\right)-x^2+o(x^3)}{x^{k+2}}$$

$$=\lim_{x\to0}\frac{\frac{1}{6}x^3+o(x^3)}{x^{k+2}}.$$

可知当 $3=k+2$ 时,$f(x)-a$ 与 x 是同阶无穷小,因此 $k=1$.

(方法三) $\lim\limits_{x\to0}\frac{f(x)-a}{x^k}=\lim\limits_{x\to0}\frac{x+x^2-\sin x-x\sin x}{x^{k+2}}$

$$= \lim_{x \to 0} \frac{(1+x)(x-\sin x)}{x^{k+2}}$$

$$= \lim_{x \to 0} \frac{x - \sin x}{x^{k+2}} = \lim_{x \to 0} \frac{\frac{1}{6}x^3}{x^{k+2}}, \qquad \left(x - \sin x \sim \frac{1}{6}x^3\right)$$

从而知 $k+2=3, k=1$.

【评注】 以上三种方法，显然方法三简单，这里主要利用了 $x - \sin x \sim \frac{1}{6}x^3 (x \to 0)$，这是一个常用的等价无穷小.

27（2013，1 题）【答案】 C.

【解析】 由 $\cos x - 1 = x\sin \alpha(x)$ 知

$$\lim_{x \to 0} \frac{\sin \alpha(x)}{x} = \lim_{x \to 0} \frac{\cos x - 1}{x^2} = \lim_{x \to 0} \frac{-\frac{1}{2}x^2}{x^2} = -\frac{1}{2},$$

则 $\lim\limits_{x \to 0} \frac{\alpha(x)}{x} = -\frac{1}{2}$. 故应选(C).

【评注】 本题主要考查无穷小量阶的比较.

28（2013，15 题） 【解】

（方法一） $\lim\limits_{x \to 0} \frac{1 - \cos x\cos 2x\cos 3x}{ax^n}$

$$= \lim_{x \to 0} \frac{\sin x\cos 2x\cos 3x + 2\cos x\sin 2x\cos 3x + 3\cos x\cos 2x\sin 3x}{anx^{n-1}}.$$

由于当 $n=2$ 时，$\lim\limits_{x \to 0} \frac{\sin x\cos 2x\cos 3x}{anx^{n-1}} = \frac{1}{2a}$,

$$\lim_{x \to 0} \frac{2\cos x\sin 2x\cos 3x}{anx^{n-1}} = \frac{2}{a},$$

$$\lim_{x \to 0} \frac{3\cos x\cos 2x\sin 3x}{anx^{n-1}} = \frac{9}{2a},$$

所以 $\lim\limits_{x \to 0} \frac{1 - \cos x\cos 2x\cos 3x}{ax^n} = \frac{7}{a}$.

由题设知 $\frac{7}{a} = 1$，故 $a = 7$.

当 $n \neq 2$ 时，显然不合题意，所以 $a = 7, n = 2$.

（方法二） $\lim\limits_{x \to 0} \frac{1 - \cos x \cdot \cos 2x \cdot \cos 3x}{ax^n}$

$$= \lim_{x \to 0} \frac{1 - \left[1 - \frac{x^2}{2} + o(x^2)\right] \cdot \left[1 - \frac{4x^2}{2} + o(x^2)\right] \cdot \left[1 - \frac{9x^2}{2} + o(x^2)\right]}{ax^n}$$

$$= \lim_{x \to 0} \frac{\left(\frac{x^2}{2} + \frac{4x^2}{2} + \frac{9x^2}{2}\right) + o(x^2)}{ax^n} = \lim_{x \to 0} \frac{7x^2 + o(x^2)}{ax^n},$$

则 $n=2,a=7$.

（方法三）　$\lim\limits_{x\to 0}\dfrac{1-\cos x\cdot\cos 2x\cdot\cos 3x}{ax^n}$

$$=\lim_{x\to 0}\frac{(1-\cos x)+\cos x(1-\cos 2x)+\cos x\cdot\cos 2x(1-\cos 3x)}{ax^n}$$

$$=\frac{1}{a}\left[\lim_{x\to 0}\frac{1-\cos x}{x^2}+\lim_{x\to 0}\frac{\cos x(1-\cos 2x)}{x^2}+\lim_{x\to 0}\frac{\cos x\cdot\cos 2x(1-\cos 3x)}{x^2}\right]$$

$$=\frac{1}{a}\left(\lim_{x\to 0}\frac{\frac{1}{2}x^2}{x^2}+\lim_{x\to 0}\frac{\frac{4}{2}x^2}{x^2}+\lim_{x\to 0}\frac{\frac{9}{2}x^2}{x^2}\right)=\frac{7}{a},$$

则 $a=7,n=2$.

【评注】 本题主要考查无穷小量阶的比较及“$\frac{0}{0}$”型极限的求法.本题中的方法是求“$\frac{0}{0}$”型极限常用的3种方法,即洛必达法则、泰勒公式及等价无穷小代换.

29(2014,1题)【答案】 B.

【解析】由于当 $x\to 0^+$ 时,$\ln(1+2x)\sim 2x,1-\cos x\sim\frac{1}{2}x^2$,所以,只需同时满足 $\alpha>1$ 与 $\frac{2}{\alpha}>1$ 即可.此二不等式联立即得 $1<\alpha<2$,可知选项(B)是正确的.此外,当 $\alpha\in(2,+\infty)$ 时,因 $\frac{2}{\alpha}<1$,无穷小 $(1-\cos x)^{\frac{1}{\alpha}}$ 是比 x 低阶的无穷小;而当 α 在 $\left(0,\frac{1}{2}\right)$ 或 $\left(\frac{1}{2},1\right)$ 内取值时,因 $\alpha<1$,$\ln^{\alpha}(1+2x)$ 都是比 x 低阶的无穷小.所以选项(A)(C)(D)都不符合题意,从而是错误的.

【评注】 本题考查的是无穷小的比较中参数取值范围的确定.解题要点是善于利用等价无穷小.

30(2015,15题)【解】 因为 $\ln(1+x)=x-\frac{x^2}{2}+\frac{x^3}{3}+o(x^3)$,$\sin x=x-\frac{x^3}{3!}+o(x^3)$,所以

$$f(x)=(1+a)x+(b-\frac{a}{2})x^2+\frac{a}{3}x^3+o(x^3).$$

由于当 $x\to 0$ 时,$f(x)\sim kx^3$,则

$$1+a=0,b-\frac{a}{2}=0,\frac{a}{3}=k,$$

则 $a=-1,b=-\frac{1}{2},k=-\frac{1}{3}$.

31(2016,1题)【答案】 B.

【解析】 $\alpha_1=x(\cos\sqrt{x}-1)\sim-\frac{1}{2}x^2$,

$\alpha_2=\sqrt{x}\ln(1+\sqrt[3]{x})\sim\sqrt{x}\sqrt[3]{x}=x^{\frac{5}{6}}$,

$\alpha_3=\sqrt[3]{x+1}-1\sim\frac{1}{3}x$,

则从低阶到高阶排序是 $\alpha_2,\alpha_3,\alpha_1$，故选(B).

32（2019，1 题）【答案】 C.

【解析】 由于当 $x\to 0$ 时，$x-\tan x\sim -\dfrac{1}{3}x^3$，则 $\lim\limits_{x\to 0}\dfrac{x-\tan x}{x^3}=-\dfrac{1}{3}$，

所以 $k=3$，故应选(C).

33（2020，1 题）【答案】 D.

【解析】（方法一） 利用结论：若 $f(x)$ 和 $g(x)$ 在 $x=0$ 某邻域内连续，且当 $x\to 0$ 时，$f(x)\sim g(x)$，则 $\int_0^x f(t)\mathrm{d}t\sim\int_0^x g(t)\mathrm{d}t$.

(A) $\int_0^x (\mathrm{e}^{t^2}-1)\mathrm{d}t\sim\int_0^x t^2\mathrm{d}t=\dfrac{1}{3}x^3$.

(B) $\int_0^x \ln(1+\sqrt{t^3})\mathrm{d}t\sim\int_0^x t^{\frac{3}{2}}\mathrm{d}t=\dfrac{2}{5}x^{\frac{5}{2}}$.

(C) $\int_0^{\sin x}\sin t^2\mathrm{d}t\sim\int_0^{\sin x}t^2\mathrm{d}t\sim\int_0^x t^2\mathrm{d}t=\dfrac{1}{3}x^3$.

(D) $\int_0^{1-\cos x}\sqrt{\sin^3 t}\,\mathrm{d}t\sim\int_0^{1-\cos x}t^{\frac{3}{2}}\mathrm{d}t\sim\int_0^{\frac{1}{2}x^2}t^{\frac{3}{2}}\mathrm{d}t=\dfrac{2}{5}\left(\dfrac{1}{2}\right)^{\frac{5}{2}}x^5$.

故应选(D).

（方法二） 设 $f(x)$ 和 $\varphi(x)$ 在 $x=0$ 某邻域内连续，且当 $x\to 0$ 时，$f(x)$ 和 $\varphi(x)$ 分别是 x 的 m 阶和 n 阶无穷小，则 $\int_0^{\varphi(x)}f(t)\mathrm{d}t$ 是 $x\to 0$ 时的 $n(m+1)$ 阶无穷小.

(A) $\int_0^x (\mathrm{e}^{t^2}-1)\mathrm{d}t$，$m=2$，$n=1$，则 $n(m+1)=3$.

(B) $\int_0^x \ln(1+\sqrt{t^3})\mathrm{d}t$，$m=\dfrac{3}{2}$，$n=1$，则 $n(m+1)=\dfrac{5}{2}$.

(C) $\int_0^{\sin x}\sin t^2\mathrm{d}t$，$m=2$，$n=1$，则 $n(m+1)=3$.

(D) $\int_0^{1-\cos x}\sqrt{\sin^3 t}\,\mathrm{d}t$，$m=\dfrac{3}{2}$，$n=2$，则 $n(m+1)=5$.

故应选(D).

（方法三） 由于

$$\lim_{x\to 0}\frac{\int_0^x(\mathrm{e}^{t^2}-1)\mathrm{d}t}{x^3}=\lim_{x\to 0}\frac{\mathrm{e}^{x^2}-1}{3x^2}=\frac{1}{3},$$

所以，当 $x\to 0^+$ 时，$\int_0^x(\mathrm{e}^{t^2}-1)\mathrm{d}t$ 是 3 阶无穷小量.

同理，

$$\lim_{x\to 0^+}\frac{\int_0^x\ln(1+\sqrt{t^3})\mathrm{d}t}{\sqrt{x^5}}=\lim_{x\to 0^+}\frac{\ln(1+\sqrt{x^3})}{\frac{5}{2}\sqrt{x^3}}=\frac{2}{5},$$

故当 $x\to 0^+$ 时，$\int_0^x\ln(1+\sqrt{t^3})\mathrm{d}t$ 是 $\dfrac{5}{2}$ 阶无穷小量；

$$\lim_{x\to 0}\frac{\int_0^{\sin x}\sin t^2\,\mathrm{d}t}{x^3}=\lim_{x\to 0^+}\frac{\sin(\sin^2 x)\cos x}{3x^2}=\frac{1}{3},$$

故当 $x\to 0^+$ 时，$\int_0^{\sin x}\sin t^2\,\mathrm{d}t$ 是 3 阶无穷小量；

$$\lim_{x\to 0^+}\frac{\int_0^{1-\cos x}\sqrt{\sin^3 t}\,\mathrm{d}t}{x^5}=\lim_{x\to 0^+}\frac{\sqrt{\sin^3(1-\cos x)}\sin x}{5x^4}=\lim_{x\to 0^+}\frac{(1-\cos x)^{\frac{3}{2}}x}{5x^4}=\frac{\sqrt{2}}{20},$$

故当 $x\to 0^+$ 时，$\int_0^{1-\cos x}\sqrt{\sin^3 t}\,\mathrm{d}t$ 是 5 阶无穷小量.

综上可知，正确选项为(D).

34(2021,1 题)【答案】 C.

【解析】 利用结论：若 $f(x)$，$g(x)$ 连续，且当 $x\to 0$ 时，$f(x)$ 和 $g(x)$ 分别为 x 的 m 和 n 阶无穷小，则当 $x\to 0$ 时，$\int_0^{g(x)}f(t)\mathrm{d}t$ 是 x 的 $n(m+1)$ 阶无穷小.

由此可知 $\int_0^{x^2}(\mathrm{e}^{t^3}-1)\mathrm{d}t$. 当 $x\to 0$ 时，是 x 的 $2(3+1)=8$ 阶无穷小，故应选(C).

35(2022,1 题)【答案】 C.

【解析】 ① 是真命题，由 $\alpha(x)\sim\beta(x)$ 知

$$\lim_{x\to 0}\frac{\alpha(x)}{\beta(x)}=1,$$

则 $\lim\limits_{x\to 0}\frac{\alpha^2(x)}{\beta^2(x)}=1$，从而 $\alpha^2(x)\sim\beta^2(x)$.

② 是假命题，如 $\alpha(x)=x$，$\beta(x)=-x$，显然，当 $x\to 0$ 时，$\alpha^2(x)\sim\beta^2(x)$，但 $\alpha(x)\sim\beta(x)$ 不成立.

③ 是真命题，由 $\alpha(x)\sim\beta(x)$ 知 $\lim\limits_{x\to 0}\frac{\alpha(x)-\beta(x)}{\alpha(x)}=1-\lim\limits_{x\to 0}\frac{\beta(x)}{\alpha(x)}=1-1=0$，

则 $\alpha(x)-\beta(x)=o(\alpha(x))$.

④ 是真命题，由 $\alpha(x)-\beta(x)=o(\alpha(x))$ 知

$$\lim_{x\to 0}\frac{\alpha(x)-\beta(x)}{\alpha(x)}=1-\lim_{x\to 0}\frac{\beta(x)}{\alpha(x)}=0,$$

则 $\lim\limits_{x\to 0}\frac{\beta(x)}{\alpha(x)}=1$，即 $\alpha(x)\sim\beta(x)$. 故应选(C).

解题加速度

1.【答案】 D.

【解析】 (方法一) 由 $x\to 0$ 时，$\tan x-x\sim\frac{1}{3}x^3$ 知，$\tan x$ 的泰勒公式为

$$\tan x=x+\frac{1}{3}x^3+o(x^3).$$

又 $\lim\limits_{x\to 0}\frac{p(x)-\tan x}{x^3}=\lim\limits_{x\to 0}\frac{a+(b-1)x+cx^2+\left(d-\frac{1}{3}\right)x^3+o(x^3)}{x^3}=0$，

所以 $a=0$，$b=1$，$c=0$，$d=\frac{1}{3}$，故应选(D).

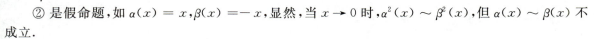

（方法二） 显然，$a=0$，

$$\lim_{x\to0}\frac{p(x)-\tan x}{x^3}=\lim_{x\to0}\frac{bx+cx^2+dx^3-\tan x}{x^3}=\lim_{x\to0}\frac{b+2cx+3dx^2-\sec^2 x}{3x^2}.$$

由上式可知，$b=1$，否则，等式右端极限为 ∞，则左端极限也为 ∞，与题设矛盾.

$$\lim_{x\to0}\frac{p(x)-\tan x}{x^3}=\lim_{x\to0}\frac{1+2cx+3dx^2-\sec^2 x}{3x^2}=\lim_{x\to0}\frac{2c}{3x}+d-\frac{1}{3},$$

则 $c=0,d=\frac{1}{3}$. 故应选(D).

2.【解】（方法一） 因为 $\left(1+\frac{1}{n}\right)^n-\mathrm{e}\sim\frac{b}{n^a}(n\to\infty)$，所以

$$1=\lim_{n\to\infty}\frac{\left(1+\frac{1}{n}\right)^n-\mathrm{e}}{\frac{b}{n^a}}=\frac{\mathrm{e}}{b}\lim_{n\to\infty}n^a\cdot\left[\mathrm{e}^{\frac{\ln\left(1+\frac{1}{n}\right)}{\frac{1}{n}}-1}-1\right]$$

$$=\frac{\mathrm{e}}{b}\lim_{n\to\infty}n^a\cdot\frac{\ln\left(1+\frac{1}{n}\right)-\frac{1}{n}}{\frac{1}{n}}=\frac{\mathrm{e}}{b}\lim_{n\to\infty}n^{a-1}\cdot\frac{\ln\left(1+\frac{1}{n}\right)-\frac{1}{n}}{\frac{1}{n^2}},$$

又因为 $\lim\limits_{n\to\infty}\frac{\ln\left(1+\frac{1}{n}\right)-\frac{1}{n}}{\frac{1}{n^2}}=-\frac{1}{2}$，所以 $1=-\frac{\mathrm{e}}{2b}\lim\limits_{n\to\infty}n^{a-1}$.

故 $a-1=0,-\frac{\mathrm{e}}{2b}=1$，解得 $a=1,b=-\frac{\mathrm{e}}{2}$.

（方法二） $\mathrm{e}^{n\ln\left(1+\frac{1}{n}\right)}-\mathrm{e}=\mathrm{e}^{\xi}\left[n\ln\left(1+\frac{1}{n}\right)-1\right]$ $\left(\xi\text{ 在 }n\ln\left(1+\frac{1}{n}\right)\text{ 和 1 之间}\right)$（拉格朗日中值定理）

$$\sim\mathrm{e}\left[n\ln\left(1+\frac{1}{n}\right)-1\right]=\mathrm{e}n\left[\ln\left(1+\frac{1}{n}\right)-\frac{1}{n}\right]$$

$$\sim\mathrm{e}n\left(-\frac{1}{2n^2}\right)=-\frac{\mathrm{e}}{2n},$$

则 $a=1,b=-\frac{\mathrm{e}}{2}$.

七、函数的连续性及间断点类型

36（2009，1 题）【答案】 C.

【解析】 $f(x)=\frac{x-x^3}{\sin\pi x}$ 为初等函数，当 $x=n(n=0,\pm1,\pm2,\cdots)$ 时，$f(x)$ 无意义，这些点都是 $f(x)$ 的间断点，其余点都连续，可去间断点为极限存在的点，故应在 $x-x^3=0$ 的点 $x=0$，$x=\pm1$ 中去找，由于

$$\lim_{x\to0}f(x)=\lim_{x\to0}\frac{x-x^3}{\sin\pi x}=\lim_{x\to0}\frac{x(1-x^2)}{\pi x}=\frac{1}{\pi},$$

$$\lim_{x\to1}f(x)=\lim_{x\to1}\frac{x-x^3}{\sin\pi x}=\lim_{x\to1}\frac{1-3x^2}{\pi\cos\pi x}=\frac{2}{\pi},$$

$$\lim_{x\to -1} f(x) = \lim_{x\to -1}\frac{x-x^3}{\sin \pi x} = \lim_{x\to -1}\frac{1-3x^2}{\pi\cos \pi x} = \frac{2}{\pi},$$

则 $f(x)$ 的可去间断点有 3 个. 即 $x=0, x=\pm 1$. 应选(C).

【评注】 本题主要考查求间断点及间断点类型的判定. 本题有相当多的考生选择了(D),认为使 $\sin \pi x = 0$ 成立的点有无穷多个;同时审题不细,没具体考查 $f(x)$ 的极限是否存在以确定可去间断点的个数. 故错误率较高.

37(2010,1 题)【答案】 B.

【解析】 $f(x)$ 只在 $x=0,-1,1$ 处无定义,所以 $f(x)$ 只有三个间断点 $x=0, x=\pm 1$. 因为

$$\lim_{x\to -1} f(x) = \lim_{x\to -1}\frac{x^2-x}{x^2-1}\sqrt{1+\frac{1}{x^2}} = \lim_{x\to -1}\frac{x}{x+1}\sqrt{1+\frac{1}{x^2}} = \infty,$$

则 $x=-1$ 为 $f(x)$ 的无穷间断点,又

$$\lim_{x\to 1} f(x) = \lim_{x\to 1}\frac{x^2-x}{x^2-1}\sqrt{1+\frac{1}{x^2}} = \lim_{x\to 1}\frac{x}{x+1}\sqrt{1+\frac{1}{x^2}} = \frac{\sqrt{2}}{2},$$

$$\lim_{x\to 0} f(x) = \lim_{x\to 0}\frac{x^2-x}{x^2-1}\sqrt{1+\frac{1}{x^2}} = \lim_{x\to 0}\frac{x}{|x|(x+1)}\sqrt{x^2+1}$$

$$= \begin{cases} 1, & \text{当 } x\to 0^+, \\ -1, & \text{当 } x\to 0^-, \end{cases}$$

故 $x=1$ 和 $x=0$ 不是无穷间断点.

【评注】 一些考生误选(C),主要原因是误认为 $x=0$ 是无穷间断点;还有一部分考生误选(D),以为分母为零的点都是无穷间断点. 这都是典型的错误.

38(2015,2 题)【答案】 B.

【解析】 由 $f(x) = \lim\limits_{t\to 0}\left(1+\dfrac{\sin t}{x}\right)^{\frac{x^2}{t}}$ 知,$f(0)$ 无意义,且

当 $x\neq 0$ 时,$f(x) = \lim\limits_{t\to 0}\left(1+\dfrac{\sin t}{x}\right)^{\frac{x^2}{t}} = e^x$,$\lim\limits_{x\to 0} f(x) = \lim\limits_{x\to 0} e^x = 1$,则 $x=0$ 为 $f(x)$ 的可去间断点.

39(2017,1 题)【答案】 A.

【解析】 要使 $f(x)$ 在 $x=0$ 处连续,则需

$$\lim_{x\to 0^+} f(x) = \lim_{x\to 0^-} f(x) = f(0),$$

$$\lim_{x\to 0^+} f(x) = \lim_{x\to 0^+}\frac{1-\cos\sqrt{x}}{ax} = \lim_{x\to 0^+}\frac{\frac{1}{2}(\sqrt{x})^2}{ax} = \frac{1}{2a},$$

$$\lim_{x\to 0^-} f(x) = \lim_{x\to 0^-} b = b,$$

即 $\dfrac{1}{2a} = b$,从而有 $ab = \dfrac{1}{2}$. 故应选(A).

40(2018,3 题)【答案】 D.

【解析】 令 $F(x) = f(x)+g(x) = \begin{cases} 1-ax, & x\leqslant -1, \\ x-1, & -1<x<0, \\ x+1-b, & x\geqslant 0. \end{cases}$

$$F(-1-0)=1+a=F(-1),F(-1+0)=-2,$$

则 $1+a=-2$，解得 $a=-3$.

$$F(0-0)=-1,F(0+0)=1-b=F(0),$$

则 $1-b=-1$，解得 $b=2$. 故应选(D).

41(2020,2 题)【答案】 C.

【解析】 $f(x)$ 的定义域为 $\{x \mid x\in(-\infty,+\infty),x\neq -1,x\neq 0,x\neq 1,x\neq 2\}$，而初等函数在定义域内是连续的，所以该函数的所有间断点是 $-1,0,1,2$. 由于

$$\lim_{x\to -1}f(x)=\lim_{x\to -1}\frac{e^{\frac{1}{x-1}}\ln|1+x|}{(e^x-1)(x-2)}=\infty,$$

$$\lim_{x\to 2}f(x)=\lim_{x\to 2}\frac{e^{\frac{1}{x-1}}\ln|1+x|}{(e^x-1)(x-2)}=\infty,$$

$$\lim_{x\to 1^+}f(x)=\lim_{x\to 1^+}\frac{e^{\frac{1}{x-1}}\ln|1+x|}{(e^x-1)(x-2)}=\infty,\lim_{x\to 1^-}f(x)=\lim_{x\to 1^-}\frac{e^{\frac{1}{x-1}}\ln|1+x|}{(e^x-1)(x-2)}=0$$

$$\lim_{x\to 0}f(x)=\lim_{x\to 0}\frac{e^{\frac{1}{x-1}}\ln|1+x|}{(e^x-1)(x-2)}=-\frac{1}{2e}\lim_{x\to 0}\frac{\ln(1+x)}{e^x-1}=-\frac{1}{2e},$$

所以 $x=0$ 是函数的可去间断点，而其余 3 个点均为函数的第二类间断点，故选(C).

解题加速度

1.【答案】 C.

【解析】 $f(x)=\dfrac{|x|^x-1}{x(x+1)\ln|x|}$ 在 $x=-1,0,1$ 处没定义.

$$\lim_{x\to -1}f(x)=\lim_{x\to -1}\frac{e^{x\ln|x|}-1}{x(x+1)\ln|x|}=\lim_{x\to -1}\frac{x\ln|x|}{x(x+1)\ln|x|}=\lim_{x\to -1}\frac{1}{x+1}=\infty,$$

$$\lim_{x\to 0}f(x)=\lim_{x\to 0}\frac{e^{x\ln|x|}-1}{x(x+1)\ln|x|}=\lim_{x\to 0}\frac{x\ln|x|}{x(x+1)\ln|x|}=\lim_{x\to 0}\frac{1}{x+1}=1,$$

$$\lim_{x\to 1}f(x)=\lim_{x\to 1}\frac{e^{x\ln|x|}-1}{x(x+1)\ln|x|}=\lim_{x\to 1}\frac{x\ln|x|}{x(x+1)\ln|x|}=\lim_{x\to 1}\frac{1}{x+1}=\frac{1}{2},$$

则 $x=0$ 和 $x=1$ 为可去间断点，故应选(C).

【评注】 本题主要考查间断点类型的判定.

2.【答案】 D.

【解析】 $f'_-(0)=1,f'_+(0)=\lim\limits_{x\to 0^+}\dfrac{f(x)-f(0)}{x}=\lim\limits_{x\to 0^+}\dfrac{\frac{1}{n}}{x},\left(\dfrac{1}{n+1}<x\leqslant\dfrac{1}{n}\right)$

$$1\leftarrow\frac{\frac{1}{n}}{\frac{1}{n}}\leqslant\frac{\frac{1}{n}}{x}<\frac{\frac{1}{n}}{\frac{1}{n+1}}\to 1$$

则 $\lim\limits_{x\to 0^+}\dfrac{\frac{1}{n}}{x}=1$. 故 $f(x)$ 在 $x=0$ 处可导.

第二章 一元函数微分学

一、导数与微分的概念

1 (2011,2 题)【答案】 B.

【解析】 (方法一) 加项减项凑 $x=0$ 处导数定义

$$\lim_{x\to 0}\frac{x^2f(x)-2f(x^3)}{x^3}=\lim_{x\to 0}\frac{x^2f(x)-x^2f(0)-2f(x^3)+2f(0)}{x^3}$$
$$=\lim_{x\to 0}\left[\frac{f(x)-f(0)}{x}-2\frac{f(x^3)-f(0)}{x^3}\right]$$
$$=f'(0)-2f'(0)=-f'(0).$$

(方法二) 拆项用导数定义

$$\lim_{x\to 0}\frac{x^2f(x)-2f(x^3)}{x^3}=\lim_{x\to 0}\frac{f(x)}{x}-2\lim_{x\to 0}\frac{f(x^3)}{x^3}.$$

由于 $f(0)=0$,由导数定义知

$$\lim_{x\to 0}\frac{f(x)}{x}=f'(0),\lim_{x\to 0}\frac{f(x^3)}{x^3}=f'(0),$$

则 $\lim\limits_{x\to 0}\dfrac{x^2f(x)-2f(x^3)}{x^3}=f'(0)-2f'(0)=-f'(0)$.

(方法三) 排除法:选择符合条件的具体函数 $f(x)$,令 $f(x)=x$,则

$$\lim_{x\to 0}\frac{x^2f(x)-2f(x^3)}{x^3}=\lim_{x\to 0}\frac{x^3-2x^3}{x^3}=-1,$$

而对于 $f(x)=x,f'(0)=1$,显然选项(A)(C)(D) 都是错误的,故应选(B).

(方法四) 由于 $f(x)$ 在 $x=0$ 处可导,则

$$f(x)=f(0)+f'(0)x+o(x)=f'(0)x+o(x),$$
$$f(x^3)=f'(0)x^3+o(x^3),$$
$$\lim_{x\to 0}\frac{x^2f(x)-2f(x^3)}{x^3}=\lim_{x\to 0}\frac{x^2[f'(0)x+o(x)]-2[f'(0)x^3+o(x^3)]}{x^3}$$
$$=f'(0)-2f'(0)=-f'(0).$$

2 (2015,3 题)【答案】 A.

【解析】 当 $x=0$ 时,$f'_+(0)=\lim\limits_{x\to 0^+}\dfrac{x^\alpha\cos\dfrac{1}{x^\beta}}{x}=\lim\limits_{x\to 0^+}x^{\alpha-1}\cos\dfrac{1}{x^\beta}$,

该极限存在当且仅当 $\alpha-1>0$,即 $\alpha>1$,此时 $f'_+(0)=0$. 显然 $f'_-(0)=0$.

当 $x\neq 0$ 时,$f'(x)=\alpha x^{\alpha-1}\cos\dfrac{1}{x^\beta}+\beta x^{\alpha-\beta-1}\sin\dfrac{1}{x^\beta}$,

$$\lim_{x\to 0}f'(x)=\lim_{x\to 0}\beta x^{\alpha-\beta-1}\sin\frac{1}{x^\beta}(\alpha>1),$$

要使上式极限存在且为 0,当且仅当 $\alpha-1-\beta>0$,则 $\alpha-\beta>1$.

3(2018,2 题)【答案】 D.

【解析】 由导数定义知

$$f'_{+}(0)=\lim_{x\to0^{+}}\frac{\cos\sqrt{|x|}-1}{x}=\lim_{x\to0^{+}}\frac{-\frac{1}{2}|x|}{x}=-\frac{1}{2},$$

$$f'_{-}(0)=\lim_{x\to0^{-}}\frac{\cos\sqrt{|x|}-1}{x}=\lim_{x\to0^{-}}\frac{-\frac{1}{2}|x|}{x}=\frac{1}{2},$$

则 $f(x)=\cos\sqrt{|x|}$ 在 $x=0$ 处不可导，故应选(D).

4(2022,3 题)【答案】 B.

【解析】 (方法一) 直接法

由 $f(x)$ 在 $x=x_0$ 处有 2 阶导数知，$f'(x)$ 在 $x=x_0$ 处连续，又 $f'(x_0)>0$，则在 x_0 的某邻域内 $f'(x)>0$，则在该邻域内 $f(x)$ 单调增，故应选(B).

(方法二) 排除法

令 $f(x)=x^3$，显然 $f(x)=x^3$ 在 $x=0$ 处 2 阶可导，且在 $x=0$ 的邻域内单调增加，但 $f'(0)=0$，则排除(A).

令 $f(x)=x^4$，显然 $f(x)=x^4$ 在 $x=0$ 处 2 阶可导，且在 $x=0$ 的邻域内是凹函数，但 $f''(0)=0$，则排除(C).

令 $f(x)=\begin{cases}\frac{1}{2}x^2+2x^4\sin\frac{1}{x}, & x\neq0,\\ 0, & x=0,\end{cases}$ 则

$$f'(x)=\begin{cases}x+8x^3\sin\frac{1}{x}-2x^2\cos\frac{1}{x}, & x\neq0,\\ 0, & x=0,\end{cases}$$

$$f''(x)=\begin{cases}1+24x^2\sin\frac{1}{x}-12x\cos\frac{1}{x}-2\sin\frac{1}{x}, & x\neq0,\\ 1, & x=0,\end{cases}$$

$$f''(0)=1>0,f''\left(\frac{1}{2n\pi+\frac{\pi}{2}}\right)=1+\frac{24}{\left(2n\pi+\frac{\pi}{2}\right)^2}-2<0,(n\text{ 充分大}).$$

则 $f(x)$ 在 $x=0$ 的任何邻域内都不是凹函数，排除(D)，故应选(B).

解题加速度

【答案】 C.

【解析】 (方法一) 直接法

若 $f(x)$ 在 $x=0$ 处可导，则 $f(x)$ 在 $x=0$ 处连续，又因为 $\lim\limits_{x\to0}f(x)=0$，所以 $f(0)=0$.

而极限条件 $\lim\limits_{x\to0}\frac{f(x)}{\sqrt{|x|}}=0$ 和 $\lim\limits_{x\to0}\frac{f(x)}{x^2}=0$ 与 $f(x)$ 在 $x=0$ 处的值没有任何关系，所以选项(A)和(B)不是正确答案.

当 $f(x)$ 在 $x=0$ 处可导时，由题设条件知 $f(0)=0$，且

$$\lim_{x\to0}\frac{f(x)}{x}=\lim_{x\to0}\frac{f(x)-f(0)}{x}=f'(0),$$

所以

$$\lim_{x\to0}\frac{f(x)}{\sqrt{|x|}}=\lim_{x\to0}\left[\frac{f(x)}{x}\cdot\frac{x}{\sqrt{|x|}}\right]=f'(0)\cdot0=0.$$

综上可知，应选(C).

(方法二) 排除法

取 $f(x)=\begin{cases}x^3, & x\neq 0,\\ 1, & x=0,\end{cases}$ 则 $\lim\limits_{x\to 0}f(x)=0$，且

$$\lim_{x\to 0}\frac{f(x)}{\sqrt{|x|}}=\lim_{x\to 0}\frac{x^3}{\sqrt{|x|}}=0,\lim_{x\to 0}\frac{f(x)}{x^2}=\lim_{x\to 0}\frac{x^3}{x^2}=0,$$

但 $f(x)$ 在 $x=0$ 处不可导，因为 $f(x)$ 在 $x=0$ 处不连续，则排除选项(A)(B).

若取 $f(x)=x$，则 $\lim\limits_{x\to 0}f(x)=0$，且 $f(x)$ 在 $x=0$ 处可导，但

$$\lim_{x\to 0}\frac{f(x)}{x^2}=\lim_{x\to 0}\frac{x}{x^2}=\lim_{x\to 0}\frac{1}{x}\neq 0,$$

排除(D)，故应选(C).

二、导数与微分计算

5 (2009，12 题)【答案】 -3.

【解析】 将 $x=0$ 代入方程 $xy+e^y=x+1$ 得 $y=0$.

在方程 $xy+e^y=x+1$ 两端对 x 求导得

$$y+xy'+e^yy'=1.$$

将 $x=0,y=0$ 代入上式得 $y'(0)=1$.

等式 $y+xy'+e^yy'=1$ 两端再对 x 求导得

$$y'+y'+xy''+e^y(y')^2+e^yy''=0.$$

将 $x=0,y=0,y'(0)=1$ 代入上式得

$$y''(0)=-3.$$

6 (2010，11 题)【答案】 $-2^n(n-1)!$.

【解析】 (方法一) 求 1 阶、2 阶，然后归纳 n 阶导数.

由于

$$y'=\frac{-2}{1-2x}=-2(1-2x)^{-1}=(1-2x)^{-1}(-2),$$

$$y''=(-1)(1-2x)^{-2}(-2)^2,$$

$$y'''=(-1)(-2)(1-2x)^{-3}(-2)^3,$$

则

$$y^{(n)}=(-1)^{n-1}(n-1)!(1-2x)^{-n}(-2)^n,$$

$$y^{(n)}(0)=(-1)^{n-1}(n-1)!(-2)^n=-2^n(n-1)!,$$

(方法二) 利用泰勒公式，由 $\ln(1+x)=\sum\limits_{k=1}^{n}\frac{(-1)^{k-1}x^n}{k}+o(x^n)$ 知

$$\ln(1-2x)=-2x-\frac{(-2x)^2}{2}+\cdots+\frac{(-1)^{n-1}(-2x)^n}{n}+o(x^n),$$

其中等式右端 x 的 n 次项为

$$\frac{(-1)^{n-1}(-2x)^n}{n}=\frac{-2^n}{n}x^n.$$

由泰勒系数与 n 阶导数的关系知

$$\frac{-2^n}{n}=\frac{y^{(n)}(0)}{n!},$$

则 $y^{(n)}(0)=\dfrac{-2^n}{n}\cdot n!=-2^n(n-1)!$.

> **【评注】** 本题和上一题都属于高阶导数计算，计算高阶导数通常有3种方法：
>
> 1. 求1阶、2阶，然后归纳 n 阶导数；
> 2. 利用泰勒公式(适合求具体点高阶导数)；
> 3. 利用已有高阶导数公式
>
> $$(\sin x)^{(n)}=\sin\left(x+n\cdot\frac{\pi}{2}\right);(\cos x)^{(n)}=\cos\left(x+n\cdot\frac{\pi}{2}\right);$$
>
> $$(uv)^{(n)}=\sum_{k=0}^{n}C_n^k u^{(n-k)}v^{(k)}.$$

7 (2012,2题)【答案】 A.

【解析】（方法一） 令 $g(x)=(e^{2x}-2)\cdots(e^{nx}-n)$，则

$$f(x)=(e^x-1)g(x),$$

$$f'(x)=e^xg(x)+(e^x-1)g'(x),$$

$$\begin{aligned}f'(0)=g(0)&=(-1)\cdot(-2)\cdots(-(n-1))\\&=(-1)^{n-1}(n-1)!.\end{aligned}$$

故应选(A).

（方法二） 由于 $f(0)=0$，由导数定义知

$$\begin{aligned}f'(0)&=\lim_{x\to0}\frac{f(x)}{x}=\lim_{x\to0}\frac{(e^x-1)(e^{2x}-2)\cdots(e^{nx}-n)}{x}\\&=\lim_{x\to0}\frac{e^x-1}{x}\cdot\lim_{x\to0}(e^{2x}-2)\cdots(e^{nx}-n)\\&=(-1)\cdot(-2)\cdots(-(n-1))=(-1)^{n-1}(n-1)!.\end{aligned}$$

（方法三） 排除法，令 $n=2$，则

$$f(x)=(e^x-1)(e^{2x}-2),$$

$$f'(x)=e^x(e^{2x}-2)+2e^{2x}(e^x-1),$$

$$f'(0)=1-2=-1,$$

显然(B)(C)(D)均不正确，故应选(A).

8 (2012,9题)【答案】 1.

【解析】 在方程 $x^2-y+1=e^y$ 中，令 $x=0$，得 $y=0$.

该方程两端对 x 求导得

$$2x-y'=e^yy'.$$

将 $x=0,y=0$ 代入上式得 $y'(0)=0$，上式两端再对 x 求导得

$$2-y''=e^yy'^2+e^yy''.$$

将 $x=0,y=0,y'(0)=0$ 代入上式得

$$y''(0)=1.$$

9 (2013,2题)【答案】 A.

【解析】 由方程 $\cos(xy)+\ln y-x=1$ 知，当 $x=0$ 时，$y=1$，即 $f(0)=1$，以上方程两端对 x 求导得

$$-\sin(xy)(y+xy')+\frac{y'}{y}-1=0.$$

将 $x=0,y=1$ 代入上式得 $y'\Big|_{x=0}=1$，即 $f'(0)=1$. 所以

$$\lim_{n\to\infty}n\left[f\left(\frac{2}{n}\right)-1\right]=2\lim_{n\to\infty}\frac{f\left(\frac{2}{n}\right)-f(0)}{\frac{2}{n}}=2f'(0)=2.$$

【评注】 本题主要考查隐函数求导及导数的定义.

10（2013，10 题）【答案】 $\dfrac{1}{\sqrt{1-e^{-1}}}$.

【解析】 由 $f(x)=\int_{-1}^{x}\sqrt{1-e^t}\,dt$ 知，当 $f(x)=0$ 时，$x=-1$，根据反函数的求导法则有

$$\frac{dx}{dy}\Big|_{y=0}=\frac{1}{\frac{dy}{dx}}\Bigg|_{x=-1}=\frac{1}{\sqrt{1-e^x}}\Bigg|_{x=-1}=\frac{1}{\sqrt{1-e^{-1}}}.$$

【评注】 本题主要考查反函数求导法及变上限积分求导.

11（2014，10 题）【答案】 1.

【解析】 由 $f'(x)=2(x-1),x\in[0,2]$ 知，$f(x)=(x-1)^2+C$. 又 $f(x)$ 为奇函数，则

$$f(0)=0,C=-1,f(x)=(x-1)^2-1.$$

由于 $f(x)$ 以 4 为周期，则

$$f(7)=f[8+(-1)]=f(-1)=-f(1)=1.$$

12（2015，9 题）【答案】 48.

【解析】 $$\frac{dy}{dx}=\frac{3+3t^2}{\frac{1}{1+t^2}}=3(1+t^2)^2,$$

$$\frac{d^2y}{dx^2}=12t(1+t^2)\cdot\frac{1}{\frac{1}{1+t^2}}=12t(1+t^2)^2,$$

$$\frac{d^2y}{dx^2}\Big|_{t=1}=48.$$

13（2015，10 题）【答案】 $n(n-1)(\ln 2)^{n-2}$.

【解析】

$$\begin{aligned}f(x)&=x^2 2^x=x^2e^{x\ln 2}\\&=x^2\left(1+x\ln 2+\cdots+\frac{(\ln 2)^n x^n}{n!}+\cdots\right)\\&=x^2+\ln 2\cdot x^3+\cdots+\frac{(\ln 2)^n x^{n+2}}{n!}+\cdots\end{aligned}$$

则右端 x^n 项的系数 $a_n=\dfrac{(\ln 2)^{n-2}}{(n-2)!}$，又 $a_n=\dfrac{f^{(n)}(0)}{n!}$，则

$$f^{(n)}(0)=\frac{(\ln 2)^{n-2}}{(n-2)!}\cdot(n!)=n(n-1)(\ln 2)^{n-2}.$$

14(2017,10 题)【答案】 $-\frac{1}{8}$.

【解析】 $\frac{dx}{dt}=1+e^t,\frac{dy}{dt}=\cos t$,知

$$\frac{dy}{dx}=\frac{y'(t)}{x'(t)}=\frac{\cos t}{1+e^t},$$

$$\frac{d^2y}{dx^2}=\frac{-\sin t(1+e^t)-e^t\cos t}{(1+e^t)^2}\cdot\frac{1}{1+e^t}=\frac{-\sin t-e^t\sin t-e^t\cos t}{(1+e^t)^3},$$

$$\left.\frac{d^2y}{dx^2}\right|_{t=0}=-\frac{1}{8}.$$

15(2018,13 题)【答案】 $\frac{1}{4}$.

【解析】 这是一常规题目,可用求偏导、求全微分及公式法三种方法来求.

（方法一） 求偏导 方程两边对 x 求偏导数

$$\frac{1}{z}\cdot z'_x+e^{z-1}\cdot z'_x=y,$$

而 $x=2,y=\frac{1}{2}$ 时,$z=1$,代入上式,得$\left.\frac{\partial z}{\partial x}\right|_{(2,\frac{1}{2})}=\frac{1}{4}$.

（方法二） 求全微分 方程两边求全微分

$$\frac{1}{z}dz+e^{z-1}dz=ydx+xdy,$$

有 $dz=\frac{yz}{1+ze^{z-1}}dx+\frac{xz}{1+ze^{z-1}}dy$,进而$\frac{\partial z}{\partial x}=\frac{yz}{1+ze^{z-1}}$,

代入 $x=2,y=\frac{1}{2},z=1$,得$\left.\frac{\partial z}{\partial x}\right|_{(2,\frac{1}{2})}=\frac{1}{4}$.

（方法三） 公式法 令 $F(x,y,z)=\ln z+e^{z-1}-xy$,则

$$\frac{\partial z}{\partial x}=-\frac{F'_x}{F'_z}=-\frac{-y}{\frac{1}{z}+e^{z-1}}=\frac{yz}{1+ze^{z-1}},$$

进而$\left.\frac{\partial z}{\partial x}\right|_{(2,\frac{1}{2})}=\frac{1}{4}$.

16(2019,10 题)【答案】 $\frac{3}{2}\pi+2$.

【解析】 切点为$\left(\frac{3}{2}\pi+1,1\right)$,

斜率:$k=\left.\frac{dy}{dx}\right|_{t=\frac{3}{2}\pi}=\left.\frac{\sin t}{1-\cos t}\right|_{t=\frac{3}{2}\pi}=-1$,

所求切线方程为:$y=-x+\frac{3}{2}\pi+2$,则 y 轴上截距为$\frac{3}{2}\pi+2$.

17(2020,4 题)【答案】 A.

【解析】（方法一） 利用莱布尼茨公式

由于$[\ln(1-x)]^{(n)}=-\frac{(n-1)!}{(1-x)^n}$,所以当 $n\geqslant 3$ 时,

$$f^{(n)}(x)=C_n^0x^2[\ln(1-x)]^{(n)}+C_n^1 2x[\ln(1-x)]^{(n-1)}+C_n^2 2[\ln(1-x)]^{(n-2)},$$

故 $f^{(n)}(0)=-n(n-1)(n-3)!=-\frac{n!}{n-2}$.

（方法二） 利用麦克劳林展开式

由 $\ln(1+x)=x-\frac{x^2}{2}+\frac{x^3}{3}-\cdots+\frac{(-1)^{n-1}x^n}{n}+o(x^n)$ 可知

$$\ln(1-x)=-\left(x+\frac{x^2}{2}+\cdots+\frac{x^n}{n}\right)+o(x^n),$$

$$f(x)=x^2\ln(1-x)=-\left(x^3+\frac{x^4}{2}+\cdots+\frac{x^{n+2}}{n}\right)+o(x^{n+2}),$$

则 $\frac{f^{(n)}(0)}{n!}=-\frac{1}{n-2}$，$f^{(n)}(0)=-\frac{n!}{n-2}$.

故应选(A).

18(2020,9 题)【答案】 $-\sqrt{2}$.

【解析】（方法一） 由于

$$\mathrm{d}y=\frac{1}{t+\sqrt{1+t^2}}\left(1+\frac{t}{\sqrt{1+t^2}}\right)\mathrm{d}t=\frac{1}{\sqrt{1+t^2}}\mathrm{d}t,\mathrm{d}x=\frac{t}{\sqrt{1+t^2}}\mathrm{d}t,$$

所以 $\frac{\mathrm{d}y}{\mathrm{d}x}=\frac{1}{t}$，故

$$\frac{\mathrm{d}^2y}{\mathrm{d}x^2}=\frac{\mathrm{d}}{\mathrm{d}t}\left(\frac{\mathrm{d}y}{\mathrm{d}x}\right)\frac{\mathrm{d}t}{\mathrm{d}x}=-\frac{1}{t^2}\cdot\frac{\sqrt{1+t^2}}{t},$$

从而 $\left.\frac{\mathrm{d}^2y}{\mathrm{d}x^2}\right|_{t=1}=-\sqrt{2}$.

（方法二） 由题意，可只考虑 $t>0$，从而 $t=\sqrt{x^2-1}$，于是 $y=\ln(\sqrt{x^2-1}+x)$，故

$$\frac{\mathrm{d}y}{\mathrm{d}x}=\frac{1}{\sqrt{x^2-1}+x}\left(\frac{x}{\sqrt{x^2-1}}+1\right)=\frac{1}{\sqrt{x^2-1}},$$

$$\frac{\mathrm{d}^2y}{\mathrm{d}x^2}=-x(x^2-1)^{-\frac{3}{2}}.$$

由于当 $t=1$ 时，$x=\sqrt{2}$，所以

$$\left.\frac{\mathrm{d}^2y}{\mathrm{d}x^2}\right|_{t=1}=\left.\frac{\mathrm{d}^2y}{\mathrm{d}x^2}\right|_{x=\sqrt{2}}=-\sqrt{2}.$$

19(2021,12 题)【答案】 $\frac{2}{3}$.

【解析】

$$\frac{\mathrm{d}y}{\mathrm{d}x}=\frac{4\mathrm{e}^t+4(t-1)\mathrm{e}^t+2t}{2\mathrm{e}^t+1}=2t,$$

$$\frac{\mathrm{d}^2y}{\mathrm{d}x^2}=\frac{\mathrm{d}}{\mathrm{d}t}(2t)\cdot\frac{\mathrm{d}t}{\mathrm{d}x}=2\cdot\frac{1}{2\mathrm{e}^t+1},$$

$$\left.\frac{\mathrm{d}^2y}{\mathrm{d}x^2}\right|_{t=0}=\frac{2}{3}.$$

20(2021,5 题)【答案】 D.

【解析】（方法一） 直接法 由 $f(x)=\sec x$ 知

$$f'(x)=\sec x\tan x,f''(x)=\sec x\tan^2x+\sec^3x.$$

则由泰勒公式得

$$a=f'(0)=0,b=\frac{f''(0)}{2!}=\frac{1}{2}.$$

故应选(D).

（方法二） 直接法 $f(x)=\sec x=\frac{1}{\cos x}=\frac{1}{1-\frac{x^2}{2}+o(x^2)}=1+ax+bx^2+o(x^2)$，

则
$$1=(1+ax+bx^2+o(x^2))\left(1-\frac{x^2}{2}+o(x^2)\right)$$
$$=1+ax+\left(b-\frac{1}{2}\right)x^2+o(x^2).$$

故 $a=0,b=\frac{1}{2}$，选(D).

（方法三） 排除法 由于 $f(x)=\sec x=\frac{1}{\cos x}$ 是偶函数，则其泰勒展开式中只有偶次项，从而 $a=0$，因此排除(A)(B)选项，此时
$$f(x)=\frac{1}{\cos x}=1+bx^2+o(x^2),$$
即 $\frac{1}{\cos x}-1=bx^2+o(x^2)$.

由于在 $x=0$ 去心邻域内 $\frac{1}{\cos x}-1>0$，则 $b>0$，则排除(C)，故应选(D).

21（2022，12 题）【答案】 $-\frac{31}{32}$.

【解析】 由方程 $x^2+xy+y^3=3$ 可知，当 $x=1$ 时 $y=1$. 方程 $x^2+xy+y^3=3$ 两端对 x 求导得
$$2x+y+xy'+3y^2y'=0. \quad ①$$
将 $x=1,y=1$ 代入上式得 $y'(1)=-\frac{3}{4}$.

① 式两端再对 x 求导得
$$2+y'+y'+xy''+6yy'^2+3y^2y''=0.$$
将 $x=1,y=1,y'(1)=-\frac{3}{4}$ 代入上式得
$$y''(1)=-\frac{31}{32}.$$

22（2022，17 题）【解】（方法一）

由 $f(x)$ 在 $x=1$ 处可导知，$f(x)$ 在 $x=1$ 处连续，又
$$\lim_{x\to 0}\frac{f(e^{x^2})-3f(1+\sin^2 x)}{x^2}=2,$$
则 $f(1)-3f(1)=0$，即 $f(1)=0$.
$$2=\lim_{x\to 0}\frac{f(e^{x^2})-3f(1+\sin^2 x)}{x^2}$$
$$=\lim_{x\to 0}\frac{f[1+(e^{x^2}-1)]-f(1)}{e^{x^2}-1}\cdot\frac{e^{x^2}-1}{x^2}-3\lim_{x\to 0}\frac{f(1+\sin^2 x)-f(1)}{\sin^2 x}\cdot\frac{\sin^2 x}{x^2}$$
$$=f'(1)-3f'(1)=-2f'(1).$$
则 $f'(1)=-1$.

（方法二） 同方法一知 $f(1)=0$，由于 $f(x)$ 在 $x=1$ 处可导，则
$$f(x)=f(1)+f'(1)(x-1)+o(x-1)=f'(1)(x-1)+o(x-1).$$
从而

$$f(e^{x^2}) = f'(1)(e^{x^2} - 1) + o(x^2),$$
$$f(1+\sin^2 x) = f'(1)\sin^2 x + o(x^2),$$
$$2 = \lim_{x\to 0}\frac{f(e^{x^2}) - 3f(1+\sin^2 x)}{x^2} = \lim_{x\to 0}\frac{f'(1)(e^{x^2}-1) - 3f'(1)\sin^2 x}{x^2}$$
$$= f'(1) - 3f'(1) = -2f'(1).$$

则 $f'(1) = -1$.

解题加速度

1.【答案】 0.

【解析】（方法一） $\frac{dy}{dx} = \frac{y'(t)}{x'(t)} = \frac{\ln(1+t^2)}{-e^{-t}} = -e^t\ln(1+t^2)$,

$$\frac{d^2y}{dx^2} = \frac{d}{dt}[-e^t\ln(1+t^2)]\cdot\frac{1}{x'(t)} = e^{2t}\left[\frac{2t}{1+t^2} + \ln(1+t^2)\right],$$

则 $\left.\frac{d^2y}{dx^2}\right|_{t=0} = 0$.

（方法二） 由参数方程求导公式知

$$\left.\frac{d^2y}{dx^2}\right|_{t=0} = \frac{y''(0)x'(0) - x''(0)y'(0)}{[x'(0)]^3}.$$

$x'(t) = -e^{-t}, x''(t) = e^{-t}, x'(0) = -1, x''(0) = 1$,

$y'(t) = \ln(1+t^2), y''(t) = \frac{2t}{1+t^2}, y'(0) = 0, y''(0) = 0$ 代入上式得 $\left.\frac{d^2y}{dx^2}\right|_{t=0} = 0$.

（方法三） 由 $x = e^{-t}$ 得，$t = -\ln x$，则

$$y = \int_0^{-\ln x}\ln(1+u^2)du,$$
$$\frac{dy}{dx} = -\frac{1}{x}\ln(1+\ln^2 x),$$
$$\frac{d^2y}{dx^2} = \frac{1}{x^2}\left[\ln(1+\ln^2 x) - \frac{2\ln x}{1+\ln^2 x}\right],$$

当 $t = 0$ 时 $x = 1$，则 $\left.\frac{d^2y}{dx^2}\right|_{t=0} = 0$.

【评注】 本题是一道参数方程求导的试题，本题中前两种方法是常用的两种方法.

2.【答案】 $\frac{1}{e}$.

【解析】 $y = f(f(x))$ 可看作 $y = f(u)$，与 $u = f(x)$ 的复合，当 $x = e$ 时

$$u = f(e) = \ln\sqrt{e} = \frac{1}{2}\ln e = \frac{1}{2}.$$

由复合函数求导法则知

$$\left.\frac{dy}{dx}\right|_{x=e} = f'\left(\frac{1}{2}\right)\cdot f'(e) = 2\cdot\left.\frac{1}{2x}\right|_{x=e} = \frac{1}{e}.$$

3.【答案】 1.

【解析】 由 $y-x=e^{x(1-y)}$ 知，$x=0$ 时，$y=1$，

$$y'-1=e^{x(1-y)}[(1-y)-xy']$$

则当 $x=0$ 时，$y'=1$，$\lim\limits_{n\to\infty}n\left[f\left(\frac{1}{n}\right)-1\right]=\lim\limits_{n\to\infty}\dfrac{f\left(\frac{1}{n}\right)-f(0)}{\frac{1}{n}}=f'(0)=1$.

【评注】 本题主要考查隐函数求导和导数定义.

4.【答案】 $\frac{1}{2}$.

【解析】 利用幂级数展开

$$f(x)=\arctan x-\frac{x}{1+ax^2}=\left(x-\frac{x^3}{3}+\cdots\right)-x(1-ax^2+\cdots)$$

$$=\left(a-\frac{1}{3}\right)x^3+\cdots$$

由幂级数展开式的唯一性可知 $a-\frac{1}{3}=\frac{f'''(0)}{3!}=\frac{1}{6}$，则 $a=\frac{1}{2}$.

三、导数的几何意义及相关变化率

23(2010,3 题)【答案】 C.

【解析】 设曲线 $y=x^2$ 与曲线 $y=a\ln x(a\neq 0)$ 的公切点为(x_0,y_0)，则

$$\begin{cases}x_0^2=a\ln x_0,\\ 2x_0=\dfrac{a}{x_0},\end{cases}$$

由此可得 $x_0=\sqrt{e}$，$a=2e$，故应选(C).

【评注】 本题主要考查导数的几何意义.两曲线相切在切点处不仅导数值相同而且函数值相同.部分考生未能得到正确选项，可能是只注意到在切点处导数值相等，而未利用函数值也相等的条件.

24(2014,4 题)【答案】 C.

【解析】 $\left.\frac{dy}{dx}\right|_{t=1}=\left.\frac{2t+4}{2t}\right|_{t=1}=3$，$\left.\frac{d^2y}{dx^2}\right|_{t=1}=\left.-\frac{2}{t^2}\cdot\frac{1}{2t}\right|_{t=1}=-1$，

由曲率公式得 $K\Big|_{t=1}=\frac{|-1|}{(1+3^2)^{3/2}}=\frac{1}{10\sqrt{10}}$，

从而在对应点处曲线的曲率半径为 $10\sqrt{10}$. 即选项(C) 是正确的.

【评注】 本题考查的是对参数方程求导及曲率公式的掌握情况.要防止计算出错等低级错误的干扰.

25(2009,9 题)【答案】 $y=2x$.

【解析】 由 $x=\int_0^{1-t}e^{-u^2}du$ 知，当 $x=0$ 时，$t=1$，先求该曲线在点(0,0) 处切线斜率 $k=\left.\frac{dy}{dx}\right|_{t=1}$.

$$\frac{\mathrm{d}y}{\mathrm{d}x}=\frac{y'(t)}{x'(t)}=\frac{2t\ln(2-t^2)+\dfrac{-2t^3}{2-t^2}}{-\mathrm{e}^{-(1-t)^2}},$$

$$k=\left.\frac{\mathrm{d}y}{\mathrm{d}x}\right|_{t=1}=2,$$

故切线方程为 $y=2x$.

26(2010,13 题)【答案】 3cm/s.

【解析】 这是一个相关变化率问题.首先建立相关量长方形的长 l,宽 w 和对角线(设为 y)之间的关系式,然后等式两端对 t 求导.

由题设知 $y^2=l^2+w^2$,等式两端对 t 求导得

$$2y\frac{\mathrm{d}y}{\mathrm{d}t}=2l\frac{\mathrm{d}l}{\mathrm{d}t}+2w\frac{\mathrm{d}w}{\mathrm{d}t}$$

当 $l=12\text{cm},w=5\text{cm},y=\sqrt{144+25}\text{cm}=13\text{cm}$,又 $\frac{\mathrm{d}l}{\mathrm{d}t}=2,\frac{\mathrm{d}w}{\mathrm{d}t}=3$.代入上式解得

$$\frac{\mathrm{d}y}{\mathrm{d}t}=3(\text{cm/s}).$$

27(2013,12 题)【答案】 $y+x=\frac{\pi}{4}+\frac{1}{2}\ln 2$.

【解析】 $\frac{\mathrm{d}y}{\mathrm{d}x}=\frac{\frac{t}{1+t^2}}{\frac{1}{1+t^2}}=t,\left.\frac{\mathrm{d}y}{\mathrm{d}x}\right|_{t=1}=1$,

而 $t=1$ 时,$x=\frac{\pi}{4},y=\ln\sqrt{2}=\frac{1}{2}\ln 2$,则 $t=1$ 处的法线方程为

$$y-\frac{1}{2}\ln 2=-\left(x-\frac{\pi}{4}\right)$$

即 $y+x=\frac{\pi}{4}+\frac{1}{2}\ln 2$.

【评注】 本题主要考查参数方程求导及导数的几何意义.

28(2014,12 题)【答案】 $\frac{2}{\pi}x+y-\frac{\pi}{2}=0$.

【解析】 曲线 L 上所给点的直角坐标为$(0,\frac{\pi}{2})$.将 θ 作为参数,得曲线 L 的参数方程为

$$\begin{cases}x=\theta\cos\theta,\\ y=\theta\sin\theta.\end{cases}$$

于是有

$$\frac{\mathrm{d}y}{\mathrm{d}x}=\frac{\sin\theta+\theta\cos\theta}{\cos\theta-\theta\sin\theta}.$$

故该点切线斜率为 $\left.\frac{\mathrm{d}y}{\mathrm{d}x}\right|_{\theta=\frac{\pi}{2}}=-\frac{2}{\pi}$,切线方程为

$$y-\frac{\pi}{2}=-\frac{2}{\pi}x$$

即 $\frac{2}{\pi}x+y-\frac{\pi}{2}=0$.

【评注】 本题考查直角坐标与极坐标的转换方法.求导数的另一方法是将曲线 L 的极坐标方程直接化为直角坐标方程：

$$\sqrt{x^2+y^2}=\arctan\frac{y}{x}.$$

再两边对 x 求导.

29(2015,21 题)【证明】 曲线 $y=f(x)$ 在点 $(b,f(b))$ 处切线方程为

$$y-f(b)=f'(b)(x-b).$$

设切线与 x 轴交点处的 x 坐标 $x_0=b-\dfrac{f(b)}{f'(b)}$.

由于 $f'(x)>0$,则 $f'(b)>0$,$f(x)$ 单调增加,$f(b)>f(a)=0$,则

$$x_0=b-\frac{f(b)}{f'(b)}<b.$$

欲证 $x_0>a$,等价于证明 $b-\dfrac{f(b)}{f'(b)}>a$,又 $f'(b)>0$,

则等价于证 $f'(b)(b-a)>f(b)$.事实上

$$f(b)=f(b)-f(a)=f'(\xi)(b-a),(a<\xi<b).$$

由于 $f''(x)>0$,则 $f'(x)$ 单调增加,从而 $f'(\xi)<f'(b)$,则

$$f(b)=f'(\xi)(b-a)<f'(b)(b-a).$$

原题得证.

30(2016,5 题)【答案】 A.

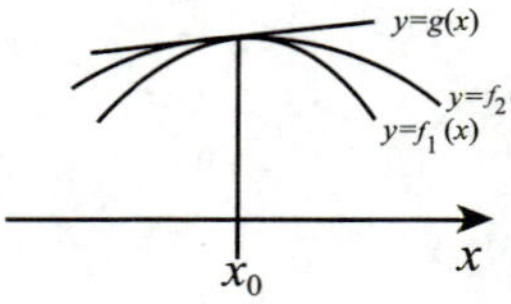

【解析】 由 $f''_i(x_0)<0,(i=1,2)$ 知,在 x_0 某邻域内曲线 $y=f_1(x)$ 和 $y=f_2(x)$ 是凸的,又在该点处曲线 $y=f_1(x)$ 的曲率大于曲线 $y=f_2(x)$ 的曲率,则如图所示,则

$$f_1(x)\leqslant f_2(x)\leqslant g(x).$$

31(2016,13 题)【答案】 $2\sqrt{2}v_0$.

【解析】 由题设知 $l=\sqrt{x^2+y^2}=\sqrt{x^2+x^6}$,则

$$\frac{\mathrm{d}l}{\mathrm{d}t}=\frac{(2x+6x^5)}{2\sqrt{x^2+x^6}}\frac{\mathrm{d}x}{\mathrm{d}t},$$

$$\left.\frac{\mathrm{d}l}{\mathrm{d}t}\right|_{(1,1)}=\frac{8}{2\sqrt{2}}v_0=2\sqrt{2}v_0.$$

32(2018,12 题)【答案】 $\dfrac{2}{3}$.

【解析】 （方法一） $x'\left(\dfrac{\pi}{4}\right)=-3\cos^2t\sin t\Big|_{t=\frac{\pi}{4}}=-\dfrac{3}{2\sqrt{2}}$,

$$x''\left(\frac{\pi}{4}\right)=-3[-2\cos t\sin^2t+\cos^3t]\Big|_{t=\frac{\pi}{4}}=\frac{3}{2\sqrt{2}},$$

$$y'\left(\frac{\pi}{4}\right)=3\sin^2t\cos t\Big|_{t=\frac{\pi}{4}}=\frac{3}{2\sqrt{2}},$$

$$y''\left(\frac{\pi}{4}\right)=3[2\sin t\cos^2t-\sin^3t]\Big|_{t=\frac{\pi}{4}}=\frac{3}{2\sqrt{2}},$$

$$k=\frac{|y''x'-x''y'|}{(x'^2+y'^2)^{\frac{3}{2}}}=\frac{2}{3}.$$

（方法二）$\dfrac{dy}{dx}=\dfrac{y'(t)}{x'(t)}=\dfrac{3\sin^2 t\cos t}{-3\cos^2 t\sin t}=-\tan t,$

$$\frac{d^2y}{dx^2}=-\sec^2 t\cdot\frac{1}{x'(t)}=-\sec^2 t\frac{1}{-3\cos^2 t\sin t}=\frac{1}{3\cos^4 t\sin t},$$

$$\left.\frac{dy}{dx}\right|_{t=\frac{\pi}{4}}=-1,\left.\frac{d^2y}{dx^2}\right|_{t=\frac{\pi}{4}}=\frac{4\sqrt{2}}{3}.$$

$$k=\frac{|y''|}{(1+y'^2)^{\frac{3}{2}}}=\frac{\frac{4\sqrt{2}}{3}}{(1+(-1)^2)^{\frac{3}{2}}}=\frac{4\sqrt{2}}{3}\cdot\frac{1}{2\sqrt{2}}=\frac{2}{3}.$$

33（2018，20 题）【解析】　由右图可知，设 P 点坐标为 (x,y)，直线 OA 与直线 AP 及曲线 L 所围图形面积为

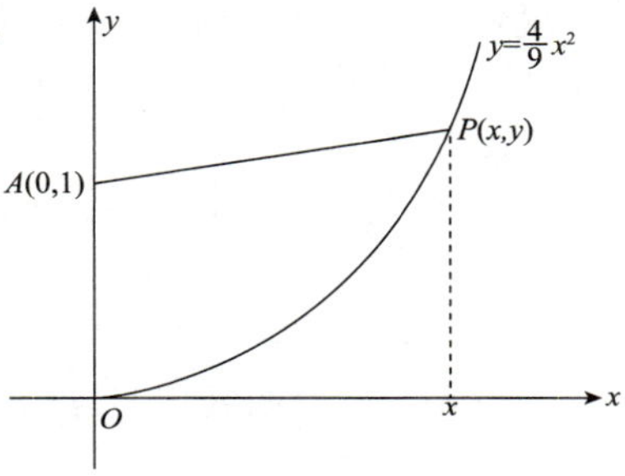

$$S=\frac{1}{2}\times\left(1+\frac{4}{9}x^2\right)x-\int_0^x\frac{4}{9}t^2\,dt=\frac{2}{27}x^3+\frac{1}{2}x.$$

由题设知在点 $(3,4)$ 处 $\dfrac{dx}{dt}=4$，又由 $S=\dfrac{2}{27}x^3+\dfrac{1}{2}x$，

知 $$\frac{dS}{dt}=\frac{dS}{dx}\cdot\frac{dx}{dt}=4\left.\left(\frac{2}{9}x^2+\frac{1}{2}\right)\right|_{x=3}=4\left(2+\frac{1}{2}\right)=10.$$

34（2019，6 题）【答案】　A.

【解析】　充分性：由泰勒公式知

$$f(x)=f(a)+f'(a)(x-a)+\frac{f''(a)}{2!}(x-a)^2+o((x-a)^2),$$

$$g(x)=g(a)+g'(a)(x-a)+\frac{g''(a)}{2!}(x-a)^2+o((x-a)^2),$$

则 $$0=\lim_{x\to a}\frac{(f(a)-g(a))+(f'(a)-g'(a))(x-a)+\frac{1}{2}(f''(a)-g''(a))(x-a)^2+o((x-a)^2)}{(x-a)^2},$$

即 $f(a)=g(a),f'(a)=g'(a),f''(a)=g''(a)$.

由此可知两条曲线 $y=f(x),y=g(x)$ 在 $x=a$ 对应的点处相切及曲率相等.

必要性：由两条曲线 $y=f(x),y=g(x)$ 在 $x=a$ 对应的点处相切及曲率相等可知

$$f(a)=g(a),f'(a)=g'(a),$$

$$\frac{|f''(a)|}{[1+f'^2(a)]^{\frac{3}{2}}}=\frac{|g''(a)|}{[1+g'^2(a)]^{\frac{3}{2}}}.$$

由此可知，$|f''(a)|=|g''(a)|$. 则 $f''(a)=g''(a)$ 或 $f''(a)=-g''(a)$.

当 $f''(a)=-g''(a)$，此时，

$$\lim_{x\to a}\frac{f(x)-g(x)}{(x-a)^2}=\lim_{x\to a}\frac{f'(x)-g'(x)}{2(x-a)}=\lim_{x\to a}\frac{f''(x)-g''(x)}{2}=f''(a),$$

$f''(a)$ 不一定为零.

例如 $f(x)=(x-a)^2,g(x)=-(x-a)^2$. 故必要性不成立，故应选(A).

35（2021，3 题）【答案】　C.

【解析】　设底面半径为 r，高为 h，则 $\dfrac{dr}{dt}=2\ \text{cm/s},\dfrac{dh}{dt}=-3\ \text{cm/s}.$

$$V=\pi r^2h,S=2\pi r^2+2\pi rh.$$

则 $\frac{\mathrm{d}V}{\mathrm{d}t}=2\pi rh\frac{\mathrm{d}r}{\mathrm{d}t}+\pi r^2\frac{\mathrm{d}h}{\mathrm{d}t}$,

$\frac{\mathrm{d}S}{\mathrm{d}t}=4\pi r\frac{\mathrm{d}r}{\mathrm{d}t}+2\pi h\frac{\mathrm{d}r}{\mathrm{d}t}+2\pi r\frac{\mathrm{d}h}{\mathrm{d}t}$,

将 $r=10$ cm, $h=5$ cm, $\frac{\mathrm{d}r}{\mathrm{d}t}=2$ cm/s, $\frac{\mathrm{d}h}{\mathrm{d}t}=-3$ cm/s 代入上式得

$\frac{\mathrm{d}V}{\mathrm{d}t}=-100\ \pi$cm/s, $\frac{\mathrm{d}S}{\mathrm{d}t}=40\ \pi$cm/s,故应选(C).

解题加速度

1.【答案】 $y=-2x$.

【解析】 方程 $\tan\left(x+y+\frac{\pi}{4}\right)=\mathrm{e}^y$ 两端对 x 求导得

$$\sec^2\left(x+y+\frac{\pi}{4}\right)(1+y')=\mathrm{e}^y y'.$$

将 $x=0,y=0$ 代入上式得 $y'=-2$,故所求切线方程为 $y=-2x$.

2.【答案】 -2.

【解析】 由曲线 $y=f(x)$ 与 $y=x^2-x$ 在(1,0)处有公共切线知

$$f(1)=0,f'(1)=(2x-1)\Big|_{x=1}=1,$$

$$\lim_{n\to\infty}nf\left(\frac{n}{n+2}\right)=\lim_{n\to\infty}\frac{-2n}{n+2}\cdot\frac{f\left(1+\frac{-2}{n+2}\right)-f(1)}{\frac{-2}{n+2}}=-2f'(1)=-2.$$

【评注】 本题主要考查导数的定义和导数的几何意义.

3.【解】 $y=f(x)$ 在点 $(x_0,f(x_0))$ 处的切线方程为

$$y-f(x_0)=f'(x_0)(x-x_0).$$

令 $y=0$ 得, $x=x_0-\frac{f(x_0)}{f'(x_0)}$.

切线 $x=x_0$ 及 x 轴所围区域的面积为

$$S=\frac{1}{2}f(x_0)\left[x_0-\left(x_0-\frac{f(x_0)}{f'(x_0)}\right)\right]=4,$$

即 $\frac{1}{2}\frac{f^2(x_0)}{f'(x_0)}=4\Rightarrow\frac{1}{2}y^2=4y',\frac{8\mathrm{d}y}{y^2}=\mathrm{d}x\Rightarrow-\frac{8}{y}=x+C$,

由 $y(0)=2$ 知, $C=-4$.

则所求曲线为 $y=\frac{8}{4-x},x\in I$.

4.【答案】 $y=x-1$.

【解析】 等式 $x+y+\mathrm{e}^{2xy}=0$ 两端对 x 求导得

$$1+y'+\mathrm{e}^{2xy}2(y+xy')=0.$$

将 $x=0,y=-1$ 代入上式得 $y'(0)=1$,故切线方程为 $y=x-1$.

四、函数的单调性、极值与最值

36(2011,3 题)【答案】 C.

【解析】 (方法一) $f'(x)=\dfrac{(x-2)(x-3)+(x-1)(x-3)+(x-1)(x-2)}{(x-1)(x-2)(x-3)}$

$$=\frac{3x^2-12x+11}{(x-1)(x-2)(x-3)},$$

二次方程 $3x^2-12x+11=0$ 的判别式 $\Delta=12^2-4\times3\times11=12>0$,则方程 $3x^2-12x+11=0$ 有两个不相等的实根(但不是 $x=1,x=2,x=3$).因此,$f(x)$ 有两个驻点.

(方法二) 由 $f(x)=\ln|(x-1)(x-2)(x-3)|$ 知

$$f'(x)=\frac{[(x-1)(x-2)(x-3)]'}{(x-1)(x-2)(x-3)}$$

令 $g(x)=(x-1)(x-2)(x-3)$,则 $f'(x)$ 零点个数问题转化为 $g'(x)$ 零点个数.

由于 $g(1)=g(2)=g(3)=0$,由罗尔定理知 $g'(x)$ 分别在$(1,2)$,$(2,3)$ 上各有一个零点,又 $g'(x)$ 是二次多项式,故 $g'(x)$ 只有两个零点,即 $f'(x)$ 只有两个零点.

37(2010,15 题)【解】 函数 $f(x)$ 的定义域为$(-\infty,+\infty)$,且

$$f(x)=x^2\int_1^{x^2}e^{-t^2}dt-\int_1^{x^2}te^{-t^2}dt,$$

$$f'(x)=2x\int_1^{x^2}e^{-t^2}dt+2x^3e^{-x^4}-2x^3e^{-x^4}=2x\int_1^{x^2}e^{-t^2}dt.$$

令 $f'(x)=0$,得 $x=0,x=\pm1$,列表如下:

x	$(-\infty,-1)$	-1	$(-1,0)$	0	$(0,1)$	1	$(1,+\infty)$
$f'(x)$	$-$	0	$+$	0	$-$	0	$+$
$f(x)$	↘	极小	↗	极大	↘	极小	↗

由以上表格可知,$f(x)$ 单调增加区间为$(-1,0)$ 和$(1,+\infty)$;$f(x)$ 单调减少区间为$(-\infty,-1)$ 和$(0,1)$.

$f(x)$ 的极小值为 $f(\pm1)=\int_1^1(1-t)e^{-t^2}dt=0$,

极大值为 $f(0)$, $f(0)=-\int_1^0te^{-t^2}dt=\int_0^1te^{-t^2}dt=\dfrac{1}{2}\left(1-\dfrac{1}{e}\right)$.

【评注】 本题主要考查变上限积分求导和定积分计算,以及求函数单调区间与极值的方法.考的是基本内容和常见问题,但该题的得分率并不高,考生的主要问题是:

① 不能正确求出 $f'(x)=2x\int_1^{x^2}e^{-t^2}dt$ 是最普通的错误.

② 部分考生由于粗心只求出一个驻点 $x=0$,漏掉了驻点 $x=\pm1$.

③ 部分考生不能正确表示单调区间,将单调增加区间写成了$(-1,0)\cup(1,+\infty)$,单调减少区间写成了$(-\infty,-1)\cup(0,1)$.

38(2009,13 题)【答案】 $e^{-\frac{2}{e}}$.

【解析】 因为 $y'=x^{2x}(2\ln x+2)$,令 $y'=0$ 得驻点 $x=\dfrac{1}{e}$,

当 $x\in\left(0,\dfrac{1}{e}\right)$时,$y'<0$,$y(x)$ 单调减少;当 $x\in\left(\dfrac{1}{e},1\right]$时,$y'>0$,$y(x)$ 单调增加,则 $y(x)$

在 $x=\frac{1}{e}$ 处取到区间(0,1]上的最小值，最小值为 $y\left(\frac{1}{e}\right)=e^{-\frac{2}{e}}$.

39(2014,16 题)【解】 由 $x^2+y^2y'=1-y'$，得 $y'=\frac{1-x^2}{1+y^2}$. 令 $y'=0$，得 $x=\pm 1$.

当 $x<-1$ 时，$y'<0$；当 $-1<x<1$ 时，$y'>0$；当 $x>1$ 时，$y'<0$. 因此，$x=-1$ 为极小值点，$x=1$ 为极大值点.

将原方程分离变量后得

$$(1+y^2)dy=(1-x^2)dx,$$

其通解为

$$x^3+y^3-3x+3y=C.$$

又 $y(2)=0$，得 $C=2$. 故 $x^3+y^3-3x+3y=2$.

所以，$y(x)$ 的极小值为 $y(-1)=0$，$y(x)$ 的极大值为 $y(1)=1$.

40(2016,4 题)【答案】 B.

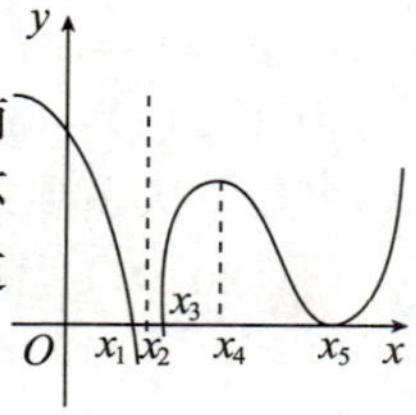

【解析】 x_1,x_3,x_5 为驻点，而在 x_1 和 x_3 两侧 $f'(x)$ 变号，则为极值点，x_5 两侧 $f'(x)$ 不变号，则不是极值点，在 x_2 处 1 阶导数不存在，但在 x_2 两侧 $f'(x)$ 不变号，则不是极值点，在 x_2 处 2 阶导数不存在，在 x_4 和 x_5 处 2 阶导数为零，在这 3 个点两侧 1 阶导函数增减性发生变化，则都为拐点，故应选(B).

41(2016,16 题)【解】

$$f(x)=\begin{cases}\int_0^x(x^2-t^2)dt+\int_x^1(t^2-x^2)dt, & 0<x<1\\ \int_0^1(x^2-t^2)dt, & x\geqslant 1\end{cases}$$

$$=\begin{cases}\frac{1}{3}-x^2+\frac{4}{3}x^3, & 0<x<1,\\ x^2-\frac{1}{3}, & x\geqslant 1.\end{cases}$$

$$f'(x)=\begin{cases}-2x+4x^2, & 0<x<1,\\ 2x, & x\geqslant 1.\end{cases}$$

$f(x)$ 在 $x=1$ 处连续，$\lim\limits_{x\to 1^-}f'(x)=\lim\limits_{x\to 1^-}(-2x+4x^2)=2$，则 $f'_-(1)=2$，

$$\lim_{x\to 1^+}f'(x)=\lim_{x\to 1^+}(2x)=2,$$

则 $f'_+(1)=2$，$f'(1)=2$.

令 $f'(x)=0$，即 $4x^2-2x=0$，$(0<x<1)$.

所以 $2x(2x-1)=0$，$x=\frac{1}{2}$，

当 $0<x<\frac{1}{2}$ 时 $f'(x)<0$，$f(x)$ 单调减少；

当 $\frac{1}{2}<x<1$ 时 $f'(x)>0$，$f(x)$ 单调增加；

当 $1<x$ 时，$f'(x)>0$，$f(x)$ 单调增加，

则 $f(x)$ 在 $x=\frac{1}{2}$ 处取最小值，$f\left(\frac{1}{2}\right)=\frac{1}{3}-\left(\frac{1}{2}\right)^2+\frac{4}{3}\left(\frac{1}{2}\right)^3=\frac{1}{4}$.

42(2019,15 题)【解】 当 $x>0$ 时，

$$f'(x)=(e^{2x\ln x})'=e^{2x\ln x}(2\ln x+2)=2x^{2x}(\ln x+1).$$

当 $x<0$ 时，$f'(x)=(x+1)e^x$.

$$f'_+(0)=\lim_{x\to 0^+}\frac{x^{2x}-1}{x}=\lim_{x\to 0^+}\frac{e^{2x\ln x}-1}{x}=\lim_{x\to 0^+}\frac{2x\ln x}{x}=\infty,$$

则 $f'(0)$ 不存在.

令 $f'(x)=0$ 得 $x=-1, x=\frac{1}{e}$，而 $f'(0)$ 不存在.

当 $x<-1$ 时，$f'(x)<0$，当 $-1<x<0$ 时，$f'(x)>0$，则 $x=-1$ 为极小值点，$f(-1)=1-\frac{1}{e}$；

当 $-1<x<0$ 时，$f'(x)>0$，当 $0<x<\frac{1}{e}$ 时，$f'(x)<0$，则 $x=0$ 为极大值点，$f(0)=1$；

当 $0<x<\frac{1}{e}$ 时，$f'(x)<0$，当 $x>\frac{1}{e}$ 时，$f'(x)>0$，则 $x=\frac{1}{e}$ 为极小值点，$f\left(\frac{1}{e}\right)=e^{-\frac{2}{e}}$.

43(2021,2 题)【答案】 D.

【解析】 由导数定义知

$$f'(0)=\lim_{x\to 0}\frac{\frac{e^x-1}{x}-1}{x}=\lim_{x\to 0}\frac{e^x-1-x}{x^2}=\lim_{x\to 0}\frac{e^x-1}{2x}=\frac{1}{2},$$

故应选(D).

解题加速度

1.【答案】 B.

【解析】 由于 $\lim\limits_{x\to 0}\frac{f''(x)}{|x|}=1>0$，由极限的保号性知，存在 $\delta>0$，当 $0<|x|<\delta$ 时，

$\frac{f''(x)}{|x|}>0$，即 $f''(x)>0$. 从而 $f'(x)$ 单调增加，又 $f'(0)=0$，则

当 $x\in(-\delta,0)$ 时，$f'(x)<0$，当 $x\in(0,\delta)$ 时，$f'(x)>0$，

由极值第一充分条件知，$f(x)$ 在 $x=0$ 处取极小值.

2.【答案】 B.

【解析】 由于 $g(x_0)$ 是 $g(x)$ 的极值，且 $g(x)$ 可导，则 $g'(x_0)=0$，记 $y=f(g(x))$，则

$$\left.\frac{dy}{dx}\right|_{x=x_0}=f'(g(x))g'(x)\Big|_{x=x_0}=f'(a)g'(x_0)=0.$$

从而 $x=x_0$ 为函数 $y=f(g(x))$ 的驻点. 又

$$\frac{d^2y}{dx^2}=f''(g(x))g'^2(x)+f'(g(x))g''(x),$$

则 $\left.\frac{d^2y}{dx^2}\right|_{x=x_0}=f'(g(x_0))g''(x_0)=f'(a)g''(x_0)$.

由题设知 $g''(x_0)<0$，所以，若 $f'(a)>0$，则 $\left.\frac{d^2y}{dx^2}\right|_{x=x_0}<0$，从而 $y=f(g(x))$ 在 x_0 取极大值，

故应选(B).

3.【答案】 C.

【解析】 (方法一) 直接法

由 $f(x)f'(x)>0$ 知

$$\left[\frac{1}{2}f^2(x)\right]'=f(x)f'(x)>0,$$

则 $\frac{1}{2}f^2(x)$ 单调递增，从而 $f^2(x)$ 单调递增，由此可知 $f^2(1)>f^2(-1)$.

上式两端开方得

$$|f(1)|>|f(-1)|.$$

(方法二) 排除法

若取 $f(x)=\mathrm{e}^x$，则 $f'(x)=\mathrm{e}^x$，$f(x)f'(x)=\mathrm{e}^{2x}>0$，$f(1)=\mathrm{e}$，$f(-1)=\frac{1}{\mathrm{e}}$.

显然 $f(1)>f(-1)$，$|f(1)|>|f(-1)|$.

由此可知，(B)(D) 选项是错误的.

若取 $f(x)=-\mathrm{e}^x$，则 $f'(x)=-\mathrm{e}^x$，$f(x)f'(x)=\mathrm{e}^{2x}>0$，$f(1)=-\mathrm{e}$，$f(-1)=-\frac{1}{\mathrm{e}}$.

由此知，$f(1)<f(-1)$，(A) 选项是错误的，故应选(C).

4.【解】 将方程 $x^3+y^3-3x+3y-2=0$ 两端对 x 求导得

$$3x^2+3y^2y'-3+3y'=0 \qquad ①$$

令 $y'=0$ 得 $x=\pm1$，将 $x=\pm1$ 代入原方程得 $\begin{cases}x=1,\\y=1,\end{cases}\begin{cases}x=-1,\\y=0.\end{cases}$

① 式两端再对 x 求导得

$$6x+6y(y')^2+3y^2y''+3y''=0 \qquad ②$$

将 $\begin{cases}x=1,\\y=1,\end{cases}\begin{cases}x=-1,\\y=0\end{cases}$ 及 $y'=0$ 代入 ② 式得 $y''(1)=-1<0$，$y''(-1)=2>0$，

则 $y=y(x)$ 在 $x=1$ 处取极大值，$y(1)=1$，在 $x=-1$ 处取极小值，$y(-1)=0$.

五、曲线的凹向、拐点及渐近线

44(2011,16 题)【解】 $x'(t)=t^2+1$，$x''(t)=2t$，$y'(t)=t^2-1$，$y''(t)=2t$，则

$$\frac{\mathrm{d}y}{\mathrm{d}x}=\frac{y'(t)}{x'(t)}=\frac{t^2-1}{t^2+1},$$

$$\frac{\mathrm{d}^2y}{\mathrm{d}x^2}=\frac{y''(t)x'(t)-x''(t)y'(t)}{x'^3(t)}=\frac{2t(t^2+1)-2t(t^2-1)}{(t^2+1)^3}=\frac{4t}{(t^2+1)^3}.$$

令 $\frac{\mathrm{d}y}{\mathrm{d}x}=0$，得 $t=\pm1$，

当 $t=1$ 时，$x=\frac{5}{3}$，$y=-\frac{1}{3}$，$\frac{\mathrm{d}^2y}{\mathrm{d}x^2}>0$，所以 $y=-\frac{1}{3}$ 为极小值；

当 $t=-1$ 时，$x=-1$，$y=1$，$\frac{\mathrm{d}^2y}{\mathrm{d}x^2}<0$，所以 $y=1$ 为极大值.

令 $\frac{\mathrm{d}^2y}{\mathrm{d}x^2}=0$ 得 $t=0$，$x=y=\frac{1}{3}$.

当 $t<0$ 时，$x<\frac{1}{3}$，$\frac{\mathrm{d}^2y}{\mathrm{d}x^2}<0$，则曲线 $y=y(x)$ 在 $\left(-\infty,\frac{1}{3}\right)$ 上是凸的；

当 $t>0$ 时，$x>\frac{1}{3}$，$\frac{\mathrm{d}^2y}{\mathrm{d}x^2}>0$，则曲线 $y=y(x)$ 在 $\left(\frac{1}{3},+\infty\right)$ 上是凹的，

$\left(\frac{1}{3},\frac{1}{3}\right)$为曲线的拐点.

45(2010,10 题)【答案】 $y=2x$.

【解析】 显然,该曲线没有铅直渐近线和水平渐近线.又

$$a=\lim_{x\to\infty}\frac{y}{x}=\lim_{x\to\infty}\frac{2x^3}{x^3+x}=2,$$

$$b=\lim_{x\to\infty}(y-ax)=\lim_{x\to\infty}\left(\frac{2x^3}{x^2+1}-2x\right)=\lim_{x\to\infty}\frac{-2x}{x^2+1}=0,$$

则该曲线有斜渐近线 $y=2x$.

46(2012,1 题)【答案】 C.

【解析】 由 $\lim\limits_{x\to+\infty}y=\lim\limits_{x\to+\infty}\frac{x^2+x}{x^2-1}=1=\lim\limits_{x\to-\infty}\frac{x^2+x}{x^2-1}=\lim\limits_{x\to-\infty}y=1$,

得 $y=1$ 是曲线的一条水平渐近线且曲线没有斜渐近线,

由$\lim\limits_{x\to1}y=\lim\limits_{x\to1}\frac{x^2+x}{x^2-1}=\infty$,得 $x=1$ 是曲线的一条铅直渐近线;

由 $\lim\limits_{x\to-1}y=\lim\limits_{x\to-1}\frac{x^2+x}{x^2-1}=\frac{1}{2}$,得 $x=-1$ 不是曲线的渐近线.

所以曲线有两条渐近线,故应选(C).

47(2012,13 题)【答案】 $(-1,0)$.

【解析】 由 $y=x^2+x$ 得 $y'=2x+1,y''=2$,代入曲率计算公式得

$$\mathscr{K}=\frac{|y''|}{(1+y'^2)^{\frac{3}{2}}}=\frac{2}{[1+(2x+1)^2]^{\frac{3}{2}}}.$$

由 $\mathscr{K}=\frac{\sqrt{2}}{2}$ 得$(2x+1)^2=1$,解得 $x=0$ 或 $x=-1$.

又 $x<0$,则 $x=-1$,这时 $y=0$,故所求点的坐标为$(-1,0)$.

48(2014,2 题)【答案】 C.

【解析】因为$\lim\limits_{x\to\infty}\frac{x+\sin\frac{1}{x}}{x}=1,\lim\limits_{x\to\infty}\left(x+\sin\frac{1}{x}-x\right)=0$.

故曲线 $y=x+\sin\frac{1}{x}$ 有一条斜渐近线 $y=x$.

对于曲线 $y=x+\sin x$,虽然有$\lim\limits_{x\to\infty}\frac{x+\sin x}{x}=1$,但$\lim\limits_{x\to\infty}(x+\sin x-x)=\lim\limits_{x\to\infty}\sin x$是不存在的,故该曲线无斜渐近线,而且无水平与铅直渐近线.其余两条曲线,由于

$$\lim_{x\to\infty}\frac{x^2+\sin x}{x}=\infty,\lim_{x\to\infty}\frac{x^2+\sin\frac{1}{x}}{x}=\infty,$$

都没有斜渐近线;又由于$\lim\limits_{x\to0}\sin\frac{1}{x}$不存在,所以曲线 $y=x^2+\sin\frac{1}{x}$ 也无铅直渐近线.故只有选项(C)是正确的.

> 【评注】 本题考查曲线有无渐近线的判定.从解题方法看,直观上可先排除(B)(D)两个选项,在前两条曲线中作选择.

49（2015，4 题）【答案】 C.

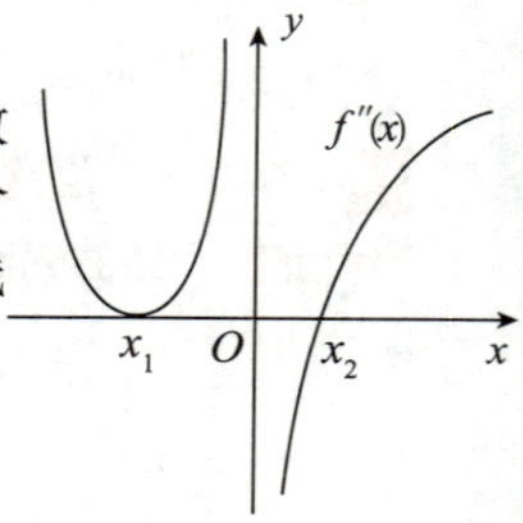

【解析】 由图知，$f''(x_1)=f''(x_2)=0$，$f''(0)$ 不存在，其余点上 2 阶导数 $f''(x)$ 存在且非零，则曲线 $y=f(x)$ 最多有三个拐点，但在 $x=x_1$ 的两侧 2 阶导数不变号，因此不是拐点；而在 $x=0$ 和 $x=x_2$ 的两侧 2 阶导数变号，则曲线 $y=f(x)$ 有两个拐点，故应选(C).

50（2016，9 题）【答案】 $y=x+\frac{\pi}{2}$.

【解析】 $\lim\limits_{x\to\infty}\frac{y}{x}=\lim\limits_{x\to\infty}\left[\frac{x^2}{1+x^2}+\frac{\arctan(1+x^2)}{x}\right]=1=a$，

$\lim\limits_{x\to\infty}(y-ax)=\lim\limits_{x\to\infty}\left[\frac{x^3}{1+x^2}-x+\arctan(1+x^2)\right]=\lim\limits_{x\to\infty}\frac{-x}{1+x^2}+\frac{\pi}{2}=\frac{\pi}{2}=b$，

则斜渐近线为 $y=x+\frac{\pi}{2}$.

51（2017，9 题）【答案】 $y=x+2$.

【解析】 由于$\lim\limits_{x\to\infty}\frac{y}{x}=\lim\limits_{x\to\infty}\left(1+\arcsin\frac{2}{x}\right)=1=a$，

$\lim\limits_{x\to\infty}(y-ax)=\lim\limits_{x\to\infty}x\arcsin\frac{2}{x}=\lim\limits_{x\to\infty}x\cdot\frac{2}{x}=2=b$，

所以曲线 $y=x(1+\arcsin\frac{2}{x})$ 的斜渐近线方程为 $y=x+2$.

52（2018，10 题）【答案】 $y=4x-3$.

【解析】 $y'=2x+\frac{2}{x}$，$y''=2-\frac{2}{x^2}$.

令 $y''=0$，得 $x=1$，$x=-1$（舍去）.

拐点为$(1,1)$，$y'(1)=2+2=4$.

拐点处的切线方程为 $y-1=4(x-1)$ 即 $y=4x-3$.

53（2019，2 题）【答案】 B.

【解析】 $y'=\sin x+x\cos x-2\sin x=x\cos x-\sin x$，

$y''=\cos x-x\sin x-\cos x=-x\sin x$，

令 $y''=0$ 得 $x=0$，$x=\pi$.

又在 $x=0$ 的两侧，y'' 不变号，则$(0,2)$ 不是拐点；

在 $x=\pi$ 的两侧，y'' 变号，则$(\pi,-2)$ 是拐点.

54（2020，15 题）【解】

（方法一） $\lim\limits_{x\to+\infty}\frac{y}{x}=\lim\limits_{x\to+\infty}\frac{x^{1+x}}{x(1+x)^x}=\lim\limits_{x\to+\infty}\frac{x^x}{(1+x)^x}$

$$=\lim_{x\to+\infty}\frac{1}{\left(1+\frac{1}{x}\right)^x}=\frac{1}{e}=a,$$

$$\lim_{x\to+\infty}(y-ax)=\lim_{x\to+\infty}\left[\frac{x^{1+x}}{(1+x)^x}-\frac{x}{e}\right]=\lim_{x\to+\infty}\frac{x\left[e-\left(1+\frac{1}{x}\right)^x\right]}{e\left(1+\frac{1}{x}\right)^x}$$

$$=\frac{1}{e^2}\lim_{x\to+\infty}\frac{e-\left(1+\frac{1}{x}\right)^x}{\frac{1}{x}}=\frac{-1}{e^2}\lim_{t\to0^+}\frac{(1+t)^{\frac{1}{t}}-e}{t}$$

$$=\frac{-1}{e^2}\lim_{t\to 0^+}\frac{e^{\frac{\ln(1+t)}{t}}-e}{t}=\frac{-1}{e}\lim_{t\to 0^+}\frac{e^{\frac{\ln(1+t)-t}{t}}-1}{t}$$

$$=-\frac{1}{e}\lim_{t\to 0^+}\frac{\ln(1+t)-t}{t^2}=-\frac{1}{e}\lim_{t\to 0^+}\frac{-\frac{1}{2}t^2}{t^2}$$

$$=\frac{1}{2e}=b,$$

故所求斜渐近线为 $y=\frac{1}{e}x+\frac{1}{2e}$.

(方法二) 由渐近线定义可知,若 $y=f(x)=ax+b+\alpha(x)$,其中 $\lim\limits_{x\to\infty}\alpha(x)=0$,则 $y=ax+b$ 为曲线 $y=f(x)$ 的渐近线.

$$y=\frac{x^{1+x}}{(1+x)^x}=x\left(1+\frac{1}{x}\right)^{-x}=xe^{-x\ln\left(1+\frac{1}{x}\right)}=xe^{-x\left[\frac{1}{x}-\frac{1}{2x^2}+o\left(\frac{1}{x^2}\right)\right]}$$

$$=xe^{-1+\frac{1}{2x}+o\left(\frac{1}{x}\right)}=\frac{x}{e}e^{\frac{1}{2x}+o\left(\frac{1}{x}\right)}=\frac{x}{e}\left[1+\frac{1}{2x}+o\left(\frac{1}{x}\right)\right]=\frac{x}{e}+\frac{1}{2e}+\frac{x}{e}\cdot o\left(\frac{1}{x}\right),$$

其中 $\frac{x}{e}\cdot o\left(\frac{1}{x}\right)\to 0$,当 $x\to+\infty$ 时,则曲线 $y=\frac{x^{1+x}}{(1+x)^x}$ 有斜渐近线 $y=\frac{x}{e}+\frac{1}{2e}$.

【评注】 本题考查曲线的渐近线的概念和求法,考查考生求未定式极限的能力.在求解过程中,要用到重要极限公式、换元法、等价无穷小量替换、洛必达法则等,是一道综合考查基本方法和基本计算的试题.

本题在求解和计算过程中须注意如下三个容易出现的问题:

(1) 没有掌握曲线的渐近线的概念和求法,无法入手.

(2) 在求 $\lim\limits_{x\to+\infty}\left[f(x)-\frac{x}{e}\right]$ 时,出现

$$\lim_{x\to+\infty}\left[f(x)-\frac{x}{e}\right]=\lim_{x\to+\infty}\left[\frac{x^{1+x}}{(1+x)^x}-\frac{x}{e}\right]=\lim_{x\to+\infty}\left[\frac{x}{\left(1+\frac{1}{x}\right)^x}-\frac{x}{e}\right]=0$$

的错误.

(3) 在计算 $\lim\limits_{x\to+\infty}\left[\frac{x^{1+x}}{(1+x)^x}-\frac{x}{e}\right]$ 时,没有利用换元法及等价无穷小量替换将所求的极限简化,而是直接写成

$$\lim_{x\to+\infty}\left[\frac{x^{1+x}}{(1+x)^x}-\frac{x}{e}\right]=\lim_{x\to+\infty}\frac{ex^{1+x}-x(1+x)^x}{e(1+x)^x},$$

再利用洛必达法则,由于计算量大,出现计算错误,或者无法计算出结果.

55(2021,18题)【解】 当 $x>0$ 时,

$$f(x)=x-1+\frac{1}{1+x},f'(x)=1-\frac{1}{(1+x)^2},f''(x)=\frac{2}{(1+x)^3}>0,$$

则曲线 $y=f(x)$ 在区间 $(0,+\infty)$ 上是凹的;

当 $-1<x<0$ 时,

$$f(x)=1-x-\frac{1}{1+x},f''(x)=-\frac{2}{(x+1)^3}<0,$$

则曲线 $y=f(x)$ 在区间 $(-1,0)$ 上是凸的;

当 $x<-1$ 时,

$$f(x)=1-x-\frac{1}{1+x},f''(x)=-\frac{2}{(1+x)^3}>0,$$

则曲线 $y=f(x)$ 在区间$(-\infty,-1)$ 上是凹的.

由于$\lim\limits_{x\to-1}f(x)=\lim\limits_{x\to-1}\frac{x|x|}{1+x}=\infty$,则 $x=-1$ 是该曲线的一条铅直渐近线.

又当 $x>0$ 时,$f(x)=x-1+\frac{1}{1+x}$,当 $x<-1$ 时,$f(x)=1-x-\frac{1}{1+x}$,

则该曲线有两条斜渐近线 $y=x-1$ 和 $y=1-x$.

解题加速度

1.【分析】 问题的关键是要确定在点(1,1) 附近函数 $y=y(x)$ 的 2 阶导数 $y''(x)$ 的正负.

【解】（方法一） 方程 $y\ln y-x+y=0$ 两端对 x 求导,得

$$y'\ln y+2y'-1=0,$$

解得 $y'=\frac{1}{2+\ln y}$,再对 x 求导得

$$y''=\frac{-y'}{y(2+\ln y)^2}=\frac{-1}{y(2+\ln y)^3}.$$

将$(x,y)=(1,1)$ 代入上式得 $y''\Big|_{y=1}=-\frac{1}{8}<0$.

由于 2 阶导数 $y''(x)$ 在 $x=1$ 附近连续,因此,在 $x=1$ 附近 $y''(x)<0$,故曲线 $y=y(x)$ 在(1,1) 附近是凸的.

（方法二） 方程 $y\ln y-x+y=0$ 两端对 x 求导,得

$$y'\ln y+2y'-1=0.$$

再对 x 求导得 $y''\ln y+\frac{y'^2}{y}+2y''=0$,将 $x=1,y=1$ 代入以上两式得

$$y''(1)=-\frac{1}{8}<0.$$

由于 2 阶导数 $y''(x)$ 在 $x=1$ 附近连续,因此在 $x=1$ 附近 $y''(x)<0$,则曲线 $y=y(x)$ 在点(1,1) 附近是凸的.

2.【答案】 3.

【解析】 曲线 $y=x^3+ax^2+bx+1$ 应该过点$(-1,0)$,则 $0=-1+a-b+1$,即 $a-b=0$.

$$y'=3x^2+2ax+b,y''=6x+2a,y''\Big|_{x=-1}=0,$$

即 $-6+2a=0$,则 $a=b=3$.

3.【解】 (Ⅰ) 联立$\begin{cases}f''(x)+f'(x)-2f(x)=0,\\ f''(x)+f(x)=2e^x,\end{cases}$ 得 $f'(x)-3f(x)=-2e^x$,因此

$$f(x)=e^{\int 3dx}\left(\int(-2e^x)e^{-\int 3dx}dx+C\right)=e^x+Ce^{3x}.$$

代入 $f''(x)+f(x)=2e^x$,得 $C=0$,所以 $f(x)=e^x$.

(Ⅱ)

$$y=f(x^2)\int_0^x f(-t^2)dt=e^{x^2}\int_0^x e^{-t^2}dt,$$

$$y' = 2xe^{x^2}\int_0^x e^{-t^2}\,dt + 1,$$

$$y'' = 2x + 2(1+2x^2)e^{x^2}\int_0^x e^{-t^2}\,dt.$$

当 $x<0$ 时，$y''<0$；当 $x>0$ 时，$y''>0$，又 $y(0)=0$，所以曲线的拐点为 $(0,0)$.

六、证明函数不等式

56(2012,20 题)**【证明】** **(方法一)**　记 $f(x)=x\ln\frac{1+x}{1-x}+\cos x-\frac{x^2}{2}-1$，则

$$f'(x)=\ln\frac{1+x}{1-x}+\frac{2x}{1-x^2}-\sin x-x,$$

$$f''(x)=\frac{4}{(1-x^2)^2}-1-\cos x.$$

当 $-1<x<1$ 时，由于 $\frac{4}{(1-x^2)^2}\geqslant 4$，$1+\cos x\leqslant 2$，所以 $f''(x)\geqslant 2>0$，从而 $f'(x)$ 单调增加.

又因为 $f'(0)=0$，所以当 $-1<x<0$ 时，$f'(x)<0$；当 $0<x<1$ 时，$f'(x)>0$，

于是 $f(0)=0$ 是函数 $f(x)$ 在 $(-1,1)$ 内的最小值.

从而当 $-1<x<1$ 时，$f(x)\geqslant f(0)=0$，即 $x\ln\frac{1+x}{1-x}+\cos x\geqslant 1+\frac{x^2}{2}$.

(方法二)　令 $f(x)=x\ln\frac{1+x}{1-x}+\cos x-\frac{x^2}{2}-1$，$(-1<x<1)$.

显然，$f(x)$ 是偶函数，因此，只要证明 $f(x)\geqslant 0$，$x\in[0,1)$. 由于

$$f'(x)=\ln\frac{1+x}{1-x}+\frac{2x}{1-x^2}-\sin x-x,\quad x\in[0,1).$$

$$\ln\frac{1+x}{1-x}>0.\ \frac{2x}{1-x^2}>2x=x+x>\sin x+x.$$

从而有 $f'(x)>0$，$x\in(0,1)$. 又 $f(0)=0$，则 $f(x)\geqslant 0$，$x\in[0,1)$.

从而当 $-1<x<1$ 时，$f(x)\geqslant f(0)=0$，即 $x\ln\frac{1+x}{1-x}+\cos x\geqslant 1+\frac{x^2}{2}$.

57(2014,3 题)**【答案】**　D.

【解析】 在区间 $[0,1]$ 上，曲线 $y=g(x)$ 是连接曲线 $y=f(x)$ 两个端点的一条弦.

由函数 $f(x)$ 的 2 阶导数 $f''(x)$ 的正负号，可以判定曲线 $y=f(x)$ 在区间 $[0,1]$ 上的凹凸性态，所以，当 $f''(x)\geqslant 0$ 时，曲线 $y=f(x)$ 是凹的，从而弦在曲线的上方，即 $g(x)\geqslant f(x)$. 这同时否定了选项(C).

若设 $F(x)=g(x)-f(x)$，$x\in[0,1]$. 则 $F(0)=F(1)=0$，$F(x)$ 在 $[0,1]$ 上满足罗尔定理的条件，于是，至少存在一点 $\xi\in(0,1)$，使 $F'(\xi)=0$. 不妨假设只存在一点 ξ. 则在区间 $(0,\xi)$ 与 $(\xi,1)$ 内 $F'(x)$ 异号，函数 $F(x)$ 的增减性相反，又 $F(0)=F(1)=0$，所以选项(A) 与(B) 都是错的.

【评注】　利用 2 阶导数的几何意义，可以轻易判断出正确选项. 还可以利用反例来否定选项(A) 与(B)，例如设 $f(x)=x^2$，则选项(A) 错；设 $f(x)=\sin\frac{\pi}{2}x$，则选项(B) 错. 这都是考生应该掌握的重要方法.

58(2018,4题)【答案】 D.

【解析】（方法一） $f(x)=f\left(\frac{1}{2}\right)+f'\left(\frac{1}{2}\right)\left(x-\frac{1}{2}\right)+\frac{f''(\xi)}{2!}\left(x-\frac{1}{2}\right)^2$，$\xi$ 在 $\frac{1}{2}$ 与 x 之间，

$$\int_0^1 f(x)\mathrm{d}x=\int_0^1 f\left(\frac{1}{2}\right)\mathrm{d}x+\int_0^1 f'\left(\frac{1}{2}\right)\left(x-\frac{1}{2}\right)\mathrm{d}x+\frac{1}{2!}\int_0^1 f''(\xi)\left(x-\frac{1}{2}\right)^2\mathrm{d}x$$

$$=f\left(\frac{1}{2}\right)+\frac{1}{2}\int_0^1 f''(\xi)\left(x-\frac{1}{2}\right)^2\mathrm{d}x,$$

若 $f''(x)>0$，则 $\int_0^1 f''(\xi)\left(x-\frac{1}{2}\right)^2\mathrm{d}x>0$，由 $\int_0^1 f(x)\mathrm{d}x=0$ 知，$f\left(\frac{1}{2}\right)<0$.

（方法二） 利用结论：若在 $[a,b]$ 上 $f''(x)>0$，则

$$f\left(\frac{a+b}{2}\right)(b-a)<\int_a^b f(x)\mathrm{d}x<\frac{f(a)+f(b)}{2}(b-a).$$

由此可知，若在 $[0,1]$ 上 $f''(x)>0$，则 $f\left(\frac{0+1}{2}\right)\cdot 1<\int_0^1 f(x)\mathrm{d}x$，

即 $f\left(\frac{1}{2}\right)<\int_0^1 f(x)\mathrm{d}x=0$，$f\left(\frac{1}{2}\right)<0$，故应选(D).

（方法三） 排除法

令 $f(x)=-\left(x-\frac{1}{2}\right)$，显然 $f'(x)=-1<0$，$\int_0^1 f(x)\mathrm{d}x=0$，

但 $f\left(\frac{1}{2}\right)=0$，则(A)不正确.

令 $f(x)=x-\frac{1}{2}$，则 $f'(x)=1>0$，$\int_0^1 f(x)\mathrm{d}x=0$，

但 $f\left(\frac{1}{2}\right)=0$，则(C)不正确.

令 $f(x)=-x^2+\frac{1}{3}$，则 $f''(x)=-2<0$，$\int_0^1 f(x)\mathrm{d}x=0$，

但 $f\left(\frac{1}{2}\right)=-\frac{1}{4}+\frac{1}{3}>0$，则(B)不正确，故应选(D).

59(2018,18题)【解】 设 $f(x)=x-\ln^2 x+2k\ln x-1$，$x\in(0,+\infty)$，则

$$f'(x)=1-\frac{2\ln x}{x}+\frac{2k}{x}=\frac{x-2\ln x+2k}{x}.$$

设 $g(x)=x-2\ln x+2k$，则 $g'(x)=1-\frac{2}{x}$.

当 $0<x<2$，$g'(x)<0$，$g(x)$ 单调减少，

当 $2<x<+\infty$，$g'(x)>0$，$g(x)$ 单调增加，

$g(x)$ 在 $x=2$ 处取最小值，

$$g(2)=2-2\ln 2+2k=2(k-\ln 2+1)\geqslant 0,$$

则 $f'(x)\geqslant 0$，$x\in(0,+\infty)$. 所以 $f(x)$ 单调增加，

又 $f(1)=0$，则

当 $x\in(0,1)$ 时，$f(x)<0$，当 $x\in(1,+\infty)$ 时，$f(x)>0$，

从而 $(x-1)f(x)\geqslant 0$，即

$$(x-1)(x-\ln^2 x+2k\ln x-1)\geqslant 0.$$

60(2020,6题)【答案】 B.

【解析】（方法一） 辅助函数法

由 $f'(x)>f(x)>0, x\in[-2,2]$ 可知，

$$f'(x)-f(x)>0.$$

从而有 $e^{-x}(f'(x)-f(x))>0$，即 $[e^{-x}f(x)]'>0$.

令 $F(x)=e^{-x}f(x)$，则 $F(x)$ 在 $[-2,2]$ 上单调增，从而有

$$F(0)>F(-1),$$

即 $f(0)>ef(-1)$，从而有 $\dfrac{f(0)}{f(-1)}>e$.

（方法二） 积分法

由 $f'(x)>f(x)>0, x\in[-2,2]$ 可知，$\dfrac{f'(x)}{f(x)}>1$，则

$$\int_{-1}^{x}\frac{f'(t)}{f(t)}dt>\int_{-1}^{x}1dt\,(x>-1),$$

$$\ln f(x)-\ln f(-1)>x+1,$$

$$\frac{f(x)}{f(-1)}>e^{x+1}.$$

令 $x=0$，则 $\dfrac{f(0)}{f(-1)}>e$.

（方法三） 排除法

取 $f(x)=e^{2x}$，则 $f(x)$ 满足 $f'(x)>f(x)>0$. 此时有

$$\frac{f(-2)}{f(-1)}=e^{-2}<1, \frac{f(1)}{f(-1)}=e^{4}>e^{2}, \frac{f(2)}{f(-1)}=e^{6}>e^{3},$$

故选项(A)(C)(D)不是正确选项，从而选(B).

【评注】 本题方法一的关键在于辅助函数的构造.

当 $f(x), f'(x)$ 之间出现等式或不等式 $f'(x)>kf(x), f'(x)<kf(x), f'(x)=kf(x)$ 条件时，辅助函数构造规则为：$\varphi(x)=e^{-kx}f(x)$.

61（2022，21 题）【证明】 必要性：不妨设 $a<b$. 由泰勒公式知

$$f(x)=f\left(\frac{a+b}{2}\right)+f'\left(\frac{a+b}{2}\right)\left(x-\frac{a+b}{2}\right)+\frac{f''(\xi)}{2!}\left(x-\frac{a+b}{2}\right)^2,$$

则 $\displaystyle\int_a^b f(x)dx=(b-a)f\left(\frac{a+b}{2}\right)+\frac{1}{2}\int_a^b f''(\xi)\left(x-\frac{a+b}{2}\right)^2dx$，

这里 $\displaystyle\int_a^b\left(x-\frac{a+b}{2}\right)dx=0$，又 $f''(x)\geqslant 0$，则

$$\int_a^b f''(\xi)\left(x-\frac{a+b}{2}\right)^2dx\geqslant 0.$$

故 $f\left(\dfrac{a+b}{2}\right)\leqslant\dfrac{1}{b-a}\displaystyle\int_a^b f(x)dx$.

充分性：（反证法）

若存在 x_0，使 $f''(x_0)<0$，由 $f''(x)$ 的连续性知，存在含 x_0 的区间 $[c,d]$，使得 $f''(x)<0$. 类似必要性，由泰勒公式知

$$f(x)=f\left(\frac{c+d}{2}\right)+f'\left(\frac{c+d}{2}\right)\left(x-\frac{c+d}{2}\right)+\frac{f''(\xi)}{2!}\left(x-\frac{c+d}{2}\right)^2,$$

$$\int_c^d f(x)dx=(d-c)f\left(\frac{c+d}{2}\right)+\frac{1}{2}\int_c^d f''(\xi)\left(x-\frac{c+d}{2}\right)^2dx,$$

则 $\int_c^d f(x)\mathrm{d}x < (d-c)f\left(\frac{c+d}{2}\right)$，即 $f\left(\frac{c+d}{2}\right) > \frac{1}{d-c}\int_c^d f(x)\mathrm{d}x$，与题设矛盾.

原题得证.

解题加速度

【答案】 A.

【解析】（方法一） 令 $f(x)=\int_1^x \frac{\sin t}{t}\mathrm{d}t-\ln x, x\in(0,+\infty)$，则

$$f'(x)=\frac{\sin x}{x}-\frac{1}{x}=\frac{\sin x-1}{x}\leqslant 0.$$

从而 $f(x)$ 在 $(0,+\infty)$ 上单调减少，又 $f(1)=0$，则当 $x\in(0,1)$ 时，$f(x)>0$，即 $\int_1^x \frac{\sin t}{t}\mathrm{d}t>\ln x$.

故应选(A).

（方法二） $\int_1^x \frac{\sin t}{t}\mathrm{d}t>\ln x$ 成立等价于

$$\int_1^x \frac{\sin t}{t}\mathrm{d}t>\int_1^x \frac{1}{t}\mathrm{d}t,(x>0).$$

又 $\frac{\sin t}{t}\leqslant\frac{1}{t},(t>0)$，显然，当 $0<x<1$，必有

$$\int_1^x \frac{\sin t}{t}\mathrm{d}t>\int_1^x \frac{1}{t}\mathrm{d}t.$$

【评注】 本题是一道函数不等式的基本题，无非是不等式中出现了变上限积分函数. 但不少考生错误地选择了(B)，这说明部分考生不适应这种题型的变化.

七、方程根的存在性与个数

62（2009，5 题）【答案】 B.

【解析】（方法一） 等式 $x^2+y^2=2$ 两端对 x 求导得

$$2x+2yy'=0, y'(1)=-1.$$

再求导得 $2+2(y')^2+2yy''=0, y''(1)=-2$，

即 $f'(1)=-1, f''(1)=-2$，由于 $f''(x)$ 不变号，则 $f''(x)<0$，

从而 $f'(x)$ 单调减，又 $f'(1)=-1<0$，则

$$f'(x)<0, x\in(1,2).$$

$f(x)$ 在 $(1,2)$ 上单调减，从而也就无极值，又

$$f(1)=1>0,$$

$$f(2)=f(2)-f(1)+f(1)=f'(\xi)+f(1),(1<\xi<2)$$
$$<f'(1)+1=0.$$

由连续函数零点定理知，$f(x)$ 在 $(1,2)$ 内有零点，故应选(B).

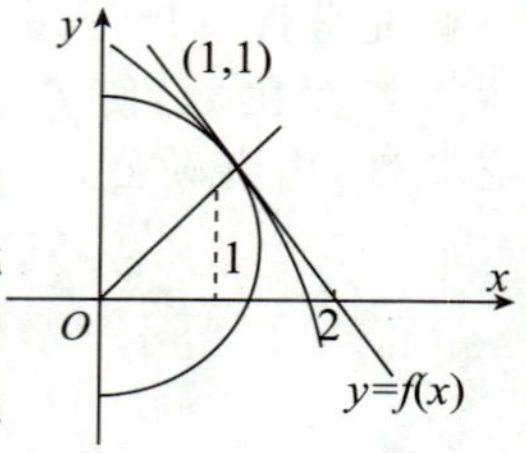

（方法二） 由题设知曲线 $y=f(x)$ 及曲率圆如图所示，且 $f''(x)<0$，曲线 $y=f(x)$ 在 $(1,1)$ 点的切线 l 的方程为 $x+y=2$，则 $f'(1)=-1<0$，又 $f''(x)<0$，则 $f'(x)<0(1<x<2)$，$f(x)$ 单调减，则 $f(x)$ 在 $(1,2)$ 上无极值，又 $f''(x)<0$，则曲线是凸的，则曲线 $y=f(x)$ 应在切线 $x+y=2$ 的下方，则曲线 $y=f(x)$ 在 $(1,2)$ 内和 x 轴有交点，故 $f(x)$ 在区间 $(1,2)$ 内无

极值有零点.

【评注】 本题是一道综合题,有一定难度.得分率不高,选(A)或(C)的很多,这表明部分考生在"猜答案".

$f(x)$ 有无零点的问题就是方程 $f(x)=0$ 有无实根的问题,本题是利用连续函数零点定理说明了 $f(x)=0$ 有实根.

63(2012,21题)(Ⅰ)**【证明】** 令 $f(x)=x^n+x^{n-1}+\cdots+x-1(n>1)$,则 $f(x)$ 在 $\left[\frac{1}{2},1\right]$ 上连续,且

$$f\left(\frac{1}{2}\right)=\frac{\frac{1}{2}\left(1-\frac{1}{2^n}\right)}{1-\frac{1}{2}}-1=-\frac{1}{2^n}<0,f(1)=n-1>0.$$

由闭区间上连续函数的介值定理知,方程 $f(x)=0$ 在 $\left(\frac{1}{2},1\right)$ 内至少有一个实根.当 $x\in\left(\frac{1}{2},1\right)$ 时,

$$f'(x)=nx^{n-1}+(n-1)x^{n-2}+\cdots+2x+1>1>0,$$

故 $f(x)$ 在 $\left(\frac{1}{2},1\right)$ 内单调增加.

综上所述,方程 $f(x)=0$ 在 $\left(\frac{1}{2},1\right)$ 内有且仅有一个实根.

(Ⅱ)**【解】** 由 $x_n\in\left(\frac{1}{2},1\right)$ 知数列 $\{x_n\}$ 有界,又

$$x_n^n+x_n^{n-1}+\cdots+x_n=1,$$
$$x_{n+1}^{n+1}+x_{n+1}^n+x_{n+1}^{n-1}+\cdots+x_{n+1}=1.$$

因为 $x_{n+1}^{n+1}>0$,所以

$$x_n^n+x_n^{n-1}+\cdots+x_n>x_{n+1}^n+x_{n+1}^{n-1}+\cdots+x_{n+1}.$$

于是有 $x_n>x_{n+1},n=1,2,\cdots$,即 $\{x_n\}$ 单调减少.

综上所述,数列 $\{x_n\}$ 单调有界,故 $\{x_n\}$ 收敛.

记 $a=\lim\limits_{n\to\infty}x_n$,由于 $\frac{x_n-x_n^{n+1}}{1-x_n}=1$,令 $n\to\infty$ 并注意到 $\frac{1}{2}<x_n<x_1<1$,则有 $\frac{a}{1-a}=1$,解得 $a=\frac{1}{2}$,即 $\lim\limits_{n\to\infty}x_n=\frac{1}{2}$.

64(2016,21题)**【解】** (Ⅰ)由题设知 $f(x)=\int_0^x\frac{\cos t}{2t-3\pi}\mathrm{d}t+C$.

由 $f(0)=0$ 知,$C=0$,

$$f(x)=\int_0^x\frac{\cos t}{2t-3\pi}\mathrm{d}t.$$

$$\int_0^{\frac{3}{2}\pi}f(x)\mathrm{d}x=\int_0^{\frac{3}{2}\pi}\mathrm{d}x\int_0^x\frac{\cos t}{2t-3\pi}\mathrm{d}t=\int_0^{\frac{3}{2}\pi}\mathrm{d}t\int_t^{\frac{3}{2}\pi}\frac{\cos t}{2t-3\pi}\mathrm{d}x$$
$$=-\frac{1}{2}\int_0^{\frac{3}{2}\pi}\cos t\mathrm{d}t=\frac{1}{2}.$$

函数平均值为 $\frac{\frac{1}{2}}{\frac{3}{2}\pi}=\frac{1}{3\pi}$.

(Ⅱ)$f'(x)=\dfrac{\cos x}{2x-3\pi},x\in\left(0,\dfrac{3\pi}{2}\right)$.

当 $x\in\left(0,\dfrac{\pi}{2}\right)$时,$f'(x)<0$,$f(x)$ 单调减少,又 $f(0)=0$,则 $f(x)<0$;

当 $x\in\left(\dfrac{\pi}{2},\dfrac{3}{2}\pi\right)$时,$f'(x)>0$,$f(x)$ 单调增加.

$$f\left(\frac{\pi}{2}\right)<0,f\left(\frac{3}{2}\pi\right)=\int_0^{\frac{3}{2}\pi}\frac{\cos x}{2x-3\pi}\mathrm{d}x\xlongequal{x=\frac{3}{2}\pi-t}\frac{1}{2}\int_0^{\frac{3}{2}\pi}\frac{\sin t}{t}\mathrm{d}t>0,$$

则 $f(x)$ 在$\left(\dfrac{\pi}{2},\dfrac{3}{2}\pi\right)$上有唯一零点,故 $f(x)$ 在$\left(0,\dfrac{3}{2}\pi\right)$上有唯一零点.

65(2017,19 题)**【证明】** (Ⅰ)由 $\lim\limits_{x\to0^+}\dfrac{f(x)}{x}<0$ 及极限保号性知,存在 $\varepsilon>0$,在$(0,\varepsilon)$内$\dfrac{f(x)}{x}<0$,则存在 $x_1\in(0,\varepsilon)$使 $f(x_1)<0$,又 $f(1)>0$,由连续函数零点定理知至少存在 $\xi\in(x_1,1)$,使 $f(\xi)=0$,即方程 $f(x)=0$ 在区间$(0,1)$内至少存在一个实根.

(Ⅱ)令 $F(x)=f(x)f'(x)$,则 $F'(x)=f(x)f''(x)+[f'(x)]^2$.

又由 $\lim\limits_{x\to0^+}\dfrac{f(x)}{x}$ 存在,且分母趋于零,则 $\lim\limits_{x\to0^+}f(x)=f(0)=0$,又 $f(\xi)=0$,

由罗尔定理知存在 $\eta\in(0,\xi)$,使 $f'(\eta)=0$,则

$$F(0)=f(0)f'(0)=0,F(\eta)=f(\eta)f'(\eta)=0,F(\xi)=f(\xi)f'(\xi)=0.$$

由罗尔定理知存在 $\eta_1\in(0,\eta)$,使 $F'(\eta_1)=0$,存在 $\eta_2\in(\eta,\xi)$,使 $F'(\eta_2)=0$,即 η_1 和 η_2 是方程

$$f(x)f''(x)+[f'(x)]^2=0$$

的两个不同的实根,原题得证.

66(2021,4 题)**【答案】** A.

【解析】 $f(x)=ax-b\ln x$ 有两个零点等价于方程 $ax-b\ln x=0$ 有两个实根,即方程

$\dfrac{a}{b}=\dfrac{\ln x}{x}$ 有两个实根,令 $\varphi(x)=\dfrac{\ln x}{x}$,则

$$\varphi'(x)=\frac{1-\ln x}{x^2}=0,\text{得 } x=\mathrm{e}.$$

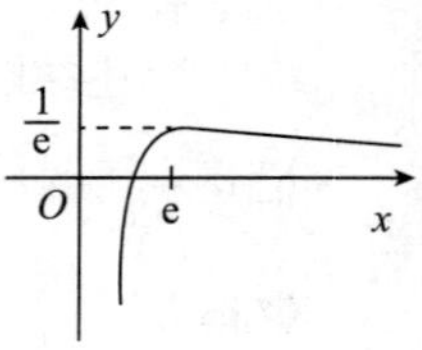

在$(0,\mathrm{e})$上 $\varphi(x)$ 单调增,在$(\mathrm{e},+\infty)$上 $\varphi(x)$ 单调减,$\lim\limits_{x\to0^+}\varphi(x)=-\infty$,$\lim\limits_{x\to+\infty}\varphi(x)=0$,则 $\varphi(x)$ 如右图,方程

$$\frac{a}{b}=\frac{\ln x}{x}$$

有两个实根的几何意义是直线 $y=\dfrac{a}{b}$ 与曲线 $y=\varphi(x)$ 有且仅有两个交点,则

$$0<\frac{a}{b}<\frac{1}{\mathrm{e}},$$

即 $\mathrm{e}<\dfrac{b}{a}<+\infty$. 故应选(A).

解题加速度

1.**【解】**(方法一) 令 $f(x)=k\arctan x-x$,则 $f(x)$ 是$(-\infty,+\infty)$上的奇函数,则其零点关于原点对称,因此,只须讨论 $f(x)$ 在$[0,+\infty)$上的零点个数.

又 $f(0)=0$,$f'(x)=\dfrac{k}{1+x^2}-1=\dfrac{k-1-x^2}{1+x^2}$.

(1) 当 $k-1\leqslant 0$,即 $k\leqslant 1$ 时,$f'(x)<0(x>0)$,$f(x)$ 在 $(0,+\infty)$ 上无零点.

(2) 当 $k-1>0$,即 $k>1$ 时,在 $(0,\sqrt{k-1})$ 内 $f'(x)>0$,又 $f(0)=0$,则 $f(\sqrt{k-1})>0$,在 $(\sqrt{k-1},+\infty)$ 内 $f'(x)<0$,又

$$\lim_{x\to+\infty}f(x)=\lim_{x\to+\infty}(k\arctan x-x)=-\infty,$$

则 $f(x)$ 在 $(\sqrt{k-1},+\infty)$ 内有一个零点.

综上所述,当 $k\leqslant 1$ 时原方程有一个实根,当 $k>1$ 时,原方程有三个实根.

(方法二) $f(x)=k\arctan x-x$ 是奇函数,只需讨论 $f(x)$ 在 $(0,+\infty)$ 内零点个数,为此,令

$$g(x)=\frac{x}{\arctan x}-k,x\in(0,+\infty).$$

$g(x)$ 与 $f(x)$ 在 $(0,+\infty)$ 内零点个数相同,又

$$g'(x)=\frac{\arctan x-\dfrac{x}{1+x^2}}{(\arctan x)^2}=\frac{(1+x^2)\arctan x-x}{(1+x^2)(\arctan x)^2},$$

令 $\varphi(x)=(1+x^2)\arctan x-x$,则 $\varphi'(x)=2x\arctan x>0,x\in(0,+\infty)$.

$\varphi(0)=0$,则 $\varphi(x)>0$,从而 $g'(x)>0$,$g(x)$ 在 $(0,+\infty)$ 上单调增加,又

$$\lim_{x\to0^+}g(x)=\lim_{x\to0^+}\left(\frac{x}{\arctan x}-k\right)=1-k,$$

$$\lim_{x\to+\infty}f(x)=\lim_{x\to+\infty}\left(\frac{x}{\arctan x}-k\right)=+\infty,$$

(1) 若 $k\leqslant 1$,$g(x)$ 在 $(0,+\infty)$ 无零点,原方程有唯一实根 $x=0$;

(2) 若 $k>1$,$g(x)$ 在 $(0,+\infty)$ 内有唯一零点,原方程有三个实根.

2.【证明】 令 $f(x)=4\arctan x-x+\frac{4}{3}\pi-\sqrt{3}$,本题就是要证明 $f(x)$ 恰有两个零点. 首先求导数 $f'(x)$,利用 $f'(x)$ 的正负确定 $f(x)$ 的单调区间,然后考查每个单调区间两端点函数值的正负.

$$f'(x)=\frac{4}{1+x^2}-1=\frac{3-x^2}{1+x^2}.$$

令 $f'(x)=0$ 得 $x=\pm\sqrt{3}$,则

当 $x\in(-\infty,-\sqrt{3})$ 时,$f'(x)<0$,$f(x)$ 单调减少;

当 $x\in(-\sqrt{3},\sqrt{3})$ 时,$f'(x)>0$,$f(x)$ 单调增加;

当 $x\in(\sqrt{3},+\infty)$ 时,$f'(x)<0$,$f(x)$ 单调减少.

又
$$\lim_{x\to-\infty}f(x)=\lim_{x\to-\infty}\left(4\arctan x-x+\frac{4\pi}{3}-\sqrt{3}\right)=+\infty,$$

$$f(-\sqrt{3})=4\arctan(-\sqrt{3})+\sqrt{3}+\frac{4\pi}{3}-\sqrt{3}=0,$$

$$f(\sqrt{3})=4\arctan\sqrt{3}-\sqrt{3}+\frac{4\pi}{3}-\sqrt{3}=\frac{8\pi}{3}-2\sqrt{3}>0,$$

$$\lim_{x\to+\infty}f(x)=\lim_{x\to+\infty}\left(4\arctan x-x+\frac{4\pi}{3}-\sqrt{3}\right)=-\infty,$$

则 $x=-\sqrt{3}$ 为 $f(x)$ 的一个零点,在 $(\sqrt{3},+\infty)$ 内 $f(x)$ 还有一个零点,

故方程 $4\arctan x-x+\frac{4\pi}{3}-\sqrt{3}=0$ 恰有两个实根.

八、微分中值定理有关的证明题

67(2010,21 题)**【分析】** 将要证的结论改写成 $f'(\xi)-\xi^2+f'(\eta)-\eta^2=0$.

若令 $F(x)=f(x)-\frac{1}{3}x^3$，即就是要证 $F'(\xi)+F'(\eta)=0$.

【证明】 令 $F(x)=f(x)-\frac{1}{3}x^3$，由题知 $F(0)=F(1)=0$.

在区间$\left[0,\frac{1}{2}\right]$和$\left[\frac{1}{2},1\right]$上分别对 $F(x)$ 用拉格朗日中值定理，得

$$\frac{F\left(\frac{1}{2}\right)-F(0)}{\frac{1}{2}-0}=F'(\xi),\xi\in\left(0,\frac{1}{2}\right),$$

$$\frac{F(1)-F\left(\frac{1}{2}\right)}{1-\frac{1}{2}}=F'(\eta),\eta\in\left(\frac{1}{2},1\right),$$

则 $F'(\xi)+F'(\eta)=\dfrac{F\left(\frac{1}{2}\right)-F(0)}{\frac{1}{2}}+\dfrac{F(1)-F\left(\frac{1}{2}\right)}{1-\frac{1}{2}}=\dfrac{F(1)-F(0)}{\frac{1}{2}}=0$，即

$$F'(\xi)+F'(\eta)=0,f'(\xi)-\xi^2+f'(\eta)-\eta^2=0,$$

故 $f'(\xi)+f'(\eta)=\xi^2+\eta^2$.

68(2009,21 题)**【证明】** (Ⅰ)令 $F(x)=f(x)-\dfrac{f(b)-f(a)}{b-a}(x-a)$，由题设知 $F(x)$ 在$[a,b]$上连续，在(a,b)内可导，且

$$F(a)=f(a)-\frac{f(b)-f(a)}{b-a}(a-a)=f(a),$$

$$F(b)=f(b)-\frac{f(b)-f(a)}{b-a}(b-a)=f(a).$$

根据罗尔定理，存在 $\xi\in(a,b)$，使得 $F'(\xi)=0$，即

$$f'(\xi)-\frac{f(b)-f(a)}{b-a}=0,$$

故

$$f(b)-f(a)=f'(\xi)(b-a).$$

(Ⅱ)**(方法一)**

$$f'_+(0)=\lim_{x\to0^+}\frac{f(x)-f(0)}{x-0}=\lim_{x\to0^+}f'(\xi),\xi\in(0,x).$$

由于 $\lim\limits_{x\to0^+}f'(x)=A$，且当 $x\to0^+$ 时，$\xi\to0^+$，所以

$$f'_+(0)=\lim_{x\to0^+}f'(\xi)=\lim_{\xi\to0^+}f'(\xi)=A,$$

故 $f'_+(0)$ 存在，且 $f'_+(0)=A$.

(方法二) $f'_+(0)=\lim\limits_{x\to0^+}\dfrac{f(x)-f(0)}{x}$ （右导数定义）

$=\lim\limits_{x\to0^+}\dfrac{f'(x)}{1}$ （洛必达法则）

$=A.$

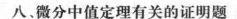

【评注】　辅助函数也可构造为 $F(x)=f(x)-\frac{f(b)-f(a)}{b-a}x$，

$F(x)=[f(b)-f(a)]x-(b-a)f(x)$ 等.

69(2013,18 题)【证明】　(Ⅰ) 因为 $f(x)$ 是区间 $[-1,1]$ 上的奇函数，所以 $f(0)=0$. 因为函数 $f(x)$ 在区间 $[0,1]$ 上可导，根据微分中值定理，存在 $\xi\in(0,1)$，使得

$$f(1)-f(0)=f'(\xi).$$

又因为 $f(1)=1$，所以 $f'(\xi)=1$.

(Ⅱ)(方法一)　因为 $f(x)$ 是奇函数，所以 $f'(x)$ 是偶函数，故 $f'(-\xi)=f'(\xi)=1$.

令 $F(x)=[f'(x)-1]e^{x}$，则 $F(x)$ 可导，且 $F(-\xi)=F(\xi)=0$.

根据罗尔定理，存在 $\eta\in(-\xi,\xi)\subset(-1,1)$，使得 $F'(\eta)=0$.

由 $F'(\eta)=[f''(\eta)+f'(\eta)-1]e^{\eta}$ 且 $e^{\eta}\neq 0$，得 $f''(\eta)+f'(\eta)=1$.

(方法二)　因为 $f(x)$ 是 $[-1,1]$ 上的奇函数，所以 $f'(x)$ 是偶函数，

令 $F(x)=f'(x)+f(x)-x$，则 $F(x)$ 在 $[-1,1]$ 上可导，且

$$F(1)=f'(1)+f(1)-1=f'(1),$$
$$F(-1)=f'(-1)+f(-1)+1=f'(1)-f(1)+1=f'(1),$$

由罗尔定理可知，存在 $\eta\in(-1,1)$，使得 $F'(\eta)=0$.

由 $F'(x)=f''(x)+f'(x)-1$，知

$$f''(\eta)+f'(\eta)-1=0，即\ f''(\eta)+f'(\eta)=1.$$

(方法三)　因为 $f(x)$ 是 $[-1,1]$ 上的奇函数，所以 $f'(x)$ 是偶函数，$f''(x)$ 是奇函数，由(Ⅰ)知，存在 $\xi\in(0,1)$，使得 $f'(\xi)=1$.

令 $F(x)=f'(x)+f(x)-x$，则 $F'(x)=f''(x)+f'(x)-1$，

$$F'(\xi)=f''(\xi)+f'(\xi)-1=f''(\xi).$$
$$F'(-\xi)=f''(-\xi)+f'(-\xi)-1=-f''(\xi).$$

当 $f''(\xi)=0$ 时，$f''(\xi)+f'(\xi)-1=0$，即 $f''(\xi)+f'(\xi)=1$. 结论得证.

当 $f''(\xi)\neq 0$ 时，$F'(\xi)F'(-\xi)=-[f''(\xi)]^2<0$，

根据导函数的介值性，存在 $\eta\in(-\xi,\xi)\subset(-1,1)$，使得 $F'(\eta)=0$. 即

$$f''(\eta)+f'(\eta)-1=0,$$

故 $f''(\eta)+f'(\eta)=1$.

【评注】　本题是一道微分中值定理的证明题，其难点在于(Ⅱ)中辅助函数的构造.

欲证 $f''(\eta)+f'(\eta)=1$，只要证 $f''(\eta)+(f'(\eta)-1)=0$，即 $[(f'(x)-1)'+(f'(x)-1)]\big|_{x=\eta}=0$，因此，应考虑辅助函数 $F(x)=[f'(x)-1]e^{x}$；另一种思路是欲证 $f''(\eta)+f'(\eta)=1$，只要证 $f''(\eta)+f'(\eta)-1=0$，因此，应考虑辅助函数 $F(x)=f'(x)+f(x)-x$.

方法三用到了达布定理(即导函数的介值性)，这个定理不是《考试大纲》要求的考试内容，部分考生给出了此种解法，只要书写正确，不影响得分.

70(2015,19 题)【解】　因为 $f(x)=\int_x^1\sqrt{1+t^2}\,dt+\int_1^{x^2}\sqrt{1+t}\,dt$，所以

$$f'(x)=-\sqrt{1+x^2}+2x\sqrt{1+x^2}=(2x-1)\sqrt{1+x^2}.$$

令 $f'(x)=0$，得 $x=\frac{1}{2}$.

当 $x \in \left(-\infty, \dfrac{1}{2}\right)$ 时，$f'(x) < 0$，$f(x)$ 单调减少，在该区间上 $f(x)$ 最多有一个零点.

当 $x \in \left(\dfrac{1}{2}, +\infty\right)$ 时，$f'(x) > 0$，$f(x)$ 单调增加，在该区间上 $f(x)$ 最多有一个零点.

$$f(0) = \int_0^1 \sqrt{1+x^2}\,dx + \int_1^0 \sqrt{1+x}\,dx = \int_0^1 (\sqrt{1+x^2} - \sqrt{1+x})\,dx < 0.$$

又 $f(-1) = \int_{-1}^1 \sqrt{1+x^2}\,dx = 2\int_0^1 \sqrt{1+x^2}\,dx > 0$，

则 $f(x)$ 在 $(-1,0)$ 上至少有一个零点，又

$$f(1) = \int_1^1 \sqrt{1+x^2}\,dx + \int_1^1 \sqrt{1+x}\,dx = 0,$$

则 $f(x)$ 共有两个零点.

71（2019，21 题）**【证明】** **（方法一）**（Ⅰ）由于 $f(x)$ 在 $[0,1]$ 上连续，则在该区间上必有最大值，设其最大值在 ξ 点取到，由

$$\int_0^1 f(x)\,dx = 1,$$

可知 $f(\xi) > 1$，否则对一切 $x \in [0,1]$，有 $f(x) \leqslant 1$，又 $f(0) = 0$，由此可知

$$\int_0^1 f(x)\,dx < 1.$$

这与题设矛盾，所以 $f(\xi) > 1$，又 $f(0) = 0$，$f(1) = 1$，则 $\xi \in (0,1)$，从而

$$f'(\xi) = 0.$$

（Ⅱ）由泰勒公式可知

$$f(x) = f(\xi) + f'(\xi)(x-\xi) + \frac{f''(\eta)}{2!}(x-\xi)^2.$$

令 $x = 0$，得

$$0 = f(\xi) + \frac{f''(\eta)}{2!}\xi^2,$$

则

$$f''(\eta) = (-2)\,\frac{f(\xi)}{\xi^2}.$$

由于 $f(\xi) > 1$，则 $\dfrac{f(\xi)}{\xi^2} > 1$，故 $f''(\eta) < -2$.

（方法二）（Ⅰ）由积分中值定理可知，存在 $c \in (0,1)$，使得

$$\int_0^1 f(x)\,dx = f(c),$$

则 $f(c) = 1$.

在区间 $[c,1]$ 上对函数 $f(x)$ 用罗尔定理得，存在 $\xi \in (c,1)$，使得 $f'(\xi) = 0$.

（Ⅱ）构造二次函数 $g(x) = x(ax+b)$，使其满足

$$g(0) = f(0),\ g(1) = f(1),\ \int_0^1 g(x)\,dx = \int_0^1 f(x)\,dx.$$

显然由 $g(0) = f(0)$，由 $g(1) = f(1)$ 可知 $a + b = 1$.

由 $\int_0^1 g(x)\,dx = \int_0^1 f(x)\,dx$ 可知 $\dfrac{a}{3} + \dfrac{b}{2} = 1$，由此可得

$$a = -3,\ b = 4,$$

则 $g(x) = -3x^2 + 4x$.

令 $F(x) = f(x) - g(x)$，则 $\int_0^1 F(x)\,dx = 0$，由积分中值定理可知，存在 $\xi \in (0,1)$，使得

$$\int_0^1 F(x)\mathrm{d}x = F(\xi).$$

从而有 $F(0) = F(\xi) = F(1)$，由罗尔定理可知，存在 $\eta \in (0,1)$，使得

$$F''(\eta) = 0.$$

又 $F(x) = f(x) - (-3x^2 + 4x)$，则

$$F''(\eta) = f''(\eta) + 6,$$

故 $f''(\eta) = -6 < -2$.

72(2020,20 题)**【证明】** （Ⅰ）**(方法一)**　令 $F(x) = f(x) + (x-2)\mathrm{e}^{x^2}$，则

$$F(1) = -\mathrm{e} < 0, F(2) = f(2) = \int_1^2 \mathrm{e}^{t^2}\mathrm{d}t > 0.$$

由连续函数零点定理知，存在 $\xi \in (1,2)$，使 $F(\xi) = 0$，即 $f(\xi) = (2-\xi)\mathrm{e}^{\xi^2}$.

(方法二)　由于 $f'(x) = \mathrm{e}^{x^2}$，则 $f(\xi) = (2-\xi)\mathrm{e}^{\xi^2}$ 等价于 $f(\xi) = (2-\xi)f'(\xi)$.

$$(\xi - 2)f'(\xi) + f(\xi) = 0.$$

令 $F(x) = (x-2)f(x)$，则 $F'(x) = (x-2)f'(x) + f(x)$.

又 $F(1) = -f(1) = 0, F(2) = 0$.

由罗尔定理知，存在 $\xi \in (1,2)$，使 $F'(\xi) = 0$，即 $f(\xi) = (2-\xi)f'(\xi)$.

（Ⅱ）**(方法一)**　令 $g(x) = \ln x, g'(x) = \dfrac{1}{x} \neq 0(1 < x < 2)$，

由柯西中值定理，存在 $\eta \in (1,2)$，使得

$$\frac{f(2)}{\ln 2} = \frac{f(2) - f(1)}{\ln 2 - \ln 1} = \frac{f'(\eta)}{\dfrac{1}{\eta}} = \eta \mathrm{e}^{\eta^2},$$

故 $f(2) = \eta \mathrm{e}^{\eta^2}\ln 2$.

(方法二)　令 $g(x) = \ln 2 \cdot f(x) - f(2)\ln x$，则 $g(x)$ 在 $[1,2]$ 连续，在 $(1,2)$ 可导，且 $g(1) = 0, g(2) = 0$. 根据罗尔定理，存在 $\eta \in (1,2)$，使得 $g'(\eta) = 0$.

而 $g'(x) = \ln 2 \cdot \mathrm{e}^{x^2} - \dfrac{f(2)}{x}$，所以 $\ln 2 \cdot \mathrm{e}^{\eta^2} - \dfrac{f(2)}{\eta} = 0$，即 $f(2) = \ln 2 \cdot \eta \mathrm{e}^{\eta^2}$.

解题加速度

1.**【证明】** (1) 要证 $f(\eta) = \eta$，即要证 $f(\eta) - \eta = 0$，令 $F(x) = f(x) - x$，由题设知 $F(x)$ 在 $[0,1]$ 上连续，又 $F\left(\dfrac{1}{2}\right) = f\left(\dfrac{1}{2}\right) - \dfrac{1}{2} = 1 - \dfrac{1}{2} > 0, F(1) = f(1) - 1 = -1 < 0$ 由连续函数零点定理知，存在 $\eta \in \left(\dfrac{1}{2}, 1\right)$，使 $F(\eta) = 0$ 即 $f(\eta) = \eta$.

(2) 为证存在 $\xi \in (0,\eta)$，使得 $f'(\xi) - \lambda[f(\xi) - \xi] = 1$，也就是要证

$$[f'(\xi) - 1] - \lambda[f(\xi) - \xi] = 0.$$

令 $\varphi(x) = \mathrm{e}^{-\lambda x}[f(x) - x]$，则 $\varphi(x)$ 在 $[0,\eta]$ 上满足罗尔定理条件，由罗尔定理知存在 $\xi \in (0,\eta)$，使 $\varphi'(\xi) = 0$. 即 $\mathrm{e}^{-\lambda\xi}[(f'(\xi) - 1) - \lambda(f(\xi) - \xi)] = 0$，但 $\mathrm{e}^{-\lambda\xi} \neq 0$，则

$$[f'(\xi) - 1] - \lambda[f(\xi) - \xi] = 0,$$

故 $f'(\xi) - \lambda[f(\xi) - \xi] = 1$.

2.**【分析】**　这种证明存在两个点 $\xi, \eta \in (a,b)$（即双中值），又不要求 $\xi \neq \eta$，往往在 (a,b) 上要

用两次中值定理，一般是用拉格朗日中值定理和柯西中值定理，为此，把含有ξ和含有η的项分离到等式两边作分析，即 $f'(\xi)=\dfrac{e^b-e^a}{b-a}\dfrac{f'(\eta)}{e^\eta}$.

【证明】 对 $f(x)$ 在$[a,b]$上用拉格朗日中值定理，存在 $\xi\in(a,b)$，使

$$\frac{f(b)-f(a)}{b-a}=f'(\xi).$$

对 $f(x)$ 和 e^x 在$[a,b]$上用柯西中值定理，存在 $\eta\in(a,b)$，使

$$\frac{f(b)-f(a)}{e^b-e^a}=\frac{f'(\eta)}{e^\eta},$$

即 $f(b)-f(a)=(e^b-e^a)\cdot\dfrac{f'(\eta)}{e^\eta}$.

从而有$(b-a)f'(\xi)=(e^b-e^a)\dfrac{f'(\eta)}{e^\eta}$，故

$$\frac{f'(\xi)}{f'(\eta)}=\frac{e^b-e^a}{b-a}e^{-\eta}.$$

3.**【分析】** 对（Ⅰ）只要证明存在 $\eta\in(0,2)$，使$\int_0^2 f(x)dx=2f(\eta)$，这是积分中值定理的推广，因为这里要求 η 属于开区间$(0,2)$，而不是闭区间$[0,2]$.

对（Ⅱ）只要能证明 $f(x)$ 在$[0,3]$上有三个点函数值相等，反复用罗尔定理即可证明.

【证明】 （Ⅰ）设 $F(x)=\int_0^x f(t)dt,(0\leqslant x\leqslant 2)$，则

$$\int_0^2 f(x)dx=F(2)-F(0).$$

由拉格朗日中值定理知，存在 $\eta\in(0,2)$，使

$$F(2)-F(0)=2F'(\eta)=2f(\eta),$$

即$\int_0^2 f(x)dx=2f(\eta)$.

由题设 $2f(0)=\int_0^2 f(x)dx$ 知，$f(\eta)=f(0)$.

（Ⅱ）由于 $f(x)$ 在$[2,3]$上连续，则 $f(x)$ 在$[2,3]$上有最大值 M 和最小值 m，从而有

$$m\leqslant\frac{f(2)+f(3)}{2}\leqslant M.$$

由连续函数介值定理知，存在 $c\in[2,3]$，使

$$f(c)=\frac{f(2)+f(3)}{2}.$$

由（Ⅰ）的结果知 $f(0)=f(\eta)=f(c),(0<\eta<c)$.

根据罗尔定理，存在 $\xi_1\in(0,\eta),\xi_2\in(\eta,c)$，使

$$f'(\xi_1)=0,f'(\xi_2)=0.$$

再根据罗尔定理，存在 $\xi\in(\xi_1,\xi_2)\subset(0,3)$，使 $f''(\xi)=0$.

【评注】 本题是一道综合题，主要考查罗尔定理、拉格朗日中值定理、连续函数的最值定理及介值定理的应用.考生的主要错误是：

部分考生在证（Ⅰ）时，直接用教材上的积分中值定理得

$$\int_0^2 f(x)\mathrm{d}x = 2f(\eta) \qquad (0 \leqslant \eta \leqslant 2).$$

由此得 $f(\eta) = f(0)$，但 η 的范围没有说明在开区间 $(0,2)$ 内.

部分考生在证明(Ⅱ)时，将题设条件"$\dfrac{f(2)+f(3)}{2} = f(0)$"变形为"$f(2)-f(0)+f(3)-f(0)=0$"，由拉格朗日定理得 $2f'(\xi_1)+3f'(\xi_2)=0$，$\xi_1 \in (0,2)$，$\xi_2 \in (0,3)$. 由此推得 $f'(\xi_1)$ 与 $f'(\xi_2)$ 异号，再由导函数 $f'(x)$ 的介值性知存在 $\xi_3 \in (\xi_1,\xi_2)$，使 $f'(\xi_3)=0$. 由(Ⅰ)的结论易推得存在 $\xi_4 \in (0,\eta)$，使 $f'(\xi_4)=0$. 从而存在 $\xi \in (\xi_4,\xi_3)$，使 $f''(\xi)=0$.

由于上述 ξ_1，ξ_2 存在的区间具有公共部分，不能保证 ξ_1，ξ_2 是两个不同的点，所以这个证明是不对的.

由(Ⅰ)的证明可得到一个"升级版"积分中值定理：

若 $f(x)$ 在 $[a,b]$ 上连续，则

$$\int_a^b f(x)\mathrm{d}x = f(\xi)(b-a), (a<\xi<b).$$

注意这里的 ξ 是在开区间，该结论以后可直接用，在很多问题上会带来方便.

4.【证明】(Ⅰ)因为 $\lim\limits_{x\to+\infty} f(x) = 2$，所以存在 $x_0>0$，使得 $f(x_0)>1$.

因为 $f(x)$ 在 $[0,+\infty)$ 上可导，所以 $f(x)$ 在 $[0,+\infty)$ 上连续.

又 $f(0)=0$，根据连续函数的介值定理，存在 $a \in (0,x_0)$，使得 $f(a)=1$.

(Ⅱ)因为函数 $f(x)$ 在区间 $[0,a]$ 上可导，根据微分中值定理，存在 $\xi \in (0,a)$，使得

$$f(a)-f(0) = af'(\xi).$$

又因为 $f(0)=0$，$f(a)=1$，所以 $f'(\xi)=\dfrac{1}{a}$.

【评注】　本题主要考查拉格朗日中值定理，连续函数的零点定理及极限的保号性.

5.【证明】(Ⅰ)设 $|f(c)| = M$. 若 $c=0$ 或 $c=2$，则 $M = |f(c)| = 0$.

一般地，当 $M=0$ 时，$f(x)\equiv 0$，对任意的 $\xi \in (0,2)$，均有 $|f'(\xi)| \geqslant M$.

当 $M>0$ 且 $|f(c)|=M$ 时，必有 $c \in (0,2)$.

若 $c \in (0,1]$，由拉格朗日中值定理知存在 $\xi \in (0,c)$，使

$$f'(\xi) = \frac{f(c)-f(0)}{c-0} = \frac{f(c)}{c}$$

从而有 $|f'(\xi)| = \dfrac{|f(c)|}{c} = \dfrac{M}{c} \geqslant M$.

若 $c \in (1,2]$，同理知存在 $\xi \in (c,2) \subseteq (1,2)$，使

$$f'(\xi) = \frac{f(2)-f(c)}{2-c} = \frac{-f(c)}{2-c}$$

从而有 $|f'(\xi)| = \dfrac{|f(c)|}{2-c} = \dfrac{M}{2-c} \geqslant M$.

综上所述，存在 $\xi \in (0,2)$，使得 $|f'(\xi)| \geqslant M$.

（Ⅱ）$|f(c)|=M$.

当 $c=0$ 或 2 时，$M=0$；（反证法）不妨设 $M>0$，则 $c\in(0,2)$，当 $c\neq1$ 时，由拉格朗日中值定理，存在 $\xi_1\in(0,c)$，$\xi_2\in(c,2)$，使得

$$f(c)=f(c)-f(0)=f'(\xi_1)c\text{，其中 }0<\xi_1<c,$$

$$-f(c)=f(2)-f(c)=f'(\xi_2)(2-c)\text{，其中 }c<\xi_2<2,$$

则 $M=|f(c)|=|f'(\xi_1)|c\leqslant Mc$，$M=|f(c)|=|f'(\xi_2)|(2-c)\leqslant M(2-c)$ 皆成立，

若 $0<c<1$，显然 $M=|f(c)|=|f'(\xi_1)|c\leqslant Mc$ 不对；

若 $1<c<2$，显然 $M=|f(c)|=|f'(\xi_2)|(2-c)\leqslant M(2-c)$ 不对，

即上述式子至少有一个不成立，矛盾，故 $M=0$.

当 $c=1$ 时，此时 $|f(1)|=M$，易知 $f'(1)=0$.

若 $f(1)=M$，设 $G(x)=f(x)-Mx$，$0\leqslant x\leqslant1$，$G'(x)=f'(x)-M\leqslant0$，

从而 $G(x)$ 单调递减又 $G(0)=G(1)=0$，从而 $G(x)=0$，即 $f(x)=Mx$，$0\leqslant x\leqslant1$，

因此，$f'(1)=M$，从而 $M=0$. 同理，$f(1)=-M$ 时，$M=0$. 综上，$M=0$.

【评注】 本题对综合应用相关知识解决具体问题的能力有较高要求，为考生提供了充分展示能力的机会. 本题证明完全的考生并不多，复习时值得注意的题主要有：

① 部分考生不能正确地理解题意，不会充分利用题设条件，不会将条件迁移变化. 如有的考生始终没有将条件 $M=\max\limits_{x\in[0,2]}\{|f(x)|\}$ 转化为存在 $x_0\in(0,2)$ 使得 $|f(x_0)|=M$.

② 部分考生已经将条件 $M=\max\limits_{x\in[0,2]}\{|f(x)|\}$ 转化为存在 $x_0\in(0,2)$ 使得 $|f(x_0)|=M$，并且都写出了 $f(x_0)-f(0)=f'(\xi)x_0$ 或 $f(x_0)-f(2)=f'(\xi)(x_0-2)$，但却想不明白这两个等式与所证结论之间的关系.

③ 部分考生深受平时套路练习的影响，在第（Ⅰ）问中，见到 $f(0)=f(2)=0$，就写出"存在 $\xi\in(0,2)$ 使得 $f'(\xi)=0$"，根本不考虑这与要证的结论是否有关系.

④ 第（Ⅱ）问，大部分考生没有正确的求解思路，写出的东西与题目解答没有什么关系. 也有考生想到了反证法，但却不知如何利用条件推出矛盾.

第三章　一元函数积分学

一、不定积分的计算

1(2009,16 题)【解】（方法一）　令$\sqrt{\dfrac{1+x}{x}}=t$,则 $x=\dfrac{1}{t^2-1}$,于是

$$\int\ln\left(1+\sqrt{\frac{1+x}{x}}\right)\mathrm{d}x=\int\ln(1+t)\mathrm{d}\left(\frac{1}{t^2-1}\right)$$

$$=\frac{\ln(1+t)}{t^2-1}-\int\frac{1}{t^2-1}\cdot\frac{1}{t+1}\mathrm{d}t,$$

而

$$\int\frac{1}{t^2-1}\cdot\frac{1}{t+1}\mathrm{d}t=\frac{1}{2}\int\frac{(t+1)-(t-1)}{(t^2-1)(t+1)}\mathrm{d}t$$

$$=\frac{1}{2}\left[\int\frac{\mathrm{d}t}{t^2-1}-\int\frac{\mathrm{d}t}{(t+1)^2}\right]$$

$$=\frac{1}{4}\ln\frac{t-1}{t+1}+\frac{1}{2(t+1)}+C,$$

则

$$\int\ln\left(1+\sqrt{\frac{1+x}{x}}\right)\mathrm{d}x=\frac{\ln(1+t)}{t^2-1}+\frac{1}{4}\ln\frac{t+1}{t-1}-\frac{1}{2(t+1)}+C$$

$$=x\ln\left(1+\sqrt{\frac{1+x}{x}}\right)+\frac{1}{2}\ln(\sqrt{1+x}+\sqrt{x})-\frac{\sqrt{x}}{2(\sqrt{1+x}+\sqrt{x})}+C.$$

（方法二）　令 $1+\sqrt{\dfrac{1+x}{x}}=\mathrm{e}^t$,则 $x=\dfrac{1}{\mathrm{e}^{2t}-2\mathrm{e}^t}$,故有

$$\int\ln\left(1+\sqrt{\frac{1+x}{x}}\right)\mathrm{d}x=\int t\mathrm{d}\left(\frac{1}{\mathrm{e}^{2t}-2\mathrm{e}^t}\right)=\frac{t}{\mathrm{e}^{2t}-2\mathrm{e}^t}-\int\frac{\mathrm{d}t}{\mathrm{e}^{2t}-2\mathrm{e}^t}$$

$$=\frac{t}{\mathrm{e}^{2t}-2\mathrm{e}^t}-\frac{1}{2}\int\left(\frac{1}{\mathrm{e}^t-2}-\frac{1}{\mathrm{e}^t}\right)\mathrm{d}t$$

$$=\frac{t}{\mathrm{e}^{2t}-2\mathrm{e}^t}-\frac{1}{2}\mathrm{e}^{-t}-\frac{1}{4}\ln(1-2\mathrm{e}^{-t})+C$$

$$=x\ln\left(1+\sqrt{\frac{1+x}{x}}\right)-\frac{\sqrt{x}}{2(\sqrt{1+x}+\sqrt{x})}+\frac{1}{2}\ln(\sqrt{1+x}+\sqrt{x})+C.$$

【评注】　本题重点考查不定积分的两个基本方法:换元法和分部积分法.

2(2016,2 题)【答案】　D.

【解析】　$F(x)=\begin{cases}\displaystyle\int 2(x-1)\mathrm{d}x, & x<1\\ \displaystyle\int\ln x\mathrm{d}x, & x\geqslant 1\end{cases}=\begin{cases}(x-1)^2+C_1, & x<1,\\ x(\ln x-1)+C_2, & x\geqslant 1.\end{cases}$

$$\lim_{x\to1^-}[(x-1)^2+C_1]=C_1,\lim_{x\to1^+}[x(\ln x-1)+C_2]=-1+C_2,$$

则 $C_1=-1+C_2$，令 $C_1=C$，则 $C_2=1+C$，

$$F(x)=\begin{cases}(x-1)^2+C, & x<1,\\ x(\ln x-1)+1+C, & x\geqslant 1.\end{cases}$$

令 $C=0$，则 $F(x)=\begin{cases}(x-1)^2, & x<1,\\ x(\ln x-1)+1, & x\geqslant 1.\end{cases}$ 故应选(D).

3（2018，15题）【解】 令 $\sqrt{e^x-1}=t$，则 $e^x=1+t^2$，$x=\ln(1+t^2)$，$dx=\dfrac{2t}{1+t^2}$.

$$\int e^{2x}\arctan\sqrt{e^x-1}\,dx=\int(1+t^2)^2\frac{2t}{1+t^2}\arctan t\,dt=\int(1+t^2)\arctan t\,d(1+t^2)$$

$$=\frac{1}{2}\int\arctan t\,d(1+t^2)^2=\frac{1}{2}(1+t^2)^2\arctan t-\frac{1}{2}\int\frac{(1+t^2)^2}{1+t^2}dt$$

$$=\frac{1}{2}(1+t^2)^2\arctan t-\frac{1}{2}\int(1+t^2)dt=\frac{1}{2}(1+t^2)^2\arctan t-\frac{1}{2}\left(t+\frac{1}{3}t^3\right)+C$$

$$=\frac{1}{2}\left[e^{2x}\arctan\sqrt{e^x-1}-\sqrt{e^x-1}-\frac{1}{3}(e^x-1)^{\frac{3}{2}}\right]+C.$$

4（2019，16题）【解】 设 $\dfrac{3x+6}{(x-1)^2(x^2+x+1)}=\dfrac{A}{x-1}+\dfrac{B}{(x-1)^2}+\dfrac{Cx+D}{x^2+x+1}$，

由上式求得 $A=-2$，$B=3$，$C=2$，$D=1$，

则原式 $=-2\displaystyle\int\frac{1}{x-1}dx+3\int\frac{1}{(x-1)^2}dx+\int\frac{2x+1}{x^2+x+1}dx$

$$=-2\ln|x-1|-\frac{3}{x-1}+\int\frac{d(x^2+x+1)}{x^2+x+1}$$

$$=-2\ln|x-1|-\frac{3}{x-1}+\ln(x^2+x+1)+C.$$

解题加速度

1.【解】（方法一） 令 $\sqrt{x}=t$，则 $x=t^2$，$dx=2t\,dt$，

$$\int\frac{\arcsin\sqrt{x}+\ln x}{\sqrt{x}}dx=2\int(\arcsin t+2\ln t)dt$$

$$=2t(\arcsin t+2\ln t)-2\int\left(\frac{t}{\sqrt{1-t^2}}+2\right)dt$$

$$=2t(\arcsin t+2\ln t)+\int\frac{d(1-t^2)}{\sqrt{1-t^2}}-4t$$

$$=2t(\arcsin t+2\ln t)+2\sqrt{1-t^2}-4t+C$$

$$=2\sqrt{x}\arcsin\sqrt{x}+2\sqrt{x}\ln x+2\sqrt{1-x}-4\sqrt{x}+C.$$

（方法二） $\displaystyle\int\frac{\arcsin\sqrt{x}+\ln x}{\sqrt{x}}dx=2\int(\arcsin\sqrt{x}+\ln x)d(\sqrt{x})$

$$=2\sqrt{x}(\arcsin\sqrt{x}+\ln x)-2\int\left(\frac{1}{2\sqrt{1-x}}+\frac{1}{\sqrt{x}}\right)dx$$

$$=2\sqrt{x}(\arcsin\sqrt{x}+\ln x)+2\sqrt{1-x}-4\sqrt{x}+C.$$

2.【答案】　$e^x\arcsin\sqrt{1-e^{2x}}-\sqrt{1-e^{2x}}+C.$

【解析】 $\int e^x\arcsin\sqrt{1-e^{2x}}\,dx=\int\arcsin\sqrt{1-e^{2x}}\,de^x$

$$=e^x\arcsin\sqrt{1-e^{2x}}-\int\frac{e^x d\sqrt{1-e^{2x}}}{\sqrt{1-(\sqrt{1-e^{2x}})^2}}$$

$$=e^x\arcsin\sqrt{1-e^{2x}}-\int d\sqrt{1-e^{2x}}$$

$$=e^x\arcsin\sqrt{1-e^{2x}}-\sqrt{1-e^{2x}}+C.$$

二、定积分概念、性质及几何意义

5(2011,6 题)【答案】　B.

【解析】　同一区间上定积分大小比较最常用的思想就是比较被积函数大小.

由于当 $0<x<\frac{\pi}{4}$ 时,$0<\sin x<\cos x<1<\cot x$.

又因为 $\ln x$ 为$(0,+\infty)$上的单调增加函数,所以

$$\ln(\sin x)<\ln(\cos x)<\ln(\cot x),\ x\in\left(0,\frac{\pi}{4}\right)$$

故$\int_0^{\frac{\pi}{4}}\ln(\sin x)dx<\int_0^{\frac{\pi}{4}}\ln(\cos x)dx<\int_0^{\frac{\pi}{4}}\ln(\cot x)dx$,即 $I<K<J$.

6(2012,4 题)【答案】　D.

【解析】（方法一）　由于

$$I_2=\int_0^{2\pi}e^{x^2}\sin x dx=\int_0^{\pi}e^{x^2}\sin x dx+\int_{\pi}^{2\pi}e^{x^2}\sin x dx$$

$$=I_1+\int_{\pi}^{2\pi}e^{x^2}\sin x dx.$$

又　$e^{x^2}\sin x<0,x\in(\pi,2\pi)$,则

$$\int_{\pi}^{2\pi}e^{x^2}\sin x dx<0.$$

从而有 $I_2<I_1$.

$$I_3=\int_0^{3\pi}e^{x^2}\sin x dx=\int_0^{\pi}e^{x^2}\sin x dx+\int_{\pi}^{3\pi}e^{x^2}\sin x dx$$

$$=I_1+\int_{\pi}^{3\pi}e^{x^2}\sin x dx.$$

以下证明$\int_{\pi}^{3\pi}e^{x^2}\sin x dx>0$. 由于

$$\int_{\pi}^{3\pi}e^{x^2}\sin x dx=\int_{2\pi}^{3\pi}e^{x^2}\sin x dx+\int_{\pi}^{2\pi}e^{x^2}\sin x dx$$

$$=e^{\xi^2}\int_{2\pi}^{3\pi}\sin x dx+e^{\eta^2}\int_{\pi}^{2\pi}\sin x dx \qquad \text{(积分中值定理)}$$

$$=2(e^{\xi^2}-e^{\eta^2})>0 \quad (2\pi<\xi<3\pi,\pi<\eta<2\pi)$$

则 $I_3>I_1$,从而 $I_2<I_1<I_3$,

故应选(D).

（方法二） 利用定积分的几何意义.

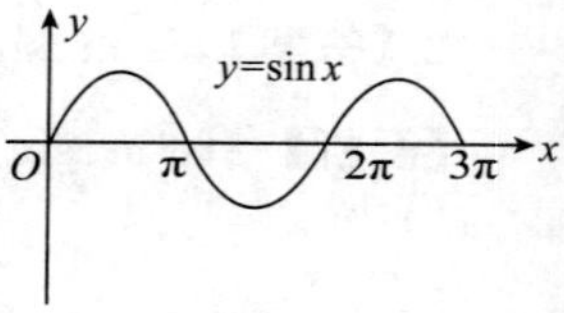

图一

曲线 $y=\sin x$ 如图一所示，而 e^{x^2} 在 $(0,+\infty)$ 上单调增加且大于1，则曲线 $y=e^{x^2}\sin x$ 如图二所示. 该曲线与 x 轴所围三块区域面积分别记为 S_1,S_2,S_3（如图二所示），显然 $S_1<S_2<S_3$.

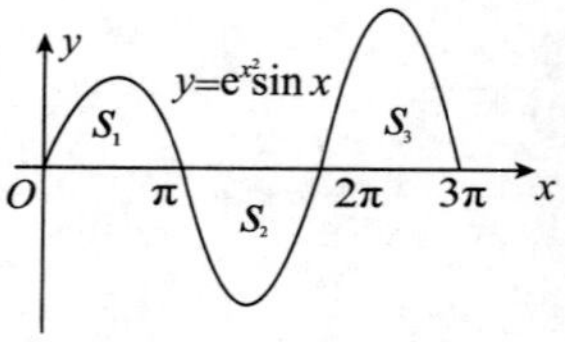

图二

由定积分的几何意义知

$$I_1=\int_0^{\pi}e^{x^2}\sin x\mathrm{d}x=S_1>0,$$

$$I_2=\int_0^{2\pi}e^{x^2}\sin x\mathrm{d}x=S_1-S_2<0,$$

$$I_3=\int_0^{3\pi}e^{x^2}\sin x\mathrm{d}x=S_1-S_2+S_3=S_1+(S_3-S_2)>S_1=I_1,$$

故 $I_2<I_1<I_3$，

从而应选(D).

7（2017，17 题）【解】 原式 $=\lim\limits_{n\to\infty}\dfrac{1}{n}\sum\limits_{k=1}^{n}\dfrac{k}{n}\ln\left(1+\dfrac{k}{n}\right)$

$$=\int_0^1 x\ln(1+x)\mathrm{d}x=\frac{1}{2}\int_0^1\ln(1+x)\mathrm{d}x^2$$

$$=\frac{1}{2}x^2\ln(1+x)\Big|_0^1-\frac{1}{2}\int_0^1\frac{x^2}{1+x}\mathrm{d}x$$

$$=\frac{1}{2}\ln 2-\frac{1}{2}\int_0^1\frac{(x^2-1)+1}{1+x}\mathrm{d}x$$

$$=\frac{1}{2}\ln 2-\frac{1}{2}\int_0^1(x-1)\mathrm{d}x-\frac{1}{2}\int_0^1\frac{1}{1+x}\mathrm{d}x$$

$$=\frac{1}{2}\ln 2-\frac{1}{4}(x-1)^2\Big|_0^1-\frac{1}{2}\ln(1+x)\Big|_0^1$$

$$=\frac{1}{4}.$$

8（2021，7 题）【答案】 B.

【解析】（方法一） 直接法 将区间 $[0,1]$ n 等分，则 $\Delta x_k=\dfrac{1}{n}$，第 k 个子区间为 $\left[\dfrac{k-1}{n},\dfrac{k}{n}\right]$，由于

$$\frac{k-1}{n}=\frac{2k-2}{2n}<\frac{2k-1}{2n}<\frac{2k}{2n}=\frac{k}{n},$$

则 $\dfrac{2k-1}{2n}\in\left[\dfrac{k-1}{n},\dfrac{k}{n}\right]$.

由定积分定义知

$$\lim_{n\to\infty}\sum_{k=1}^{n}f\left(\frac{2k-1}{2n}\right)\frac{1}{n}=\int_0^1 f(x)\mathrm{d}x,$$

故应选(B).

（方法二） 排除法 取 $f(x)\equiv 1$，则 $\int_0^1 f(x)\mathrm{d}x=1$.

$$\lim_{n\to\infty}\sum_{k=1}^{n}f\left(\frac{2k-1}{2n}\right)\frac{1}{2n}=\lim_{n\to\infty}n\cdot\frac{1}{2n}=\frac{1}{2}\neq 1,$$

$$\lim_{n\to\infty}\sum_{k=1}^{2n}f\left(\frac{k-1}{2n}\right)\frac{1}{n}=\lim_{n\to\infty}2n\cdot\frac{1}{n}=2\neq 1,$$

$$\lim_{n\to\infty}\sum_{k=1}^{2n} f\left(\frac{k}{2n}\right)\frac{2}{n}=\lim_{n\to\infty}2n\cdot\frac{2}{n}=4\neq 1,$$

排除(A)(C)(D) 选项,故应选(B).

9(2022,7 题)**【答案】** A.

【解析】 当 $x\in(0,1)$ 时,

$$\frac{x}{2}<\frac{x}{1+x}<\ln(1+x)<x,\quad \frac{1+\sin x}{2}<1+\cos x.$$

则 $\dfrac{x}{2(1+\cos x)}<\dfrac{\ln(1+x)}{1+\cos x}<\dfrac{x}{\frac{1+\sin x}{2}}=\dfrac{2x}{1+\sin x}$,从而

$$\int_0^1\frac{x}{2(1+\cos x)}\mathrm{d}x<\int_0^1\frac{\ln(1+x)}{1+\cos x}\mathrm{d}x<\int_0^1\frac{2x}{1+\sin x}\mathrm{d}x,$$

即 $I_1<I_2<I_3$,故选(A).

三、定积分计算

10(2014,9 题)**【答案】** $\dfrac{3}{8}\pi$.

【解析】
$$\begin{aligned}\int_{-\infty}^{1}\frac{1}{x^2+2x+5}\mathrm{d}x&=\int_{-\infty}^{1}\frac{1}{2^2+(x+1)^2}\mathrm{d}x\\&=\frac{1}{2}\arctan\frac{x+1}{2}\Big|_{-\infty}^{1}\\&=\frac{1}{2}\left[\frac{\pi}{4}-\left(-\frac{\pi}{2}\right)\right]=\frac{3}{8}\pi.\end{aligned}$$

【评注】 本题考查的是广义积分的计算.需要注意将上、下限"代入"时,其中"下限"表示的是取极限,而且不为零.

11(2018,5 题)**【答案】** C.

【解析】 $M=\displaystyle\int_{-\frac{\pi}{2}}^{\frac{\pi}{2}}\frac{1+2x+x^2}{1+x^2}\mathrm{d}x=\int_{-\frac{\pi}{2}}^{\frac{\pi}{2}}\left(1+\frac{2x}{1+x^2}\right)\mathrm{d}x=\pi+0=\pi.$

由不等式 $\mathrm{e}^x>1+x(x\neq 0)$ 可知 $N=\displaystyle\int_{-\frac{\pi}{2}}^{\frac{\pi}{2}}\frac{1+x}{\mathrm{e}^x}\mathrm{d}x<\int_{-\frac{\pi}{2}}^{\frac{\pi}{2}}1\mathrm{d}x=\pi.$

$$K=\int_{-\frac{\pi}{2}}^{\frac{\pi}{2}}(1+\sqrt{\cos x})\mathrm{d}x>\int_{-\frac{\pi}{2}}^{\frac{\pi}{2}}1\mathrm{d}x=\pi,$$

则 $K>M>N$,故应选(C).

12(2019,13 题)**【答案】** $\dfrac{1}{4}(\cos 1-1)$.

【解析】
$$\begin{aligned}\int_0^1 f(x)\mathrm{d}x&=\int_0^1\left(x\int_1^x\frac{\sin t^2}{t}\mathrm{d}t\right)\mathrm{d}x=\frac{1}{2}\int_0^1\left(\int_1^x\frac{\sin t^2}{t}\mathrm{d}t\right)\mathrm{d}x^2\\&=\frac{x^2}{2}\int_1^x\frac{\sin t^2}{t}\mathrm{d}t\Big|_0^1-\frac{1}{2}\int_0^1\frac{x^2\sin x^2}{x}\mathrm{d}x\\&=-\frac{1}{2}\int_0^1 x\sin x^2\mathrm{d}x=\frac{1}{4}\cos x^2\Big|_0^1\\&=\frac{1}{4}(\cos 1-1).\end{aligned}$$

13（2022，13 题）【答案】 $\dfrac{8\pi}{3\sqrt{3}}$.

【解析】 $$\int_0^1 \frac{2x+3}{x^2-x+1}\mathrm{d}x = \int_0^1 \frac{2x-1}{x^2-x+1}\mathrm{d}x + 4\int_0^1 \frac{\mathrm{d}\left(x-\frac{1}{2}\right)}{\left(x-\frac{1}{2}\right)^2+\frac{3}{4}}$$

$$= \ln(x^2-x+1)\Big|_0^1 + \frac{8}{\sqrt{3}}\arctan\frac{x-\frac{1}{2}}{\frac{\sqrt{3}}{2}}\Bigg|_0^1$$

$$= \frac{8\pi}{3\sqrt{3}}.$$

解题加速度

1.【分析】 本题要计算的积分 $\int_1^2 f(x)\mathrm{d}x$ 的被积函数 $f(x)$ 没给出，但给出了一个关于 $f(x)$ 的变上限积分的等式 $\int_0^x tf(2x-t)\mathrm{d}t = \frac{1}{2}\arctan x^2$，通常等式两端求导可解出 $f(x)$.

【解】 令 $u=2x-t$，则 $\mathrm{d}u=-\mathrm{d}t$，

$$\int_0^x tf(2x-t)\mathrm{d}t = -\int_{2x}^x (2x-u)f(u)\mathrm{d}u = 2x\int_x^{2x} f(u)\mathrm{d}u - \int_x^{2x} uf(u)\mathrm{d}u.$$

于是得

$$2x\int_x^{2x} f(u)\mathrm{d}u - \int_x^{2x} uf(u)\mathrm{d}u = \frac{1}{2}\arctan x^2,$$

等式两端对 x 求导得

$$2\int_x^{2x} f(u)\mathrm{d}u + 2x(2f(2x)-f(x)) - (2xf(2x)\cdot 2 - xf(x)) = \frac{x}{1+x^4},$$

即 $2\int_x^{2x} f(u)\mathrm{d}u = \frac{x}{1+x^4} + xf(x)$.

令 $x=1$ 得 $2\int_1^2 f(u)\mathrm{d}u = \frac{1}{2}+1=\frac{3}{2}$，故 $\int_1^2 f(x)\mathrm{d}x = \frac{3}{4}$.

2.【解】（方法一） 因为 $f(x)=\int_1^x \frac{\ln(t+1)}{t}\mathrm{d}t$，所以 $f'(x)=\frac{\ln(x+1)}{x}$，且 $f(1)=0$. 从而

$$\int_0^1 \frac{f(x)}{\sqrt{x}}\mathrm{d}x = 2\left[\sqrt{x}f(x)\Big|_0^1 - \int_0^1 \sqrt{x}f'(x)\mathrm{d}x\right]$$

$$= -2\int_0^1 \frac{\ln(x+1)}{\sqrt{x}}\mathrm{d}x = -4\sqrt{x}\ln(x+1)\Big|_0^1 + 4\int_0^1 \frac{\sqrt{x}}{x+1}\mathrm{d}x$$

$$= -4\ln 2 + 4\int_0^1 \frac{\sqrt{x}}{x+1}\mathrm{d}x,$$

令 $u=\sqrt{x}$，则

$$\int_0^1 \frac{\sqrt{x}}{x+1}\mathrm{d}x = 2\int_0^1 \frac{u^2}{u^2+1}\mathrm{d}u = 2(u-\arctan u)\Big|_0^1 = 2-\frac{\pi}{2},$$

所以 $\int_0^1 \frac{f(x)}{\sqrt{x}}\mathrm{d}x = 8-2\pi-4\ln 2$.

（方法二） $\int_0^1 \frac{f(x)}{\sqrt{x}}dx = \int_0^1 dx\int_1^x \frac{\ln(1+t)}{t\sqrt{x}}dt$，

交换累次积分的次序，得

$$\int_0^1 dx\int_1^x \frac{\ln(1+t)}{t\sqrt{x}}dt = -\int_0^1 dt\int_0^t \frac{\ln(1+t)}{t\sqrt{x}}dx = -2\int_0^1 \frac{\ln(t+1)}{\sqrt{t}}dt.$$

以下同方法一.

【评注】 本题主要考查定积分的计算.这种被积函数中出现变上限积分函数 $f(x) = \int_1^x \frac{\ln(1+t)}{t}dt$ 的积分，常用的方法有两种，一种是用分部积分法，另一种是利用累次积分交换次序.

考生答卷中最常见的一种错误是在凑微分时将 $\frac{1}{\sqrt{x}}dx = 2d\sqrt{x}$ 错写为 $\frac{1}{\sqrt{x}}dx = \frac{1}{2}d\sqrt{x}$.

3.**【答案】** $\frac{\pi^2}{4}$.

【解析】 $\int_{-\frac{\pi}{2}}^{\frac{\pi}{2}}\left(\frac{\sin x}{1+\cos x}+|x|\right)dx = \int_{-\frac{\pi}{2}}^{\frac{\pi}{2}}\frac{\sin x}{1+\cos x}dx + 2\int_0^{\frac{\pi}{2}} x dx = 0 + x^2\Big|_0^{\frac{\pi}{2}} = \frac{\pi^2}{4}$.

4.**【答案】** $2(\ln 2-1)$.

【解析】 由曲线 $y = f(x)$ 过点 $(0,0)$ 且与曲线 $y = 2^x$ 在点 $(1,2)$ 处相切知

$f(0) = 0, f(1) = 2, f'(1) = (2^x)'\Big|_{x=1} = 2^x\ln 2\Big|_{x=1} = 2\ln 2$，

则 $\int_0^1 xf''(x)dx = \int_0^1 x df'(x) = xf'(x)\Big|_0^1 - \int_0^1 f'(x)dx$

$$= 2\ln 2 - f(x)\Big|_0^1 = 2\ln 2 - 2 = 2(\ln 2 - 1).$$

四、变上限积分函数及其应用

14(2009,6 题)**【答案】** D.

【解析】 由 $y = f(x)$ 的图形可看出，$f(x)$ 在 $[-1,3]$ 上有界，且只有两个间断点 $(x = 0, x = 2)$，则 $f(x)$ 在 $[-1,3]$ 上可积，从而 $F(x) = \int_0^x f(t)dt$ 应为连续函数，所以排除(B).

又由 $F(x) = \int_0^x f(t)dt$ 知，$F(0) = 0$，排除(C).

(A) 与(D) 选项中的 $F(x)$ 在 $[-1,0]$ 上不同，由

$$F(x) = \int_0^x 1dt = x, x \in [-1,0],$$

排除(A)，故应选(D).

15(2013,3 题)**【答案】** C.

【解析】 （方法一） $F(x) = \begin{cases} \int_0^x \sin t dt, & 0 \leqslant x < \pi \\ \int_0^\pi \sin t dt + \int_\pi^x 2dt, & \pi \leqslant x \leqslant 2\pi \end{cases}$

$$=\begin{cases}1-\cos x, & 0\leqslant x<\pi,\\ 2+2(x-\pi), & \pi\leqslant x\leqslant 2\pi.\end{cases}$$

$$\lim_{x\to\pi^-}F(x)=\lim_{x\to\pi^-}(1-\cos x)=2,$$

$$\lim_{x\to\pi^+}F(x)=\lim_{x\to\pi^+}[2+2(x-\pi)]=2,$$

则 $F(x)$ 在 $x=\pi$ 处连续.

$$F'_-(\pi)=\lim_{x\to\pi^-}\frac{1-\cos x-2}{x-\pi}=\lim_{x\to\pi^-}\frac{-\cos x-1}{x-\pi}=\lim_{x\to\pi^-}\frac{\sin x}{1}=0,$$

$$F'_+(\pi)=\lim_{x\to\pi^+}\frac{2+2(x-\pi)-2}{x-\pi}=2,$$

故 $F(x)$ 在 $x=\pi$ 处不可导,应选(C).

(方法二) 由于 $x=\pi$ 为 $f(x)$ 的跳跃间断点,则 $F(x)$ 在 $x=\pi$ 处连续但不可导.

【评注】 本题主要考查变上限积分函数的连续性和可导性.显然(方法二)简单,(方法二)中用到三个常用结论:

1) 若 $f(x)$ 在 $[a,b]$ 上仅有有限个第一类间断点,则 $f(x)$ 在 $[a,b]$ 上可积;

2) 若 $f(x)$ 在 $[a,b]$ 上可积,则 $F(x)=\int_a^x f(t)\mathrm{d}t$ 在 $[a,b]$ 上连续;

3) 若 $f(x)$ 在 $[a,b]$ 上除 $x_0\in(a,b)$ 点外处处连续,$x=x_0$ 为 $f(x)$ 的跳跃间断点,则 $F(x)=\int_a^x f(t)\mathrm{d}t$ 在 $x=x_0$ 处不可导.

16(2015,11 题)**【答案】** 2.

【解析】 $\varphi(x)=x\int_0^{x^2}f(t)\mathrm{d}t$,由 $\varphi(1)=1$ 知,$\int_0^1 f(t)\mathrm{d}t=1$,又

$$\varphi'(x)=\int_0^{x^2}f(t)\mathrm{d}t+2x^2f(x^2).$$

由 $\varphi'(1)=5$ 知.

$$5=\int_0^1 f(t)\mathrm{d}t+2f(1)=1+2f(1),$$

故 $f(1)=2$.

17(2016,12 题)**【答案】** $2^{n-2}\cdot 10$.

【解析】 $f'(x)=2(x+1)+2f(x),f'(0)=2+2f(0)=4,$

$f''(x)=2+2f'(x),\qquad f''(0)=2+2\times 4=10,$

$f'''(x)=2f''(x),\cdots$

$f^{(n)}(x)=2f^{(n-1)}(x)=2^2f^{(n-2)}(x)=2^{n-2}f''(x),$

$f^{(n)}(0)=2^{n-2}f''(0)=2^{n-2}\cdot 10,(n>2).$

则 $f^{(n)}(0)=2^{n-2}\cdot 10,(n\geqslant 2)$.

18(2018,16 题)**【解】**(Ⅰ)$\int_0^x tf(x-t)\mathrm{d}t\xlongequal{x-t=u}\int_0^x(x-u)f(u)\mathrm{d}u=x\int_0^x f(u)\mathrm{d}u-\int_0^x uf(u)\mathrm{d}u.$

代入原方程得 $\int_0^x f(t)\mathrm{d}t+x\int_0^x f(u)\mathrm{d}u-\int_0^x uf(u)\mathrm{d}u=ax^2.$

上式两端对 x 求导得 $f(x)+\int_0^x f(u)\mathrm{d}u+xf(x)-xf(x)=2ax,$

$$f(x)+\int_0^x f(u)\mathrm{d}u=2ax. \qquad ①$$

等式两端再对 x 求导得 $f'(x)+f(x)=2a$.

由线性方程通解公式得

$$f(x)=\mathrm{e}^{-\int \mathrm{d}x}\left(\int \mathrm{e}^{\int \mathrm{d}x}\cdot 2a\mathrm{d}x+C\right)=\mathrm{e}^{-x}(2a\mathrm{e}^{x}+C)=2a+C\mathrm{e}^{-x}.$$

由 ① 式知，$f(0)=0$，则 $C=-2a$.

$$f(x)=2a(1-\mathrm{e}^{-x}).$$

（Ⅱ）由平均值定义知

$$1=\frac{\int_0^1 f(x)\mathrm{d}x}{1-0}=2a\int_0^1(1-\mathrm{e}^{-x})\mathrm{d}x=\frac{2a}{\mathrm{e}},$$

则 $a=\dfrac{\mathrm{e}}{2}$.

19(2020，16 题)**【解】**　由 $\lim\limits_{x\to 0}\dfrac{f(x)}{x}=1$ 知 $\lim\limits_{x\to 0}f(x)=0$，又 $f(x)$ 连续，所以 $f(0)=0$，从而

$$g(0)=\int_0^1 f(0)\mathrm{d}t=0.$$

当 $x\neq 0$ 时，令 $u=xt$，则

$$g(x)=\frac{1}{x}\int_0^x f(u)\mathrm{d}u,$$

$$g'(0)=\lim_{x\to 0}\frac{g(x)-g(0)}{x-0}=\lim_{x\to 0}\frac{\int_0^x f(u)\mathrm{d}u}{x^2}=\lim_{x\to 0}\frac{f(x)}{2x}=\frac{1}{2}.$$

当 $x\neq 0$ 时，$g'(x)=\dfrac{f(x)}{x}-\dfrac{1}{x^2}\displaystyle\int_0^x f(u)\mathrm{d}u$.

因为 $\lim\limits_{x\to 0}g'(x)=\lim\limits_{x\to 0}\left[\dfrac{f(x)}{x}-\dfrac{1}{x^2}\displaystyle\int_0^x f(u)\mathrm{d}u\right]=\dfrac{1}{2}$，所以 $\lim\limits_{x\to 0}g'(x)=g'(0)$，故 $g'(x)$ 在 $x=0$ 处连续.

解题加速度

1.**【答案】**　-1.

【解析】　在 $\displaystyle\int_0^{x+y}\mathrm{e}^{-t^2}\mathrm{d}t=\int_0^x x\sin t^2\mathrm{d}t$ 中令 $x=0$，得

$$\int_0^{y(0)}\mathrm{e}^{-t^2}\mathrm{d}t=0.$$

又 $\mathrm{e}^{-t^2}>0$，则 $y(0)=0$.

由于 $\displaystyle\int_0^x x\sin t^2\mathrm{d}t=x\int_0^x\sin t^2\mathrm{d}t$，则

$$\int_0^{x+y}\mathrm{e}^{-t^2}\mathrm{d}t=x\int_0^x\sin t^2\mathrm{d}t.$$

该式两端对 x 求导得

$$\mathrm{e}^{-(x+y)^2}\left(1+\frac{\mathrm{d}y}{\mathrm{d}x}\right)=\int_0^x\sin t^2\mathrm{d}t+x\sin x^2.$$

将 $x=0,y=0$ 代入上式得 $\left.\dfrac{\mathrm{d}y}{\mathrm{d}x}\right|_{x=0}=-1$.

【评注】　本题主要考查隐函数求导和变上限积分函数求导.

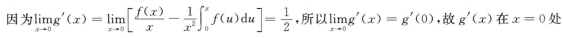

2.【解】 令 $u=x-t$，则 $\int_0^x f(x-t)\mathrm{d}t=\int_0^x f(u)\mathrm{d}u$，由题设得

$$\int_0^x f(u)\mathrm{d}u=x\int_0^x f(t)\mathrm{d}t-\int_0^x tf(t)\mathrm{d}t+\mathrm{e}^{-x}-1.$$

等式两端对 x 求导得 $f(x)=\int_0^x f(t)\mathrm{d}t+xf(x)-xf(x)-\mathrm{e}^{-x}$，即

$$f(x)=\int_0^x f(t)\mathrm{d}t-\mathrm{e}^{-x}.$$

等式两端再对 x 求导得 $f'(x)=f(x)+\mathrm{e}^{-x}$ 即

$$f'(x)-f(x)=\mathrm{e}^{-x}.$$

$$f(x)=\mathrm{e}^{-\int(-1)\mathrm{d}x}\left[\int \mathrm{e}^{-x}\mathrm{e}^{\int(-1)\mathrm{d}x}+C\right]=\mathrm{e}^{x}\left(-\frac{1}{2}\mathrm{e}^{-2x}+C\right).$$

又 $f(0)=-1$，$C=-\frac{1}{2}$，

$$f(x)=-\frac{1}{2}\mathrm{e}^{x}(\mathrm{e}^{-2x}+1)=-\frac{\mathrm{e}^{x}+\mathrm{e}^{-x}}{2}.$$

3.【答案】 A.

【解析】（方法一） 由于 $f(t)$ 可导且为奇函数，则 $f'(t)$，$\cos f(t)$ 都是偶函数，从而 $f'(t)+\cos f(t)$ 是偶函数，则 $\int_0^x[\cos f(t)+f'(t)]\mathrm{d}t$ 是奇函数，故应选(A).

（方法二） 令 $F(x)=\int_0^x[\cos f(t)+f'(t)]\mathrm{d}t$，则

$$F(-x)=\int_0^{-x}[\cos f(t)+f'(t)]\mathrm{d}t$$

$$\xlongequal{u=-t}-\int_0^x[\cos f(-u)+f'(-u)]\mathrm{d}u.$$

因为 $f(x)$ 为可导的奇函数，所以函数 $\cos f(x)+f'(x)$ 为偶函数，从而

$$F(-x)=-\int_0^x[\cos f(u)+f'(u)]\mathrm{d}u=-F(x),$$

所以 $F(x)$ 是奇函数，应选(A).

五、与定积分有关的证明题

20(2010,16 题)【证明】 (Ⅰ)当 $0\leqslant t\leqslant 1$ 时，因为 $0\leqslant\ln(1+t)\leqslant t$，所以

$$0\leqslant|\ln t|[\ln(1+t)]^n\leqslant t^n|\ln t|,$$

从而有

$$\int_0^1|\ln t|[\ln(1+t)]^n\mathrm{d}t\leqslant\int_0^1 t^n|\ln t|\mathrm{d}t.$$

(Ⅱ)(方法一) 由(Ⅰ)知

$$0\leqslant u_n=\int_0^1|\ln t|[\ln(1+t)]^n\mathrm{d}t\leqslant\int_0^1 t^n|\ln t|\mathrm{d}t,$$

又

$$\int_0^1 t^n|\ln t|\mathrm{d}t=-\int_0^1 t^n\ln t\mathrm{d}t$$

$$=-\frac{t^{n+1}}{n+1}\ln t\Big|_0^1+\frac{1}{n+1}\int_0^1 t^n\mathrm{d}t=\frac{1}{(n+1)^2},$$

所以，$\lim\limits_{n\to\infty}\int_0^1 t^n\,|\ln t|\,dt=0$，由夹逼原理知 $\lim\limits_{n\to\infty}u_n=0$.

（方法二）　由于 $\ln x$ 为单调增加函数，则当 $t\in[0,1]$ 时，$\ln(1+t)\leqslant\ln 2$，从而有

$$0\leqslant u_n=\int_0^1|\ln t|[\ln(1+t)]^n dt\leqslant \ln^n 2\int_0^1|\ln t|\,dt,$$

又

$$\int_0^1|\ln t|\,dt=-\int_0^1\ln t\,dt=-t\ln t\Big|_0^1+\int_0^1 dt=1,$$

且 $\lim\limits_{n\to\infty}\ln^n 2=0$，由夹逼原理知 $\lim\limits_{n\to\infty}u_n=0$.

（方法三）　由（Ⅰ）知

$$0\leqslant u_n=\int_0^1|\ln t|[\ln(1+t)]^n dt\leqslant\int_0^1 t^n\,|\ln t|\,dt.$$

又因为 $\lim\limits_{t\to0^+}t\ln t=\lim\limits_{t\to0^+}\dfrac{\ln t}{\dfrac{1}{t}}=\lim\limits_{t\to0^+}\dfrac{\dfrac{1}{t}}{-\dfrac{1}{t^2}}=0$，且 $t\ln t$ 在 $(0,1]$ 上连续，则 $t\ln t$ 在 $(0,1]$ 上有界，从而存在 $M>0$，使

$$0\leqslant|t\ln t|\leqslant M,\ t\in(0,1],$$

则 $\int_0^1 t^n\,|\ln t|\,dt\leqslant M\int_0^1 t^{n-1}dt=\dfrac{M}{n}$，由 $\lim\limits_{n\to\infty}\dfrac{M}{n}=0$ 及夹逼原理知 $\lim\limits_{n\to\infty}u_n=0$.

【评注】　本题是一道综合题，主要考查定积分的不等式性质和求极限的夹逼原理，同时这里用到一个常用的函数不等式

$$\frac{x}{1+x}<\ln(1+x)<x,\ x\in(0,+\infty).$$

许多考生在解决问题（Ⅰ）时不知如何入手判断两个积分值的大小，其主要原因是不熟悉上面的函数不等式.

21（2014，19 题）**【证明】**（Ⅰ）由 $0\leqslant g(x)\leqslant 1$ 得

$$0\leqslant\int_a^x g(t)\,dt\leqslant\int_a^x 1\,dt=x-a,\ x\in[a,b].$$

（Ⅱ）令 $F(u)=\int_a^u f(x)g(x)\,dx-\int_a^{a+\int_a^u g(t)dt}f(x)\,dx$.

只要证明 $F(b)\geqslant 0$，显然 $F(a)=0$，只要证明 $F(u)$ 单调增加，又

$$\begin{aligned}F'(u)&=f(u)g(u)-f\left(a+\int_a^u g(t)\,dt\right)g(u)\\&=g(u)\left[f(u)-f\left(a+\int_a^u g(t)\,dt\right)\right].\end{aligned}$$

由（Ⅰ）的结论 $0\leqslant\int_a^x g(t)\,dt\leqslant x-a$ 知，$a\leqslant a+\int_a^x g(t)\,dt\leqslant x$，即

$$a\leqslant a+\int_a^u g(t)\,dt\leqslant u.$$

又 $f(x)$ 单调增加，则 $f(u)\geqslant f\left(a+\int_a^u g(t)\,dt\right)$，因此，$F'(u)\geqslant 0$，$F(b)\geqslant 0$.

故 $\int_a^{a+\int_a^b g(t)dt}f(x)\,dx\leqslant\int_a^b f(x)g(x)\,dx$.

六、反常积分的概念与计算

22（2009，10 题）【答案】 -2.

【解析】 因为 $1=\int_{-\infty}^{+\infty}e^{k|x|}\mathrm{d}x=2\int_{0}^{+\infty}e^{kx}\mathrm{d}x=2\lim\limits_{a\to+\infty}\frac{1}{k}e^{kx}\Big|_{0}^{a}$,

要极限 $\lim\limits_{a\to+\infty}\frac{1}{k}e^{ka}$ 存在，必有 $k<0$，从而得 $1=-\frac{2}{k}$，所以 $k=-2$.

23（2011，12 题）【答案】 $\frac{1}{\lambda}$.

【解析】
$$\begin{aligned}\int_{-\infty}^{+\infty}xf(x)\mathrm{d}x&=\int_{0}^{+\infty}\lambda xe^{-\lambda x}\mathrm{d}x=-\int_{0}^{+\infty}x\mathrm{d}(e^{-\lambda x})\\&=-xe^{-\lambda x}\Big|_{0}^{+\infty}+\int_{0}^{+\infty}e^{-\lambda x}\mathrm{d}x\\&=-\lim_{x\to+\infty}\frac{x}{e^{\lambda x}}-\frac{1}{\lambda}e^{-\lambda x}\Big|_{0}^{+\infty}\\&=-\lim_{x\to+\infty}\frac{1}{\lambda e^{\lambda x}}-\frac{1}{\lambda}\left(\lim_{x\to+\infty}\frac{1}{e^{\lambda x}}-1\right)\\&=\frac{1}{\lambda}.\end{aligned}$$

24（2010，4 题）【答案】 D.

【解析】 本题主要考查反常积分的敛散性，题中的被积函数分别在 $x\to0^{+}$ 和 $x\to1^{-}$ 时无界，
$$\int_{0}^{1}\frac{\sqrt[m]{\ln^{2}(1-x)}}{\sqrt[n]{x}}\mathrm{d}x=\int_{0}^{\frac{1}{2}}\frac{\sqrt[m]{\ln^{2}(1-x)}}{\sqrt[n]{x}}\mathrm{d}x+\int_{\frac{1}{2}}^{1}\frac{\sqrt[m]{\ln^{2}(1-x)}}{\sqrt[n]{x}}\mathrm{d}x.$$

在反常积分 $\int_{0}^{\frac{1}{2}}\frac{\sqrt[m]{\ln^{2}(1-x)}}{\sqrt[n]{x}}\mathrm{d}x$ 中，被积函数只在 $x\to0^{+}$ 时无界.

由于 $\frac{\sqrt[m]{\ln^{2}(1-x)}}{\sqrt[n]{x}}\geqslant0$，当 $x\to0$ 时，$\sqrt[m]{\ln^{2}(1-x)}\sim x^{\frac{2}{m}}$，

则 $\int_{0}^{\frac{1}{2}}\frac{\sqrt[m]{\ln^{2}(1-x)}}{\sqrt[n]{x}}\mathrm{d}x$ 与 $\int_{0}^{\frac{1}{2}}\frac{x^{\frac{2}{m}}}{\sqrt[n]{x}}\mathrm{d}x=\int_{0}^{\frac{1}{2}}\frac{\mathrm{d}x}{x^{\frac{1}{n}-\frac{2}{m}}}$ 同敛散.

而 m,n 为正整数，$\frac{1}{n}-\frac{2}{m}<1$，则反常积分 $\int_{0}^{\frac{1}{2}}\frac{\mathrm{d}x}{x^{\frac{1}{n}-\frac{2}{m}}}$ 收敛，则 $\int_{0}^{\frac{1}{2}}\frac{\sqrt[m]{\ln^{2}(1-x)}}{\sqrt[n]{x}}\mathrm{d}x$ 收敛.

在反常积分 $\int_{\frac{1}{2}}^{1}\frac{\sqrt[m]{\ln^{2}(1-x)}}{\sqrt[n]{x}}\mathrm{d}x$ 中，被积函数只在 $x\to1^{-}$ 时无界. 由于 $\frac{\sqrt[m]{\ln^{2}(1-x)}}{\sqrt[n]{x}}\geqslant0$，则
$$\lim_{x\to1^{-}}\frac{\frac{\sqrt[m]{\ln^{2}(1-x)}}{\sqrt[n]{x}}}{\frac{1}{\sqrt{1-x}}}=\lim_{x\to1^{-}}\frac{\ln^{\frac{2}{m}}(1-x)}{(1-x)^{-\frac{1}{2}}}=0\qquad\text{（洛必达法则）}$$

且反常积分 $\int_{\frac{1}{2}}^{1}\frac{\mathrm{d}x}{\sqrt{1-x}}$ 收敛，所以 $\int_{\frac{1}{2}}^{1}\frac{\sqrt[m]{\ln^{2}(1-x)}}{\sqrt[n]{x}}\mathrm{d}x$ 收敛.

综上所述，无论 m,n 取何正整数，反常积分 $\int_{0}^{1}\frac{\sqrt[m]{\ln^{2}(1-x)}}{\sqrt[n]{x}}\mathrm{d}x$ 收敛，故应选(D).

25(2013,4 题)【答案】 D.

【解析】 $\int_1^{+\infty} f(x)\mathrm{d}x=\int_1^{\mathrm{e}}\frac{\mathrm{d}x}{(x-1)^{\alpha-1}}+\int_{\mathrm{e}}^{+\infty}\frac{\mathrm{d}x}{x\ln^{\alpha+1}x}$,

由题设知$\int_1^{\mathrm{e}}\frac{\mathrm{d}x}{(x-1)^{\alpha-1}}$收敛,则 $\alpha-1<1$,即 $\alpha<2$.

又$\int_{\mathrm{e}}^{+\infty}\frac{\mathrm{d}x}{x\ln^{\alpha+1}x}=\int_{\mathrm{e}}^{+\infty}\frac{\mathrm{d}\ln x}{\ln^{\alpha+1}x}=\int_1^{+\infty}\frac{\mathrm{d}y}{y^{\alpha+1}}(y=\ln x)$,收敛,则 $\alpha+1>1$,即 $\alpha>0$,故 $0<\alpha<2$.

【评注】 本题主要考查反常积分的敛散性.

26(2015,1 题)【答案】 D.

【解析】 直接验证(D).

$$\int_2^{+\infty}\frac{x}{\mathrm{e}^x}\mathrm{d}x=\int_2^{+\infty}x\mathrm{e}^{-x}\mathrm{d}x=-\int_2^{+\infty}x\mathrm{d}(\mathrm{e}^{-x})$$

$$=-x\mathrm{e}^{-x}\Big|_2^{+\infty}+\int_2^{+\infty}\mathrm{e}^{-x}\mathrm{d}x=2\mathrm{e}^{-2}-\mathrm{e}^{-x}\Big|_2^{+\infty}=3\mathrm{e}^{-2},$$

则该反常积分收敛,故应选(D).

27(2016,3 题)【答案】 B.

【解析】 $\int_{-\infty}^0\frac{1}{x^2}\mathrm{e}^{\frac{1}{x}}\mathrm{d}x=-\int_{-\infty}^0\mathrm{e}^{\frac{1}{x}}\mathrm{d}\frac{1}{x}=-\mathrm{e}^{\frac{1}{x}}\Big|_{-\infty}^0=1$,收敛.

$\int_0^{+\infty}\frac{1}{x^2}\mathrm{e}^{\frac{1}{x}}\mathrm{d}x=-\mathrm{e}^{\frac{1}{x}}\Big|_0^{+\infty}=+\infty$,发散.

故应选(B).

28(2017,11 题)【答案】 1.

【解析】
$$\int_0^{+\infty}\frac{\ln(1+x)}{(1+x)^2}\mathrm{d}x=-\int_0^{+\infty}\ln(1+x)\mathrm{d}\left(\frac{1}{1+x}\right)$$

$$=-\frac{\ln(1+x)}{1+x}\Big|_0^{+\infty}+\int_0^{+\infty}\frac{\mathrm{d}x}{(1+x)^2}$$

$$=-\frac{1}{1+x}\Big|_0^{+\infty}=1.$$

29(2018,11 题)【答案】 $\frac{1}{2}\ln 2$.

【解析】
$$\int_5^{+\infty}\frac{\mathrm{d}x}{x^2-4x+3}=\frac{1}{2}\int_5^{+\infty}\frac{(x-1)-(x-3)}{(x-1)(x-3)}\mathrm{d}x=\frac{1}{2}\int_5^{+\infty}\left(\frac{1}{x-3}-\frac{1}{x-1}\right)\mathrm{d}x$$

$$=\frac{1}{2}\ln\frac{x-3}{x-1}\Big|_5^{+\infty}=\frac{1}{2}\left(0-\ln\frac{2}{4}\right)=\frac{1}{2}\ln 2.$$

30(2019,3 题)【答案】 D.

【解析】 $\int_0^{+\infty}\frac{x}{1+x^2}\mathrm{d}x=\frac{1}{2}\ln(1+x^2)\Big|_0^{+\infty}=\infty$,则该反常积分发散.

31(2020,3 题)【答案】 A.

【解析】 (方法一) 令 $\arcsin\sqrt{x}=t$,则 $x=\sin^2 t$,所以

$$\int_0^1\frac{\arcsin\sqrt{x}}{\sqrt{x(1-x)}}\mathrm{d}x=\int_0^{\frac{\pi}{2}}\frac{t}{\sqrt{\sin^2 t(1-\sin^2 t)}}\mathrm{d}(\sin^2 t)$$

$$= 2\int_0^{\frac{\pi}{2}} t\mathrm{d}t = \frac{\pi^2}{4},$$

故应选(A).

（方法二） 令$\sqrt{x} = t$，则 $x = t^2$，所以

$$\int_0^1 \frac{\arcsin\sqrt{x}}{\sqrt{x(1-x)}}\mathrm{d}x = \int_0^1 \frac{\arcsin t}{\sqrt{t^2(1-t^2)}}\mathrm{d}(t^2) = 2\int_0^1 \frac{\arcsin t}{\sqrt{1-t^2}}\mathrm{d}t$$

$$= 2\int_0^1 \arcsin t\mathrm{d}(\arcsin t) = \arcsin^2 t\Big|_0^1 = \frac{\pi^2}{4}.$$

故应选(A).

32(2021,11 题)【答案】 $\frac{1}{\ln 3}$.

【解析】 $\int_{-\infty}^{+\infty} |x| 3^{-x^2}\mathrm{d}x = 2\int_0^{+\infty} x3^{-x^2}\mathrm{d}x = -\frac{1}{\ln 3}\cdot 3^{-x^2}\Big|_0^{+\infty} = \frac{1}{\ln 3}.$

33(2022,5 题)【答案】 A.

【解析】 $\int_0^1 \frac{\ln x}{x^p(1-x)^{1-p}}\mathrm{d}x = \int_0^{\frac{1}{2}} \frac{\ln x}{x^p(1-x)^{1-p}}\mathrm{d}x + \int_{\frac{1}{2}}^1 \frac{\ln x}{x^p(1-x)^{1-p}}\mathrm{d}x,$

$\int_0^{\frac{1}{2}} \frac{\ln x}{x^p(1-x)^{1-p}}\mathrm{d}x$ 与$\int_0^{\frac{1}{2}} \frac{\ln x}{x^p}\mathrm{d}x$ 同敛散.

而$\int_0^{\frac{1}{2}} \frac{\ln x}{x^p}\mathrm{d}x$ 收敛的充要条件是 $p < 1$.

又当 $x \to 1$ 时，$\ln x = \ln[1+(x-1)] \sim x-1$，则$\int_{\frac{1}{2}}^1 \frac{\ln x}{x^p(1-x)^{1-p}}\mathrm{d}x$ 与$\int_{\frac{1}{2}}^1 \frac{\mathrm{d}x}{(1-x)^{-p}}$ 同敛散.

而$\int_{\frac{1}{2}}^1 \frac{\mathrm{d}x}{(1-x)^{-p}}\mathrm{d}x$ 收敛的充要条件是 $-p < 1$，即 $p > -1$，

故 $-1 < p < 1$，应选(A).

解题加速度

1.【分析】 本题的被积函数是幂函数和指数函数两类不同函数相乘而得，应该用分部积分.

【解】 （方法一） 由于

$$\int \frac{xe^{-x}}{(1+e^{-x})^2}\mathrm{d}x = \int x\mathrm{d}\frac{1}{1+e^{-x}} = \frac{x}{1+e^{-x}} - \int \frac{\mathrm{d}x}{1+e^{-x}}$$

$$= \frac{x}{1+e^{-x}} - \int \frac{e^x}{1+e^x}\mathrm{d}x = \frac{x}{1+e^{-x}} - \ln(1+e^x) + C,$$

则$\int_0^{+\infty} \frac{xe^{-x}}{(1+e^{-x})^2}\mathrm{d}x = \lim\limits_{x\to+\infty}\left[\frac{xe^x}{1+e^x} - \ln(1+e^x)\right] + \ln 2.$

$$\lim_{x\to+\infty}\left[\frac{xe^x}{1+e^x} - \ln(1+e^x)\right] = \lim_{x\to+\infty}\left\{\frac{xe^x}{1+e^x} - \ln[e^x(1+e^{-x})]\right\}$$

$$= \lim_{x\to+\infty}\left[\frac{xe^x}{1+e^x} - x - \ln(1+e^{-x})\right]$$

$$= \lim_{x\to+\infty}\left[\frac{-x}{1+e^x} - \ln(1+e^{-x})\right] = 0,$$

故$\int_0^{+\infty} \frac{xe^{-x}}{(1+e^{-x})^2}\mathrm{d}x = \ln 2.$

（方法二） $\int_0^{+\infty} \frac{xe^{-x}}{(1+e^{-x})^2}\mathrm{d}x = \int_0^{+\infty} \frac{xe^x}{(1+e^x)^2}\mathrm{d}x = -\int_0^{+\infty} x\mathrm{d}\left(\frac{1}{1+e^x}\right)$

$$=-\frac{x}{1+e^x}\Big|_0^{+\infty}+\int_0^{+\infty}\frac{dx}{1+e^x}$$

$$=\int_0^{+\infty}\frac{dx}{1+e^x}=\int_0^{+\infty}\frac{e^{-x}}{1+e^{-x}}dx$$

$$=-\ln(1+e^{-x})\Big|_0^{+\infty}=\ln 2.$$

2.【答案】 $\ln 2$.

【解析】 $\int_1^{+\infty}\frac{\ln x}{(1+x)^2}dx=-\int_1^{+\infty}\ln x d\frac{1}{1+x}$

$$=-\frac{\ln x}{1+x}\Big|_1^{+\infty}+\int_1^{+\infty}\frac{dx}{x(1+x)}$$

$$=\ln\frac{x}{1+x}\Big|_1^{+\infty}=-\ln\frac{1}{2}=\ln 2.$$

【评注】 本题主要考查反常积分的计算，考查的是一元积分最基本的概念和最简单的运算，但本题还是成了高等数学填空题中得分率最低的一道题，这也反映了考生对反常积分的内容掌握情况普遍较差.

3.【答案】 $\frac{\pi}{4}$.

【解析】 $\int_0^{+\infty}\frac{dx}{x^2+2x+2}=\int_0^{+\infty}\frac{dx}{1+(x+1)^2}=\arctan(x+1)\Big|_0^{+\infty}=\frac{\pi}{2}-\frac{\pi}{4}=\frac{\pi}{4}$.

七、定积分应用

34(2011,11 题)【答案】 $\ln(1+\sqrt{2})$.

【解析】 因为 $ds=\sqrt{1+y'^2}dx=\sqrt{1+\tan^2 x}dx=\sec x dx\left(0\leqslant x\leqslant\frac{\pi}{4}\right)$，所以

$$s=\int_0^{\frac{\pi}{4}}\sec x dx=\ln|\sec x+\tan x|\Big|_0^{\frac{\pi}{4}}=\ln(1+\sqrt{2}).$$

【评注】 本题主要考查曲线弧长的计算，计算中用到一个基本积分公式

$$\int\sec x dx=\ln|\sec x+\tan x|+C.$$

35(2010,12 题)【答案】 $\sqrt{2}(e^{\pi}-1)$.

【解析】 $ds=\sqrt{r^2+r'^2}d\theta=\sqrt{e^{2\theta}+e^{2\theta}}d\theta=\sqrt{2}e^{\theta}d\theta$，

则 $s=\int_0^{\pi}\sqrt{2}e^{\theta}d\theta=\sqrt{2}(e^{\pi}-1)$.

36(2010,18 题)【分析】 本题的关键是计算出图中阴影部分的面积，就可以得到油的体积，进而得到油的质量.

【解】 如图建立坐标系，则油罐底面椭圆方程为$\frac{x^2}{a^2}+\frac{y^2}{b^2}=1$.

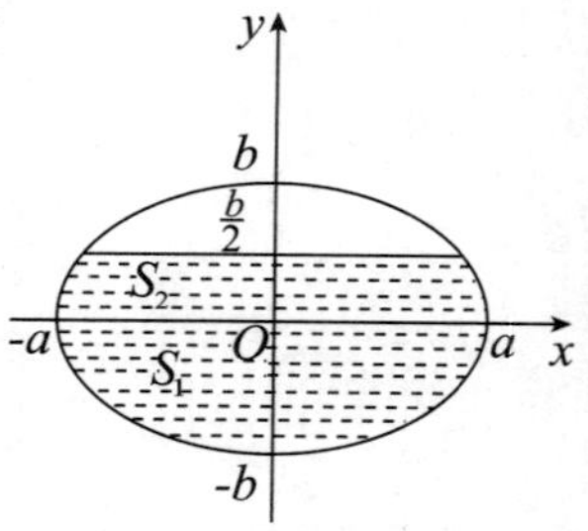

图中阴影部分为油面与椭圆所围成的图形.

记 S_1 为下半椭圆面积,则 $S_1=\frac{1}{2}\pi ab$.

记 S_2 是位于 x 轴上方阴影部分的面积,则

$$S_2=2\int_0^{\frac{b}{2}}a\sqrt{1-\frac{y^2}{b^2}}\mathrm{d}y.$$

令 $y=b\sin t$,则 $\mathrm{d}y=b\cos t\mathrm{d}t$

$$S_2=2ab\int_0^{\frac{\pi}{6}}\sqrt{1-\sin^2 t}\cos t\mathrm{d}t$$

$$=2ab\int_0^{\frac{\pi}{6}}\cos^2 t\mathrm{d}t=ab\int_0^{\frac{\pi}{6}}(1+\cos 2t)\mathrm{d}t$$

$$=ab\left(\frac{\pi}{6}+\frac{\sqrt{3}}{4}\right).$$

于是油的质量为

$$(S_1+S_2)l\rho=\left(\frac{1}{2}\pi ab+\frac{\pi}{6}ab+\frac{\sqrt{3}}{4}ab\right)l\rho$$

$$=\left(\frac{2}{3}\pi+\frac{\sqrt{3}}{4}\right)abl\rho.$$

【评注】 本题是要计算油的质量(物理量).但问题的核心是计算阴影部分的面积(几何量),所以,本题实质是考查定积分在几何上的应用.考生的错误大多出在定积分的计算上.

37(2011,20 题)**【解】** (Ⅰ)由对称性知容器位于 $y=\frac{1}{2}$ 上、下两侧部分的容积相等,因此,只须考查 $-1\leqslant y\leqslant\frac{1}{2}$ 部分,曲线可表示为 $x=f(y)=\sqrt{1-y^2}\left(-1\leqslant y\leqslant\frac{1}{2}\right)$,则容积

$$V=2\int_{-1}^{\frac{1}{2}}\pi f^2(y)\mathrm{d}y=2\pi\int_{-1}^{\frac{1}{2}}(1-y^2)\mathrm{d}y=\frac{9}{4}\pi.$$

(Ⅱ)容器内侧曲线记为 $x=f(y)$,在 y 轴取小区间 $[y,y+\mathrm{d}y]$,对应容器内小薄片水的重量为 $\rho\pi f^2(y)\mathrm{d}y$($\rho$ 为水的密度),抽出这部分水需走的路程近似为 $2-y$,将此薄层水抽出需做的功近似等于

$$\mathrm{d}W=\rho g\pi f^2(y)(2-y)\mathrm{d}y$$

$$=\begin{cases}\rho g\pi(1-y^2)(2-y)\mathrm{d}y, & -1\leqslant y\leqslant\frac{1}{2},\\ \rho g\pi(2y-y^2)(2-y)\mathrm{d}y, & \frac{1}{2}\leqslant y\leqslant 2,\end{cases}$$

则 $W=\pi\rho g\int_{-1}^{\frac{1}{2}}(1-y^2)(2-y)\mathrm{d}y+\pi\rho g\int_{\frac{1}{2}}^{2}(2y-y^2)(2-y)\mathrm{d}y$

$$=\pi\rho g\left[\int_{-1}^{\frac{1}{2}}(y^3-2y^2-y+2)\mathrm{d}y+\int_{\frac{1}{2}}^{2}(y^3-4y^2+4y)\mathrm{d}y\right]$$

$$=\frac{27}{8}\pi\rho g=\frac{27\times10^3}{8}\pi\mathrm{g}(\mathrm{J}).$$

38(2012,17 题)【解】 设切点 A 的坐标为 (x_1,y_1)，则切线方程为

$$y-y_1=\frac{1}{x_1}(x-x_1).$$

将点(0,1)代入，得 $x_1=e^2,y_1=2$.

所求面积为

$$\begin{aligned}S&=\int_1^{e^2}\ln x\mathrm{d}x-\frac{1}{2}(e^2-1)\cdot 2\\&=x\ln x\Big|_1^{e^2}-\int_1^{e^2}\mathrm{d}x-e^2+1\\&=2e^2-e^2+1-e^2+1\\&=2,\end{aligned}$$

所求体积为

$$\begin{aligned}V&=\pi\int_1^{e^2}\ln^2x\mathrm{d}x-\frac{\pi}{3}\cdot 4\cdot(e^2-1)\\&=\pi(x\ln^2x-2x\ln x+2x)\Big|_1^{e^2}-\frac{4\pi}{3}(e^2-1)\\&=\frac{2\pi}{3}(e^2-1).\end{aligned}$$

39(2013,11 题)【答案】 $\frac{\pi}{12}$.

【解析】 曲线 $L:r=\cos 3\theta\left(-\frac{\pi}{6}\leqslant\theta\leqslant\frac{\pi}{6}\right)$所围图形面积为

$$\begin{aligned}S&=\frac{1}{2}\int_{-\frac{\pi}{6}}^{\frac{\pi}{6}}\cos^2 3\theta\mathrm{d}\theta=\int_0^{\frac{\pi}{6}}\cos^2 3\theta\mathrm{d}\theta\\&=\frac{1}{2}\int_0^{\frac{\pi}{6}}(1+\cos 6\theta)\mathrm{d}\theta=\frac{\pi}{12}.\end{aligned}$$

> 【评注】 本题主要考查极坐标方程所表示的曲线围成的面积计算.

40(2013,16 题)【解】 $V_x=\pi\int_0^a x^{\frac{2}{3}}\mathrm{d}x=\frac{3\pi a^{\frac{5}{3}}}{5}$,

$$V_y=\pi a^{\frac{7}{3}}-\pi\int_0^{a^{\frac{1}{3}}}y^6\mathrm{d}y=\pi a^{\frac{7}{3}}-\frac{\pi a^{\frac{7}{3}}}{7}=\frac{6\pi a^{\frac{7}{3}}}{7},$$

因 $V_y=10V_x$，即 $\frac{6\pi a^{\frac{7}{3}}}{7}=10\cdot\frac{3\pi a^{\frac{5}{3}}}{5}$，解得 $a=7\sqrt{7}$.

> 【评注】 本题主要考查旋转体体积的计算.

41(2013,21 题)【分析】 (Ⅰ)直接用求弧长的公式；(Ⅱ)用二重积分计算 D 的形心的横坐标.

【解】 (Ⅰ)由曲线的弧长的公式，所求 L 的弧长为

$$l=\int_1^e\sqrt{1+y'^2(x)}\mathrm{d}x=\int_1^e\sqrt{1+\frac{1}{4}\left(x-\frac{1}{x}\right)^2}\mathrm{d}x=\frac{1}{2}\int_1^e\left(x+\frac{1}{x}\right)\mathrm{d}x$$

$$= \frac{1}{2}\left(\frac{1}{2}x^2 + \ln x\right)\Big|_1^e = \frac{1}{4}(e^2+1).$$

（Ⅱ）D 的形心的横坐标 $\bar{x} = \dfrac{\iint\limits_D x\,dx\,dy}{\iint\limits_D dx\,dy}$，而

$$\iint\limits_D x\,dx\,dy = \int_1^e x\,dx\int_0^{\frac{1}{4}x^2-\frac{1}{2}\ln x} dy = \int_1^e x\left(\frac{1}{4}x^2 - \frac{1}{2}\ln x\right)dx$$

$$= \frac{1}{16}x^4\Big|_1^e - \frac{1}{4}\int_1^e \ln x\,dx^2 = \frac{1}{16}(e^4-1) - \frac{1}{4}x^2\ln x\Big|_1^e + \frac{1}{4}\int_1^e x\,dx$$

$$= \frac{1}{16}(e^4-1) - \frac{1}{4}e^2 + \frac{1}{8}x^2\Big|_1^e = \frac{1}{16}e^4 - \frac{1}{8}e^2 - \frac{3}{16},$$

$$\iint\limits_D dx\,dy = \int_1^e dx\int_0^{\frac{1}{4}x^2-\frac{1}{2}\ln x} dy = \int_1^e\left(\frac{1}{4}x^2 - \frac{1}{2}\ln x\right)dx = \frac{1}{12}x^3\Big|_1^e - \frac{1}{2}\int_1^e \ln x\,dx$$

$$= \frac{1}{12}(e^3-1) - \frac{1}{2}x\ln x\Big|_1^e + \frac{1}{2}(e-1) = \frac{1}{12}e^3 - \frac{7}{12}.$$

所以 D 的形心的横坐标 $\bar{x} = \dfrac{\frac{1}{16}e^4 - \frac{1}{8}e^2 - \frac{3}{16}}{\frac{1}{12}e^3 - \frac{7}{12}} = \dfrac{3(e^4-2e^2-3)}{4(e^3-7)}$.

42(2014,13 题)**【答案】** $\dfrac{11}{20}$.

【解析】 由细棒的质心坐标公式得

$$\bar{x} = \frac{\int_0^1 x\rho(x)dx}{\int_0^1 \rho(x)dx} = \frac{\int_0^1(-x^3+2x^2+x)dx}{\int_0^1(-x^2+2x+1)dx} = \frac{11}{20}.$$

> **【评注】** 本题考查定积分在物理学上的简单应用."记住公式,小心计算"就能得到正确答案.

43(2014,21 题)**【解】** 由 $\dfrac{\partial f}{\partial y} = 2(y+1)$ 得

$$f(x,y) = \int 2(y+1)dy = (y+1)^2 + g(x).$$

又 $f(y,y) = (y+1)^2 - (2-y)\ln y$,得

$$g(y) = -(2-y)\ln y.$$

因此
$$f(x,y) = (y+1)^2 - (2-x)\ln x.$$

于是,曲线 $f(x,y)=0$ 的方程为

$$(y+1)^2 = (2-x)\ln x\ (1 \leqslant x \leqslant 2),$$

其所围图形绕直线 $y=-1$ 旋转所成旋转体的体积

$$V = \pi\int_1^2 (y+1)^2 dx = \pi\int_1^2 (2-x)\ln x\,dx$$

$$= \pi\left[-\frac{1}{2}(2-x)^2\ln x + \frac{1}{4}x^2 - 2x + 2\ln x\right]\Big|_1^2 = \left(2\ln 2 - \frac{5}{4}\right)\pi.$$

44(2015,16 题)【解】　$V_1=\pi\int_0^{\frac{\pi}{2}}A^2\sin^2 x\mathrm{d}x=\pi A^2\int_0^{\frac{\pi}{2}}\sin^2 x\mathrm{d}x=\pi A^2\cdot\frac{1}{2}\cdot\frac{\pi}{2}=\frac{\pi^2A^2}{4}$,

$$V_2=2\pi\int_0^{\frac{\pi}{2}}xA\sin x\mathrm{d}x=2\pi A\int_0^{\frac{\pi}{2}}x\sin x\mathrm{d}x=2\pi A,$$

由 $V_1=V_2$ 知,$A=\frac{8}{\pi}$.

45(2016,20 题)【解】　设 D 绕 x 轴旋转一周所得旋转体的体积为 V,表面积为 S,则

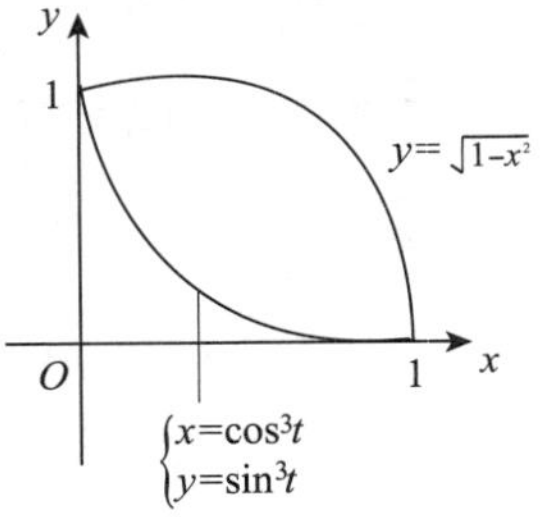

$$\begin{aligned}V&=\pi\int_0^1 y^2\mathrm{d}x-\pi\int_{\frac{\pi}{2}}^0\sin^6 t\mathrm{d}(\cos^3 t)\\&=\pi\int_0^1(1-x^2)\mathrm{d}x-3\pi\int_0^{\frac{\pi}{2}}\sin^7 t\cos^2 t\mathrm{d}t\\&=\frac{2}{3}\pi-3\pi\left(\int_0^{\frac{\pi}{2}}\sin^7 t\mathrm{d}t-\int_0^{\frac{\pi}{2}}\sin^9 t\mathrm{d}t\right)\\&=\frac{2}{3}\pi-3\pi\left(\frac{6}{7}\cdot\frac{4}{5}\cdot\frac{2}{3}-\frac{8}{9}\cdot\frac{6}{7}\cdot\frac{4}{5}\cdot\frac{2}{3}\right)\\&=\frac{2}{3}\pi-\frac{16}{105}\pi=\frac{54}{105}\pi=\frac{18}{35}\pi,\end{aligned}$$

$$\begin{aligned}S&=2\pi\int_0^{\frac{\pi}{2}}\sin t\sqrt{\sin^2 t+\cos^2 t}\mathrm{d}t+2\pi\int_0^{\frac{\pi}{2}}\sin^3 t\sqrt{9\cos^4 t\sin^2 t+9\sin^4 t\cos^2 t}\mathrm{d}t\\&=2\pi\int_0^{\frac{\pi}{2}}\sin t\mathrm{d}t+6\pi\int_0^{\frac{\pi}{2}}\sin^4 t\cos t\mathrm{d}t=2\pi+\frac{6}{5}\pi=\frac{16}{5}\pi.\end{aligned}$$

46(2017,2 题)【答案】　B.

【解析】（方法一）　直接法

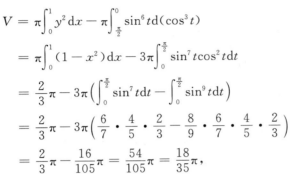

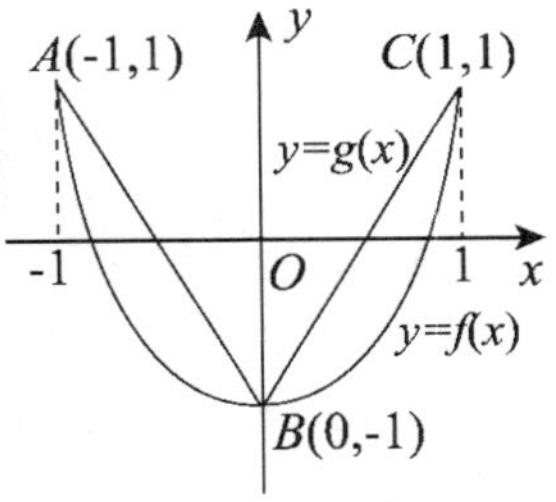

由题设知曲线 $y=f(x)$ 过点 $A(-1,1)$,$B(0,-1)$ 和 $C(1,1)$ 且是凹的(如图所示),连接 AB 和 BC,得两条线段 $\overline{AB}$ 和 $\overline{BC}$,设这两条线段对应的函数为 $y=g(x)$,由于 $y=f(x)$ 在 $[-1,1]$ 是凹的,则

$$f(x)\leqslant g(x),x\in[-1,1],$$

则 $\int_{-1}^1 f(x)\mathrm{d}x<\int_{-1}^1 g(x)\mathrm{d}x$,($f(x)$ 与 $g(x)$ 只有三点值相等).

由定积分几何意义知 $\int_{-1}^0 g(x)\mathrm{d}x=0$,$\int_0^1 g(x)\mathrm{d}x=0$,则 $\int_{-1}^1 g(x)\mathrm{d}x=0$,故应选(B).

（方法二）　排除法

若取 $f(x)=2x^2-1$,显然符合题设条件,由于 $f(x)$ 是偶函数,则 $\int_{-1}^0 f(x)\mathrm{d}x=\int_0^1 f(x)\mathrm{d}x$,则(C)(D) 都不正确,又

$$\int_{-1}^1(2x^2-1)\mathrm{d}x=2\int_0^1(2x^2-1)\mathrm{d}x=2\left(\frac{2}{3}x^3\Big|_0^1-1\right)=-\frac{2}{3}<0,$$

则(A) 不正确,故应选(B).

47(2017,6 题)【答案】　C.

【解析】　由题设及图形知,从一开始 $t=0$ 到 $t=t_0$ 时刻甲、乙移动的距离分别为

$$S_1=\int_0^{t_0}v_1(t)\mathrm{d}t,S_2=\int_0^{t_0}v_2(t)\mathrm{d}t,$$

其中 S_1 在几何上表示曲线 $v=v_1(t)$,$t=t_0$ 及两坐标轴围成的面积,S_2 在几何上表示曲线

$v=v_2(t),t=t_0$ 及两个坐标轴围成的面积. 若 t_0 为计时开始后乙追上甲的时刻，则

$$S_1+10=S_2,$$

即

$$\int_0^{t_0} v_1(t)\mathrm{d}t+10=\int_0^{t_0} v_2(t)\mathrm{d}t,$$

$$\int_0^{t_0}(v_2(t)-v_1(t))\mathrm{d}t=10.$$

由题中图形可知 $t_0=25$，故应选(C).

48(2019,12 题)**【答案】** $\frac{1}{2}\ln 3$.

【解析】 $s=\int_0^{\frac{\pi}{6}}\sqrt{1+y'^2}\mathrm{d}x=\int_0^{\frac{\pi}{6}}\sqrt{1+\tan^2 x}\mathrm{d}x$

$$=\int_0^{\frac{\pi}{6}}\sec x\mathrm{d}x=\ln(\sec x+\tan x)\Big|_0^{\frac{\pi}{6}}$$

$$=\ln\sqrt{3}=\frac{1}{2}\ln 3.$$

49(2019,19 题)**【解】** $S_n=\int_0^{n\pi}|\mathrm{e}^{-x}\sin x|\mathrm{d}x=\sum_{k=0}^{n-1}\int_{k\pi}^{(k+1)\pi}\mathrm{e}^{-x}|\sin x|\mathrm{d}x$.

又 $\int \mathrm{e}^{-x}\sin x\mathrm{d}x=-\frac{\mathrm{e}^{-x}}{2}(\cos x+\sin x)+C$，则

$$\int_{k\pi}^{(k+1)\pi}\mathrm{e}^{-x}|\sin x|\mathrm{d}x=(-1)^k\int_{k\pi}^{(k+1)\pi}\mathrm{e}^{-x}\sin x\mathrm{d}x$$

$$=(-1)^{k+1}\frac{\mathrm{e}^{-x}}{2}(\cos x+\sin x)\Big|_{k\pi}^{(k+1)\pi}$$

$$=\frac{1}{2}[\mathrm{e}^{-(k+1)\pi}+\mathrm{e}^{-k\pi}]$$

$$=\frac{1+\mathrm{e}^{-\pi}}{2}\mathrm{e}^{-k\pi},$$

$$S_n=\frac{1+\mathrm{e}^{-\pi}}{2}\sum_{k=0}^{n-1}\mathrm{e}^{-k\pi}=\frac{1+\mathrm{e}^{-\pi}}{2}\cdot\frac{1-\mathrm{e}^{-n\pi}}{1-\mathrm{e}^{-\pi}},$$

$$\lim_{n\to\infty}S_n=\frac{1+\mathrm{e}^{-\pi}}{2}\lim_{n\to\infty}\frac{1-\mathrm{e}^{-n\pi}}{1-\mathrm{e}^{-\pi}}=\frac{1+\mathrm{e}^{-\pi}}{2(1-\mathrm{e}^{-\pi})}=\frac{\mathrm{e}^{\pi}+1}{2(\mathrm{e}^{\pi}-1)}.$$

50(2020,18 题)**【分析】** 本题考查定积分的应用.

解答本题的关键是利用所给的条件 $2f(x)+x^2f\left(\frac{1}{x}\right)=\frac{x^2+2x}{\sqrt{1+x^2}}$ 得到 $f(x)$ 的表达式，进而将所求旋转体体积用定积分表示出来，以此考查定积分在求几何体体积方面的应用，考查定积分的换元法以及基本积分公式.

【解】（方法一） 在 $2f(x)+x^2f\left(\frac{1}{x}\right)=\frac{x^2+2x}{\sqrt{1+x^2}}$ 中将 x 换为 $\frac{1}{x}$ 得

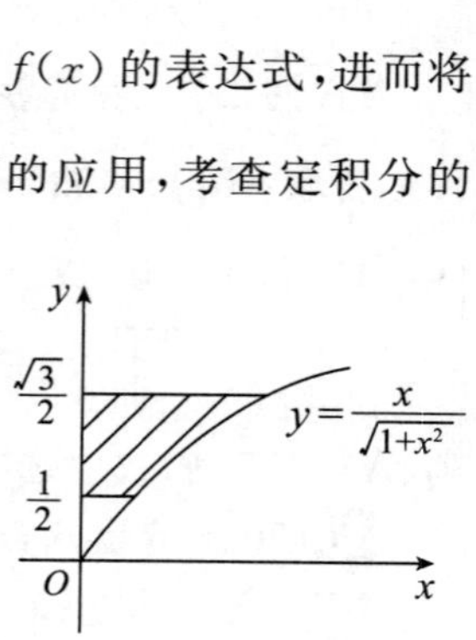

$$2f\left(\frac{1}{x}\right)+\frac{f(x)}{x^2}=\frac{\frac{1}{x}+2}{\sqrt{1+x^2}},$$

由以上两式解得 $f(x)=\frac{x}{\sqrt{1+x^2}}$.

由 $y=\dfrac{x}{\sqrt{1+x^2}}$ 得 $x=\dfrac{y}{\sqrt{1-y^2}}$，从而曲线 $y=f(x)$，$y=\dfrac{1}{2}$，$y=\dfrac{\sqrt{3}}{2}$ 及 y 轴所围图形绕 x 轴旋转所成旋转体的体积为

$$V=2\pi\int_{\frac{1}{2}}^{\frac{\sqrt{3}}{2}}xy\,\mathrm{d}y=2\pi\int_{\frac{1}{2}}^{\frac{\sqrt{3}}{2}}\frac{y^2}{\sqrt{1-y^2}}\mathrm{d}y\xlongequal{y=\sin t}2\pi\int_{\frac{\pi}{6}}^{\frac{\pi}{3}}\sin^2t\,\mathrm{d}t=\frac{\pi^2}{6}.$$

（方法二）　由 $2f(x)+x^2f\left(\dfrac{1}{x}\right)=\dfrac{x^2+2x}{\sqrt{1+x^2}}$ 得

$$2f\left(\frac{1}{x}\right)+\frac{1}{x^2}f(x)=\frac{1+2x}{x\sqrt{1+x^2}},$$

解得 $f(x)=\dfrac{x}{\sqrt{1+x^2}}(x>0)$.

由 $\dfrac{x}{\sqrt{1+x^2}}=\dfrac{1}{2}$ 得 $x=\dfrac{\sqrt{3}}{3}$，由 $\dfrac{x}{\sqrt{1+x^2}}=\dfrac{\sqrt{3}}{2}$ 得 $x=\sqrt{3}$.

从而曲线 $y=f(x)$，$y=\dfrac{1}{2}$，$y=\dfrac{\sqrt{3}}{2}$ 及 y 轴所围图形绕 x 轴旋转所成旋转体的体积为

$$\begin{aligned}V&=\pi\left[\left(\frac{\sqrt{3}}{2}\right)^2\cdot\sqrt{3}-\left(\frac{1}{2}\right)^2\cdot\frac{\sqrt{3}}{3}-\int_{\frac{\sqrt{3}}{3}}^{\sqrt{3}}\left(\frac{x}{\sqrt{1+x^2}}\right)^2\mathrm{d}x\right]\\&=\pi\left(\frac{2\sqrt{3}}{3}-\int_{\frac{\sqrt{3}}{3}}^{\sqrt{3}}\frac{x^2}{1+x^2}\mathrm{d}x\right)\\&=\pi\left[\frac{2\sqrt{3}}{3}-(x-\arctan x)\Big|_{\frac{\sqrt{3}}{3}}^{\sqrt{3}}\right]\\&=\frac{\pi^2}{6}.\end{aligned}$$

51（2020，12 题）**【答案】**　$\dfrac{1}{3}\rho ga^3$.

【解析】　本题考查定积分在求物体所受压力方面的应用，要求考生熟练利用微元法，并结合物体在液体内所受到的压力公式，将平板一侧所受的水压力用定积分表示出来，进而求解，是一道考查综合应用的试题.

如右图建立平面直角坐标系，以斜边的中点为原点，垂直水平面向下的方向为 x 轴的正向.

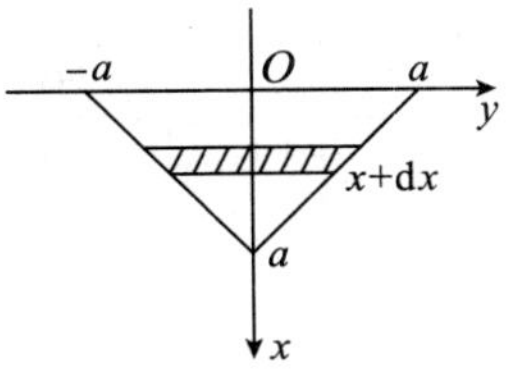

取 $[x,x+\mathrm{d}x]\subset[0,a]$，考虑右图中窄带子所受压力.

设该平板一侧所受的水压力为 F，则利用微元法可得

$\mathrm{d}F=2\rho gx(a-x)\mathrm{d}x$.

所以平板一侧所受的水压力

$$F=\int_0^a2\rho gx(a-x)\mathrm{d}x=\frac{1}{3}\rho ga^3.$$

52（2021，19 题）**【解】**　由 $\displaystyle\int\frac{f(x)}{\sqrt{x}}\mathrm{d}x=\frac{1}{6}x^2-x+C$ 知 $\dfrac{f(x)}{\sqrt{x}}=\dfrac{1}{3}x-1$，

$$f(x)=\frac{1}{3}x^{\frac{3}{2}}-x^{\frac{1}{2}},f'(x)=\frac{1}{2}x^{\frac{1}{2}}-\frac{1}{2}x^{-\frac{1}{2}},$$

$$s=\int_4^9\sqrt{1+[f'(x)]^2}\mathrm{d}x=\int_4^9\sqrt{1+\left(\frac{1}{2}x^{\frac{1}{2}}-\frac{1}{2}x^{-\frac{1}{2}}\right)^2}\mathrm{d}x$$

$$= \int_4^9 \left(\frac{1}{2}x^{\frac{1}{2}} + \frac{1}{2}x^{-\frac{1}{2}}\right)\mathrm{d}x = \frac{22}{3},$$

$$A = 2\pi\int_4^9 f(x)\sqrt{1+[f'(x)]^2}\,\mathrm{d}x$$

$$= 2\pi\int_4^9 \left(\frac{1}{3}x^{\frac{3}{2}} - x^{\frac{1}{2}}\right)\left(\frac{1}{2}x^{\frac{1}{2}} + \frac{1}{2}x^{-\frac{1}{2}}\right)\mathrm{d}x$$

$$= \frac{425}{9}\pi.$$

53(2022,15 题)**【答案】** $\dfrac{\pi}{12}$.

【解析】 所求面积为

$$S = \frac{1}{2}\int_0^{\frac{\pi}{3}} \sin^2 3\theta \mathrm{d}\theta = \frac{1}{4}\int_0^{\frac{\pi}{3}} (1-\cos 6\theta)\mathrm{d}\theta$$

$$= \frac{1}{4}\left(\theta - \frac{1}{6}\sin 6\theta\right)\Big|_0^{\frac{\pi}{3}} = \frac{\pi}{12}.$$

解题加速度

1.**【解】** （Ⅰ）D_1 与 D_2 如图所示，则

$$V_1 = \pi\int_a^2 y^2\mathrm{d}x = \pi\int_a^2 (2x^2)^2\mathrm{d}x$$

$$= \frac{4\pi}{5}(32-a^5),$$

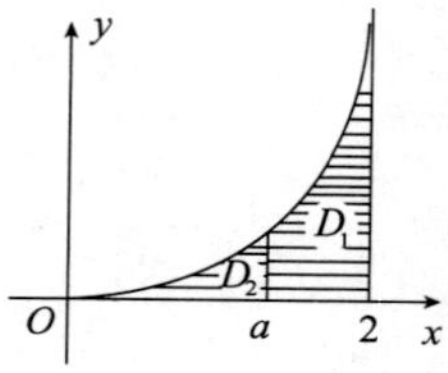

$$V_2 = \pi a^2 \cdot 2a^2 - \pi\int_0^{2a^2} x^2\mathrm{d}y$$

$$= 2\pi a^4 - \pi\int_0^{2a^2} \frac{y}{2}\mathrm{d}y$$

$$= 2\pi a^4 - \pi a^4 = \pi a^4.$$

（Ⅱ）$V = V_1 + V_2 = \dfrac{4\pi}{5}(32-a^5) + \pi a^4$,

$$\frac{\mathrm{d}V}{\mathrm{d}a} = 4\pi a^3(1-a),$$

当 $a=1$ 时，$\dfrac{\mathrm{d}V}{\mathrm{d}a}=0$，当 $0<a<1$ 时，$\dfrac{\mathrm{d}V}{\mathrm{d}a}>0$，$V$ 单调增加；当 $a>1$ 时，$\dfrac{\mathrm{d}V}{\mathrm{d}a}<0$，$V$ 单调减少，则 $a=1$ 时 V 最大，且最大值为 $V_1+V_2=\dfrac{129}{5}\pi$.

2.**【分析】** 先求切线方程，然后根据两点间的距离恒为 1 得到微分方程.

【解】 由参数方程的求导公式有：

$$y' = \frac{\mathrm{d}y}{\mathrm{d}x} = -\frac{\sin t}{f'(t)},$$

于是 L 上任意一点 $(x,y)=(f(t),\cos t)$ 处的切线方程为

$$Y - \cos t = -\frac{\sin t}{f'(t)}[X - f(t)].$$

令 $Y=0$，得此切线与 x 轴的交点为 $(f'(t)\cot t + f(t),0)$.

由 $(f'(t)\cot t + f(t),0)$ 到切点 $(f(t),\cos t)$ 的距离恒为 1，有

$$(f'(t)\cot t+f(t)-f(t))^2+(0-\cos t)^2=1$$

解得 $f'(t)=\pm\dfrac{\sin^2 t}{\cos t}$. 由 $f'(t)>0\left(0<t<\dfrac{\pi}{2}\right)$,且 $f(0)=0$ 知 $f(t)>0\left(0<t<\dfrac{\pi}{2}\right)$.

所以
$$f'(t)=\frac{\sin^2 t}{\cos t},\quad \left(0\leqslant t<\frac{\pi}{2}\right)$$

于是
$$f(t)=\int\frac{\sin^2 t}{\cos t}\mathrm{d}t=\int\frac{1-\cos^2 t}{\cos t}\mathrm{d}t=\int(\sec t-\cos t)\mathrm{d}t$$
$$=\ln(\sec t+\tan t)-\sin t+C.$$

由 $f(0)=0$ 得 $C=0$,故
$$f(t)=\ln(\sec t+\tan t)-\sin t.$$

以曲线 L 及 x 轴和 y 轴为边界的区域的面积
$$S=\int_0^{\frac{\pi}{2}}\cos t\cdot f'(t)\mathrm{d}t=\int_0^{\frac{\pi}{2}}\cos t\cdot\frac{\sin^2 t}{\cos t}\mathrm{d}t=\int_0^{\frac{\pi}{2}}\frac{1-\cos 2t}{2}\mathrm{d}t$$
$$=\frac{\pi}{4}-\frac{\sin 2t}{4}\Big|_0^{\frac{\pi}{2}}=\frac{\pi}{4}.$$

3.【答案】 $\pi\ln 2-\dfrac{\pi}{3}$.

【解析】(方法一) 如右图所示,D 绕 y 轴旋转所成的旋转体的体积为

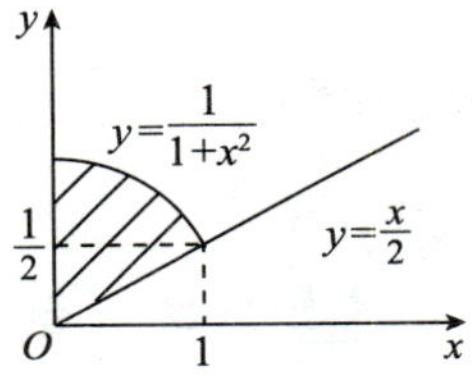

$$V=\int_0^1\pi x^2\mathrm{d}y$$
$$=\int_0^{\frac{1}{2}}\pi(2y)^2\mathrm{d}y+\int_{\frac{1}{2}}^1\pi\left(\frac{1}{y}-1\right)\mathrm{d}y$$
$$=\frac{4}{3}\pi y^3\Big|_0^{\frac{1}{2}}+\pi(\ln y-y)\Big|_{\frac{1}{2}}^1$$
$$=\pi\left(\ln 2-\frac{1}{3}\right).$$

(方法二) D 绕 y 轴旋转所成的旋转体的体积为
$$V=\int_0^1 2\pi xy\mathrm{d}x-\frac{2}{3}\cdot\pi\cdot1^2\cdot\frac{1}{2}$$
$$=2\pi\int_0^1\frac{x}{1+x^2}\mathrm{d}x-\frac{\pi}{3}$$
$$=\pi\ln(1+x^2)\Big|_0^1-\frac{\pi}{3}$$
$$=\pi\left(\ln 2-\frac{1}{3}\right).$$

4.【答案】 $\dfrac{\pi}{4}$.

【解析】 $V=\pi\displaystyle\int_0^1 x\sin^2\pi x\mathrm{d}x\xlongequal{\pi x=t}\frac{1}{\pi}\int_0^{\pi}t\sin^2 t\mathrm{d}t=\frac{1}{\pi}\cdot\frac{\pi}{2}\int_0^{\pi}\sin^2 t\mathrm{d}t$

$$=\int_0^{\frac{\pi}{2}}\sin^2 t\mathrm{d}t=\frac{1}{2}\cdot\frac{\pi}{2}=\frac{\pi}{4}.$$

第四章　多元函数微分学

一、基本概念及性质

1（2012,5 题）【答案】 D.

【解析】 根据导数与偏导数的关系，利用一元函数单调性的判定方法.

若 $x_1 < x_2, y_1 > y_2$，则由 $\dfrac{\partial f(x,y)}{\partial x} > 0$，有 $f(x_1,y_1) < f(x_2,y_1)$，

由 $\dfrac{\partial f(x,y)}{\partial y} < 0$，有 $f(x_2,y_1) < f(x_2,y_2)$，即 $f(x_1,y_1) < f(x_2,y_1) < f(x_2,y_2)$.

2（2017,5 题）【答案】 D.

【解析】 由 $\dfrac{\partial f(x,y)}{\partial x} > 0$ 知 $f(x,y)$ 关于 x 单调增加，则 $f(1,y) > f(0,y)$.

由 $\dfrac{\partial f(x,y)}{\partial y} < 0$ 知 $f(x,y)$ 关于 y 单调减少，则 $f(x,0) > f(x,1)$.

综合如上两个不等式

$$f(1,0) > f(0,0) > f(0,1),$$

应选(D).

3（2020,5 题）【答案】 B.

【解析】 $\left.\dfrac{\partial f}{\partial x}\right|_{(0,0)} = \lim\limits_{x\to 0}\dfrac{f(x,0)-f(0,0)}{x} = \lim\limits_{x\to 0}\dfrac{x-0}{x} = 1$，① 正确.

$y \neq 0$ 时，$\left.\dfrac{\partial f}{\partial x}\right|_{(0,y)} = \lim\limits_{x\to 0}\dfrac{f(x,y)-f(0,y)}{x} = \lim\limits_{x\to 0}\dfrac{xy-y}{x}$ 不存在.

因而 $\left.\dfrac{\partial^2 f}{\partial x\partial y}\right|_{(0,0)}$ 不存在，② 不正确.

显然 $\lim\limits_{(x,y)\to(0,0)} f(x,y) = 0$，③ 正确.

而 $\lim\limits_{x\to 0} f(x,y) = \begin{cases} 0, & xy \neq 0 \text{ 或 } y = 0, \\ y, & x = 0, \end{cases}$ 所以 $\lim\limits_{y\to 0}\lim\limits_{x\to 0} f(x,y) = 0$，④ 正确.

故答案选(B).

> 【评注】 此题是对极限求法及偏导数定义的考查.

解题加速度

1.【答案】 C.

【解析】 由于 $\lim\limits_{\substack{x\to 0\\ y\to 0}}\dfrac{xy}{x^2+y^2} \xlongequal{y=x} \dfrac{1}{2} \neq 0 = f(0,0)$，从而 $f(x,y)$ 在 $(0,0)$ 处不连续，排除(A)(B). 由偏导数的定义 $f'_x(0,0) = \lim\limits_{x\to 0}\dfrac{f(x,0)-f(0,0)}{x} = 0$，同理 $f'_y(0,0) = 0$. 所以，应选(C).

【评注】 对分段函数 $f(x,y)$，在分界点处考查其极限、连续性、偏导数及可微性，一般利用定义来分析.

2.【答案】 A.

【解析】 直接利用可微、偏导存在等之间的关系.

3.【答案】 B.

【解析】 若极限 $\lim\limits_{\substack{x\to0\\y\to0}}\dfrac{f(x,y)}{x^2+y^2}$ 存在，则有 $\lim\limits_{\substack{x\to0\\y\to0}}f(x,y)=0$，

又由 $f(x,y)$ 在 $(0,0)$ 处连续，可知 $f(0,0)=0$.

$$f'_x(0,0)=\lim_{x\to0}\frac{f(x,0)-f(0,0)}{x}=\lim_{x\to0}\frac{f(x,0)}{x^2+0^2}\cdot x=0.$$

类似 $f'_y(0,0)=0$.

于是

$$\begin{aligned}&\lim_{\substack{x\to0\\y\to0}}\frac{f(x,y)-f(0,0)-[f'_x(0,0)x+f'_y(0,0)y]}{\sqrt{x^2+y^2}}\\=&\lim_{\substack{x\to0\\y\to0}}\frac{f(x,y)}{\sqrt{x^2+y^2}}=\lim_{\substack{x\to0\\y\to0}}\frac{f(x,y)}{x^2+y^2}\cdot\sqrt{x^2+y^2}=0.\end{aligned}$$

由微分定义知 $f(x,y)$ 在 $(0,0)$ 处可微，故应选(B).

【评注】 1. 本题主要考查二元函数连续、偏导数、可微的定义.

2. 可采用举反例排除错误答案：

取 $f(x,y)=|x|+|y|$ 排除(A)，$f(x,y)=x+y$ 排除(C)(D).

4.【答案】 $2\mathrm{d}x-\mathrm{d}y$.

【解析】 由 $\lim\limits_{\substack{x\to0\\y\to1}}\dfrac{f(x,y)-2x+y-2}{\sqrt{x^2+(y-1)^2}}=0$ 以及 $z=f(x,y)$ 连续可得 $f(0,1)=1$，且

$$f(x,y)-f(0,1)=2x-(y-1)+o(\sqrt{x^2+(y-1)^2}),(x\to0,y\to1).$$

由可微的定义得 $f'_x(0,1)=2$，$f'_y(0,1)=-1$，即

$$\mathrm{d}z\Big|_{(0,1)}=f'_x(0,1)\,\mathrm{d}x+f'_y(0,1)\mathrm{d}y=2\mathrm{d}x-\mathrm{d}y.$$

应填 $2\mathrm{d}x-\mathrm{d}y$.

二、求多元函数的偏导数及全微分

4 (2009，17 题)【解】 由于 $\dfrac{\partial z}{\partial x}=f'_1+f'_2+yf'_3$，$\dfrac{\partial z}{\partial y}=f'_1-f'_2+xf'_3$，所以

$$\mathrm{d}z=\frac{\partial z}{\partial x}\mathrm{d}x+\frac{\partial z}{\partial y}\mathrm{d}y=(f'_1+f'_2+yf'_3)\mathrm{d}x+(f'_1-f'_2+xf'_3)\mathrm{d}y,$$

$$\begin{aligned}\frac{\partial^2 z}{\partial x\partial y}=&f''_{11}\cdot1+f''_{12}\cdot(-1)+f''_{13}\cdot x+f''_{21}\cdot1+f''_{22}\cdot(-1)+f''_{23}\cdot x+f'_3\\&+y[f''_{31}\cdot1+f''_{32}\cdot(-1)+f''_{33}\cdot x]\end{aligned}$$

$$=f'_3+f''_{11}-f''_{22}+xyf''_{33}+(x+y)f''_{13}+(x-y)f''_{23}.$$

5（2010,5 题）【答案】 B.

【解析】 因为

$$\frac{\partial z}{\partial x}=-\frac{F'_x}{F'_z}=-\frac{F'_1\left(-\frac{y}{x^2}\right)+F'_2\left(-\frac{z}{x^2}\right)}{F'_2\cdot\frac{1}{x}}=\frac{F'_1\cdot\frac{y}{x}+F'_2\cdot\frac{z}{x}}{F'_2},$$

$$\frac{\partial z}{\partial y}=-\frac{F'_y}{F'_z}=-\frac{F'_1\cdot\frac{1}{x}}{F'_2\cdot\frac{1}{x}}=-\frac{F'_1}{F'_2},$$

所以 $x\frac{\partial z}{\partial x}+y\frac{\partial z}{\partial y}=\frac{yF'_1+zF'_2}{F'_2}-\frac{yF'_1}{F'_2}=\frac{F'_2\cdot z}{F'_2}=z$. 因此应选(B).

> 【评注】 此题也可两边求全微分求得 $\frac{\partial z}{\partial x},\frac{\partial z}{\partial y}$.

6（2011,17 题）【分析】 利用多元复合函数的求偏导法则及 $g'(1)=0$.

【解】 由题意 $g'(1)=0$. 因为

$$\frac{\partial z}{\partial x}=yf'_1+yg'(x)f'_2,$$

$$\frac{\partial^2 z}{\partial x\partial y}=f'_1+y[xf''_{11}+g(x)f''_{12}]+g'(x)f'_2+yg'(x)[xf''_{21}+g(x)f''_{22}],$$

所以令 $x=y=1$，且注意到 $g(1)=1,g'(1)=0$，得

$$\left.\frac{\partial^2 z}{\partial x\partial y}\right|_{\substack{x=1\\y=1}}=f'_1(1,1)+f''_{11}(1,1)+f''_{12}(1,1).$$

7（2012,11 题）【答案】 0.

【解析】 由 $z=f\left(\ln x+\frac{1}{y}\right)$，有 $\frac{\partial z}{\partial x}=f'\left(\ln x+\frac{1}{y}\right)\cdot\frac{1}{x},\frac{\partial z}{\partial y}=f'\left(\ln x+\frac{1}{y}\right)\cdot\left(-\frac{1}{y^2}\right)$,

于是 $x\frac{\partial z}{\partial x}+y^2\frac{\partial z}{\partial y}=0$. 故应填 0.

8（2013,5 题）【答案】 A.

【解析】 利用多元函数的求导法则得

$$\frac{\partial z}{\partial x}=-\frac{y}{x^2}f(xy)+\frac{y^2}{x}f'(xy),\frac{\partial z}{\partial y}=\frac{1}{x}f(xy)+yf'(xy),$$

所以 $\frac{x}{y}\frac{\partial z}{\partial x}+\frac{\partial z}{\partial y}=2yf'(xy)$. 故选(A).

9（2014,11 题）【答案】 $-\frac{1}{2}(dx+dy)$.

【解析】 对题设等式两边分别对 x,y 求偏导数：

$$e^{2yz}\cdot 2y\frac{\partial z}{\partial x}+1+\frac{\partial z}{\partial x}=0,$$

$$e^{2yz}\left(2z+2y\frac{\partial z}{\partial y}\right)+2y+\frac{\partial z}{\partial y}=0,$$

又当 $x=\frac{1}{2},y=\frac{1}{2}$ 时，$z=0$. 代入上两等式得

$$\left.\frac{\partial z}{\partial x}\right|_{\left(\frac{1}{2},\frac{1}{2}\right)}=-\frac{1}{2},\left.\frac{\partial z}{\partial y}\right|_{\left(\frac{1}{2},\frac{1}{2}\right)}=-\frac{1}{2},$$

故 $\mathrm{d}z\Big|_{\left(\frac{1}{2},\frac{1}{2}\right)}=-\frac{1}{2}(\mathrm{d}x+\mathrm{d}y)$.

【评注】 本题考查二元隐函数在一点处全微分的计算,是一道常规题.

10(2015,5 题)**【答案】** D.

【解析】 先求出 $f(u,v)$,直接求偏导数即可.

(方法一) 令 $u=x+y,v=\frac{y}{x}$,则 $x=\frac{u}{1+v},y=\frac{uv}{1+v}$,故 $f(u,v)=\frac{u^2(1-v^2)}{(1+v)^2}$.

所以$\left.\frac{\partial f}{\partial u}\right|_{\substack{u=1\\v=1}}=\left.\frac{2u(1-v^2)}{(1+v)^2}\right|_{\substack{u=1\\v=1}}=0,\left.\frac{\partial f}{\partial v}\right|_{\substack{u=1\\v=1}}=\left.\frac{-2u^2}{(1+v)^2}\right|_{\substack{u=1\\v=1}}=-\frac{1}{2}$.

应选(D).

(方法二) 令 $u=x+y,v=\frac{y}{x},u=v=1$ 时,$x=y=\frac{1}{2}$.

方程 $f\left(x+y,\frac{y}{x}\right)=x^2-y^2$ 两边分别对 x,y 求偏导数得

$$\frac{\partial f}{\partial u}+\frac{\partial f}{\partial v}\left(-\frac{y}{x^2}\right)=2x,\frac{\partial f}{\partial u}+\frac{\partial f}{\partial v}\cdot\frac{1}{x}=-2y,$$

把 $x=y=\frac{1}{2}$ 代入上两式$\begin{cases}\left.\frac{\partial f}{\partial u}\right|_{\substack{u=1\\v=1}}-2\left.\frac{\partial f}{\partial v}\right|_{\substack{u=1\\v=1}}=1,\\\left.\frac{\partial f}{\partial u}\right|_{\substack{u=1\\v=1}}+2\left.\frac{\partial f}{\partial v}\right|_{\substack{u=1\\v=1}}=-1,\end{cases}$

解方程组有$\left.\frac{\partial f}{\partial u}\right|_{\substack{u=1\\v=1}}=0,\left.\frac{\partial f}{\partial v}\right|_{\substack{u=1\\v=1}}=-\frac{1}{2}$.

应选(D).

11(2015,13 题)**【答案】** $-\frac{1}{3}\mathrm{d}x-\frac{2}{3}\mathrm{d}y$.

【解析】 **(方法一)** 易得 $x=0,y=0$ 时,$z=0$.

方程两边求全微分

$$\mathrm{e}^{x+2y+3z}(\mathrm{d}x+2\mathrm{d}y+3\mathrm{d}z)+yz\mathrm{d}x+xz\mathrm{d}y+xy\mathrm{d}z=0.$$

把 $x=0,y=0,z=0$ 代入方程 $\mathrm{e}^{x+2y+3z}(\mathrm{d}x+2\mathrm{d}y+3\mathrm{d}z)+yz\mathrm{d}x+xz\mathrm{d}y+xy\mathrm{d}z=0$ 有

$$\mathrm{d}z|_{(0,0)}=-\frac{1}{3}\mathrm{d}x-\frac{2}{3}\mathrm{d}y.$$

(方法二) 易得 $x=0,y=0$ 时,$z=0$.

方程两边分别对 x,y 求偏导数

$$\mathrm{e}^{x+2y+3z}\left(1+3\frac{\partial z}{\partial x}\right)+yz+xy\frac{\partial z}{\partial x}=0,$$

$$\mathrm{e}^{x+2y+3z}\left(2+3\frac{\partial z}{\partial y}\right)+xz+xy\frac{\partial z}{\partial y}=0,$$

把 $x=0,y=0,z=0$ 代入上两式有

$$\left.\frac{\partial z}{\partial x}\right|_{(0,0)}=-\frac{1}{3},\left.\frac{\partial z}{\partial y}\right|_{(0,0)}=-\frac{2}{3},$$

所以$\mathrm{d}z\big|_{(0,0)}=-\dfrac{1}{3}\mathrm{d}x-\dfrac{2}{3}\mathrm{d}y$.

【评注】 1. 本题还可令 $F(x,y,z)=\mathrm{e}^{x+2y+3z}+xyz-1$，用公式法求解.
2. 计算过程中直接代入 $x=0,y=0,z=0$，可简化运算，提高准确率.

12（2016，6 题）**【答案】** D.

【解析】 直接计算，与选项比较.

$$f'_x=\frac{\mathrm{e}^x(x-y)-\mathrm{e}^x}{(x-y)^2},\ f'_y=\frac{\mathrm{e}^x}{(x-y)^2},$$

因而 $f'_x+f'_y=\dfrac{\mathrm{e}^x}{x-y}=f$. 选（D）.

13（2017，12 题）**【答案】** $xy\mathrm{e}^y$.

【解析】 由题知$\dfrac{\partial f}{\partial x}=y\mathrm{e}^y,\dfrac{\partial f}{\partial y}=x(1+y)\mathrm{e}^y$，利用偏积分

$$f(x,y)=\int y\mathrm{e}^y\mathrm{d}x=xy\mathrm{e}^y+\varphi(y),$$

则$\dfrac{\partial f}{\partial y}=x(1+y)\mathrm{e}^y+\varphi'(y)=x(1+y)\mathrm{e}^y$，得 $\varphi'(y)=0$，有 $\varphi(y)=C$，

因而 $f(x,y)=xy\mathrm{e}^y+C$.

由 $f(0,0)=0$ 得 $C=0$，故 $f(x,y)=xy\mathrm{e}^y$.

14（2017，16 题）**【解】** 利用复合函数求导公式

$$\frac{\mathrm{d}y}{\mathrm{d}x}=f'_1\mathrm{e}^x-f'_2\sin x,$$

$$\frac{\mathrm{d}^2y}{\mathrm{d}x^2}=(f''_{11}\mathrm{e}^x-f''_{12}\sin x)\mathrm{e}^x+f'_1\mathrm{e}^x-(f''_{21}\mathrm{e}^x-f''_{22}\sin x)\sin x-f'_2\cos x.$$

因而$\dfrac{\mathrm{d}y}{\mathrm{d}x}\Big|_{x=0}=f'_1(1,1)$，

$$\frac{\mathrm{d}^2y}{\mathrm{d}x^2}\Big|_{x=0}=f''_{11}(1,1)+f'_1(1,1)-f'_2(1,1).$$

15（2019，11 题）**【答案】** $yf\left(\dfrac{y^2}{x}\right)$.

【解析】 $\dfrac{\partial z}{\partial x}=yf'\left(\dfrac{y^2}{x}\right)\cdot\left(-\dfrac{y^2}{x^2}\right)=-\dfrac{y^3}{x^2}f'\left(\dfrac{y^2}{x}\right)$，

$\dfrac{\partial z}{\partial y}=f\left(\dfrac{y^2}{x}\right)+yf'\left(\dfrac{y^2}{x}\right)\dfrac{2y}{x}=f\left(\dfrac{y^2}{x}\right)+\dfrac{2y^2}{x}f'\left(\dfrac{y^2}{x}\right)$，

则 $2x\dfrac{\partial z}{\partial x}+y\dfrac{\partial z}{\partial y}=yf\left(\dfrac{y^2}{x}\right)$.

16（2019，20 题）**【解】** $\dfrac{\partial u}{\partial x}=\dfrac{\partial v}{\partial x}\mathrm{e}^{ax+by}+av\mathrm{e}^{ax+by}=\left(\dfrac{\partial v}{\partial x}+av\right)\mathrm{e}^{ax+by}$，

$\dfrac{\partial u}{\partial y}=\dfrac{\partial v}{\partial y}\mathrm{e}^{ax+by}+bv\mathrm{e}^{ax+by}=\left(\dfrac{\partial v}{\partial y}+bv\right)\mathrm{e}^{ax+by}$，

进而$\dfrac{\partial^2u}{\partial x^2}=\left(\dfrac{\partial^2v}{\partial x^2}+a\dfrac{\partial v}{\partial x}\right)\mathrm{e}^{ax+by}+a\left(\dfrac{\partial v}{\partial x}+av\right)\mathrm{e}^{ax+by}=\left(\dfrac{\partial^2v}{\partial x^2}+2a\dfrac{\partial v}{\partial x}+a^2v\right)\mathrm{e}^{ax+by}$.

同理$\dfrac{\partial^2u}{\partial y^2}=\left(\dfrac{\partial^2v}{\partial y^2}+2b\dfrac{\partial v}{\partial y}+b^2v\right)\mathrm{e}^{ax+by}$.

代入 $2\frac{\partial^2 u}{\partial x^2}-2\frac{\partial^2 u}{\partial y^2}+3\frac{\partial u}{\partial x}+3\frac{\partial u}{\partial y}=0$ 得

$$2\left(\frac{\partial^2 v}{\partial x^2}-\frac{\partial^2 v}{\partial y^2}\right)+(4a+3)\frac{\partial v}{\partial x}+(3-4b)\frac{\partial v}{\partial y}+(2a^2-2b^2+3a+3b)v=0.$$

由题意，令 $4a+3=0,3-4b=0$，解得 $a=-\frac{3}{4},b=\frac{3}{4}$.

17(2020,11 题)【答案】 $(\pi-1)\mathrm{d}x-\mathrm{d}y$.

【解析】 $\left.\frac{\partial z}{\partial x}\right|_{(0,\pi)}=\left.\frac{y+\cos(x+y)}{1+[xy+\sin(x+y)]^2}\right|_{(0,\pi)}=\pi-1$,

$\left.\frac{\partial z}{\partial y}\right|_{(0,\pi)}=\left.\frac{x+\cos(x+y)}{1+[xy+\sin(x+y)]^2}\right|_{(0,\pi)}=-1$,

所以 $\left.\mathrm{d}z\right|_{(0,\pi)}=(\pi-1)\mathrm{d}x-\mathrm{d}y$.

> 【评注】 也可利用全微分形式不变性求 $\mathrm{d}z$.

18(2021,6 题)【答案】 C.

【解析】 方程 $f(x+1,\mathrm{e}^x)=x(x+1)^2$ 两边对 x 求导得

$$f_1'(x+1,\mathrm{e}^x)+\mathrm{e}^x f_2'(x+1,\mathrm{e}^x)=(x+1)^2+2x(x+1).$$

令 $x=0$，有 $f_1'(1,1)+f_2'(1,1)=1.$ ①

方程 $f(x,x^2)=2x^2\ln x$ 两边对 x 求导得

$$f_1'(x,x^2)+2xf_2'(x,x^2)=4x\ln x+2x.$$

令 $x=1$，有 $f_1'(1,1)+2f_2'(1,1)=2.$ ②

解 ①② 的联立方程组，得

$$f_1'(1,1)=0,f_2'(1,1)=1.$$

因而 $\mathrm{d}f(1,1)=f_1'(1,1)\mathrm{d}x+f_2'(1,1)\mathrm{d}y=\mathrm{d}y$.

19(2021,13 题)【答案】 1.

【解析】 方程中令 $x=0,y=2$，得 $z=1$.

方程两边对 x 求偏导数，有

$$z+(x+1)\frac{\partial z}{\partial x}+\frac{y}{z}\cdot\frac{\partial z}{\partial x}-\frac{2y}{1+4x^2y^2}=0,$$

把 $x=0,y=2,z=1$ 代入上式，得

$$\left.\frac{\partial z}{\partial x}\right|_{(0,2)}=1.$$

> 【评注】 此题在求$\frac{\partial z}{\partial x}$时，可利用两边微分或公式法来求.

20(2022,4 题)【答案】 C.

【解析】 计算选择题中各项

$F(x,y)=(x-y)\int_0^{x-y}f(t)\mathrm{d}t-\int_0^{x-y}tf(t)\mathrm{d}t$,

$\frac{\partial F}{\partial x}=\int_0^{x-y}f(t)\mathrm{d}t+(x-y)f(x-y)-(x-y)f(x-y)=\int_0^{x-y}f(t)\mathrm{d}t$,

$\frac{\partial F}{\partial y}=-\int_0^{x-y}f(t)\mathrm{d}t-(x-y)f(x-y)+(x-y)f(x-y)=-\int_0^{x-y}f(t)\mathrm{d}t$,

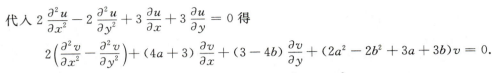

$$\frac{\partial^2 F}{\partial x^2}=f(x-y),\frac{\partial^2 F}{\partial y^2}=f(x-y).$$

显然$\frac{\partial F}{\partial x}=-\frac{\partial F}{\partial y},\frac{\partial^2 F}{\partial x^2}=\frac{\partial^2 F}{\partial y^2}$，选(C).

解题加速度

1.【答案】 $xf''_{12}+f'_2+xyf''_{22}$.

【解析】 由$\frac{\partial z}{\partial x}=f'_1+f'_2\cdot y$，得$\frac{\partial^2 z}{\partial x\partial y}=xf''_{12}+f'_2+xyf''_{22}$.

2.【答案】 $(2\ln 2+1)\mathrm{d}x+(-2\ln 2-1)\mathrm{d}y$.

【解析】 由 $z=\mathrm{e}^{\frac{x}{y}\ln(1+\frac{x}{y})}$ 得

$$\frac{\partial z}{\partial x}=\mathrm{e}^{\frac{x}{y}\ln\left(1+\frac{x}{y}\right)}\left[\frac{1}{y}\ln(1+\frac{x}{y})+\frac{x}{y^2}\frac{1}{1+\frac{x}{y}}\right]=\left(1+\frac{x}{y}\right)^{\frac{x}{y}}\left[\frac{1}{y}\ln\left(1+\frac{x}{y}\right)+\frac{x}{y}\frac{1}{x+y}\right],$$

$$\frac{\partial z}{\partial y}=\mathrm{e}^{\frac{x}{y}\ln\left(1+\frac{x}{y}\right)}\left[-\frac{x}{y^2}\ln(1+\frac{x}{y})-\frac{x}{y}\frac{1}{1+\frac{x}{y}}\frac{x}{y^2}\right]=-\left(1+\frac{x}{y}\right)^{\frac{x}{y}}\frac{x}{y^2}\left[\ln\left(1+\frac{x}{y}\right)+\frac{x}{x+y}\right].$$

所以 $\mathrm{d}z\Big|_{(1,1)}=\frac{\partial z}{\partial x}\Big|_{(1,1)}\mathrm{d}x+\frac{\partial z}{\partial y}\Big|_{(1,1)}\mathrm{d}y=(2\ln 2+1)\mathrm{d}x+(-2\ln 2-1)\mathrm{d}y.$

3.【答案】 4.

【解析】 由$\frac{\partial F}{\partial x}=\frac{y\sin xy}{1+(xy)^2}$，得

$$\frac{\partial^2 F}{\partial x^2}\Big|_{x=0,y=2}=\left(\frac{2\sin 2x}{1+4x^2}\right)'\Big|_{x=0}=\frac{4(1+4x^2)\cos 2x-16x\sin 2x}{(1+4x^2)^2}\Big|_{x=0}=4.$$

4.【答案】 $-\mathrm{d}x+2\mathrm{d}y$.

【解析】（方法一） 易得 $x=0,y=1$ 时，$z=1$.

方程两边求全微分

$$z\mathrm{d}x+(x+1)\mathrm{d}z-2y\mathrm{d}y=2xf(x-z,y)\mathrm{d}x+x^2[f'_1\cdot(\mathrm{d}x-\mathrm{d}z)+f'_2\mathrm{d}y].$$

把 $x=0,y=1,z=1$ 代入上式，有

$$\mathrm{d}z\Big|_{(0,1)}=-\mathrm{d}x+2\mathrm{d}y.$$

（方法二） 易得 $x=0,y=1$ 时，$z=1$.

方程两边分别对 x,y 求偏导数

$$z+(x+1)\frac{\partial z}{\partial x}=2xf+x^2f'_1\left(1-\frac{\partial z}{\partial x}\right),$$

$$(x+1)\frac{\partial z}{\partial y}-2y=x^2\left[f'_1\cdot\left(-\frac{\partial z}{\partial y}\right)+f'_2\right].$$

把 $x=0,y=1,z=1$ 代入上两式，有

$$\frac{\partial z}{\partial x}\Big|_{(0,1)}=-1,\frac{\partial z}{\partial y}\Big|_{(0,1)}=2,$$

所以 $$\mathrm{d}z\Big|_{(0,1)}=-\mathrm{d}x+2\mathrm{d}y.$$

【评注】 本题还可令 $F(x,y)=(x+1)z-y^2-x^2f(x-z,y)$，利用公式法求出 $\frac{\partial z}{\partial x},\frac{\partial z}{\partial y}$.

5.【解】 $\frac{\partial g}{\partial x}=y-f'_1-f'_2,\frac{\partial g}{\partial y}=x-f'_1+f'_2$，

则 $\frac{\partial^2 g}{\partial x^2}=-f''_{11}-f''_{12}-f''_{21}-f''_{22}=-f''_{11}-2f''_{12}-f''_{22}$，

$\frac{\partial^2 g}{\partial x\partial y}=1-f''_{11}+f''_{12}-f''_{21}+f''_{22}=1-f''_{11}+f''_{22}$，

$\frac{\partial^2 g}{\partial y^2}=-f''_{11}+f''_{12}+f''_{21}-f''_{22}=-f''_{11}+2f''_{12}-f''_{22}$，

有 $\frac{\partial^2 g}{\partial x^2}+\frac{\partial^2 g}{\partial x\partial y}+\frac{\partial^2 g}{\partial y^2}=1-3f''_{11}-f''_{22}$.

三、多元函数的极值

21(2009,3 题)【答案】 D.

【解析】 因 $\mathrm{d}z=x\mathrm{d}x+y\mathrm{d}y$，可得 $\frac{\partial z}{\partial x}=x,\frac{\partial z}{\partial y}=y$，所以

$$A=\frac{\partial^2 z}{\partial x^2}=1,B=\frac{\partial^2 z}{\partial x\partial y}=\frac{\partial^2 z}{\partial y\partial x}=0,C=\frac{\partial^2 z}{\partial y^2}=1.$$

又在(0,0)处，$\frac{\partial z}{\partial x}=0,\frac{\partial z}{\partial y}=0,B^2-AC=-1<0,A=1>0$，

故(0,0)为函数 $z=f(x,y)$ 的一个极小值点. 答案应选(D).

22(2011,5 题)【答案】 A.

【解析】 显然 $z'_x(0,0)=f'(0)g(0)=0,z'_y(0,0)=f(0)g'(0)=0$，故(0,0)是 $z=f(x)g(y)$ 可能的极值点. 计算得

$$z''_{xx}(x,y)=f''(x)g(y),z''_{yy}(x,y)=f(x)g''(y),z''_{xy}(x,y)=f'(x)g'(y),$$

所以 $A=z''_{xx}(0,0)=f''(0)g(0),B=z''_{xy}(0,0)=0,C=z''_{yy}(0,0)=f(0)g''(0)$.

由 $B^2-AC<0$，且 $A>0,C>0$，有 $f''(0)<0,g''(0)>0$. 因此应选(A).

【评注】 此题与直接求二元函数的极值的题形式上有所不同，但实质是一样的.

23(2012,16 题)【解】

$$f'_x=(1-x^2)\mathrm{e}^{-\frac{x^2+y^2}{2}},f'_y=-xy\mathrm{e}^{-\frac{x^2+y^2}{2}}.$$

令 $\begin{cases}f'_x=0,\\f'_y=0,\end{cases}$ 得驻点(1,0)和(−1,0).

记 $$A=f''_{xx}=x(x^2-3)\mathrm{e}^{-\frac{x^2+y^2}{2}},$$
$$B=f''_{xy}=y(x^2-1)\mathrm{e}^{-\frac{x^2+y^2}{2}},$$
$$C=f''_{yy}=x(y^2-1)\mathrm{e}^{-\frac{x^2+y^2}{2}},$$

在点(1, 0)处，由于 $B^2-AC=-2\mathrm{e}^{-1}<0,A=-2\mathrm{e}^{-\frac{1}{2}}<0$，

所以 $f(1,0)=\mathrm{e}^{-\frac{1}{2}}$ 是 $f(x,y)$ 的极大值.

在点 $(-1,0)$ 处，由于 $B^2-AC=-2\mathrm{e}^{-1}<0, A=2\mathrm{e}^{-\frac{1}{2}}>0$，

所以 $f(-1,0)=-\mathrm{e}^{-\frac{1}{2}}$ 是 $f(x,y)$ 的极小值.

24（2013，19 题）**【分析】** 这是一个条件极值问题，转化为函数 $d=\sqrt{x^2+y^2}$ 在条件 $x^3-xy+y^3=1(x\geqslant 0,y\geqslant 0)$ 下的最值. 构造拉格朗日函数时，注意利用等效性 $d^2=x^2+y^2$.

【解】 曲线上任取一点 $P(x,y)$，其到原点的距离 $d=\sqrt{x^2+y^2}$，

构造拉格朗日函数 $L=x^2+y^2+\lambda(x^3-xy+y^3-1)$，令

$$\begin{cases}\dfrac{\partial L}{\partial x}=2x+\lambda(3x^2-y)=0, & ① \\ \dfrac{\partial L}{\partial y}=2y+\lambda(-x+3y^2)=0, & ② \\ \dfrac{\partial L}{\partial \lambda}=x^3-xy+y^3-1=0, & ③\end{cases}$$

① − ② 得 $(x-y)[2+\lambda+3\lambda(x+y)]=0$，即 $x=y$ 或 $x+y=-\dfrac{2+\lambda}{3\lambda}$，

① + ② 得 $(2-\lambda)(x+y)+3\lambda(x^2+y^2)=0$.

若 $x=y$，代入 ③ 可得 $x=y=1$，此时 $d=\sqrt{x^2+y^2}=\sqrt{2}$，

若 $x+y=-\dfrac{2+\lambda}{3\lambda}$，代入 $(2-\lambda)(x+y)+3\lambda(x^2+y^2)=0$ 可得 $x^2+y^2=-\dfrac{\lambda^2-4}{9\lambda^2}$，

进一步有

$$xy=\frac{(x+y)^2-(x^2+y^2)}{2}=\frac{\dfrac{(\lambda+2)^2}{9\lambda^2}+\dfrac{\lambda^2-4}{9\lambda^2}}{2}=\frac{\lambda^2+2\lambda}{9\lambda^2},$$

而 $x^3-xy+y^3=1$ 可变为

$$(x+y)(x^2+y^2-xy)-xy=1.$$

把 $x^2+y^2, x+y, xy$ 代入此方程得

$$-\frac{2+\lambda}{3\lambda}\left(-\frac{\lambda^2-4}{9\lambda^2}-\frac{\lambda^2+2\lambda}{9\lambda^2}\right)-\frac{\lambda^2+2\lambda}{9\lambda^2}=1.$$

化简为 $\lambda^3=-\dfrac{2}{7}$，即 $\lambda=-\sqrt[3]{\dfrac{2}{7}}$.

但此时 $xy=\dfrac{\lambda+2}{9\lambda}<0$，不满足 $x\geqslant 0, y\geqslant 0$，所以在 $x\geqslant 0, y\geqslant 0$ 内只有一个驻点 $(1,1)$.

再考虑边界上的情况，当 $x=0$ 时，$y=1$，有 $d=\sqrt{x^2+y^2}=1$，

当 $y=0$ 时，$x=1$，有 $d=\sqrt{x^2+y^2}=1$.

综上所述，可知最远距离为 $\sqrt{2}$，最近距离为 1.

> **【评注】** 边界 $x=0, y=0$ 上应单独讨论.

25（2014，6 题）**【答案】** A.

【解析】 由于 $B=\dfrac{\partial^2 u}{\partial x\partial y}\neq 0$，$A=\dfrac{\partial^2 u}{\partial x^2}$ 与 $C=\dfrac{\partial^2 u}{\partial y^2}$ 异号，所以 $B^2-AC>0$，即 $u(x,y)$ 在区域 D 的内部取不到极值. 而在有界闭区域 D 上连续的函数 $u(x,y)$ 在 D 上必有最大值与最小值，故其只能在 D 的边界上取得. 即只有选项(A)正确，其余 3 个选项都是错误的.

【评注】 本题考查对二元函数取得极值的充分条件的掌握情况. 选项(C) 与(D) 本质上是一回事(请读者思考理由),不可能都成立,所以可先排除.

26(2015,17 题)【分析】 利用偏积分法求出 $f(x,y)$,再求二元函数的极值.

【解】 对 $f''_{xy}(x,y)=2(y+1)\mathrm{e}^x$ 两边对 y 积分,得 $f'_x(x,y)=(y+1)^2\mathrm{e}^x+\varphi(x)$,
由 $f'_x(x,0)=(x+1)\mathrm{e}^x$,有 $\varphi(x)=x\mathrm{e}^x$,
再对 $f'_x(x,y)=(y+1)^2\mathrm{e}^x+x\mathrm{e}^x$ 两边对 x 积分,得

$$f(x,y)=(y+1)^2\mathrm{e}^x+(x-1)\mathrm{e}^x+\psi(y).$$

用 $f(0,y)=y^2+2y$,可知 $\psi(y)=0$,因而 $f(x,y)=(y+1)^2\mathrm{e}^x+(x-1)\mathrm{e}^x$,

解方程组 $\begin{cases}f'_x=(y+1)^2\mathrm{e}^x+x\mathrm{e}^x=0,\\ f'_y=2(y+1)\mathrm{e}^x=0,\end{cases}$ 得 $x=0,y=-1$.

而 $f''_{xx}=(y+1)^2\mathrm{e}^x+(x+1)\mathrm{e}^x$,$f''_{yy}=2\mathrm{e}^x$.
在$(0,-1)$点,$A=f''_{xx}(0,-1)=1$,$B=f''_{xy}(0,-1)=0$,$C=f''_{yy}(0,-1)=2$.
判别式 $\Delta=B^2-AC=-2<0$,$A=1>0$,
$f(x,y)$ 在$(0,-1)$ 点取得极小值 $f(0,-1)=-1$.

27(2016,17 题)【分析】 这是一个由方程确定的二元函数的极值问题,利用二元函数取得极值的充分条件求解.

【解】 $(x^2+y^2)z+\ln z+2(x+y+1)=0$ 两边分别对 x,y 求偏导得

$$2xz+(x^2+y^2)\frac{\partial z}{\partial x}+\frac{1}{z}\frac{\partial z}{\partial x}+2=0 \qquad ①$$

$$2yz+(x^2+y^2)\frac{\partial z}{\partial y}+\frac{1}{z}\frac{\partial z}{\partial y}+2=0 \qquad ②$$

令 $\begin{cases}\dfrac{\partial z}{\partial x}=0,\\ \dfrac{\partial z}{\partial y}=0,\end{cases}$ 得 $\begin{cases}xz+1=0,\\ yz+1=0.\end{cases}$ 故 $x=y=-\dfrac{1}{z}$.

将上式代入$(x^2+y^2)z+\ln z+2(x+y+1)=0$ 可得 $\ln z-\dfrac{2}{z}+2=0$,从而

$$\begin{cases}x=-1,\\ y=-1,\\ z=1.\end{cases}$$

方程 ①② 两边分别对 x 求偏导得

$$2z+4x\frac{\partial z}{\partial x}+(x^2+y^2)\frac{\partial^2 z}{\partial x^2}-\frac{1}{z^2}\left(\frac{\partial z}{\partial x}\right)^2+\frac{1}{z}\frac{\partial^2 z}{\partial x^2}=0,$$

$$2y\frac{\partial z}{\partial x}+2x\frac{\partial z}{\partial y}+(x^2+y^2)\frac{\partial^2 z}{\partial x\partial y}-\frac{1}{z^2}\frac{\partial z}{\partial x}\frac{\partial z}{\partial y}+\frac{1}{z}\frac{\partial^2 z}{\partial x\partial y}=0,$$

方程 ② 两边对 y 求偏导得

$$2z+4y\frac{\partial z}{\partial y}+(x^2+y^2)\frac{\partial^2 z}{\partial y^2}-\frac{1}{z^2}\left(\frac{\partial z}{\partial y}\right)^2+\frac{1}{z}\frac{\partial^2 z}{\partial y^2}=0,$$

所以

$$A=\left.\frac{\partial^2 z}{\partial x^2}\right|_{(-1,-1,1)}=-\frac{2}{3},\ B=\left.\frac{\partial^2 z}{\partial x\partial y}\right|_{(-1,-1,1)}=0,\ C=\left.\frac{\partial^2 z}{\partial y^2}\right|_{(-1,-1,1)}=-\frac{2}{3}.$$

又 $B^2-AC=-\dfrac{4}{9}<0$,$A=-\dfrac{2}{3}<0$,

从而点$(-1,-1)$是$z(x,y)$的极大值点，极大值为$z(-1,-1)=1$.

28(2017,18题)【解】 将方程$x^3+y^3-3x+3y-2=0$两端对x求导得

$$3x^2+3y^2y'-3+3y'=0. \quad ①$$

令$y'=0$得$x=\pm1$，将$x=\pm1$代入原方程得$\begin{cases}x=1,\\y=1,\end{cases}\begin{cases}x=-1,\\y=0.\end{cases}$

① 式两端再对x求导得

$$6x+6y(y')^2+3y^2y''+3y''=0 \quad ②$$

将$\begin{cases}x=1,\\y=1,\end{cases}\begin{cases}x=-1,\\y=0\end{cases}$及$y'=0$代入②式得$y''(1)=-1<0,y''(-1)=2>0$，则$y=y(x)$在$x=1$处取极大值，$y(1)=1$，在$x=-1$处取极小值，$y(-1)=0$.

29(2018,19题)【解】 设铁丝分成的三段长分别为x,y,z，则$x+y+z=2$，且依次围成的圆的半径，正方形的边长，正三角形的边长分别为$\frac{x}{2\pi},\frac{y}{4},\frac{z}{3}$.

因而，三个图形的面积之和为

$$S=\pi\left(\frac{x}{2\pi}\right)^2+\left(\frac{y}{4}\right)^2+\frac{\sqrt{3}}{4}\cdot\left(\frac{z}{3}\right)^2=\frac{x^2}{4\pi}+\frac{y^2}{16}+\frac{\sqrt{3}}{36}z^2,$$

构造拉格朗日函数

$$L(x,y,z,\lambda)=\frac{x^2}{4\pi}+\frac{y^2}{16}+\frac{\sqrt{3}}{36}z^2+\lambda(x+y+z-2).$$

由$\begin{cases}L'_x=\dfrac{x}{2\pi}+\lambda=0,\\L'_y=\dfrac{y}{8}+\lambda=0,\\L'_z=\dfrac{\sqrt{3}}{18}z+\lambda=0,\\L'_\lambda=x+y+z-2=0\end{cases}$ 得$\begin{cases}x=\dfrac{2\pi}{\pi+4+3\sqrt{3}},\\y=\dfrac{8}{\pi+4+3\sqrt{3}},\\z=\dfrac{6\sqrt{3}}{\pi+4+3\sqrt{3}}.\end{cases}$

此时S取最小值为$\frac{1}{\pi+4+3\sqrt{3}}$.

【评注】 可设三段长为$x,y,2-x-y$，转化为二元函数的最值问题.

30(2020,17题)【解】 由$\begin{cases}f'_x=3x^2-y=0,\\f'_y=24y^2-x=0\end{cases}$得驻点为$(0,0),\left(\frac{1}{6},\frac{1}{12}\right)$.

可计算$A=f''_{xx}=6x,B=f''_{xy}=-1,C=f''_{yy}=48y$.

判别式$\Delta=B^2-AC=-288xy+1$.

在$(0,0)$点处，$\Delta=1>0$，不是极值点；

在$\left(\frac{1}{6},\frac{1}{12}\right)$点处，$\Delta=-3<0$且$A=1>0$，取极小值为$f\left(\frac{1}{6},\frac{1}{12}\right)=-\frac{1}{216}$.

31(2022,20题)【解】 (Ⅰ) $\frac{\partial g(x,y)}{\partial x}=f'_1(x,y-x)-f'_2(x,y-x)$.

由已知$f(u,v)$满足的等式，有

$$\frac{\partial g(x,y)}{\partial x}=2(2x-y)e^{-y}=(4x-2y)e^{-y}.$$

(Ⅱ) 利用偏积分

$$g(x,y)=(2x^2-2xy)e^{-y}+C(y)=2x(x-y)e^{-y}+C(y),$$

即 $f(x,y-x)=2x(x-y)e^{-y}+C(y)$,

进而 $f(u,v)=-2uve^{-(u+v)}+C(u+v)$.

已知 $f(u,0)=u^2e^{-u}$,则 $C(u)=u^2e^{-u}$,

有 $f(u,v)=-2uve^{-(u+v)}+(u+v)^2e^{-(u+v)}=(u^2+v^2)e^{-(u+v)}$.

令 $\begin{cases}f'_u=(2u-u^2-v^2)e^{-(u+v)}=0\\ f'_v=(2v-u^2-v^2)e^{-(u+v)}=0\end{cases}$ 得 $\begin{cases}u=0,\\ v=0,\end{cases}$ 或 $\begin{cases}u=1,\\ v=1,\end{cases}$

可计算 $f''_{uu}=(2-4u+u^2+v^2)e^{-(u+v)}$,

$f''_{uv}=(-2v-2u+u^2+v^2)e^{-(u+v)}$,

$f''_{vv}=(2-4v+u^2+v^2)e^{-(u+v)}$.

在(0,0)点处 $A=2,B=0,C=2$.

$$\Delta=B^2-AC=-4<0,A=2>0.$$

$f(u,v)$ 取到极小值为 $f(0,0)=0$.

在(1,1)点处 $A=0,B=-2e^{-2},C=0$.

$$\Delta=B^2-AC=4e^{-4}>0,f(u,v)\text{ 在}(1,1)\text{ 处无极值}.$$

解题加速度

1.【答案】 A.

【解析】 由 $\lim\limits_{\substack{x\to0\\y\to0}}\dfrac{f(x,y)-xy}{(x^2+y^2)^2}=1$ 知,分子的极限必为零,从而有 $f(0,0)=0$,且

$$f(x,y)-xy\approx(x^2+y^2)^2(|x|,|y|\text{充分小时}).$$

于是

$$f(x,y)-f(0,0)\approx xy+(x^2+y^2)^2.$$

可见当 $y=x$ 且 $|x|$ 充分小时,$f(x,y)-f(0,0)\approx x^2+4x^4>0$;而当 $y=-x$ 且 $|x|$ 充分小时,$f(x,y)-f(0,0)\approx-x^2+4x^4<0$. 故点(0,0)不是 $f(x,y)$ 的极值点,应选(A).

【评注】 本题综合考查了多元函数的极限、连续和多元函数的极值概念,题型比较新,有一定难度.将极限表示式转化为极限值加无穷小量,是极限分析过程中常用的思想.

2.【分析】 可能极值点是两个1阶偏导数为零的点,先求出1阶偏导,再令其为零以确定极值点,然后用2阶偏导确定是极大值还是极小值,并求出相应的极值.

【解】 因为 $x^2-6xy+10y^2-2yz-z^2+18=0$,所以

$$2x-6y-2y\frac{\partial z}{\partial x}-2z\frac{\partial z}{\partial x}=0,-6x+20y-2z-2y\frac{\partial z}{\partial y}-2z\frac{\partial z}{\partial y}=0,$$

令 $\begin{cases}\dfrac{\partial z}{\partial x}=0,\\ \dfrac{\partial z}{\partial y}=0,\end{cases}$ 得 $\begin{cases}x-3y=0,\\ -3x+10y-z=0,\end{cases}$ 故 $\begin{cases}x=3y,\\ z=y.\end{cases}$

将上式代入 $x^2-6xy+10y^2-2yz-z^2+18=0$,可得

$$\begin{cases}x=9,\\ y=3,\\ z=3,\end{cases}\text{或}\begin{cases}x=-9,\\ y=-3,\\ z=-3.\end{cases}$$

由于

$$2-2y\frac{\partial^2 z}{\partial x^2}-2\left(\frac{\partial z}{\partial x}\right)^2-2z\frac{\partial^2 z}{\partial x^2}=0,$$

$$-6-2\frac{\partial z}{\partial x}-2y\frac{\partial^2 z}{\partial x\partial y}-2\frac{\partial z}{\partial y}\cdot\frac{\partial z}{\partial x}-2z\frac{\partial^2 z}{\partial x\partial y}=0,$$

$$20-2\frac{\partial z}{\partial y}-2\frac{\partial z}{\partial y}-2y\frac{\partial^2 z}{\partial y^2}-2\left(\frac{\partial z}{\partial y}\right)^2-2z\frac{\partial^2 z}{\partial y^2}=0,$$

所以 $A=\left.\frac{\partial^2 z}{\partial x^2}\right|_{(9,3,3)}=\frac{1}{6}$，$B=\left.\frac{\partial^2 z}{\partial x\partial y}\right|_{(9,3,3)}=-\frac{1}{2}$，$C=\left.\frac{\partial^2 z}{\partial y^2}\right|_{(9,3,3)}=\frac{5}{3}$，故 $B^2-AC=-\frac{1}{36}<0$，

又 $A=\frac{1}{6}>0$，从而点 $(9,3)$ 是 $z(x,y)$ 的极小值点，极小值为 $z(9,3)=3$.

类似地，由 $A=\left.\frac{\partial^2 z}{\partial x^2}\right|_{(-9,-3,-3)}=-\frac{1}{6}$，$B=\left.\frac{\partial^2 z}{\partial x\partial y}\right|_{(-9,-3,-3)}=\frac{1}{2}$，$C=\left.\frac{\partial^2 z}{\partial y^2}\right|_{(-9,-3,-3)}=-\frac{5}{3}$，

可知 $B^2-AC=-\frac{1}{36}<0$，又 $A=-\frac{1}{6}<0$，从而点 $(-9,-3)$ 是 $z(x,y)$ 的极大值点，极大值为 $z(-9,-3)=-3$.

【评注】 本题讨论由方程所确定的隐函数求极值问题，关键是求可能极值点时应注意 x,y,z 满足原方程.

3.**【分析】** 点 (x,y,z) 到 xOy 平面的距离为 $|z|$，故求 C 上距离 xOy 面最远点和最近点的坐标，等价于求函数 $H=z^2$ 在条件 $x^2+y^2-2z^2=0$ 与 $x+y+3z=5$ 下的最大值点和最小值点.

【解】 设 $P(x,y,z)$ 为曲线 C 上的任意一点，则点 P 到 xOy 平面的距离为 $|z|$，问题转化为求 z^2 在约束条件 $x^2+y^2-2z^2=0$ 与 $x+y+3z=5$ 下的最值. 令拉格朗日函数为

$$F(x,y,z,\lambda,\mu)=z^2+\lambda(x^2+y^2-2z^2)+\mu(x+y+3z-5).$$

解方程组
$$\begin{cases}F'_x=2\lambda x+\mu=0,\\ F'_y=2\lambda y+\mu=0,\\ F'_z=2z-4\lambda z+3\mu=0,\\ F'_\lambda=x^2+y^2-2z^2=0,\\ F'_\mu=x+y+3z-5=0\end{cases}$$

前两式得 $x=y$，从而解 $\begin{cases}2x^2-2z^2=0,\\ 2x+3z=5\end{cases}$ 得可能极值点为

$$\begin{cases}x=1,\\ y=1,\\ z=1,\end{cases}\text{或}\begin{cases}x=-5,\\ y=-5,\\ z=5.\end{cases}$$

根据几何意义，曲线 C 上存在距离 xOy 面最远的点和最近的点，故所求点依次为 $(-5,-5,5)$ 和 $(1,1,1)$.

【评注】 本题考查在两个约束条件 $\begin{cases}\varphi(x,y,z)=0,\\ \psi(x,y,z)=0\end{cases}$ 下的函数 $u=f(x,y,z)$ 的条件极值问题，可类似地构造拉格朗日函数

$$F(x,y,z,\lambda,\mu)=f(x,y,z)+\lambda\varphi(x,y,z)+\mu\psi(x,y,z),$$

解出可能极值点后，直接代入目标函数计算函数值，再比较大小，确定相应的极值(或最值)即可.

4.【分析】　先求函数的驻点，再用二元函数取得极值的充分条件判断

【解】　由$\begin{cases} f'_x(x,y)=2x(2+y^2)=0, \\ f'_y(x,y)=2x^2y+\ln y+1=0 \end{cases}$得 $x=0, y=\dfrac{1}{e}$.

而 $f''_{xx}=2(2+y^2), f''_{yy}=2x^2+\dfrac{1}{y}, f''_{xy}=4xy$. 则

$$f''_{xx}\Big|_{\left(0,\frac{1}{e}\right)}=2\left(2+\frac{1}{e^2}\right), f''_{xy}\Big|_{\left(0,\frac{1}{e}\right)}=0, f''_{yy}\Big|_{\left(0,\frac{1}{e}\right)}=e.$$

因 $f''_{xx}>0, (f''_{xy})^2-f''_{xx}f''_{yy}<0$，所以二元函数存在极小值 $f\left(0,\dfrac{1}{e}\right)=-\dfrac{1}{e}$.

5.【分析】　本题为条件极值问题，用拉格朗日乘数法.

【解】　令 $F(x,y,z,\lambda)=xy+2yz+\lambda(x^2+y^2+z^2-10)$，解方程组

$$\begin{cases} F'_x=y+2\lambda x=0, \\ F'_y=x+2z+2\lambda y=0, \\ F'_z=2y+2\lambda z=0, \\ F'_\lambda=x^2+y^2+z^2-10=0, \end{cases}$$

得 $x=1, y=\pm\sqrt{5}, z=2$，或 $x=-1, y=\pm\sqrt{5}, z=-2$，或 $x=\pm 2\sqrt{2}, y=0, z=\mp\sqrt{2}$. 由

$$u(1,\sqrt{5},2)=u(-1,-\sqrt{5},-2)=5\sqrt{5},$$
$$u(1,-\sqrt{5},2)=u(-1,\sqrt{5},-2)=-5\sqrt{5},$$
$$u(2\sqrt{2},0,-\sqrt{2})=u(-2\sqrt{2},0,\sqrt{2})=0,$$

得所求最大值为 $5\sqrt{5}$，最小值为 $-5\sqrt{5}$.

【评注】　求多元函数的极值考过很多次，仍属基本题型.

6.【解】　$f(x,y)=2\ln|x|+\dfrac{1}{2}-\dfrac{1}{x}+\dfrac{1}{2x^2}+\dfrac{y^2}{2x^2}$,

由$\begin{cases} \dfrac{\partial f}{\partial x}=\dfrac{2}{x}+\dfrac{1}{x^2}-\dfrac{1}{x^3}-\dfrac{y^2}{x^3}=0, \\ \dfrac{\partial f}{\partial y}=\dfrac{y}{x^2}=0, \end{cases}$ 得驻点为$\left(\dfrac{1}{2},0\right)$，$(-1,0)$.

而 $A=\dfrac{\partial^2 f}{\partial x^2}=-\dfrac{2}{x^2}-\dfrac{2}{x^3}+\dfrac{3}{x^4}+\dfrac{3y^2}{x^4}, B=\dfrac{\partial^2 f}{\partial x\partial y}=-\dfrac{2y}{x^3}, C=\dfrac{\partial^2 f}{\partial y^2}=\dfrac{1}{x^2}$.

在$\left(\dfrac{1}{2},0\right)$处，

$$A=24>0, B=0, C=4,$$
$$\Delta=B^2-AC=-96<0,$$

取极小值 $f\left(\dfrac{1}{2},0\right)=\dfrac{1}{2}-2\ln 2$.

在$(-1,0)$处，

$$A=3>0, B=0, C=1,$$
$$\Delta=B^2-AC=-3<0,$$

取极小值 $f(-1,0)=2$.

7.【分析】　函数在一点处沿梯度方向的方向导数最大，进而转化为条件最值问题.

【解】 函数 $f(x,y)=x+y+xy$ 在点 (x,y) 处的最大方向导数为

$$\sqrt{f_x'^2(x,y)+f_y'^2(x,y)}=\sqrt{(1+y)^2+(1+x)^2}.$$

构造拉格朗日函数

$$L(x,y,\lambda)=(1+y)^2+(1+x)^2+\lambda(x^2+y^2+xy-3)$$

所以 $\begin{cases} L_x'(x,y,\lambda)=2(1+x)+2\lambda x+\lambda y=0, & ① \\ L_y'(x,y,\lambda)=2(1+y)+2\lambda y+\lambda x=0, & ② \\ L_\lambda'(x,y,\lambda)=x^2+y^2+xy-3=0, & ③ \end{cases}$

② − ① 得 $(y-x)(2+\lambda)=0$，

若 $y=x$，则 $y=x=\pm1$，若 $\lambda=-2$，则 $x=-1,y=2$ 或 $x=2,y=-1$.

把两个点坐标代入 $\sqrt{(1+y)^2+(1+x)^2}$ 中，$f(x,y)$ 在曲线 C 上的最大方向导数为 3.

【评注】 此题有一定新意，关键是转化为求条件极值问题.

四、反问题

32（2014，18 题）【分析】 根据已知的关系式，变形得到关于 $f(u)$ 的微分方程，解微分方程求得 $f(u)$.

【解】 由 $z=f(e^x\cos y)$ 得

$$\frac{\partial z}{\partial x}=f'(e^x\cos y)\cdot e^x\cos y,\frac{\partial z}{\partial y}=f'(e^x\cos y)\cdot(-e^x\sin y),$$

$$\frac{\partial^2 z}{\partial x^2}=f''(e^x\cos y)\cdot e^x\cos y\cdot e^x\cos y+f'(e^x\cos y)\cdot e^x\cos y$$

$$=f''(e^x\cos y)\cdot e^{2x}\cos^2 y+f'(e^x\cos y)\cdot e^x\cos y,$$

$$\frac{\partial^2 z}{\partial y^2}=f''(e^x\cos y)\cdot(-e^x\sin y)\cdot(-e^x\sin y)+f'(e^x\cos y)\cdot(-e^x\cos y)$$

$$=f''(e^x\cos y)\cdot e^{2x}\sin^2 y-f'(e^x\cos y)\cdot e^x\cos y,$$

由 $\frac{\partial^2 z}{\partial x^2}+\frac{\partial^2 z}{\partial y^2}=(4z+e^x\cos y)e^{2x}$，代入得，

$$f''(e^x\cos y)\cdot e^{2x}=[4f(e^x\cos y)+e^x\cos y]e^{2x},$$

即 $f''(e^x\cos y)-4f(e^x\cos y)=e^x\cos y$，令 $e^x\cos y=u$，得 $f''(u)-4f(u)=u$，

特征方程 $\lambda^2-4=0$，$\lambda=\pm2$，得齐次方程通解 $\overline{y}=C_1e^{2u}+C_2e^{-2u}$.

设特解 $y^*=au+b$，代入方程得 $a=-\frac{1}{4}$，$b=0$，特解 $y^*=-\frac{1}{4}u$，则原方程通解为

$$y=f(u)=C_1e^{2u}+C_2e^{-2u}-\frac{1}{4}u.$$

由 $f(0)=0,f'(0)=0$，得 $C_1=\frac{1}{16}$，$C_2=-\frac{1}{16}$，则

$$y=f(u)=\frac{1}{16}e^{2u}-\frac{1}{16}e^{-2u}-\frac{1}{4}u.$$

解题加速度

1.【答案】 D.

【解析】 令 $P=\frac{x+ay}{(x+y)^2}$，$Q=\frac{y}{(x+y)^2}$，由于 $P\mathrm{d}x+Q\mathrm{d}y$ 为某函数的全微分，则

$\frac{\partial P}{\partial y}=\frac{\partial Q}{\partial x}$,即$(a-2)x-ay=-2y$,亦是$(a-2)x=(a-2)y$,当$a=2$时,上式恒成立,故应选(D).

2.【分析】利用复合函数偏导数的计算方法求出两个偏导数,代入所给偏微分方程,转化为可求解的常微分方程.

【解】因为$\frac{\partial z}{\partial x}=f'(\mathrm{e}^x\cos y)\mathrm{e}^x\cos y,\frac{\partial z}{\partial y}=-f'(\mathrm{e}^x\cos y)\mathrm{e}^x\sin y$,所以

$$\cos y\frac{\partial z}{\partial x}-\sin y\frac{\partial z}{\partial y}=\cos y\cdot f'(\mathrm{e}^x\cos y)\mathrm{e}^x\cos y-\sin y\cdot[-f'(\mathrm{e}^x\cos y)\mathrm{e}^x\sin y]=f'(\mathrm{e}^x\cos y)\mathrm{e}^x.$$

因此$\cos y\frac{\partial z}{\partial x}-\sin y\frac{\partial z}{\partial y}=(4z+\mathrm{e}^x\cos y)\mathrm{e}^x$化为$f'(\mathrm{e}^x\cos y)=4f(\mathrm{e}^x\cos y)+\mathrm{e}^x\cos y$.

从而函数$f(u)$满足方程$f'(u)=4f(u)+u$.这是一阶线性非齐次微分方程,直接代通解公式得该方程的通解为$f(u)=C\mathrm{e}^{4u}-\frac{u}{4}-\frac{1}{16}$.

由$f(0)=0$得$C=\frac{1}{16}$.故$f(u)=\frac{1}{16}(\mathrm{e}^{4u}-4u-1)$.

【评注】 一阶线性非齐次微分方程是非常重要的一类可解方程,其通解公式要熟记.对于方程$y'+p(x)y=q(x)$,其通解为$y=\mathrm{e}^{-\int p(x)\mathrm{d}x}\left(\int q(x)\mathrm{e}^{\int p(x)\mathrm{d}x}\mathrm{d}x+C\right)$,$C$为任意常数.

五、利用变量代换变形方程

33(2010,19题)【分析】 利用复合函数的链导法则变形原等式即可.

【解】 由复合函数的链导法则得

$$\frac{\partial u}{\partial x}=\frac{\partial u}{\partial \xi}\cdot\frac{\partial \xi}{\partial x}+\frac{\partial u}{\partial \eta}\cdot\frac{\partial \eta}{\partial x}=\frac{\partial u}{\partial \xi}+\frac{\partial u}{\partial \eta},$$

$$\frac{\partial u}{\partial y}=\frac{\partial u}{\partial \xi}\cdot\frac{\partial \xi}{\partial y}+\frac{\partial u}{\partial \eta}\cdot\frac{\partial \eta}{\partial y}=a\frac{\partial u}{\partial \xi}+b\frac{\partial u}{\partial \eta},$$

所以

$$\begin{aligned}\frac{\partial^2 u}{\partial x^2}&=\frac{\partial}{\partial x}\left(\frac{\partial u}{\partial \xi}+\frac{\partial u}{\partial \eta}\right)\\&=\frac{\partial^2 u}{\partial \xi^2}\cdot\frac{\partial \xi}{\partial x}+\frac{\partial^2 u}{\partial \xi\partial \eta}\cdot\frac{\partial \eta}{\partial x}+\frac{\partial^2 u}{\partial \eta^2}\cdot\frac{\partial \eta}{\partial x}+\frac{\partial^2 u}{\partial \eta\partial \xi}\cdot\frac{\partial \xi}{\partial x}\\&=\frac{\partial^2 u}{\partial \xi^2}+\frac{\partial^2 u}{\partial \eta^2}+2\frac{\partial^2 u}{\partial \xi\partial \eta},\end{aligned}$$

$$\begin{aligned}\frac{\partial^2 u}{\partial x\partial y}&=\frac{\partial}{\partial y}\left(\frac{\partial u}{\partial \xi}+\frac{\partial u}{\partial \eta}\right)\\&=\frac{\partial^2 u}{\partial \xi^2}\cdot\frac{\partial \xi}{\partial y}+\frac{\partial^2 u}{\partial \xi\partial \eta}\cdot\frac{\partial \eta}{\partial y}+\frac{\partial^2 u}{\partial \eta^2}\cdot\frac{\partial \eta}{\partial y}+\frac{\partial^2 u}{\partial \eta\partial \xi}\cdot\frac{\partial \xi}{\partial y}\\&=a\frac{\partial^2 u}{\partial \xi^2}+b\frac{\partial^2 u}{\partial \eta^2}+(a+b)\frac{\partial^2 u}{\partial \xi\partial \eta},\end{aligned}$$

$$\begin{aligned}\frac{\partial^2 u}{\partial y^2}&=\frac{\partial}{\partial y}\left(a\frac{\partial u}{\partial \xi}+b\frac{\partial u}{\partial \eta}\right)\\&=a\left(a\frac{\partial^2 u}{\partial \xi^2}+b\frac{\partial^2 u}{\partial \xi\partial \eta}\right)+b\left(b\frac{\partial^2 u}{\partial \eta^2}+a\frac{\partial^2 u}{\partial \xi\partial \eta}\right)\end{aligned}$$

$$= a^2 \frac{\partial^2 u}{\partial \xi^2} + b^2 \frac{\partial^2 u}{\partial \eta^2} + 2ab \frac{\partial^2 u}{\partial \xi \partial \eta}.$$

由 $4\frac{\partial^2 u}{\partial x^2} + 12\frac{\partial u^2}{\partial x \partial y} + 5\frac{\partial^2 u}{\partial y^2} = 0$，得

$$(5a^2 + 12a + 4)\frac{\partial^2 u}{\partial \xi^2} + (5b^2 + 12b + 4)\frac{\partial^2 u}{\partial \eta^2} + (12(a+b) + 10ab + 8)\frac{\partial^2 u}{\partial \xi \partial \eta} = 0.$$

因而$\begin{cases} 5a^2 + 12a + 4 = 0, \\ 5b^2 + 12b + 4 = 0, \\ 12(a+b) + 10ab + 8 \neq 0. \end{cases}$ 解得

$$\begin{cases} a = -\dfrac{2}{5}, \\ b = -2, \end{cases} \text{或} \begin{cases} a = -2, \\ b = -\dfrac{2}{5}. \end{cases}$$

【评注】 此题主要考查复合函数链导法则的熟练运用，是对运算能力的考核.

解题加速度

【分析】 利用复合函数的链导法则，求出 z 关于 x,y 的 2 阶偏导数(用 u,v 表示)，代入方程变形后，与 $\frac{\partial^2 z}{\partial u \partial v} = 0$ 比较，求出常数 a.

【解】 由复合函数的链导法则得

$$\frac{\partial z}{\partial x} = \frac{\partial z}{\partial u} + \frac{\partial z}{\partial v}, \frac{\partial z}{\partial y} = -2\frac{\partial z}{\partial u} + a\frac{\partial z}{\partial v},$$

$$\frac{\partial^2 z}{\partial x^2} = \frac{\partial^2 z}{\partial u^2} + 2\frac{\partial^2 z}{\partial u \partial v} + \frac{\partial^2 z}{\partial v^2},$$

$$\frac{\partial^2 z}{\partial x \partial y} = -2\frac{\partial^2 z}{\partial u^2} + (a-2)\frac{\partial^2 z}{\partial u \partial v} + a\frac{\partial^2 z}{\partial v^2},$$

$$\frac{\partial^2 z}{\partial y^2} = 4\frac{\partial^2 z}{\partial u^2} - 4a\frac{\partial^2 z}{\partial u \partial v} + a^2\frac{\partial^2 z}{\partial v^2}.$$

将上述结果代入原方程，整理得

$$(10 + 5a)\frac{\partial^2 z}{\partial u \partial v} + (6 + a - a^2)\frac{\partial^2 z}{\partial v^2} = 0.$$

由题意知 $6 + a - a^2 = 0$，且 $10 + 5a \neq 0$. 因而 $a = 3$.

【评注】 一定要注意条件 $10 + 5a \neq 0$.

第五章　二重积分

一、基本概念及性质

1(2010,6 题)【答案】 D.

【解析】 因为

$$\lim_{n\to\infty}\sum_{i=1}^{n}\sum_{j=1}^{n}\frac{n}{(n+i)(n^2+j^2)}=\lim_{n\to\infty}\sum_{i=1}^{n}\sum_{j=1}^{n}\frac{n}{n\left(1+\frac{i}{n}\right)n^2\left[1+\left(\frac{j}{n}\right)^2\right]}$$

$$=\lim_{n\to\infty}\sum_{i=1}^{n}\sum_{j=1}^{n}\frac{1}{\left(1+\frac{i}{n}\right)\left[1+\left(\frac{j}{n}\right)^2\right]}\cdot\frac{1}{n^2}$$

$$=\int_0^1\mathrm{d}x\int_0^1\frac{1}{(1+x)(1+y^2)}\mathrm{d}y,$$

所以应选(D).

【评注】 1. 也可用定积分定义计算

$$\lim_{n\to\infty}\sum_{i=1}^{n}\sum_{j=1}^{n}\frac{n}{(n+i)(n^2+j^2)}=\lim_{n\to\infty}\sum_{i=1}^{n}\left(\frac{1}{1+\frac{i}{n}}\cdot\frac{1}{n}\right)\sum_{j=1}^{n}\left(\frac{1}{1+\left(\frac{j}{n}\right)^2}\cdot\frac{1}{n}\right)$$

$$=\lim_{n\to\infty}\sum_{i=1}^{n}\left(\frac{1}{1+\frac{i}{n}}\cdot\frac{1}{n}\right)\lim_{n\to\infty}\sum_{j=1}^{n}\left(\frac{1}{1+\left(\frac{j}{n}\right)^2}\cdot\frac{1}{n}\right)$$

$$=\int_0^1\frac{1}{1+x}\mathrm{d}x\int_0^1\frac{1}{1+y^2}\mathrm{d}y=\int_0^1\mathrm{d}x\int_0^1\frac{1}{(1+x)(1+y^2)}\mathrm{d}y.$$

2. 以往多次考过定积分定义求极限，本题是首次考查二重积分定义求极限，题目较新颖.

2(2019,5 题)【答案】 A.

【解析】 在区域 D 上，$0\leqslant\sqrt{x^2+y^2}\leqslant\frac{\pi}{2}$，显然 $\sin\sqrt{x^2+y^2}\leqslant\sqrt{x^2+y^2}$.

下面比较 $1-\cos\sqrt{x^2+y^2}$ 与 $\sin\sqrt{x^2+y^2}$ 的大小.

令 $u=\sqrt{x^2+y^2}$，$0\leqslant u\leqslant\frac{\pi}{2}$，

$$1-\cos u-\sin u=1-\sqrt{2}\sin\left(\frac{\pi}{4}+u\right)\leqslant 0.$$

因而 $1-\cos\sqrt{x^2+y^2}\leqslant\sin\sqrt{x^2+y^2}\leqslant\sqrt{x^2+y^2}$.

所以 $I_3<I_2<I_1$，选(A).

解题加速度

1.【答案】 A.

【解析】 在区域 $D=\{(x,y)\mid x^2+y^2\leqslant 1\}$ 上，有 $0\leqslant x^2+y^2\leqslant 1$，从而有

$$\frac{\pi}{2}>1\geqslant\sqrt{x^2+y^2}\geqslant x^2+y^2\geqslant(x^2+y^2)^2\geqslant 0.$$

由于 $\cos x$ 在 $\left(0,\frac{\pi}{2}\right)$ 上为单调减少函数，于是

$$0\leqslant\cos\sqrt{x^2+y^2}\leqslant\cos(x^2+y^2)\leqslant\cos(x^2+y^2)^2.$$

因此 $\iint\limits_D\cos\sqrt{x^2+y^2}\,\mathrm{d}\sigma<\iint\limits_D\cos(x^2+y^2)\,\mathrm{d}\sigma<\iint\limits_D\cos(x^2+y^2)^2\,\mathrm{d}\sigma$，故应选(A).

【评注】 本题比较二重积分大小，本质上涉及用重积分的不等式性质和函数的单调性进行分析讨论.

2.【答案】 B.

【解析】 直接计算，与选项比较.

D_1 关于直线 $y=x$ 对称，$J_1=\frac{1}{2}\iint\limits_{D_1}(\sqrt[3]{x-y}+\sqrt[3]{y-x})\mathrm{d}x\mathrm{d}y=0$，

D_1 被直线 $y=x$ 对分成的两个积分区域记为 $D_上$ 及 $D_下$，则

$$\iint\limits_{D_上}\sqrt[3]{x-y}\,\mathrm{d}x\mathrm{d}y=-\iint\limits_{D_下}\sqrt[3]{x-y}\,\mathrm{d}x\mathrm{d}y,\ \iint\limits_{D_上}\sqrt[3]{x-y}\,\mathrm{d}x\mathrm{d}y<0,\ \iint\limits_{D_下}\sqrt[3]{x-y}\,\mathrm{d}x\mathrm{d}y>0,$$

在 $D_上$ 上 $\sqrt[3]{x-y}<0$，有 $J_2>0$. 在 $D_下$ 上 $\sqrt[3]{x-y}>0$，有 $J_3<0$.

因而 $J_3<J_1<J_2$. 选(B).

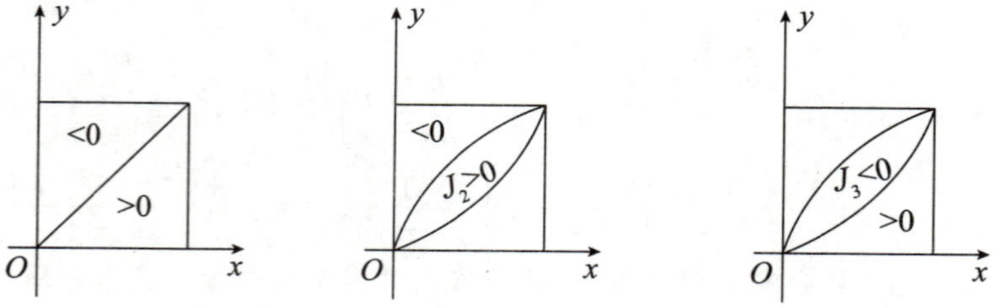

二、二重积分的基本计算

3 (2009,19 题)【分析】 利用极坐标计算.

【解】 (方法一) 由 $(x-1)^2+(y-1)^2\leqslant 2$，得 $r\leqslant 2(\sin\theta+\cos\theta)$，所以

$$\begin{aligned}\iint\limits_D(x-y)\mathrm{d}x\mathrm{d}y&=\int_{\frac{\pi}{4}}^{\frac{3\pi}{4}}\mathrm{d}\theta\int_0^{2(\sin\theta+\cos\theta)}(r\cos\theta-r\sin\theta)r\mathrm{d}r\\&=\int_{\frac{\pi}{4}}^{\frac{3\pi}{4}}\mathrm{d}\theta\int_0^{2(\sin\theta+\cos\theta)}(\cos\theta-\sin\theta)r^2\mathrm{d}r\\&=\int_{\frac{\pi}{4}}^{\frac{3\pi}{4}}\left[\frac{1}{3}(\cos\theta-\sin\theta)r^3\Big|_0^{2(\sin\theta+\cos\theta)}\right]\mathrm{d}\theta\end{aligned}$$

$$=\int_{\frac{\pi}{4}}^{\frac{3\pi}{4}}\frac{8}{3}(\cos\theta-\sin\theta)\cdot(\sin\theta+\cos\theta)^3\mathrm{d}\theta$$

$$=\frac{8}{3}\int_{\frac{\pi}{4}}^{\frac{3\pi}{4}}(\sin\theta+\cos\theta)^3\mathrm{d}(\sin\theta+\cos\theta)$$

$$=\frac{8}{3}\times\frac{1}{4}(\sin\theta+\cos\theta)^4\Big|_{\frac{\pi}{4}}^{\frac{3\pi}{4}}=-\frac{8}{3}.$$

(方法二) 如图所示,将区域 D 分成 D_1,D_2 两部分,其中

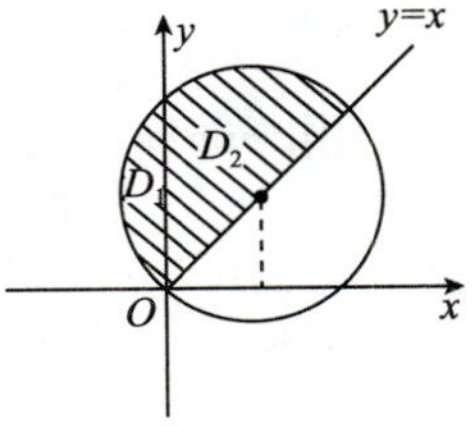

$D_1=\{(x,y)\,|\,1-\sqrt{2-(x-1)^2}\leqslant y\leqslant 1+\sqrt{2-(x-1)^2},1-\sqrt{2}\leqslant x\leqslant 0\}$,

$D_2=\{(x,y)\,|\,x\leqslant y\leqslant 1+\sqrt{2-(x-1)^2},0\leqslant x\leqslant 2\}$,

由二重积分的性质知

$$\iint\limits_D(x-y)\mathrm{d}x\mathrm{d}y=\iint\limits_{D_1}(x-y)\mathrm{d}x\mathrm{d}y+\iint\limits_{D_2}(x-y)\mathrm{d}x\mathrm{d}y.$$

因为

$$\iint\limits_{D_1}(x-y)\mathrm{d}x\mathrm{d}y=\int_{1-\sqrt{2}}^{0}\mathrm{d}x\int_{1-\sqrt{2-(x-1)^2}}^{1+\sqrt{2-(x-1)^2}}(x-y)\mathrm{d}y$$

$$=\int_{1-\sqrt{2}}^{0}2(x-1)\sqrt{2-(x-1)^2}\mathrm{d}x$$

$$=-\frac{2}{3}\left(\sqrt{2-(x-1)^2}\right)^3\Big|_{1-\sqrt{2}}^{0}=-\frac{2}{3},$$

$$\iint\limits_{D_2}(x-y)\mathrm{d}x\mathrm{d}y=\int_0^2\mathrm{d}x\int_x^{1+\sqrt{2-(x-1)^2}}(x-y)\mathrm{d}y$$

$$=-\frac{1}{2}\int_0^2\left[2-2(x-1)\sqrt{2-(x-1)^2}\right]\mathrm{d}x$$

$$=-\frac{1}{2}\left[4+\frac{2}{3}(2-(x-1)^2)^{\frac{3}{2}}\Big|_0^2\right]=-2,$$

所以$\iint\limits_D(x-y)\mathrm{d}x\mathrm{d}y=-\frac{8}{3}$.

【评注】 可利用坐标变换,令 $u=x-1,v=y-1$,那么 $D=\{(u,v)\,|\,u^2+v^2\leqslant 2,v\geqslant u\}$.

原式化简为

$$\iint\limits_D(u-v)\mathrm{d}u\mathrm{d}v=\int_{\frac{\pi}{4}}^{\frac{5\pi}{4}}\mathrm{d}\theta\int_0^{\sqrt{2}}(r\cos\theta-r\sin\theta)\cdot r\mathrm{d}r=\int_{\frac{\pi}{4}}^{\frac{5\pi}{4}}(\cos\theta-\sin\theta)\cdot\frac{r^3}{3}\Big|_0^{\sqrt{2}}\mathrm{d}\theta$$

$$=\frac{2\sqrt{2}}{3}\int_{\frac{\pi}{4}}^{\frac{5\pi}{4}}(\cos\theta-\sin\theta)\mathrm{d}\theta=\frac{2\sqrt{2}}{3}(\sin\theta+\cos\theta)\Big|_{\frac{\pi}{4}}^{\frac{5\pi}{4}}$$

$$=\frac{2\sqrt{2}}{3}\times(-2\sqrt{2})=-\frac{8}{3},$$

即为所求.

4 (2011,13 题)【答案】 $\frac{7}{12}$.

【解析】 易得圆的极坐标方程为 $r=2\sin\theta$,于是

$$\iint_D xy\,d\sigma = \int_{\frac{\pi}{4}}^{\frac{\pi}{2}} d\theta \int_0^{2\sin\theta} r^2\cos\theta\sin\theta \cdot r dr = 4\int_{\frac{\pi}{4}}^{\frac{\pi}{2}} \sin^5\theta\cos\theta d\theta$$

$$= 4\int_{\frac{\pi}{4}}^{\frac{\pi}{2}} \sin^5\theta d(\sin\theta) = \frac{7}{12}.$$

5（2011，21 题）**【分析】** 把二重积分化为二次积分，用分部积分法.

【解】 $\iint_D xyf''_{xy}(x,y)dxdy = \int_0^1 x\left(\int_0^1 yf''_{xy}(x,y)dy\right)dx = \int_0^1 x\left(\int_0^1 yd f'_x(x,y)\right)dx.$

用分部积分法

$$\int_0^1 ydf'_x(x,y) = yf'_x(x,y)\Big|_0^1 - \int_0^1 f'_x(x,y)dy = -\int_0^1 f'_x(x,y)dy.$$

交换积分次序

$$\int_0^1 x\left(\int_0^1 ydf'_x(x,y)\right)dx = -\int_0^1 x\left(\int_0^1 f'_x(x,y)dy\right)dx = -\int_0^1\left(\int_0^1 xf'_x(x,y)dx\right)dy.$$

再用分部积分法

$$\int_0^1 xf'_x(x,y)dx = \int_0^1 xdf(x,y) = xf(x,y)\Big|_0^1 - \int_0^1 f(x,y)dx = -\int_0^1 f(x,y)dx,$$

所以 $\iint_D xyf''_{xy}(x,y)dxdy = \int_0^1 dy\int_0^1 f(x,y)dx = a.$

> **【评注】** 注意在计算二次积分的过程中对分部积分法及已知条件的应用.

6（2012，18 题）**【解】**（方法一） $\iint_D xy\,d\sigma = \iint_D r^3\cos\theta\sin\theta drd\theta = \int_0^{\pi} d\theta\int_0^{1+\cos\theta} r^3\cos\theta\sin\theta dr$

$$= \frac{1}{4}\int_0^{\pi}(1+\cos\theta)^4\cos\theta\sin\theta d\theta$$

$$= \frac{1}{4}\int_0^{\pi}(1+\cos\theta)^4[1-(1+\cos\theta)]d(1+\cos\theta)$$

$$= \frac{1}{4}\left[\frac{1}{5}(1+\cos\theta)^5\Big|_0^{\pi} - \frac{1}{6}(1+\cos\theta)^6\Big|_0^{\pi}\right]$$

$$= \frac{1}{4}\left(-\frac{2^5}{5}+\frac{2^6}{6}\right) = \frac{16}{15}.$$

（方法二） $\iint_D xy\,d\sigma = \frac{1}{4}\int_0^{\pi}(1+\cos\theta)^4\cos\theta\sin\theta d\theta$

$$\xlongequal{令\cos\theta = t} \frac{1}{4}\int_{-1}^{1}(1+t)^4 tdt$$

$$= \frac{1}{4}\int_{-1}^{1}(t+4t^2+6t^3+4t^4+t^5)dt$$

$$= 2\int_0^1(t^2+t^4)dt = \frac{16}{15}.$$

7（2013，17 题）**【分析】** 求出直线 $x+y=8$ 与另两条直线的交点，把积分区域分为两块，直角坐标系下化二重积分为二次积分，积分次序选择先 y 后 x 较好.

【解】 直线 $x+y=8$ 与直线 $x=3y$ 的交点为(6,2)，直线 $x+y=8$ 与直线 $y=3x$ 的交点为(2,6).

化二重积分为二次积分有

$$\iint\limits_D x^2\,dxdy=\int_0^2 x^2\,dx\int_{\frac{1}{3}x}^{3x}dy+\int_2^6 x^2\,dx\int_{\frac{1}{3}x}^{8-x}dy$$

$$=\frac{8}{3}\int_0^2 x^3\,dx+\int_2^6\left(8-\frac{4}{3}x\right)x^2\,dx=\frac{32}{3}+128=\frac{416}{3}.$$

8(2014,17 题)**【分析】** 根据积分区域的形状易想到利用极坐标计算.

【解】 **(方法一)** 令 $x=r\cos\theta,y=r\sin\theta$,

$$\iint\limits_D\frac{x\sin(\pi\sqrt{x^2+y^2})}{x+y}dxdy=\int_0^{\frac{\pi}{2}}\frac{\cos\theta}{\cos\theta+\sin\theta}d\theta\int_1^2 r\sin\pi r dr$$

$$=\int_0^{\frac{\pi}{2}}\frac{\cos\theta}{\cos\theta+\sin\theta}d\theta\cdot\frac{1}{\pi}\left(-r\cos\pi r\Big|_1^2+\int_1^2\cos\pi r dr\right)$$

$$=-\frac{3}{\pi}\int_0^{\frac{\pi}{2}}\frac{\cos\theta}{\cos\theta+\sin\theta}d\theta.$$

又
$$I=\int_0^{\frac{\pi}{2}}\frac{\cos\theta}{\cos\theta+\sin\theta}d\theta\xlongequal{令\theta=\frac{\pi}{2}-t}\int_0^{\frac{\pi}{2}}\frac{\sin\theta}{\cos\theta+\sin\theta}d\theta$$

$$=\frac{1}{2}\int_0^{\frac{\pi}{2}}\frac{\cos\theta+\sin\theta}{\cos\theta+\sin\theta}d\theta=\frac{\pi}{4},$$

所以$\iint\limits_D\frac{x\sin(\pi\sqrt{x^2+y^2})}{x+y}dxdy=-\frac{3}{\pi}\times\frac{\pi}{4}=-\frac{3}{4}.$

(方法二) 显然积分区域 D 关于 x,y 有轮换对称性,于是

$$\iint\limits_D\frac{x\sin(\pi\sqrt{x^2+y^2})}{x+y}dxdy=\iint\limits_D\frac{y\sin(\pi\sqrt{y^2+x^2})}{y+x}dxdy.$$

所以
$$\iint\limits_D\frac{x\sin(\pi\sqrt{x^2+y^2})}{x+y}dxdy$$

$$=\frac{1}{2}\left[\iint\limits_D\frac{x\sin(\pi\sqrt{x^2+y^2})}{x+y}dxdy+\iint\limits_D\frac{y\sin(\pi\sqrt{y^2+x^2})}{y+x}dxdy\right]$$

$$=\frac{1}{2}\iint\limits_D\sin(\pi\sqrt{x^2+y^2})dxdy$$

$$\xlongequal{令x=r\cos\theta,y=r\sin\theta}\frac{1}{2}\int_0^{\frac{\pi}{2}}d\theta\int_1^2 r\sin\pi r dr$$

$$=\frac{1}{2}\int_0^{\frac{\pi}{2}}d\theta\cdot\frac{1}{\pi}\left(-r\cos\pi r\Big|_1^2+\int_1^2\cos\pi r dr\right)=\frac{\pi}{4}\times\left(-\frac{3}{\pi}\right)=-\frac{3}{4}.$$

【评注】 重积分的计算中一定要利用好积分区域的对称性、被积函数的奇偶性和坐标变换等手段.

9(2018,6 题)**【答案】** C.

【解析】 画出积分区域的平图,利用二重积分的对称性.

积分区域 D 如图所示,D 关于 y 轴对称,

原式$=\iint\limits_D(1-xy)dxdy=\iint\limits_D dxdy=2\int_0^1 dx\int_x^{2-x^2}dy$

$$=2\int_0^1(2-x^2-x)dx=\frac{7}{3}.$$

10(2018,17 题)【分析】 本题的边界曲线部分以参数方程形式给出，题目较新，但本质上还是二重积分的基本计算.

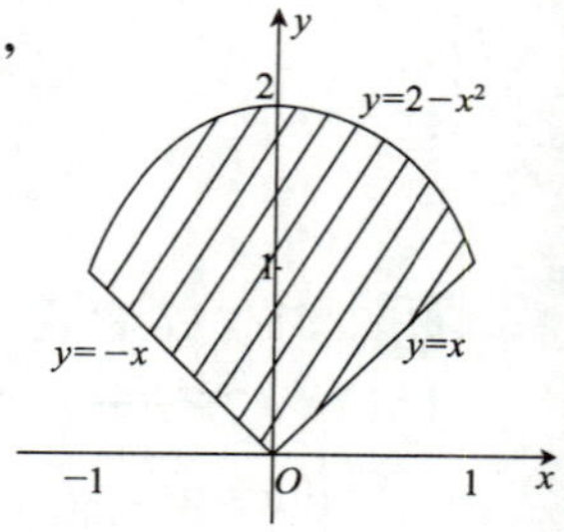

【解】 可设积分区域 D 为 $0 \leqslant x \leqslant 2\pi, 0 \leqslant y \leqslant g(x)$，则

$$\iint_D (x+2y)\mathrm{d}x\mathrm{d}y = \int_0^{2\pi}\mathrm{d}x\int_0^{g(x)}(x+2y)\mathrm{d}y = \int_0^{2\pi}[xg(x)+g^2(x)]\mathrm{d}x$$

$$= \int_0^{2\pi}[(t-\sin t)(1-\cos t)+(1-\cos t)^2](1-\cos t)\mathrm{d}t$$

$$= \int_0^{2\pi}(t-\sin t)(1-\cos t)^2\mathrm{d}t + \int_0^{2\pi}(1-\cos t)^3\mathrm{d}t$$

$$= \int_0^{2\pi}(t-2t\cos t+t\cos^2 t)\mathrm{d}t + 5\pi = 3\pi^2+5\pi.$$

【评注】 定积分计算过程中用到了定积分的变量替换(参数方程形式)，且计算做了一定的简化.

11(2019,18 题)【解】 曲线 $(x^2+y^2)^3 = y^4$ 的极坐标方程为 $r = \sin^2\theta$，积分区域 D 关于 y 轴对称，则

$$\iint_D \frac{x+y}{\sqrt{x^2+y^2}}\mathrm{d}x\mathrm{d}y = \iint_D \frac{y}{\sqrt{x^2+y^2}}\mathrm{d}x\mathrm{d}y = \int_{\frac{\pi}{4}}^{\frac{3}{4}\pi}\mathrm{d}\theta\int_0^{\sin^2\theta}\frac{r\sin\theta}{r}\cdot r\mathrm{d}r$$

$$= \frac{1}{2}\int_{\frac{\pi}{4}}^{\frac{3}{4}\pi}\sin^5\theta\mathrm{d}\theta = -\frac{1}{2}\int_{\frac{\pi}{4}}^{\frac{3}{4}\pi}(1-\cos^2\theta)^2\mathrm{d}\cos\theta$$

$$= -\frac{1}{2}\left(\cos\theta - \frac{2}{3}\cos^3\theta + \frac{1}{5}\cos^5\theta\right)\Bigg|_{\frac{\pi}{4}}^{\frac{3}{4}\pi}$$

$$= \frac{43}{120}\sqrt{2}.$$

12(2020,19 题)【分析】 根据被积函数的特点，应选择极坐标系.

【解】 直线 $x=1$ 及 $x=2$ 的极坐标方程分别为 $r=\sec\theta$ 及 $r=2\sec\theta$，则

$$\iint_D \frac{\sqrt{x^2+y^2}}{x}\mathrm{d}x\mathrm{d}y = \int_0^{\frac{\pi}{4}}\mathrm{d}\theta\int_{\sec\theta}^{2\sec\theta}\frac{r}{r\cos\theta}\cdot r\mathrm{d}r = \frac{3}{2}\int_0^{\frac{\pi}{4}}\sec^3\theta\mathrm{d}\theta,$$

而 $\int_0^{\frac{\pi}{4}}\sec^3\theta\mathrm{d}\theta = \int_0^{\frac{\pi}{4}}\sec\theta\mathrm{d}\tan\theta = \sec\theta\tan\theta\Big|_0^{\frac{\pi}{4}} - \int_0^{\frac{\pi}{4}}\tan^2\theta\sec\theta\mathrm{d}\theta$

$$= \sqrt{2} - \int_0^{\frac{\pi}{4}}\sec^3\theta\mathrm{d}\theta + \int_0^{\frac{\pi}{4}}\sec\theta\mathrm{d}\theta,$$

所以 $\int_0^{\frac{\pi}{4}}\sec^3\theta\mathrm{d}\theta = \frac{\sqrt{2}}{2} + \frac{1}{2}\ln\left|\sec\theta+\tan\theta\right|\Bigg|_0^{\frac{\pi}{4}} = \frac{\sqrt{2}}{2} + \frac{1}{2}\ln(\sqrt{2}+1)$，

所求二重积分 $\iint_D \frac{\sqrt{x^2+y^2}}{x}\mathrm{d}x\mathrm{d}y = \frac{3}{4}\sqrt{2} + \frac{3}{4}\ln(\sqrt{2}+1)$.

13(2021,21 题)【解】 曲线 $(x^2+y^2)^2 = x^2-y^2$ 的极坐标方程为 $r^2 = \cos 2\theta$，则

$$\iint_D xy\mathrm{d}x\mathrm{d}y = \int_0^{\frac{\pi}{4}}\mathrm{d}\theta\int_0^{\sqrt{\cos 2\theta}} r^2\sin\theta\cos\theta\cdot r\mathrm{d}r$$

$$= \frac{1}{8}\int_0^{\frac{\pi}{4}} \cos^2 2\theta \cdot \sin 2\theta \mathrm{d}\theta$$

$$= -\frac{1}{16}\int_0^{\frac{\pi}{4}} \cos^2 2\theta \mathrm{d}\cos 2\theta$$

$$= -\frac{1}{48}\cos^3 2\theta \Big|_0^{\frac{\pi}{4}} = \frac{1}{48}.$$

【评注】 曲线$(x^2+y^2)^2 = x^2 - y^2$是双纽线,一种重要的平面曲线.

14(2022,19 题)**【解】** 积分区域如图.

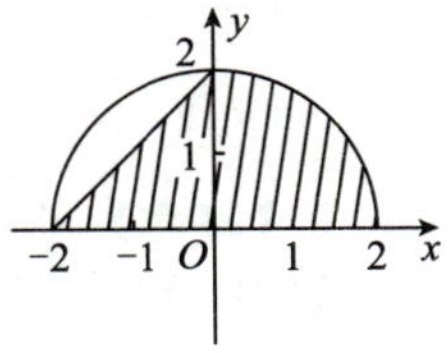

直线 $y-2=x$ 的极坐标方程为

$$r = \frac{2}{\sin\theta - \cos\theta},$$

则

$$I = \int_0^{\frac{\pi}{2}} \mathrm{d}\theta \int_0^2 (\cos\theta - \sin\theta)^2 \cdot r\mathrm{d}r + \int_{\frac{\pi}{2}}^{\pi} (\cos\theta - \sin\theta)^2 \mathrm{d}\theta \int_0^{\frac{2}{\sin\theta-\cos\theta}} r\mathrm{d}r$$

$$= 2\int_0^{\frac{\pi}{2}} (1-\sin 2\theta)\mathrm{d}\theta + 2\int_{\frac{\pi}{2}}^{\pi} \mathrm{d}\theta$$

$$= 2\left(\frac{\pi}{2} - 1\right) + \pi = 2\pi - 2.$$

【评注】 还可考虑计算半圆与弓形区域积分的差.

解题加速度

1.**【分析】** 画出积分域,将二重积分化为累次积分即可.

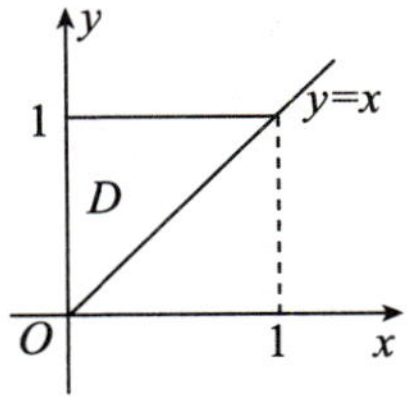

【解】 积分区域如图所示.因为根号下的函数为关于 x 的一次函数,"先 x 后 y"积分较容易,所以

$$\iint_D \sqrt{y^2 - xy}\,\mathrm{d}x\mathrm{d}y = \int_0^1 \mathrm{d}y \int_0^y \sqrt{y^2-xy}\,\mathrm{d}x = -\frac{2}{3}\int_0^1 \frac{1}{y}(y^2-xy)^{\frac{3}{2}}\Big|_0^y \mathrm{d}y$$

$$= \frac{2}{3}\int_0^1 y^2 \mathrm{d}y = \frac{2}{9}.$$

【评注】 计算二重积分时,首先画出积分区域的图形,然后结合积分域的形状和被积函数的形式,选择坐标系和积分次序.

2.**【分析】** 从被积函数与积分区域可以看出,应该利用极坐标进行计算.

【解】 作极坐标变换:$x = r\cos\theta, y = r\sin\theta$,有

$$I = \mathrm{e}^{\pi}\iint_D \mathrm{e}^{-(x^2+y^2)}\sin(x^2+y^2)\mathrm{d}x\mathrm{d}y = \mathrm{e}^{\pi}\int_0^{2\pi}\mathrm{d}\theta\int_0^{\sqrt{\pi}} r\mathrm{e}^{-r^2}\sin r^2 \mathrm{d}r.$$

令 $t=r^2$,则 $I = \pi\mathrm{e}^{\pi}\int_0^{\pi}\mathrm{e}^{-t}\sin t\mathrm{d}t$. 记 $A = \int_0^{\pi}\mathrm{e}^{-t}\sin t\mathrm{d}t$,则

$$A=-\int_0^{\pi}\sin t\mathrm{d}(\mathrm{e}^{-t})=-\left[\mathrm{e}^{-t}\sin t\Big|_0^{\pi}-\int_0^{\pi}\mathrm{e}^{-t}\cos t\mathrm{d}t\right]=-\int_0^{\pi}\cos t\mathrm{d}(\mathrm{e}^{-t})$$

$$=-\left[\mathrm{e}^{-t}\cos t\Big|_0^{\pi}+\int_0^{\pi}\mathrm{e}^{-t}\sin t\mathrm{d}t\right]=\mathrm{e}^{-\pi}+1-A,$$

因此 $A=\frac{1}{2}(1+\mathrm{e}^{-\pi}),I=\frac{\pi\mathrm{e}^{\pi}}{2}(1+\mathrm{e}^{-\pi})=\frac{\pi}{2}(1+\mathrm{e}^{\pi})$.

【评注】 本题属常规题型，明显地应该选用极坐标进行计算，在将二重积分化为定积分后，再进行换元与分部积分(均为最基础的要求)，即可得出结果，综合考查了二重积分、换元积分与分部积分等多个基础知识点.

3.**【答案】** B.

【解析】 把积分区域由直线 $y=x$ 分为两部分，用极坐标系

$$\iint\limits_D f(x,y)\mathrm{d}x\mathrm{d}y=\int_0^{\frac{\pi}{4}}\mathrm{d}\theta\int_0^{2\sin\theta}f(r\cos\theta,r\sin\theta)r\mathrm{d}r+\int_{\frac{\pi}{4}}^{\frac{\pi}{2}}\mathrm{d}\theta\int_0^{2\cos\theta}f(r\cos\theta,r\sin\theta)r\mathrm{d}r.$$

应选(B).

4.**【解】** 积分区域如图所示，则

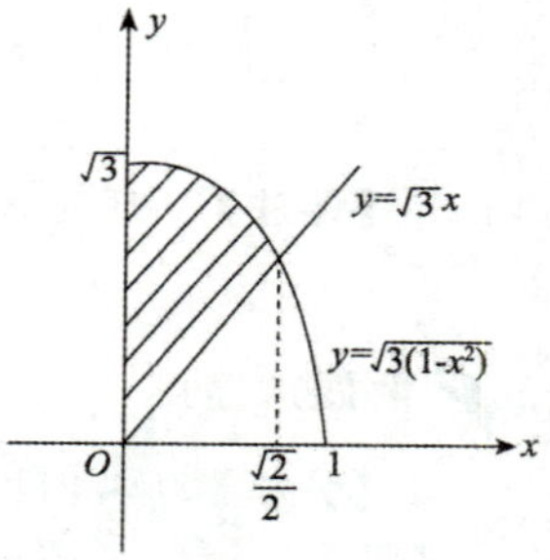

$$\iint\limits_D x^2\mathrm{d}x\mathrm{d}y=\int_0^{\frac{\sqrt{2}}{2}}\mathrm{d}x\int_{\sqrt{3}x}^{\sqrt{3(1-x^2)}}x^2\mathrm{d}y$$

$$=\int_0^{\frac{\sqrt{2}}{2}}x^2(\sqrt{3(1-x^2)}-\sqrt{3}x)\mathrm{d}x$$

$$=\sqrt{3}\int_0^{\frac{\sqrt{2}}{2}}x^2\sqrt{1-x^2}\mathrm{d}x-\sqrt{3}\int_0^{\frac{\sqrt{2}}{2}}x^3\mathrm{d}x$$

$$=\sqrt{3}\int_0^{\frac{\sqrt{2}}{2}}x^2\sqrt{1-x^2}\mathrm{d}x-\frac{\sqrt{3}}{16}$$

$$\xlongequal{x=\sin t}\sqrt{3}\int_0^{\frac{\pi}{4}}\sin^2t\cdot\cos^2t\mathrm{d}t-\frac{\sqrt{3}}{16}$$

$$=\frac{\sqrt{3}}{4}\int_0^{\frac{\pi}{4}}\sin^2(2t)\mathrm{d}t-\frac{\sqrt{3}}{16}$$

$$=\frac{\sqrt{3}}{4}\int_0^{\frac{\pi}{4}}\frac{1-\cos 4t}{2}\mathrm{d}t-\frac{\sqrt{3}}{16}=\frac{\sqrt{3}}{32}\pi-\frac{\sqrt{3}}{16}.$$

5.**【解】** 令 $A=\iint\limits_D f(x,y)\mathrm{d}x\mathrm{d}y$，则 $f(x,y)=y\sqrt{1-x^2}+Ax$.

两边求二重积分

$$A=\iint\limits_D f(x,y)\mathrm{d}x\mathrm{d}y=\iint\limits_D y\sqrt{1-x^2}\mathrm{d}x\mathrm{d}y+A\iint\limits_D x\mathrm{d}x\mathrm{d}y$$

$$=\iint\limits_D y\sqrt{1-x^2}\mathrm{d}x\mathrm{d}y=2\int_0^1\sqrt{1-x^2}\mathrm{d}x\int_0^{\sqrt{1-x^2}}y\mathrm{d}y$$

$$=\int_0^1(1-x^2)^{\frac{3}{2}}\mathrm{d}x\xlongequal{x=\sin t}\int_0^{\frac{\pi}{2}}\cos^4t\mathrm{d}t=\frac{3}{16}\pi,$$

得 $f(x,y)=y\sqrt{1-x^2}+\frac{3}{16}\pi x$.

有 $\iint\limits_D xf(x,y)\mathrm{d}x\mathrm{d}y=\iint\limits_D xy\sqrt{1-x^2}\mathrm{d}x\mathrm{d}y+\frac{3}{16}\pi\iint\limits_D x^2\mathrm{d}x\mathrm{d}y$

$$=\frac{3}{16}\pi\iint\limits_D x^2\mathrm{d}x\mathrm{d}y=\frac{3}{16}\pi\int_0^{\pi}\mathrm{d}\theta\int_0^1 r^2\cos^2\theta\cdot r\mathrm{d}r$$

$$=\frac{3}{64}\pi\int_0^{\pi}\cos^2\theta\mathrm{d}\theta=\frac{3}{128}\pi^2.$$

三、利用区域的对称性及函数的奇偶性计算积分

15(2012,6 题)【答案】 D.

【解析】 本题也可根据二重积分的对称性,画出积分区域 D,区域 D 关于 x,y 轴都对称,xy^5 分别是 x,y 的奇函数,1 分别是 x,y 的偶函数,所以

$$\iint\limits_D(xy^5-1)\mathrm{d}x\mathrm{d}y=-\iint\limits_D\mathrm{d}x\mathrm{d}y=-2\iint\limits_{D_{影}}\mathrm{d}x\mathrm{d}y=-\pi.$$

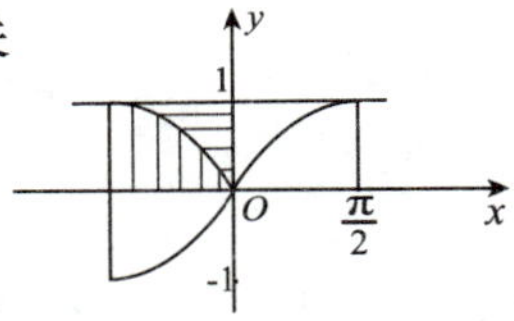

【评注】 如果直接计算也可以,但比较麻烦且容易出错.

$$\iint\limits_D(xy^5-1)\mathrm{d}x\mathrm{d}y=\int_{-\frac{\pi}{2}}^{\frac{\pi}{2}}\mathrm{d}x\int_{\sin x}^{1}(xy^5-1)\mathrm{d}y=\int_{-\frac{\pi}{2}}^{\frac{\pi}{2}}\left[\frac{1}{6}xy\Big|_{\sin x}^{1}-(1-\sin x)\right]\mathrm{d}x$$

$$=\int_{-\frac{\pi}{2}}^{\frac{\pi}{2}}\left(\frac{1}{6}x\cos x-1+\sin x\right)\mathrm{d}x$$ (利用对称区间上奇函数的性质)

$$=-\int_{-\frac{\pi}{2}}^{\frac{\pi}{2}}\mathrm{d}x=-\pi.$$

16(2013,6 题)【答案】 B.

【解析】 利用二重积分的不等式性质.

显然,在 D_2 上 $y-x\geqslant 0$,且 $y-x$ 不恒等于零,则 $I_2=\iint\limits_{D_2}(y-x)\mathrm{d}x\mathrm{d}y>0$. 故选(B).

【评注】 实际上 $I_4<0$,由于 D_1,D_3 关于直线 $y=x$ 对称,再由轮换对称性得

$$I_1=\frac{1}{2}\left[\iint\limits_{D_1}(y-x)\mathrm{d}x\mathrm{d}y+\iint\limits_{D_1}(x-y)\mathrm{d}x\mathrm{d}y\right]=0,$$

$$I_3=\frac{1}{2}\left[\iint\limits_{D_3}(y-x)\mathrm{d}x\mathrm{d}y+\iint\limits_{D_3}(x-y)\mathrm{d}x\mathrm{d}y\right]=0.$$

17(2015,18 题)【分析】 利用二重积分的对称性及二重积分的基本计算.

【解】 积分区域关于 y 轴对称,$\iint\limits_D xy\mathrm{d}x\mathrm{d}y=0$,

$$\iint\limits_D x^2\mathrm{d}x\mathrm{d}y=2\int_0^1\mathrm{d}x\int_{x^2}^{\sqrt{2-x^2}}x^2\mathrm{d}y=2\int_0^1 x^2(\sqrt{2-x^2}-x^2)\mathrm{d}x$$

$$=2\int_0^1 x^2\sqrt{2-x^2}\mathrm{d}x-\frac{2}{5}=8\int_0^{\frac{\pi}{4}}\sin^2t\cos^2t\mathrm{d}t-\frac{2}{5}$$

$$= 2\int_0^{\frac{\pi}{4}} \sin^2 2t\mathrm{d}t - \frac{2}{5} = \int_0^{\frac{\pi}{4}} (1 - \cos 4t)\mathrm{d}t - \frac{2}{5} = \frac{\pi}{4} - \frac{2}{5}.$$

18（2016，18 题）**【分析】** 先利用二重积分的对称性化简，然后可用直角坐标或极坐标计算.

【解】 积分区域 D 关于 y 轴对称，利用对称性

$$\iint_D \frac{x^2 - xy - y^2}{x^2 + y^2}\mathrm{d}x\mathrm{d}y = \iint_D \frac{x^2 - y^2}{x^2 + y^2}\mathrm{d}x\mathrm{d}y = 2\iint_{D_右} \frac{x^2 - y^2}{x^2 + y^2}\mathrm{d}x\mathrm{d}y.$$

（方法一） 用直角坐标

$$\iint_{D_右} \frac{x^2 - y^2}{x^2 + y^2}\mathrm{d}x\mathrm{d}y = \iint_{D_右}\left(1 - \frac{2y^2}{x^2 + y^2}\right)\mathrm{d}x\mathrm{d}y = \frac{1}{2} - 2\iint_{D_右} \frac{y^2}{x^2 + y^2}\mathrm{d}x\mathrm{d}y$$

$$= \frac{1}{2} - 2\int_0^1 \mathrm{d}y\int_0^y \frac{1}{1 + \left(\frac{x}{y}\right)^2}\mathrm{d}x = \frac{1}{2} - 2\int_0^1 \frac{\pi}{4}y\mathrm{d}y$$

$$= \frac{1}{2} - \frac{\pi}{4},$$

所以 $\iint_D \frac{x^2 - xy - y^2}{x^2 + y^2}\mathrm{d}x\mathrm{d}y = 1 - \frac{\pi}{2}.$

（方法二） 用极坐标

$$\iint_{D_右} \frac{x^2 - y^2}{x^2 + y^2}\mathrm{d}x\mathrm{d}y = \int_{\frac{\pi}{4}}^{\frac{\pi}{2}}\mathrm{d}\theta\int_0^{\frac{1}{\sin\theta}} \frac{r^2(\cos^2\theta - \sin^2\theta)}{r^2}r\mathrm{d}r = \frac{1}{2}\int_{\frac{\pi}{4}}^{\frac{\pi}{2}} \frac{\cos^2\theta - \sin^2\theta}{\sin^2\theta}\mathrm{d}\theta$$

$$= \frac{1}{2}\int_{\frac{\pi}{4}}^{\frac{\pi}{2}} \cot^2\theta\mathrm{d}\theta - \frac{\pi}{8} = \frac{1}{2}\int_{\frac{\pi}{4}}^{\frac{\pi}{2}} (\csc^2\theta - 1)\mathrm{d}\theta - \frac{\pi}{8}$$

$$= -\frac{1}{2}\cot\theta\Big|_{\frac{\pi}{4}}^{\frac{\pi}{2}} - \frac{\pi}{4} = \frac{1}{2} - \frac{\pi}{4},$$

所以 $\iint_D \frac{x^2 - xy - y^2}{x^2 + y^2}\mathrm{d}x\mathrm{d}y = 1 - \frac{\pi}{2}.$

19（2017，20 题）**【解】** 积分区域如图.

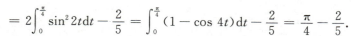

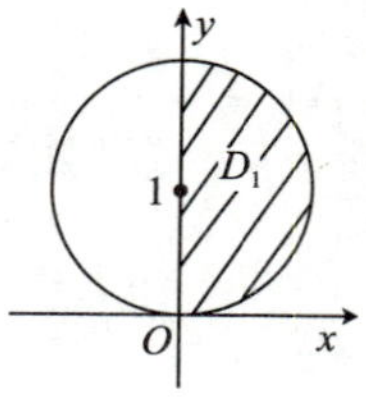

$$\iint_D (x + 1)^2\mathrm{d}x\mathrm{d}y = \iint_D x^2\mathrm{d}x\mathrm{d}y + 2\iint_D x\mathrm{d}x\mathrm{d}y + \iint_D \mathrm{d}x\mathrm{d}y,$$

由积分区域 D 关于 y 轴的对称性

$$\iint_D x^2\mathrm{d}x\mathrm{d}y = 2\iint_{D_1} x^2\mathrm{d}x\mathrm{d}y, \iint_D x\mathrm{d}x\mathrm{d}y = 0,$$

$\iint_D \mathrm{d}x\mathrm{d}y = \pi$，为 D 的面积. 所以

$$\iint_D (x + 1)^2\mathrm{d}x\mathrm{d}y = 2\int_0^{\frac{\pi}{2}}\mathrm{d}\theta\int_0^{2\sin\theta} r^2\cos^2\theta \cdot r\mathrm{d}r + \pi = 8\int_0^{\frac{\pi}{2}} \sin^4\theta\cos^2\theta\mathrm{d}\theta + \pi$$

$$= 8\int_0^{\frac{\pi}{2}} \sin^4\theta(1 - \sin^2\theta)\mathrm{d}\theta + \pi = 8\int_0^{\frac{\pi}{2}} (\sin^4\theta - \sin^6\theta)\mathrm{d}\theta + \pi$$

$$= 8\left(\frac{3}{4} \times \frac{1}{2} \times \frac{\pi}{2} - \frac{5}{6} \times \frac{3}{4} \times \frac{1}{2} \times \frac{\pi}{2}\right) + \pi = \frac{5\pi}{4}.$$

解题加速度

1.【分析】 首先,将积分区域 D 分为大圆 $D_1=\{(x,y)\mid x^2+y^2\leqslant 4\}$ 减去小圆 $D_2=\{(x,y)\mid (x+1)^2+y^2\leqslant 1\}$,再利用对称性与极坐标计算即可.

【解】 令 $D_1=\{(x,y)\mid x^2+y^2\leqslant 4\}$,$D_2=\{(x,y)\mid (x+1)^2+y^2\leqslant 1\}$,由对称性,$\iint\limits_D y\mathrm{d}\sigma=0$.

$$\begin{aligned}\iint\limits_D \sqrt{x^2+y^2}\,\mathrm{d}\sigma&=\iint\limits_{D_1}\sqrt{x^2+y^2}\,\mathrm{d}\sigma-\iint\limits_{D_2}\sqrt{x^2+y^2}\,\mathrm{d}\sigma\\&=\int_0^{2\pi}\mathrm{d}\theta\int_0^2 r^2\,\mathrm{d}r-\int_{\frac{\pi}{2}}^{\frac{3\pi}{2}}\mathrm{d}\theta\int_0^{-2\cos\theta}r^2\,\mathrm{d}r\\&=\frac{16\pi}{3}-\frac{32}{9}=\frac{16}{9}(3\pi-2),\end{aligned}$$

所以 $\iint\limits_D(\sqrt{x^2+y^2}+y)\mathrm{d}\sigma=\dfrac{16}{9}(3\pi-2)$.

> 【评注】 本题属于在极坐标系下计算二重积分的基本题型,对于二重积分,经常利用对称性及将一个复杂区域划分为两个或三个简单区域来简化计算.

2.【答案】 $\dfrac{\pi}{4}$.

【解析】 由积分区域 D 关于 x 轴,y 轴对称,则有 $\iint\limits_D y\mathrm{d}x\mathrm{d}y=0$,$\iint\limits_D x^2\mathrm{d}x\mathrm{d}y=4\iint\limits_{D_1}x^2\mathrm{d}x\mathrm{d}y$,其中 $D_1=\{(x,y)\mid x^2+y^2=1,x\geqslant 0,y\geqslant 0\}$.

从而 $\iint\limits_D(x^2-y)\mathrm{d}x\mathrm{d}y=4\iint\limits_{D_1}x^2\mathrm{d}x\mathrm{d}y=4\int_0^{\frac{\pi}{2}}\mathrm{d}\theta\int_0^1 r^2\cdot r\cos^2\theta\mathrm{d}r=\dfrac{1}{2}\int_0^{\frac{\pi}{2}}(1+\cos 2\theta)\mathrm{d}\theta=\dfrac{\pi}{4}$.

3.【分析】 被积函数展开,利用二重积分的对称性.

【解】 显然 D 关于 x 轴对称,且 $D=D_1\cup D_2$,其中

$$D_1=\{(x,y)\mid 0\leqslant y\leqslant 1,\sqrt{2}y\leqslant x\leqslant\sqrt{1+y^2}\},$$

$$D_2=\{(x,y)\mid -1\leqslant y\leqslant 0,-\sqrt{2}y\leqslant x\leqslant\sqrt{1+y^2}\},$$

$$\begin{aligned}\iint\limits_D(x+y)^3\mathrm{d}\sigma&=\iint\limits_D(x^3+3x^2y+3xy^2+y^3)\mathrm{d}x\mathrm{d}y\\&=\iint\limits_D(x^3+3xy^2)\mathrm{d}x\mathrm{d}y+\iint\limits_D(3x^2y+y^3)\mathrm{d}x\mathrm{d}y\\&=2\iint\limits_{D_1}(x^3+3xy^2)\mathrm{d}x\mathrm{d}y+0(\text{被积函数 }3x^2y+y^3\text{ 关于 }y\text{ 是奇函数})\\&=2\int_0^1\mathrm{d}y\int_{\sqrt{2}y}^{\sqrt{1+y^2}}(x^3+3xy^2)\mathrm{d}x=2\int_0^1\left(\frac{1}{4}x^4+\frac{3}{2}x^2y^2\right)\Bigg|_{\sqrt{2}y}^{\sqrt{1+y^2}}\mathrm{d}y\\&=\frac{1}{2}\int_0^1(1+8y^2-9y^4)\mathrm{d}y=\frac{1}{2}(1+\frac{8}{3}-\frac{9}{5})=\frac{14}{15}.\end{aligned}$$

【评注】 对二重积分的对称性的考查一直是研究生考试的重要测试内容.

四、分块函数积分的计算

解题加速度

1.【分析】 在 $\max\{x^2,y^2\}$ 中，去掉取最大的符号，把 D 分成两个区域积分.

【解】 令 $D_1=\{(x,y)\mid 0\leqslant x\leqslant 1,0\leqslant y\leqslant x\}$，$D_2=\{(x,y)\mid 0\leqslant x\leqslant 1,x\leqslant y\leqslant 1\}$，则

$$\iint\limits_D e^{\max\{x^2,y^2\}}\mathrm{d}x\mathrm{d}y=\iint\limits_{D_1}e^{x^2}\mathrm{d}x\mathrm{d}y+\iint\limits_{D_2}e^{y^2}\mathrm{d}x\mathrm{d}y$$

$$=\int_0^1\mathrm{d}x\int_0^x e^{x^2}\mathrm{d}y+\int_0^1\mathrm{d}y\int_0^y e^{y^2}\mathrm{d}x=e-1.$$

2.【分析】 首先应设法去掉取整函数符号，为此将积分区域分为两部分即可.

【解】 令 $D_1=\{(x,y)\mid 0\leqslant x^2+y^2<1,x\geqslant 0,y\geqslant 0\}$，

$D_2=\{(x,y)\mid 1\leqslant x^2+y^2\leqslant\sqrt{2},x\geqslant 0,y\geqslant 0\}$.

则 $$\iint\limits_D xy[1+x^2+y^2]\mathrm{d}x\mathrm{d}y=\iint\limits_{D_1}xy\mathrm{d}x\mathrm{d}y+2\iint\limits_{D_2}xy\mathrm{d}x\mathrm{d}y$$

$$=\int_0^{\frac{\pi}{2}}\sin\theta\cos\theta\mathrm{d}\theta\int_0^1 r^3\mathrm{d}r+2\int_0^{\frac{\pi}{2}}\sin\theta\cos\theta\mathrm{d}\theta\int_1^{\sqrt[4]{2}}r^3\mathrm{d}r$$

$$=\frac{1}{8}+\frac{1}{4}=\frac{3}{8}.$$

【评注】 对于二重积分的计算问题，当被积函数为分块函数时应利用积分的可加性分区域积分. 而实际考题中，被积函数经常为隐含的分段函数，如取绝对值函数 $|f(x,y)|$、取极值函数 $\max\{f(x,y),g(x,y)\}$ 以及取整函数 $[f(x,y)]$ 等.

五、交换积分次序及坐标系

20（2009，4 题）【答案】 C.

【解析】 $\int_1^2\mathrm{d}x\int_x^2 f(x,y)\mathrm{d}y+\int_1^2\mathrm{d}y\int_y^{4-y}f(x,y)\mathrm{d}x$ 的积分区域为两部分

$D_1=\{(x,y)\mid 1\leqslant x\leqslant 2,x\leqslant y\leqslant 2\}$， $D_2=\{(x,y)\mid 1\leqslant y\leqslant 2,y\leqslant x\leqslant 4-y\}$，

将其合并写成 $D=\{(x,y)\mid 1\leqslant y\leqslant 2,1\leqslant x\leqslant 4-y\}$，

故二重积分可以表示为 $\int_1^2\mathrm{d}y\int_1^{4-y}f(x,y)\mathrm{d}x$. 答案应选(C).

21（2010，20 题）【分析】 化极坐标积分区域为直角坐标区域，相应的被积函数也化为直角坐标系下的表示形式，然后计算二重积分.

【解】 直角坐标系下 $D=\{(x,y)\mid 0\leqslant x\leqslant 1,0\leqslant y\leqslant x\}$，所以

$$I=\iint\limits_D r^2\sin\theta\sqrt{1-r^2\cos 2\theta}\mathrm{d}r\mathrm{d}\theta$$

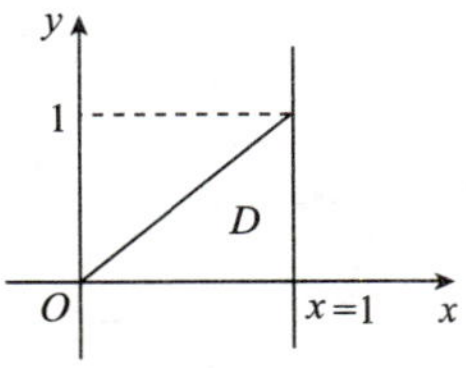

$$=\iint_D r\sin\theta\sqrt{1-r^2(\cos^2\theta-\sin^2\theta)}\cdot r\mathrm{d}r\mathrm{d}\theta$$

$$=\iint_D y\sqrt{1-x^2+y^2}\mathrm{d}x\mathrm{d}y=\int_0^1\mathrm{d}x\int_0^x y\sqrt{1-x^2+y^2}\mathrm{d}y$$

$$=\int_0^1\mathrm{d}x\int_0^x\frac{1}{2}\sqrt{1-x^2+y^2}\mathrm{d}(1-x^2+y^2)$$

$$=\int_0^1\frac{1}{3}[1-(1-x^2)^{\frac{3}{2}}]\mathrm{d}x=\frac{1}{3}-\frac{1}{3}\int_0^1(1-x^2)^{\frac{3}{2}}\mathrm{d}x\quad\left(令\ x=\sin\theta,0\leqslant\theta\leqslant\frac{\pi}{2}\right)$$

$$=\frac{1}{3}-\frac{1}{3}\int_0^{\frac{\pi}{2}}\cos^4\theta\mathrm{d}\theta=\frac{1}{3}-\frac{1}{3}\int_0^{\frac{\pi}{2}}\left(\frac{1+\cos 2\theta}{2}\right)^2\mathrm{d}\theta$$

$$=\frac{1}{3}-\frac{1}{3}\int_0^{\frac{\pi}{2}}\left(\frac{3}{8}+\frac{1}{2}\cos 2\theta+\frac{1}{8}\cos 4\theta\right)\mathrm{d}\theta=\frac{1}{3}-\frac{1}{16}\pi.$$

22(2015,6 题)【答案】 B.

【解析】 画出积分区域,用极坐标把二重积分化为二次积分.

曲线 $2xy=1,4xy=1$ 的极坐标方程分别为

$$r=\frac{1}{\sqrt{\sin 2\theta}},r=\frac{1}{\sqrt{2\sin 2\theta}}.$$

直线 $y=x,y=\sqrt{3}x$ 的极坐标方程分别为 $\theta=\frac{\pi}{4},\theta=\frac{\pi}{3}$.

所以 $\iint_D f(x,y)\mathrm{d}x\mathrm{d}y=\int_{\frac{\pi}{4}}^{\frac{\pi}{3}}\mathrm{d}\theta\int_{\frac{1}{\sqrt{2\sin 2\theta}}}^{\frac{1}{\sqrt{\sin 2\theta}}}f(r\cos\theta,r\sin\theta)r\mathrm{d}r$. 应选(B).

【评注】 注意极坐标与直角坐标的转化 $\mathrm{d}x\mathrm{d}y=r\mathrm{d}r\mathrm{d}\theta$.

23(2017,13 题)【答案】 $-\ln(\cos 1)$.

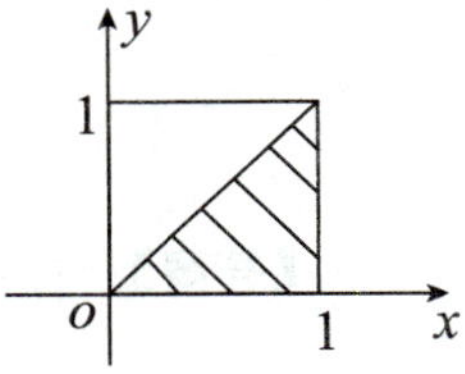

【解析】 积分区域如图.

交换积分次序

$$\int_0^1\mathrm{d}y\int_y^1\frac{\tan x}{x}\mathrm{d}x=\int_0^1\mathrm{d}x\int_0^x\frac{\tan x}{x}\mathrm{d}y=\int_0^1\tan x\mathrm{d}x=-\ln(\cos x)\Big|_0^1$$

$$=-\ln(\cos 1).$$

24(2020,10 题)【答案】 $\frac{2}{9}(2\sqrt{2}-1)$.

【解析】 交换积分次序

$$\int_0^1\mathrm{d}y\int_{\sqrt{y}}^1\sqrt{x^3+1}\mathrm{d}x=\int_0^1\mathrm{d}x\int_0^{x^2}\sqrt{x^3+1}\mathrm{d}y=\int_0^1 x^2\sqrt{x^3+1}\mathrm{d}x$$

$$=\frac{2}{9}(x^3+1)^{\frac{3}{2}}\Big|_0^1=\frac{2}{9}(2\sqrt{2}-1).$$

25(2021,14 题)【答案】 $\frac{\pi}{2}\cos\frac{2}{\pi}$.

【解析】 积分区域 $D=\{(x,y)\mid 1\leqslant x\leqslant t^2,\sqrt{x}\leqslant y\leqslant t\}$

$$=\{(x,y)\mid 1\leqslant y\leqslant t,1\leqslant x\leqslant y^2\},$$

交换积分次序

$$f(t)=\int_1^t \mathrm{d}y\int_1^{y^2}\sin\frac{x}{y}\mathrm{d}x=\int_1^t\left(\int_1^{y^2}\sin\frac{x}{y}\mathrm{d}x\right)\mathrm{d}y,$$

则 $f'(t)=\int_1^{t^2}\sin\frac{x}{t}\mathrm{d}x=-t\cos t+t\cos\frac{1}{t}$.

因而 $f'\left(\frac{\pi}{2}\right)=\frac{\pi}{2}\cos\frac{2}{\pi}$.

【评注】 本方法是利用变限积分的导数直接求出 $f'(t)$，也可先求二次积分 $f(t)$，再求导得 $f'(t)$.

26(2022,2 题)**【答案】** D.

【解析】 交换积分次序

$$\int_0^2\mathrm{d}y\int_y^2\frac{y}{\sqrt{1+x^3}}\mathrm{d}x=\int_0^2\mathrm{d}x\int_0^x\frac{y}{\sqrt{1+x^3}}\mathrm{d}y=\frac{1}{2}\int_0^2\frac{x^2}{\sqrt{1+x^3}}\mathrm{d}x$$
$$=\frac{1}{3}\sqrt{1+x^3}\Big|_0^2=\frac{2}{3}.$$

选(D).

解题加速度

1.**【答案】** D.

【解析】 在极坐标系下，积分区域 $D=\left\{(r,\theta)\mid 0\leqslant r\leqslant\cos\theta,0\leqslant\theta\leqslant\frac{\pi}{2}\right\}$，

于是在直角坐标系下，积分区域 $D=\{(x,y)\mid 0\leqslant x\leqslant 1,0\leqslant y\leqslant\sqrt{x-x^2}\}$，所以

$$\int_0^{\frac{\pi}{2}}\mathrm{d}\theta\int_0^{\cos\theta}f(r\cos\theta,r\sin\theta)r\mathrm{d}r=\int_0^1\mathrm{d}x\int_0^{\sqrt{x-x^2}}f(x,y)\mathrm{d}y.$$

2.**【答案】** $\int_0^{\frac{1}{2}}\mathrm{d}x\int_{x^2}^{x}f(x,y)\mathrm{d}y$.

【解析】 积分区域 $D=\left\{(x,y)\,\middle|\,0\leqslant x\leqslant\frac{1}{2},x^2\leqslant y\leqslant x\right\}$，

所以 $\int_0^{\frac{1}{4}}\mathrm{d}y\int_y^{\sqrt{y}}f(x,y)\mathrm{d}x+\int_{\frac{1}{4}}^{\frac{1}{2}}\mathrm{d}y\int_y^{\frac{1}{2}}f(x,y)\mathrm{d}x=\int_0^{\frac{1}{2}}\mathrm{d}x\int_{x^2}^{x}f(x,y)\mathrm{d}y$.

3.**【答案】** B.

【解析】 令 $x=r\cos\theta,y=r\sin\theta$，则 $r=2$ 所对应的直角坐标方程为 $x^2+y^2=2^2$，$r=2\cos\theta$ 所对应的直角坐标方程为 $(x-1)^2+y^2=1$.

由 $\int_0^{\frac{\pi}{2}}\mathrm{d}\theta\int_{2\cos\theta}^{2}f(r^2)r\mathrm{d}r$ 的积分区域

$$2\cos\theta<r<2,0<\theta<\frac{\pi}{2},$$

在直角坐标下的表示为

$$\sqrt{2x-x^2}<y<\sqrt{4-x^2},0<x<2,$$

所以$\int_0^{\frac{\pi}{2}}d\theta\int_{2\cos\theta}^{2}f(r^2)rdr=\int_0^2 dx\int_{\sqrt{2x-x^2}}^{\sqrt{4-x^2}}f(x^2+y^2)dy$. 故选(B).

4.【答案】 $\dfrac{e-1}{2}$.

【解析】 本题考查二重积分的计算，需要利用交换积分次序和分部积分方法.

二次积分的积分区域$\int_0^1 dy\int_y^1\left(\dfrac{e^{x^2}}{x}-e^{y^2}\right)dx$ 为

$$D=\{(x,y)\mid 0\leqslant y\leqslant 1, y\leqslant x\leqslant 1\}=\{(x,y)\mid 0\leqslant x\leqslant 1, 0\leqslant y\leqslant x\}.$$

交换积分次序得

$$\begin{aligned}\int_0^1 dy\int_y^1\left(\frac{e^{x^2}}{x}-e^{y^2}\right)dx&=\int_0^1 dx\int_0^x\left(\frac{e^{x^2}}{x}-e^{y^2}\right)dy\\&=\int_0^1\left(e^{x^2}-\int_0^x e^{y^2}dy\right)dx\\&=\int_0^1 e^{x^2}dx-\int_0^1\left(\int_0^x e^{y^2}dy\right)dx\\&=\int_0^1 e^{x^2}dx-\left(x\int_0^x e^{y^2}dy\right)\Big|_0^1+\int_0^1 e^{x^2}\cdot x dx\\&=\int_0^1 e^{x^2}dx-\int_0^1 e^{y^2}dy+\frac{1}{2}e^{x^2}\Big|_0^1\\&=\frac{e-1}{2}.\end{aligned}$$

【评注】 当被积函数中含有变上限积分时，常常要把变上限积分看作一个普通函数进行分部积分等运算. 计算过程中也可

$$\begin{aligned}\int_0^1 e^{x^2}dx-\int_0^1\left(\int_0^x e^{y^2}dy\right)dx&=\int_0^1 e^{x^2}dx-\int_0^1\left(\int_y^1 e^{y^2}dx\right)dy=\int_0^1 e^{x^2}dx-\int_0^1(1-y)e^{y^2}dy\\&=\int_0^1 e^{x^2}dx-\int_0^1 e^{y^2}dy+\int_0^1 ye^{y^2}dy=\frac{e-1}{2}.\end{aligned}$$

第六章　常微分方程

一、一阶微分方程的求解

1（2010,2 题）【答案】　A.

【解析】　因 $\lambda y_1-\mu y_2$ 是方程 $y'+p(x)y=0$ 的解，所以

$$(\lambda y_1-\mu y_2)'+p(x)(\lambda y_1-\mu y_2)=0,$$

即

$$\lambda[y_1'+p(x)y_1]-\mu[y_2'+p(x)y_2]=0.$$

由已知得 $(\lambda-\mu)q(x)=0$，因为 $q(x)\neq 0$，所以 $\lambda-\mu=0$.

又 $\lambda y_1+\mu y_2$ 是非齐次微分方程 $y'+p(x)y=q(x)$ 的解，故

$$(\lambda y_1+\mu y_2)'+p(x)(\lambda y_1+\mu y_2)=q(x),$$

即

$$\lambda[y_1'+p(x)y_1]+\mu[y_2'+p(x)y_2]=q(x).$$

由已知得 $(\lambda+\mu)q(x)=q(x)$. 因为 $q(x)\neq 0$，所以 $\lambda+\mu=1$，解得

$$\lambda=\frac{1}{2},\mu=\frac{1}{2}.$$

【评注】　此题属反问题，题目构造较新颖.

2（2011,10 题）【答案】　$e^{-x}\sin x$.

【解析】　直接按一阶线性微分方程公式求解. 微分方程的通解为

$$y=e^{-\int dx}\left(C+\int e^{-x}\cos x e^{\int dx}dx\right)=e^{-x}(C+\sin x),$$

由初值条件 $y(0)=0$ 得 $C=0$. 所以应填 $e^{-x}\sin x$.

3（2012,12 题）【答案】　$\sqrt{x}$.

【解析】　由 $ydx+(x-3y^2)dy=0$ 有 $\frac{dx}{dy}+\frac{x}{y}=3y$，所以

$$x=e^{-\int\frac{1}{y}dy}\left(\int 3y\, e^{\int\frac{1}{y}dy}dy+C\right)=\frac{1}{y}\left(\int 3y^2\ dy+C\right)=y^2+\frac{C}{y}.$$

将 $y\Big|_{x=1}=1$ 代入得 $C=0$，即解为 $x=y^2$. 又 $x=1,y=1$，故应填 $y=\sqrt{x}$.

【评注】　求解本题的关键是把 x 看作未知函数，把 y 看作自变量，从而化为一阶线性非齐次方程.

4（2012,19 题）【解】　（Ⅰ）联立 $\begin{cases}f''(x)+f'(x)-2f(x)=0,\\f''(x)+f(x)=2e^x,\end{cases}$ 得 $f'(x)-3f(x)=-2e^x$，因此

$$f(x)=e^{\int 3dx}\left(\int(-2e^x)e^{-\int 3dx}dx+C\right)=e^x+Ce^{3x}.$$

代入 $f''(x)+f(x)=2e^x$，得 $C=0$，所以 $f(x)=e^x$.

(Ⅱ) $y = f(x^2)\int_0^x f(-t^2)\mathrm{d}t = \mathrm{e}^{x^2}\int_0^x \mathrm{e}^{-t^2}\mathrm{d}t$,

$y' = 2x\mathrm{e}^{x^2}\int_0^x \mathrm{e}^{-t^2}\mathrm{d}t + 1$,

$y'' = 2x + 2(1+2x^2)\mathrm{e}^{x^2}\int_0^x \mathrm{e}^{-t^2}\mathrm{d}t$.

当 $x<0$ 时,$y''<0$;当 $x>0$ 时,$y''>0$,又 $y(0)=0$,所以曲线的拐点为 $(0,0)$.

5 (2016,11 题)【答案】 $y'-y=2x-x^2$.

【解析】 利用线性微分方程解的性质与结构.设所求的一阶非齐次线性微分方程为

$$y'+p(x)y=q(x).$$

显然 $y=x^2$ 和 $y=x^2-\mathrm{e}^x$ 的差 e^x 是方程 $y'+p(x)y=0$ 的解,代入方程得

$$p(x)=-1.$$

再把 $y=x^2$ 代入方程 $y'+p(x)y=q(x)$ 得 $q(x)=2x-x^2$.

所求的一阶非齐次线性微分方程为 $y'-y=2x-x^2$.

【评注】 本题也可把题中两个解直接代入方程求得 $p(x),q(x)$.

6 (2021,20 题)【解】 (Ⅰ)已知方程为 $y'-\dfrac{6}{x}y=-\dfrac{6}{x}$,为一阶非齐次线性微分方程,其通解为

$$y=\mathrm{e}^{\int\frac{6}{x}\mathrm{d}x}\left(\int-\frac{6}{x}\mathrm{e}^{\int-\frac{6}{x}\mathrm{d}x}\mathrm{d}x+C\right)=Cx^6+1.$$

代入初值条件 $y(\sqrt{3})=10$ 可得 $C=\dfrac{1}{3}$,故 $y=\dfrac{1}{3}x^6+1$.

(Ⅱ)$y'=2x^5$,则曲线上的点 $P\left(x_0,\dfrac{1}{3}x_0^6+1\right)$ 的法线方程为

$$y-\left(\frac{1}{3}x_0^6+1\right)=-\frac{1}{2x_0^5}(x-x_0).$$

令 $x=0$,得在 y 轴上的截距 $I_P=\dfrac{1}{2x_0^4}+\dfrac{1}{3}x_0^6+1$,令 $\dfrac{\mathrm{d}I_P}{\mathrm{d}x_0}=-\dfrac{2}{x_0^5}+2x_0^5=\dfrac{2(x_0^{10}-1)}{x_0^5}=0$,得驻点 $x_0=1$(舍去 $x_0=-1$),又 $\left.\dfrac{\mathrm{d}^2I_P}{\mathrm{d}x_0^2}\right|_{x_0=1}=(10x_0^4+10x_0^{-6})\big|_{x_0=1}=20>0$,故 $x_0=1$ 为函数的唯一的极小值点,也是最小值点,此时点 P 坐标为 $\left(1,\dfrac{4}{3}\right)$.

7 (2022,18 题)【解】 原方程变为 $y'-\dfrac{2}{x}y=\dfrac{2\ln x-1}{2x}$,则

$$\begin{aligned}y&=\mathrm{e}^{\int\frac{2}{x}\mathrm{d}x}\left(C+\int\frac{2\ln x-1}{2x}\mathrm{e}^{-\int\frac{2}{x}\mathrm{d}x}\mathrm{d}x\right)\\&=x^2\left(C+\int\frac{2\ln x-1}{2x^3}\mathrm{d}x\right)\\&=x^2\left(C-\frac{1}{4}\int(2\ln x-1)\mathrm{d}\frac{1}{x^2}\right)\\&=x^2\left(C-\frac{1}{4}\cdot\frac{2\ln x-1}{x^2}+\frac{1}{4}\int\frac{1}{x^2}\cdot\frac{2}{x}\mathrm{d}x\right)\\&=x^2\left(C-\frac{2\ln x-1}{4x^2}-\frac{1}{4x^2}\right)=Cx^2-\frac{1}{2}\ln x.\end{aligned}$$

由 $y(1)=\dfrac{1}{4}$ 得 $C=\dfrac{1}{4}$,有 $y=\dfrac{1}{4}x^2-\dfrac{1}{2}\ln x$,

进而所求弧长为

$$l=\int_1^{e}\sqrt{1+y'^2}\,dx=\int_1^{e}\sqrt{1+\left(\frac{1}{2}x-\frac{1}{2x}\right)^2}\,dx$$

$$=\int_1^{e}\left(\frac{x}{2}+\frac{1}{2x}\right)dx=\left(\frac{1}{4}x^2+\frac{1}{2}\ln x\right)\Big|_1^{e}=\frac{1}{4}(e^2+1).$$

解题加速度

1.【答案】 $xy=2$.

【解析】 原方程可化为$(xy)'=0$，积分得 $xy=C$，代入初始条件得 $C=2$，故所求特解为 $xy=2$.

> 【评注】 本题虽属基本题型，也可先变形$\frac{dy}{y}=-\frac{dx}{x}$，再积分求解.

2.【答案】 B.

【解析】 由于 $y_1(x)-y_2(x)$ 是对应齐次线性微分方程 $y'+P(x)y=0$ 的非零解，所以它的通解是 $Y=C[y_1(x)-y_2(x)]$，故原方程的通解为

$$y=y_1(x)+Y=y_1(x)+C[y_1(x)-y_2(x)].$$

故应选(B).

> 【评注】 本题属基本题型，考查一阶线性非齐次微分方程解的结构：
> $$y=y^*+Y,$$
> 其中 y^* 是所给一阶线性微分方程的特解，Y 是对应齐次微分方程的通解.

3.【答案】 $y=\frac{x}{\sqrt{\ln x+1}}$，$x>e^{-1}$.

【解析】 令 $u=\frac{y}{x}$，则原方程变为

$$u+x\frac{du}{dx}=u-\frac{1}{2}u^3\Rightarrow\frac{du}{u^3}=-\frac{dx}{2x},$$

两边积分得

$$-\frac{1}{2u^2}=-\frac{1}{2}\ln x-\frac{1}{2}\ln C,$$

即 $x=\frac{1}{C}e^{\frac{1}{u^2}}\Rightarrow x=\frac{1}{C}e^{\frac{x^2}{y^2}}$，将 $y\Big|_{x=1}=1$ 代入左式得 $C=e$，

故满足条件的方程的特解为 $ex=e^{\frac{x^2}{y^2}}$，即 $y=\frac{x}{\sqrt{\ln x+1}}$，$x>e^{-1}$.

4.【答案】 $y=\frac{1}{x}$.

【解析】 分离变量，得$\frac{dy}{y}=-\frac{1}{x}dx$，两边积分有

$$\ln|y|=-\ln|x|+C_1\Rightarrow\ln|xy|=C_1\Rightarrow xy=\pm e^{C_1}=C.$$

利用条件 $y(1)=1$ 知 $C=1$，故满足条件的解为 $y=\dfrac{1}{x}$.

【评注】 微分方程 $xy'+y=0$ 可改写为 $(xy)'=0$，再两边积分即可.

5.【答案】 $xe^{2x+1}(x>0)$.

【解析】 这是典型的齐次微分方程，按一般方法求解.

$xy'+y(\ln x-\ln y)=0$ 变形为 $y'=\dfrac{y}{x}\ln\left(\dfrac{y}{x}\right)$.

令 $u=\dfrac{y}{x}$，则 $y=xu$，$y'=xu'+u$，代入原方程 $xu'+u=u\ln u$，即 $u'=\dfrac{u(\ln u-1)}{x}$，

分离变量得 $\dfrac{du}{u(\ln u-1)}=\dfrac{dx}{x}$，两边积分可得

$$\ln|\ln u-1|=\ln x+\ln C_1，即 \ln u-1=Cx.$$

故 $\ln\dfrac{y}{x}-1=Cx$. 代入初值条件 $y(1)=e^3$，可得 $C=2$，即 $\ln\dfrac{y}{x}=2x+1$.

综上，方程的解为 $y=xe^{2x+1}(x>0)$.

6.【解】 (Ⅰ) 若 $f(x)=x$，则方程化为 $y'+y=x$，其通解为

$$y=e^{-\int dx}\left(C+\int xe^{\int dx}dx\right)=e^{-x}\left(C+\int xe^{x}dx\right)$$

$$=e^{-x}(C+xe^{x}-e^{x})=Ce^{-x}+x-1.$$

(Ⅱ) 设 $y(x)$ 为方程的任意解，则 $y'(x+T)+y(x+T)=f(x+T)$.

而 $f(x)$ 周期为 T，有 $f(x+T)=f(x)$. 又 $y'(x)+y(x)=f(x)$.

因此 $y'(x+T)+y(x+T)-y'(x)-y(x)=0$，有 $(e^{x}[y(x+T)-y(x)])'=0$，

即 $e^{x}[y(x+T)-y(x)]=C$. 取 $C=0$ 得 $y(x+T)-y(x)=0$，

$y(x)$ 为唯一以 T 为周期的解.

7.【答案】 $\sqrt{3e^{x}-2}$.

【解析】 方程变形为 $\dfrac{2y}{2+y^2}dy=dx$，有

$$\ln(2+y^2)=x+C.$$

由 $y(0)=1$ 得 $C=\ln 3$.

$$2+y^2=3e^{x},$$

所求特解为 $y=\sqrt{3e^{x}-2}$.

【评注】 由初始条件 $y(0)=1$，可知应开方取正号.

8.【解】 (Ⅰ) 由一阶线性微分方程的通解公式知

$$y=e^{-\int xdx}\left(\int e^{-\frac{x^2}{2}}\cdot e^{\int xdx}dx+C\right)=e^{-\frac{x^2}{2}}(x+C).$$

由 $y(0)=0$ 知，$C=0$，故 $y(x)=xe^{-\frac{x^2}{2}}$.

（Ⅱ）由 $y=xe^{-\frac{x^2}{2}}$ 知

$$y'=(1-x^2)e^{-\frac{x^2}{2}},$$

$$y''=(x^3-3x)e^{-\frac{x^2}{2}}=x(x^2-3)e^{-\frac{x^2}{2}},$$

令 $y''=(x^3-3x)e^{-\frac{x^2}{2}}=0$ 得 $x_1=0,x_2=-\sqrt{3},x_3=\sqrt{3}$.

当 $x<-\sqrt{3}$ 或 $0<x<\sqrt{3}$ 时，$y''(x)<0$；

当 $-\sqrt{3}<x<0$ 或 $x>\sqrt{3}$ 时，$y''(x)>0$.

由此可知，曲线 $y=y(x)$ 凹的区间为 $(-\sqrt{3},0)$ 和 $(\sqrt{3},+\infty)$；凸的区间为 $(-\infty,-\sqrt{3})$ 和 $(0,\sqrt{3})$.

拐点为 $(-\sqrt{3},-\sqrt{3}e^{-\frac{3}{2}})$，$(0,0)$，$(\sqrt{3},\sqrt{3}e^{-\frac{3}{2}})$.

二、可降阶的二阶微分方程的求解

8（2010，17 题）【分析】 先求 $\frac{d^2y}{dx^2}$，由 $\frac{d^2y}{dx^2}=\frac{3}{4(1+t)}$ 可得关于 $\psi(t)$ 的微分方程，进而求出 $\psi(t)$.

【解】 由参数方程确定函数的求导公式 $\frac{dy}{dx}=\frac{\frac{dy}{dt}}{\frac{dx}{dt}}=\frac{\psi'(t)}{2t+2}$ 可得

$$\frac{d^2y}{dx^2}=\frac{\frac{d\left(\frac{\psi'(t)}{2t+2}\right)}{dt}}{\frac{dx}{dt}}=\frac{\frac{\psi''(t)(2t+2)-2\psi'(t)}{(2t+2)^2}}{2t+2}=\frac{\psi''(t)(2t+2)-2\psi'(t)}{(2t+2)^3}.$$

由题意知 $\frac{\psi''(t)(2t+2)-2\psi'(t)}{(2t+2)^3}=\frac{3}{4(1+t)}$，从而

$$\psi''(t)(t+1)-\psi'(t)=3(t+1)^2.$$

解微分方程 $\begin{cases}\psi''(t)-\frac{\psi'(t)}{t+1}=3(t+1),\\ \psi(1)=\frac{5}{2},\psi'(1)=6.\end{cases}$

令 $y=\psi'(t)$，则 $y'-\frac{1}{1+t}y=3(1+t)$，所以

$$y=e^{\int\frac{1}{1+t}dt}\left(\int 3(1+t)e^{-\int\frac{1}{1+t}dt}dt+C\right)=(1+t)(3t+C).$$

因为 $y(1)=\psi'(1)=6$，则 $C=0$，故 $y=3t(t+1)$，即 $\psi'(t)=3t(t+1)$，故

$$\psi(t)=\int 3t(t+1)dt=\frac{3}{2}t^2+t^3+C_1.$$

又由 $\psi(1)=\frac{5}{2}$，得 $C_1=0$，故 $\psi(t)=\frac{3}{2}t^2+t^3$.

【评注】 此题是参数方程确定函数的导数与微分方程相结合的一道综合题，有一定难度.

9（2016，19 题）【分析】 根据已知的关系式，变形得到关于 $u(x)$ 的微分方程，解微分方程求

得 $u(x)$.

【解】 计算得

$$y_2'(x)=[u'(x)+u(x)]e^x, y_2''(x)=[u''(x)+2u'(x)+u(x)]e^x.$$

将 $y_2(x)=u(x)e^x$ 代入方程 $(2x-1)y''-(2x+1)y'+2y=0$ 有

$$(2x-1)u''(x)+(2x-3)u'(x)=0,$$

$$\frac{u''(x)}{u'(x)}=-\frac{2x-3}{2x-1},$$

两边积分 $\ln u'(x)=-x+\ln(2x-1)+\ln C_1$,即

$$u'(x)=C_1(2x-1)e^{-x},$$

因而 $$u(x)=-C_1(2x+1)e^{-x}+C_2.$$

由条件 $u(-1)=e, u(0)=-1$,得 $C_1=1, C_2=0, u(x)=-(2x+1)e^{-x}$.

$y_1(x), y_2(x)$ 是二阶微分方程 $(2x-1)y''-(2x+1)y'+2y=0$ 两个线性无关的解,所以所求的通解为

$$y(x)=k_1e^x+k_2(2x+1), k_1, k_2 \text{ 为任意常数}.$$

三、高阶常系数线性微分方程的求解

10(2010,9 题)【答案】 $C_1e^{2x}+C_2\cos x+C_3\sin x$($C_1,C_2,C_3$ 为任意常数).

【解析】 $y'''-2y''+y'-2y=0$ 的特征方程为

$$r^3-2r^2+r-2=0,$$

即 $(r-2)(r^2+1)=0$,解得 $r_1=2, r_{2,3}=\pm i$,所以通解为

$$y=C_1e^{2x}+C_2\cos x+C_3\sin x(C_1,C_2,C_3 \text{ 为任意常数}).$$

【评注】 虽然此题是三阶微分方程,但是属于考试大纲明确要求掌握的内容.

11(2011,4 题)【答案】 C.

【解析】 $\pm\lambda$ 均是特征方程 $r^2-\lambda^2=0$ 的根.非齐次项为 $e^{\lambda x}$ 及 $e^{-\lambda x}$ 的特解形式分别为 $x(ae^{\lambda x})$ 及 $x(be^{-\lambda x})$,所以微分方程 $y''-\lambda^2y=e^{\lambda x}+e^{-\lambda x}(\lambda>0)$ 的特解形式为 $x(ae^{\lambda x}+be^{-\lambda x})$.因此应选(C).

【评注】 此题主要考查线性微分方程解的结构.

12(2013,13 题)【答案】 $e^{3x}-e^x-xe^{2x}$.

【解析】 本题主要考查二阶常系数线性微分方程 $y''+py'+qy=f(x)$ 解的性质和结构,关键是找出对应齐次线性微分方程的两个线性无关的解.

由线性微分方程解的性质知 $y_1-y_3=e^{3x}, y_2-y_3=e^x$ 是对应齐次线性微分方程的两个线性无关的解,则该方程的通解为

$$y=C_1e^{3x}+C_2e^x-xe^{2x}, \text{其中 } C_1,C_2 \text{ 为任意常数}.$$

代入初始条件可得 $C_1=1, C_2=-1$.

13(2015,12 题)【答案】 $y(x)=2e^x+e^{-2x}$.

【解析】 本题是求微分方程满足初值条件 $y(0)=3, y'(0)=0$ 的特解.

由题意知 $y(0)=3, y'(0)=0$,解特征方程 $r^2+r-2=0$,特征根为

$$r_1=1, r_2=-2.$$

微分方程的通解为 $y=C_1e^x+C_2e^{-2x}$,代入初值条件 $y(0)=3, y'(0)=0$,有

$\begin{cases} C_1 + C_2 = 3, \\ C_1 - 2C_2 = 0, \end{cases}$ 解得 $C_1 = 2, C_2 = 1$，所以 $y(x) = 2e^x + e^{-2x}$.

14（2017，4 题）**【答案】** C.

【解析】 题目中方程对应的齐次方程的特征方程为 $r^2 - 4r + 8 = 0$，解得 $r_{1,2} = 2 \pm 2i$.

方程 $y'' - 4y' + 8y = e^{2x}$ 的特解可设为 $y_1^* = Ae^{2x}$，

方程 $y'' - 4y' + 8y = e^{2x}\cos 2x$ 的特解可设为 $y_2^* = xe^{2x}(B\cos 2x + C\sin 2x)$，

故该方程的特解可设为

$$y^* = y_1^* + y_2^* = Ae^{2x} + xe^{2x}(B\cos 2x + C\sin 2x)$$

应选(C).

15（2019，4 题）**【答案】** D.

【解析】 由题知，齐次方程的通解为 $y = (C_1 + C_2 x)e^{-x}$，

非齐次方程的特解为 $y^* = e^x$.

因而特征方程 $r^2 + ar + b = 0$ 有二重根 -1，所以 $a = 2, b = 1$.

把 $y = e^x$ 代入方程 $y'' + ay' + by = ce^x$ 得 $c = 4$.

16（2020，13 题）**【答案】** 1.

【解析】 $\int_0^{+\infty} y(x)dx = -\int_0^{+\infty}(y'' + 2y')dx = -y'\Big|_0^{+\infty} - 2y\Big|_0^{+\infty}$，

只需计算 $y'(+\infty) = \lim\limits_{x\to+\infty} y'(x)$ 及 $\lim\limits_{x\to+\infty} y(x)$. 也可求出 $y(x)$，再计算 $\int_0^{+\infty} y(x)dx$.

（方法一） 由特征方程 $r^2 + 2r + 1 = 0$ 得 $r_{1,2} = -1$，则

$$y(x) = (C_1 + C_2 x)e^{-x}, y'(x) = (C_2 - C_1 - C_2 x)e^{-x}.$$

显然 $y(+\infty) = \lim\limits_{x\to+\infty} y(x) = 0, y'(+\infty) = \lim\limits_{x\to+\infty} y'(x) = 0$.

有 $\int_0^{+\infty} y(x)dx = -y'\Big|_0^{+\infty} - 2y\Big|_0^{+\infty} = y'(0) + 2y(0) = 1$.

（方法二） 由方法一知，$y(x) = (C_1 + C_2 x)e^{-x}$.

利用 $y(0) = 0, y'(0) = 1$ 得 $C_1 = 0, C_2 = 1$，则 $y(x) = xe^{-x}$.

所以 $\int_0^{+\infty} y(x)dx = \int_0^{+\infty} xe^{-x}dx = -xe^{-x}\Big|_0^{+\infty} + \int_0^{+\infty} e^{-x}dx = -e^{-x}\Big|_0^{+\infty} = 1$.

17（2021，15 题）**【答案】** $C_1 e^x + C_2 e^{-\frac{1}{2}x}\cos\frac{\sqrt{3}}{2}x + C_3 e^{-\frac{1}{2}x}\sin\frac{\sqrt{3}}{2}x$（其中 C_1, C_2, C_3 为任意常数）.

【解析】 方程为三阶常系数齐次线性微分方程，其特征方程为

$$r^3 - 1 = (r-1)(r^2 + r + 1) = 0.$$

特征根为 $r_1 = 1, r_{2,3} = -\frac{1}{2} \pm \frac{\sqrt{3}}{2}i$，方程通解为

$$y = C_1 e^x + C_2 e^{-\frac{1}{2}x}\cos\frac{\sqrt{3}}{2}x + C_3 e^{-\frac{1}{2}x}\sin\frac{\sqrt{3}}{2}x，其中 C_1, C_2, C_3 为任意常数.$$

18（2022，14 题）**【答案】** $C_1 + e^x(C_2\cos 2x + C_3\sin 2x)$，$C_1, C_2, C_3$ 为独立的任意常数.

【解析】 特征方程为 $r^3 - 2r^2 + 5r = 0$，即 $r(r^2 - 2r + 5) = 0$.

解得 $r_1 = 0, r_{2,3} = \frac{2 \pm \sqrt{4-20}}{2} = 1 \pm 2i$.

所求通解为

$$y(x) = C_1 + e^x(C_2\cos 2x + C_3\sin 2x)，其中 C_1, C_2, C_3 为独立的任意常数.$$

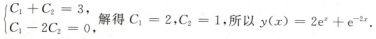

解题加速度

1.【答案】 $-xe^x+x+2$.

【解析】 由二阶常系数线性齐次微分方程的通解为 $y=(C_1+C_2x)e^x$，得对应特征方程的两个特征根为 $r_1=r_2=1$，故 $a=-2,b=1$；

对应非齐次微分方程为 $y''-2y'+y=x$，设其特解为 $y^*=Ax+B$，代入得 $-2A+Ax+B=x$，有 $A=1,B=2$.

所以特解为 $y^*=x+2$，因而非齐次微分方程的通解为 $y=(C_1+C_2x)e^x+x+2$.

把 $y(0)=2,y'(0)=0$ 代入，得 $C_1=0,C_2=-1$.

所求特解为 $y=-xe^x+x+2$.

【评注】 此题是对通常二阶常系数线性微分方程解的结构和形式的考查.

2.【分析】 直接利用二阶常系数线性微分方程的求解方法.

【解】 由方程 $y''-3y'+2y=0$ 的特征方程 $r^2-3r+2=0$ 解得特征根 $r_1=1,r_2=2$，所以方程 $y''-3y'+2y=0$ 的通解为 $\bar{y}=C_1e^x+C_2e^{2x}$.

设 $y''-3y'+2y=2xe^x$ 的特解为 $y^*=x(Ax+B)e^x$，则

$$(y^*)'=(Ax^2+2Ax+Bx+B)e^x,(y^*)''=(Ax^2+4Ax+Bx+2A+2B)e^x.$$

代入原方程，解得 $A=-1,B=-2$，故特解为 $y^*=x(-x-2)e^x$，

所以原方程的通解为

$$y=\bar{y}+y^*=C_1e^x+C_2e^{2x}-x(x+2)e^x,\text{其中 }C_1,C_2\text{ 为任意常数.}$$

3.【答案】 e^x.

【解析】 齐次线性微分方程 $f''(x)+f'(x)-2f(x)=0$ 的特征方程为 $r^2+r-2=0$，特征根为 $r_1=1,r_2=-2$，因此齐次微分方程的通解为 $f(x)=C_1e^x+C_2e^{-2x}$. 于是

$$f'(x)=C_1e^x-2C_2e^{-2x},f''(x)=C_1e^x+4C_2e^{-2x},$$

代入 $f''(x)+f(x)=2e^x$ 得

$$2C_1e^x+5C_2e^{-2x}=2e^x.$$

从而 $C_1=1,C_2=0$，故 $f(x)=e^x$. 应填 e^x.

4.【解】 (Ⅰ) $y''+2y'+ky=0$ 的特征方程为 $r^2+2r+k=0$，其特征根为

$$r_1=-1-\sqrt{1-k},r_2=-1+\sqrt{1-k}$$

均小于零，故 $y(x)=C_1e^{r_1x}+C_2e^{r_2x}$.

而 $\displaystyle\int_0^{+\infty}y(x)dx=C_1\frac{1}{r_1}e^{r_1x}\Big|_0^{+\infty}+C_2\frac{1}{r_2}e^{r_2x}\Big|_0^{+\infty}=-\left(\frac{C_1}{r_1}+\frac{C_2}{r_2}\right)$，

所以 $\displaystyle\int_0^{+\infty}y(x)dx$ 收敛.

(Ⅱ) 由 $y(0)=1,y'(0)=1$，得 $\begin{cases}C_1+C_2=1,\\ r_1C_1+r_2C_2=1,\end{cases}$ 解得 $\begin{cases}C_1=\dfrac{1-r_2}{r_1-r_2}=\dfrac{\sqrt{1-k}-2}{2\sqrt{1-k}},\\ C_2=\dfrac{r_1-1}{r_1-r_2}=\dfrac{\sqrt{1-k}+2}{2\sqrt{1-k}},\end{cases}$

因此$\int_0^{+\infty} y(x)\mathrm{d}x = -\left(\frac{C_1}{r_1}+\frac{C_2}{r_2}\right) = \frac{3}{k}$.

5.【答案】 $\mathrm{e}^{-x}(C_1\cos\sqrt{2}x + C_2\sin\sqrt{2}x)$.

【解析】 对应的特征方程为 $r^2+2r+3=0$，解得 $r_{1,2}=-1\pm\sqrt{2}\mathrm{i}$，

故通解为 $y=\mathrm{e}^{-x}(C_1\cos\sqrt{2}x+C_2\sin\sqrt{2}x)$，其中 C_1,C_2 为任意常数.

四、微分方程的应用

19（2009,18 题）【分析】 解微分方程 $xy''-y'+2=0$ 并利用面积为 2，求出曲线 $y=y(x)$ 的方程，进而求得旋转体的体积.

【解】 解微分方程 $xy''-y'+2=0$，得其通解 $y=C_1+2x+C_2x^2$，其中 C_1,C_2 为任意常数，因为 $y=y(x)$ 通过原点时与直线 $x=1$ 及 $y=0$ 围成平面的面积为 2，

于是，可得 $C_1=0$. 又

$$2=\int_0^1 y(x)\mathrm{d}x=\int_0^1(2x+C_2x^2)\mathrm{d}x=\left(x^2+\frac{C_2}{3}x^3\right)\Big|_0^1=1+\frac{C_2}{3}$$

从而 $C_2=3$，所以所求非负函数为 $y=2x+3x^2(x\geqslant 0)$.

在第一象限曲线 $y=f(x)$ 表示为 $x=\frac{1}{3}(\sqrt{1+3y}-1)$，$D$ 绕 y 轴旋转所得旋转体的体积为 $V=5\pi-V_1$，其中

$$V_1=\int_0^5\pi x^2\mathrm{d}y=\int_0^5\pi\cdot\frac{1}{9}(\sqrt{1+3y}-1)^2\mathrm{d}y=\frac{\pi}{9}\int_0^5(2+3y-2\sqrt{1+3y})\mathrm{d}y=\frac{13}{6}\pi,$$

所以 $V=5\pi-\frac{13}{6}\pi=\frac{17}{6}\pi$.

20（2009,20 题）【解】 由题意知，当 $-\pi<x<0$ 时，$y=-\frac{x}{y'}$，即 $y\mathrm{d}y=-x\mathrm{d}x$，可得 $y^2=-x^2+C$，由初始条件 $y\left(-\frac{\pi}{\sqrt{2}}\right)=\frac{\pi}{\sqrt{2}}$，得 $C=\pi^2$，所以 $y=\sqrt{\pi^2-x^2}$.

当 $0\leqslant x<\pi$ 时，$y''+y+x=0$，$y''+y=0$ 的通解为 $y^*=C_1\cos x+C_2\sin x$.

令 $y''+y+x=0$ 的特解为 $y_1=Ax+B$，则有 $0+Ax+B+x=0$，得 $A=-1,B=0$，故 $y_1=-x$，因而 $y''+y+x=0$ 的通解为 $y=C_1\cos x+C_2\sin x-x$.

由于 $y=y(x)$ 是 $(-\pi,\pi)$ 内的光滑曲线，故 y 在 $x=0$ 处连续，

于是由 $y(0^-)=\pi$，$y(0^+)=C_1$，故 $C_1=\pi$ 时，$y=y(x)$ 在 $x=0$ 处连续.

又当 $-\pi<x<0$ 时，有 $2x+2yy'=0$ 得 $y'_-(0)=-\frac{x}{y}=0$；

当 $0\leqslant x<\pi$ 时，有 $y'=-C_1\sin x+C_2\cos x-1$ 得 $y'_+(0)=C_2-1$.

由 $y'_+(0)=y'_-(0)$，$C_2-1=0$，即 $C_2=1$.

故 $y=y(x)$ 的表达式为 $y=\begin{cases}\sqrt{\pi^2-x^2}, & -\pi<x<0,\\ \pi\cos x+\sin x-x, & 0\leqslant x<\pi.\end{cases}$

21（2011,18 题）【分析】 利用导数的几何意义得到微分方程，解方程求出 $y(x)$.

【解】（方法一） 由题知 $y(0)=0$，$y'(0)=1$，且由导数的几何意义得 $\tan\alpha=\frac{\mathrm{d}y}{\mathrm{d}x}$.

等式两边对 x 求导

$$\sec^2\alpha\frac{\mathrm{d}\alpha}{\mathrm{d}x}=\frac{\mathrm{d}^2y}{\mathrm{d}x^2},$$

于是$\left[1+\left(\frac{\mathrm{d}y}{\mathrm{d}x}\right)^2\right]\frac{\mathrm{d}y}{\mathrm{d}x}=\frac{\mathrm{d}^2y}{\mathrm{d}x^2}$，即$\frac{\mathrm{d}^2y}{\mathrm{d}x^2}=\frac{\mathrm{d}y}{\mathrm{d}x}+\left(\frac{\mathrm{d}y}{\mathrm{d}x}\right)^3$.

此方程是不显含 x 的二阶微分方程，令 $p=y'$，则 $y''=p\frac{\mathrm{d}p}{\mathrm{d}y}$，代入得$\frac{\mathrm{d}p}{\mathrm{d}y}=1+p^2$，解得 $\arctan p=y+C_1$，即 $p=\tan(y+C_1)$.

由 $y(0)=0,y'(0)=1$，有 $C_1=\frac{\pi}{4}$.

再解微分方程 $y'=\tan\left(y+\frac{\pi}{4}\right)$得 $\sin\left(y+\frac{\pi}{4}\right)=Ce^x$.

由 $y(0)=0$ 得 $C=\frac{\sqrt{2}}{2}$.

所以表达式为 $y(x)=\arcsin\left(\frac{\sqrt{2}}{2}e^x\right)-\frac{\pi}{4}$.

（方法二） 由于 $y'=\tan\alpha$，即 $\alpha=\arctan y'$，所以$\frac{\mathrm{d}\alpha}{\mathrm{d}x}=\frac{y''}{1+y'^2}$.

由已知条件得$\frac{y''}{1+y'^2}=y'$，即 $y''=y'(1+y'^2)$.

令 $y'=p$，则 $p'=p(1+p^2)$. 分离变量得$\frac{\mathrm{d}p}{p(1+p^2)}=\mathrm{d}x$，两边积分得

$$\ln\frac{p^2}{1+p^2}=2x+\ln C_1.$$

由题意 $y'(0)=1$，即当 $x=0$ 时，$p=1$，于是得 $C_1=\frac{1}{2}$. 故

$$y'=p=\frac{\frac{e^x}{\sqrt{2}}}{\sqrt{1-\frac{1}{2}e^{2x}}}.$$

两边积分得 $y=\arcsin\frac{e^x}{\sqrt{2}}+C_2$.

由 $y(0)=0$ 得 $C_2=-\frac{\pi}{4}$. 所以 $y(x)$ 的表达式为 $y=\arcsin\frac{e^x}{\sqrt{2}}-\frac{\pi}{4}$.

22(2015,20 题)【解】 设 t 时刻物体温度为 $T(t)$(℃)，由题设知

$$\frac{\mathrm{d}T}{\mathrm{d}t}=k(T-20),$$

解该方程得 $T(t)=20+Ce^{kt}$，又 $T(0)=120$，则 $C=100$，$T(t)=20+100e^{kt}$.

$T(30)=30$，则 $e^{k30}=\frac{1}{10}$，$k=-\frac{\ln 10}{30}$. 代入 $T(t_0)=21$ 得 $t_0=60$.

则还需要 30 分钟物体温度降至 21℃.

23(2017,21 题)【解】 设 $P(x,y(x))$ 的切线方程为

$$Y-y(x)=y'(x)(X-x).$$

令 $X=0$，则 $y_P=y(x)-y'(x)x$.

法线方程为

$$Y - y(x) = -\frac{1}{y'(x)}(X - x).$$

令 $Y=0$，则 $x_P = x + y(x)y'(x)$.

由 $x_P = y_P$，得

$$y(x) - y'(x)x = x + y(x)y'(x),$$

$$y'(x) = \frac{y-x}{y+x} = \frac{\frac{y}{x}-1}{\frac{y}{x}+1}.$$

这是齐次方程，令 $\frac{y}{x} = u$，则 $y = ux, y' = x\frac{du}{dx} + u$，

$$x\frac{du}{dx} + u = \frac{u-1}{u+1},$$

$$x\frac{du}{dx} = \frac{u-1}{u+1} - u = \frac{-u^2-1}{u+1},$$

$$\int \frac{u+1}{u^2+1}du = -\int \frac{dx}{x},$$

$$\frac{1}{2}\ln(u^2+1) + \arctan u = -\ln|x| + C.$$

$x=1, y=0, u=0$，得 $C=0$.

$$\frac{1}{2}\ln\left[\left(\frac{y}{x}\right)^2+1\right] + \arctan\frac{y}{x} + \ln x = 0.$$

24(2019,17 题)【解】 (Ⅰ)由一阶线性微分方程通解公式得

$$y = e^{\int x dx}\left(\int \frac{1}{2\sqrt{x}}e^{\frac{x^2}{2}} \cdot e^{-\int x dx}dx + C\right)$$

$$= e^{\frac{x^2}{2}}\left(\int \frac{dx}{2\sqrt{x}} + C\right) = e^{\frac{x^2}{2}}(\sqrt{x} + C).$$

由 $y(1) = e^{\frac{1}{2}}$ 知，$C=0$ 则

$$y = y(x) = \sqrt{x}e^{\frac{x^2}{2}}.$$

(Ⅱ)D 绕 x 轴旋转所得旋转体的体积为

$$V = \pi\int_1^2 (\sqrt{x}e^{\frac{x^2}{2}})^2 dx = \pi\int_1^2 xe^{x^2}dx = \frac{\pi}{2}e^{x^2}\Big|_1^2 = \frac{\pi}{2}(e^4 - e).$$

25(2020,21 题)【解】 设切点为 $M(x,y)$，过此点的切线方程为 $Y - y = y'(X - x)$.

令 $Y=0$ 得 $X = x - \frac{y}{y'}$，有 $T\left(x - \frac{y}{y'}, 0\right)$. 由题意知

$$\int_0^x y(t)dt = \frac{3}{2} \times \frac{1}{2}\frac{y}{y'} \cdot y,$$

两边对 x 求导

$$y = \frac{3}{4} \cdot \frac{2yy'^2 - y^2y''}{y'^2}, \text{即 } 3yy'' - 2y'^2 = 0.$$

令 $p = y'$，则 $y'' = p \cdot \frac{dp}{dy}$，方程变为

$$3yp\frac{dp}{dy} - 2p^2 = 0,$$

有 $3y\frac{dp}{dy}-2p=0$ 或 $p=0$（舍去）.

解得 $p=C_1y^{\frac{2}{3}}$，亦是$\frac{dy}{dx}=C_1y^{\frac{2}{3}}$，所以 $3y^{\frac{1}{3}}=C_1x+C_2$.

而曲线经过原点，得 $C_2=0$，所求的曲线方程为 $y=Cx^3(C>0)$.

解题加速度

1.【分析】（Ⅰ）利用导数的几何意义建立微分方程，并求解；（Ⅱ）利用定积分计算平面图形的面积，确定参数.

【解】（Ⅰ）设曲线 L 的方程为 $y=f(x)$，则由题设可得 $y'-\frac{y}{x}=ax$，这是一阶线性微分方程，其中 $P(x)=-\frac{1}{x}$，$Q(x)=ax$，代入通解公式得

$$y=e^{\int\frac{1}{x}dx}\left(\int ax e^{-\int\frac{1}{x}dx}dx+C\right)=x(ax+C)=ax^2+Cx.$$

又 $f(1)=0$，所以 $C=-a$.

故曲线 L 的方程为 $y=ax^2-ax(x\neq 0)$.

（Ⅱ）L 与直线 $y=ax(a>0)$ 所围成平面图形如图所示. 所以

$$D=\int_0^2[ax-(ax^2-ax)]dx=a\int_0^2(2x-x^2)dx=\frac{4}{3}a=\frac{8}{3},$$

故 $a=2$.

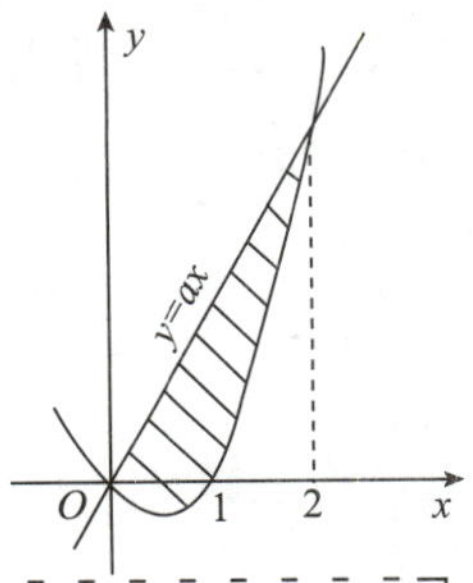

【评注】 本题涉及导数和定积分的几何意义、一阶线性微分方程的求解，属基本题型.

2.【分析】 利用体积值和面积值的关系列出微分方程，解方程得到曲线的方程.

【解】（方法一） 旋转体的体积为 $V=\int_1^t\pi f^2(x)dx=\pi\int_1^t f^2(x)dx$，

曲边梯形的面积为：$S=\int_1^t f(x)dx$，则由题意知 $V=\pi tS$.

因而 $\pi\int_1^t f^2(x)dx=\pi t\int_1^t f(x)dx$，即$\int_1^t f^2(x)dx=t\int_1^t f(x)dx$.

两边对 t 求导可得 $\qquad f^2(t)=\int_1^t f(x)dx+tf(t)$，

再对 t 求导 $\qquad 2f(t)f'(t)-f(t)-tf'(t)=f(t)$，

化简可得 $\qquad (2f(t)-t)f'(t)=2f(t)$，

变形为$\frac{dt}{dy}+\frac{1}{2y}t=1$，解得 $t=C\cdot y^{-\frac{1}{2}}+\frac{2}{3}y$.

在体积表达式令 $t=1$，有 $f^2(1)-f(1)=0$，

因为 $f(t)>0$，所以 $f(1)=1$，代入 $t=C\cdot y^{-\frac{1}{2}}+\frac{2}{3}y$ 得 $C=\frac{1}{3}$，进而 $t=\frac{1}{3}\left(\frac{1}{\sqrt{y}}+2y\right)$.

所以该曲线方程为 $2y+\frac{1}{\sqrt{y}}-3x=0$.

（方法二） 同方法一，得 $2f(t)f'(t)=2f(t)+tf'(t)$，$f(1)=1$.

整理得$\frac{dy}{dt}=\frac{2y}{2y-t}$，令$\frac{y}{t}=u$，则$\frac{dy}{dt}=u+t\frac{du}{dt}$，原方程变成 $t\frac{du}{dt}=\frac{3u-2u^2}{2u-1}$.

分离变量得$\frac{2u-1}{u(3-2u)}\mathrm{d}u=\frac{1}{t}\mathrm{d}t$，即

$$\frac{1}{3}\left(\frac{-1}{u}+\frac{4}{3-2u}\right)\mathrm{d}u=\frac{\mathrm{d}t}{t},$$

积分得$-\frac{1}{3}\ln u(3-2u)^2=\ln(Ct)$，即$u^{-\frac{1}{3}}(3-2u)^{-\frac{2}{3}}=Ct$.

代入$t=1,u=1$，得$C=1$，所以$u(3-2u)^2=\frac{1}{t^3}$.

代入$u=\frac{y}{t}$化简得$y(3t-2y)^2=1$，即$t=\frac{1}{3\sqrt{y}}+\frac{2}{3}y$.

故所求曲线方程为$x=\frac{2}{3}y+\frac{1}{3\sqrt{y}}$.

【评注】 注意利用隐含的条件确定常数C.

第二部分 线性代数

第一章 行列式

一、数字型行列式的计算

1(2014,7 题)【答案】 B.

【解析】 数字型行列式,有较多的 0 且有规律时,应当有按拉普拉斯公式处理的构思.

$$\begin{vmatrix}0&a&b&0\\a&0&0&b\\0&c&d&0\\c&0&0&d\end{vmatrix}=-\begin{vmatrix}c&0&0&d\\a&0&0&b\\0&c&d&0\\0&a&b&0\end{vmatrix}=\begin{vmatrix}c&d&0&0\\a&b&0&0\\0&0&d&c\\0&0&b&a\end{vmatrix}=\begin{vmatrix}c&d\\a&b\end{vmatrix}\cdot\begin{vmatrix}d&c\\b&a\end{vmatrix}=-(ad-bc)^2.$$

2(2019,14 题)【答案】 -4.

【解析】 由 $|\boldsymbol{A}|=\begin{vmatrix}1&-1&0&0\\-2&1&-1&1\\3&-2&2&-1\\0&0&3&4\end{vmatrix}=\begin{vmatrix}1&0&0&0\\-2&-1&-1&1\\3&1&2&-1\\0&0&3&4\end{vmatrix}=-4$,

按第 1 行展开又有 $|\boldsymbol{A}|=1\cdot A_{11}+(-1)A_{12}=A_{11}-A_{12}$,

所以 $A_{11}-A_{12}=-4$.

3(2020,14 题)【答案】 $a^2(a^2-4)$.

【解析】 由行列式性质恒等变形,例如把 2 行加到 1 行,3 行加到 4 行,再 1 列的(-1) 倍加到 2 列,4 列的(-1) 倍加到 3 列

$$\begin{vmatrix}a&0&-1&1\\0&a&1&-1\\-1&1&a&0\\1&-1&0&a\end{vmatrix}=\begin{vmatrix}a&a&0&0\\0&a&1&-1\\-1&1&a&0\\0&0&a&a\end{vmatrix}=\begin{vmatrix}a&0&0&0\\0&a&2&-1\\-1&2&a&0\\0&0&0&a\end{vmatrix}$$

$$=a^2\begin{vmatrix}a&2\\2&a\end{vmatrix}=a^2(a^2-4).$$

【评注】 基本计算题,解法非常多,也可每列都加到第 1 列,再消 0,…

4（2021，16 题）【答案】 -5.

【解析】（方法一） 用定义，逆序数

一般项 $(-1)^{\tau(j_1j_2j_3j_4)}a_{1j_1}a_{2j_2}a_{3j_3}a_{4j_4}$.

当第一行选取 a_{11}（或 a_{13}）时，无论 2，3，4 行如何选择都不可能出现 x^3，本题 x^3 只有两种可能

$$a_{12}a_{21}a_{33}a_{44}=x\cdot 1\cdot x\cdot x=x^3,$$
$$a_{14}a_{22}a_{33}a_{41}=2x\cdot x\cdot x\cdot 2=4x^3,$$

而逆序数 $\tau(2\quad 1\quad 3\quad 4)=1,\tau(4\quad 2\quad 3\quad 1)=5$，均奇排列，都应带负号. 故 x^3 的系数为 -5.

（方法二） 先变形再分析

$$f(x)=\begin{vmatrix} x & x & 1 & 2x \\ 1 & x & 2 & -1 \\ 2 & 1 & x & 1 \\ 2 & -1 & 1 & x \end{vmatrix}=\begin{vmatrix} x & 0 & 1 & 0 \\ 1 & x-1 & 2 & -3 \\ 2 & -1 & x & -3 \\ 2 & -3 & 1 & x-4 \end{vmatrix},$$

x^3 项只能出现在 $a_{11}a_{22}a_{33}a_{44}=x^2(x-1)(x-4)$ 中，下略.

解题加速度

1.【答案】 D.

【解析】 这是一个数字型行列式的计算，由于本题有较多的零，可以直接展开计算. 若按第一行展开，有

$$D=a_1\begin{vmatrix} a_2 & b_2 & 0 \\ b_3 & a_3 & 0 \\ 0 & 0 & a_4 \end{vmatrix}-b_1\begin{vmatrix} 0 & a_2 & b_2 \\ 0 & b_3 & a_3 \\ b_4 & 0 & 0 \end{vmatrix}=a_1a_4\begin{vmatrix} a_2 & b_2 \\ b_3 & a_3 \end{vmatrix}-b_1b_4\begin{vmatrix} a_2 & b_2 \\ b_3 & a_3 \end{vmatrix}$$
$$=(a_1a_4-b_1b_4)(a_2a_3-b_2b_3),$$

所以应选(D).

若熟悉拉普拉斯展开，可通过两行互换，两列互换，把零元素调至行列式的一角. 例如

$$\begin{vmatrix} a_1 & 0 & 0 & b_1 \\ 0 & a_2 & b_2 & 0 \\ 0 & b_3 & a_3 & 0 \\ b_4 & 0 & 0 & a_4 \end{vmatrix}=-\begin{vmatrix} a_1 & b_1 & 0 & 0 \\ 0 & 0 & b_2 & a_2 \\ 0 & 0 & a_3 & b_3 \\ b_4 & a_4 & 0 & 0 \end{vmatrix}=\begin{vmatrix} a_1 & b_1 & 0 & 0 \\ b_4 & a_4 & 0 & 0 \\ 0 & 0 & a_3 & b_3 \\ 0 & 0 & b_2 & a_2 \end{vmatrix}$$
$$=\begin{vmatrix} a_1 & b_1 \\ b_4 & a_4 \end{vmatrix}\begin{vmatrix} a_3 & b_3 \\ b_2 & a_2 \end{vmatrix}=(a_1a_4-b_1b_4)(a_2a_3-b_2b_3).$$

2.【答案】 B.

【解析】 问方程 $f(x)=0$ 有几个根，也就是问 $f(x)$ 是 x 的几次多项式. 将第 1 列的 -1 倍依次加至其余各列，有

$$f(x)=\begin{vmatrix} x-2 & 1 & 0 & -1 \\ 2x-2 & 1 & 0 & -1 \\ 3x-3 & 1 & x-2 & -2 \\ 4x & -3 & x-7 & -3 \end{vmatrix}\xlongequal{c_2+c_4}\begin{vmatrix} x-2 & 1 & 0 & 0 \\ 2x-2 & 1 & 0 & 0 \\ 3x-3 & 1 & x-2 & -1 \\ 4x & -3 & x-7 & -6 \end{vmatrix}$$
$$=\begin{vmatrix} x-2 & 1 \\ 2x-2 & 1 \end{vmatrix}\begin{vmatrix} x-2 & -1 \\ x-7 & -6 \end{vmatrix}=x(5x-5),$$

可见由拉普拉斯展开式知 $f(x)$ 是 x 的二次多项式.

故应选(B).

> **【评注】** 由于行列式中各项均含有 x，若直接展开是烦琐的，故一定要先恒等变形；更不要错误地认为 $f(x)$ 一定是四次多项式.

3.**【答案】** $(-1)^{n-1}(n-1)$.

【解析】 把第 $2,3,\cdots,n$ 各行均加至第 1 行，则第 1 行为 $n-1$，提取公因数 $n-1$ 后，再把第 1 行的 -1 倍加至第 $2,3,\cdots,n$ 各行，可化为上三角行列式. 即

$$|\boldsymbol{A}|=(n-1)\begin{vmatrix}1&1&1&\cdots&1&1\\0&-1&0&\cdots&0&0\\0&0&-1&\cdots&0&0\\\vdots&\vdots&\vdots&&\vdots&\vdots\\0&0&0&\cdots&-1&0\\0&0&0&\cdots&0&-1\end{vmatrix}=(-1)^{n-1}(n-1).$$

> **【评注】** 除去用行列式性质及展开公式计算外，你能利用特征值更简单地求出行列式 $|\boldsymbol{A}|$ 的值吗？

4.**【答案】** $2(2^n-1)$.

【解析】 **(方法一)** 用第 $1,2,3,\cdots,n-1$ 行的 $\frac{1}{2}$ 倍逐行相加得

$$\begin{vmatrix}2&0&0&\cdots&0&2\\-1&2&0&\cdots&0&2\\0&-1&2&\cdots&0&2\\\vdots&\vdots&\vdots&&\vdots&\vdots\\0&0&0&\cdots&2&2\\0&0&0&\cdots&-1&2\end{vmatrix}=\begin{vmatrix}2&0&0&\cdots&0&2\\0&2&0&\cdots&0&2+\frac{2}{2}\\0&-1&2&\cdots&0&2\\\vdots&\vdots&\vdots&&\vdots&\vdots\\0&0&0&\cdots&2&2\\0&0&0&\cdots&-1&2\end{vmatrix}$$

$$=\begin{vmatrix}2&0&0&\cdots&0&2\\0&2&0&\cdots&0&\frac{2+2^2}{2}\\0&0&2&\cdots&0&\frac{2+2^2+2^3}{2^2}\\\vdots&\vdots&\vdots&&\vdots&\vdots\\0&0&0&\cdots&2&2\\0&0&0&\cdots&-1&2\end{vmatrix}=\begin{vmatrix}2&0&0&\cdots&0&2\\&2&0&\cdots&0&\frac{2+2^2}{2}\\&&2&\cdots&0&\frac{2+2^2+2^3}{2^2}\\&&&&\vdots&\vdots\\&&&&2&\frac{2+2^2+\cdots+2^{n-1}}{2^{n-2}}\\&&&&&\frac{2+2^2+\cdots+2^n}{2^{n-1}}\end{vmatrix}$$

$=2+2^2+\cdots+2^n=2(2^n-1)$.

(方法二) 把每一行相应倍数加到第一行得

$$\begin{vmatrix} 2 & 0 & 0 & \cdots & 0 & 2 \\ -1 & 2 & 0 & \cdots & 0 & 2 \\ 0 & -1 & 2 & \cdots & 0 & 2 \\ \vdots & \vdots & \vdots & & \vdots & \vdots \\ 0 & 0 & 0 & \cdots & 2 & 2 \\ 0 & 0 & 0 & \cdots & -1 & 2 \end{vmatrix} = \begin{vmatrix} 0 & 2^2 & 0 & \cdots & 0 & 2+2^2 \\ -1 & 2 & 0 & \cdots & 0 & 2 \\ 0 & -1 & 2 & \cdots & 0 & 2 \\ \vdots & \vdots & \vdots & & \vdots & \vdots \\ 0 & 0 & 0 & \cdots & 2 & 2 \\ 0 & 0 & 0 & \cdots & -1 & 2 \end{vmatrix}$$

$$= \begin{vmatrix} 0 & 0 & 2^3 & \cdots & 0 & 2+2^2+2^3 \\ -1 & 2 & 0 & \cdots & 0 & 2 \\ 0 & -1 & 2 & \cdots & 0 & 2 \\ \vdots & \vdots & \vdots & & \vdots & \vdots \\ 0 & 0 & 0 & \cdots & 2 & 2 \\ 0 & 0 & 0 & \cdots & -1 & 2 \end{vmatrix}$$

$$= \begin{vmatrix} 0 & 0 & 0 & \cdots & 2^{n-1} & 2+2^2+\cdots+2^{n-1} \\ -1 & 2 & 0 & \cdots & 0 & 2 \\ 0 & -1 & 2 & \cdots & 0 & 2 \\ \vdots & \vdots & \vdots & & \vdots & \vdots \\ 0 & 0 & 0 & \cdots & 2 & 2 \\ 0 & 0 & 0 & \cdots & -1 & 2 \end{vmatrix}$$

$$= \begin{vmatrix} 0 & 0 & 0 & \cdots & 0 & 2+2^2+\cdots+2^n \\ -1 & 2 & 0 & \cdots & 0 & 2 \\ 0 & -1 & 2 & \cdots & 0 & 2 \\ \vdots & \vdots & \vdots & & \vdots & \\ 0 & 0 & 0 & \cdots & 2 & \\ 0 & 0 & 0 & \cdots & -1 & 2 \end{vmatrix}$$

$= (2+2^2+\cdots+2^n)(-1)^{n+1}\cdot(-1)^{n-1} = 2(2^n-1).$

（方法三）（用递推法）

$$\begin{vmatrix} 2 & 0 & 0 & \cdots & 0 & 2 \\ -1 & 2 & 0 & \cdots & 0 & 2 \\ 0 & -1 & 2 & \cdots & 0 & 2 \\ \vdots & \vdots & \vdots & & \vdots & \vdots \\ 0 & 0 & 0 & \cdots & 2 & 2 \\ 0 & 0 & 0 & \cdots & -1 & 2 \end{vmatrix} = 2D_{n-1} + 2(-1)^{n+1}\cdot(-1)^{n-1} = 2D_{n-1}+2$$

$$\begin{aligned} D_n &= 2D_{n-1}+2 = 2(2D_{n-2}+2)+2 = 2^2D_{n-2}+2+2^2 \\ &= 2^2(2D_{n-3}+2)+2+2^2 = 2^3D_{n-3}+2+2^2+2^3 \\ &\cdots \\ &= 2^{n-1}D_1+2+2^2+\cdots+2^{n-1} = 2+2^2+\cdots+2^n = 2(2^n-1) \end{aligned}$$

或 $D_n+2 = 2(D_{n-1}+2) = 2^2(D_{n-2}+2) = \cdots = 2^{n-2}(D_2+2)$.

又因 $D_2 = \begin{vmatrix} 2 & 2 \\ -1 & 2 \end{vmatrix} = 6$，所以 $D_n+2 = 2^{n-2}\cdot 8$，故 $D_n = 2^{n+1}-2$.

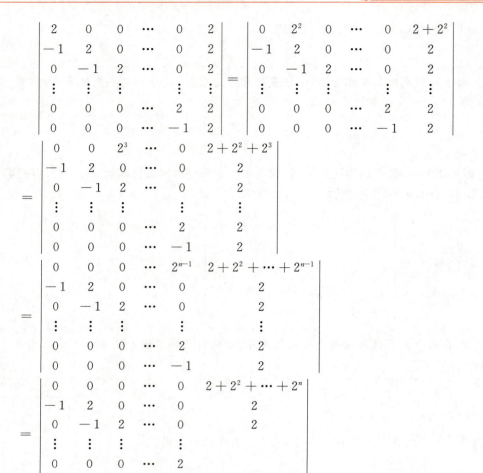

二、抽象型行列式的计算

5(2010,14 题)【答案】 3.

【解析】 本题是考查抽象行列式的计算.

$$
\begin{aligned}
|A+B^{-1}| &= |EA+B^{-1}E| = |(B^{-1}B)A+B^{-1}(A^{-1}A)| \\
&= |B^{-1}(B+A^{-1})A| = |B^{-1}|\cdot|B+A^{-1}|\cdot|A| \\
&= \frac{1}{2}\times 2\times 3 = 3.
\end{aligned}
$$

【评注】 本题难度系数 0.515.

注意 $|A+B|\neq|A|+|B|$,对于 $|A+B|$ 一般要用单位矩阵 E 恒等变形的技巧.

6(2012,14 题)【答案】 -27.

【解析】 两行互换 A 变成 B,所以 $|A|=-|B|$,再由行列式乘法公式及 $|A^*|=|A|^{n-1}$ 立即有

$$|BA^*|=|B|\cdot|A^*|=-|A|\cdot|A|^2=-27.$$

或者,按题意 $\begin{bmatrix}0&1&0\\1&0&0\\0&0&1\end{bmatrix}A=B$,即 $B=E_{12}A$.

那么 $BA^*=E_{12}AA^*=|A|E_{12}=3E_{12}$,

从而 $|BA^*|=|3E_{12}|=3^3|E_{12}|=-27$.

7(2013,14 题)【答案】 -1.

【解析】 由 $a_{ij}=-A_{ij}(i,j=1,2,3)$ 知 $A^{\mathrm T}=-A^*$.

那么 $|A|=|A^{\mathrm T}|=|-A^*|=(-1)^3|A^*|=-|A|^2$,

即 $|A|(1+|A|)=0$,故 $|A|$ 为 0 或 -1. 又 A 是非零矩阵,不妨设 $a_{11}\neq 0$. 于是

$$|A|=a_{11}A_{11}+a_{12}A_{12}+a_{13}A_{13}=-(a_{11}^2+a_{12}^2+a_{13}^2)\neq 0,$$

所以 $|A|=-1$.

解题加速度

1.【答案】 C.

【解析】 利用行列式的性质,有

$$
\begin{aligned}
|\boldsymbol{\alpha}_3,\boldsymbol{\alpha}_2,\boldsymbol{\alpha}_1,\boldsymbol{\beta}_1+\boldsymbol{\beta}_2| &= |\boldsymbol{\alpha}_3,\boldsymbol{\alpha}_2,\boldsymbol{\alpha}_1,\boldsymbol{\beta}_1|+|\boldsymbol{\alpha}_3,\boldsymbol{\alpha}_2,\boldsymbol{\alpha}_1,\boldsymbol{\beta}_2| \\
&= -|\boldsymbol{\alpha}_1,\boldsymbol{\alpha}_2,\boldsymbol{\alpha}_3,\boldsymbol{\beta}_1|-|\boldsymbol{\alpha}_1,\boldsymbol{\alpha}_2,\boldsymbol{\alpha}_3,\boldsymbol{\beta}_2| \\
&= -m+|\boldsymbol{\alpha}_1,\boldsymbol{\alpha}_2,\boldsymbol{\beta}_2,\boldsymbol{\alpha}_3| = n-m,
\end{aligned}
$$

所以应选(C).

【评注】 作为抽象行列式,本题主要考查用行列式的性质恒等变形、化简求值.

2.【答案】 24.

【解析】 本题已知条件是特征值和相似,而要求出行列式的值,由于 $|A|=\prod\lambda_i$,故应求出

$B^{-1}-E$ 的特征值.

由 $A \sim B$,知 B 的特征值是$\frac{1}{2},\frac{1}{3},\frac{1}{4},\frac{1}{5}$. 于是 B^{-1} 的特征值是 2,3,4,5. 那么 $B^{-1}-E$ 的特征值是 1,2,3,4. 从而 $|B^{-1}-E| = 1\times2\times3\times4 = 24$.

3.【答案】 $a^2(a-2^n)$.

【解析】 因为

$$A = \alpha\alpha^T = \begin{bmatrix}1\\0\\-1\end{bmatrix}(1,0,-1) = \begin{bmatrix}1&0&-1\\0&0&0\\-1&0&1\end{bmatrix}, \text{而 } \alpha^T\alpha = (1,0,-1)\begin{bmatrix}1\\0\\-1\end{bmatrix} = 2,$$

则 $A^2 = (\alpha\alpha^T)(\alpha\alpha^T) = \alpha(\alpha^T\alpha)\alpha^T = 2\alpha\alpha^T = 2A$. 于是

$$A^n = 2^{n-1}A,$$

那么

$$|aE-A^n| = |aE-2^{n-1}A| = \begin{vmatrix}a-2^{n-1}&0&2^{n-1}\\0&a&0\\2^{n-1}&0&a-2^{n-1}\end{vmatrix} = a^2(a-2^n).$$

【评注】 若对特征值熟练,由 $r(A)=1$,知 A 的特征值为 2,0,0. 那么,A^n 的特征值是 2^n,0,0. 从而 $aE-A^n$ 的特征值是 $a-2^n,a,a$. 故 $|aE-A^n| = (a-2^n)a^2$.

4.【答案】 -1.

【解析】 设 $A\alpha_1 = \lambda_1\alpha_1, A\alpha_2 = \lambda_2\alpha_2, \lambda_1 \neq \lambda_2$,由 $A^2(\alpha_1+\alpha_2) = \alpha_1+\alpha_2$ 有

$$\lambda_1^2\alpha_1 + \lambda_2^2\alpha_2 = \alpha_1+\alpha_2, (\lambda_1^2-1)\alpha_1 + (\lambda_2^2-1)\alpha_2 = \mathbf{0}$$

因为 α_1,α_2 是不同特征值的特征向量,必线性无关,所以 $\begin{cases}\lambda_1^2-1=0,\\ \lambda_2^2-1=0,\\ \lambda_1\neq\lambda_2.\end{cases}$

不妨设 $\lambda_1=1,\lambda_2=-1$,故 $|A| = \lambda_1\lambda_2 = -1$.

5.【答案】 $\frac{3}{2}$.

【解析】（方法一） $A^* = \begin{bmatrix}A_{11}&A_{21}&A_{31}\\A_{12}&A_{22}&A_{32}\\A_{13}&A_{23}&A_{33}\end{bmatrix}$, $A_{11}+A_{21}+A_{31}$ 是 A^* 第 1 行元素之和.

由 $A\begin{bmatrix}1\\1\\1\end{bmatrix} = \begin{bmatrix}2\\2\\2\end{bmatrix}$,有 $A^*\begin{bmatrix}2\\2\\2\end{bmatrix} = A^*A\begin{bmatrix}1\\1\\1\end{bmatrix} = |A|E\begin{bmatrix}1\\1\\1\end{bmatrix} = \begin{bmatrix}3\\3\\3\end{bmatrix}$,所以 $A^*\begin{bmatrix}1\\1\\1\end{bmatrix} = \begin{bmatrix}\frac{3}{2}\\\frac{3}{2}\\\frac{3}{2}\end{bmatrix}$,

即 $A_{11}+A_{21}+A_{31} = \frac{3}{2}$.

(方法二) $|\boldsymbol{A}| = \begin{vmatrix} a_{11} & a_{12} & a_{13} \\ a_{21} & a_{22} & a_{23} \\ a_{31} & a_{32} & a_{33} \end{vmatrix} = \begin{vmatrix} a_{11}+a_{12}+a_{13} & a_{12} & a_{13} \\ a_{21}+a_{22}+a_{23} & a_{22} & a_{23} \\ a_{31}+a_{32}+a_{33} & a_{32} & a_{33} \end{vmatrix}$

$$= 2\begin{vmatrix} 1 & a_{12} & a_{13} \\ 1 & a_{22} & a_{23} \\ 1 & a_{32} & a_{33} \end{vmatrix} = 2(1\cdot A_{11}+1\cdot A_{21}+1\cdot A_{31})$$

又因 $|\boldsymbol{A}|=3$

所以 $A_{11}+A_{21}+A_{31}=\dfrac{3}{2}$.

三、行列式 |A| 是否为零的判定

解题加速度

1.【答案】 B.

【解析】 (方法一) 因为 $\boldsymbol{AB}$ 是 m 阶矩阵，$|\boldsymbol{AB}|=0$ 的充分必要条件是秩 $r(\boldsymbol{AB})<m$. 由于

$$r(\boldsymbol{AB})\leqslant r(\boldsymbol{B})\leqslant \min(m,n),$$

可见当 $m>n$ 时，必有 $r(\boldsymbol{AB})\leqslant n<m$. 因此选(B).

(方法二) 由于方程组 $\boldsymbol{Bx}=\boldsymbol{0}$ 的解必是方程组 $\boldsymbol{ABx}=\boldsymbol{0}$ 的解，而 $\boldsymbol{Bx}=\boldsymbol{0}$ 是 n 个方程 m 个未知数的齐次线性方程组，因此当 $m>n$ 时，$\boldsymbol{Bx}=\boldsymbol{0}$ 必有非零解，从而 $\boldsymbol{ABx}=\boldsymbol{0}$ 有非零解，故 $|\boldsymbol{AB}|=0$. 所以选(B).

2.【证明】 (方法一) 由于 $\boldsymbol{A}^*=\boldsymbol{A}^{\mathrm{T}}$，即有 $A_{ij}=a_{ij}(\forall i,j=1,2,\cdots,n)$，其中 A_{ij} 是行列式 $|\boldsymbol{A}|$ 中 a_{ij} 的代数余子式.

因为 $\boldsymbol{A}\neq\boldsymbol{O}$，不妨设 $a_{ij}\neq 0$，那么

$$|\boldsymbol{A}|=a_{i1}A_{i1}+a_{i2}A_{i2}+\cdots+a_{in}A_{in}=a_{i1}^2+a_{i2}^2+\cdots+a_{in}^2>0,$$

故 $|\boldsymbol{A}|\neq 0$.

(方法二) (反证法) 若 $|\boldsymbol{A}|=0$，则 $\boldsymbol{AA}^{\mathrm{T}}=\boldsymbol{AA}^*=|\boldsymbol{A}|\boldsymbol{E}=\boldsymbol{O}$.

设 $\boldsymbol{A}$ 的行向量为 $\boldsymbol{\alpha}_i(i=1,2,\cdots,n)$，则 $\boldsymbol{\alpha}_i\boldsymbol{\alpha}_i^{\mathrm{T}}=a_{i1}^2+a_{i2}^2+\cdots+a_{in}^2=0(i=1,2,\cdots,n)$.

于是 $\boldsymbol{\alpha}_i=(a_{i1},a_{i2},\cdots,a_{in})=\boldsymbol{0}(i=1,2,\cdots,n)$.

进而有 $\boldsymbol{A}=\boldsymbol{O}$，这与 $\boldsymbol{A}$ 是非零矩阵相矛盾. 故 $|\boldsymbol{A}|\neq 0$.

3.【解】 因为

$$|\boldsymbol{A}+\boldsymbol{E}|=|\boldsymbol{A}+\boldsymbol{AA}^{\mathrm{T}}|=|\boldsymbol{A}(\boldsymbol{E}+\boldsymbol{A}^{\mathrm{T}})|=|\boldsymbol{A}|\cdot|(\boldsymbol{E}+\boldsymbol{A})^{\mathrm{T}}|=|\boldsymbol{A}|\cdot|\boldsymbol{E}+\boldsymbol{A}|$$

且由 $\boldsymbol{AA}^{\mathrm{T}}=\boldsymbol{E}$ 知 $|\boldsymbol{A}|\cdot|\boldsymbol{A}^{\mathrm{T}}|=1$，即 $|\boldsymbol{A}|^2=1$. 又 $|\boldsymbol{A}|<0$，故 $|\boldsymbol{A}|=-1$.

所以 $|\boldsymbol{A}+\boldsymbol{E}|=-|\boldsymbol{A}+\boldsymbol{E}|$，即 $|\boldsymbol{A}+\boldsymbol{E}|=0$.

第二章　矩阵

一、矩阵运算、初等变换

1（2009,8 题）【答案】　A.

【解析】　本题是在考查矩阵的初等变换、初等矩阵. 按题意 $\boldsymbol{P}$ 经列变换为 $\boldsymbol{Q}$（把第 2 列加至第 1 列），有 $\boldsymbol{P}\begin{bmatrix}1&0&0\\1&1&0\\0&0&1\end{bmatrix}=\boldsymbol{Q}$，记 $\boldsymbol{E}_{21}(1)=\begin{bmatrix}1&0&0\\1&1&0\\0&0&1\end{bmatrix}$，于是

$$\boldsymbol{Q}^{\mathrm{T}}\boldsymbol{A}\boldsymbol{Q}=[\boldsymbol{P}\boldsymbol{E}_{21}(1)]^{\mathrm{T}}\boldsymbol{A}[\boldsymbol{P}\boldsymbol{E}_{21}(1)]=\boldsymbol{E}_{21}^{\mathrm{T}}(1)[\boldsymbol{P}^{\mathrm{T}}\boldsymbol{A}\boldsymbol{P}]\boldsymbol{E}_{21}(1)$$

$$=\begin{bmatrix}1&1&0\\0&1&0\\0&0&1\end{bmatrix}\begin{bmatrix}1&0&0\\0&1&0\\0&0&2\end{bmatrix}\begin{bmatrix}1&0&0\\1&1&0\\0&0&1\end{bmatrix}=\begin{bmatrix}2&1&0\\1&1&0\\0&0&2\end{bmatrix}.$$

【评注】　关于初等矩阵一是搞清左乘、右乘，二是记住初等矩阵、逆矩阵的公式，本题难度系数 0.676.

2（2011,7 题）【答案】　D.

【解析】　本题是常规的也是基本的初等变换、初等矩阵的考题. 按题意

$$\boldsymbol{A}\begin{bmatrix}1&0&0\\1&1&0\\0&0&1\end{bmatrix}=\boldsymbol{B},\begin{bmatrix}1&0&0\\0&0&1\\0&1&0\end{bmatrix}\boldsymbol{B}=\boldsymbol{E},$$

即 $\boldsymbol{A}\boldsymbol{P}_1=\boldsymbol{B},\boldsymbol{P}_2\boldsymbol{B}=\boldsymbol{E}$，从而 $\boldsymbol{P}_2(\boldsymbol{A}\boldsymbol{P}_1)=\boldsymbol{E}$，
故 $\boldsymbol{A}=\boldsymbol{P}_2^{-1}\boldsymbol{E}\boldsymbol{P}_1^{-1}=\boldsymbol{P}_2\boldsymbol{P}_1^{-1}$，即应选(D).

【评注】　搞清“左乘”和“右乘”，记住初等矩阵逆矩阵的公式. 本题难度系数 0.803.

3（2012,8 题）【答案】　B.

【解析】　本题考查初等矩阵，由于 $\boldsymbol{P}$ 经列变换（把第 2 列加至第 1 列）为 $\boldsymbol{Q}$，有

$$\boldsymbol{Q}=\boldsymbol{P}\begin{bmatrix}1&0&0\\1&1&0\\0&0&1\end{bmatrix}=\boldsymbol{P}\boldsymbol{E}_{21}(1),$$

那么 $\boldsymbol{Q}^{-1}\boldsymbol{A}\boldsymbol{Q}=[\boldsymbol{P}\boldsymbol{E}_{21}(1)]^{-1}\boldsymbol{A}[\boldsymbol{P}\boldsymbol{E}_{21}(1)]$

$$=\boldsymbol{E}_{21}^{-1}(1)\boldsymbol{P}^{-1}\boldsymbol{A}\boldsymbol{P}\boldsymbol{E}_{21}(1)$$

$$=\begin{bmatrix}1&0&0\\-1&1&0\\0&0&1\end{bmatrix}\begin{bmatrix}1&0&0\\0&1&0\\0&0&2\end{bmatrix}\begin{bmatrix}1&0&0\\1&1&0\\0&0&1\end{bmatrix}=\begin{bmatrix}1&0&0\\0&1&0\\0&0&2\end{bmatrix}.$$

4（2017，7 题）【答案】 B.

【解析】 由 $\boldsymbol{P}^{-1}\boldsymbol{A}\boldsymbol{P}=\boldsymbol{\Lambda}$ 知 $\boldsymbol{A}$ 的特征值为 $0,1,2$.

$\boldsymbol{P}=[\boldsymbol{\alpha}_1,\boldsymbol{\alpha}_2,\boldsymbol{\alpha}_3]$ 说明 $\boldsymbol{A}$ 的特征向量依次为 $\boldsymbol{\alpha}_1,\boldsymbol{\alpha}_2,\boldsymbol{\alpha}_3$.

即 $\boldsymbol{A}\boldsymbol{\alpha}_1=0\boldsymbol{\alpha}_1,\boldsymbol{A}\boldsymbol{\alpha}_2=\boldsymbol{\alpha}_2,\boldsymbol{A}\boldsymbol{\alpha}_3=2\boldsymbol{\alpha}_3$，故 $\boldsymbol{A}(\boldsymbol{\alpha}_1+\boldsymbol{\alpha}_2+\boldsymbol{\alpha}_3)=\boldsymbol{\alpha}_2+2\boldsymbol{\alpha}_3$.

故应选(B).

或直接地

由 $\boldsymbol{A}\boldsymbol{P}=\boldsymbol{P}\boldsymbol{\Lambda}$，即 $\boldsymbol{A}[\boldsymbol{\alpha}_1,\boldsymbol{\alpha}_2,\boldsymbol{\alpha}_3]=[\boldsymbol{\alpha}_1,\boldsymbol{\alpha}_2,\boldsymbol{\alpha}_3]\begin{bmatrix}0&0&0\\0&1&0\\0&0&2\end{bmatrix}=[\boldsymbol{0},\boldsymbol{\alpha}_2,2\boldsymbol{\alpha}_3]$，得

$$\boldsymbol{A}(\boldsymbol{\alpha}_1+\boldsymbol{\alpha}_2+\boldsymbol{\alpha}_3)=\boldsymbol{A}\boldsymbol{\alpha}_1+\boldsymbol{A}\boldsymbol{\alpha}_2+\boldsymbol{A}\boldsymbol{\alpha}_3=\boldsymbol{0}+\boldsymbol{\alpha}_2+2\boldsymbol{\alpha}_3=\boldsymbol{\alpha}_2+2\boldsymbol{\alpha}_3.$$

近十年没有出单纯矩阵运算的考题，但早些年考的一些题型应当复习.

5（2021，10 题）【答案】 C.

【解析】 对 $\boldsymbol{A}$ 作初等行变换化为上三角矩阵 $\boldsymbol{B}$，有

$$[\boldsymbol{A}\mid\boldsymbol{E}]=\left[\begin{array}{ccc:ccc}1&0&-1&1&0&0\\2&-1&1&0&1&0\\-1&2&-5&0&0&1\end{array}\right]\to\left[\begin{array}{ccc:ccc}1&0&-1&1&0&0\\0&-1&3&-2&1&0\\0&2&-6&1&0&1\end{array}\right]$$

$$\to\left[\begin{array}{ccc:ccc}1&0&-1&1&0&0\\0&-1&3&-2&1&0\\0&0&0&-3&2&1\end{array}\right]\to\left[\begin{array}{ccc:ccc}1&0&-1&1&0&0\\0&1&-3&2&-1&0\\0&0&0&-3&2&1\end{array}\right]=[\boldsymbol{B}\mid\boldsymbol{P}],$$

因为 $\begin{bmatrix}1&0&0\\2&-1&0\\-3&2&1\end{bmatrix}\begin{bmatrix}1&0&-1\\2&-1&1\\-1&2&-5\end{bmatrix}=\begin{bmatrix}1&0&-1\\0&1&-3\\0&0&0\end{bmatrix}$，可知 $\boldsymbol{P}=\begin{bmatrix}1&0&0\\2&-1&0\\-3&2&1\end{bmatrix}$.

再对 $\boldsymbol{B}$ 作列变换（或 $\boldsymbol{B}^{\mathrm{T}}$ 作行变换）化为对角矩阵，可求 $\boldsymbol{Q}$（或 $\boldsymbol{Q}^{\mathrm{T}}$）.

$$\begin{bmatrix}\boldsymbol{B}\\\hdashline\boldsymbol{E}\end{bmatrix}=\left[\begin{array}{ccc}1&0&-1\\0&1&-3\\0&0&0\\\hdashline1&0&0\\0&1&0\\0&0&1\end{array}\right]\to\left[\begin{array}{ccc}1&0&0\\0&1&0\\0&0&0\\\hdashline1&0&1\\0&1&3\\0&0&1\end{array}\right]\text{可得 }\boldsymbol{Q}=\begin{bmatrix}1&0&1\\0&1&3\\0&0&1\end{bmatrix}.$$

$$\text{或}[\boldsymbol{B}^{\mathrm{T}}\mid\boldsymbol{E}]=\left[\begin{array}{ccc:ccc}1&0&0&1&0&0\\0&1&0&0&1&0\\-1&-3&0&0&0&1\end{array}\right]\to\left[\begin{array}{ccc:ccc}1&0&0&1&0&0\\0&1&0&0&1&0\\0&0&0&1&3&1\end{array}\right]\text{得 }\boldsymbol{Q}^{\mathrm{T}}=\begin{bmatrix}1&0&0\\0&1&0\\1&3&1\end{bmatrix}.$$

从而选(C).

【评注】 本题其实是考察如何把 $\boldsymbol{A}$ 化为其等价标准形. $\boldsymbol{P},\boldsymbol{Q}$ 是不唯一的（考题中用的是“$\boldsymbol{P},\boldsymbol{Q}$ 可分别为”）.

作为选择题，当求出 $\boldsymbol{P}$ 之后，选项只能是(B)或(C)，但 $\boldsymbol{P}\boldsymbol{A}=\boldsymbol{B}$，$\boldsymbol{B}$ 不是等价标准形，必须还要作列变换，也就排除(B)，只能选(C). 因此 $\boldsymbol{Q}$ 是可以省略不去求解的. 但若是解答题，则要按上述方法来求解，如果忘了这的原理，直接用矩阵乘法，当然也可找出正确答案.

6（2022，16 题）【答案】 -1.

【解析】 因 $\boldsymbol{A}$ 经行变换 $\boldsymbol{P}_1$ 和列变换 $\boldsymbol{P}_2$ 得到 $\boldsymbol{B}$.

即有 $P_1AP_2 = B$，其中

$$P_1 = \begin{bmatrix}1&0&0\\0&0&1\\0&1&0\end{bmatrix}, P_2 = \begin{bmatrix}1&0&0\\-1&1&0\\0&0&1\end{bmatrix}, B = \begin{bmatrix}-2&1&-1\\1&-1&0\\-1&0&0\end{bmatrix}$$

由 $(P_1AP_2)^{-1} = B^{-1}$ 得

$$A^{-1} = P_2B^{-1}P_1 = \begin{bmatrix}1&0&0\\-1&1&0\\0&0&1\end{bmatrix}\begin{bmatrix}0&0&-1\\0&-1&-1\\-1&-1&1\end{bmatrix}\begin{bmatrix}1&0&0\\0&0&1\\0&1&0\end{bmatrix} = \begin{bmatrix}0&-1&0\\0&0&-1\\-1&1&-1\end{bmatrix}$$

所以 $\mathrm{tr}(A^{-1}) = -1$.

或由 $A = P_1^{-1}BP_2^{-1}$

$$= \begin{bmatrix}1&0&0\\0&0&1\\0&1&0\end{bmatrix}\begin{bmatrix}-2&1&-1\\1&-1&0\\-1&0&0\end{bmatrix}\begin{bmatrix}1&0&0\\1&1&0\\0&0&1\end{bmatrix} = \begin{bmatrix}-1&1&-1\\-1&0&0\\0&-1&0\end{bmatrix}$$

$$|\lambda E - A| = \begin{vmatrix}\lambda+1&-1&1\\1&\lambda&0\\0&1&\lambda\end{vmatrix} = \begin{vmatrix}\lambda+1&0&\lambda+1\\1&\lambda&0\\0&1&\lambda\end{vmatrix} = (\lambda+1)(\lambda^2+1)$$

A 的特征值：$-1, \mathrm{i}, -\mathrm{i}$

A^{-1} 的特征值：$-1, -\mathrm{i}, \mathrm{i}$，亦有 $\mathrm{tr}(A^{-1}) = -1$.

【评注】 本题也可求出 A 的特征值为 $\lambda_1, \lambda_2, \lambda_3$ 后，$\mathrm{tr}(A^{-1}) = \dfrac{1}{\lambda_1} + \dfrac{1}{\lambda_2} + \dfrac{1}{\lambda_3}$.

解题加速度

1.【答案】 $3^{n-1}\begin{bmatrix}1&\frac{1}{2}&\frac{1}{3}\\2&1&\frac{2}{3}\\3&\frac{3}{2}&1\end{bmatrix}$.

【解析】 矩阵乘法有结合律，注意

$$\beta\alpha^{\mathrm{T}} = \left(1, \frac{1}{2}, \frac{1}{3}\right)\begin{bmatrix}1\\2\\3\end{bmatrix} = 3\text{（是一个数）},$$

而 $A = \alpha^{\mathrm{T}}\beta = \begin{bmatrix}1\\2\\3\end{bmatrix}\left(1, \dfrac{1}{2}, \dfrac{1}{3}\right) = \begin{bmatrix}1&\frac{1}{2}&\frac{1}{3}\\2&1&\frac{2}{3}\\3&\frac{3}{2}&1\end{bmatrix}$（是 3 阶矩阵），

于是 $A^n=(\alpha^T\beta)(\alpha^T\beta)\cdots(\beta\alpha^T)=\alpha^T(\beta\alpha^T)\cdots(\beta\alpha^T)\beta=3^{n-1}\alpha^T\beta=3^{n-1}\begin{bmatrix}1&\frac{1}{2}&\frac{1}{3}\\2&1&\frac{2}{3}\\3&\frac{3}{2}&1\end{bmatrix}$.

【评注】 若 α,β 是 n 维列向量，则 $A=\alpha\beta^T$ 是秩为 1 的 n 阶矩阵，而 $\alpha^T\beta$ 是 1 阶矩阵，是一个数. 由于矩阵乘法有结合律，此时 $A^n=l^{n-1}A$，而 $l=\alpha^T\beta$.

2.【答案】 O.

【解析】 由于 $A^n-2A^{n-1}=(A-2E)A^{n-1}$，而

$$A-2E=\begin{bmatrix}-1&0&1\\0&0&0\\1&0&-1\end{bmatrix}.$$

易见 $(A-2E)A=O$，从而 $A^n-2A^{n-1}=O$.

【评注】 由于

$$A^2=\begin{bmatrix}1&0&1\\0&2&0\\1&0&1\end{bmatrix}\begin{bmatrix}1&0&1\\0&2&0\\1&0&1\end{bmatrix}=\begin{bmatrix}2&0&2\\0&4&0\\2&0&2\end{bmatrix}=2A.$$

利用数学归纳法也容易得出 $A^n-2A^{n-1}=O$. 本题若用相似对角化的理论来求 A^n，虽说可得到正确结论，但烦琐.

3.【答案】 $\begin{bmatrix}3&0&0\\0&3&0\\0&0&-1\end{bmatrix}$.

【解析】 本题考查 n 阶方阵方幂的运算. 由于

$$\begin{bmatrix}A&O\\O&B\end{bmatrix}^n=\begin{bmatrix}A^n&O\\O&B^n\end{bmatrix},\begin{bmatrix}a_1&&\\&a_2&\\&&a_3\end{bmatrix}^n=\begin{bmatrix}a_1^n&&\\&a_2^n&\\&&a_3^n\end{bmatrix}.$$

又 $\begin{bmatrix}0&-1\\1&0\end{bmatrix}^2=\begin{bmatrix}-1&0\\0&-1\end{bmatrix}$. 易见

$$A^2=\begin{bmatrix}0&-1&0\\1&0&0\\0&0&-1\end{bmatrix}^2=\begin{bmatrix}-1&0&0\\0&-1&0\\0&0&1\end{bmatrix},$$

从而 $A^{2004}=(A^2)^{1002}=E$. 那么

$$B^{2004}-2A^2=P^{-1}A^{2004}P-2A^2=P^{-1}EP-2A^2=\begin{bmatrix}3&0&0\\0&3&0\\0&0&-1\end{bmatrix}.$$

【评注】 若 $P^{-1}AP=B$ 则 $P^{-1}A^nP=B^n$，通过相似求 A^n 是求 A 的方幂的重要方法.

4.【答案】 -3.

【解析】 由 $AB=O$，对 B 按列分块有

$$AB=A[\beta_1,\beta_2,\beta_3]=[A\beta_1,A\beta_2,A\beta_3]=[0,0,0],$$

即 β_1,β_2,β_3 是齐次方程组 $Ax=0$ 的解.

又因 $B\neq O$，故 $Ax=0$ 有非零解，那么

$$|A|=\begin{vmatrix}1&2&-2\\4&t&3\\3&-1&1\end{vmatrix}=\begin{vmatrix}7&0&0\\4&t&3\\3&-1&1\end{vmatrix}=7(t+3)=0\Rightarrow t=-3.$$

若熟悉公式：$AB=O$，则 $r(A)+r(B)\leqslant n$. 可知 $r(A)<3$. 亦可求出 $t=-3$.

【评注】 对于 $AB=O$ 要有 B 的每个列向量都是齐次方程组 $Ax=0$ 的构思，还要有秩 $r(A)+r(B)\leqslant n$ 的知识.

5.【答案】 B.

【解析】 矩阵 A 经初等列变换得到 B，故存在初等矩阵 $P_i(i=1,2,\cdots,t)$ 使

$$AP_1P_2\cdots P_t=B.$$

因 P_i 均可逆，故有 $A=BP_t^{-1}\cdots P_2^{-1}P_1^{-1}$，记 $P=P_t^{-1}\cdots P_2^{-1}P_1^{-1}$，故应选(B).

经行变换 $Ax=0$ 与 $Bx=0$ 同解，经列变换是不同解的，如 $A=\begin{bmatrix}1&2\\2&4\end{bmatrix}$，$B=\begin{bmatrix}2&1\\4&2\end{bmatrix}$.

二、伴随矩阵、可逆矩阵

7（2009，7题）【答案】 B.

【解析】 由 $\begin{vmatrix}O&A\\B&O\end{vmatrix}=(-1)^{2\times2}|A||B|=6$，知矩阵 $\begin{bmatrix}O&A\\B&O\end{bmatrix}$ 可逆，那么

$$\begin{bmatrix}O&A\\B&O\end{bmatrix}^*=\begin{vmatrix}O&A\\B&O\end{vmatrix}\begin{bmatrix}O&A\\B&O\end{bmatrix}^{-1}=6\begin{bmatrix}O&B^{-1}\\A^{-1}&O\end{bmatrix}=\begin{bmatrix}O&6B^{-1}\\6A^{-1}&O\end{bmatrix}=\begin{bmatrix}O&2B^*\\3A^*&O\end{bmatrix}.$$

故应选(B).

本题也可设 $\begin{bmatrix}O&A\\B&O\end{bmatrix}^*=\begin{bmatrix}X_1&X_2\\X_3&X_4\end{bmatrix}$，那么由 $AA^*=|A|E$ 有

$$\begin{bmatrix}O&A\\B&O\end{bmatrix}\begin{bmatrix}X_1&X_2\\X_3&X_4\end{bmatrix}=\begin{vmatrix}O&A\\B&O\end{vmatrix}\begin{bmatrix}E&O\\O&E\end{bmatrix}=\begin{bmatrix}6E&O\\O&6E\end{bmatrix}.$$

由 $AX_3=6E\Rightarrow X_3=6A^{-1}=3A^*$，故应选(B).

（由题中4个选项可知必有 $X_1=O,X_4=O$，只需检查 X_2 或 X_3 即可）

【评注】 本题考查的知识点有：$AA^*=|A|E$ 或 $A^*=|A|A^{-1}$ 或 $A^{-1}=\dfrac{1}{|A|}A^*$；行列式的拉普拉斯展开式；分块矩阵的求逆公式. 这些都是线性代数的基本内容.

本题难度系数 0.676.

解题加速度

1.【答案】 $\frac{1}{2}(A+2E)$.

【解析】 矩阵 A 的元素没有给出，因此用伴随矩阵、用初等行变换求逆的路均堵塞. 应当考虑用定义法. 因为

$$(A-E)(A+2E)-2E=A^2+A-4E=O,$$

故 $(A-E)(A+2E)=2E$，即

$$(A-E)\cdot\frac{A+2E}{2}=E.$$

按定义知 $(A-E)^{-1}=\frac{1}{2}(A+2E)$.

2.【答案】 $\frac{1}{10}\begin{bmatrix}1&0&0\\2&2&0\\3&4&5\end{bmatrix}$.

【解析】 由 $AA^*=|A|E$ 有 $\frac{A}{|A|}A^*=E$，故 $(A^*)^{-1}=\frac{A}{|A|}$. 因为 $|A|=10$. 所以

$$(A^*)^{-1}=\frac{1}{10}\begin{bmatrix}1&0&0\\2&2&0\\3&4&5\end{bmatrix}.$$

3.【答案】 D.

【解析】 如对任何 n 阶矩阵 A,B 关系式成立，那么 A,B 可逆时仍应成立，故可看成 A,B 可逆时 $C^*=?$

由于

$$C^*=|C|C^{-1}=\begin{vmatrix}A&O\\O&B\end{vmatrix}\begin{bmatrix}A&O\\O&B\end{bmatrix}^{-1}=|A||B|\begin{bmatrix}A^{-1}&O\\O&B^{-1}\end{bmatrix}$$

$$=\begin{bmatrix}|A||B|A^{-1}&O\\O&|A||B|B^{-1}\end{bmatrix}=\begin{bmatrix}|B|A^*&O\\O&|A|B^*\end{bmatrix},$$

所以应选(D).

作为选择题，根据这四个选项，也可如下判断：

设 $C^*=\begin{bmatrix}X_1&X_2\\X_3&X_4\end{bmatrix}$，由 $CC^*=|C|E$，有

$$\begin{bmatrix}A&O\\O&B\end{bmatrix}\begin{bmatrix}X_1&X_2\\X_3&X_4\end{bmatrix}=\begin{bmatrix}AX_1&AX_2\\BX_3&BX_4\end{bmatrix}=|A||B|\begin{bmatrix}E&O\\O&E\end{bmatrix}.$$

因为 $AX_1=|A||B|E\Rightarrow X_1=|A||B|A^{-1}=|B|A^*$. 故应选(D).

4.【解】 由于 $B=E_{ij}A$，其中 E_{ij} 是初等矩阵

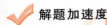

$$E_{ij}=\begin{bmatrix}1&&&&&&\\&\ddots&&&&&\\&&0&&1&&\\&&&\ddots&&&\\&&1&&0&&\\&&&&&\ddots&\\&&&&&&1\end{bmatrix}\begin{matrix}\\\\i\\\\j\\\\\\\end{matrix}$$

（Ⅰ）因为 A 可逆，$|A|\neq 0$，故 $|B|=|E_{ij}A|=|E_{ij}|\cdot|A|=-|A|\neq 0$. 所以 B 可逆.

（Ⅱ）由 $B=E_{ij}A$，知 $AB^{-1}=A(E_{ij}A)^{-1}=AA^{-1}E_{ij}^{-1}=E_{ij}^{-1}=E_{ij}$.

5.【证明】（Ⅰ）$A^2=(E-\xi\xi^T)(E-\xi\xi^T)=E-2\xi\xi^T+\xi\xi^T\xi\xi^T$

$$=E-\xi\xi^T+\xi(\xi^T\xi)\xi^T-\xi\xi^T=A+(\xi^T\xi)\xi\xi^T-\xi\xi^T,$$

那么 $A^2=A\Leftrightarrow(\xi^T\xi-1)\xi\xi^T=O$.

因为 ξ 是非零列向量，$\xi\xi^T\neq O$，故 $A^2=A\Leftrightarrow\xi^T\xi-1=0$，即 $\xi^T\xi=1$.

（Ⅱ）反证法. 当 $\xi^T\xi=1$ 时，由（Ⅰ）知 $A^2=A$，若 A 可逆，则

$$A=A^{-1}A^2=A^{-1}A=E.$$

与已知 $A=E-\xi\xi^T\neq E$ 矛盾.

【评注】 ξ 是 n 维列向量，则 $\xi\xi^T$ 是 n 阶矩阵且秩为 1，而 $\xi^T\xi$ 是一个数，数学符号的含义要搞清，不要混淆，本题考查矩阵乘法的分配律、结合律. 对（Ⅱ），由 $A=E-\xi\xi^T$，有

$$A\xi=\xi-\xi(\xi^T\xi)=\xi-\xi=\mathbf{0},$$

可见 ξ 是 $Ax=\mathbf{0}$ 的非零解，故 $|A|=0$. 亦知 A 不可逆. 本题证法很多，你还有别的方法吗？

6.【解】（Ⅰ）由 $AA^*=A^*A=|A|E$ 及 $A^*=|A|A^{-1}$，有

$$PQ=\begin{bmatrix}E&\mathbf{0}\\-\alpha^TA^*&|A|\end{bmatrix}\begin{bmatrix}A&\alpha\\\alpha^T&b\end{bmatrix}=\begin{bmatrix}A&\alpha\\-\alpha^TA^*A+|A|\alpha^T&-\alpha^TA^*\alpha+b|A|\end{bmatrix}$$

$$=\begin{bmatrix}A&\alpha\\\mathbf{0}&|A|(b-\alpha^TA^{-1}\alpha)\end{bmatrix}.$$

（Ⅱ）用行列式拉普拉斯展开公式及行列式乘法公式，有

$$|P|=\begin{vmatrix}E&\mathbf{0}\\-\alpha^TA^*&|A|\end{vmatrix}=|A|,$$

$$|P||Q|=|PQ|=\begin{vmatrix}A&\alpha\\\mathbf{0}&|A|(b-\alpha^TA^{-1}\alpha)\end{vmatrix}=|A|^2(b-\alpha^TA^{-1}\alpha).$$

又因 A 可逆，$|A|\neq 0$，故 $|Q|=|A|(b-\alpha^TA^{-1}\alpha)$.

由此可知 Q 可逆的充分必要条件是 $b-\alpha^TA^{-1}\alpha\neq 0$，即 $\alpha^TA^{-1}\alpha\neq b$.

【评注】 本题考查分块矩阵的运算，要把握住小块矩阵的左右位置. 要看清 $\alpha^TA^{-1}\alpha$ 是 1 阶矩阵，是一个数.

7.【答案】 -1.

【解析】 按可逆定义，有 $AB=E$，即

$$(E-\alpha\alpha^T)\left(E+\frac{1}{a}\alpha\alpha^T\right)=E,$$

所以

$$E+\frac{1}{a}\alpha\alpha^{T}-\alpha\alpha^{T}-\frac{1}{a}\alpha\alpha^{T}\alpha\alpha^{T}=E.$$

又 $\alpha^{T}\alpha=(a,0,\cdots,0,a)\begin{bmatrix}a\\0\\\vdots\\a\end{bmatrix}=2a^{2}$,有

$$\left(\frac{1}{a}-1-2a\right)\alpha\alpha^{T}=O.$$

由 $\alpha\alpha^{T}\neq O$,所以 $\frac{1}{a}-1-2a=0\Rightarrow 2a^{2}+a-1=0$.

解得 $a=-1,a=\frac{1}{2}$(舍去).

8.【答案】 $-E$.

【解析】 记 $C=E-(E-A)^{-1}$,已知 $CB=A$ 且 A 可逆,

所以 $|A|=|C||B|\neq 0$,从而 $|C|\neq 0$,C 可逆,且 $B=C^{-1}A$.

再由 $C(E-A)=(E-(E-A)^{-1})(E-A)=E-A-E=-A$,

可知 $C=-A(E-A)^{-1}$,$C^{-1}=-(E-A)A^{-1}$,

$B-A=C^{-1}A-A=-(E-A)A^{-1}A-A=-E+A-A=-E$.

或令 $E=(E-A)(E-A)^{-1}$,则

$$[E-(E-A)^{-1}]B=A$$

即 $[(E-A)(E-A)^{-1}-(E-A)^{-1}]B=A$

$[(E-A)-E](E-A)^{-1}B=A$

因 A 可逆,左乘 $-A^{-1}$ 有

$$(E-A)^{-1}B=-E$$

左乘 $E-A$ 得 $B=-E+A$ 得 $B-A=-E$

也可用 $E-A$ 左乘已知条件的两端,再化简,请自己动手.

三、矩阵的秩

8(2016,14 题)【答案】 2.

【解析】 矩阵 A,B 等价 $\Leftrightarrow r(A)=r(B)$.

由于 $r\begin{bmatrix}1&1&0\\0&-1&1\\1&0&1\end{bmatrix}=2$,而

$$|A|=\begin{vmatrix}a&-1&-1\\-1&a&-1\\-1&-1&a\end{vmatrix}=(a-2)(a+1)^{2}=0,$$

$a=-1$ 时,易见 $r(A)=1$.

所以 $a=2$ 时,矩阵 A 和 B 等价.

【评注】 也可对矩阵 $\boldsymbol{A}$ 作初等变换，有

$$\boldsymbol{A}=\begin{bmatrix}a&-1&-1\\-1&a&-1\\-1&-1&a\end{bmatrix}\to\begin{bmatrix}a&-1&-1\\-1-a&a+1&0\\-1-a&0&a+1\end{bmatrix}\to\begin{bmatrix}a-2&-1&-1\\0&a+1&0\\0&0&a+1\end{bmatrix},$$

知 $a=2$ 时，$r(\boldsymbol{A})=2$.

9（2018，8题）【答案】 A.

【解析】 记 $\boldsymbol{AB}=\boldsymbol{C}$，对 $\boldsymbol{A},\boldsymbol{C}$ 按列分块有

$$[\boldsymbol{\alpha}_1,\boldsymbol{\alpha}_2,\cdots,\boldsymbol{\alpha}_n]\begin{bmatrix}b_{11}&b_{12}&\cdots&b_{1n}\\b_{21}&b_{22}&\cdots&b_{2n}\\\vdots&\vdots&&\vdots\\b_{n1}&b_{n2}&\cdots&b_{nn}\end{bmatrix}=[\boldsymbol{\gamma}_1,\boldsymbol{\gamma}_2,\cdots,\boldsymbol{\gamma}_n],$$

即 $\boldsymbol{\gamma}_1,\boldsymbol{\gamma}_2,\cdots,\boldsymbol{\gamma}_n$ 可由 $\boldsymbol{\alpha}_1,\boldsymbol{\alpha}_2,\cdots,\boldsymbol{\alpha}_n$ 线性表出. 由矩阵的秩就是列向量组的秩，故

$$r(\boldsymbol{A},\boldsymbol{AB})=r(\boldsymbol{\alpha}_1,\cdots,\boldsymbol{\alpha}_n,\boldsymbol{\gamma}_1,\cdots,\boldsymbol{\gamma}_n)=r(\boldsymbol{\alpha}_1,\cdots,\boldsymbol{\alpha}_n)=r(\boldsymbol{A}),$$

所以选(A).

【评注】 如令 $\boldsymbol{A}=\begin{bmatrix}1&1\\0&0\end{bmatrix},\boldsymbol{B}=\begin{bmatrix}0&1\\1&0\end{bmatrix}$，则 $\boldsymbol{BA}=\begin{bmatrix}0&0\\1&1\end{bmatrix},(\boldsymbol{A},\boldsymbol{BA})=\begin{bmatrix}1&1&0&0\\0&0&1&1\end{bmatrix}$，其秩为 2，而 $r(\boldsymbol{A})=1$. 所以(B) 不正确.

如令 $\boldsymbol{A}=\begin{bmatrix}1&0\\0&0\end{bmatrix},\boldsymbol{B}=\begin{bmatrix}0&0\\1&0\end{bmatrix}$，则 $r(\boldsymbol{A},\boldsymbol{B})=r\begin{bmatrix}1&0&0&0\\0&0&1&0\end{bmatrix}=2$，而 $r(\boldsymbol{A})=1,r(\boldsymbol{B})=1$，知(C) 不正确. 此时 $\boldsymbol{A}^{\mathrm{T}}=\begin{bmatrix}1&0\\0&0\end{bmatrix},\boldsymbol{B}^{\mathrm{T}}=\begin{bmatrix}0&1\\0&0\end{bmatrix},r(\boldsymbol{A}^{\mathrm{T}},\boldsymbol{B}^{\mathrm{T}})=r\begin{bmatrix}1&0&0&1\\0&0&0&0\end{bmatrix}=1$，知(D) 不正确.

解题加速度

1.【答案】 B.

【解析】 本题可用秩的概念 $|\boldsymbol{A}|=0$ 但有 $n-1$ 阶子式不为 0 来分析、推断，由于

$$|\boldsymbol{A}|=[(n-1)a+1]\begin{vmatrix}1&1&1&\cdots&1\\a&1&a&\cdots&a\\a&a&1&\cdots&a\\\vdots&\vdots&\vdots&&\vdots\\a&a&a&\cdots&1\end{vmatrix}$$

$$=[(n-1)a+1]\begin{vmatrix}1&1&1&\cdots&1\\&1-a&&&\\&&1-a&&\\&&&\ddots&\\&&&&1-a\end{vmatrix}$$

$$=[(n-1)a+1](1-a)^{n-1}.$$

由 $r(\boldsymbol{A})=n-1$ 知 $|\boldsymbol{A}|=0$，故 a 取自于 $\dfrac{1}{1-n}$ 或 1. 显然 $a=1$ 时，

$$A=\begin{bmatrix}1&1&1&\cdots&1\\1&1&1&\cdots&1\\\vdots&\vdots&\vdots&&\vdots\\1&1&1&\cdots&1\end{bmatrix},$$

而 $r(A)=1$ 不符合题意，故应选(B).

【评注】 因为 A 是实对称矩阵，若特征值熟练，亦可用相似来处理. 注意：

$$A=(1-a)E+\begin{bmatrix}a&a&\cdots&a\\\vdots&\vdots&&\vdots\\a&a&\cdots&a\end{bmatrix},$$ 所以 A 的特征值：$(n-1)a+1,1-a(n-1$ 个),

故 $$A\sim\begin{bmatrix}(n-1)a+1&&&\\&1-a&&\\&&\ddots&\\&&&1-a\end{bmatrix}.$$

2.【答案】 C.

【解析】 已知矩阵 A 而需求是 $r(A^*)$，故应以 $r(A^*)$ 公式为背景. 根据伴随矩阵 A^* 秩的关系式

$$r(A^*)=\begin{cases}n, & r(A)=n,\\1, & r(A)=n-1,\\0, & r(A)<n-1,\end{cases}$$

知 $r(A^*)=1\Leftrightarrow r(A)=2$.

若 $a=b$，易见 $r(A)\leqslant 1$，故可排除(A)(B).

当 $a\neq b$ 时，A 中有 2 阶子式 $\begin{vmatrix}a&b\\b&a\end{vmatrix}\neq 0$，若 $r(A)=2$，按定义只需 $|A|=0$. 由于

$$|A|=\begin{vmatrix}a+2b&a+2b&a+2b\\b&a&b\\b&b&a\end{vmatrix}=(a+2b)(a-b)^2,$$

所以应选(C).

3.【答案】 C.

【解析】 因为 $P\neq O$，所以秩 $r(P)\geqslant 1$，问题是 $r(P)$ 究竟为 1 还是 2？

若 A 是 $m\times n$ 矩阵，B 是 $n\times s$ 矩阵，$AB=O$，则 $r(A)+r(B)\leqslant n$.

当 $t=6$ 时，$r(Q)=1$. 于是从 $r(P)+r(Q)\leqslant 3$ 得 $r(P)\leqslant 2$.

因此(A)(B) 中对秩 $r(P)$ 的判定都有可能成立，但不是必成立. 所以(A)(B) 均不正确.

当 $t\neq 6$ 时，$r(Q)=2$. 于是从 $r(P)+r(Q)\leqslant 3$ 得 $r(P)\leqslant 1$. 故应选(C).

4.【答案】 C.

【解析】 若 $P^{-1}AP=B$，则 $P^{-1}(A+kE)P=B+kE$，即若 $A\sim B$，则 $A+kE\sim B+kE$. 又因相似矩阵有相同的秩，故

$$r(A-2E)+r(A-E)=r(B-2E)+r(B-E)$$

$$=r\begin{bmatrix}-2&0&1\\0&-1&0\\1&0&-2\end{bmatrix}+r\begin{bmatrix}-1&0&1\\0&0&0\\1&0&-1\end{bmatrix}=4,$$

故应选(C).

> 【评注】 本题是考如 $\boldsymbol{A}\sim\boldsymbol{B}$，则 $r(\boldsymbol{A})=r(\boldsymbol{B})$，利用相似来处理矩阵的秩，其中用到相似的性质：如 $\boldsymbol{A}\sim\boldsymbol{B}$，则 $\boldsymbol{A}+k\boldsymbol{E}\sim\boldsymbol{B}+k\boldsymbol{E}$.

5.【答案】 2.

【解析】 因为 $\boldsymbol{A}$ 有 3 个不同的特征值，$\boldsymbol{A}$ 必可相似对角化，相似矩阵有相同的秩.

设 $\boldsymbol{A}$ 的 3 个特征值为 $\lambda_1,\lambda_2,\lambda_3$，由 $|\boldsymbol{A}|=\lambda_1\lambda_2\lambda_3=0$. 不妨设 $\lambda_1=0$，则

$$\boldsymbol{A}\sim\begin{bmatrix}0&&\\&\lambda_2&\\&&\lambda_3\end{bmatrix},$$

从而 $r(\boldsymbol{A})=r(\boldsymbol{\Lambda})=2$.

6.【答案】 A.

【解析】 本题考的是矩阵秩的概念和公式.

因为 $\boldsymbol{AB}=\boldsymbol{E}$ 是 m 阶单位矩阵，知 $r(\boldsymbol{AB})=m$.

又因 $r(\boldsymbol{AB})\leqslant\min(r(\boldsymbol{A}),r(\boldsymbol{B}))$，故

$$m\leqslant r(\boldsymbol{A}),m\leqslant r(\boldsymbol{B}).\qquad ①$$

另一方面，$\boldsymbol{A}$ 是 $m\times n$ 矩阵，$\boldsymbol{B}$ 是 $n\times m$ 矩阵，又有

$$r(\boldsymbol{A})\leqslant m,r(\boldsymbol{B})\leqslant m.\qquad ②$$

比较 ①② 得 $r(\boldsymbol{A})=m,r(\boldsymbol{B})=m$. 所以选(A).

7.【答案】 2.

【解析】 设 $\boldsymbol{\alpha}=\begin{bmatrix}a_1\\a_2\\a_3\end{bmatrix}$，则 $\boldsymbol{\alpha}^{\mathrm{T}}\boldsymbol{\alpha}=a_1^2+a_2^2+a_3^2=1$，又

$$\boldsymbol{A}=\boldsymbol{\alpha}\boldsymbol{\alpha}^{\mathrm{T}}=\begin{bmatrix}a_1\\a_2\\a_3\end{bmatrix}[a_1,a_2,a_3]=\begin{bmatrix}a_1^2&a_1a_2&a_1a_3\\a_2a_1&a_2^2&a_2a_3\\a_3a_1&a_3a_2&a_3^2\end{bmatrix}.$$

由于秩 $r(\boldsymbol{A})=1$. 那么

$$|\lambda\boldsymbol{E}-\boldsymbol{A}|=\lambda^3-(a_1^2+a_2^2+a_3^2)\lambda^2=\lambda^3-\lambda^2,$$

所以，矩阵 $\boldsymbol{A}$ 的特征值为 1,0,0.

从而 $\boldsymbol{E}-\boldsymbol{A}$ 的特征值为 0,1,1.

又 $\boldsymbol{E}-\boldsymbol{A}$ 为对称矩阵，故 $\boldsymbol{E}-\boldsymbol{A}\sim\begin{bmatrix}0&0&0\\0&1&0\\0&0&1\end{bmatrix}$.

因此 $r(\boldsymbol{E}-\boldsymbol{\alpha}\boldsymbol{\alpha}^{\mathrm{T}})=2$.

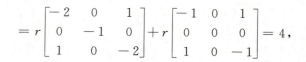

四、矩阵方程

10(2015,22 题)【解】 (Ⅰ)因为 $\boldsymbol{A}^3=\boldsymbol{O}\Rightarrow|\boldsymbol{A}^3|=0\Rightarrow|\boldsymbol{A}|=0$,

而 $|\boldsymbol{A}|=\begin{vmatrix}a&1&0\\1&a&-1\\0&1&a\end{vmatrix}=a^3$,所以 $a=0$,且知 $\boldsymbol{A}=\begin{bmatrix}0&1&0\\1&0&-1\\0&1&0\end{bmatrix}$.

(Ⅱ)由 $\boldsymbol{X}(\boldsymbol{E}-\boldsymbol{A}^2)-\boldsymbol{AX}(\boldsymbol{E}-\boldsymbol{A}^2)=\boldsymbol{E}\Rightarrow(\boldsymbol{E}-\boldsymbol{A})\boldsymbol{X}(\boldsymbol{E}-\boldsymbol{A}^2)=\boldsymbol{E}$,

$\boldsymbol{E}-\boldsymbol{A},\boldsymbol{E}-\boldsymbol{A}^2$ 必可逆,于是

$$\boldsymbol{X}=(\boldsymbol{E}-\boldsymbol{A})^{-1}(\boldsymbol{E}-\boldsymbol{A}^2)^{-1}$$

$$=\begin{bmatrix}1&-1&0\\-1&1&1\\0&-1&1\end{bmatrix}^{-1}\begin{bmatrix}0&0&1\\0&1&0\\-1&0&2\end{bmatrix}^{-1}$$

$$=\begin{bmatrix}2&1&-1\\1&1&-1\\1&1&0\end{bmatrix}\begin{bmatrix}2&0&-1\\0&1&0\\1&0&0\end{bmatrix}=\begin{bmatrix}3&1&-2\\1&1&-1\\2&1&-1\end{bmatrix}.$$

解题加速度

1.【答案】 A.

【解析】 $\boldsymbol{B}=\boldsymbol{E}+\boldsymbol{AB}\Rightarrow(\boldsymbol{E}-\boldsymbol{A})\boldsymbol{B}=\boldsymbol{E}\Rightarrow\boldsymbol{B}=(\boldsymbol{E}-\boldsymbol{A})^{-1}$,

$$\boldsymbol{C}=\boldsymbol{A}+\boldsymbol{CA}\Rightarrow\boldsymbol{C}(\boldsymbol{E}-\boldsymbol{A})=\boldsymbol{A}\Rightarrow\boldsymbol{C}=\boldsymbol{A}(\boldsymbol{E}-\boldsymbol{A})^{-1},$$

那么

$$\boldsymbol{B}-\boldsymbol{C}=(\boldsymbol{E}-\boldsymbol{A})^{-1}-\boldsymbol{A}(\boldsymbol{E}-\boldsymbol{A})^{-1}=(\boldsymbol{E}-\boldsymbol{A})(\boldsymbol{E}-\boldsymbol{A})^{-1}=\boldsymbol{E},$$

故应选(A).

2.【解】 由 $|\boldsymbol{A}^*|=|\boldsymbol{A}|^{n-1}$,有 $|\boldsymbol{A}|^3=8$,得 $|\boldsymbol{A}|=2$. $\boldsymbol{A}$ 是可逆矩阵.用 $\boldsymbol{A}$ 右乘矩阵方程的两端,有

$$(\boldsymbol{A}-\boldsymbol{E})\boldsymbol{B}=3\boldsymbol{A}. \quad ①$$

因为 $\boldsymbol{A}^*\boldsymbol{A}=\boldsymbol{AA}^*=|\boldsymbol{A}|\boldsymbol{E}$,用 $\boldsymbol{A}^*$ 左乘上式的两端,并把 $|\boldsymbol{A}|=2$ 代入,有

$$(2\boldsymbol{E}-\boldsymbol{A}^*)\boldsymbol{B}=6\boldsymbol{E}. \quad ②$$

于是

$$\boldsymbol{B}=6(2\boldsymbol{E}-\boldsymbol{A}^*)^{-1}.$$

因为 $2\boldsymbol{E}-\boldsymbol{A}^*=\begin{bmatrix}1&0&0&0\\0&1&0&0\\-1&0&1&0\\0&3&0&-6\end{bmatrix}$,则可求出 $(2\boldsymbol{E}-\boldsymbol{A}^*)^{-1}=\begin{bmatrix}1&0&0&0\\0&1&0&0\\1&0&1&0\\0&\frac{1}{2}&0&-\frac{1}{6}\end{bmatrix}$.

因此 $\boldsymbol{B}=\begin{bmatrix}6&0&0&0\\0&6&0&0\\6&0&6&0\\0&3&0&-1\end{bmatrix}$.

第三章　向量

一、向量的线性表出

1（2011，22题）【解】（Ⅰ）因为 $|\boldsymbol{\alpha}_1,\boldsymbol{\alpha}_2,\boldsymbol{\alpha}_3|=\begin{vmatrix}1&0&1\\0&1&3\\1&1&5\end{vmatrix}=1\neq 0$，所以 $\boldsymbol{\alpha}_1,\boldsymbol{\alpha}_2,\boldsymbol{\alpha}_3$ 线性无关.

那么 $\boldsymbol{\alpha}_1,\boldsymbol{\alpha}_2,\boldsymbol{\alpha}_3$ 不能由 $\boldsymbol{\beta}_1,\boldsymbol{\beta}_2,\boldsymbol{\beta}_3$ 线性表示 $\Leftrightarrow\boldsymbol{\beta}_1,\boldsymbol{\beta}_2,\boldsymbol{\beta}_3$ 线性相关. 即

$$|\boldsymbol{\beta}_1,\boldsymbol{\beta}_2,\boldsymbol{\beta}_3|=\begin{vmatrix}1&1&3\\1&2&4\\1&3&a\end{vmatrix}=\begin{vmatrix}1&1&3\\0&1&1\\0&2&a-3\end{vmatrix}=a-5=0,$$

所以 $a=5$.

（Ⅱ）如果方程组 $x_1\boldsymbol{\alpha}_1+x_2\boldsymbol{\alpha}_2+x_3\boldsymbol{\alpha}_3=\boldsymbol{\beta}_j(j=1,2,3)$ 都有解，即 $\boldsymbol{\beta}_1,\boldsymbol{\beta}_2,\boldsymbol{\beta}_3$ 可由 $\boldsymbol{\alpha}_1,\boldsymbol{\alpha}_2,\boldsymbol{\alpha}_3$ 线性表示. 因为现在的 3 个方程组系数矩阵是相同的，故可拼在一起加减消元，然后再独立地求解. 对 $[\boldsymbol{\alpha}_1,\boldsymbol{\alpha}_2,\boldsymbol{\alpha}_3\,\vdots\,\boldsymbol{\beta}_1,\boldsymbol{\beta}_2,\boldsymbol{\beta}_3]$ 作初等行变换，有

$$\left[\begin{array}{ccc:ccc}1&0&1&1&1&3\\0&1&3&1&2&4\\1&1&5&1&3&5\end{array}\right]\to\left[\begin{array}{ccc:ccc}1&0&1&1&1&3\\0&1&3&1&2&4\\0&1&4&0&2&2\end{array}\right]\to\left[\begin{array}{ccc:ccc}1&0&1&1&1&3\\0&1&3&1&2&4\\0&0&1&-1&0&-2\end{array}\right]$$

$$\to\left[\begin{array}{ccc:ccc}1&0&0&2&1&5\\0&1&0&4&2&10\\0&0&1&-1&0&-2\end{array}\right],$$

所以 $\boldsymbol{\beta}_1=2\boldsymbol{\alpha}_1+4\boldsymbol{\alpha}_2-\boldsymbol{\alpha}_3,\boldsymbol{\beta}_2=\boldsymbol{\alpha}_1+2\boldsymbol{\alpha}_2,\boldsymbol{\beta}_3=5\boldsymbol{\alpha}_1+10\boldsymbol{\alpha}_2-2\boldsymbol{\alpha}_3$.

本题已给出向量坐标故用解方程组的方法来处理. 如果题有向量坐标就解方程，如果没有向量坐标，就用概念、秩、定理来分析推导.

> 【评注】　因为 4 个 3 维向量 $\boldsymbol{\beta}_1,\boldsymbol{\beta}_2,\boldsymbol{\beta}_3,\boldsymbol{\alpha}$ 必线性相关，所以若 $\boldsymbol{\beta}_1,\boldsymbol{\beta}_2,\boldsymbol{\beta}_3$ 线性无关，那么 $\boldsymbol{\alpha}_1,\boldsymbol{\alpha}_2,\boldsymbol{\alpha}_3$ 必可由 $\boldsymbol{\beta}_1,\boldsymbol{\beta}_2,\boldsymbol{\beta}_3$ 线性表出，与题设矛盾，故 $\boldsymbol{\beta}_1,\boldsymbol{\beta}_2,\boldsymbol{\beta}_3$ 一定相关，亦可推出 $|\boldsymbol{\beta}_1,\boldsymbol{\beta}_2,\boldsymbol{\beta}_3|=0$.
>
> 难度系数数一 0.657，数二 0.627，数三 0.630.

2（2013，7题）【答案】 B.

【解析】　对矩阵 $\boldsymbol{A},\boldsymbol{C}$ 分别按列分块，记 $\boldsymbol{A}=[\boldsymbol{\alpha}_1,\boldsymbol{\alpha}_2,\cdots,\boldsymbol{\alpha}_n],\boldsymbol{C}=[\boldsymbol{\gamma}_1,\boldsymbol{\gamma}_2,\cdots,\boldsymbol{\gamma}_n]$.

由 $\boldsymbol{AB}=\boldsymbol{C}$ 有

$$[\boldsymbol{\alpha}_1,\boldsymbol{\alpha}_2,\cdots,\boldsymbol{\alpha}_n]\begin{bmatrix}b_{11}&b_{12}&\cdots&b_{1n}\\b_{21}&b_{22}&\cdots&b_{2n}\\\vdots&\vdots&&\vdots\\b_{n1}&b_{n2}&\cdots&b_{nn}\end{bmatrix}=[\boldsymbol{\gamma}_1,\boldsymbol{\gamma}_2,\cdots,\boldsymbol{\gamma}_n].$$

又$\begin{cases}\boldsymbol{\gamma}_1 = b_{11}\boldsymbol{\alpha}_1 + b_{21}\boldsymbol{\alpha}_2 + \cdots + b_{n1}\boldsymbol{\alpha}_n, \\ \boldsymbol{\gamma}_2 = b_{12}\boldsymbol{\alpha}_1 + b_{22}\boldsymbol{\alpha}_2 + \cdots + b_{n2}\boldsymbol{\alpha}_n, \\ \quad\vdots \\ \boldsymbol{\gamma}_n = b_{1n}\boldsymbol{\alpha}_1 + b_{2n}\boldsymbol{\alpha}_2 + \cdots + b_{nn}\boldsymbol{\alpha}_n,\end{cases}$

即 $\boldsymbol{C}$ 的列向量组可以由 $\boldsymbol{A}$ 的列向量组线性表出.

因为 $\boldsymbol{B}$ 可逆,有$\boldsymbol{C}\boldsymbol{B}^{-1} = \boldsymbol{A}$.类似地,$\boldsymbol{A}$ 的列向量组也可由 $\boldsymbol{C}$ 的列向量组线性表出,因此选(B).

3(2019,22 题)【解】　向量组(Ⅰ)与(Ⅱ)等价,即两个方程组

$$[\boldsymbol{\alpha}_1,\boldsymbol{\alpha}_2,\boldsymbol{\alpha}_3]\boldsymbol{X} = [\boldsymbol{\beta}_1,\boldsymbol{\beta}_2,\boldsymbol{\beta}_3],$$
$$[\boldsymbol{\beta}_1,\boldsymbol{\beta}_2,\boldsymbol{\beta}_3]\boldsymbol{Y} = [\boldsymbol{\alpha}_1,\boldsymbol{\alpha}_2,\boldsymbol{\alpha}_3],$$

同时有解,亦即

$$r(\boldsymbol{\alpha}_1,\boldsymbol{\alpha}_2,\boldsymbol{\alpha}_3) = r(\boldsymbol{\alpha}_1,\boldsymbol{\alpha}_2,\boldsymbol{\alpha}_3,\boldsymbol{\beta}_1,\boldsymbol{\beta}_2,\boldsymbol{\beta}_3) = r(\boldsymbol{\beta}_1,\boldsymbol{\beta}_2,\boldsymbol{\beta}_3).$$

由$[\boldsymbol{\alpha}_1,\boldsymbol{\alpha}_2,\boldsymbol{\alpha}_3 \vdots \boldsymbol{\beta}_1,\boldsymbol{\beta}_2,\boldsymbol{\beta}_3] = \left[\begin{array}{ccc:ccc}1 & 1 & 1 & 1 & 0 & 1 \\ 1 & 0 & 2 & 1 & 2 & 3 \\ 4 & 4 & a^2+3 & a+3 & 1-a & a^2+3\end{array}\right]$

$$\to \left[\begin{array}{ccc:ccc}1 & 1 & 1 & 1 & 0 & 1 \\ 0 & -1 & 1 & 0 & 2 & 2 \\ 0 & 0 & a^2-1 & a-1 & 1-a & a^2-1\end{array}\right].$$

当 $a \neq \pm 1$ 时,

$$r(\boldsymbol{\alpha}_1,\boldsymbol{\alpha}_2,\boldsymbol{\alpha}_3) = r(\boldsymbol{\alpha}_1,\boldsymbol{\alpha}_2,\boldsymbol{\alpha}_3,\boldsymbol{\beta}_1,\boldsymbol{\beta}_2,\boldsymbol{\beta}_3) = r(\boldsymbol{\beta}_1,\boldsymbol{\beta}_2,\boldsymbol{\beta}_3) = 3,$$

向量组(Ⅰ)与(Ⅱ)等价.

当 $a = 1$ 时,

$$r(\boldsymbol{\alpha}_1,\boldsymbol{\alpha}_2,\boldsymbol{\alpha}_3) = r(\boldsymbol{\alpha}_1,\boldsymbol{\alpha}_2,\boldsymbol{\alpha}_3,\boldsymbol{\beta}_1,\boldsymbol{\beta}_2,\boldsymbol{\beta}_3) = r(\boldsymbol{\beta}_1,\boldsymbol{\beta}_2,\boldsymbol{\beta}_3) = 2,$$

向量组(Ⅰ)与(Ⅱ)等价.

当 $a = -1$ 时,

$$r(\boldsymbol{\alpha}_1,\boldsymbol{\alpha}_2,\boldsymbol{\alpha}_3) = 2, r(\boldsymbol{\alpha}_1,\boldsymbol{\alpha}_2,\boldsymbol{\alpha}_3,\boldsymbol{\beta}_1,\boldsymbol{\beta}_2,\boldsymbol{\beta}_3) = 3,$$

向量组(Ⅰ)与(Ⅱ)不等价.

所以 $a \neq -1$ 时向量组(Ⅰ)与(Ⅱ)等价.

当 $a \neq \pm 1$ 时,对方程组 $x_1\boldsymbol{\alpha}_1 + x_2\boldsymbol{\alpha}_2 + x_3\boldsymbol{\alpha}_3 = \boldsymbol{\beta}_3$,有

$$[\boldsymbol{\alpha}_1,\boldsymbol{\alpha}_2,\boldsymbol{\alpha}_3,\boldsymbol{\beta}_3] = \left[\begin{array}{ccc:c}1 & 1 & 1 & 1 \\ 0 & -1 & 1 & 2 \\ 0 & 0 & a^2-1 & a^2-1\end{array}\right] \to \left[\begin{array}{ccc:c}1 & 0 & 0 & 1 \\ 0 & 1 & 0 & -1 \\ 0 & 0 & 1 & 1\end{array}\right].$$

方程组有唯一解$(1,-1,1)^{\mathrm{T}}$,故 $\boldsymbol{\beta}_3 = \boldsymbol{\alpha}_1 - \boldsymbol{\alpha}_2 + \boldsymbol{\alpha}_3$.

当 $a = 1$ 时,对方程组 $x_1\boldsymbol{\alpha}_1 + x_2\boldsymbol{\alpha}_2 + x_3\boldsymbol{\alpha}_3 = \boldsymbol{\beta}_3$,有

$$[\boldsymbol{\alpha}_1,\boldsymbol{\alpha}_2,\boldsymbol{\alpha}_3,\boldsymbol{\beta}_3] = \left[\begin{array}{ccc:c}1 & 1 & 1 & 1 \\ 0 & -1 & 1 & 2 \\ 0 & 0 & 0 & 0\end{array}\right] \to \left[\begin{array}{ccc:c}1 & 0 & 2 & 3 \\ 0 & 1 & -1 & -2 \\ 0 & 0 & 0 & 0\end{array}\right].$$

方程组通解:$(3,-2,0)^{\mathrm{T}} + k(-2,1,1)^{\mathrm{T}}$,$k$ 为任意常数,

故 $\boldsymbol{\beta}_3 = (3-2k)\boldsymbol{\alpha}_1 + (-2+k)\boldsymbol{\alpha}_2 + k\boldsymbol{\alpha}_3$,$k$ 为任意常数.

4(2022,10 题)【答案】　C.

【解析】　$\boldsymbol{\alpha}_1,\boldsymbol{\alpha}_2,\boldsymbol{\alpha}_3$ 与 $\boldsymbol{\alpha}_1,\boldsymbol{\alpha}_2,\boldsymbol{\alpha}_4$ 等价$\Leftrightarrow\boldsymbol{\alpha}_4$ 可由 $\boldsymbol{\alpha}_1,\boldsymbol{\alpha}_2,\boldsymbol{\alpha}_3$ 线性表示且 $\boldsymbol{\alpha}_3$ 可由 $\boldsymbol{\alpha}_1,\boldsymbol{\alpha}_2,\boldsymbol{\alpha}_4$ 线性表示

$\Leftrightarrow$ 方程组 ①$x_1\boldsymbol{\alpha}_1+x_2\boldsymbol{\alpha}_2+x_3\boldsymbol{\alpha}_3=\boldsymbol{\alpha}_4$ 与 ②$x_1\boldsymbol{\alpha}_1+x_2\boldsymbol{\alpha}_2+x_3\boldsymbol{\alpha}_4=\boldsymbol{\alpha}_3$ 均有解.

先考虑方程组 ①：

$$|\boldsymbol{\alpha}_1,\boldsymbol{\alpha}_2,\boldsymbol{\alpha}_3|=\begin{vmatrix}\lambda&1&1\\1&\lambda&1\\1&1&\lambda\end{vmatrix}\xlongequal[1\cdot r_3+r_1]{1\cdot r_2+r_1}(\lambda+2)\begin{vmatrix}1&1&1\\1&\lambda&1\\1&1&\lambda\end{vmatrix}$$

$$\xlongequal[(-1)r_1+r_3]{(-1)r_1+r_2}(\lambda+2)\begin{vmatrix}1&1&1\\0&\lambda-1&0\\0&0&\lambda-1\end{vmatrix}=(\lambda-1)^2(\lambda+2).$$

当 $\lambda\neq-2,\lambda\neq1$ 时方程组 ① 有唯一解.

当 $\lambda=1$ 时，

$$(\boldsymbol{\alpha}_1,\boldsymbol{\alpha}_2,\boldsymbol{\alpha}_3,\boldsymbol{\alpha}_4)=\begin{bmatrix}1&1&1&1\\1&1&1&1\\1&1&1&1\end{bmatrix}\xrightarrow{\text{行初等变换}}\begin{bmatrix}1&1&1&1\\0&0&0&0\\0&0&0&0\end{bmatrix},$$

方程组 ① 有无穷多解.

当 $\lambda=-2$ 时，

$$(\boldsymbol{\alpha}_1,\boldsymbol{\alpha}_2,\boldsymbol{\alpha}_3,\boldsymbol{\alpha}_4)=\begin{bmatrix}-2&1&1&1\\1&-2&1&-2\\1&1&-2&4\end{bmatrix}\xrightarrow{\text{行初等变换}}\begin{bmatrix}1&1&-2&4\\0&1&-1&2\\0&0&0&1\end{bmatrix}$$

方程组 ① 无解.

总之，当 $\lambda\neq-2$ 时，方程组 ① 有解.

再考虑方程组 ②：

$$|\boldsymbol{\alpha}_1,\boldsymbol{\alpha}_2,\boldsymbol{\alpha}_4|=\begin{vmatrix}\lambda&1&1\\1&\lambda&\lambda\\1&1&\lambda^2\end{vmatrix}=\begin{vmatrix}\lambda&1&0\\1&\lambda&0\\1&1&\lambda^2-1\end{vmatrix}=(\lambda^2-1)^2.$$

当 $\lambda\neq\pm1$ 时，方程组 ② 有唯一解.

当 $\lambda=1$ 时，

$$(\boldsymbol{\alpha}_1,\boldsymbol{\alpha}_2,\boldsymbol{\alpha}_4,\boldsymbol{\alpha}_3)=\begin{bmatrix}1&1&1&1\\1&1&1&1\\1&1&1&1\end{bmatrix}\xrightarrow{\text{行初等变换}}\begin{bmatrix}1&1&1&1\\0&0&0&0\\0&0&0&0\end{bmatrix}$$

方程组 ② 有无穷多解.

当 $\lambda=-1$ 时，

$$(\boldsymbol{\alpha}_1,\boldsymbol{\alpha}_2,\boldsymbol{\alpha}_4,\boldsymbol{\alpha}_3)=\begin{bmatrix}-1&1&1&1\\1&-1&-1&1\\1&1&1&-1\end{bmatrix}\xrightarrow{\text{行初等变换}}\begin{bmatrix}1&-1&-1&-1\\0&1&1&0\\0&0&0&1\end{bmatrix},$$

方程组 ② 无解.

总之，当 $\lambda\neq-1$ 时，方程组 ② 有解.

综上，当 $\lambda\neq-2,\lambda\neq-1$ 时，方程组 ①② 都有解，正确答案为(C).

也可用秩来处理

向量组(Ⅰ)、(Ⅱ)等价 $\Leftrightarrow r(\text{Ⅰ})=r(\text{Ⅱ})=r(\text{Ⅰ},\text{Ⅱ})$

$$[\text{Ⅰ},\text{Ⅱ}]=\begin{bmatrix}\lambda&1&1&1\\1&\lambda&1&\lambda\\1&1&\lambda&\lambda^2\end{bmatrix}\to\begin{bmatrix}\lambda&1&1&1\\1-\lambda&\lambda-1&0&\lambda-1\\1-\lambda&0&\lambda-1&\lambda^2-1\end{bmatrix}$$

当 $\lambda=1$ 时,$r(\text{Ⅰ})=r(\text{Ⅱ})=r(\text{Ⅰ},\text{Ⅱ})=1$

(Ⅰ)与(Ⅱ)等价.

当 $\lambda\neq1$ 时,

$$[\text{Ⅰ},\text{Ⅱ}]=\begin{bmatrix}\lambda&1&1&1\\-1&1&0&1\\-1&0&1&\lambda+1\end{bmatrix}\to\begin{bmatrix}\lambda+2&0&0&-\lambda-1\\-1&1&0&1\\-1&0&1&\lambda+1\end{bmatrix}$$

当 $\lambda=-2$ 时,$r(\text{Ⅰ})=2,r(\text{Ⅱ})=3$

当 $\lambda=-1$ 时,$r(\text{Ⅰ})=3,r(\text{Ⅱ})=2$,(Ⅰ)(Ⅱ)不等价

所以选(C).

【评注】 本题作为选择题,可用排除法选出正确答案.

因 $\lambda=-2$ 时,方程组 ① 无解,故排除(A)(D).

因 $\lambda=-1$ 时,方程组 ② 无解,故排除(B).

解题加速度

1.**【分析】** 所谓向量组(Ⅰ)与(Ⅱ)等价,即向量组(Ⅰ)与(Ⅱ)可以互相线性表出.若方程组 $x_1\boldsymbol{\alpha}_1+x_2\boldsymbol{\alpha}_2+x_3\boldsymbol{\alpha}_3=\boldsymbol{\beta}$ 有解,即 $\boldsymbol{\beta}$ 可以由 $\boldsymbol{\alpha}_1,\boldsymbol{\alpha}_2,\boldsymbol{\alpha}_3$ 线性表出.若对同一个 a,三个方程组 $x_1\boldsymbol{\alpha}_1+x_2\boldsymbol{\alpha}_2+x_3\boldsymbol{\alpha}_3=\boldsymbol{\beta}_i(i=1,2,3)$ 均有解,即向量组(Ⅱ)可以由(Ⅰ)线性表出.

【解】 设 $x_1\boldsymbol{\alpha}_1+x_2\boldsymbol{\alpha}_2+x_3\boldsymbol{\alpha}_3=\boldsymbol{\beta}_i(i=1,2,3)$,由于这三个方程组的系数矩阵一样,故可拼成一个大的增广矩阵统一的加减消元.对 $[\boldsymbol{\alpha}_1,\boldsymbol{\alpha}_2,\boldsymbol{\alpha}_3\vdots\boldsymbol{\beta}_1,\boldsymbol{\beta}_2,\boldsymbol{\beta}_3]$ 作初等行变换,有

$$[\boldsymbol{\alpha}_1,\boldsymbol{\alpha}_2,\boldsymbol{\alpha}_3\vdots\boldsymbol{\beta}_1,\boldsymbol{\beta}_2,\boldsymbol{\beta}_3]=\left[\begin{array}{ccc:ccc}1&1&1&1&2&2\\0&1&-1&2&1&1\\2&3&a+2&a+3&a+6&a+4\end{array}\right]$$

$$\to\left[\begin{array}{ccc:ccc}1&1&1&1&2&2\\0&1&-1&2&1&1\\0&1&a&a+1&a+2&a\end{array}\right]\to\left[\begin{array}{ccc:ccc}1&1&1&1&2&2\\0&1&-1&2&1&1\\0&0&a+1&a-1&a+1&a-1\end{array}\right].$$

(1) 当 $a\neq-1$ 时,行列式 $|\boldsymbol{\alpha}_1,\boldsymbol{\alpha}_2,\boldsymbol{\alpha}_3|=a+1\neq0$,由克拉默法则,知三个线性方程组 $x_1\boldsymbol{\alpha}_1+x_2\boldsymbol{\alpha}_2+x_3\boldsymbol{\alpha}_3=\boldsymbol{\beta}_i(i=1,2,3)$ 均有唯一解.所以 $\boldsymbol{\beta}_1,\boldsymbol{\beta}_2,\boldsymbol{\beta}_3$ 可由向量组(Ⅰ)线性表出.

由于行列式

$$|\boldsymbol{\beta}_1,\boldsymbol{\beta}_2,\boldsymbol{\beta}_3|=\begin{vmatrix}1&2&2\\2&1&1\\a+3&a+6&a+4\end{vmatrix}=\begin{vmatrix}1&2&0\\2&1&0\\a+3&a+6&-2\end{vmatrix}=6\neq0,$$

故 $\forall a$,方程组 $x_1\boldsymbol{\beta}_1+x_2\boldsymbol{\beta}_2+x_3\boldsymbol{\beta}_3=\boldsymbol{\alpha}_j(j=1,2,3)$ 恒有唯一解,即 $\boldsymbol{\alpha}_1,\boldsymbol{\alpha}_2,\boldsymbol{\alpha}_3$ 总可由向量组(Ⅱ)线性表出.

因此,当 $a\neq-1$ 时,向量组(Ⅰ)与(Ⅱ)等价.

(2) 当 $a=-1$ 时,有

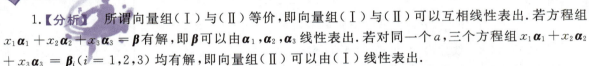

$$[\boldsymbol{\alpha}_1,\boldsymbol{\alpha}_2,\boldsymbol{\alpha}_3 \vdots \boldsymbol{\beta}_1,\boldsymbol{\beta}_2,\boldsymbol{\beta}_3] \to \left[\begin{array}{ccc:ccc} 1 & 1 & 1 & 1 & 2 & 2 \\ 0 & 1 & -1 & 2 & 1 & 1 \\ 0 & 0 & 0 & -2 & 0 & -2 \end{array}\right].$$

由于秩 $r(\boldsymbol{\alpha}_1,\boldsymbol{\alpha}_2,\boldsymbol{\alpha}_3) \neq r(\boldsymbol{\alpha}_1,\boldsymbol{\alpha}_2,\boldsymbol{\alpha}_3,\boldsymbol{\beta}_1)$，线性方程组 $x_1\boldsymbol{\alpha}_1 + x_2\boldsymbol{\alpha}_2 + x_3\boldsymbol{\alpha}_3 = \boldsymbol{\beta}_1$ 无解，故向量 $\boldsymbol{\beta}_1$ 不能由 $\boldsymbol{\alpha}_1,\boldsymbol{\alpha}_2,\boldsymbol{\alpha}_3$ 线性表示. 因此，向量组（Ⅰ）与（Ⅱ）不等价.

2.【答案】 C.

【解析】 由 $\boldsymbol{\alpha},\boldsymbol{\beta},\boldsymbol{\gamma}$ 无关 $\Rightarrow \left.\begin{array}{l}\boldsymbol{\alpha},\boldsymbol{\beta}\text{ 无关}\\ \boldsymbol{\alpha},\boldsymbol{\beta},\boldsymbol{\delta}\text{ 相关}\end{array}\right\} \Rightarrow \boldsymbol{\delta}$ 可由 $\boldsymbol{\alpha},\boldsymbol{\beta}$ 线性表出 $\Rightarrow \boldsymbol{\delta}$ 可由 $\boldsymbol{\alpha},\boldsymbol{\beta},\boldsymbol{\gamma}$ 线性表出.

或者用秩来分析、推理：

$\boldsymbol{\alpha},\boldsymbol{\beta},\boldsymbol{\gamma}$ 无关 $\Rightarrow r(\boldsymbol{\alpha},\boldsymbol{\beta},\boldsymbol{\gamma}) = 3 \Rightarrow r(\boldsymbol{\alpha},\boldsymbol{\beta}) = 2$，

$\boldsymbol{\alpha},\boldsymbol{\beta},\boldsymbol{\delta}$ 相关 $\Rightarrow r(\boldsymbol{\alpha},\boldsymbol{\beta},\boldsymbol{\delta}) < 3$，从而 $r(\boldsymbol{\alpha},\boldsymbol{\beta},\boldsymbol{\delta}) = 2$，那么

$$r(\boldsymbol{\alpha},\boldsymbol{\beta},\boldsymbol{\gamma}) = r(\boldsymbol{\alpha},\boldsymbol{\beta},\boldsymbol{\delta},\boldsymbol{\gamma}),$$

所以 $\boldsymbol{\delta}$ 必可由 $\boldsymbol{\alpha},\boldsymbol{\beta},\boldsymbol{\gamma}$ 线性表出.

3.【答案】 B.

【解析】 因为 $\boldsymbol{\beta}$ 可由 $\boldsymbol{\alpha}_1,\boldsymbol{\alpha}_2,\cdots,\boldsymbol{\alpha}_m$ 线性表示，故可设

$$\boldsymbol{\beta} = k_1\boldsymbol{\alpha}_1 + k_2\boldsymbol{\alpha}_2 + \cdots + k_m\boldsymbol{\alpha}_m.$$

由于 $\boldsymbol{\beta}$ 不能由 $\boldsymbol{\alpha}_1,\boldsymbol{\alpha}_2,\cdots,\boldsymbol{\alpha}_{m-1}$ 线性表示，故上述表达式中必有 $k_m \neq 0$. 因此

$$\boldsymbol{\alpha}_m = \frac{1}{k_m}(\boldsymbol{\beta} - k_1\boldsymbol{\alpha}_1 - k_2\boldsymbol{\alpha}_2 - \cdots - k_{m-1}\boldsymbol{\alpha}_{m-1}),$$

即 $\boldsymbol{\alpha}_m$ 可由（Ⅱ）线性表示，可排除(A)(D).

若 $\boldsymbol{\alpha}_m$ 可由（Ⅰ）线性表示，设 $\boldsymbol{\alpha}_m = l_1\boldsymbol{\alpha}_1 + \cdots + l_{m-1}\boldsymbol{\alpha}_{m-1}$，则

$$\boldsymbol{\beta} = (k_1 + k_m l_1)\boldsymbol{\alpha}_1 + (k_2 + k_m l_2)\boldsymbol{\alpha}_2 + \cdots + (k_{m-1} + k_m l_{m-1})\boldsymbol{\alpha}_{m-1}$$

与题设矛盾，故应选(B).

【评注】 本题能否用秩来分析、推导？

提示：$r(\boldsymbol{\alpha}_1,\boldsymbol{\alpha}_2,\cdots,\boldsymbol{\alpha}_m) = r(\boldsymbol{\alpha}_1,\boldsymbol{\alpha}_2,\cdots,\boldsymbol{\alpha}_m,\boldsymbol{\beta})$，

$r(\boldsymbol{\alpha}_1,\boldsymbol{\alpha}_2,\cdots,\boldsymbol{\alpha}_{m-1}) + 1 = r(\boldsymbol{\alpha}_1,\boldsymbol{\alpha}_2,\cdots,\boldsymbol{\alpha}_{m-1},\boldsymbol{\beta})$.

二、向量组的线性相关和线性无关

5 (2010，7 题)【答案】 A.

【解析】 本题在考查线性表示与线性相关之间的联系.

因为 Ⅰ 可由 Ⅱ 线性表示，故 r(Ⅰ) $\leqslant r$(Ⅱ).

若 Ⅰ 无关，则 r(Ⅰ) $= r(\boldsymbol{\alpha}_1,\boldsymbol{\alpha}_2,\cdots,\boldsymbol{\alpha}_r) = r$，显然 r(Ⅱ) $= r(\boldsymbol{\beta}_1,\boldsymbol{\beta},\cdots,\boldsymbol{\beta}_s) \leqslant s$.

因此，Ⅰ 无关，$r \leqslant s$ 正确. 故应选(A).

【评注】 本题难度系数 0.48. 相关、无关、秩是难点，这类试题一般考得都不完美，希望复习时对这类的基本概念、基本理论要重视、要认真学习举反例是有好处的.

例如 $\boldsymbol{\alpha}_1 = (1,0,0)$，$\boldsymbol{\alpha}_2 = (2,0,0)$，$\boldsymbol{\beta}_1 = (1,0,0)$，$\boldsymbol{\beta}_2 = (0,1,0)$，$\boldsymbol{\beta}_3 = (0,0,1)$.

可知(B) 不正确.

例如 $\boldsymbol{\alpha}_1=(1,0,0),\boldsymbol{\alpha}_2=(2,0,0),\boldsymbol{\alpha}_3=(3,0,0),\boldsymbol{\beta}_1=(1,0,0),\boldsymbol{\beta}_2=(0,1,0)$.

可知(C) 不正确.

例如 $\boldsymbol{\alpha}_1=(1,0,0),\boldsymbol{\alpha}_2=(2,0,0),\boldsymbol{\beta}_1=(1,0,0),\boldsymbol{\beta}_2=(0,1,0),\boldsymbol{\beta}_3=(0,0,0)$.

可知(D) 不正确.

6(2012,7 题)【答案】 C.

【解析】 n 个 n 维向量线性相关 $\Leftrightarrow |\boldsymbol{\alpha}_1,\boldsymbol{\alpha}_2,\cdots,\boldsymbol{\alpha}_n|=0$,显然

$$|\boldsymbol{\alpha}_1,\boldsymbol{\alpha}_3,\boldsymbol{\alpha}_4|=\begin{vmatrix}0&1&-1\\0&-1&1\\c_1&c_3&c_4\end{vmatrix}=0,$$

所以 $\boldsymbol{\alpha}_1,\boldsymbol{\alpha}_3,\boldsymbol{\alpha}_4$ 必线性相关.

7(2014,8 题)【答案】 A.

【解析】 记 $\boldsymbol{\beta}_1=\boldsymbol{\alpha}_1+k\boldsymbol{\alpha}_3,\boldsymbol{\beta}_2=\boldsymbol{\alpha}_2+l\boldsymbol{\alpha}_3$. 则

$$[\boldsymbol{\beta}_1,\boldsymbol{\beta}_2]=[\boldsymbol{\alpha}_1,\boldsymbol{\alpha}_2,\boldsymbol{\alpha}_3]\begin{bmatrix}1&0\\0&1\\k&l\end{bmatrix}.$$

若 $\boldsymbol{\alpha}_1,\boldsymbol{\alpha}_2,\boldsymbol{\alpha}_3$ 线性无关,则$[\boldsymbol{\alpha}_1,\boldsymbol{\alpha}_2,\boldsymbol{\alpha}_3]$是3阶可逆矩阵,故 $r(\boldsymbol{\beta}_1,\boldsymbol{\beta}_2)=r\begin{bmatrix}1&0\\0&1\\k&l\end{bmatrix}=2$,即 $\boldsymbol{\alpha}_1+k\boldsymbol{\alpha}_3$,$\boldsymbol{\alpha}_2+l\boldsymbol{\alpha}_3$ 线性无关.

反之,设 $\boldsymbol{\alpha}_1,\boldsymbol{\alpha}_2$ 线性无关,$\boldsymbol{\alpha}_3=\mathbf{0}$,则对任意常数 k,l 必有 $\boldsymbol{\alpha}_1+k\boldsymbol{\alpha}_3,\boldsymbol{\alpha}_2+l\boldsymbol{\alpha}_3$ 线性无关,但 $\boldsymbol{\alpha}_1,\boldsymbol{\alpha}_2$,$\boldsymbol{\alpha}_3$ 线性相关.

所以 $\boldsymbol{\alpha}_1+k\boldsymbol{\alpha}_3,\boldsymbol{\alpha}_2+l\boldsymbol{\alpha}_3$ 线性无关是向量组 $\boldsymbol{\alpha}_1,\boldsymbol{\alpha}_2,\boldsymbol{\alpha}_3$ 线性无关的必要而非充分条件.

解题加速度

1.【答案】 A.

【解析】 (方法一) 设 $\boldsymbol{A}$ 是 $m\times n$,$\boldsymbol{B}$ 是 $n\times s$ 矩阵,且 $\boldsymbol{AB}=\boldsymbol{O}$ 那么 $r(\boldsymbol{A})+r(\boldsymbol{B})\leqslant n$. 由于 $\boldsymbol{A}$,$\boldsymbol{B}$ 均非零矩阵,故 $0<r(\boldsymbol{A})<n,0<r(\boldsymbol{B})<n$.

由 $r(\boldsymbol{A})=\boldsymbol{A}$ 的列秩,知 $\boldsymbol{A}$ 的列向量组线性相关.

由 $r(\boldsymbol{B})=\boldsymbol{B}$ 的行秩,知 $\boldsymbol{B}$ 的行向量组线性相关. 故应选(A).

(方法二) 若设 $\boldsymbol{A}=(1,0),\boldsymbol{B}=(0,1)^{\mathrm{T}}$,显然 $\boldsymbol{AB}=\boldsymbol{O}$. 但矩阵 $\boldsymbol{A}$ 的列向量组线性相关,行向量组线性无关;矩阵 $\boldsymbol{B}$ 的行向量组线性相关,列向量组线性无关. 由此可知选项(A) 正确.

2.【答案】 D.

【解析】 根据定理"若 $\boldsymbol{\alpha}_1,\boldsymbol{\alpha}_2,\cdots,\boldsymbol{\alpha}_s$ 可由 $\boldsymbol{\beta}_1,\boldsymbol{\beta}_2,\cdots,\boldsymbol{\beta}_t$ 线性表出,且 $s>t$,则 $\boldsymbol{\alpha}_1,\boldsymbol{\alpha}_2,\cdots,\boldsymbol{\alpha}_s$ 必线性相关",即若多数向量可以由少数向量线性表出,则这多数向量必线性相关,故应立选(D).

或者,因 Ⅰ 能有 Ⅱ 表出 $\Rightarrow r(\text{Ⅰ})\leqslant r(\text{Ⅱ})$,

又因 $r(\text{Ⅱ})\leqslant s$,所以 $r(\text{Ⅰ})\leqslant s<r$,故应选(D).

【评注】 建议举几个例子说明(A)(B)(C) 均不正确. 另外, 讨论向量组 $\boldsymbol{\alpha}_1+\boldsymbol{\alpha}_2, 2\boldsymbol{\alpha}_1+\boldsymbol{\alpha}_2-\boldsymbol{\alpha}_3, \boldsymbol{\alpha}_3-\boldsymbol{\alpha}_1, \boldsymbol{\alpha}_1+2\boldsymbol{\alpha}_2+5\boldsymbol{\alpha}_3$ 的线性相关性, 你能立即作答吗? 为什么?

3.【证明】 (方法一) (定义法) 若有一组数 $k, k_1, k_2, \cdots, k_t$, 使得

$$k\boldsymbol{\beta}+k_1(\boldsymbol{\beta}+\boldsymbol{\alpha}_1)+k_2(\boldsymbol{\beta}+\boldsymbol{\alpha}_2)+\cdots+k_t(\boldsymbol{\beta}+\boldsymbol{\alpha}_t)=\mathbf{0}, \qquad ①$$

则因 $\boldsymbol{\alpha}_1, \boldsymbol{\alpha}_2, \cdots, \boldsymbol{\alpha}_t$ 是 $\boldsymbol{A}\boldsymbol{x}=\mathbf{0}$ 的解, 知 $\boldsymbol{A}\boldsymbol{\alpha}_i=\mathbf{0}(i=1,2,\cdots,t)$, 用 $\boldsymbol{A}$ 左乘上式的两边, 有

$$(k+k_1+k_2+\cdots+k_t)\boldsymbol{A}\boldsymbol{\beta}=\mathbf{0}.$$

由于 $\boldsymbol{A}\boldsymbol{\beta}\neq\mathbf{0}$, 故

$$k+k_1+k_2+\cdots+k_t=0. \qquad ②$$

对 ① 重新分组为 $(k+k_1+\cdots+k_t)\boldsymbol{\beta}+k_1\boldsymbol{\alpha}_1+k_2\boldsymbol{\alpha}_2+\cdots+k_t\boldsymbol{\alpha}_t=\mathbf{0}$, ③

把 ② 代入 ③, 得 $k_1\boldsymbol{\alpha}_1+k_2\boldsymbol{\alpha}_2+\cdots+k_t\boldsymbol{\alpha}_t=\mathbf{0}$.

由于 $\boldsymbol{\alpha}_1, \boldsymbol{\alpha}_2, \cdots, \boldsymbol{\alpha}_t$ 是基础解系, 它们线性无关, 故必有 $k_1=0, k_2=0, \cdots, k_t=0$,

代入 ② 式得 $k=0$.

因此, 向量组 $\boldsymbol{\beta}, \boldsymbol{\beta}+\boldsymbol{\alpha}_1, \cdots, \boldsymbol{\beta}+\boldsymbol{\alpha}_t$ 线性无关.

(方法二) (用秩) 经初等变换向量组的秩不变. 把第 1 列的 (-1) 倍分别加至其余各列, 有

$$[\boldsymbol{\beta}, \boldsymbol{\beta}+\boldsymbol{\alpha}_1, \boldsymbol{\beta}+\boldsymbol{\alpha}_2, \cdots, \boldsymbol{\beta}+\boldsymbol{\alpha}_t] \to [\boldsymbol{\beta}, \boldsymbol{\alpha}_1, \boldsymbol{\alpha}_2, \cdots, \boldsymbol{\alpha}_t],$$

因此

$$r(\boldsymbol{\beta}, \boldsymbol{\beta}+\boldsymbol{\alpha}_1, \cdots, \boldsymbol{\beta}+\boldsymbol{\alpha}_t)=r(\boldsymbol{\beta}, \boldsymbol{\alpha}_1, \cdots, \boldsymbol{\alpha}_t).$$

由于 $\boldsymbol{\alpha}_1, \boldsymbol{\alpha}_2, \cdots, \boldsymbol{\alpha}_t$ 是基础解系, 它们是线性无关的, 秩 $r(\boldsymbol{\alpha}_1, \boldsymbol{\alpha}_2, \cdots, \boldsymbol{\alpha}_t)=t$, 又 $\boldsymbol{\beta}$ 必不能由 $\boldsymbol{\alpha}_1, \boldsymbol{\alpha}_2, \cdots, \boldsymbol{\alpha}_t$ 线性表出(否则 $\boldsymbol{A}\boldsymbol{\beta}=\mathbf{0}$), 故 $r(\boldsymbol{\alpha}_1, \boldsymbol{\alpha}_2, \cdots, \boldsymbol{\alpha}_t, \boldsymbol{\beta})=t+1$. 所以

$$r(\boldsymbol{\beta}, \boldsymbol{\beta}+\boldsymbol{\alpha}_1, \boldsymbol{\beta}+\boldsymbol{\alpha}_2, \cdots, \boldsymbol{\beta}+\boldsymbol{\alpha}_t)=t+1,$$

即向量组 $\boldsymbol{\beta}, \boldsymbol{\beta}+\boldsymbol{\alpha}_1, \boldsymbol{\beta}+\boldsymbol{\alpha}_2, \cdots, \boldsymbol{\beta}+\boldsymbol{\alpha}_t$ 线性无关.

【评注】 用定义法证线性无关时, 应当对

$$k_1\boldsymbol{\alpha}_1+k_2\boldsymbol{\alpha}_2+\cdots+k_t\boldsymbol{\alpha}_t=\mathbf{0}$$

作恒等变形, 常用技巧是"同乘"与"重组", 本题这两个技巧都要用到. 另外, 用秩也是一种常见的方法.

4.【解】 设 $k_1\boldsymbol{\alpha}_1+k_2\boldsymbol{\alpha}_2+\cdots+k_r\boldsymbol{\alpha}_r+l\boldsymbol{\beta}=\mathbf{0}$, ①

因为 $\boldsymbol{\beta}$ 为方程组的非零解, 有

$$\begin{cases} a_{11}b_1+a_{12}b_2+\cdots+a_{1n}b_n=0, \\ a_{21}b_1+a_{22}b_2+\cdots+a_{2n}b_n=0, \\ \cdots \\ a_{r1}b_1+a_{r2}b_2+\cdots+a_{rn}b_n=0 \end{cases}$$

即 $\boldsymbol{\beta}\neq\mathbf{0}, \boldsymbol{\beta}^{\mathrm{T}}\boldsymbol{\alpha}_1=0, \cdots, \boldsymbol{\beta}^{\mathrm{T}}\boldsymbol{\alpha}_r=0$.

用 $\boldsymbol{\beta}^{\mathrm{T}}$ 左乘 ①, 并把 $\boldsymbol{\beta}^{\mathrm{T}}\boldsymbol{\alpha}_i=0$ 代入, 得 $l\boldsymbol{\beta}^{\mathrm{T}}\boldsymbol{\beta}=0$.

因为 $\boldsymbol{\beta}\neq\mathbf{0}$, 有 $\boldsymbol{\beta}^{\mathrm{T}}\boldsymbol{\beta}>0$, 故必有 $l=0$.

从而 ① 式为 $k_1\boldsymbol{\alpha}_1+k_2\boldsymbol{\alpha}_2+\cdots+k_r\boldsymbol{\alpha}_r=\mathbf{0}$, 由于 $\boldsymbol{\alpha}_1, \boldsymbol{\alpha}_2, \cdots, \boldsymbol{\alpha}_r$ 线性无关, 所以有

$$k_1=k_2=\cdots=k_r=0.$$

因此向量组 $\boldsymbol{\alpha}_1,\boldsymbol{\alpha}_2,\cdots,\boldsymbol{\alpha}_r,\boldsymbol{\beta}$ 线性无关.

【评注】 由于不清楚 $\boldsymbol{\beta}$ 是齐次方程组的解,即 $\boldsymbol{\beta}^T\boldsymbol{\alpha}_i=0$,许多考生没想到本题应当用 $\boldsymbol{\beta}^T$ 左乘 ① 式.

三、向量组的极大线性无关组与秩

解题加速度

1.**【解】** 对 $[\boldsymbol{\alpha}_1,\boldsymbol{\alpha}_2,\boldsymbol{\alpha}_3,\boldsymbol{\alpha}_4]$ 作初等行变换,有

$$[\boldsymbol{\alpha}_1,\boldsymbol{\alpha}_2,\boldsymbol{\alpha}_3,\boldsymbol{\alpha}_4]=\begin{bmatrix}1+a&2&3&4\\1&2+a&3&4\\1&2&3+a&4\\1&2&3&4+a\end{bmatrix}\to\begin{bmatrix}1+a&2&3&4\\-a&a&0&0\\-a&0&a&0\\-a&0&0&a\end{bmatrix}.$$

若 $a=0$,则秩 $r(\boldsymbol{\alpha}_1,\boldsymbol{\alpha}_2,\boldsymbol{\alpha}_3,\boldsymbol{\alpha}_4)=1$,$\boldsymbol{\alpha}_1,\boldsymbol{\alpha}_2,\boldsymbol{\alpha}_3,\boldsymbol{\alpha}_4$ 线性相关.

有极大线性无关组 $\boldsymbol{\alpha}_1$,且 $\boldsymbol{\alpha}_2=2\boldsymbol{\alpha}_1,\boldsymbol{\alpha}_3=3\boldsymbol{\alpha}_1,\boldsymbol{\alpha}_4=4\boldsymbol{\alpha}_1$.

若 $a\neq0$,则有

$$[\boldsymbol{\alpha}_1,\boldsymbol{\alpha}_2,\boldsymbol{\alpha}_3,\boldsymbol{\alpha}_4]\to\begin{bmatrix}1+a&2&3&4\\-1&1&0&0\\-1&0&1&0\\-1&0&0&1\end{bmatrix}\to\begin{bmatrix}a+10&0&0&0\\-1&1&0&0\\-1&0&1&0\\-1&0&0&1\end{bmatrix}.$$

当 $a=-10$ 时,$\boldsymbol{\alpha}_1,\boldsymbol{\alpha}_2,\boldsymbol{\alpha}_3,\boldsymbol{\alpha}_4$ 线性相关,有极大线性无关组 $\boldsymbol{\alpha}_2,\boldsymbol{\alpha}_3,\boldsymbol{\alpha}_4$,且 $\boldsymbol{\alpha}_1=-\boldsymbol{\alpha}_2-\boldsymbol{\alpha}_3-\boldsymbol{\alpha}_4$.

【评注】 当 $a=-10$ 时,

$$[\boldsymbol{\alpha}_1,\boldsymbol{\alpha}_2,\boldsymbol{\alpha}_3,\boldsymbol{\alpha}_4]\to\begin{bmatrix}0&0&0&0\\-1&1&0&0\\-1&0&1&0\\-1&0&0&1\end{bmatrix}=\boldsymbol{B}.$$

显然,矩阵 $\boldsymbol{B}$ 中第 2,3,4 列线性无关,故我们可回答 $\boldsymbol{\alpha}_2,\boldsymbol{\alpha}_3,\boldsymbol{\alpha}_4$ 是极大线性无关组.

(注:极大无关组答案不唯一),在 $\boldsymbol{B}$ 中,易见

$$(0,-1,-1,-1)^T=-(0,1,0,0)^T-(0,0,1,0)^T-(0,0,0,1)^T,$$

故可回答 $\boldsymbol{\alpha}_1=-\boldsymbol{\alpha}_2-\boldsymbol{\alpha}_3-\boldsymbol{\alpha}_4$.

这样一种求极大线性无关组和回答线性表出的方法,大家要掌握.

2.**【证明】** 因为 $r(\text{Ⅰ})=r(\text{Ⅱ})=3$,所以 $\boldsymbol{\alpha}_1,\boldsymbol{\alpha}_2,\boldsymbol{\alpha}_3$ 线性无关,而 $\boldsymbol{\alpha}_1,\boldsymbol{\alpha}_2,\boldsymbol{\alpha}_3,\boldsymbol{\alpha}_4$ 线性相关,因此 $\boldsymbol{\alpha}_4$ 可由 $\boldsymbol{\alpha}_1,\boldsymbol{\alpha}_2,\boldsymbol{\alpha}_3$ 线性表出,设为 $\boldsymbol{\alpha}_4=l_1\boldsymbol{\alpha}_1+l_2\boldsymbol{\alpha}_2+l_3\boldsymbol{\alpha}_3$.

若 $k_1\boldsymbol{\alpha}_1+k_2\boldsymbol{\alpha}_2+k_3\boldsymbol{\alpha}_3+k_4(\boldsymbol{\alpha}_5-\boldsymbol{\alpha}_4)=\mathbf{0}$,即

$$(k_1-l_1k_4)\boldsymbol{\alpha}_1+(k_2-l_2k_4)\boldsymbol{\alpha}_2+(k_3-l_3k_4)\boldsymbol{\alpha}_3+k_4\boldsymbol{\alpha}_5=\mathbf{0},$$

由于 $r(\text{Ⅲ})=4$,即 $\boldsymbol{\alpha}_1,\boldsymbol{\alpha}_2,\boldsymbol{\alpha}_3,\boldsymbol{\alpha}_5$ 线性无关.故必有

$$\begin{cases} k_1 - l_1 k_4 = 0, \\ k_2 - l_2 k_4 = 0, \\ k_3 - l_3 k_4 = 0, \\ k_4 = 0, \end{cases}$$

解出 $k_4 = 0, k_3 = 0, k_2 = 0, k_1 = 0$. 于是 $\boldsymbol{\alpha}_1, \boldsymbol{\alpha}_2, \boldsymbol{\alpha}_3, \boldsymbol{\alpha}_5 - \boldsymbol{\alpha}_4$ 线性无关. 即其秩为 4.

【评注】 本题考查向量组秩的概念，涉及线性相关、线性无关等概念以及线性相关性与向量组秩之间的关系.

3.**【解】** 因 $\boldsymbol{\beta}_3$ 可由 $\boldsymbol{\alpha}_1, \boldsymbol{\alpha}_2, \boldsymbol{\alpha}_3$ 线性表示，故线性方程组

$$\begin{bmatrix} 1 & 3 & 9 \\ 2 & 0 & 6 \\ -3 & 1 & -7 \end{bmatrix}\begin{bmatrix} x_1 \\ x_2 \\ x_3 \end{bmatrix} = \begin{bmatrix} b \\ 1 \\ 0 \end{bmatrix}$$

有解. 对增广矩阵施行初等行变换：

$$\left[\begin{array}{ccc|c} 1 & 3 & 9 & b \\ 2 & 0 & 6 & 1 \\ -3 & 1 & -7 & 0 \end{array}\right] \to \left[\begin{array}{ccc|c} 1 & 3 & 9 & b \\ 0 & -6 & -12 & 1-2b \\ 0 & 10 & 20 & 3b \end{array}\right] \to \left[\begin{array}{ccc|c} 1 & 3 & 9 & b \\ 0 & 1 & 2 & \dfrac{2b-1}{6} \\ 0 & 0 & 0 & \dfrac{3b}{10} - \dfrac{2b-1}{6} \end{array}\right].$$

由非齐次线性方程组有解的条件知 $\dfrac{3b}{10} - \dfrac{2b-1}{6} = 0$ 得 $b = 5$.

又 $\boldsymbol{\alpha}_1$ 和 $\boldsymbol{\alpha}_2$ 线性无关，$\boldsymbol{\alpha}_3 = 3\boldsymbol{\alpha}_1 + 2\boldsymbol{\alpha}_2$，所以向量组 $\boldsymbol{\alpha}_1, \boldsymbol{\alpha}_2, \boldsymbol{\alpha}_3$ 的秩为 2.

由题设知向量组 $\boldsymbol{\beta}_1, \boldsymbol{\beta}_2, \boldsymbol{\beta}_3$ 的秩也是 2，从而 $\begin{vmatrix} 0 & a & 5 \\ 1 & 2 & 1 \\ -1 & 1 & 0 \end{vmatrix} = 0$，解得 $a = 15$.

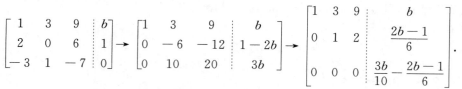

第四章　线性方程组

一、齐次方程组、基础解系

1(2011,8 题)【答案】 D.

【解析】 本题没有给出具体的方程组,因而求解应当由解的结构、由秩开始.

因为 $\boldsymbol{Ax}=\boldsymbol{0}$ 只有 1 个线性无关的解,即 $n-r(\boldsymbol{A})=1$,从而 $r(\boldsymbol{A})=3$. 那么

$$r(\boldsymbol{A}^*)=1\Rightarrow n-r(\boldsymbol{A}^*)=4-1=3,$$

故 $\boldsymbol{A}^*\boldsymbol{x}=\boldsymbol{0}$ 的基础解系中有 3 个线性无关的解,可见选项(A)(B) 均错误.

再由 $\boldsymbol{A}^*\boldsymbol{A}=|\boldsymbol{A}|\boldsymbol{E}$,及 $|\boldsymbol{A}|=0$,有 $\boldsymbol{A}^*\boldsymbol{A}=\boldsymbol{O}$,知 $\boldsymbol{A}$ 的列向量全是 $\boldsymbol{A}^*\boldsymbol{x}=\boldsymbol{0}$ 的解,而秩 $r(\boldsymbol{A})=3$,故 $\boldsymbol{A}$ 的列向量中必有 3 个线性无关.

最后,按 $\boldsymbol{A}\begin{bmatrix}1\\0\\1\\0\end{bmatrix}=\boldsymbol{0}$,即 $[\boldsymbol{\alpha}_1,\boldsymbol{\alpha}_2,\boldsymbol{\alpha}_3,\boldsymbol{\alpha}_4]\begin{bmatrix}1\\0\\1\\0\end{bmatrix}=\boldsymbol{0}$,即 $\boldsymbol{\alpha}_1+\boldsymbol{\alpha}_3=\boldsymbol{0}$,

说明 $\boldsymbol{\alpha}_1,\boldsymbol{\alpha}_3$ 相关 $\Rightarrow\boldsymbol{\alpha}_1,\boldsymbol{\alpha}_2,\boldsymbol{\alpha}_3$ 相关. 从而应选(D).

【评注】 不要忘记

$$r(\boldsymbol{A}^*)=\begin{cases}n, & r(\boldsymbol{A})=n,\\1, & r(\boldsymbol{A})=n-1,\\0, & r(\boldsymbol{A})<n-1.\end{cases}$$

当没有具体的方程组时,一定要有用解的结构,用秩来分析、推导的构思.

本题难度系数 0.434.

2(2019,7 题)【答案】 A.

【解析】 由 $n-r(\boldsymbol{A})=4-r(\boldsymbol{A})=2$,

知 $r(\boldsymbol{A})=2$,再由 $r(\boldsymbol{A}^*)=\begin{cases}n, & r(\boldsymbol{A})=n,\\1, & r(\boldsymbol{A})=n-1,\\0, & r(\boldsymbol{A})<n-1,\end{cases}$

所以 $r(\boldsymbol{A}^*)=0$,选(A).

3(2020,7 题)【答案】 C.

【解析】 选择题的 4 个选项,已经告诉你 $\boldsymbol{A}^*\boldsymbol{x}=\boldsymbol{0}$ 的基础解系由 $\boldsymbol{A}$ 的 3 个列向量所构成. 因此只要判断 $\boldsymbol{A}$ 的哪 3 个列向量是线性无关的. 而条件就是 $A_{12}\neq 0$.

因

$$A_{12}=-\begin{vmatrix}a_{21} & a_{23} & a_{24}\\a_{31} & a_{33} & a_{34}\\a_{41} & a_{43} & a_{44}\end{vmatrix}\neq 0,$$

意味$(a_{21},a_{31},a_{41})^{T}$，$(a_{23},a_{33},a_{43})^{T}$，$(a_{24},a_{34},a_{44})^{T}$线性无关，那么必有$\boldsymbol{\alpha}_1,\boldsymbol{\alpha}_3,\boldsymbol{\alpha}_4$线性无关（低维向量无关增加坐标高维向量必无关）.

故应选(C).

【评注】 如果是解答题，你应当如何处理？

解题加速度

1.**【分析】** 这是n个未知数n个方程的齐次线性方程组，$\boldsymbol{A}\boldsymbol{x}=\boldsymbol{0}$只有零解的充分必要条件是$|\boldsymbol{A}|\neq 0$，故可从计算系数行列式入手.

【解】 方程组的系数行列式

$$|\boldsymbol{A}|=\begin{vmatrix} a & b & b & \cdots & b \\ b & a & b & \cdots & b \\ b & b & a & \cdots & b \\ \vdots & \vdots & \vdots & & \vdots \\ b & b & b & \cdots & a \end{vmatrix}=[a+(n-1)b](a-b)^{n-1}.$$

(1) 当$a\neq b$且$a\neq(1-n)b$时，方程组只有零解.

(2) 当$a=b$时，对系数矩阵作初等行变换，有

$$\boldsymbol{A}=\begin{bmatrix} a & a & a & \cdots & a \\ a & a & a & \cdots & a \\ a & a & a & \cdots & a \\ \vdots & \vdots & \vdots & & \vdots \\ a & a & a & \cdots & a \end{bmatrix}\to\begin{bmatrix} 1 & 1 & 1 & \cdots & 1 \\ 0 & 0 & 0 & \cdots & 0 \\ 0 & 0 & 0 & \cdots & 0 \\ \vdots & \vdots & \vdots & & \vdots \\ 0 & 0 & 0 & \cdots & 0 \end{bmatrix}.$$

由于$n-r(\boldsymbol{A})=n-1$，取自由变量为$x_2,x_3,\cdots,x_n$，得到基础解系为

$$\boldsymbol{\alpha}_1=(-1,1,0,\cdots,0)^{T},\boldsymbol{\alpha}_2=(-1,0,1,\cdots,0)^{T},\cdots,\boldsymbol{\alpha}_{n-1}=(-1,0,0,\cdots,1)^{T}.$$

方程组的通解是：$k_1\boldsymbol{\alpha}_1+k_2\boldsymbol{\alpha}_2+\cdots+k_{n-1}\boldsymbol{\alpha}_{n-1}$，其中$k_1,k_2,\cdots,k_{n-1}$为任意常数.

(3) 当$a=(1-n)b$时，对系数矩阵作初等行变换，把第1行的-1倍分别加至每一行，有

$$\begin{bmatrix} (1-n)b & b & b & \cdots & b & b \\ b & (1-n)b & b & \cdots & b & b \\ b & b & (1-n)b & \cdots & b & b \\ \vdots & \vdots & \vdots & & \vdots & \vdots \\ b & b & b & \cdots & (1-n)b & b \\ b & b & b & \cdots & b & (1-n)b \end{bmatrix}$$

$$\to\begin{bmatrix} (1-n)b & b & b & \cdots & b & b \\ nb & -nb & 0 & \cdots & 0 & 0 \\ nb & 0 & -nb & \cdots & 0 & 0 \\ \vdots & \vdots & \vdots & & \vdots & \vdots \\ nb & 0 & 0 & \cdots & -nb & 0 \\ nb & 0 & 0 & \cdots & 0 & -nb \end{bmatrix}\to\begin{bmatrix} 1-n & 1 & 1 & \cdots & 1 & 1 \\ 1 & -1 & 0 & \cdots & 0 & 0 \\ 1 & 0 & -1 & \cdots & 0 & 0 \\ \vdots & \vdots & \vdots & & \vdots & \vdots \\ 1 & 0 & 0 & 0 & -1 & 0 \\ 1 & 0 & 0 & \cdots & 0 & -1 \end{bmatrix}$$

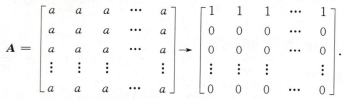

$$\rightarrow\begin{bmatrix}1 & -1 & 0 & \cdots & 0 & 0\\ 0 & 1 & -1 & \cdots & 0 & 0\\ 0 & 0 & 1 & \cdots & 0 & 0\\ \vdots & \vdots & \vdots & & \vdots & \vdots\\ 0 & 0 & 0 & \cdots & 1 & -1\\ 0 & 0 & 0 & \cdots & 0 & 0\end{bmatrix}.$$

由于 $r(\boldsymbol{A})=n-1$,有 $n-r(\boldsymbol{A})=1$,即基础解系只有 1 个解向量,取自由变量为 x_n,则基础解系为 $\boldsymbol{\alpha}=(1,1,1,\cdots,1)^{\mathrm{T}}$. 故通解为 $k\boldsymbol{\alpha}$(k 为任意常数).

2.【答案】 B.

【解析】 因为 $\boldsymbol{\xi}_1\neq\boldsymbol{\xi}_2$,知 $\boldsymbol{\xi}_1-\boldsymbol{\xi}_2$ 是 $\boldsymbol{Ax}=\boldsymbol{0}$ 的非零解,故秩 $r(\boldsymbol{A})<n$. 又因伴随矩阵 $\boldsymbol{A}^*\neq\boldsymbol{O}$,说明有代数余子式 $A_{ij}\neq0$,即 $|\boldsymbol{A}|$ 中有 $n-1$ 阶子式非零. 因此秩 $r(\boldsymbol{A})=n-1$. 那么 $n-r(\boldsymbol{A})=1$,即 $\boldsymbol{Ax}=\boldsymbol{0}$ 的基础解系仅含有一个非零解向量. 应选(B).

3.【分析】 如果 $\boldsymbol{\beta}_1,\boldsymbol{\beta}_2,\cdots,\boldsymbol{\beta}_s$ 是 $\boldsymbol{Ax}=\boldsymbol{0}$ 的基础解系,则表明

(1)$\boldsymbol{\beta}_1,\boldsymbol{\beta}_2,\cdots,\boldsymbol{\beta}_s$ 是 $\boldsymbol{Ax}=\boldsymbol{0}$ 的解;

(2)$\boldsymbol{\beta}_1,\boldsymbol{\beta}_2,\cdots,\boldsymbol{\beta}_s$ 线性无关;

(3)$s=n-r(\boldsymbol{A})$ 或 $\boldsymbol{\beta}_1,\cdots,\boldsymbol{\beta}_s$ 可表示 $\boldsymbol{Ax}=\boldsymbol{0}$ 的任一个解.

那么要证 $\boldsymbol{\beta}_1,\cdots,\boldsymbol{\beta}_s$ 是基础解系,也应当证这三点. 本题中(1)(3) 是容易证明的,关键是(2). 线性相关性的证明在考研中是常见的.

【解】 由于 $\boldsymbol{\beta}_i(i=1,2,\cdots,s)$ 是 $\boldsymbol{\alpha}_1,\boldsymbol{\alpha}_2,\cdots,\boldsymbol{\alpha}_s$ 的线性组合,又 $\boldsymbol{\alpha}_1,\cdots,\boldsymbol{\alpha}_s$ 是 $\boldsymbol{Ax}=\boldsymbol{0}$ 的解,所以根据齐次方程组解的性质知 $\boldsymbol{\beta}_i(i=1,2,\cdots,s)$ 均为 $\boldsymbol{Ax}=\boldsymbol{0}$ 的解.

从 $\boldsymbol{\alpha}_1,\boldsymbol{\alpha}_2,\cdots,\boldsymbol{\alpha}_s$ 是 $\boldsymbol{Ax}=\boldsymbol{0}$ 的基础解系,知 $s=n-r(\boldsymbol{A})$.

下面来分析 $\boldsymbol{\beta}_1,\boldsymbol{\beta}_2,\cdots,\boldsymbol{\beta}_s$ 线性无关的条件. 设 $k_1\boldsymbol{\beta}_1+k_2\boldsymbol{\beta}_2+\cdots+k_s\boldsymbol{\beta}_s=\boldsymbol{0}$,即

$$(t_1k_1+t_2k_s)\boldsymbol{\alpha}_1+(t_2k_1+t_1k_2)\boldsymbol{\alpha}_2+(t_2k_2+t_1k_3)\boldsymbol{\alpha}_3+\cdots+(t_2k_{s-1}+t_1k_s)\boldsymbol{\alpha}_s=\boldsymbol{0},$$

由于 $\boldsymbol{\alpha}_1,\boldsymbol{\alpha}_2,\cdots,\boldsymbol{\alpha}_s$ 线性无关,因此有

$$\begin{cases}t_1k_1+t_2k_s=0,\\ t_2k_1+t_1k_2=0,\\ t_2k_2+t_1k_3=0,\\ \cdots\\ t_2k_{s-1}+t_1k_s=0,\end{cases}\qquad(*)$$

因为系数行列式

$$\begin{vmatrix}t_1 & 0 & 0 & \cdots & 0 & t_2\\ t_2 & t_1 & 0 & \cdots & 0 & 0\\ 0 & t_2 & t_1 & \cdots & 0 & 0\\ \vdots & \vdots & \vdots & & \vdots & \vdots\\ 0 & 0 & 0 & \cdots & t_2 & t_1\end{vmatrix}=t_1^s+(-1)^{s+1}t_2^s,$$

所以当 $t_1^s+(-1)^{s+1}t_2^s\neq0$ 时,方程组($*$)只有零解 $k_1=k_2=\cdots=k_s=0$. 从而 $\boldsymbol{\beta}_1,\boldsymbol{\beta}_2,\cdots,\boldsymbol{\beta}_s$ 线性无关. 即当 s 为偶数时,$t_1\neq\pm t_2$. 而当 s 为奇数,$t_1\neq-t_2$ 时,$\boldsymbol{\beta}_1,\boldsymbol{\beta}_2,\cdots,\boldsymbol{\beta}_s$ 也为 $\boldsymbol{Ax}=\boldsymbol{0}$ 的一个基础解系.

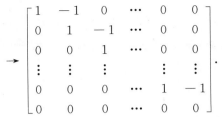

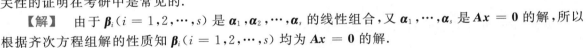

【评注】 本题考查基础解系的概念及线性无关的证明，还涉及 s 阶行列式的计算. 由于有些考生概念不清，不知要证什么. 有的不会证线性无关，还有同学在把 $\boldsymbol{\alpha}_1,\boldsymbol{\alpha}_2,\cdots,\boldsymbol{\alpha}_s$ 线性无关转化为齐次方程组（$*$）时，方程写得过于少，例如系数行列式成为

$$\begin{vmatrix} t_1 & 0 & \cdots & t_2 \\ t_2 & t_1 & \cdots & 0 \\ \vdots & \vdots & & \vdots \\ 0 & 0 & \cdots & t_1 \end{vmatrix}.$$

结果对行列式的结构规律没有观察清楚，造成行列式计算上的失误. 本题人均得分不足 2.3 分.

行列式中已有大量的 0，直接展开就可得到行列式的值，那么本题是按第 1 行展开好呢，还是按第 1 列展开好？

4.【答案】 $k(1,-2,1)^{\mathrm{T}}$，k 为任意常数.

【解析】 考查抽象方程组求解，由秩出发.

由 $\boldsymbol{\alpha}_1,\boldsymbol{\alpha}_2$ 线性无关知 $r(\boldsymbol{A})\geqslant 2$. 又 $\boldsymbol{\alpha}_3=-\boldsymbol{\alpha}_1+2\boldsymbol{\alpha}_2$ 知 $\boldsymbol{\alpha}_1,\boldsymbol{\alpha}_2,\boldsymbol{\alpha}_3$ 线性相关，有 $r(\boldsymbol{A})<3$.

从而必有 $r(\boldsymbol{A})=2$，于是 $n-r(\boldsymbol{A})=3-2=1$. $\boldsymbol{Ax}=\boldsymbol{0}$ 的基础解系由 1 个非零向量构成.

因 $\boldsymbol{\alpha}_1-2\boldsymbol{\alpha}_2+\boldsymbol{\alpha}_3=\boldsymbol{0}$，即 $\boldsymbol{A}\begin{bmatrix}1\\-2\\1\end{bmatrix}=\boldsymbol{0}$，

从而 $\boldsymbol{Ax}=\boldsymbol{0}$ 的通解为 $k(1,-2,1)^{\mathrm{T}}$，k 是任意常数.

二、非齐次方程组的求解

4（2009，22 题）【分析】 本题的第（Ⅰ）问，实际是求方程组 $\boldsymbol{Ax}=\boldsymbol{\xi}_1$ 和 $\boldsymbol{A}^2\boldsymbol{x}=\boldsymbol{\xi}_1$ 的解，而且要求把通解写成向量的形式.

【解】（Ⅰ）对增广矩阵 $(\boldsymbol{A}\mid\boldsymbol{\xi}_1)$ 作初等行变换：

$$\overline{\boldsymbol{A}}=\left[\begin{array}{ccc:c}1&-1&-1&-1\\-1&1&1&1\\0&-4&-2&-2\end{array}\right]\to\left[\begin{array}{ccc:c}1&-1&-1&-1\\0&2&1&1\\0&0&0&0\end{array}\right]\to\left[\begin{array}{ccc:c}1&1&0&0\\0&2&1&1\\0&0&0&0\end{array}\right],$$

得到方程组 $\boldsymbol{Ax}=\boldsymbol{\xi}_1$ 的通解为 $(0,0,1)^{\mathrm{T}}+k(-1,1,-2)^{\mathrm{T}}$，从而 $\boldsymbol{\xi}_2=(-k,k,1-2k)^{\mathrm{T}}$，$k$ 是任意常数.

由于 $\boldsymbol{A}^2=\begin{bmatrix}2&2&0\\-2&-2&0\\4&4&0\end{bmatrix}$，对 $\boldsymbol{A}^2\boldsymbol{x}=\boldsymbol{\xi}_1$，由增广矩阵作初等行变换，有

$$\left[\begin{array}{ccc:c}2&2&0&-1\\-2&-2&0&1\\4&4&0&-2\end{array}\right]\to\left[\begin{array}{ccc:c}2&2&0&-1\\0&0&0&0\\0&0&0&0\end{array}\right],$$

得方程组通解 $x_1=-\dfrac{1}{2}-u$，$x_2=u$，$x_3=v$，即 $\boldsymbol{\xi}_3=\left(-\dfrac{1}{2}-u,u,v\right)^{\mathrm{T}}$，其中 u,v 为任意常数.

（Ⅱ）因为行列式

$$|\boldsymbol{\xi}_1,\boldsymbol{\xi}_2,\boldsymbol{\xi}_3|=\begin{vmatrix}-1 & -k & -\frac{1}{2}-u\\ 1 & k & u\\ -2 & 1-2k & v\end{vmatrix}=\begin{vmatrix}0 & 0 & -\frac{1}{2}\\ 1 & k & u\\ -2 & 1-2k & v\end{vmatrix}=-\frac{1}{2}\neq 0,$$

所以对任意的 k,u,v，恒有 $|\boldsymbol{\xi}_1,\boldsymbol{\xi}_2,\boldsymbol{\xi}_3|\neq 0$，即对任意的 $\boldsymbol{\xi}_2,\boldsymbol{\xi}_3$，恒有 $\boldsymbol{\xi}_1,\boldsymbol{\xi}_2,\boldsymbol{\xi}_3$ 线性无关.

【评注】 本题若能发现 $\boldsymbol{A}\boldsymbol{\xi}_1=\boldsymbol{0}$，那么（Ⅱ）也可用定义法来处理：

（Ⅱ）证法二　由题设可得 $\boldsymbol{A}\boldsymbol{\xi}_1=\boldsymbol{0}$. 设存在数 k_1,k_2,k_3，使得

$$k_1\boldsymbol{\xi}_1+k_2\boldsymbol{\xi}_2+k_3\boldsymbol{\xi}_3=\boldsymbol{0}. \qquad ①$$

等式两端左乘 $\boldsymbol{A}$，得

$$k_2\boldsymbol{A}\boldsymbol{\xi}_2+k_3\boldsymbol{A}\boldsymbol{\xi}_3=\boldsymbol{0},$$

即

$$k_2\boldsymbol{\xi}_1+k_3\boldsymbol{A}\boldsymbol{\xi}_3=\boldsymbol{0}. \qquad ②$$

等式两端再左乘 $\boldsymbol{A}$，得

$$k_3\boldsymbol{A}^2\boldsymbol{\xi}_3=\boldsymbol{0},$$

即

$$k_3\boldsymbol{\xi}_1=\boldsymbol{0}, \text{又 } \boldsymbol{\xi}_1\neq\boldsymbol{0},$$

于是 $k_3=0$ 代入②式，得 $k_2\boldsymbol{\xi}_1=\boldsymbol{0}$，故 $k_2=0$. 将 $k_2=k_3=0$ 代入①式，可得 $k_1=0$，从而 $\boldsymbol{\xi}_1,\boldsymbol{\xi}_2,\boldsymbol{\xi}_3$ 线性无关.

本题难度系数数一 0.356，数二 0.366，数三 0.378，是不是复习上出问题了？

5（2010，22 题）**【解】**（Ⅰ）因为方程组 $\boldsymbol{Ax}=\boldsymbol{b}$ 有 2 个不同的解，所以 $r(\boldsymbol{A})=r(\overline{\boldsymbol{A}})<3$，故

$$|\boldsymbol{A}|=\begin{vmatrix}\lambda & 1 & 1\\ 0 & \lambda-1 & 0\\ 1 & 1 & \lambda\end{vmatrix}=(\lambda-1)\begin{vmatrix}\lambda & 1\\ 1 & \lambda\end{vmatrix}=(\lambda+1)(\lambda-1)^2=0,$$

知 $\lambda=1$ 或 $\lambda=-1$，

当 $\lambda=1$ 时，

$$\overline{\boldsymbol{A}}=\left[\begin{array}{ccc:c}1 & 1 & 1 & a\\ 0 & 0 & 0 & 1\\ 1 & 1 & 1 & 1\end{array}\right].$$

显然 $r(\boldsymbol{A})=1$，$r(\overline{\boldsymbol{A}})=2$，此时方程组无解，$\lambda=1$ 舍去.

当 $\lambda=-1$ 时，对 $\boldsymbol{Ax}=\boldsymbol{b}$ 的增广矩阵施以初等行变换：

$$(\boldsymbol{A}\,\vdots\,\boldsymbol{b})=\left[\begin{array}{ccc:c}-1 & 1 & 1 & a\\ 0 & -2 & 0 & 1\\ 1 & 1 & -1 & 1\end{array}\right]\to\left[\begin{array}{ccc:c}1 & 0 & -1 & \frac{3}{2}\\ 0 & 1 & 0 & -\frac{1}{2}\\ 0 & 0 & 0 & a+2\end{array}\right].$$

因为 $\boldsymbol{Ax}=\boldsymbol{b}$ 有解，所以 $a=-2$.

（Ⅱ）当 $\lambda=-1$，$a=-2$ 时，

$$\overline{\boldsymbol{A}}\to\left[\begin{array}{ccc:c}1 & 0 & -1 & \frac{3}{2}\\ 0 & 1 & 0 & -\frac{1}{2}\\ 0 & 0 & 0 & 0\end{array}\right]$$

所以 $\boldsymbol{Ax}=\boldsymbol{b}$ 的通解为

$$\boldsymbol{x}=\frac{1}{2}\begin{bmatrix}3\\-1\\0\end{bmatrix}+k\begin{bmatrix}1\\0\\1\end{bmatrix},\text{其中 } k \text{ 为任意常数.}$$

【评注】 本题难度系数数一 0.662，数二 0.592，数三 0.627.

6（2012，22 题）**【解】**（Ⅰ）按第一列展开，

$$|\boldsymbol{A}|=1\cdot\begin{vmatrix}1&a&0\\0&1&a\\0&0&1\end{vmatrix}+a(-1)^{4+1}\begin{vmatrix}a&0&0\\1&a&0\\0&1&a\end{vmatrix}=1-a^4.$$

（Ⅱ）当 $|\boldsymbol{A}|=0$ 时，方程组 $\boldsymbol{Ax}=\boldsymbol{\beta}$ 有可能有无穷多解，由（Ⅰ）知 $a=1$ 或 -1.

（1）如果 $a=1$，

$$\left[\begin{array}{cccc:c}1&1&0&0&1\\0&1&1&0&-1\\0&0&1&1&0\\1&0&0&1&0\end{array}\right]\rightarrow\left[\begin{array}{cccc:c}1&1&0&0&1\\0&1&1&0&-1\\0&0&1&1&0\\0&-1&0&1&-1\end{array}\right]\rightarrow\left[\begin{array}{cccc:c}1&1&0&0&1\\0&1&1&0&-1\\0&0&1&1&0\\0&0&0&0&-2\end{array}\right],$$

$r(\boldsymbol{A})=3$，$r(\overline{\boldsymbol{A}})=4$，方程组无解，舍去.

（2）当 $a=-1$ 时，

$$\left[\begin{array}{cccc:c}1&-1&0&0&1\\0&1&-1&0&-1\\0&0&1&-1&0\\-1&0&0&1&0\end{array}\right]\rightarrow\left[\begin{array}{cccc:c}1&-1&0&0&1\\0&1&-1&0&-1\\0&0&1&-1&0\\0&0&0&0&0\end{array}\right]\rightarrow\left[\begin{array}{cccc:c}1&0&0&-1&0\\0&1&0&-1&-1\\0&0&1&-1&0\\0&0&0&0&0\end{array}\right],$$

$r(\boldsymbol{A})=r(\overline{\boldsymbol{A}})=3$. 方程组有无穷多解，取 x_4 为自由变量，得方程组通解为

$$(0,-1,0,0)^{\mathrm{T}}+k(1,1,1,1)^{\mathrm{T}},k\text{ 为任意常数.}$$

【评注】 难度系数数一 0.654，数二 0.620，数三 0.628.

7（2013，22 题）**【解】** 设 $\boldsymbol{C}=\begin{bmatrix}x_1&x_2\\x_3&x_4\end{bmatrix}$. 那么 $\boldsymbol{AC}-\boldsymbol{CA}=\boldsymbol{B}$，则

$$\begin{bmatrix}1&a\\1&0\end{bmatrix}\begin{bmatrix}x_1&x_2\\x_3&x_4\end{bmatrix}-\begin{bmatrix}x_1&x_2\\x_3&x_4\end{bmatrix}\begin{bmatrix}1&a\\1&0\end{bmatrix}=\begin{bmatrix}0&1\\1&b\end{bmatrix},$$

$$\begin{bmatrix}x_1+ax_3&x_2+ax_4\\x_1&x_2\end{bmatrix}-\begin{bmatrix}x_1+x_2&ax_1\\x_3+x_4&ax_3\end{bmatrix}=\begin{bmatrix}0&1\\1&b\end{bmatrix},$$

即得方程组
$$\begin{cases}-x_2+ax_3=0,\\-ax_1+x_2+ax_4=1,\\x_1-x_3-x_4=1,\\x_2-ax_3=b,\end{cases}$$

对增广矩阵作初等行变换，有

$$\overline{\boldsymbol{A}}=\left[\begin{array}{cccc:c}0&-1&a&0&0\\-a&1&0&a&1\\1&0&-1&-1&1\\0&1&-a&0&b\end{array}\right]\rightarrow\left[\begin{array}{cccc:c}1&0&-1&-1&1\\0&1&-a&0&0\\0&0&0&0&a+1\\0&0&0&0&b\end{array}\right].$$

当 $a\neq-1$ 或 $b\neq0$ 时，方程组无解.

当 $a=-1$，且 $b=0$ 时，方程组有解. 此时存在矩阵 $\boldsymbol{C}$ 满足 $\boldsymbol{AC}-\boldsymbol{CA}=\boldsymbol{B}$.

由于方程组的通解为

$$\begin{pmatrix}x_1\\x_2\\x_3\\x_4\end{pmatrix}=\begin{pmatrix}1\\0\\0\\0\end{pmatrix}+k_1\begin{pmatrix}1\\-1\\1\\0\end{pmatrix}+k_2\begin{pmatrix}1\\0\\0\\1\end{pmatrix},k_1,k_2\text{ 为任意实数，}$$

故当且仅当 $a=-1,b=0$ 时，存在矩阵

$$\boldsymbol{C}=\begin{bmatrix}1+k_1+k_2&-k_1\\k_1&k_2\end{bmatrix},$$

满足 $\boldsymbol{AC}-\boldsymbol{CA}=\boldsymbol{B}$，其中 k_1,k_2 为任意实数.

【评注】 这是当年考得比较差的一道题，难度系数数一 0.368，数二 0.389，数三 0.460，考生在计算上失误的情况非常严重，希望大家复习时要重视基本计算.

8（2014，22 题）**【分析】**（Ⅰ）是基础题，化为行最简即可.

关于（Ⅱ）中矩阵 $\boldsymbol{B}$，其实就是 $\boldsymbol{Ax}=\begin{bmatrix}1\\0\\0\end{bmatrix},\boldsymbol{Ax}=\begin{bmatrix}0\\1\\0\end{bmatrix},\boldsymbol{Ax}=\begin{bmatrix}0\\0\\1\end{bmatrix}$ 三个方程组的求解问题.

【解】（Ⅰ）对矩阵 $\boldsymbol{A}$ 作初等行变换，得

$$\boldsymbol{A}=\begin{bmatrix}1&-2&3&-4\\0&1&-1&1\\1&2&0&-3\end{bmatrix}\rightarrow\begin{bmatrix}1&-2&3&-4\\0&1&-1&1\\0&4&-3&1\end{bmatrix}\rightarrow\begin{bmatrix}1&-2&3&-4\\0&1&-1&1\\0&0&1&-3\end{bmatrix}\rightarrow\begin{bmatrix}1&0&0&1\\0&1&0&-2\\0&0&1&-3\end{bmatrix},$$

因 $n-r(\boldsymbol{A})=4-3=1$，令 $x_4=1$ 求出 $x_3=3,x_2=2,x_1=-1$，

故基础解系为 $\boldsymbol{\eta}=(-1,2,3,1)^{\mathrm{T}}$.

（Ⅱ）$\boldsymbol{AB}=\boldsymbol{E}$ 中 $\boldsymbol{B}$ 的列向量其实是三个非齐次线性方程组

$$\boldsymbol{Ax}=\begin{bmatrix}1\\0\\0\end{bmatrix},\boldsymbol{Ax}=\begin{bmatrix}0\\1\\0\end{bmatrix},\boldsymbol{Ax}=\begin{bmatrix}0\\0\\1\end{bmatrix}$$

的解. 由于这三个方程组的系数矩阵是相同的，所以令 $\overline{\boldsymbol{A}}=(\boldsymbol{A}\vdots\boldsymbol{E})$ 作初等行变换：

$$\overline{\boldsymbol{A}}=(\boldsymbol{A}\vdots\boldsymbol{E})=\left[\begin{array}{cccc:ccc}1&-2&3&-4&1&0&0\\0&1&-1&1&0&1&0\\1&2&0&-3&0&0&1\end{array}\right]\rightarrow\left[\begin{array}{cccc:ccc}1&-2&3&-4&1&0&0\\0&1&-1&1&0&1&0\\0&4&-3&1&-1&0&1\end{array}\right]$$

$$\rightarrow\left[\begin{array}{cccc:ccc}1&-2&3&-4&1&0&0\\0&1&-1&1&0&1&0\\0&0&1&-3&-1&-4&1\end{array}\right]\rightarrow\left[\begin{array}{cccc:ccc}1&-2&0&5&4&12&-3\\0&1&0&-2&-1&-3&1\\0&0&1&-3&-1&-4&1\end{array}\right]$$

$$\to\left[\begin{array}{cccc:ccc}1&0&0&1&2&6&-1\\0&1&0&-2&-1&-3&1\\0&0&1&-3&-1&-4&1\end{array}\right].$$

由此得三个方程组的通解：

$$(2,-1,-1,0)^{\mathrm{T}}+k_1\boldsymbol{\eta},$$
$$(6,-3,-4,0)^{\mathrm{T}}+k_2\boldsymbol{\eta},$$
$$(-1,1,1,0)^{\mathrm{T}}+k_3\boldsymbol{\eta},$$

故所求矩阵为 $\boldsymbol{B}=\begin{bmatrix}2-k_1&6-k_2&-1-k_3\\-1+2k_1&-3+2k_2&1+2k_3\\-1+3k_1&-4+3k_2&1+3k_3\\k_1&k_2&k_3\end{bmatrix}$，$k_1,k_2,k_3$ 为任意常数.

【评注】 本题难度系数数一 0.445，数二 0.416，数三 0.436.

9（2015，7 题）【答案】 D.

【解析】 $\boldsymbol{Ax}=\boldsymbol{b}$ 有无穷多解 $\Leftrightarrow r(\boldsymbol{A})=r(\overline{\boldsymbol{A}})<n$.

$$\left[\begin{array}{ccc:c}1&1&1&1\\1&2&a&d\\1&4&a^2&d^2\end{array}\right]\to\left[\begin{array}{ccc:c}1&1&1&1\\0&1&a-1&d-1\\0&3&a^2-1&d^2-1\end{array}\right]\to\left[\begin{array}{ccc:c}1&1&1&1\\0&1&a-1&d-1\\0&0&a^2-3a+2&d^2-3d+2\end{array}\right]$$

$$\begin{cases}a^2-3a+2=0,\\d^2-3d+2=0,\end{cases}\Leftrightarrow a\in\Omega,d\in\Omega.$$

或 $\boldsymbol{Ax}=\boldsymbol{b}$ 有无穷解的必要条件 $|\boldsymbol{A}|=0$.

由 $|\boldsymbol{A}|=\begin{vmatrix}1&1&1\\1&2&a\\1&4&a^2\end{vmatrix}=(a-1)(a-2)=0$，$a=1$ 或 2.

再分情况判断 $\boldsymbol{Ax}=\boldsymbol{b}$ 是否有无穷多解. 亦有(D).

10（2016，22 题）【解】 （Ⅰ）对 $(\boldsymbol{A}\vdots\boldsymbol{\beta})$ 作初等行变换，有

$$\left[\begin{array}{ccc:c}1&1&1-a&0\\1&0&a&1\\a+1&1&a+1&2a-2\end{array}\right]\to\left[\begin{array}{ccc:c}1&1&1-a&0\\0&-1&2a-1&1\\0&-a&a(a+1)&2a-2\end{array}\right]\to\left[\begin{array}{ccc:c}1&1&1-a&0\\0&1&1-2a&-1\\0&0&a(2-a)&a-2\end{array}\right],$$

因方程组无解，所以 $r(\boldsymbol{A})<r(\boldsymbol{A},\boldsymbol{\beta})$ 即 $a(2-a)=0$，且 $a-2\neq0$，故 $a=0$.

（Ⅱ）又 $\boldsymbol{A}^{\mathrm{T}}\boldsymbol{A}=\begin{bmatrix}1&1&1\\1&0&1\\1&0&1\end{bmatrix}\begin{bmatrix}1&1&1\\1&0&0\\1&1&1\end{bmatrix}=\begin{bmatrix}3&2&2\\2&2&2\\2&2&2\end{bmatrix}$，

$$\boldsymbol{A}^{\mathrm{T}}\boldsymbol{\beta}=\begin{bmatrix}1&1&1\\1&0&1\\1&0&1\end{bmatrix}\begin{bmatrix}0\\1\\-2\end{bmatrix}=\begin{bmatrix}-1\\-2\\-2\end{bmatrix},$$

对 $(\boldsymbol{A}^{\mathrm{T}}\boldsymbol{A}\vdots\boldsymbol{A}^{\mathrm{T}}\boldsymbol{\beta})$ 作初等行变换有

$$\left[\begin{array}{ccc:c}3&2&2&-1\\2&2&2&-2\\2&2&2&-2\end{array}\right]\to\left[\begin{array}{ccc:c}1&1&1&-1\\0&1&1&-2\\0&0&0&0\end{array}\right]\to\left[\begin{array}{ccc:c}1&0&0&1\\0&1&1&-2\\0&0&0&0\end{array}\right],$$

得方程组 $A^TAx = A^T\beta$ 的通解为：

$$x = (1, -2, 0)^T + k(0, -1, 1)^T, k\text{ 为任意常数}.$$

【评注】 方程组 $Ax = \beta$ 无解的必要条件：$|A| = 0$.

由 $|A| = \begin{vmatrix} 1 & 1 & 1-a \\ 1 & 0 & a \\ a+1 & 1 & a+1 \end{vmatrix} = \begin{vmatrix} 1 & 1 & 1-a \\ 1 & 0 & a \\ a & 0 & 2a \end{vmatrix} = a^2 - 2a = 0$,

然后代入判断可知 $a = 0$ 时方程组无解.

难度系数数二 0.548，数三 0.590.

11(2017,22 题)【解】 （Ⅰ）由 $\alpha_3 = \alpha_1 + 2\alpha_2$ 知 $\alpha_1, \alpha_2, \alpha_3$ 线性相关，故 $|A| = 0$，$\lambda = 0$ 是 A 的特征值. 又 A 有 3 个不同的特征值，设为 $\lambda_1, \lambda_2, 0$（其中 λ_1, λ_2 不为 0），

那么 $A \sim \begin{bmatrix} \lambda_1 & & \\ & \lambda_2 & \\ & & 0 \end{bmatrix}$，所以 $r(A) = r(\Lambda) = 2$.

（Ⅱ）由 $\alpha_3 = \alpha_1 + 2\alpha_2$ 有 $\alpha_1 + 2\alpha_2 - \alpha_3 = 0$，那么

$$A\begin{bmatrix} 1 \\ 2 \\ -1 \end{bmatrix} = [\alpha_1, \alpha_2, \alpha_3]\begin{bmatrix} 1 \\ 2 \\ -1 \end{bmatrix} = \alpha_1 + 2\alpha_2 - \alpha_3 = 0,$$

即 $(1, 2, -1)^T$ 是 $Ax = 0$ 的解.

又
$$A\begin{bmatrix} 1 \\ 1 \\ 1 \end{bmatrix} = [\alpha_1, \alpha_2, \alpha_3]\begin{bmatrix} 1 \\ 1 \\ 1 \end{bmatrix} = \alpha_1 + \alpha_2 + \alpha_3 = \beta,$$

即 $(1, 1, 1)^T$ 是 $Ax = \beta$ 的解.

由 $r(A) = 2$，按解的结构知 $Ax = \beta$ 的通解为 $x = (1, 1, 1)^T + k(1, 2, -1)^T$，$k$ 为任意常数.

【评注】 本题难度系数数一 0.536，数二 0.422，数三 0.445.

12(2018,23 题)【解】 （Ⅰ）矩阵 A 经列变换得矩阵 B，即 A 和 B 等价，矩阵 A 和 B 等价 $\Leftrightarrow r(A) = r(B)$.

由 $|A| = \begin{vmatrix} 1 & 2 & a \\ 1 & 3 & 0 \\ 2 & 7 & -a \end{vmatrix} = \begin{vmatrix} 1 & 2 & a \\ 1 & 3 & 0 \\ 3 & 9 & 0 \end{vmatrix} = 0$，又因 A 中有 2 阶子式 $\begin{vmatrix} 1 & 2 \\ 1 & 3 \end{vmatrix} = 1 \neq 0$，故 $\forall a$，恒有 $r(A) = 2$.

又 $|B| = \begin{vmatrix} 1 & a & 2 \\ 0 & 1 & 1 \\ -1 & 1 & 1 \end{vmatrix} = 2 - a$，$B$ 中有 2 阶子式 $\begin{vmatrix} 0 & 1 \\ -1 & 1 \end{vmatrix} \neq 0$.

$r(B) = 2 \Leftrightarrow |B| = 0 \Leftrightarrow a = 2$，所以 $a = 2$.

（Ⅱ）满足 $AP = B$ 的 P 就是 $AX = B$ 的解.

$$[A \mid B] = \left[\begin{array}{ccc:ccc} 1 & 2 & 2 & 1 & 2 & 2 \\ 1 & 3 & 0 & 0 & 1 & 1 \\ 2 & 7 & -2 & -1 & 1 & 1 \end{array}\right] \to \left[\begin{array}{ccc:ccc} 1 & 0 & 6 & 3 & 4 & 4 \\ 0 & 1 & -2 & -1 & -1 & -1 \\ 0 & 0 & 0 & 0 & 0 & 0 \end{array}\right],$$

解方程组,得

$$A\begin{bmatrix}-6\\2\\1\end{bmatrix}=\mathbf{0},A\begin{bmatrix}3\\-1\\0\end{bmatrix}=\begin{bmatrix}1\\0\\-1\end{bmatrix},A\begin{bmatrix}4\\-1\\0\end{bmatrix}=\begin{bmatrix}2\\1\\1\end{bmatrix}$$

故 $\boldsymbol{Ax}=\boldsymbol{B}$ 的解为

$$\boldsymbol{X}=\begin{bmatrix}3-6k_1 & 4-6k_2 & 4-6k_3\\-1+2k_1 & -1+2k_2 & -1+2k_3\\k_1 & k_2 & k_3\end{bmatrix},k_1,k_2,k_3\text{ 为任意常数.}$$

$$\text{由 }|\boldsymbol{X}|=\begin{vmatrix}3-6k_1 & 4-6k_2 & 4-6k_3\\-1+2k_1 & -1+2k_2 & -1+2k_3\\k_1 & k_2 & k_3\end{vmatrix}=\begin{vmatrix}3 & 4 & 4\\-1 & -1 & -1\\k_1 & k_2 & k_3\end{vmatrix}=k_3-k_2\neq 0.$$

所以满足 $\boldsymbol{AP}=\boldsymbol{B}$ 的所有可逆矩阵为

$$\boldsymbol{P}=\begin{bmatrix}3-6k_1 & 4-6k_2 & 4-6k_3\\-1+2k_1 & -1+2k_2 & -1+2k_3\\k_1 & k_2 & k_3\end{bmatrix},\text{其中 }k_2\neq k_3$$

【评注】 本题难度系数数一 0.463,数二 0.397,数三 0.450.

13(2022,9 题)**【答案】** D.

【解析】 $|\boldsymbol{A}|=\begin{vmatrix}1 & 1 & 1\\1 & a & a^2\\1 & b & b^2\end{vmatrix}=(a-1)(b-1)(b-a)$, (是范德蒙行列式)

当$(a-1)(b-1)(b-a)\neq 0$,即 $a\neq 1,b\neq 1$,且 $a\neq b$ 时,$\boldsymbol{Ax}=\boldsymbol{b}$ 有唯一解,由此可排除(A)(C).

当 $a=1$ 时,

$$\overline{\boldsymbol{A}}=\left[\begin{array}{ccc|c}1 & 1 & 1 & 1\\1 & 1 & 1 & 2\\1 & b & b^2 & 4\end{array}\right]$$

(1)(2) 矛盾必无解,排除(B).

或当 $b=1$ 时,

$$\overline{\boldsymbol{A}}=\left[\begin{array}{ccc|c}1 & 1 & 1 & 1\\1 & a & a^2 & 2\\1 & 1 & 1 & 4\end{array}\right]$$

(1)(3) 矛盾必无解.

【评注】 可经讨论得出,当 $a\neq 1,b\neq 1$,且 $a\neq b$ 时 $\boldsymbol{Ax}=\boldsymbol{b}$ 有唯一解,其他情形时 $\boldsymbol{Ax}=\boldsymbol{b}$ 无解.讨论过程如下:

上面已得当 $a\neq 1,b\neq 1$ 且 $a\neq b$ 时 $\boldsymbol{Ax}=\boldsymbol{b}$ 有唯一解.

$a=1$ 时,若 $b\neq 1$,则

$$\begin{bmatrix}1&1&1&\vdots&1\\1&a&a^2&\vdots&2\\1&b&b^2&\vdots&4\end{bmatrix}\xrightarrow[(-1)r_1+r_3]{(-1)r_1+r_2}\begin{bmatrix}1&1&1&\vdots&1\\0&a-1&a^2-1&\vdots&1\\0&b-1&b^2-1&\vdots&3\end{bmatrix}$$

$$\xrightarrow{r_2\leftrightarrow r_3}\begin{bmatrix}1&1&1&\vdots&1\\0&b-1&b^2-1&\vdots&3\\0&0&0&\vdots&1\end{bmatrix},$$

$\boldsymbol{Ax}=\boldsymbol{b}$ 无解.

$a=1$ 时,若 $b=1$,则

$$\begin{bmatrix}1&1&1&\vdots&1\\0&a-1&a^2-1&\vdots&1\\0&b-1&b^2-1&\vdots&3\end{bmatrix}\longrightarrow\begin{bmatrix}1&1&1&\vdots&1\\0&0&0&\vdots&1\\0&0&0&\vdots&0\end{bmatrix},$$

$\boldsymbol{Ax}=\boldsymbol{b}$ 无解.

总之,$a=1$ 时 $\boldsymbol{Ax}=\boldsymbol{b}$ 无解.

类似可得 $b=1$ 时 $\boldsymbol{Ax}=\boldsymbol{b}$ 无解.

当 $a\neq1$ 且 $b\neq1$ 时,若 $a=b$,则

$$\begin{bmatrix}1&1&1&\vdots&1\\0&a-1&a^2-1&\vdots&1\\0&b-1&b^2-1&\vdots&3\end{bmatrix}\longrightarrow\begin{bmatrix}1&1&1&\vdots&1\\0&a-1&a^2-1&\vdots&1\\0&0&0&\vdots&2\end{bmatrix},$$

$\boldsymbol{Ax}=\boldsymbol{b}$ 无解.

解题加速度

1.【答案】 -1.

【解析】 方程组无解的充分必要条件是 $r(\boldsymbol{A})\neq r(\overline{\boldsymbol{A}})$. 故应对增广矩阵作初等行变换,由

$$\begin{bmatrix}1&2&1&\vdots&1\\2&3&a+2&\vdots&3\\1&a&-2&\vdots&0\end{bmatrix}\rightarrow\begin{bmatrix}1&2&1&\vdots&1\\0&-1&a&\vdots&1\\0&a-2&-3&\vdots&-1\end{bmatrix}\rightarrow\begin{bmatrix}1&2&1&\vdots&1\\0&-1&a&\vdots&1\\0&0&a^2-2a-3&\vdots&a-3\end{bmatrix}.$$

可知若 $a=-1$,则 $\overline{\boldsymbol{A}}\rightarrow\begin{bmatrix}1&2&1&\vdots&1\\&-1&-1&\vdots&1\\&&&\vdots&-4\end{bmatrix}$.

于是有 $r(\boldsymbol{A})=2$,$r(\overline{\boldsymbol{A}})=3$,从而方程组无解,故应填:$a=-1$.

本题出错率较高,有些考生计算行列式 $|\boldsymbol{A}|=-(a+1)(a-3)$ 时,由 $|\boldsymbol{A}|=0$ 而认为 $a=-1$ 或 $a=3$ 时方程组都无解. 这是错误的,因为 $|\boldsymbol{A}|\neq0$ 时,方程组有唯一解,$|\boldsymbol{A}|=0$ 时,方程组既可能无解也可能有无穷多解,这一点要理解清楚.

2.【答案】 A.

【解析】 因为 $\boldsymbol{A}$ 是 $m\times n$ 矩阵,若秩 $r(\boldsymbol{A})=m$,则 $m=r(\boldsymbol{A})\leqslant r(\boldsymbol{A},\boldsymbol{b})\leqslant m$. 于是 $r(\boldsymbol{A})=r(\boldsymbol{A},\boldsymbol{b})$. 故方程组有解,即应选(A).

或,由 $r(\boldsymbol{A})=m$,知 $\boldsymbol{A}$ 的行向量组线性无关,那么其延伸必线性无关,故增广矩阵 $(\boldsymbol{A},\boldsymbol{b})$ 的 m 个行向量也是线性无关的. 亦知 $r(\boldsymbol{A})=r(\boldsymbol{A},\boldsymbol{b})$.

(B)(D) 不正确的原因是：由 $r(\boldsymbol{A})=n$ 不能推导出 $r(\boldsymbol{A},\boldsymbol{b})=n$（注意 $\boldsymbol{A}$ 是 $m\times n$ 矩阵，m 可能大于 n），由 $r(\boldsymbol{A})=r$ 亦不能推导出 $r(\boldsymbol{A},\boldsymbol{b})=r$，你能否各举一个简单的例子？

至于(C)，由克拉默法则知，$r(\boldsymbol{A})=n$ 时才有唯一解，而现在的条件是 $r(\boldsymbol{A})=r$，因此(C) 不正确.

本题答对的同学仅有 40%，一是不会由 $r(\boldsymbol{A})=m$ 分析出 $r(\boldsymbol{A},\boldsymbol{b})=m$，二是误认为 $r(\boldsymbol{A})=n$ 必有 $r(\overline{\boldsymbol{A}})=n$.

3.【答案】 D.

【解析】 因为“$\boldsymbol{Ax}=\boldsymbol{0}$ 仅有零解”与“$\boldsymbol{Ax}=\boldsymbol{0}$ 必有非零解”这两个命题必然是一对一错，不可能两个命题同时正确，也不可能两个命题同时错误. 所以本题应当从(C) 或(D) 入手. 其中必有一个是正确的.

由于 $\begin{bmatrix}\boldsymbol{A} & \boldsymbol{\alpha}\\ \boldsymbol{\alpha}^{\mathrm{T}} & 0\end{bmatrix}$ 是 $n+1$ 阶矩阵，$\boldsymbol{A}$ 是 n 阶矩阵，故必有 $r\begin{bmatrix}\boldsymbol{A} & \boldsymbol{\alpha}\\ \boldsymbol{\alpha}^{\mathrm{T}} & 0\end{bmatrix}=r(\boldsymbol{A})\leqslant n<n+1$. 故选(D).

4.【解】 将 $(1,-1,1,-1)^{\mathrm{T}}$ 代入方程组，得 $\lambda=\mu$. 对增广矩阵作初等行变换，有

$$\overline{\boldsymbol{A}}=\left[\begin{array}{cccc|c}1&\lambda&\lambda&1&0\\2&1&1&2&0\\3&2+\lambda&4+\lambda&4&1\end{array}\right]\to\left[\begin{array}{cccc|c}1&\lambda&\lambda&1&0\\0&1-2\lambda&1-2\lambda&0&0\\0&2-2\lambda&4-2\lambda&1&1\end{array}\right]$$

$$\to\left[\begin{array}{cccc|c}1&\lambda&\lambda&1&0\\0&1-2\lambda&1-2\lambda&0&0\\0&1&3&1&1\end{array}\right]\to\left[\begin{array}{cccc|c}1&\lambda&\lambda&1&0\\0&1&3&1&1\\0&0&4\lambda-2&2\lambda-1&2\lambda-1\end{array}\right].$$

(Ⅰ) 当 $\lambda=\dfrac{1}{2}$ 时，$\overline{\boldsymbol{A}}\to\left[\begin{array}{cccc|c}1&0&-1&\frac{1}{2}&-\frac{1}{2}\\0&1&3&1&1\\0&0&0&0&0\end{array}\right]$，

因 $r(\boldsymbol{A})=r(\overline{\boldsymbol{A}})=2<4$，方程组有无穷多解，其全部解为

$\boldsymbol{x}=(1,-1,1,-1)^{\mathrm{T}}+k_1(1,-3,1,0)^{\mathrm{T}}+k_2\left(-\dfrac{1}{2},-1,0,1\right)^{\mathrm{T}}$，其中 k_1,k_2 为任意常数.

当 $\lambda\neq\dfrac{1}{2}$ 时，$\overline{\boldsymbol{A}}\to\left[\begin{array}{cccc|c}1&\lambda&\lambda&1&0\\0&1&1&0&0\\0&1&3&1&1\end{array}\right]\to\left[\begin{array}{cccc|c}1&0&-2&0&-1\\0&1&1&0&0\\0&0&2&1&1\end{array}\right].$

因 $r(\boldsymbol{A})=r(\overline{\boldsymbol{A}})=3<4$，方程组有无穷多解，其全部解为

$$\boldsymbol{x}=(1,-1,1,-1)^{\mathrm{T}}+k(2,-1,1,-2)^{\mathrm{T}}，其中 k 为任意常数.$$

(Ⅱ) 当 $\lambda=\dfrac{1}{2}$ 时，若 $x_2=x_3$，由方程组的通解，有

$$-1-3k_1-k_2=1+k_1,$$

知 $k_2=-2-4k_1$.

将其代入整理，得全部解为

$$x_1=2+3k_1,x_2=1+k_1,x_3=1+k_1,x_4=-3-4k_1.$$

或 $\boldsymbol{x}=(2,1,1,-3)^{\mathrm{T}}+k(3,1,1,-4)^{\mathrm{T}}$，$k$ 为任意常数.

当 $\lambda \neq \frac{1}{2}$ 时，$x_2 = x_3$ 知 $-1-k = 1+k$，即 $k=-1$. 从而只有唯一解 $(-1,0,0,1)^{\mathrm{T}}$.

三、公共解与同解

14(2021,9 题)【答案】 D.

【解析】 因 $\boldsymbol{\alpha}_1,\boldsymbol{\alpha}_2,\boldsymbol{\alpha}_3$ 可由 $\boldsymbol{\beta}_1,\boldsymbol{\beta}_2,\boldsymbol{\beta}_3$ 线性表出，设

$$\boldsymbol{\alpha}_1 = c_{11}\boldsymbol{\beta}_1 + c_{21}\boldsymbol{\beta}_2 + c_{31}\boldsymbol{\beta}_3,$$
$$\boldsymbol{\alpha}_2 = c_{12}\boldsymbol{\beta}_1 + c_{22}\boldsymbol{\beta}_2 + c_{32}\boldsymbol{\beta}_3,$$
$$\boldsymbol{\alpha}_3 = c_{13}\boldsymbol{\beta}_1 + c_{23}\boldsymbol{\beta}_2 + c_{33}\boldsymbol{\beta}_3,$$

即 $[\boldsymbol{\alpha}_1,\boldsymbol{\alpha}_2,\boldsymbol{\alpha}_3] = [\boldsymbol{\beta}_1,\boldsymbol{\beta}_2,\boldsymbol{\beta}_3]\begin{bmatrix} c_{11} & c_{12} & c_{13} \\ c_{21} & c_{22} & c_{23} \\ c_{31} & c_{32} & c_{33} \end{bmatrix}$，$\begin{bmatrix} c_{11} & c_{12} & c_{13} \\ c_{21} & c_{22} & c_{23} \\ c_{31} & c_{32} & c_{33} \end{bmatrix}$ 记为 $\boldsymbol{C}$.

于是 $\boldsymbol{A}=\boldsymbol{BC}$，得 $\boldsymbol{A}^{\mathrm{T}} = \boldsymbol{C}^{\mathrm{T}}\boldsymbol{B}^{\mathrm{T}}$.

若 $\boldsymbol{\alpha}$ 是 $\boldsymbol{B}^{\mathrm{T}}\boldsymbol{x}=\boldsymbol{0}$ 的任一解，即 $\boldsymbol{B}^{\mathrm{T}}\boldsymbol{\alpha}=\boldsymbol{0}$.

则 $\boldsymbol{A}^{\mathrm{T}}\boldsymbol{\alpha} = \boldsymbol{C}^{\mathrm{T}}\boldsymbol{B}^{\mathrm{T}}\boldsymbol{\alpha} = \boldsymbol{C}^{\mathrm{T}}\boldsymbol{0}=\boldsymbol{0}$，即 $\boldsymbol{\alpha}$ 必是 $\boldsymbol{A}^{\mathrm{T}}\boldsymbol{x}=\boldsymbol{0}$ 的解. 故选(D).

解题加速度

1.【解】 (1) 对方程组(Ⅰ)的系数矩阵作初等行变换，有

$$\begin{bmatrix} 2 & 3 & -1 & 0 \\ 1 & 2 & 1 & -1 \end{bmatrix} \to \begin{bmatrix} 1 & 0 & -5 & 3 \\ 0 & 1 & 3 & -2 \end{bmatrix}.$$

由于 $n-r(\boldsymbol{A})=4-2=2$，基础解系由 2 个线性无关的解向量所构成，取 x_3,x_4 为自由变量，所以 $\boldsymbol{\beta}_1=(5,-3,1,0)^{\mathrm{T}}$，$\boldsymbol{\beta}_2=(-3,2,0,1)^{\mathrm{T}}$ 是方程组(Ⅰ)的基础解系.

(2) 设 $\boldsymbol{\eta}$ 是方程组(Ⅰ)与(Ⅱ)的非零公共解，则

$$\boldsymbol{\eta} = k_1\boldsymbol{\beta}_1 + k_2\boldsymbol{\beta}_2 = l_1\boldsymbol{\alpha}_1 + l_2\boldsymbol{\alpha}_2，其中 k_1,k_2 与 l_1,l_2 均不全为零的常数，$$

那么 $k_1\boldsymbol{\beta}_1 + k_2\boldsymbol{\beta}_2 - l_1\boldsymbol{\alpha}_1 - l_2\boldsymbol{\alpha}_2 = \boldsymbol{0}$.

由此得齐次方程组(Ⅲ)

$$\begin{cases} 5k_1 - 3k_2 - 2l_1 + l_2 = 0, \\ -3k_1 + 2k_2 + l_1 - 2l_2 = 0, \\ k_1 - (a+2)l_1 - 4l_2 = 0, \\ k_2 - l_1 - (a+8)l_2 = 0 \end{cases} \quad (\text{Ⅲ})$$

有非零解. 对系数矩阵作初等行变换，有

$$\begin{bmatrix} 5 & -3 & -2 & 1 \\ -3 & 2 & 1 & -2 \\ 1 & 0 & -a-2 & -4 \\ 0 & 1 & -1 & -a-8 \end{bmatrix} \to \begin{bmatrix} 1 & 0 & -a-2 & -4 \\ 0 & 1 & -1 & -a-8 \\ 0 & 2 & -3a-5 & -14 \\ 0 & -3 & 5a+8 & 21 \end{bmatrix}$$

$$\to \begin{bmatrix} 1 & 0 & -a-2 & -4 \\ 0 & 1 & -1 & -a-8 \\ 0 & 0 & -3a-3 & 2a+2 \\ 0 & 0 & -5a+5 & -3a-3 \end{bmatrix},$$

当且仅当 $a+1=0$ 时，$r(\text{Ⅲ})<4$，方程组有非零解.

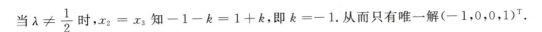

此时，（Ⅲ）的同解方程组是$\begin{cases}k_1-l_1-4l_2=0,\\k_2-l_1-7l_2=0,\end{cases}$解出$\begin{cases}k_1=l_1+4l_2,\\k_2=l_1+7l_2.\end{cases}$

于是$\boldsymbol{\eta}=(l_1+4l_2)\boldsymbol{\beta}_1+(l_1+7l_2)\boldsymbol{\beta}_2=l_1(\boldsymbol{\beta}_1+\boldsymbol{\beta}_2)+l_2(4\boldsymbol{\beta}_1+7\boldsymbol{\beta}_2)=l_1\begin{bmatrix}2\\-1\\1\\1\end{bmatrix}+l_2\begin{bmatrix}-1\\2\\4\\7\end{bmatrix}$.

其中l_1,l_2为任意实数.

2.【答案】 B.

【解析】 显然命题④错误，因此排除(C)(D). 对于(A)与(B)其中必有一个正确，因此命题①必正确，那么②与③哪一个命题正确呢？

由命题①，"若$\boldsymbol{Ax}=\boldsymbol{0}$的解均是$\boldsymbol{Bx}=\boldsymbol{0}$的解，则秩($\boldsymbol{A}$)$\geqslant$秩($\boldsymbol{B}$)"正确，知"若$\boldsymbol{Bx}=\boldsymbol{0}$的解均是$\boldsymbol{Ax}=\boldsymbol{0}$的解，则秩($\boldsymbol{B}$)$\geqslant$秩($\boldsymbol{A}$)"正确，可见"若$\boldsymbol{Ax}=\boldsymbol{0}$与$\boldsymbol{Bx}=\boldsymbol{0}$同解，则秩($\boldsymbol{A}$)=秩($\boldsymbol{B}$)"正确. 即命题③正确，故应选(B).

希望你能证明①正确，举例说明②错误.

3.【答案】 A.

【解析】 若$\boldsymbol{\eta}$是（Ⅰ）的解，则$\boldsymbol{A\eta}=\boldsymbol{0}$，那么

$$(\boldsymbol{A}^{\mathrm{T}}\boldsymbol{A})\boldsymbol{\eta}=\boldsymbol{A}^{\mathrm{T}}(\boldsymbol{A\eta})=\boldsymbol{A}^{\mathrm{T}}\boldsymbol{0}=\boldsymbol{0},$$

即$\boldsymbol{\eta}$是（Ⅱ）的解.

若$\boldsymbol{\alpha}$是（Ⅱ）的解，有$\boldsymbol{A}^{\mathrm{T}}\boldsymbol{A\alpha}=\boldsymbol{0}$，用$\boldsymbol{\alpha}^{\mathrm{T}}$左乘得$\boldsymbol{\alpha}^{\mathrm{T}}\boldsymbol{A}^{\mathrm{T}}\boldsymbol{A\alpha}=0$，即$(\boldsymbol{A\alpha})^{\mathrm{T}}(\boldsymbol{A\alpha})=0$.

亦即$\boldsymbol{A\alpha}$自己的内积$(\boldsymbol{A\alpha},\boldsymbol{A\alpha})=0$，故必有$\boldsymbol{A\alpha}=\boldsymbol{0}$，即$\boldsymbol{\alpha}$是（Ⅰ）的解.

所以（Ⅰ）与（Ⅱ）同解，故应选(A).

> 【评注】 若$\boldsymbol{\alpha}=(a_1,a_2,\cdots,a_n)^{\mathrm{T}}$，则$\boldsymbol{\alpha}^{\mathrm{T}}\boldsymbol{\alpha}=a_1^2+a_2^2+\cdots+a_n^2$，可见$\boldsymbol{\alpha}^{\mathrm{T}}\boldsymbol{\alpha}=0\Leftrightarrow\boldsymbol{\alpha}=\boldsymbol{0}$.

4.【解】 因为方程组（Ⅱ）中方程个数<未知数个数，（Ⅱ）必有无穷多解，所以（Ⅰ）必有无穷多解. 因此（Ⅰ）的系数行列式必为0，即有

$$\begin{vmatrix}1&2&3\\2&3&5\\1&1&a\end{vmatrix}=2-a=0\Rightarrow a=2.$$

对（Ⅰ）系数矩阵作初等行变换，有$\begin{bmatrix}1&2&3\\2&3&5\\1&1&2\end{bmatrix}\rightarrow\begin{bmatrix}1&0&1\\0&1&1\\0&0&0\end{bmatrix}$.

可求出方程组（Ⅰ）的通解是$\boldsymbol{x}=k(-1,-1,1)^{\mathrm{T}}$.

因为$(-1,-1,1)^{\mathrm{T}}$应当是方程组（Ⅱ）的解，故有

$$\begin{cases}-1-b+c=0,\\-2-b^2+c+1=0.\end{cases}$$

解得$b=1,c=2$或$b=0,c=1$.

当$b=0,c=1$时，方程组（Ⅱ）为

$$\begin{cases} x_1 + x_3 = 0, \\ 2x_1 + 2x_3 = 0. \end{cases}$$

因其系数矩阵的秩为 1,从而(Ⅰ)与(Ⅱ)不同解,故 $b=0,c=1$ 应舍去.

当 $a=2,b=1,c=2$ 时,(Ⅰ)与(Ⅱ)同解.

5.【解】 (1) 对方程组(Ⅰ)的增广矩阵作初等行变换,有

$$\overline{A}_1 = \left[\begin{array}{cccc|c} 1 & 1 & 0 & -2 & -6 \\ 4 & -1 & -1 & -1 & 1 \\ 3 & -1 & -1 & 0 & 3 \end{array}\right] \to \left[\begin{array}{cccc|c} 1 & 0 & 0 & -1 & -2 \\ 0 & 1 & 0 & -1 & -4 \\ 0 & 0 & 1 & -2 & -5 \end{array}\right].$$

由 $n-r(\boldsymbol{A})=4-3=1$,取自由变量为 x_4.

令 $x_4=0$,得方程组(Ⅰ)的特解 $(-2,-4,-5,0)^{\mathrm{T}}$,

令 $x_4=1$,得(Ⅰ)的导出组的基础解系为 $(1,1,2,1)^{\mathrm{T}}$.

故(Ⅰ)的通解为:$\boldsymbol{x}=(-2,-4,-5,0)^{\mathrm{T}}+k(1,1,.2,1)^{\mathrm{T}}$,$k$ 为任意实数.

(2) 把(Ⅰ)的通解 $x_1=-2+k,x_2=-4+k,x_3=-5+2k,x_4=k$ 代入(Ⅱ)

整理得
$$\begin{cases} (m-2)(k-4)=0, \\ (n-4)(k-4)=0, \\ t=6. \end{cases}$$

由于 k 是任意常数,故 $m=2,n=4,t=6$. 此时(Ⅰ)的解全是(Ⅱ)的解. 当 $m=2,n=4,t=6$ 时,易见 $r(\boldsymbol{A}_2)=r(\overline{\boldsymbol{A}}_2)=3$,(Ⅱ)的通解为 $\boldsymbol{\alpha}+k\boldsymbol{\eta}$ 形式.

所以 $\boldsymbol{x}=(-2,-4,-5,0)^{\mathrm{T}}+k(1,1,2,1)^{\mathrm{T}}$ 就是(Ⅱ)的通解,从而(Ⅰ)与(Ⅱ)同解.

6.【答案】 C.

【解析】 由拉普拉斯展开式(A)与(B)的系数行列式,均是

$$\begin{vmatrix} \boldsymbol{A} & \boldsymbol{O} \\ \boldsymbol{E} & \boldsymbol{B} \end{vmatrix} = |\boldsymbol{A}|\cdot|\boldsymbol{B}|;\ \begin{vmatrix} \boldsymbol{E} & \boldsymbol{A} \\ \boldsymbol{O} & \boldsymbol{AB} \end{vmatrix} = |\boldsymbol{E}|\cdot|\boldsymbol{AB}| = |\boldsymbol{A}|\cdot|\boldsymbol{B}|$$

两者相等,(A)和(B)同时只有零解或同时有非零解. 于是(A)和(B)同时正确或同时错误. 目前是 4 选 1,故(A)(B)肯定均不正确.

关于(D),因为矩阵乘法没有交换律,可构造 $\boldsymbol{A}$ 和 $\boldsymbol{B}$ 使 $\boldsymbol{AB}=\boldsymbol{O},\boldsymbol{BA}=\boldsymbol{O}$. 即(D)不正确.

例如 $\boldsymbol{A}=\begin{bmatrix} 1 & 0 \\ 0 & 0 \end{bmatrix}$ 和 $\boldsymbol{B}=\begin{bmatrix} 0 & 0 \\ 1 & 0 \end{bmatrix}$,则 $\boldsymbol{Ax}=\boldsymbol{0}$ 与 $\boldsymbol{Bx}=\boldsymbol{0}$ 同解.

但 $\boldsymbol{AB}=\begin{bmatrix} 1 & 0 \\ 0 & 0 \end{bmatrix}\begin{bmatrix} 0 & 0 \\ 1 & 0 \end{bmatrix}=\begin{bmatrix} 0 & 0 \\ 0 & 0 \end{bmatrix}=\boldsymbol{O}$

$$\boldsymbol{BA}=\begin{bmatrix} 0 & 0 \\ 1 & 0 \end{bmatrix}\begin{bmatrix} 1 & 0 \\ 0 & 0 \end{bmatrix}=\begin{bmatrix} 0 & 0 \\ 1 & 0 \end{bmatrix}$$

那么 $r\begin{bmatrix} \boldsymbol{AB} & \boldsymbol{B} \\ \boldsymbol{O} & \boldsymbol{A} \end{bmatrix}=r\begin{bmatrix} 0 & 0 & 0 & 0 \\ 0 & 0 & 1 & 0 \\ 0 & 0 & 1 & 0 \\ 0 & 0 & 0 & 0 \end{bmatrix}=1$

$$r\begin{bmatrix} \boldsymbol{BA} & \boldsymbol{A} \\ \boldsymbol{O} & \boldsymbol{B} \end{bmatrix} = r\begin{bmatrix} 0 & 0 & 1 & 0 \\ 1 & 0 & 0 & 0 \\ 0 & 0 & 0 & 0 \\ 0 & 0 & 1 & 0 \end{bmatrix} = 2$$

即(D) 中两方程组不同解.

对于(C)，设 $\boldsymbol{y} = \begin{bmatrix} \boldsymbol{y}_1 \\ \boldsymbol{y}_2 \end{bmatrix}$，$\boldsymbol{y}_1, \boldsymbol{y}_2$ 为 n 维列向量是(Ⅰ)$\begin{bmatrix} \boldsymbol{A} & \boldsymbol{B} \\ \boldsymbol{O} & \boldsymbol{B} \end{bmatrix}\boldsymbol{y} = \boldsymbol{O}$ 的解.

则 $\begin{bmatrix} \boldsymbol{A} & \boldsymbol{B} \\ \boldsymbol{O} & \boldsymbol{B} \end{bmatrix}\begin{bmatrix} \boldsymbol{y}_1 \\ \boldsymbol{y}_2 \end{bmatrix} = \begin{bmatrix} \boldsymbol{Ay}_1 + \boldsymbol{By}_2 \\ \boldsymbol{By}_2 \end{bmatrix} = \begin{bmatrix} \boldsymbol{O} \\ \boldsymbol{O} \end{bmatrix}$

即 $\begin{cases} \boldsymbol{Ay}_1 + \boldsymbol{By}_2 = \boldsymbol{0}, \\ \boldsymbol{By}_2 = \boldsymbol{0}, \end{cases}$ 所以 $\boldsymbol{Ay}_1 = \boldsymbol{0}, \boldsymbol{By}_2 = \boldsymbol{0}$.

由 $\boldsymbol{Ax} = \boldsymbol{0}$ 与 $\boldsymbol{Bx} = \boldsymbol{0}$ 同解，于是 $\boldsymbol{By}_1 = \boldsymbol{0}, \boldsymbol{Ay}_2 = \boldsymbol{0}$.

那么(Ⅱ)$\begin{bmatrix} \boldsymbol{B} & \boldsymbol{A} \\ \boldsymbol{O} & \boldsymbol{A} \end{bmatrix}\begin{bmatrix} \boldsymbol{y}_1 \\ \boldsymbol{y}_2 \end{bmatrix} = \begin{bmatrix} \boldsymbol{By}_1 + \boldsymbol{Ay}_2 \\ \boldsymbol{Ay}_2 \end{bmatrix} = \begin{bmatrix} \boldsymbol{O} \\ \boldsymbol{O} \end{bmatrix}$

即 $\boldsymbol{y}$ 若是(Ⅰ)的解，则 $\boldsymbol{y}$ 必是(Ⅱ)的解.
反之亦对. 所以(C) 正确.

当然(A)(B) 不正确，也可用刚刚(D) 中的反例 $\begin{bmatrix} 1 & 0 \\ 0 & 0 \end{bmatrix}$ 和 $\begin{bmatrix} 0 & 0 \\ 1 & 0 \end{bmatrix}$ 来说明.

第五章　特征值与特征向量

一、特征值、特征向量的概念与计算

1（2015，14 题）【答案】　21.

【解析】　由 $A\boldsymbol{\alpha}=\lambda\boldsymbol{\alpha}\Rightarrow A^n\boldsymbol{\alpha}=\lambda^n\boldsymbol{\alpha}$，

因为 A 的特征值是 $2,-2,1$，所以 B 的特征值是 $3,7,1$，故 $|B|=21$.

2（2017，14 题）【答案】　-1.

【解析】　按定义，设 $A\boldsymbol{\alpha}=\lambda\boldsymbol{\alpha}$，即

$$\begin{bmatrix}4&1&-2\\1&2&a\\3&1&-1\end{bmatrix}\begin{bmatrix}1\\1\\2\end{bmatrix}=\lambda\begin{bmatrix}1\\1\\2\end{bmatrix},$$

所以$\begin{cases}4+1-4=\lambda,\\1+2+2a=\lambda,\\3+1-2=2\lambda,\end{cases}$　解得 $a=-1$.

3（2018，14 题）【答案】　2.

【解析】　$A[\boldsymbol{\alpha}_1,\boldsymbol{\alpha}_2,\boldsymbol{\alpha}_3]=[2\boldsymbol{\alpha}_1+\boldsymbol{\alpha}_2+\boldsymbol{\alpha}_3,\boldsymbol{\alpha}_2+2\boldsymbol{\alpha}_3,-\boldsymbol{\alpha}_2+\boldsymbol{\alpha}_3]$

$$=[\boldsymbol{\alpha}_1,\boldsymbol{\alpha}_2,\boldsymbol{\alpha}_3]\begin{bmatrix}2&0&0\\1&1&-1\\1&2&1\end{bmatrix},$$

记 $P=[\boldsymbol{\alpha}_1,\boldsymbol{\alpha}_2,\boldsymbol{\alpha}_3]$，可逆，$B=\begin{bmatrix}2&0&0\\1&1&-1\\1&2&1\end{bmatrix}$，则 $AP=PB\Rightarrow P^{-1}AP=B$ 即 $A\sim B$.

$$|\lambda E-B|=\begin{vmatrix}\lambda-2&0&0\\-1&\lambda-1&1\\-1&-2&\lambda-1\end{vmatrix}=(\lambda-2)[(\lambda-1)^2+2],$$

故 A 的实特征值为 2.

解题加速度

1.【答案】　B.

【解析】　由 $A\boldsymbol{\alpha}=\lambda\boldsymbol{\alpha},\boldsymbol{\alpha}\neq\boldsymbol{0}$，有 $A^2\boldsymbol{\alpha}=\lambda A\boldsymbol{\alpha}=\lambda^2\boldsymbol{\alpha}$，故 $\frac{1}{3}A^2\boldsymbol{\alpha}=\frac{1}{3}\lambda^2\boldsymbol{\alpha}$.

即若 λ 是矩阵 A 的特征值，则 $\frac{1}{3}\lambda^2$ 是矩阵 $\frac{1}{3}A^2$ 的特征值，现 $\lambda=2$，因此，$\frac{1}{3}A^2$ 有特征值 $\frac{4}{3}$. 再利用若 $A\boldsymbol{\alpha}=\lambda\boldsymbol{\alpha}$，则 $A^{-1}\boldsymbol{\alpha}=\frac{1}{\lambda}\boldsymbol{\alpha}$，从而 $\left(\frac{1}{3}A^2\right)^{-1}$ 有特征值 $\frac{3}{4}$. 故应选(B).

或者，$\left(\frac{1}{3}A^2\right)^{-1}\boldsymbol{\alpha}=3(A^{-1})^2\boldsymbol{\alpha}$，由 $\lambda=2$ 是 A 的特征值，知 $\frac{1}{2}$ 是 A^{-1} 的特征值，于是 $\frac{1}{4}$ 是 $(A^{-1})^2$

的特征值,亦知应选(B).

2.【答案】 1.

【解析】 根据已知条件本题有两种解法.用定义,由

$$\boldsymbol{A\alpha}_1=\boldsymbol{0}=0\boldsymbol{\alpha}_1,\boldsymbol{A}(2\boldsymbol{\alpha}_1+\boldsymbol{\alpha}_2)=2\boldsymbol{A\alpha}_1+\boldsymbol{A\alpha}_2=\boldsymbol{A\alpha}_2=2\boldsymbol{\alpha}_1+\boldsymbol{\alpha}_2$$

知 $\boldsymbol{A}$ 的特征值为 1 和 0.因此 $\boldsymbol{A}$ 的非零特征值为 1.或者,利用相似,有

$$\boldsymbol{A}[\boldsymbol{\alpha}_1,\boldsymbol{\alpha}_2]=[\boldsymbol{0},2\boldsymbol{\alpha}_1+\boldsymbol{\alpha}_2]=[\boldsymbol{\alpha}_1,\boldsymbol{\alpha}_2]\begin{bmatrix}0&2\\0&1\end{bmatrix}.$$

可知 $\boldsymbol{A}\sim\begin{bmatrix}0&2\\0&1\end{bmatrix}$,亦可得 $\boldsymbol{A}$ 的特征值 1 和 0,因此 $\boldsymbol{A}$ 的非零特征值为 1.

【评注】 要掌握定义法,$\boldsymbol{A\alpha}=\lambda\boldsymbol{\alpha},\boldsymbol{\alpha}\neq\boldsymbol{0}$,通过恒等变形推导出特征值、特征向量的信息.若已知 $\boldsymbol{\alpha}_1,\boldsymbol{\alpha}_2,\boldsymbol{\alpha}_3$ 线性无关,又有

$$\boldsymbol{A\alpha}_1=a_1\boldsymbol{\alpha}_1+a_2\boldsymbol{\alpha}_2+a_3\boldsymbol{\alpha}_3,\boldsymbol{A\alpha}_2=b_1\boldsymbol{\alpha}_1+b_2\boldsymbol{\alpha}_2+b_3\boldsymbol{\alpha}_3,\boldsymbol{A\alpha}_3=c_1\boldsymbol{\alpha}_1+c_2\boldsymbol{\alpha}_2+c_3\boldsymbol{\alpha}_3$$

的信息,一定不要忘记相似的背景.

$$\begin{aligned}\boldsymbol{A}[\boldsymbol{\alpha}_1,\boldsymbol{\alpha}_2,\boldsymbol{\alpha}_3]&=[\boldsymbol{A\alpha}_1,\boldsymbol{A\alpha}_2,\boldsymbol{A\alpha}_3]\\&=[a_1\boldsymbol{\alpha}_1+a_2\boldsymbol{\alpha}_2+a_3\boldsymbol{\alpha}_3,b_1\boldsymbol{\alpha}_1+b_2\boldsymbol{\alpha}_2+b_3\boldsymbol{\alpha}_3,c_1\boldsymbol{\alpha}_1+c_2\boldsymbol{\alpha}_2+c_3\boldsymbol{\alpha}_3]\\&=[\boldsymbol{\alpha}_1,\boldsymbol{\alpha}_2,\boldsymbol{\alpha}_3]\begin{bmatrix}a_1&b_1&c_1\\a_2&b_2&c_2\\a_3&b_3&c_3\end{bmatrix}\end{aligned}$$

即 $\boldsymbol{P}^{-1}\boldsymbol{AP}=\boldsymbol{B}$,其中 $\boldsymbol{P}=[\boldsymbol{\alpha}_1,\boldsymbol{\alpha}_2,\boldsymbol{\alpha}_3]$,$\boldsymbol{B}=\begin{bmatrix}a_1&b_1&c_1\\a_2&b_2&c_2\\a_3&b_3&c_3\end{bmatrix}$.

本题难度系数 0.704.

3.【解】 (Ⅰ)由 $\boldsymbol{A}=\boldsymbol{\alpha\beta}^{\mathrm{T}}$ 和 $\boldsymbol{\alpha}^{\mathrm{T}}\boldsymbol{\beta}=0$,有

$$\boldsymbol{A}^2=(\boldsymbol{\alpha\beta}^{\mathrm{T}})(\boldsymbol{\alpha\beta}^{\mathrm{T}})=\boldsymbol{\alpha}(\boldsymbol{\beta}^{\mathrm{T}}\boldsymbol{\alpha})\boldsymbol{\beta}^{\mathrm{T}}=0\boldsymbol{\alpha\beta}^{\mathrm{T}}=\boldsymbol{O}.$$

(Ⅱ)设 λ 是 $\boldsymbol{A}$ 的任一特征值,$\boldsymbol{\eta}$ 是 $\boldsymbol{A}$ 属于特征值 λ 的特征向量,即 $\boldsymbol{A\eta}=\lambda\boldsymbol{\eta},\boldsymbol{\eta}\neq\boldsymbol{0}$.那么

$$\boldsymbol{A}^2\boldsymbol{\eta}=\lambda\boldsymbol{A\eta}=\lambda^2\boldsymbol{\eta}.$$

因为 $\boldsymbol{A}^2=\boldsymbol{O}$,故 $\lambda^2\boldsymbol{\eta}=\boldsymbol{0}$,又因 $\boldsymbol{\eta}\neq\boldsymbol{0}$,从而矩阵 $\boldsymbol{A}$ 的特征值是 $\lambda=0$(n 重根).

不妨设向量 $\boldsymbol{\alpha},\boldsymbol{\beta}$ 的第 1 个分量 $a_1\neq0,b_1\neq0$.对齐次线性方程组 $(0\boldsymbol{E}-\boldsymbol{A})\boldsymbol{x}=\boldsymbol{0}$ 的系数矩阵作初等行变换,有

$$0\boldsymbol{E}-\boldsymbol{A}=\begin{bmatrix}-a_1b_1&-a_1b_2&\cdots&-a_1b_n\\-a_2b_1&-a_2b_2&\cdots&-a_2b_n\\\vdots&\vdots&&\vdots\\-a_nb_1&-a_nb_2&\cdots&-a_nb_n\end{bmatrix}\to\begin{bmatrix}b_1&b_2&\cdots&b_n\\0&0&\cdots&0\\\vdots&\vdots&&\vdots\\0&0&\cdots&0\end{bmatrix}$$

得到基础解系

$$\boldsymbol{\eta}_1=(-b_2,b_1,\cdots,0)^{\mathrm{T}},\boldsymbol{\eta}_2=(-b_3,0,b_1,\cdots,0)^{\mathrm{T}},\cdots,\boldsymbol{\eta}_{n-1}=(-b_n,0,0,\cdots,b_1)^{\mathrm{T}}.$$

于是矩阵 $\boldsymbol{A}$ 属于特征值 $\lambda=0$ 的特征向量为

$$k_1\boldsymbol{\eta}_1+k_2\boldsymbol{\eta}_2+\cdots+k_{n-1}\boldsymbol{\eta}_{n-1}$$,其中 $k_1,k_2,\cdots,k_{n-1}$ 是不全为零的任意常数.

4.【分析】　因为 A^* 与 B 相似，而两个相似矩阵的特征值与特征向量有关联，利用它们之间的联系就可求出 B 的特征值与特征向量，进而就可求出 $B+2E$ 的特征值与特征向量.

【解】　由于

$$|\lambda E-A|=\begin{vmatrix}\lambda-3 & -2 & -2\\ -2 & \lambda-3 & -2\\ -2 & -2 & \lambda-3\end{vmatrix}=\begin{vmatrix}\lambda-7 & \lambda-7 & \lambda-7\\ -2 & \lambda-3 & -2\\ 0 & 1-\lambda & \lambda-1\end{vmatrix}$$

$$=(\lambda-7)(\lambda-1)\begin{vmatrix}1 & 1 & 1\\ -2 & \lambda-3 & -2\\ 0 & -1 & 1\end{vmatrix}=(\lambda-1)^2(\lambda-7),$$

故 A 的特征值为 $\lambda_1=\lambda_2=1,\lambda_3=7$.

因为 $|A|=\prod\lambda_i=7$，若 $A\alpha=\lambda\alpha$，则 $A^*\alpha=\dfrac{|A|}{\lambda}\alpha$，所以，$A^*$ 的特征值为 7,7,1.

由于 $B=P^{-1}A^*P$，即 A^* 与 B 相似，故 B 的特征值为 7,7,1，从而 $B+2E$ 的特征值为 9,9,3.

因为 $B(P^{-1}\alpha)=(P^{-1}A^*P)(P^{-1}\alpha)=P^{-1}A^*\alpha=\dfrac{|A|}{\lambda}P^{-1}\alpha$，

按定义可知矩阵 B 属于特征值 $\dfrac{|A|}{\lambda}$ 的特征向量是 $P^{-1}\alpha$. 因此 $B+2E$ 属于特征值 $\dfrac{|A|}{\lambda}+2$ 的特征向量是 $P^{-1}\alpha$.

由于 $P^{-1}=\begin{bmatrix}0 & 1 & -1\\ 1 & 0 & 0\\ 0 & 0 & 1\end{bmatrix}$，而

当 $\lambda=1$ 时，由 $(E-A)x=0$，$\begin{bmatrix}-2 & -2 & -2\\ -2 & -2 & -2\\ -2 & -2 & -2\end{bmatrix}\to\begin{bmatrix}1 & 1 & 1\\ 0 & 0 & 0\\ 0 & 0 & 0\end{bmatrix}$，

得矩阵 A 属于 $\lambda=1$ 的特征向量 $\alpha_1=(-1,1,0)^{\mathrm T}$，$\alpha_2=(-1,0,1)^{\mathrm T}$，

当 $\lambda=7$ 时，由 $(7E-A)x=0$，$\begin{bmatrix}4 & -2 & -2\\ -2 & 4 & -2\\ -2 & -2 & 4\end{bmatrix}\to\begin{bmatrix}1 & 0 & -1\\ 0 & 1 & -1\\ 0 & 0 & 0\end{bmatrix}$，

得到矩阵 A 属于 $\lambda=7$ 的特征向量 $\alpha_3=(1,1,1)^{\mathrm T}$，那么

$$P^{-1}\alpha_1=(1,-1,0)^{\mathrm T},P^{-1}\alpha_2=(-1,-1,1)^{\mathrm T},P^{-1}\alpha_3=(0,1,1)^{\mathrm T}.$$

从而，$B+2E$ 属于 $\lambda_1=\lambda_2=9$ 的特征向量为 $k_1(1,-1,0)^{\mathrm T}+k_2(-1,-1,1)^{\mathrm T}$，其中 k_1,k_2 是不全为 0 的任意常数，而 $B+2E$ 属于 $\lambda_3=3$ 的特征向量为 $k_3(0,1,1)^{\mathrm T}$，其中 k_3 为非零常数.

【评注】　本题也可以先求出 $A^*=\begin{bmatrix}5 & -2 & -2\\ -2 & 5 & -2\\ -2 & -2 & 5\end{bmatrix}$，然后求

$$B=P^{-1}A^*P=\begin{bmatrix}7 & 0 & 0\\ -2 & 5 & -4\\ -2 & -2 & 3\end{bmatrix}.$$

再求 $B+2E$，….

5.【答案】　2.

【解析】 因为矩阵 $\boldsymbol{A}=\boldsymbol{\beta\alpha}^{\mathrm{T}}$ 的秩为 1，所以矩阵 $\boldsymbol{A}$ 的特征值是 $\sum a_{ii},0,0$.
而本题 $\sum a_{ii}$ 就是 $\boldsymbol{\alpha}^{\mathrm{T}}\boldsymbol{\beta}$，故 $\boldsymbol{\beta\alpha}^{\mathrm{T}}$ 的非零特征值为 2.

【评注】 若 $\boldsymbol{\alpha}=(a_1,a_2,a_3)^{\mathrm{T}},\boldsymbol{\beta}=(b_1,b_2,b_3)^{\mathrm{T}}$，则

$$\boldsymbol{A}=\boldsymbol{\beta\alpha}^{\mathrm{T}}=\begin{bmatrix}a_1b_1 & a_2b_1 & a_3b_1\\ a_1b_2 & a_2b_2 & a_3b_2\\ a_1b_3 & a_2b_3 & a_3b_3\end{bmatrix},$$

那么 $|\lambda\boldsymbol{E}-\boldsymbol{A}|=\lambda^3-(a_1b_1+a_2b_2+a_3b_3)\lambda^2$，而 $\boldsymbol{\alpha}^{\mathrm{T}}\boldsymbol{\beta}=\boldsymbol{\beta}^{\mathrm{T}}\boldsymbol{\alpha}=a_1b_1+a_2b_2+a_3b_3$.

一般地，如 $r(\boldsymbol{A})=1$，有 $|\lambda\boldsymbol{E}-\boldsymbol{A}|=\lambda^n-\sum a_{ii}\lambda^{n-1}$，则 $\lambda_1=\sum a_{ii},\lambda_2=\cdots=\lambda_n=0$.
本题难度系数 0.680.

关于秩为 1 的矩阵的特征值公式应当熟悉！

二、相似与相似对角化

4（2009，14 题）【答案】 2.

【解析】 设 $\boldsymbol{\alpha}=(a_1,a_2,a_3)^{\mathrm{T}},\boldsymbol{\beta}=(b_1,b_2,b_3)^{\mathrm{T}}$，则

$$\boldsymbol{\alpha\beta}^{\mathrm{T}}=\begin{bmatrix}a_1\\a_2\\a_3\end{bmatrix}[b_1,b_2,b_3]=\begin{bmatrix}a_1b_1 & a_1b_2 & a_1b_3\\ a_2b_1 & a_2b_2 & a_2b_3\\ a_3b_1 & a_3b_2 & a_3b_3\end{bmatrix},$$

而 $\boldsymbol{\beta}^{\mathrm{T}}\boldsymbol{\alpha}=(b_1,b_2,b_3)\begin{bmatrix}a_1\\a_2\\a_3\end{bmatrix}=a_1b_1+a_2b_2+a_3b_3.$

可见 $\boldsymbol{\beta}^{\mathrm{T}}\boldsymbol{\alpha}$ 正是矩阵 $\boldsymbol{\alpha\beta}^{\mathrm{T}}$ 的主对角线元素之和，即矩阵的迹. 因为两个矩阵相似有相同的迹，所以

$$\boldsymbol{\beta}^{\mathrm{T}}\boldsymbol{\alpha}=2+0+0=2.$$

【评注】 关于符号 $\boldsymbol{\alpha\beta}^{\mathrm{T}},\boldsymbol{\beta\alpha}^{\mathrm{T}},\boldsymbol{\alpha}^{\mathrm{T}}\boldsymbol{\beta},\boldsymbol{\beta}^{\mathrm{T}}\boldsymbol{\alpha}$ 一定要分清，还要知道它们之间的内在联系，这是常考的知识点，不妨看看 2009 年数一、数三的试题，也是在考查这里的知识. 本题难度系数 0.578.

5（2014，23 题）【证明】 记 $\boldsymbol{A}=\begin{bmatrix}1 & 1 & \cdots & 1\\ 1 & 1 & \cdots & 1\\ \vdots & \vdots & & \vdots\\ 1 & 1 & \cdots & 1\end{bmatrix},\boldsymbol{B}=\begin{bmatrix}0 & \cdots & 0 & 1\\ 0 & \cdots & 0 & 2\\ \vdots & & \vdots & \vdots\\ 0 & \cdots & 0 & n\end{bmatrix},$

因 $\boldsymbol{A}$ 是实对称矩阵必与对角矩阵相似.
由 $|\lambda\boldsymbol{E}-\boldsymbol{A}|=\lambda^n-n\lambda^{n-1}=0$，知 $\boldsymbol{A}$ 的特征值为 $n,0(n-1$ 个).

故 $\boldsymbol{A}\sim\boldsymbol{\Lambda}=\begin{bmatrix}n & & & \\ & 0 & & \\ & & \ddots & \\ & & & 0\end{bmatrix}.$

又由 $|\lambda\boldsymbol{E}-\boldsymbol{B}|=(\lambda-n)\lambda^{n-1}=0$，知矩阵 $\boldsymbol{B}$ 的特征值为 $n,0(n-1$ 个).

当 $\lambda=0$ 时，$r(0\boldsymbol{E}-\boldsymbol{B})=r(\boldsymbol{B})=1$，那么 $n-r(0\boldsymbol{E}-\boldsymbol{B})=n-1$，即齐次方程组 $(0\boldsymbol{E}-\boldsymbol{B})\boldsymbol{x}=\boldsymbol{0}$ 有 $n-1$ 个线性无关的解，亦即 $\lambda=0$ 时矩阵 $\boldsymbol{B}$ 有 $n-1$ 个线性无关的特征向量. 从而矩阵 $\boldsymbol{B}$ 必与对角矩阵相似，即

$$\boldsymbol{B}\sim\boldsymbol{\Lambda}=\begin{bmatrix} n & & & \\ & 0 & & \\ & & \ddots & \\ & & & 0 \end{bmatrix}.$$

从而 $\boldsymbol{A}$ 和 $\boldsymbol{B}$ 相似.

【评注】 因为 $\boldsymbol{A}\sim\boldsymbol{\Lambda}$，故存在可逆矩阵 $\boldsymbol{P}_1$ 使 $\boldsymbol{P}_1^{-1}\boldsymbol{A}\boldsymbol{P}_1=\boldsymbol{\Lambda}$，又因 $\boldsymbol{B}\sim\boldsymbol{\Lambda}$，故存在可逆矩阵 $\boldsymbol{P}_2$ 使 $\boldsymbol{P}_2^{-1}\boldsymbol{B}\boldsymbol{P}_2=\boldsymbol{\Lambda}$，于是 $\boldsymbol{P}_1^{-1}\boldsymbol{A}\boldsymbol{P}_1=\boldsymbol{P}_2^{-1}\boldsymbol{B}\boldsymbol{P}_2\Rightarrow\boldsymbol{P}_2\boldsymbol{P}_1^{-1}\boldsymbol{A}\boldsymbol{P}_1\boldsymbol{P}_2^{-1}=\boldsymbol{B}$，令 $\boldsymbol{P}=\boldsymbol{P}_1\boldsymbol{P}_2^{-1}$，即有 $\boldsymbol{P}^{-1}\boldsymbol{A}\boldsymbol{P}=\boldsymbol{B}$.

难度系数 0.382，0.354，0.368.

6（2016，7 题）**【答案】** C.

【解析】 由已知条件，存在可逆矩阵 $\boldsymbol{P}$ 使 $\boldsymbol{P}^{-1}\boldsymbol{A}\boldsymbol{P}=\boldsymbol{B}$. 那么

$$\boldsymbol{B}^{\mathrm{T}}=(\boldsymbol{P}^{-1}\boldsymbol{A}\boldsymbol{P})^{\mathrm{T}}=\boldsymbol{P}^{\mathrm{T}}\boldsymbol{A}^{\mathrm{T}}(\boldsymbol{P}^{-1})^{\mathrm{T}}=\boldsymbol{P}_1^{-1}\boldsymbol{A}^{\mathrm{T}}\boldsymbol{P}_1,$$

其中 $\boldsymbol{P}_1=(\boldsymbol{P}^{\mathrm{T}})^{-1}$，即 $\boldsymbol{A}^{\mathrm{T}}$ 与 $\boldsymbol{B}^{\mathrm{T}}$ 相似，(A) 正确.

$$\boldsymbol{B}^{-1}=(\boldsymbol{P}^{-1}\boldsymbol{A}\boldsymbol{P})^{-1}=\boldsymbol{P}^{-1}\boldsymbol{A}^{-1}(\boldsymbol{P}^{-1})^{-1}=\boldsymbol{P}^{-1}\boldsymbol{A}^{-1}\boldsymbol{P},$$

即 $\boldsymbol{A}^{-1}$ 和 $\boldsymbol{B}^{-1}$ 相似，(B) 正确.

又 $$\boldsymbol{P}^{-1}(\boldsymbol{A}+\boldsymbol{A}^{-1})\boldsymbol{P}=\boldsymbol{P}^{-1}\boldsymbol{A}\boldsymbol{P}+\boldsymbol{P}^{-1}\boldsymbol{A}^{-1}\boldsymbol{P}=\boldsymbol{B}+\boldsymbol{B}^{-1},$$

即 $\boldsymbol{A}+\boldsymbol{A}^{-1}$ 和 $\boldsymbol{B}+\boldsymbol{B}^{-1}$ 相似，(D) 正确.

从而应选(C).

特别地，$\boldsymbol{A}=\begin{bmatrix}1&2\\0&1\end{bmatrix}$ 与 $\boldsymbol{B}=\begin{bmatrix}1&1\\0&1\end{bmatrix}$ 相似. 但 $\boldsymbol{A}+\boldsymbol{A}^{\mathrm{T}}=\begin{bmatrix}2&2\\2&2\end{bmatrix}$ 与 $\boldsymbol{B}+\boldsymbol{B}^{\mathrm{T}}=\begin{bmatrix}2&1\\1&2\end{bmatrix}$ 不相似.

7（2017，8 题）**【答案】** B.

【解析】 对矩阵 $\boldsymbol{A}$，特征值为 2，2，1. 由 $2\boldsymbol{E}-\boldsymbol{A}=\begin{bmatrix}0&0&0\\0&0&-1\\0&0&1\end{bmatrix}$ 知其秩为 1.

齐次方程组 $(2\boldsymbol{E}-\boldsymbol{A})\boldsymbol{x}=\boldsymbol{0}$ 有 2 个线性无关的解，亦即 $\lambda=2$ 有 2 个线性无关的特征向量，所以 $\boldsymbol{A}\sim\boldsymbol{C}$ 相似.

对于矩阵 $\boldsymbol{B}$，特征值为 2，2，1. 由于 $2\boldsymbol{E}-\boldsymbol{B}=\begin{bmatrix}0&-1&0\\0&0&0\\0&0&1\end{bmatrix}$，故其秩为 2.

齐次方程组 $(2\boldsymbol{E}-\boldsymbol{B})\boldsymbol{x}=\boldsymbol{0}$ 只有 1 个线性无关的解，亦即 $\lambda=2$ 只有 1 个线性无关的特征向量，$\boldsymbol{B}$ 不能相似对角化. 故应选(B).

8（2018，7 题）**【答案】** A.

【解析】 这 5 个矩阵特征值都是 1，1，1 且都没有 3 个线性无关的特征向量，即都不能相似对角化.

对(B)(C)(D) 选项，$\lambda=1$ 都是有 2 个线性无关的特征向量，而 $\begin{bmatrix}1&1&0\\0&1&1\\0&0&1\end{bmatrix}$ 与(A) 对 $\lambda=1$ 都只

有 1 个线性无关的特征向量，所以选(A).

【评注】 如 $\boldsymbol{P}=\begin{bmatrix}1&1&0\\0&1&0\\0&0&1\end{bmatrix}$，则

$$\boldsymbol{P}^{-1}\begin{bmatrix}1&1&0\\0&1&1\\0&0&1\end{bmatrix}\boldsymbol{P}=\begin{bmatrix}1&-1&0\\0&1&0\\0&0&1\end{bmatrix}\begin{bmatrix}1&1&0\\0&1&1\\0&0&1\end{bmatrix}\begin{bmatrix}1&1&0\\0&1&0\\0&0&1\end{bmatrix}=\begin{bmatrix}1&1&-1\\0&1&1\\0&0&1\end{bmatrix}$$，亦知选(A).

9(2020,23 题)【解】 (Ⅰ)因 $\boldsymbol{\alpha}\neq\boldsymbol{0}$ 且 $\boldsymbol{\alpha}$ 不是 $\boldsymbol{A}$ 的特征向量. 于是 $\boldsymbol{A\alpha}\neq k\boldsymbol{\alpha}$，从而 $\boldsymbol{\alpha}$ 与 $\boldsymbol{A\alpha}$ 不共线，即 $\boldsymbol{\alpha},\boldsymbol{A\alpha}$ 线性无关，故 $\boldsymbol{P}=[\boldsymbol{\alpha},\boldsymbol{A\alpha}]$ 可逆.

或(反证法)若 $\boldsymbol{P}$ 不可逆，有

$$|\boldsymbol{P}|=|\boldsymbol{\alpha},\boldsymbol{A\alpha}|=0,$$

$\boldsymbol{\alpha}$ 与 $\boldsymbol{A\alpha}$ 成比例，于是 $\boldsymbol{A\alpha}=k\boldsymbol{\alpha}$. 又 $\boldsymbol{\alpha}\neq\boldsymbol{0}$ 知 $\boldsymbol{\alpha}$ 是 $\boldsymbol{A}$ 的特征向量，与已知条件矛盾.

(Ⅱ)**(方法一)** 由 $\boldsymbol{A}^2\boldsymbol{\alpha}+\boldsymbol{A\alpha}-6\boldsymbol{\alpha}=\boldsymbol{0}$ 有 $\boldsymbol{A}^2\boldsymbol{\alpha}=6\boldsymbol{\alpha}-\boldsymbol{A\alpha}$.

$$\begin{aligned}\boldsymbol{AP}&=\boldsymbol{A}[\boldsymbol{\alpha},\boldsymbol{A\alpha}]=[\boldsymbol{A\alpha},\boldsymbol{A}^2\boldsymbol{\alpha}]=[\boldsymbol{A\alpha},6\boldsymbol{\alpha}-\boldsymbol{A\alpha}]\\&=[\boldsymbol{\alpha},\boldsymbol{A\alpha}]\begin{bmatrix}0&6\\1&-1\end{bmatrix}.\end{aligned}$$

因 $\boldsymbol{P}$ 可逆，于是

$$\boldsymbol{P}^{-1}\boldsymbol{AP}=\begin{bmatrix}0&6\\1&-1\end{bmatrix}.$$

记 $\boldsymbol{B}=\begin{bmatrix}0&6\\1&-1\end{bmatrix}$，而 $|\lambda\boldsymbol{E}-\boldsymbol{B}|=\begin{vmatrix}\lambda&-6\\-1&\lambda+1\end{vmatrix}=\lambda^2+\lambda-6$，可知特征值为 $2,-3$.

于是 $\boldsymbol{A}$ 有 2 个不同特征值从而 $\boldsymbol{A}$ 可相似对角化.

(方法二) 因 $\boldsymbol{A}^2+\boldsymbol{A}-6\boldsymbol{E}=(\boldsymbol{A}-2\boldsymbol{E})(\boldsymbol{A}+3\boldsymbol{E})=(\boldsymbol{A}+3\boldsymbol{E})(\boldsymbol{A}-2\boldsymbol{E})$，

由 $\boldsymbol{A}^2\boldsymbol{\alpha}+\boldsymbol{A\alpha}-6\boldsymbol{\alpha}=\boldsymbol{0}$，即 $(\boldsymbol{A}^2+\boldsymbol{A}-6\boldsymbol{E})\boldsymbol{\alpha}=\boldsymbol{0}$，

于是 $(\boldsymbol{A}-2\boldsymbol{E})(\boldsymbol{A}+3\boldsymbol{E})\boldsymbol{\alpha}=\boldsymbol{0}$，

即 $(\boldsymbol{A}-2\boldsymbol{E})(\boldsymbol{A\alpha}+3\boldsymbol{\alpha})=\boldsymbol{0}$，

即 $\boldsymbol{A}(\boldsymbol{A\alpha}+3\boldsymbol{\alpha})=2(\boldsymbol{A\alpha}+3\boldsymbol{\alpha})$，

由 $\boldsymbol{\alpha}$ 不是特征向量，有 $\boldsymbol{A\alpha}+3\boldsymbol{\alpha}\neq\boldsymbol{0}$，

从而 $\lambda=2$ 是 $\boldsymbol{A}$ 的特征值，类似有 $\lambda=-3$ 是特征值. 下略.

10(2022,8 题)【答案】 B.

【解析】 如 $\boldsymbol{A}=\boldsymbol{P\Lambda P}^{-1}$ 即 $\boldsymbol{A}$ 与 $\boldsymbol{\Lambda}$ 相似，所以 $\boldsymbol{A}$ 和 $\boldsymbol{\Lambda}$ 的特征值相同，即 $\boldsymbol{A}$ 的特征值是 $1,-1,0$；反之若 $\boldsymbol{A}$ 的特征值是 $1,-1,0$，即 $\boldsymbol{A}$ 有 3 个不同的特征值，所以 $\boldsymbol{A}$ 可相似对角化，而对角矩阵由特征值 $1,-1,0$ 构成，即 $\boldsymbol{A}\sim\boldsymbol{\Lambda}$. 从而(B)正确.

关于(A)，矩阵等价是秩相等，特征值可以不一样.

例如 $\boldsymbol{P}_1=\begin{bmatrix}2&&\\&1&\\&&1\end{bmatrix}$ $\boldsymbol{P}_2=\begin{bmatrix}1&&\\&-1&\\&&1\end{bmatrix}$，$\boldsymbol{A}=\begin{bmatrix}2&&\\&1&\\&&0\end{bmatrix}$

有 $A = P_1\Lambda P_2 = \begin{bmatrix}2 & & \\ & 1 & \\ & & 1\end{bmatrix}\begin{bmatrix}1 & & \\ & -1 & \\ & & 0\end{bmatrix}\begin{bmatrix}1 & & \\ & -1 & \\ & & 1\end{bmatrix} = \begin{bmatrix}2 & & \\ & 1 & \\ & & 0\end{bmatrix}$

A 的特征值不是 $1,-1,0$，故(A)不正确.

关于(C)，仅实对称矩阵可以用正交矩阵相似对角化，一般矩阵如可以对角化只能由可逆矩阵来实现并不能用正交矩阵.

例如 $A = \begin{bmatrix}1 & 1 & 0\\ 0 & -1 & 0\\ 0 & 0 & 0\end{bmatrix}$，$A$ 的特征值是 $1,-1,0$

但 $E - A = \begin{bmatrix}0 & -1 & 0\\ 0 & 2 & 0\\ 0 & 0 & 1\end{bmatrix}$ 得 $\alpha_1 = (1,0,0)^T$

$-E - A = \begin{bmatrix}-2 & -1 & 0\\ 0 & 0 & 0\\ 0 & 0 & -1\end{bmatrix}$ 得 $\alpha_2 = (1,-2,0)^T$

α_1 与 α_2 不正交，不能用正交矩阵相似对角化.

【评注】 不同特征值的特征向量其线性组合不再是矩阵 A 的特征向量. 所以，虽然

$$\beta_1 = \alpha_2, \beta_2 = \alpha_2 - \frac{(\alpha_2,\beta_1)}{(\beta_1,\beta_1)}\beta_1$$

正交，但 β_2 不是特征向量，也就不能用其相似对角化.

对于(D)，合同 $\Leftrightarrow p,q$ 不变，但不能保证特征值相同，例如

$A = \begin{bmatrix}1 & & \\ & -4 & \\ & & 0\end{bmatrix}$，$P = \begin{bmatrix}1 & & \\ & 2 & \\ & & 1\end{bmatrix}$ 有

$$A = P\Lambda P^T = \begin{bmatrix}1 & & \\ & 2 & \\ & & 1\end{bmatrix}\begin{bmatrix}1 & & \\ & -1 & \\ & & 0\end{bmatrix}\begin{bmatrix}1 & & \\ & 2 & \\ & & 1\end{bmatrix} = \begin{bmatrix}1 & & \\ & -4 & \\ & & 0\end{bmatrix}$$

A 与 Λ 合同，但 A 的特征值不是 $1,-1,0$.

解题加速度

1.**【解】**（Ⅰ）（方法一）　由于 $AP = PB$，即

$$A[x, Ax, A^2x] = [Ax, A^2x, A^3x] = [Ax, A^2x, 3Ax - 2A^2x]$$

$$= [x, Ax, A^2x]\begin{bmatrix}0 & 0 & 0\\ 1 & 0 & 3\\ 0 & 1 & -2\end{bmatrix},$$

所以 $B = \begin{bmatrix}0 & 0 & 0\\ 1 & 0 & 3\\ 0 & 1 & -2\end{bmatrix}$.

（方法二）　由于 $P = [x, Ax, A^2x]$ 可逆，那么 $P^{-1}P = E$，即 $P^{-1}[x, Ax, A^2x] = E$.

所以 $\boldsymbol{P}^{-1}\boldsymbol{x}=\begin{bmatrix}1\\0\\0\end{bmatrix},\boldsymbol{P}^{-1}\boldsymbol{A}\boldsymbol{x}=\begin{bmatrix}0\\1\\0\end{bmatrix},\boldsymbol{P}^{-1}\boldsymbol{A}^2\boldsymbol{x}=\begin{bmatrix}0\\0\\1\end{bmatrix}$. 于是

$$\begin{aligned}\boldsymbol{B}&=\boldsymbol{P}^{-1}\boldsymbol{A}\boldsymbol{P}=\boldsymbol{P}^{-1}[\boldsymbol{A}\boldsymbol{x},\boldsymbol{A}^2\boldsymbol{x},\boldsymbol{A}^3\boldsymbol{x}]=\boldsymbol{P}^{-1}[\boldsymbol{A}\boldsymbol{x},\boldsymbol{A}^2\boldsymbol{x},3\boldsymbol{A}\boldsymbol{x}-2\boldsymbol{A}^2\boldsymbol{x}]\\&=[\boldsymbol{P}^{-1}\boldsymbol{A}\boldsymbol{x},\boldsymbol{P}^{-1}\boldsymbol{A}^2\boldsymbol{x},\boldsymbol{P}^{-1}(3\boldsymbol{A}\boldsymbol{x}-2\boldsymbol{A}^2\boldsymbol{x})]=\begin{bmatrix}0&0&0\\1&0&3\\0&1&-2\end{bmatrix}.\end{aligned}$$

（方法三） 设 $\boldsymbol{B}=\begin{bmatrix}a_1&a_2&a_3\\b_1&b_2&b_3\\c_1&c_2&c_3\end{bmatrix}$，则由 $\boldsymbol{AP}=\boldsymbol{PB}$ 得

$$[\boldsymbol{A}\boldsymbol{x},\boldsymbol{A}^2\boldsymbol{x},\boldsymbol{A}^3\boldsymbol{x}]=[\boldsymbol{x},\boldsymbol{A}\boldsymbol{x},\boldsymbol{A}^2\boldsymbol{x}]\begin{bmatrix}a_1&a_2&a_3\\b_1&b_2&b_3\\c_1&c_2&c_3\end{bmatrix},$$

即
$$\begin{cases}\boldsymbol{A}\boldsymbol{x}=a_1\boldsymbol{x}+b_1\boldsymbol{A}\boldsymbol{x}+c_1\boldsymbol{A}^2\boldsymbol{x},\\\boldsymbol{A}^2\boldsymbol{x}=a_2\boldsymbol{x}+b_2\boldsymbol{A}\boldsymbol{x}+c_2\boldsymbol{A}^2\boldsymbol{x},\\\boldsymbol{A}^3\boldsymbol{x}=a_3\boldsymbol{x}+b_3\boldsymbol{A}\boldsymbol{x}+c_3\boldsymbol{A}^2\boldsymbol{x}=3\boldsymbol{A}\boldsymbol{x}-2\boldsymbol{A}^2\boldsymbol{x},\end{cases}$$

于是
$$\begin{cases}a_1\boldsymbol{x}+(b_1-1)\boldsymbol{A}\boldsymbol{x}+c_1\boldsymbol{A}^2\boldsymbol{x}=\boldsymbol{0},\\a_2\boldsymbol{x}+b_2\boldsymbol{A}\boldsymbol{x}+(c_2-1)\boldsymbol{A}^2\boldsymbol{x}=\boldsymbol{0},\\a_3\boldsymbol{x}+(b_3-3)\boldsymbol{A}\boldsymbol{x}+(c_3+2)\boldsymbol{A}^2\boldsymbol{x}=\boldsymbol{0}.\end{cases}$$

因为 $\boldsymbol{x},\boldsymbol{A}\boldsymbol{x},\boldsymbol{A}^2\boldsymbol{x}$ 线性无关，故

$$a_1=0,b_1=1,c_1=0;a_2=0,b_2=0,c_2=1;a_3=0,b_3=3,c_3=-2.$$

从而求出矩阵 $\boldsymbol{B}=\begin{bmatrix}0&0&0\\1&0&3\\0&1&-2\end{bmatrix}$.

（Ⅱ）由（Ⅰ）知 $\boldsymbol{A}\sim\boldsymbol{B}$，那么 $\boldsymbol{A}+\boldsymbol{E}\sim\boldsymbol{B}+\boldsymbol{E}$，从而

$$|\boldsymbol{A}+\boldsymbol{E}|=|\boldsymbol{B}+\boldsymbol{E}|=\begin{vmatrix}1&0&0\\1&1&3\\0&1&-1\end{vmatrix}=-4.$$

2.【答案】 2.

【解析】 由于 $\boldsymbol{\alpha\beta}^{\mathrm{T}}=\begin{bmatrix}1\\1\\1\end{bmatrix}(1,0,k)=\begin{bmatrix}1&0&k\\1&0&k\\1&0&k\end{bmatrix}$，那么由 $\boldsymbol{\alpha\beta}^{\mathrm{T}}\sim\begin{bmatrix}3&&\\&0&\\&&0\end{bmatrix}$ 知它们有相同的迹.
故 $1+0+k=3+0+0$，所以 $k=2$.

3.【解】 （Ⅰ）设 $\boldsymbol{\xi}$ 是属于特征值 λ_0 的特征向量，即

$$\begin{bmatrix}2&-1&2\\5&a&3\\-1&b&-2\end{bmatrix}\begin{bmatrix}1\\1\\-1\end{bmatrix}=\lambda_0\begin{bmatrix}1\\1\\-1\end{bmatrix},$$

即$\begin{cases}2-1-2=\lambda_0\\5+a-3=\lambda_0,\\-1+b+2=-\lambda_0.\end{cases}$ 解得 $\lambda_0=-1,a=-3,b=0$.

(Ⅱ)由

$$|\lambda\boldsymbol{E}-\boldsymbol{A}|=\begin{vmatrix}\lambda-2 & 1 & -2\\-5 & \lambda+3 & -3\\1 & 0 & \lambda+2\end{vmatrix}=(\lambda+1)^3,$$

知矩阵 $\boldsymbol{A}$ 的特征值为 $\lambda_1=\lambda_2=\lambda_3=-1$.

由于 $r(-\boldsymbol{E}-\boldsymbol{A})=r\begin{bmatrix}-3 & 1 & -2\\-5 & 2 & -3\\1 & 0 & 1\end{bmatrix}=2$,

从而 $\lambda=-1$ 只有一个线性无关的特征向量,故 $\boldsymbol{A}$ 不能相似对角化.

4.【解】 $\boldsymbol{A}$ 的特征多项式为

$$\begin{vmatrix}\lambda-1 & -2 & 3\\1 & \lambda-4 & 3\\-1 & -a & \lambda-5\end{vmatrix}=\begin{vmatrix}\lambda-2 & 2-\lambda & 0\\1 & \lambda-4 & 3\\-1 & -a & \lambda-5\end{vmatrix}=(\lambda-2)\begin{vmatrix}1 & -1 & 0\\1 & \lambda-4 & 3\\-1 & -a & \lambda-5\end{vmatrix}$$

$$=(\lambda-2)\begin{vmatrix}1 & 0 & 0\\1 & \lambda-3 & 3\\-1 & -a-1 & \lambda-5\end{vmatrix}$$

$$=(\lambda-2)(\lambda^2-8\lambda+18+3a),$$

若 $\lambda=2$ 是特征方程的二重根,则有 $2^2-16+18+3a=0$,解得 $a=-2$.

当 $a=-2$ 时,$\boldsymbol{A}$ 的特征值为 2,2,6,矩阵 $2\boldsymbol{E}-\boldsymbol{A}=\begin{bmatrix}1 & -2 & 3\\1 & -2 & 3\\-1 & 2 & -3\end{bmatrix}$ 的秩为 1,故 $\lambda=2$ 对应的线性无关的特征向量有两个,从而 $\boldsymbol{A}$ 可相似对角化.

若 $\lambda=2$ 不是特征方程的二重根,则 $\lambda^2-8\lambda+18+3a$ 为完全平方,从而 $18+3a=16$,解得 $a=-\dfrac{2}{3}$.

当 $a=-\dfrac{2}{3}$ 时,$\boldsymbol{A}$ 的特征值为 2,4,4,矩阵 $4\boldsymbol{E}-\boldsymbol{A}=\begin{bmatrix}3 & -2 & 3\\1 & 0 & 3\\-1 & \frac{2}{3} & -1\end{bmatrix}$ 的秩为 2,故 $\lambda=4$ 对应的线性无关的特征向量只有一个,从而 $\boldsymbol{A}$ 不可相似对角化.

三、关于相似时可逆矩阵 P

11(2015,23 题)【解】 (Ⅰ)$\boldsymbol{A}\sim\boldsymbol{B}\Rightarrow\sum a_{ii}=\sum b_{ii}$,$|\boldsymbol{A}|=|\boldsymbol{B}|$,得

$$\begin{cases}0+3+a=1+b+1,\\2a-3=b,\end{cases}$$

解出 $a=4,b=5$.

（Ⅱ）因为 $A\sim B$，$|\lambda E-A|=|\lambda E-B|=\begin{vmatrix}\lambda-1 & 2 & 0\\ 0 & \lambda-5 & 0\\ 0 & -3 & \lambda-1\end{vmatrix}=(\lambda-5)(\lambda-1)^2$，故得 A 的特征值为 1,1,5.

对 $\lambda=1$，由 $(E-A)x=0$.

$$\begin{bmatrix}1 & -2 & 3\\ 1 & -2 & 3\\ -1 & 2 & -3\end{bmatrix}\to\begin{bmatrix}1 & -2 & 3\\ 0 & 0 & 0\\ 0 & 0 & 0\end{bmatrix}$$

得基础解系 $\alpha_1=(2,1,0)^T$，$\alpha_2=(-3,0,1)^T$.

对 $\lambda=5$，由 $(5E-A)x=0$

$$\begin{bmatrix}5 & -2 & 3\\ 1 & 2 & 3\\ -1 & 2 & 1\end{bmatrix}\to\begin{bmatrix}1 & 2 & 3\\ 0 & 1 & 1\\ 0 & 0 & 0\end{bmatrix}\to\begin{bmatrix}1 & 0 & 1\\ 0 & 1 & 1\\ 0 & 0 & 0\end{bmatrix}$$

得基础解系 $\alpha_3=(-1,-1,1)^T$.

令 $P=[\alpha_1,\alpha_2,\alpha_3]=\begin{bmatrix}2 & -3 & -1\\ 1 & 0 & -1\\ 0 & 1 & 1\end{bmatrix}$ 有 $P^{-1}AP=\Lambda=\begin{bmatrix}1 & & \\ & 1 & \\ & & 5\end{bmatrix}$.

【评注】 本题难度系数数一 0.540，数二 0.463，数三 0.513.

12（2016，23 题）**【解】**（Ⅰ）由 A 的特征多项式

$$|\lambda E-A|=\begin{vmatrix}\lambda & 1 & -1\\ -2 & \lambda+3 & 0\\ 0 & 0 & \lambda\end{vmatrix}=\lambda(\lambda+1)(\lambda+2),$$

得 A 的特征值为 $0,-1,-2$.

对 $\lambda=0$，由 $(0E-A)x=0$，

$$\begin{bmatrix}0 & 1 & -1\\ -2 & 3 & 0\\ 0 & 0 & 0\end{bmatrix}\to\begin{bmatrix}2 & 0 & -3\\ 0 & 1 & -1\\ 0 & 0 & 0\end{bmatrix}$$

得基础解系（或特征向量）$\gamma_1=(3,2,2)^T$.

对 $\lambda=-1$，由 $(-E-A)x=0$，

$$\begin{bmatrix}-1 & 1 & -1\\ -2 & 2 & 0\\ 0 & 0 & -1\end{bmatrix}\to\begin{bmatrix}1 & -1 & 0\\ 0 & 0 & 1\\ 0 & 0 & 0\end{bmatrix}$$

得基础解系（或特征向量）$\gamma_2=(1,1,0)^T$.

对 $\lambda=-2$，由 $(-2E-A)x=0$，

$$\begin{bmatrix}-2 & 1 & -1\\ -2 & 1 & 0\\ 0 & 0 & -2\end{bmatrix}\to\begin{bmatrix}-2 & 1 & 0\\ 0 & 0 & 1\\ 0 & 0 & 0\end{bmatrix}$$

得基础解系（或特征向量）$\gamma_3=(1,2,0)^T$.

令 $P=[\gamma_1,\gamma_2,\gamma_3]$，有 $P^{-1}AP=\Lambda=\begin{bmatrix}0&&\\&-1&\\&&-2\end{bmatrix}$，那么 $P^{-1}A^{99}P=\Lambda^{99}$，

$$A^{99}=P\Lambda^{99}P^{-1}=\begin{bmatrix}3&1&1\\2&1&2\\2&0&0\end{bmatrix}\begin{bmatrix}0&&\\&(-1)^{99}&\\&&(-2)^{99}\end{bmatrix}\frac{1}{2}\begin{bmatrix}0&0&1\\4&-2&-4\\-2&2&1\end{bmatrix}$$

$$=\begin{bmatrix}-2+2^{99}&1-2^{99}&2-2^{98}\\-2+2^{100}&1-2^{100}&2-2^{99}\\0&0&0\end{bmatrix}.$$

(Ⅱ)因 $B^2=BA$，知 $B^3=B(BA)=B^2A=BA^2$，归纳得

$$B^{100}=BA^{99}=[\alpha_1,\alpha_2,\alpha_3]\begin{bmatrix}-2+2^{99}&1-2^{99}&2-2^{98}\\-2+2^{100}&1-2^{100}&2-2^{99}\\0&0&0\end{bmatrix}$$

$$=[(-2+2^{99})\alpha_1+(-2+2^{100})\alpha_2,(1-2^{99})\alpha_1+(1-2^{100})\alpha_2,(2-2^{98})\alpha_1+(2-2^{99})\alpha_2],$$

所以 $\beta_1=(-2+2^{99})\alpha_1+(-2+2^{100})\alpha_2$；

$\beta_2=(1-2^{99})\alpha_1+(1-2^{100})\alpha_2$；

$\beta_3=(2-2^{98})\alpha_1+(2-2^{99})\alpha_2$.

【评注】 本题难度系数数一 0.236，数二 0.161，数三 0.212.

13(2019,23 题)**【解】** (Ⅰ)因 $A\sim B$，有 $\sum a_{ii}=\sum b_{ii}$，$|A|=|B|$.

即 $\begin{cases}x-4=y+1,\\4x-8=-2y,\end{cases}$ 所以 $x=3,y=-2$.

(Ⅱ)因 $|\lambda E-B|=(\lambda-2)(\lambda+1)(\lambda+2)$，矩阵 B 的特征值为 $2,-1,-2$.

又 $A\sim B$ 知 A 的特征值为 $2,-1,-2$.

以下分别求出矩阵 A 和 B 的特征向量：

由 $(2E-A)=\begin{bmatrix}4&2&-1\\-2&-1&2\\0&0&4\end{bmatrix}\to\begin{bmatrix}2&1&0\\0&0&1\\0&0&0\end{bmatrix}$，

得 $\lambda=2$ 的特征向量 $\alpha_1=(1,-2,0)^T$，

由 $(-E-A)=\begin{bmatrix}1&2&-1\\-2&-4&2\\0&0&1\end{bmatrix}\to\begin{bmatrix}1&2&0\\0&0&1\\0&0&0\end{bmatrix}$，

得 $\lambda=-1$ 的特征向量 $\alpha_2=(-2,1,0)^T$，

由 $(-2E-A)=\begin{bmatrix}0&2&-1\\-2&-5&2\\0&0&0\end{bmatrix}\to\begin{bmatrix}2&1&0\\0&2&-1\\0&0&0\end{bmatrix}$，

得 $\lambda=-2$ 的特征向量 $\alpha_3=(1,-2,-4)^T$，

令 $P_1=[\alpha_1,\alpha_2,\alpha_3]=\begin{bmatrix}1&-2&1\\-2&1&-2\\0&0&-4\end{bmatrix}$，有 $P_1^{-1}AP_1=\Lambda=\begin{bmatrix}2&&\\&-1&\\&&-2\end{bmatrix}$.

对矩阵 $\boldsymbol{B}$，

由 $(2\boldsymbol{E}-\boldsymbol{B})\boldsymbol{x}=\boldsymbol{0}$ 得 $\lambda=2$ 的特征向量 $\boldsymbol{\beta}_1=(1,0,0)^{\mathrm{T}}$，

由 $(-\boldsymbol{E}-\boldsymbol{B})\boldsymbol{x}=\boldsymbol{0}$ 得 $\lambda=-1$ 的特征向量 $\boldsymbol{\beta}_2=(-1,3,0)^{\mathrm{T}}$，

由 $(-2\boldsymbol{E}-\boldsymbol{B})\boldsymbol{x}=\boldsymbol{0}$ 得 $\lambda=-2$ 的特征向量 $\boldsymbol{\beta}_3=(0,0,1)^{\mathrm{T}}$，

令 $\boldsymbol{P}_2=[\boldsymbol{\beta}_1,\boldsymbol{\beta}_2,\boldsymbol{\beta}_3]=\begin{bmatrix}1&-1&0\\0&3&0\\0&0&1\end{bmatrix}$，有 $\boldsymbol{P}_2^{-1}\boldsymbol{B}\boldsymbol{P}_2=\boldsymbol{\Lambda}=\begin{bmatrix}2&&\\&-1&\\&&-2\end{bmatrix}$.

于是 $\boldsymbol{P}_1^{-1}\boldsymbol{A}\boldsymbol{P}_1=\boldsymbol{P}_2^{-1}\boldsymbol{B}\boldsymbol{P}_2$，得 $\boldsymbol{P}_2\boldsymbol{P}_1^{-1}\boldsymbol{A}\boldsymbol{P}_1\boldsymbol{P}_2^{-1}=\boldsymbol{B}$.

令 $\boldsymbol{P}=\boldsymbol{P}_1\boldsymbol{P}_2^{-1}$，则有 $\boldsymbol{P}^{-1}\boldsymbol{A}\boldsymbol{P}=\boldsymbol{B}$. 其中

$$\boldsymbol{P}=\boldsymbol{P}_1\boldsymbol{P}_2^{-1}=\begin{bmatrix}1&-2&1\\-2&1&-2\\0&0&-4\end{bmatrix}\begin{bmatrix}1&\frac{1}{3}&0\\0&\frac{1}{3}&0\\0&0&1\end{bmatrix}=\begin{bmatrix}1&-\frac{1}{3}&1\\-2&-\frac{1}{3}&-2\\0&0&-4\end{bmatrix}.$$

【评注】 由于特征向量是不唯一的，因此可逆矩阵 $\boldsymbol{P}$ 是不唯一的.

本题 $\boldsymbol{P}_1$ 中，如用 $-\boldsymbol{\alpha}_2$ 替换可得 $\boldsymbol{P}=\begin{bmatrix}1&1&1\\-2&-1&-2\\0&0&-4\end{bmatrix}$，$\boldsymbol{P}_2$ 中，如用 $\frac{1}{3}\boldsymbol{\beta}_2$ 替换，$\boldsymbol{P}_2$ 就是初等矩阵，求 $\boldsymbol{P}_2^{-1}$ 是不是直接有公式？

14（2020，8 题）**【答案】** D.

【解析】 本题考查 $\boldsymbol{P}^{-1}\boldsymbol{A}\boldsymbol{P}=\boldsymbol{\Lambda}$ 的基本知识. $\boldsymbol{P}$— 特征向量，$\boldsymbol{\Lambda}$— 特征值，且 $\boldsymbol{P}$ 与 $\boldsymbol{\Lambda}$ 的位置对应要正确.

因 $\boldsymbol{\alpha}_1,\boldsymbol{\alpha}_2$ 是 $\lambda=1$ 的线性无关的特征向量，$\boldsymbol{\alpha}_3$ 是 $\lambda=-1$ 的特征向量.

于是 $\boldsymbol{\alpha}_1+\boldsymbol{\alpha}_3$ 不是 $\boldsymbol{A}$ 的特征向量，排除(A)(C). 又对角矩阵 $\boldsymbol{\Lambda}=\begin{bmatrix}1&&\\&-1&\\&&1\end{bmatrix}$，故 $\boldsymbol{P}$ 中特征向量应当是对应 $\lambda=1,\lambda=-1.\lambda=1$ 的顺序，排除(B).

(D)$[\boldsymbol{\alpha}_1+\boldsymbol{\alpha}_2,-\boldsymbol{\alpha}_3,\boldsymbol{\alpha}_2]$ 中 $\boldsymbol{\alpha}_1+\boldsymbol{\alpha}_2$ 与 $\boldsymbol{\alpha}_2$ 是 $\lambda=1$ 的线性无关的特征向量，$-\boldsymbol{\alpha}_3$ 是 $\lambda=-1$ 的特征向量，故应选(D).

15（2021，22 题）**【解】** 由特征多项式

$$|\lambda\boldsymbol{E}-\boldsymbol{A}|=\begin{vmatrix}\lambda-2&-1&0\\-1&\lambda-2&0\\-1&-a&\lambda-b\end{vmatrix}=(\lambda-b)(\lambda-1)(\lambda-3).$$

因为 $\boldsymbol{A}$ 只有两个不同的特征值，所以 $b=1$ 或 $b=3$.

(1) 当 $b=1$ 时，$\boldsymbol{A}$ 的特征值为 $1,1,3$.

由于 $\boldsymbol{A}\sim\boldsymbol{\Lambda}$，那么 $r(\boldsymbol{E}-\boldsymbol{A})=1$.

$$\boldsymbol{E}-\boldsymbol{A}=\begin{bmatrix}-1&-1&0\\-1&-1&0\\-1&-a&0\end{bmatrix}\to\begin{bmatrix}1&1&0\\0&1-a&0\\0&0&0\end{bmatrix},$$

所以 $a=1$ 且 $\lambda=1$ 的特征向量为 $\boldsymbol{\alpha}_1=(-1,1,0)^T,\boldsymbol{\alpha}_2=(0,0,1)^T$.

再解 $(3\boldsymbol{E}-\boldsymbol{A})\boldsymbol{x}=\boldsymbol{0}$ 得 $\lambda=3$ 的特征向量 $\boldsymbol{\alpha}_3=(1,1,1)^T$.

令 $\boldsymbol{P}_1=[\boldsymbol{\alpha}_1,\boldsymbol{\alpha}_2,\boldsymbol{\alpha}_3]=\begin{bmatrix}-1&0&1\\1&0&1\\0&1&1\end{bmatrix}$ 有 $\boldsymbol{P}_1^{-1}\boldsymbol{A}\boldsymbol{P}_1=\boldsymbol{\Lambda}=\begin{bmatrix}1&&\\&1&\\&&3\end{bmatrix}$.

(2) 当 $b=3$ 时,$\boldsymbol{A}$ 的特征值为 1,3,3.

由 $\boldsymbol{A}\sim\boldsymbol{\Lambda}$ 则 $r(3\boldsymbol{E}-\boldsymbol{A})=1$.

$$3\boldsymbol{E}-\boldsymbol{A}=\begin{bmatrix}1&-1&0\\-1&1&0\\-1&-a&0\end{bmatrix}\to\begin{bmatrix}1&-1&0\\0&a+1&0\\0&0&0\end{bmatrix},$$

所以 $a=-1$. 解出特征向量 $\boldsymbol{\beta}_1=(1,1,0)^T,\boldsymbol{\beta}_2=(0,0,1)^T$.

再解 $(\boldsymbol{E}-\boldsymbol{A})\boldsymbol{x}=\boldsymbol{0}$ 得 $\lambda=1$ 的特征向量 $\boldsymbol{\beta}_3=(-1,1,1)^T$.

令 $\boldsymbol{P}_2=[\boldsymbol{\beta}_1,\boldsymbol{\beta}_2,\boldsymbol{\beta}_3]=\begin{bmatrix}1&0&-1\\1&0&1\\0&1&1\end{bmatrix}$ 有 $\boldsymbol{P}_2^{-1}\boldsymbol{A}\boldsymbol{P}_2=\begin{bmatrix}3&&\\&3&\\&&1\end{bmatrix}$.

解题加速度

1.【解】(Ⅰ) 因为 $\boldsymbol{A}$ 和对角矩阵 $\boldsymbol{B}$ 相似,所以 $-1,2,y$ 就是矩阵 $\boldsymbol{A}$ 的特征值,由

$$|\lambda\boldsymbol{E}-\boldsymbol{A}|=\begin{vmatrix}\lambda+2&0&0\\-2&\lambda-x&-2\\-3&-1&\lambda-1\end{vmatrix}=(\lambda+2)[\lambda^2-(x+1)\lambda+(x-2)],$$

知 $\lambda=-2$ 是 $\boldsymbol{A}$ 的特征值,因此必有 $y=-2$.

再由 $\lambda=2$ 是 $\boldsymbol{A}$ 的特征值,知 $|2\boldsymbol{E}-\boldsymbol{A}|=4[2^2-2(x+1)+(x-2)]=0$,得 $x=0$.

(Ⅱ) 由于 $\begin{bmatrix}-2&0&0\\2&0&2\\3&1&1\end{bmatrix}\sim\begin{bmatrix}-1&&\\&2&\\&&-2\end{bmatrix}$,

对 $\lambda=-1$,由 $(-\boldsymbol{E}-\boldsymbol{A})\boldsymbol{x}=\boldsymbol{0}$ 得特征向量 $\boldsymbol{\alpha}_1=(0,-2,1)^T$,

对 $\lambda=2$,由 $(2\boldsymbol{E}-\boldsymbol{A})\boldsymbol{x}=\boldsymbol{0}$ 得特征向量 $\boldsymbol{\alpha}_2=(0,1,1)^T$,

对 $\lambda=-2$,由 $(-2\boldsymbol{E}-\boldsymbol{A})\boldsymbol{x}=\boldsymbol{0}$ 得特征向量 $\boldsymbol{\alpha}_3=(1,0,-1)^T$.

那么,令 $\boldsymbol{P}=[\boldsymbol{\alpha}_1,\boldsymbol{\alpha}_2,\boldsymbol{\alpha}_3]=\begin{bmatrix}0&0&1\\-2&1&0\\1&1&-1\end{bmatrix}$,有 $\boldsymbol{P}^{-1}\boldsymbol{A}\boldsymbol{P}=\boldsymbol{B}$.

2.【解】 由矩阵 $\boldsymbol{A}$ 的特征多项式

$$|\lambda\boldsymbol{E}-\boldsymbol{A}|=\begin{vmatrix}\lambda-3&-2&2\\k&\lambda+1&-k\\-4&-2&\lambda+3\end{vmatrix}=\begin{vmatrix}\lambda-1&-2&2\\0&\lambda+1&-k\\\lambda-1&-2&\lambda+3\end{vmatrix}=(\lambda-1)(\lambda+1)^2,$$

得到矩阵 $\boldsymbol{A}$ 的特征值为 $1,-1,-1$.

由于 $\boldsymbol{A}\sim\boldsymbol{\Lambda}$,那么 $\lambda=-1$ 时,矩阵 $\boldsymbol{A}$ 必有 2 个线性无关的特征向量,因此 $n-r(-\boldsymbol{E}-\boldsymbol{A})=2$,即 $r(-\boldsymbol{E}-\boldsymbol{A})=1$. 求出 $k=0$.

当 $\lambda=1$ 时，由 $(\boldsymbol{E}-\boldsymbol{A})\boldsymbol{x}=\boldsymbol{0}$ 得特征向量 $\boldsymbol{\alpha}_1=(1,0,1)^{\mathrm{T}}$，

当 $\lambda=-1$ 时，由 $(-\boldsymbol{E}-\boldsymbol{A})\boldsymbol{x}=\boldsymbol{0}$ 得特征向量 $\boldsymbol{\alpha}_2=(-1,2,0)^{\mathrm{T}}$，$\boldsymbol{\alpha}_3=(0,1,1)^{\mathrm{T}}$.

那么，令 $\boldsymbol{P}=[\boldsymbol{\alpha}_1,\boldsymbol{\alpha}_2,\boldsymbol{\alpha}_3]=\begin{bmatrix}1&-1&0\\0&2&1\\1&0&1\end{bmatrix}$，有 $\boldsymbol{P}^{-1}\boldsymbol{A}\boldsymbol{P}=\begin{bmatrix}1&&\\&-1&\\&&-1\end{bmatrix}$.

3.【解】（Ⅰ）按已知条件，有

$$\begin{aligned}\boldsymbol{A}[\boldsymbol{\alpha}_1,\boldsymbol{\alpha}_2,\boldsymbol{\alpha}_3]&=[\boldsymbol{\alpha}_1+\boldsymbol{\alpha}_2+\boldsymbol{\alpha}_3,2\boldsymbol{\alpha}_2+\boldsymbol{\alpha}_3,2\boldsymbol{\alpha}_2+3\boldsymbol{\alpha}_3]\\&=[\boldsymbol{\alpha}_1,\boldsymbol{\alpha}_2,\boldsymbol{\alpha}_3]\begin{bmatrix}1&0&0\\1&2&2\\1&1&3\end{bmatrix},\end{aligned}$$

所以矩阵 $\boldsymbol{B}=\begin{bmatrix}1&0&0\\1&2&2\\1&1&3\end{bmatrix}$.

（Ⅱ）因为 $\boldsymbol{\alpha}_1,\boldsymbol{\alpha}_2,\boldsymbol{\alpha}_3$ 线性无关，矩阵 $\boldsymbol{C}=[\boldsymbol{\alpha}_1,\boldsymbol{\alpha}_2,\boldsymbol{\alpha}_3]$ 可逆，所以 $\boldsymbol{C}^{-1}\boldsymbol{A}\boldsymbol{C}=\boldsymbol{B}$，即 $\boldsymbol{A}$ 与 $\boldsymbol{B}$ 相似. 由

$$|\lambda\boldsymbol{E}-\boldsymbol{B}|=\begin{vmatrix}\lambda-1&0&0\\-1&\lambda-2&-2\\-1&-1&\lambda-3\end{vmatrix}=(\lambda-1)^2(\lambda-4),$$

知矩阵 $\boldsymbol{B}$ 的特征值是 1,1,4. 故矩阵 $\boldsymbol{A}$ 的特征值是 1,1,4.

（Ⅲ）对于矩阵 $\boldsymbol{B}$，由 $(\boldsymbol{E}-\boldsymbol{B})\boldsymbol{x}=\boldsymbol{0}$，得特征向量 $\boldsymbol{\eta}_1=(-1,1,0)^{\mathrm{T}}$，$\boldsymbol{\eta}_2=(-2,0,1)^{\mathrm{T}}$.
由 $(4\boldsymbol{E}-\boldsymbol{B})\boldsymbol{x}=\boldsymbol{0}$，得特征向量 $\boldsymbol{\eta}_3=(0,1,1)^{\mathrm{T}}$.

那么令 $\boldsymbol{P}_1=[\boldsymbol{\eta}_1,\boldsymbol{\eta}_2,\boldsymbol{\eta}_3]$，有 $\boldsymbol{P}_1^{-1}\boldsymbol{B}\boldsymbol{P}_1=\begin{bmatrix}1&&\\&1&\\&&4\end{bmatrix}$，从而

$$\boldsymbol{P}_1^{-1}\boldsymbol{C}^{-1}\boldsymbol{A}\boldsymbol{C}\boldsymbol{P}_1=\begin{bmatrix}1&&\\&1&\\&&4\end{bmatrix}.$$

故当 $\boldsymbol{P}=\boldsymbol{C}\boldsymbol{P}_1=[\boldsymbol{\alpha}_1,\boldsymbol{\alpha}_2,\boldsymbol{\alpha}_3]\begin{bmatrix}-1&-2&0\\1&0&1\\0&1&1\end{bmatrix}=[-\boldsymbol{\alpha}_1+\boldsymbol{\alpha}_2,-2\boldsymbol{\alpha}_1+\boldsymbol{\alpha}_3,\boldsymbol{\alpha}_2+\boldsymbol{\alpha}_3]$ 时，

$$\boldsymbol{P}^{-1}\boldsymbol{A}\boldsymbol{P}=\begin{bmatrix}1&&\\&1&\\&&4\end{bmatrix}.$$

四、实对称矩阵

16（2010，8 题）【答案】 D.

【解析】 这是一道常见的基础题，由 $\boldsymbol{A}\boldsymbol{\alpha}=\lambda\boldsymbol{\alpha},\boldsymbol{\alpha}\neq\boldsymbol{0}$ 知 $\boldsymbol{A}^n\boldsymbol{\alpha}=\lambda^n\boldsymbol{\alpha}$，那么对于

$$\boldsymbol{A}^2+\boldsymbol{A}=\boldsymbol{O}\Rightarrow(\lambda^2+\lambda)\boldsymbol{\alpha}=\boldsymbol{0}\Rightarrow\lambda^2+\lambda=0,$$

所以 $\boldsymbol{A}$ 的特征值只能是 0 或 -1.

再由 A 是实对称知必有 $A \sim \Lambda$，而 Λ 的对角线元素即是 A 的特征值，那么由 $r(A)=3$ 可知(D)正确.

【评注】 本题难度系数 0.756.

17(2010,23 题)【分析】 由 Q 为正交矩阵，有 $Q^T=Q^{-1}$，因而 $Q^TAQ=Q^{-1}AQ=\Lambda$，所以 Q 的列向量就是矩阵 A 的特征向量.

【解】 设 $\frac{1}{\sqrt{6}}(1,2,1)^T$ 是 A 关于特征值 λ_1 的特征向量，那么

$$\begin{bmatrix}0&-1&4\\-1&3&a\\4&a&0\end{bmatrix}\frac{1}{\sqrt{6}}\begin{bmatrix}1\\2\\1\end{bmatrix}=\lambda_1\frac{1}{\sqrt{6}}\begin{bmatrix}1\\2\\1\end{bmatrix}\Rightarrow\begin{cases}0+(-2)+4=\lambda_1,\\-1+6+a=2\lambda_1,\\4+2a+0=\lambda_1\end{cases}\Rightarrow\begin{cases}\lambda_1=2,\\a=-1.\end{cases}$$

把 $a=-1$，代入矩阵 A，有

$$|\lambda E-A|=\begin{vmatrix}\lambda&1&-4\\1&\lambda-3&1\\-4&1&\lambda\end{vmatrix}=\begin{vmatrix}\lambda+4&0&-\lambda-4\\1&\lambda-3&1\\-4&1&\lambda\end{vmatrix}=\begin{vmatrix}\lambda+4&0&0\\1&\lambda-3&2\\-1&1&\lambda-4\end{vmatrix}$$

$$=(\lambda-2)(\lambda-5)(\lambda+4).$$

求出矩阵 A 的特征值为：2，5，-4.

对 $\lambda=5$，由 $(5E-A)x=0$，即

$$\begin{bmatrix}5&1&-4\\1&2&1\\-4&1&5\end{bmatrix}\to\begin{bmatrix}1&2&1\\0&9&9\\0&-9&-9\end{bmatrix}\to\begin{bmatrix}1&0&-1\\0&1&1\\0&0&0\end{bmatrix},$$

得特征向量 $\alpha_2=(1,-1,1)^T$.

对 $\lambda=-4$，由 $(-4E-A)x=0$

$$\begin{bmatrix}-4&1&-4\\1&-7&1\\-4&1&-4\end{bmatrix}\to\begin{bmatrix}1&0&1\\0&1&0\\0&0&0\end{bmatrix},$$

得特征向量 $\alpha_3=(-1,0,1)^T$.

实对称矩阵不同特征值对应的特征向量相互正交，把 α_2,α_3 单位化，有

$$\gamma_2=\frac{1}{\sqrt{3}}(1,-1,1)^T,\gamma_3=\frac{1}{\sqrt{2}}(-1,0,1)^T.$$

那么可得 $Q=\begin{bmatrix}\frac{1}{\sqrt{6}}&\frac{1}{\sqrt{3}}&-\frac{1}{\sqrt{2}}\\\frac{2}{\sqrt{6}}&-\frac{1}{\sqrt{3}}&0\\\frac{1}{\sqrt{6}}&\frac{1}{\sqrt{3}}&\frac{1}{\sqrt{2}}\end{bmatrix}$，则 $Q^TAQ=Q^{-1}AQ=\begin{bmatrix}2&&\\&5&\\&&-4\end{bmatrix}$.

【注】 难度系数 0.276.

要理解 Q 的列向量就是 A 的特征向量，通过特征向量来构造方程组求参数是常考的知识点.

18（2011,23 题）【分析】 本题未给出具体的矩阵 $\boldsymbol{A}$，又需要求 $\boldsymbol{A}$ 的特征值、特征向量，应当考虑用定义法 $\boldsymbol{A\alpha}=\lambda\boldsymbol{\alpha},\boldsymbol{\alpha}\neq\boldsymbol{0}$ 来推理、分析、判断.

【解】（Ⅰ）因 $r(\boldsymbol{A})=2$ 知 $|\boldsymbol{A}|=0$，所以 $\lambda=0$ 是 $\boldsymbol{A}$ 的特征值. 又

$$\boldsymbol{A}\begin{bmatrix}1\\0\\-1\end{bmatrix}=\begin{bmatrix}-1\\0\\1\end{bmatrix}=-\begin{bmatrix}1\\0\\-1\end{bmatrix},\boldsymbol{A}\begin{bmatrix}1\\0\\1\end{bmatrix}=\begin{bmatrix}1\\0\\1\end{bmatrix}.$$

所以按定义 $\lambda=1$ 是 $\boldsymbol{A}$ 的特征值，$\boldsymbol{\alpha}_1=(1,0,1)^{\mathrm{T}}$ 是 $\boldsymbol{A}$ 属于 $\lambda=1$ 的特征向量；

$\lambda=-1$ 是 $\boldsymbol{A}$ 的特征值，$\boldsymbol{\alpha}_2=(1,0,-1)^{\mathrm{T}}$ 是 $\boldsymbol{A}$ 属于 $\lambda=-1$ 的特征向量.

设 $\boldsymbol{\alpha}_3=(x_1,x_2,x_3)^{\mathrm{T}}$ 是 $\boldsymbol{A}$ 属于特征值 $\lambda=0$ 的特征向量，作为实对称矩阵不同特征值对应的特征向量相互正交，因此

$$\begin{cases}\boldsymbol{\alpha}_1^{\mathrm{T}}\boldsymbol{\alpha}_3=x_1+x_3=0,\\ \boldsymbol{\alpha}_2^{\mathrm{T}}\boldsymbol{\alpha}_3=x_1-x_3=0,\end{cases}$$

解出 $\boldsymbol{\alpha}_3=(0,1,0)^{\mathrm{T}}$.

故矩阵 $\boldsymbol{A}$ 的特征值为 $1,-1,0$；特征向量依次为

$k_1(1,0,1)^{\mathrm{T}},k_2(1,0,-1)^{\mathrm{T}},k_3(0,1,0)^{\mathrm{T}}$，其中 k_1,k_2,k_3 均是不为零的任意常数.

（Ⅱ）由 $\boldsymbol{A}[\boldsymbol{\alpha}_1,\boldsymbol{\alpha}_2,\boldsymbol{\alpha}_3]=[\boldsymbol{\alpha}_1,-\boldsymbol{\alpha}_2,\boldsymbol{0}]$，知

$$\boldsymbol{A}=[\boldsymbol{\alpha}_1,-\boldsymbol{\alpha}_2,\boldsymbol{0}][\boldsymbol{\alpha}_1,\boldsymbol{\alpha}_2,\boldsymbol{\alpha}_3]^{-1}=\begin{bmatrix}1&-1&0\\0&0&0\\1&1&0\end{bmatrix}\begin{bmatrix}1&1&0\\0&0&1\\1&-1&0\end{bmatrix}^{-1}=\begin{bmatrix}0&0&1\\0&0&0\\1&0&0\end{bmatrix}.$$

【评注】 本题特征值不同的特征向量已经正交，也可考虑用正交矩阵、相似对角化来求矩阵 $\boldsymbol{A}$，即令 $\boldsymbol{Q}=\begin{bmatrix}\frac{1}{\sqrt{2}}&0&\frac{1}{\sqrt{2}}\\0&1&0\\\frac{1}{\sqrt{2}}&0&-\frac{1}{\sqrt{2}}\end{bmatrix}$，则

$$\boldsymbol{Q}^{-1}\boldsymbol{AQ}=\boldsymbol{\Lambda}=\begin{bmatrix}1&&\\&0&\\&&-1\end{bmatrix}.$$

$$\boldsymbol{A}=\boldsymbol{Q\Lambda Q}^{-1}=\boldsymbol{Q\Lambda Q}^{\mathrm{T}}$$

$$=\begin{bmatrix}\frac{1}{\sqrt{2}}&0&\frac{1}{\sqrt{2}}\\0&1&0\\\frac{1}{\sqrt{2}}&0&-\frac{1}{\sqrt{2}}\end{bmatrix}\begin{bmatrix}1&&\\&0&\\&&-1\end{bmatrix}\begin{bmatrix}\frac{1}{\sqrt{2}}&0&\frac{1}{\sqrt{2}}\\0&1&0\\\frac{1}{\sqrt{2}}&0&-\frac{1}{\sqrt{2}}\end{bmatrix}=\begin{bmatrix}0&0&1\\0&0&0\\1&0&0\end{bmatrix}.$$

当然也可设 $\boldsymbol{A}=\begin{bmatrix}a&b&c\\b&d&e\\c&e&f\end{bmatrix}$.

由 $\boldsymbol{A}\begin{bmatrix}1 & 1\\0 & 0\\-1 & 1\end{bmatrix}=\begin{bmatrix}-1 & 1\\0 & 0\\1 & 1\end{bmatrix}$ 有 $\begin{cases}a-c=-1,\\a+c=1,\\b-e=0,\\b+e=0,\\c-f=1,\\c+f=1,\end{cases}$

易得 $a=0,c=1,b=0,e=0,f=0$. 即有 $\boldsymbol{A}=\begin{bmatrix}0 & 0 & 1\\0 & d & 0\\1 & 0 & 0\end{bmatrix}$，再由 $r(\boldsymbol{A})=2\Rightarrow d=0$. 然后再来求特征值、特征向量.

不要忘记实对称矩阵不同特征值对应的特征向量相互正交这一重要定理，由此构造齐次方程组可求出特征向量，本题难度系数 0.534，0.479，0.617.

19（2013，8 题）**【答案】** B.

【解析】 两个实对称矩阵相似的充分必要条件是有相同的特征值.

$$|\lambda\boldsymbol{E}-\boldsymbol{A}|=\begin{vmatrix}\lambda-1 & -a & -1\\-a & \lambda-b & -a\\-1 & -a & \lambda-1\end{vmatrix}=\lambda[\lambda^2-(b+2)\lambda+2b-2a^2].$$

因为

$$|\lambda\boldsymbol{E}-\boldsymbol{B}|=\begin{vmatrix}\lambda-2 & & \\ & \lambda-b & \\ & & \lambda\end{vmatrix}=\lambda(\lambda-2)(\lambda-b).$$

由 $\lambda=2$ 必是 $\boldsymbol{A}$ 的特征值，即

$$|2\boldsymbol{E}-\boldsymbol{A}|=2[2^2-2(b+2)+2b-2a^2]=0.$$

故必有 $a=0$.

由 $\lambda=b$ 必是 $\boldsymbol{A}$ 的特征值，即

$|b\boldsymbol{E}-\boldsymbol{A}|=b[b^2-(b+2)b+2b]=0$，$b$ 可为任意常数. 所以选(B).

解题加速度

1.【解】 由矩阵 $\boldsymbol{A}$ 的特征多项式

$$|\lambda\boldsymbol{E}-\boldsymbol{A}|=\begin{vmatrix}\lambda-a & -1 & -1\\-1 & \lambda-a & 1\\-1 & 1 & \lambda-a\end{vmatrix}=\begin{vmatrix}\lambda-a-1 & \lambda-a-1 & 0\\-1 & \lambda-a & 1\\0 & a+1-\lambda & \lambda-a-1\end{vmatrix}$$

$$=(\lambda-a-1)^2\begin{vmatrix}1 & 1 & 0\\-1 & \lambda-a & 1\\0 & -1 & 1\end{vmatrix}=(\lambda-a-1)^2(\lambda-a+2),$$

得到矩阵 $\boldsymbol{A}$ 的特征值为 $\lambda_1=\lambda_2=a+1,\lambda_3=a-2$.

对于 $\lambda=a+1$，由 $[(a+1)\boldsymbol{E}-\boldsymbol{A}]\boldsymbol{x}=\boldsymbol{0}$，得到 2 个线性无关的特征向量

$$\boldsymbol{\alpha}_1=(1,1,0)^{\mathrm{T}},\boldsymbol{\alpha}_2=(1,0,1)^{\mathrm{T}}.$$

对于 $\lambda=a-2$，由 $[(a-2)\boldsymbol{E}-\boldsymbol{A}]\boldsymbol{x}=\boldsymbol{0}$，得到特征向量 $\boldsymbol{\alpha}_3=(-1,1,1)^{\mathrm{T}}$.

那么，令 $\boldsymbol{P}=(\boldsymbol{\alpha}_1,\boldsymbol{\alpha}_2,\boldsymbol{\alpha}_3)=\begin{bmatrix}1&1&-1\\1&0&1\\0&1&1\end{bmatrix}$，有 $\boldsymbol{P}^{-1}\boldsymbol{AP}=\boldsymbol{\Lambda}=\begin{bmatrix}a+1&&\\&a+1&\\&&a-2\end{bmatrix}$.

因为 $\boldsymbol{A}$ 的特征值是 $a+1,a+1,a-2$，故 $\boldsymbol{A}-\boldsymbol{E}$ 的特征值是 $a,a,a-3$. 所以

$$|\boldsymbol{A}-\boldsymbol{E}|=a^2(a-3).$$

【评注】 由 $\boldsymbol{A}\sim\boldsymbol{\Lambda}$，知 $\boldsymbol{A}-\boldsymbol{E}\sim\boldsymbol{\Lambda}-\boldsymbol{E}$，于是

$$|\boldsymbol{A}-\boldsymbol{E}|=|\boldsymbol{\Lambda}-\boldsymbol{E}|=\begin{vmatrix}a&&\\&a&\\&&a-3\end{vmatrix}=a^2(a-3).$$

亦可求出行列式 $|\boldsymbol{A}-\boldsymbol{E}|$ 的值.

2.**【解】** （Ⅰ）对方程组 $\boldsymbol{Ax}=\boldsymbol{\beta}$ 的增广矩阵作初等行变换，有

$$\overline{\boldsymbol{A}}=\left[\begin{array}{ccc:c}1&1&a&1\\1&a&1&1\\a&1&1&-2\end{array}\right]\to\left[\begin{array}{ccc:c}1&1&a&1\\0&a-1&1-a&0\\0&1-a&1-a^2&-a-2\end{array}\right]$$

$$\to\left[\begin{array}{ccc:c}1&1&a&1\\0&a-1&1-a&0\\0&0&(a-1)(a+2)&a+2\end{array}\right],$$

因为方程组有无穷多解，所以 $r(\boldsymbol{A})=r(\overline{\boldsymbol{A}})<3$. 故 $a=-2$.

（Ⅱ）$|\lambda\boldsymbol{E}-\boldsymbol{A}|=\begin{vmatrix}\lambda-1&-1&2\\-1&\lambda+2&-1\\2&-1&\lambda-1\end{vmatrix}=\lambda(\lambda+3)(\lambda-3)$，

所以矩阵 $\boldsymbol{A}$ 的特征值为 $\lambda_1=3,\lambda_2=0,\lambda_3=-3$.

当 $\lambda_1=3$ 时，由 $(3\boldsymbol{E}-\boldsymbol{A})\boldsymbol{x}=\boldsymbol{0}$，$\begin{bmatrix}2&-1&2\\-1&5&-1\\2&-1&2\end{bmatrix}\to\begin{bmatrix}1&-5&1\\0&9&0\\0&0&0\end{bmatrix}$，

得到属于特征值 $\lambda=3$ 的特征向量 $\boldsymbol{\alpha}_1=(1,0,-1)^{\mathrm{T}}$.

当 $\lambda_2=0$ 时，由 $(0\boldsymbol{E}-\boldsymbol{A})\boldsymbol{x}=\boldsymbol{0}$，$\begin{bmatrix}-1&-1&2\\-1&2&-1\\2&-1&-1\end{bmatrix}\to\begin{bmatrix}1&0&-1\\0&1&-1\\0&0&0\end{bmatrix}$，

得到属于特征值 $\lambda=0$ 的特征向量 $\boldsymbol{\alpha}_2=(1,1,1)^{\mathrm{T}}$.

当 $\lambda_3=-3$ 时，由 $(-3\boldsymbol{E}-\boldsymbol{A})\boldsymbol{x}=\boldsymbol{0}$，$\begin{bmatrix}-4&-1&2\\-1&-1&-1\\2&-1&-4\end{bmatrix}\to\begin{bmatrix}1&0&-1\\0&1&2\\0&0&0\end{bmatrix}$，

得到属于特征值 $\lambda=-3$ 的特征向量 $\boldsymbol{\alpha}_3=(1,-2,1)^{\mathrm{T}}$.

实对称矩阵的特征值不同时，其特征向量已经正交，故只需单位化.

$$\boldsymbol{\beta}_1=\frac{1}{\sqrt{2}}\begin{bmatrix}1\\0\\-1\end{bmatrix},\boldsymbol{\beta}_2=\frac{1}{\sqrt{3}}\begin{bmatrix}1\\1\\1\end{bmatrix},\boldsymbol{\beta}_3=\frac{1}{\sqrt{6}}\begin{bmatrix}1\\-2\\1\end{bmatrix},$$

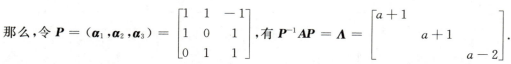

那么令 $Q=(\beta_1,\beta_2,\beta_3)=\begin{bmatrix}\frac{1}{\sqrt{2}} & \frac{1}{\sqrt{3}} & \frac{1}{\sqrt{6}}\\ 0 & \frac{1}{\sqrt{3}} & -\frac{2}{\sqrt{6}}\\ -\frac{1}{\sqrt{2}} & \frac{1}{\sqrt{3}} & \frac{1}{\sqrt{6}}\end{bmatrix}$,得 $Q^{\mathrm{T}}AQ=Q^{-1}AQ=\Lambda=\begin{bmatrix}3 & & \\ & 0 & \\ & & -3\end{bmatrix}$.

3.【解】 (Ⅰ)$A=\begin{bmatrix}a & 1 & -1\\ 1 & a & -1\\ -1 & -1 & a\end{bmatrix}$,

$$|\lambda E-A|=\begin{vmatrix}\lambda-a & -1 & 1\\ -1 & \lambda-a & 1\\ 1 & 1 & \lambda-a\end{vmatrix}=\begin{vmatrix}\lambda-a+1 & 0 & \lambda-a+1\\ -1 & \lambda-a & 1\\ 1 & 1 & \lambda-a\end{vmatrix}$$

$$=\begin{vmatrix}\lambda-a+1 & 0 & 0\\ -1 & \lambda-a & 2\\ 1 & 1 & \lambda-a-1\end{vmatrix}$$

$$=(\lambda-a+1)^2(\lambda-a-2),$$

A 的特征值为:$a-1,a-1,a+2$.

$\lambda=a-1$ 时,

$$(a-1)E-A=\begin{bmatrix}-1 & -1 & 1\\ -1 & -1 & 1\\ 1 & 1 & -1\end{bmatrix}\to\begin{bmatrix}1 & 1 & -1\\ 0 & 0 & 0\\ 0 & 0 & 0\end{bmatrix},$$

$$\alpha_1=(-1,1,0)^{\mathrm{T}},\alpha_2=(1,1,2)^{\mathrm{T}},$$

$\lambda=a+2$ 时,

$$(a+2)E-A=\begin{bmatrix}2 & -1 & 1\\ -1 & 2 & 1\\ 1 & 1 & 2\end{bmatrix}\to\begin{bmatrix}1 & 0 & 1\\ 0 & 1 & 1\\ 0 & 0 & 0\end{bmatrix},$$

$$\alpha_3=(-1,-1,1)^{\mathrm{T}},$$

单位化得 $\gamma_1=\frac{1}{\sqrt{2}}\begin{bmatrix}-1\\ 1\\ 0\end{bmatrix},\gamma_2=\frac{1}{\sqrt{6}}\begin{bmatrix}1\\ 1\\ 2\end{bmatrix},\gamma_3=\frac{1}{\sqrt{3}}\begin{bmatrix}-1\\ -1\\ 1\end{bmatrix}$.

令 $P=[\gamma_1,\gamma_2,\gamma_3]=\begin{bmatrix}-\frac{1}{\sqrt{2}} & \frac{1}{\sqrt{6}} & -\frac{1}{\sqrt{3}},\\ \frac{1}{\sqrt{2}} & \frac{1}{\sqrt{6}} & -\frac{1}{\sqrt{3}}\\ 0 & \frac{2}{\sqrt{6}} & \frac{1}{\sqrt{3}}\end{bmatrix}$,则 $P^{\mathrm{T}}AP=P^{-1}AP=\Lambda=\begin{bmatrix}a-1 & & \\ & a-1 & \\ & & a+2\end{bmatrix}$.

(Ⅱ)记 $B=(a+3)E-A$,B 是对称矩阵.因 A 的特征值是 $a-1,a-1,a+2$,知 B 的特征值 4,4,1,从而 B 正定.

$P^{\mathrm{T}}BP=P^{\mathrm{T}}(a+3)EP-P^{\mathrm{T}}AP$

$$=\begin{bmatrix}a+3 & & \\ & a+3 & \\ & & a+3\end{bmatrix}-\begin{bmatrix}a-1 & & \\ & a-1 & \\ & & a+2\end{bmatrix}=\begin{bmatrix}4 & & \\ & 4 & \\ & & 1\end{bmatrix},$$

$$\boldsymbol{P}^{\mathrm{T}}\boldsymbol{B}\boldsymbol{P}=\begin{bmatrix}2 & & \\ & 2 & \\ & & 1\end{bmatrix}\begin{bmatrix}2 & & \\ & 2 & \\ & & 1\end{bmatrix},\boldsymbol{B}=\boldsymbol{P}\begin{bmatrix}2 & & \\ & 2 & \\ & & 1\end{bmatrix}\boldsymbol{P}^{\mathrm{T}}\boldsymbol{P}\begin{bmatrix}2 & & \\ & 2 & \\ & & 1\end{bmatrix}\boldsymbol{P}^{\mathrm{T}}$$

$$\boldsymbol{C}=\boldsymbol{P}\begin{bmatrix}2 & & \\ & 2 & \\ & & 1\end{bmatrix}\boldsymbol{P}^{\mathrm{T}}=\begin{bmatrix}-\frac{1}{\sqrt{2}} & \frac{1}{\sqrt{6}} & -\frac{1}{\sqrt{3}} \\ \frac{1}{\sqrt{2}} & \frac{1}{\sqrt{6}} & -\frac{1}{\sqrt{3}} \\ 0 & \frac{2}{\sqrt{6}} & \frac{1}{\sqrt{3}}\end{bmatrix}\begin{bmatrix}2 & & \\ & 2 & \\ & & 1\end{bmatrix}\begin{bmatrix}-\frac{1}{\sqrt{2}} & \frac{1}{\sqrt{2}} & 0 \\ \frac{1}{\sqrt{6}} & \frac{1}{\sqrt{6}} & \frac{2}{\sqrt{6}} \\ -\frac{1}{\sqrt{3}} & -\frac{1}{\sqrt{3}} & \frac{1}{\sqrt{3}}\end{bmatrix}$$

$$=\frac{1}{3}\begin{bmatrix}5 & -1 & 1 \\ -1 & 5 & 1 \\ 1 & 1 & 5\end{bmatrix}.$$

【评注】 当 $\lambda=a-1$，求特征向量时，可用常规的 $(1,0)(0,1)$ 来赋值，则 $\boldsymbol{\alpha}_1=(-1,1,0)^{\mathrm{T}}$，$\boldsymbol{\alpha}_2=(1,0,1)^{\mathrm{T}}$. 此时 $\boldsymbol{\alpha}_1$，$\boldsymbol{\alpha}_2$ 不正交，需进一步用正交化来处理.

第六章　二次型

一、二次型的标准形

1(2009,23 题)【解】 (Ⅰ)二次型 f 的矩阵 $\boldsymbol{A}=\begin{bmatrix}a&0&1\\0&a&-1\\1&-1&a-1\end{bmatrix}$. 由于

$$|\lambda\boldsymbol{E}-\boldsymbol{A}|=\begin{vmatrix}\lambda-a&0&-1\\0&\lambda-a&1\\-1&1&\lambda-a+1\end{vmatrix}=\begin{vmatrix}\lambda-a&\lambda-a&0\\0&\lambda-a&1\\-1&1&\lambda-a+1\end{vmatrix}$$

$$=\begin{vmatrix}\lambda-a&0&0\\0&\lambda-a&1\\-1&2&\lambda-a+1\end{vmatrix}=(\lambda-a)[\lambda-(a+1)][\lambda-(a-2)],$$

所以 $\boldsymbol{A}$ 的特征值为 $\lambda_1=a,\lambda_2=a+1,\lambda_3=a-2$.

(Ⅱ)因为二次型 f 的规范形为 $y_1^2+y_2^2$,说明正惯性指数 $p=2$,负惯性指数 $q=0$,那么二次型矩阵 $\boldsymbol{A}$ 的特征值为 +,+,0.

显然 $a-2<a<a+1$,所以必有 $a=2$.

【评注】 本题难度系数 0.495,0.492,0.516.

只要求出特征值,或者知道特征值的 +,−,0,就有了正、负惯性指数,也就可写规范形,当然也有配方法这条化标准形的路,但本题用配方法不合适.

2(2011,14 题)【答案】 2.

【解析】 二次型矩阵 $\boldsymbol{A}=\begin{bmatrix}1&1&1\\1&3&1\\1&1&1\end{bmatrix}$,由

$$|\lambda\boldsymbol{E}-\boldsymbol{A}|=\begin{vmatrix}\lambda-1&-1&-1\\-1&\lambda-3&-1\\-1&-1&\lambda-1\end{vmatrix}=\lambda(\lambda-1)(\lambda-4)=0,$$

知矩阵 $\boldsymbol{A}$ 的特征值为 0,1,4,故正惯性指数 $p=2$,或者用配方法

$$\begin{aligned}f&=x_1^2+2x_1(x_2+x_3)+(x_2+x_3)^2+3x_2^2+x_3^2+2x_2x_3-(x_2+x_3)^2\\&=(x_1+x_2+x_3)^2+2x_2^2,\end{aligned}$$

那么经坐标变换 $\boldsymbol{x}^{\mathrm{T}}\boldsymbol{A}\boldsymbol{x}=\boldsymbol{y}^{\mathrm{T}}\boldsymbol{\Lambda}\boldsymbol{y}=y_1^2+2y_2^2$,亦知 $p=2$.

3(2012,23 题)【解】 (Ⅰ)因为 $r(\boldsymbol{A}^{\mathrm{T}}\boldsymbol{A})=r(\boldsymbol{A})$,对 $\boldsymbol{A}$ 施以初等行变换

$$A=\begin{bmatrix}1&0&1\\0&1&1\\-1&0&a\\0&a&-1\end{bmatrix}\to\begin{bmatrix}1&0&1\\0&1&1\\0&0&a+1\\0&0&0\end{bmatrix},$$

所以，当 $a=-1$ 时，$r(A)=2$.

（Ⅱ）由（Ⅰ）知 $A^TA=\begin{bmatrix}2&0&2\\0&2&2\\2&2&4\end{bmatrix}$，那么

$$|\lambda E-A^TA|=\begin{vmatrix}\lambda-2&0&-2\\0&\lambda-2&-2\\-2&-2&\lambda-4\end{vmatrix}=\begin{vmatrix}\lambda-2&2-\lambda&0\\0&\lambda-2&-2\\-2&-2&\lambda-4\end{vmatrix}$$

$$=\begin{vmatrix}\lambda-2&0&0\\0&\lambda-2&-2\\-2&-4&\lambda-4\end{vmatrix}=\lambda(\lambda-2)(\lambda-6),$$

矩阵 A^TA 的特征值为 0,2,6.

对 $\lambda=0$，由 $(0E-A^TA)x=0$ 得基础解系 $(-1,-1,1)^T$；

对 $\lambda=2$，由 $(2E-A^TA)x=0$ 得基础解系 $(-1,1,0)^T$；

对 $\lambda=6$，由 $(6E-A^TA)x=0$ 得基础解系 $(1,1,2)^T$.

因为实对称矩阵特征值不同特征向量相互正交，故只需单位化

$$\gamma_1=\frac{1}{\sqrt3}\begin{bmatrix}-1\\-1\\1\end{bmatrix},\gamma_2=\frac{1}{\sqrt2}\begin{bmatrix}-1\\1\\0\end{bmatrix},\gamma_3=\frac{1}{\sqrt6}\begin{bmatrix}1\\1\\2\end{bmatrix},$$

那么令
$$\begin{bmatrix}x_1\\x_2\\x_3\end{bmatrix}=\begin{bmatrix}-\frac{1}{\sqrt3}&-\frac{1}{\sqrt2}&\frac{1}{\sqrt6}\\-\frac{1}{\sqrt3}&\frac{1}{\sqrt2}&\frac{1}{\sqrt6}\\\frac{1}{\sqrt3}&0&\frac{2}{\sqrt6}\end{bmatrix}\begin{bmatrix}y_1\\y_2\\y_3\end{bmatrix},$$

有 $x^T(A^TA)x=y^T\Lambda y=2y_2^2+6y_3^2$.

【评注】 当然如果直接计算也可行，但计算量是非常大.

二次型矩阵 $A^TA=\begin{bmatrix}1&0&-1&0\\0&1&0&a\\1&1&a&-1\end{bmatrix}\begin{bmatrix}1&0&1\\0&1&1\\-1&0&a\\0&a&-1\end{bmatrix}$

$$=\begin{bmatrix}2&0&1-a\\0&1+a^2&1-a\\1-a&1-a&3+a^2\end{bmatrix},$$

由于 A^TA 中有 2 阶子式 $\begin{vmatrix}2&0\\0&1+a^2\end{vmatrix}=2(1+a^2)\neq0$. 所以二次型 f 的秩为 $2\Leftrightarrow|A^TA|=0$.

又 $|A^TA| = \begin{vmatrix} 2 & 0 & 1-a \\ 0 & 1+a^2 & 1-a \\ 1-a & 1-a & 3+a^2 \end{vmatrix}$

$$= 2(1+a^2)(3+a^2)-(1-a)^2(1+a^2)-2(1-a)^2 = (a+1)^2(a^2+3),$$

所以 $a=-1$.

难度系数 0.436,0.377,0.408.

4 (2013,23 题)**【证明】** (Ⅰ)记 $\boldsymbol{x}=(x_1,x_2,x_3)^T$,则

$$a_1x_1+a_2x_2+a_3x_3=(x_1,x_2,x_3)\begin{bmatrix} a_1 \\ a_2 \\ a_3 \end{bmatrix}=(a_1,a_2,a_3)\begin{bmatrix} x_1 \\ x_2 \\ x_3 \end{bmatrix}.$$

类似地 $b_1x_1+b_2x_2+b_3x_3=\boldsymbol{x}^T\boldsymbol{\beta}=\boldsymbol{\beta}^T\boldsymbol{x}$.

故
$$\begin{aligned} f(x_1,x_2,x_3) &= 2(a_1x_1+a_2x_2+a_3x_3)^2+(b_1x_1+b_2x_2+b_3x_3)^2 \\ &= 2(\boldsymbol{x}^T\boldsymbol{\alpha})(\boldsymbol{\alpha}^T\boldsymbol{x})+(\boldsymbol{x}^T\boldsymbol{\beta})(\boldsymbol{\beta}^T\boldsymbol{x}) \\ &= \boldsymbol{x}^T(2\boldsymbol{\alpha}\boldsymbol{\alpha}^T+\boldsymbol{\beta}\boldsymbol{\beta}^T)\boldsymbol{x}. \end{aligned}$$

又因 $2\boldsymbol{\alpha}\boldsymbol{\alpha}^T+\boldsymbol{\beta}\boldsymbol{\beta}^T$ 是对称矩阵,所以二次型 f 对应的矩阵为 $2\boldsymbol{\alpha}\boldsymbol{\alpha}^T+\boldsymbol{\beta}\boldsymbol{\beta}^T$.

(Ⅱ)因 $\boldsymbol{\alpha},\boldsymbol{\beta}$ 均是单位向量且相互正交,有

$$\boldsymbol{A}\boldsymbol{\alpha}=(2\boldsymbol{\alpha}\boldsymbol{\alpha}^T+\boldsymbol{\beta}\boldsymbol{\beta}^T)\boldsymbol{\alpha}=2\boldsymbol{\alpha}(\boldsymbol{\alpha}^T\boldsymbol{\alpha})+\boldsymbol{\beta}(\boldsymbol{\beta}^T\boldsymbol{\alpha})=2\boldsymbol{\alpha},$$
$$\boldsymbol{A}\boldsymbol{\beta}=(2\boldsymbol{\alpha}\boldsymbol{\alpha}^T+\boldsymbol{\beta}\boldsymbol{\beta}^T)\boldsymbol{\beta}=2\boldsymbol{\alpha}(\boldsymbol{\alpha}^T\boldsymbol{\beta})+\boldsymbol{\beta}(\boldsymbol{\beta}^T\boldsymbol{\beta})=\boldsymbol{\beta},$$

$\lambda_1=2,\lambda_2=1$ 是 $\boldsymbol{A}$ 的特征值.

又因为 $\boldsymbol{\alpha}\boldsymbol{\alpha}^T,\boldsymbol{\beta}\boldsymbol{\beta}^T$ 都是秩为 1 的矩阵,所以

$$r(\boldsymbol{A})=r(2\boldsymbol{\alpha}\boldsymbol{\alpha}^T+\boldsymbol{\beta}\boldsymbol{\beta}^T)\leqslant r(2\boldsymbol{\alpha}\boldsymbol{\alpha}^T)+r(\boldsymbol{\beta}\boldsymbol{\beta}^T)=2<3,$$

故 $\lambda_3=0$ 是矩阵 $\boldsymbol{A}$ 的特征值.因此经正交变换二次型 f 的标准形为 $2y_1^2+y_2^2$.

【评注】 下面给出的是当年一些考生选择的方法,当然这样解也是对的.

因为二次型

$$\begin{aligned} f(x_1,x_2,x_3) &= 2(a_1x_1+a_2x_2+a_3x_3)^2+(b_1x_1+b_2x_2+b_3x_3)^2 \\ &= 2(a_1^2x_1^2+a_2^2x_2^2+a_3^2x_3^2+2a_1a_2x_1x_2+2a_1a_3x_1x_3+2a_2a_3x_2x_3) \\ &\quad +(b_1^2x_1^2+b_2^2x_2^2+b_3^2x_3^2+2b_1b_2x_1x_2+2b_1b_3x_1x_3+2b_2b_3x_2x_3) \\ &= (2a_1^2+b_1^2)x_1^2+(2a_2^2+b_2^2)x_2^2+(2a_3^2+b_3^2)x_3^2+2(2a_1a_2+b_1b_2)x_1x_2 \\ &\quad +2(2a_1a_3+b_1b_3)x_1x_3+2(2a_2a_3+b_2b_3)x_2x_3, \end{aligned}$$

所以按定义二次型矩阵

$$\boldsymbol{A}=\begin{bmatrix} 2a_1^2+b_1^2 & 2a_1a_2+b_1b_2 & 2a_1a_3+b_1b_3 \\ 2a_1a_2+b_1b_2 & 2a_2^2+b_2^2 & 2a_2a_3+b_2b_3 \\ 2a_1a_3+b_1b_3 & 2a_2a_3+b_2b_3 & 2a_3^2+b_3^2 \end{bmatrix}$$
$$=\begin{bmatrix} 2a_1^2 & 2a_1a_2 & 2a_1a_3 \\ 2a_1a_2 & 2a_2^2 & 2a_2a_3 \\ 2a_1a_3 & 2a_2a_3 & 2a_3^2 \end{bmatrix}+\begin{bmatrix} b_1^2 & b_1b_2 & b_1b_3 \\ b_1b_2 & b_2^2 & b_2b_3 \\ b_1b_3 & b_2b_3 & b_3^2 \end{bmatrix},$$

故 $\boldsymbol{A}=2\boldsymbol{\alpha}\boldsymbol{\alpha}^T+\boldsymbol{\beta}\boldsymbol{\beta}^T$.

难度系数 0.454,0.400,0.426.

5（2014，14 题）【答案】 $[-2,2]$.

【解析】 由配方法可得

$$f(x_1,x_2,x_3)=x_1^2+2ax_1x_3+a^2x_3^2-(x_2^2-4x_2x_3+4x_3^2)+4x_3^2-a^2x_3^2$$
$$=(x_1+ax_3)^2-(x_2-2x_3)^2+(4-a^2)x_3^2,$$

因为负惯性指数是 1，故 $4-a^2\geqslant 0$，解出 $a\in[-2,2]$.

6（2015，8 题）【答案】 A.

【解析】 f 在正交变换 $\boldsymbol{x}=\boldsymbol{P}\boldsymbol{y}$ 下标准形 $2y_1^2+y_2^2-y_3^2$，意味着 $\boldsymbol{A}$ 的特征值：$2,1,-1$.

又 $\boldsymbol{P}=[\boldsymbol{e}_1,\boldsymbol{e}_2,\boldsymbol{e}_3]$，说明 $2,1,-1$ 的特征向量依次为 $\boldsymbol{e}_1,\boldsymbol{e}_2,\boldsymbol{e}_3$.

由 $\boldsymbol{e}_3$ 是 -1 的特征向量，知 $-\boldsymbol{e}_3$ 仍是 -1 的特征向量，故 $\boldsymbol{Q}=[\boldsymbol{e}_1,-\boldsymbol{e}_3,\boldsymbol{e}_2]$ 时，二次型标准形为：$2y_1^2-y_2^2+y_3^2$，应选（A）.

或者，由

$$\boldsymbol{Q}=[\boldsymbol{e}_1,-\boldsymbol{e}_3,\boldsymbol{e}_2]=[\boldsymbol{e}_1,\boldsymbol{e}_2,\boldsymbol{e}_3]\begin{bmatrix}1&0&0\\0&0&1\\0&-1&0\end{bmatrix}=\boldsymbol{P}\begin{bmatrix}1&0&0\\0&0&1\\0&-1&0\end{bmatrix},$$

知

$$\boldsymbol{x}=\boldsymbol{Q}\boldsymbol{y}=\boldsymbol{P}\begin{bmatrix}1&0&0\\0&0&1\\0&-1&0\end{bmatrix}\begin{bmatrix}y_1\\y_2\\y_3\end{bmatrix}=\boldsymbol{P}\begin{bmatrix}y_1\\y_3\\-y_2\end{bmatrix}.$$

又因二次型 $f(x_1,x_2,x_3)$ 在正交变换 $\boldsymbol{x}=\boldsymbol{P}\boldsymbol{y}$ 下的标准形是 $2y_1^2+y_2^2-y_3^2$，所以 f 在正交变换 $\boldsymbol{x}=\boldsymbol{Q}\boldsymbol{y}$ 下的标准形为：$2y_1^2+y_3^2-(-y_2)^2$，即 $2y_1^2+y_3^2-y_2^2$.

7（2016，8 题）【答案】 C.

【解析】 二次型矩阵

$$\boldsymbol{A}=\begin{bmatrix}a&1&1\\1&a&1\\1&1&a\end{bmatrix}.$$

由特征多项式

$$|\lambda\boldsymbol{E}-\boldsymbol{A}|=\begin{vmatrix}\lambda-a&-1&-1\\-1&\lambda-a&-1\\-1&-1&\lambda-a\end{vmatrix}=(\lambda-a-2)(\lambda-a+1)^2.$$

矩阵 $\boldsymbol{A}$ 的特征值：$a+2,a-1,a-1$.

由 $p=1,q=2$ 可知 $\begin{cases}a+2>0,\\a-1<0,\end{cases}$ 所以 $-2<a<1$.

8（2017，23 题）【解】 二次型矩阵

$$\boldsymbol{A}=\begin{bmatrix}2&1&-4\\1&-1&1\\-4&1&a\end{bmatrix}.$$

正交变换下标准形是 $\lambda_1y_1^2+\lambda_2y_2^2$，说明 $\boldsymbol{A}$ 的特征值为 $\lambda_1,\lambda_2,0$. 所以

$$|\boldsymbol{A}|=\begin{vmatrix}2&1&-4\\1&-1&1\\-4&1&a\end{vmatrix}=-3(a-2)=0,$$

故 $a=2$.

由 $|\lambda E-A|=\begin{vmatrix}\lambda-2 & -1 & 4\\ -1 & \lambda+1 & -1\\ 4 & -1 & \lambda-2\end{vmatrix}=\begin{vmatrix}\lambda-6 & 0 & 6-\lambda\\ -1 & \lambda+1 & -1\\ 4 & -1 & \lambda-2\end{vmatrix}$

$$=\begin{vmatrix}\lambda-6 & 0 & 0\\ -1 & \lambda+1 & -2\\ 4 & -1 & \lambda+2\end{vmatrix}=\lambda(\lambda+3)(\lambda-6)=0,$$

得矩阵 A 的特征值:6,-3,0.

由$(6E-A)x=0$ 得基础解系 $\alpha_1=(1,0,-1)^T$,即 $\lambda=6$ 的特征向量.

由$(-3E-A)x=0$ 得基础解系 $\alpha_2=(1,-1,1)^T$,即 $\lambda=-3$ 的特征向量.

由$(0E-A)x=0$ 得基础解系 $\alpha_3=(1,2,1)^T$,即 $\lambda=0$ 的特征向量.

因实对称矩阵特征值不同特征向量相互正交,故只需单位化,有

$$\gamma_1=\frac{1}{\sqrt{2}}\begin{bmatrix}1\\0\\-1\end{bmatrix},\gamma_2=\frac{1}{\sqrt{3}}\begin{bmatrix}1\\-1\\1\end{bmatrix},\gamma_3=\frac{1}{\sqrt{6}}\begin{bmatrix}1\\2\\1\end{bmatrix},$$

那么 $Q=[\gamma_1,\gamma_2,\gamma_3]=\begin{bmatrix}\frac{1}{\sqrt{2}} & \frac{1}{\sqrt{3}} & \frac{1}{\sqrt{6}}\\ 0 & -\frac{1}{\sqrt{3}} & \frac{2}{\sqrt{6}}\\ -\frac{1}{\sqrt{2}} & \frac{1}{\sqrt{3}} & \frac{1}{\sqrt{6}}\end{bmatrix}$,经 $x=Qy$ 有

$$x^TAx=y^T\Lambda y=6y_1^2-3y_2^2.$$

【评注】 本题难度系数数一 0.574,数二 0.485,数三 0.539.

9 (2018,22 题)**【解】** (Ⅰ)平方和 $f(x_1,x_2,x_3)=0\Leftrightarrow\begin{cases}x_1-x_2+x_3=0,\\ \quad\ \ x_2+x_3=0,\\ x_1\quad\ \ +ax_3=0.\end{cases}$ ①

由 $\begin{vmatrix}1 & -1 & 1\\ 0 & 1 & 1\\ 1 & 0 & a\end{vmatrix}=a-2$,

当 $a\neq2$ 时,① 只有零解,即 $f(x_1,x_2,x_3)=0$ 只有零解,$x=\mathbf{0}$.

当 $a=2$ 时, $\begin{bmatrix}1 & -1 & 1\\ 0 & 1 & 1\\ 1 & 0 & 2\end{bmatrix}\to\begin{bmatrix}1 & 0 & 2\\ 0 & 1 & 1\\ 0 & 0 & 0\end{bmatrix}$,

① 的基础解系为$(-2,-1,1)^T$.

故 $f(x_1,x_2,x_3)=0$ 的解为 $x=k(-2,-1,1)^T$,k 为任意常数.

(Ⅱ)当 $a\neq2$ 时,令$\begin{cases}y_1=x_1-x_2+x_3,\\ y_2=\quad\ \ x_2+x_3,\\ y_3=x_1\quad\ \ +ax_3,\end{cases}$ ②

因 $\begin{vmatrix} 1 & -1 & 1 \\ 0 & 1 & 1 \\ 1 & 0 & a \end{vmatrix} \neq 0$，② 是可逆坐标变换.

$f(x_1,x_2,x_3)$ 的规范形为 $y_1^2+y_2^2+y_3^2$.

或当 $a=2$ 时，

$$\begin{aligned} f(x_1,x_2,x_3) &= (x_1-x_2+x_3)^2+(x_2+x_3)^2+(x_1+2x_3)^2 \\ &= 2x_1^2+2x_2^2+6x_3^2-2x_1x_2+6x_1x_3 \\ &= 2\left[x_1^2-x_1(x_2-3x_3)+\frac{1}{4}(x_2-3x_3)^2\right]+2x_2^2+6x_3^2-\frac{1}{2}(x_2-3x_3)^2 \\ &= 2\left(x_1-\frac{1}{2}x_2+\frac{3}{2}x_3\right)^2+\frac{3}{2}x_2^2+3x_2x_3+\frac{3}{2}x_3^2 \\ &= 2\left(x_1-\frac{1}{2}x_2+\frac{3}{2}x_3\right)^2+\frac{3}{2}(x_2+x_3)^2, \end{aligned}$$

可得规范形 $y_1^2+y_2^2$.

【评注】 当 $a=2$ 时，如注意到 $(x_1-x_2+x_3)+(x_2+x_3)=x_1+2x_3$，也可先经坐标变换

$$\begin{cases} y_1 = x_1-x_2+x_3, \\ y_2 = \qquad\quad x_2+x_3, \\ y_3 = \qquad\qquad\quad x_3, \end{cases}$$

得 $f=\boldsymbol{y}^{\mathrm{T}}\boldsymbol{B}\boldsymbol{y}=y_1^2+y_2^2+(y_1+y_2)^2=2y_1^2+2y_2^2+2y_1y_2$.

$\boldsymbol{B}=\begin{bmatrix} 2 & 1 & 0 \\ 1 & 2 & 0 \\ 0 & 0 & 0 \end{bmatrix}$，由于矩阵 $\boldsymbol{B}$ 的特征值为 3,1,0，从而知规范形为 $z_1^2+z_2^2$.

本题难度系数 0.347,0.248,0.303

10（2019,8 题）**【答案】** C.

【解析】 规范形由 p,q 而定，判断特征值入手.

设 $\boldsymbol{A\alpha}=\lambda\boldsymbol{\alpha},\boldsymbol{\alpha}\neq\boldsymbol{0}$. 由 $\boldsymbol{A}^2+\boldsymbol{A}=2\boldsymbol{E}$ 有 $\boldsymbol{A}^2\boldsymbol{\alpha}+\boldsymbol{A\alpha}-2\boldsymbol{\alpha}=\boldsymbol{0}$ 即

$$(\lambda^2+\lambda-2)\boldsymbol{\alpha}=\boldsymbol{0}.$$

知 $\lambda^2+\lambda-2=0$，矩阵 $\boldsymbol{A}$ 的特征值只能是 1 或 -2.

又因 $|\boldsymbol{A}|=4$，所以矩阵 $\boldsymbol{A}$ 的特征值是：$1,-2,-2$.

从而二次型的规范形是 $y_1^2-y_2^2-y_3^2$. 选(C).

11（2020,22 题）**【解】** (Ⅰ) 二次型 f 经坐标变换 $\boldsymbol{x}=\boldsymbol{P}\boldsymbol{y}$ 成二次型 g，故 f 和 g 有相同的正、负惯性指数. 因 $g=(y_1+y_2)^2+4y_3^2$ 知 $p=2,q=0$.

于是二次型 f 的正惯性指数 $p=2$，负惯性指数为 0.

因二次型 f 的矩阵

$$\boldsymbol{A}=\begin{bmatrix} 1 & a & a \\ a & 1 & a \\ a & a & 1 \end{bmatrix}.$$

由 $|\lambda\boldsymbol{E}-\boldsymbol{A}|=(\lambda-1-2a)(\lambda-1+a)^2$. 矩阵 $\boldsymbol{A}$ 的特征值：$1-a,1-a,1+2a$.

从而$\begin{cases}1-a>0,\\1+2a=0,\end{cases}$故 $a=-\dfrac{1}{2}$.

（Ⅱ）由配方法 $f=x_1^2+x_2^2+x_3^2-x_1x_2-x_1x_3-x_2x_3$

$$=\left[x_1^2-2x_1\left(\frac{1}{2}x_2+\frac{1}{2}x_3\right)+\frac{1}{4}(x_2+x_3)^2\right]+x_2^2+x_3^2-x_2x_3-\frac{1}{4}(x_2+x_3)^2$$

$$=\left(x_1-\frac{1}{2}x_2-\frac{1}{2}x_3\right)^2+\frac{3}{4}(x_2-x_3)^2,$$

令$\begin{cases}z_1=x_1-\dfrac{1}{2}x_2-\dfrac{1}{2}x_3,\\z_2=\quad\dfrac{\sqrt{3}}{2}x_2-\dfrac{\sqrt{3}}{2}x_3,\\z_3=\quad x_3,\end{cases}$即$\begin{pmatrix}x_1\\x_2\\x_3\end{pmatrix}=\begin{bmatrix}1&\dfrac{1}{\sqrt{3}}&1\\0&\dfrac{2}{\sqrt{3}}&1\\0&0&1\end{bmatrix}\begin{pmatrix}z_1\\z_2\\z_3\end{pmatrix}$,

有 $f=z_1^2+z_2^2$.

再令$\begin{cases}z_1=y_1+y_2,\\z_2=\quad 2y_3,\\z_3=y_1,\end{cases}$即$\begin{pmatrix}z_1\\z_2\\z_3\end{pmatrix}=\begin{bmatrix}1&1&0\\0&0&2\\1&0&0\end{bmatrix}\begin{pmatrix}y_1\\y_2\\y_3\end{pmatrix}$,

则有 f 经坐标变换 $\boldsymbol{x}=\boldsymbol{P}\boldsymbol{y}$,

$$\boldsymbol{P}=\begin{bmatrix}1&\dfrac{1}{\sqrt{3}}&1\\0&\dfrac{2}{\sqrt{3}}&1\\0&0&1\end{bmatrix}\begin{bmatrix}1&1&0\\0&0&2\\1&0&0\end{bmatrix}=\begin{bmatrix}2&1&\dfrac{2}{\sqrt{3}}\\1&0&\dfrac{4}{\sqrt{3}}\\1&0&0\end{bmatrix},$$

得 $g=y_1^2+y_2^2+4y_3^2+2y_1y_2$.

【评注】 坐标变换 $\boldsymbol{x}=\boldsymbol{P}\boldsymbol{y}$ 是不唯一的.

12(2021,8题)【答案】 B.

【解析】 因为$\begin{vmatrix}1&1&0\\0&1&1\\-1&0&1\end{vmatrix}=\begin{vmatrix}1&1&0\\0&1&1\\0&1&1\end{vmatrix}=0$,所以$\begin{cases}y_1=x_1+x_2\\y_2=\quad x_2+x_3\\y_3=-x_1\quad +x_3\end{cases}$不是坐标变换.

$$f=x_1^2+2x_1x_2+x_2^2+x_2^2+2x_2x_3+x_3^2-x_1^2+2x_1x_3-x_3^2$$
$$=2x_2^2+2x_1x_2+2x_2x_3+2x_1x_3,$$

由(1) 配方法　$f=2\left[x_2^2+x_2(x_1+x_3)^2+\dfrac{1}{4}(x_1+x_3)^2\right]-\dfrac{1}{2}(x_1+x_3)^2+2x_1x_3$

$$=2\left(x_2+\frac{1}{2}x_1+\frac{1}{2}x_3\right)^2-\frac{1}{2}(x_1-x_3)^2.$$

或(2) 特征值法　$\boldsymbol{A}=\begin{bmatrix}0&1&1\\1&2&1\\1&1&0\end{bmatrix}$.

$$|\lambda\boldsymbol{E}-\boldsymbol{A}|=\begin{vmatrix}\lambda&-1&-1\\-1&\lambda-2&-1\\-1&-1&\lambda\end{vmatrix}=\begin{vmatrix}\lambda+1&0&-1-\lambda\\-1&\lambda-2&-1\\-1&-1&\lambda\end{vmatrix}=\begin{vmatrix}\lambda+1&0&0\\-1&\lambda-2&-2\\-1&-1&\lambda-1\end{vmatrix}$$

$$=(\lambda+1)(\lambda^2-3\lambda),$$

特征值 3，−1，0.

都有 $p=1,q=1$，故选(B).

13(2022,22 题)**【解】** （Ⅰ）$f=\boldsymbol{x}^{\mathrm T}\boldsymbol{A}\boldsymbol{x},\boldsymbol{x}=(x_1,x_2,x_3)^{\mathrm T},\boldsymbol{A}=\begin{bmatrix}3&0&1\\0&4&0\\1&0&3\end{bmatrix}$,

$$|\boldsymbol{A}-\lambda\boldsymbol{E}|=\begin{vmatrix}3-\lambda&0&1\\0&4-\lambda&0\\1&0&3-\lambda\end{vmatrix}=(4-\lambda)(\lambda-2)(\lambda-4),$$

$\boldsymbol{A}$ 的特征值为 $\lambda_1=2,\lambda_2=\lambda_3=4$.

先求解 $(\boldsymbol{A}-2\boldsymbol{E})\boldsymbol{x}=\boldsymbol{0}$.

$$\boldsymbol{A}-2\boldsymbol{E}=\begin{bmatrix}1&0&1\\0&2&0\\1&0&1\end{bmatrix}\xrightarrow{\text{行初等变换}}\begin{bmatrix}1&0&1\\0&1&0\\0&0&0\end{bmatrix}$$

$(\boldsymbol{A}-2\boldsymbol{E})\boldsymbol{x}=\boldsymbol{0}$ 的通解为 $\boldsymbol{x}=k\begin{bmatrix}-1\\0\\1\end{bmatrix}$. 令 $\boldsymbol{\beta}_3=(-1,0,1)^{\mathrm T}$.

再求解 $(\boldsymbol{A}-4\boldsymbol{E})\boldsymbol{x}=\boldsymbol{0}$.

$$\boldsymbol{A}-4\boldsymbol{E}=\begin{bmatrix}-1&0&1\\0&0&0\\1&0&-1\end{bmatrix}\xrightarrow{\text{行初等变换}}\begin{bmatrix}1&0&-1\\0&0&0\\0&0&0\end{bmatrix}$$

$(\boldsymbol{A}-4\boldsymbol{E})\boldsymbol{x}=\boldsymbol{0}$ 的通解为

$$\boldsymbol{x}=k_1\begin{bmatrix}0\\1\\0\end{bmatrix}+k_2\begin{bmatrix}1\\0\\1\end{bmatrix}.$$

令 $\boldsymbol{\xi}_1=(0,1,0)^{\mathrm T},\boldsymbol{\xi}_2=(1,0,1)^{\mathrm T}$，易见 $\boldsymbol{\xi}_1,\boldsymbol{\xi}_2$ 正交.

$$\text{令 }\boldsymbol{Q}=\left[\frac{\boldsymbol{\xi}_1}{|\boldsymbol{\xi}_1|},\frac{\boldsymbol{\xi}_2}{|\boldsymbol{\xi}_2|},\frac{\boldsymbol{\beta}_3}{|\boldsymbol{\beta}_3|}\right]=\begin{bmatrix}0&\frac{1}{\sqrt2}&\frac{-1}{\sqrt2}\\1&0&0\\0&\frac{1}{\sqrt2}&\frac{1}{\sqrt2}\end{bmatrix},$$

再令 $\boldsymbol{x}=\boldsymbol{Q}\boldsymbol{y},\boldsymbol{y}=(y_1,y_2,y_3)^{\mathrm T}$,

则 $f=\boldsymbol{x}^{\mathrm T}\boldsymbol{A}\boldsymbol{x}=4y_1^2+4y_2^2+2y_3^2=g(y_1,y_2,y_3)$ 为标准形.

（Ⅱ）$\boldsymbol{x}\neq\boldsymbol{0}$ 时，$\boldsymbol{y}=\boldsymbol{Q}^{\mathrm T}\boldsymbol{x}\neq\boldsymbol{0}$（若 $\boldsymbol{y}=\boldsymbol{0}$，则 $\boldsymbol{x}=\boldsymbol{Q}\boldsymbol{y}=\boldsymbol{0}$）.

因 $\boldsymbol{x}^{\mathrm T}\boldsymbol{x}=(\boldsymbol{Q}\boldsymbol{y})^{\mathrm T}(\boldsymbol{Q}\boldsymbol{y})=\boldsymbol{y}^{\mathrm T}\boldsymbol{Q}^{\mathrm T}\boldsymbol{Q}\boldsymbol{y}=\boldsymbol{y}^{\mathrm T}\boldsymbol{E}\boldsymbol{y}=\boldsymbol{y}^{\mathrm T}\boldsymbol{y}\neq\boldsymbol{0}$

$$\frac{f(\boldsymbol{x})}{\boldsymbol{x}^{\mathrm T}\boldsymbol{x}}=\frac{g(\boldsymbol{y})}{\boldsymbol{y}^{\mathrm T}\boldsymbol{y}}=\frac{4y_1^2+4y_2^2+2y_3^2}{y_1^2+y_2^2+y_3^2}\geqslant 2.$$

取 $y_1=y_2=0,y_3=1$，可得 $\dfrac{g(\boldsymbol{y})}{\boldsymbol{y}^{\mathrm T}\boldsymbol{y}}=2$.

所以 $\min\limits_{\boldsymbol{x}\neq\boldsymbol{0}}\dfrac{f(\boldsymbol{x})}{\boldsymbol{x}^{\mathrm T}\boldsymbol{x}}=2$.

解题加速度

1.【答案】 2.

【解析】 因为二次型 $f(x_1,x_2,x_3)=2x_1^2+2x_2^2+2x_3^2+2x_1x_2-2x_2x_3+2x_3x_1$，

二次型矩阵 $A=\begin{bmatrix}2&1&1\\1&2&-1\\1&-1&2\end{bmatrix}$，易见 $r(A)=2$，所以二次型的秩为 2.

【评注】 本题的陷阱：注意 $\begin{cases}y_1=x_1+x_2,\\y_2=\quad\;\; x_2-x_3,\\y_3=x_1+\quad\;\; x_3\end{cases}$ 不是坐标变换，(因为行列式为 0) 不要误以为秩是 3.

2.【解】 (Ⅰ) 二次型矩阵 $A=\begin{bmatrix}1-a&1+a&0\\1+a&1-a&0\\0&0&2\end{bmatrix}$，由于二次型 f 的秩为 2，

即 $r(A)=2$，所以有 $|A|=2\begin{vmatrix}1-a&1+a\\1+a&1-a\end{vmatrix}=-8a=0$，得 $a=0$.

(Ⅱ) 当 $a=0$ 时，由 $|\lambda E-A|=\begin{vmatrix}\lambda-1&-1&0\\-1&\lambda-1&0\\0&0&\lambda-2\end{vmatrix}=\lambda(\lambda-2)^2=0$，

知矩阵 A 的特征值是 2,2,0.

对 $\lambda=2$，由 $(2E-A)x=\mathbf{0}$，$\begin{bmatrix}1&-1&0\\-1&1&0\\0&0&0\end{bmatrix}\to\begin{bmatrix}1&-1&0\\0&0&0\\0&0&0\end{bmatrix}$，

得特征向量 $\alpha_1=(1,1,0)^T$，$\alpha_2=(0,0,1)^T$.

对 $\lambda=0$，由 $(0E-A)x=\mathbf{0}$，$\begin{bmatrix}-1&-1&0\\-1&-1&0\\0&0&-2\end{bmatrix}\to\begin{bmatrix}1&1&0\\0&0&1\\0&0&0\end{bmatrix}$，

得特征向量 $\alpha_3=(1,-1,0)^T$.

由于特征向量已经两两正交，只需单位化，于是有

$$\gamma_1=\frac{1}{\sqrt{2}}(1,1,0)^T,\gamma_2=(0,0,1)^T,\gamma_3=\frac{1}{\sqrt{2}}(1,-1,0)^T.$$

令 $Q=[\gamma_1,\gamma_2,\gamma_3]=\begin{bmatrix}\frac{1}{\sqrt{2}}&0&\frac{1}{\sqrt{2}}\\\frac{1}{\sqrt{2}}&0&-\frac{1}{\sqrt{2}}\\0&1&0\end{bmatrix}$，那么，二次型 f 在正交变换 $x=Qy$ 下的标准形为

$$f(x_1,x_2,x_3)=2y_1^2+2y_2^2.$$

(Ⅲ)(方法一) 由(Ⅱ)知，在正交变换 $x=Qy$ 下，$f(x_1,x_2,x_3)=0$ 化成 $2y_1^2+2y_2^2=0$，解

之得 $y_1=0, y_2=0, y_3=t$（t 为任意实数），从而

$$\boldsymbol{x}=\boldsymbol{Q}\begin{bmatrix}0\\0\\t\end{bmatrix}=[\boldsymbol{\gamma}_1,\boldsymbol{\gamma}_2,\boldsymbol{\gamma}_3]\begin{bmatrix}0\\0\\t\end{bmatrix}=t\boldsymbol{\gamma}_3=t(1,-1,0)^{\mathrm{T}},$$

即方程 $f(x_1,x_2,x_3)=0$ 的解是 $k(1,-1,0)^{\mathrm{T}}$，k 为任意实数.

（方法二） 由于 $f(x_1,x_2,x_3)=x_1^2+x_2^2+2x_3^2+2x_1x_2=(x_1+x_2)^2+2x_3^2=0$，所以

$$\begin{cases}x_1+x_2=0,\\x_3=0,\end{cases}$$

其通解为 $\boldsymbol{x}=k(-1,1,0)^{\mathrm{T}}$，其中 k 为任意常数.

【评注】 本题的前两问是常规题，也是常见的，只要按步骤处理即可. 要注意对（Ⅲ）的理解. 本题难度系数 0.563.

3.**【解】** （Ⅰ）二次型 f 的矩阵为 $\boldsymbol{A}=\begin{bmatrix}a&0&b\\0&2&0\\b&0&-2\end{bmatrix}$，设 $\boldsymbol{A}$ 的特征值为 $\lambda_i(i=1,2,3)$，由题设，

有 $\begin{cases}\lambda_1+\lambda_2+\lambda_3=a+2+(-2)=1,\\\lambda_1\lambda_2\lambda_3=|\boldsymbol{A}|=2(-2a-b^2)=-12.\end{cases}\Rightarrow a=1, b=2$（已知 $b>0$）.

（Ⅱ）由矩阵 $\boldsymbol{A}$ 的特征多项式

$$|\lambda\boldsymbol{E}-\boldsymbol{A}|=\begin{vmatrix}\lambda-1&0&-2\\0&\lambda-2&0\\-2&0&\lambda+2\end{vmatrix}=(\lambda-2)\begin{vmatrix}\lambda-1&-2\\-2&\lambda+2\end{vmatrix}=(\lambda-2)^2(\lambda+3),$$

得到 $\boldsymbol{A}$ 的特征值 $\lambda_1=\lambda_2=2, \lambda_3=-3$.

对于 $\lambda=2$，由 $(2\boldsymbol{E}-\boldsymbol{A})\boldsymbol{x}=\boldsymbol{0}$，$\begin{bmatrix}1&0&-2\\0&0&0\\-2&0&4\end{bmatrix}\to\begin{bmatrix}1&0&-2\\0&0&0\\0&0&0\end{bmatrix}$，

得到属于 $\lambda=2$ 的线性无关的特征向量 $\boldsymbol{\alpha}_1=(0,1,0)^{\mathrm{T}}, \boldsymbol{\alpha}_2=(2,0,1)^{\mathrm{T}}$.

对于 $\lambda=-3$，由 $(-3\boldsymbol{E}-\boldsymbol{A})\boldsymbol{x}=\boldsymbol{0}$，$\begin{bmatrix}-4&0&-2\\0&-5&0\\-2&0&-1\end{bmatrix}\to\begin{bmatrix}2&0&1\\0&1&0\\0&0&0\end{bmatrix}$，

得到属于 $\lambda=-3$ 的特征向量 $\boldsymbol{\alpha}_3=(1,0,-2)^{\mathrm{T}}$.

由于 $\boldsymbol{\alpha}_1,\boldsymbol{\alpha}_2,\boldsymbol{\alpha}_3$ 已两两正交，故只需单位化，有

$$\boldsymbol{\gamma}_1=(0,1,0)^{\mathrm{T}}, \boldsymbol{\gamma}_2=\frac{1}{\sqrt{5}}(2,0,1)^{\mathrm{T}}, \boldsymbol{\gamma}_3=\frac{1}{\sqrt{5}}(1,0,-2)^{\mathrm{T}}.$$

那么，令 $\boldsymbol{P}=(\boldsymbol{\gamma}_1,\boldsymbol{\gamma}_2,\boldsymbol{\gamma}_3)=\begin{bmatrix}0&\frac{2}{\sqrt{5}}&\frac{1}{\sqrt{5}}\\1&0&0\\0&\frac{1}{\sqrt{5}}&-\frac{2}{\sqrt{5}}\end{bmatrix}$，则 $\boldsymbol{P}$ 为正交矩阵，在正交变换 $\boldsymbol{x}=\boldsymbol{P}\boldsymbol{y}$ 下，有

$$P^{\mathrm{T}}AP = P^{-1}AP = \begin{bmatrix} 2 & & \\ & 2 & \\ & & -3 \end{bmatrix}.$$

二次型的标准形为 $f = 2y_1^2 + 2y_2^2 - 3y_3^2$.

4.【分析】 本题已知二次型在正交变换下的标准形就是已知矩阵 $\boldsymbol{A}$ 的特征值，而 $\boldsymbol{Q}$ 的列就是 $\boldsymbol{A}$ 的特征向量，现在的问题是如何求出 $\boldsymbol{A}$ 的所有线性无关的特征向量?反求出矩阵 $\boldsymbol{A}$?

【解】（Ⅰ）二次型 $\boldsymbol{x}^{\mathrm{T}}\boldsymbol{A}\boldsymbol{x}$ 在正交变换 $\boldsymbol{x} = \boldsymbol{Q}\boldsymbol{y}$ 下的标准形为 $y_1^2 + y_2^2$，说明二次型矩阵 $\boldsymbol{A}$ 的特征值是 1,1,0. 又因 $\boldsymbol{Q}$ 的第 3 列是 $\left(\frac{\sqrt{2}}{2},0,\frac{\sqrt{2}}{2}\right)^{\mathrm{T}}$，说明 $\boldsymbol{\alpha}_3 = (1,0,1)^{\mathrm{T}}$ 是矩阵 $\boldsymbol{A}$ 关于特征值 $\lambda = 0$ 的特征向量. 因为 $\boldsymbol{A}$ 是实对称矩阵，特征值不同特征向量相互正交. 设 $\boldsymbol{A}$ 关于 $\lambda_1 = \lambda_2 = 1$ 的特征向量为 $\boldsymbol{\alpha} = (x_1,x_2,x_3)^{\mathrm{T}}$，则 $\boldsymbol{\alpha}^{\mathrm{T}}\boldsymbol{\alpha}_3 = 0$，即 $x_1 + x_3 = 0$.

取 $\boldsymbol{\alpha}_1 = (0,1,0)^{\mathrm{T}}$，$\boldsymbol{\alpha}_2 = (-1,0,1)^{\mathrm{T}}$，那么 $\boldsymbol{\alpha}_1,\boldsymbol{\alpha}_2$ 是 $\lambda_1 = \lambda_2 = 1$ 的特征向量.

由 $\boldsymbol{A}[\boldsymbol{\alpha}_1,\boldsymbol{\alpha}_2,\boldsymbol{\alpha}_3] = [\boldsymbol{\alpha}_1,\boldsymbol{\alpha}_2,\boldsymbol{0}]$ 有

$$\boldsymbol{A} = [\boldsymbol{\alpha}_1,\boldsymbol{\alpha}_2,\boldsymbol{0}][\boldsymbol{\alpha}_1,\boldsymbol{\alpha}_2,\boldsymbol{\alpha}_3]^{-1} = \begin{bmatrix} 0 & -1 & 0 \\ 1 & 0 & 0 \\ 0 & 1 & 0 \end{bmatrix}\begin{bmatrix} 0 & -1 & 1 \\ 1 & 0 & 0 \\ 0 & 1 & 1 \end{bmatrix}^{-1}$$

$$= \begin{bmatrix} 0 & -1 & 0 \\ 1 & 0 & 0 \\ 0 & 1 & 0 \end{bmatrix}\begin{bmatrix} 0 & 1 & 0 \\ -\frac{1}{2} & 0 & \frac{1}{2} \\ \frac{1}{2} & 0 & \frac{1}{2} \end{bmatrix} = \begin{bmatrix} \frac{1}{2} & 0 & -\frac{1}{2} \\ 0 & 1 & 0 \\ -\frac{1}{2} & 0 & \frac{1}{2} \end{bmatrix}.$$

（Ⅱ）由于 $\boldsymbol{A}+\boldsymbol{E}$ 是对称矩阵，且矩阵 $\boldsymbol{A}$ 的特征值是 1,1,0，那么 $\boldsymbol{A}+\boldsymbol{E}$ 的特征值是 2,2,1. 因为 $\boldsymbol{A}+\boldsymbol{E}$ 的特征值全大于 0，所以 $\boldsymbol{A}+\boldsymbol{E}$ 正定.

【评注】 本题也可把 $\boldsymbol{\alpha}_1,\boldsymbol{\alpha}_2$ 单位化处理(它们已经正交!)构造出正交矩阵 $\boldsymbol{Q}$，即

$$\boldsymbol{Q} = \begin{bmatrix} 0 & -\frac{1}{\sqrt{2}} & \frac{1}{\sqrt{2}} \\ 1 & 0 & 0 \\ 0 & \frac{1}{\sqrt{2}} & \frac{1}{\sqrt{2}} \end{bmatrix}，\text{则 } \boldsymbol{Q}^{-1}\boldsymbol{A}\boldsymbol{Q} = \boldsymbol{Q}^{\mathrm{T}}\boldsymbol{A}\boldsymbol{Q} = \begin{bmatrix} 1 & & \\ & 1 & \\ & & 0 \end{bmatrix}. \text{于是有 } \boldsymbol{A} = \boldsymbol{Q}\boldsymbol{\Lambda}\boldsymbol{Q}^{\mathrm{T}} = \cdots.$$

因为在(Ⅰ)中已求出矩阵 $\boldsymbol{A}$，那么计算 $\boldsymbol{A}+\boldsymbol{E}$ 的顺序主子式 $\Delta_1 = \frac{3}{2}$，$\Delta_2 = 3$，$\Delta_3 = 4$ 全大于 0 也可证出 $\boldsymbol{A}+\boldsymbol{E}$ 正定.

本题综合性强，知识点多，复习二次型一定要搞清二次型和特征值知识点之间的衔接和转换，难度系数 0.385.

5.【解】（Ⅰ）$f = x_1^2 + 4x_2^2 + 9x_3^2 + 4x_1x_2 + 6x_1x_3 + 12x_2x_3$

$$= \boldsymbol{x}^{\mathrm{T}}\boldsymbol{A}\boldsymbol{x}, \quad \boldsymbol{x} = (x_1,x_2,x_3)^{\mathrm{T}}.$$

f 的矩阵 $\boldsymbol{A}=\begin{bmatrix}1&2&3\\2&4&6\\3&6&9\end{bmatrix}$.

（Ⅱ）$|\boldsymbol{A}-\lambda\boldsymbol{E}|=\begin{vmatrix}1-\lambda&2&3\\2&4-\lambda&6\\3&6&9-\lambda\end{vmatrix}\xlongequal{(-2)r_1+r_2}\begin{vmatrix}1-\lambda&2&3\\2\lambda&-\lambda&0\\3&6&9-\lambda\end{vmatrix}$

$=-\lambda^2(\lambda-14)$,

$\boldsymbol{A}$ 的特征值为 $\lambda_1=\lambda_2=0,\lambda_3=14$.

先求解 $(\boldsymbol{A}-0\boldsymbol{E})\boldsymbol{x}=\boldsymbol{0}$，即 $\boldsymbol{Ax}=\boldsymbol{0}$，

$$\boldsymbol{A}=\begin{bmatrix}1&2&3\\2&4&6\\3&6&9\end{bmatrix}\xrightarrow{\text{行初等变换}}\begin{bmatrix}1&2&3\\0&0&0\\0&0&0\end{bmatrix},$$

$\boldsymbol{Ax}=\boldsymbol{0}$ 的通解为 $\boldsymbol{x}=k_1\begin{bmatrix}-2\\1\\0\end{bmatrix}+k_2\begin{bmatrix}-3\\0\\1\end{bmatrix}$，$k_1,k_2$ 为任意常数.

令 $\boldsymbol{\xi}_1=(-2,1,0)^{\mathrm T},\boldsymbol{\xi}_2=(-3,0,1)^{\mathrm T}$，下面将 $\boldsymbol{\xi}_1,\boldsymbol{\xi}_2$ 正交规范化.

令 $\boldsymbol{\beta}_1=\boldsymbol{\xi}_1=(-2,1,0)^{\mathrm T}$，

$$\boldsymbol{\beta}_2=\boldsymbol{\xi}_2-\frac{(\boldsymbol{\xi}_2,\boldsymbol{\beta}_1)}{(\boldsymbol{\beta}_1,\boldsymbol{\beta}_1)}\boldsymbol{\beta}_1=\begin{bmatrix}-3\\0\\1\end{bmatrix}-\frac{6}{5}\begin{bmatrix}-2\\1\\0\end{bmatrix}$$

$$=\left(-\frac{3}{5},-\frac{6}{5},1\right)^{\mathrm T}=\frac{1}{5}(-3,-6,5)^{\mathrm T}.$$

再求解 $(\boldsymbol{A}-14\boldsymbol{E})\boldsymbol{x}=\boldsymbol{0}$.

$$\boldsymbol{A}-14\boldsymbol{E}=\begin{bmatrix}-13&2&3\\2&-10&6\\3&6&-5\end{bmatrix}\xrightarrow{\text{行初等变换}}\begin{bmatrix}1&0&-\frac{1}{3}\\0&1&-\frac{2}{3}\\0&0&0\end{bmatrix}$$

$(\boldsymbol{A}-14\boldsymbol{E})\boldsymbol{x}=\boldsymbol{0}$ 的通解为 $\boldsymbol{x}=k\begin{bmatrix}1\\2\\3\end{bmatrix}$.

令 $\boldsymbol{\beta}_3=(1,2,3)^{\mathrm T}$.

令 $\boldsymbol{Q}=\left[\dfrac{\boldsymbol{\beta}_1}{\|\boldsymbol{\beta}_1\|},\dfrac{\boldsymbol{\beta}_2}{\|\boldsymbol{\beta}_2\|},\dfrac{\boldsymbol{\beta}_3}{\|\boldsymbol{\beta}_3\|}\right]=\begin{bmatrix}\frac{-2}{\sqrt5}&\frac{-3}{\sqrt{70}}&\frac{1}{\sqrt{14}}\\\frac{1}{\sqrt5}&\frac{-6}{\sqrt{70}}&\frac{2}{\sqrt{14}}\\0&\frac{5}{\sqrt{70}}&\frac{3}{\sqrt{14}}\end{bmatrix}$，

再令 $\boldsymbol{x}=\boldsymbol{Qy}$，则 $f(x_1,x_2,x_3)$ 化为标准形

$$g(y_1,y_2,y_3)=14y_3^2.$$

（Ⅲ）$f(x_1,x_2,x_3)=g(y_1,y_2,y_3)=14y_3^2=0$，即 $y_3=0$.

由 $\boldsymbol{x}=\boldsymbol{Q}\boldsymbol{y}$，可得 $\boldsymbol{y}=\boldsymbol{Q}^{\mathrm{T}}\boldsymbol{x}=\begin{bmatrix}\frac{-2}{\sqrt{5}} & \frac{1}{\sqrt{5}} & 0\\ \frac{-3}{\sqrt{70}} & \frac{-6}{\sqrt{70}} & \frac{5}{\sqrt{70}}\\ \frac{1}{\sqrt{14}} & \frac{2}{\sqrt{14}} & \frac{3}{\sqrt{14}}\end{bmatrix}\begin{bmatrix}x_1\\x_2\\x_3\end{bmatrix}$，

$y_3=\frac{1}{\sqrt{14}}(x_1+2x_2+3x_3)=0$ 的解为

$$\boldsymbol{x}=k_1\begin{bmatrix}-2\\1\\0\end{bmatrix}+k_2\begin{bmatrix}-3\\0\\1\end{bmatrix}, k_1,k_2 \text{ 为任意常数.}$$

二、二次型的正定

解题加速度

1.【答案】$(-\sqrt{2},\sqrt{2})$.

【解析】　二次型 f 的矩阵 $\boldsymbol{A}=\begin{bmatrix}2 & 1 & 0\\ 1 & 1 & \frac{t}{2}\\ 0 & \frac{t}{2} & 1\end{bmatrix}$，$f$ 正定 $\Leftrightarrow \boldsymbol{A}$ 的顺序主子式全大于 0.

$$\Delta_1=2,\Delta_2=\begin{vmatrix}2 & 1\\ 1 & 1\end{vmatrix}=1,\Delta_3=|\boldsymbol{A}|=1-\frac{1}{2}t^2>0,$$

所以 $-\sqrt{2}<t<\sqrt{2}$.

2.【证明】　必要性. 设 $\boldsymbol{B}^{\mathrm{T}}\boldsymbol{A}\boldsymbol{B}$ 为正定矩阵，按定义 $\forall\,\boldsymbol{x}\neq\boldsymbol{0}$，恒有 $\boldsymbol{x}^{\mathrm{T}}(\boldsymbol{B}^{\mathrm{T}}\boldsymbol{A}\boldsymbol{B})\boldsymbol{x}>0$，
即 $\forall\,\boldsymbol{x}\neq\boldsymbol{0}$，恒有 $(\boldsymbol{B}\boldsymbol{x})^{\mathrm{T}}\boldsymbol{A}(\boldsymbol{B}\boldsymbol{x})>0$，即 $\forall\,\boldsymbol{x}\neq\boldsymbol{0}$，恒有 $\boldsymbol{B}\boldsymbol{x}\neq\boldsymbol{0}$.
因此，齐次线性方程组 $\boldsymbol{B}\boldsymbol{x}=\boldsymbol{0}$ 只有零解，从而 $r(\boldsymbol{B})=n$.
充分性. 因 $(\boldsymbol{B}^{\mathrm{T}}\boldsymbol{A}\boldsymbol{B})^{\mathrm{T}}=\boldsymbol{B}^{\mathrm{T}}\boldsymbol{A}^{\mathrm{T}}(\boldsymbol{B}^{\mathrm{T}})^{\mathrm{T}}=\boldsymbol{B}^{\mathrm{T}}\boldsymbol{A}\boldsymbol{B}$，知 $\boldsymbol{B}^{\mathrm{T}}\boldsymbol{A}\boldsymbol{B}$ 为实对称矩阵，
若 $r(\boldsymbol{B})=n$，则齐次方程组 $\boldsymbol{B}\boldsymbol{x}=\boldsymbol{0}$ 只有零解，那么 $\forall\,\boldsymbol{x}\neq\boldsymbol{0}$ 必有 $\boldsymbol{B}\boldsymbol{x}\neq\boldsymbol{0}$，
又 $\boldsymbol{A}$ 为正定矩阵，所以对于 $\boldsymbol{B}\boldsymbol{x}\neq\boldsymbol{0}$，恒有 $(\boldsymbol{B}\boldsymbol{x})^{\mathrm{T}}\boldsymbol{A}(\boldsymbol{B}\boldsymbol{x})>0$，
即当 $\boldsymbol{x}\neq\boldsymbol{0}$ 时，$\boldsymbol{x}^{\mathrm{T}}(\boldsymbol{B}^{\mathrm{T}}\boldsymbol{A}\boldsymbol{B})\boldsymbol{x}>0$，故 $\boldsymbol{B}^{\mathrm{T}}\boldsymbol{A}\boldsymbol{B}$ 为正定矩阵.

【评注】　本题的证法很多. 例如，利用秩的定义和性质可证必要性.
由 $\boldsymbol{B}^{\mathrm{T}}\boldsymbol{A}\boldsymbol{B}$ 是 n 阶正定矩阵，知 $n=r(\boldsymbol{B}^{\mathrm{T}}\boldsymbol{A}\boldsymbol{B})\leqslant r(\boldsymbol{B})\leqslant\min(m,n)\leqslant n$.
所以 $r(\boldsymbol{B})=n$.（请说出上述每一步成立的理由）
本题充分性的证明也可以用特征值法：
设 λ 是 $\boldsymbol{B}^{\mathrm{T}}\boldsymbol{A}\boldsymbol{B}$ 的任一特征值，$\boldsymbol{\alpha}$ 是属于特征值 λ 的特征向量，即 $(\boldsymbol{B}^{\mathrm{T}}\boldsymbol{A}\boldsymbol{B})\boldsymbol{\alpha}=\lambda\boldsymbol{\alpha}$，用 $\boldsymbol{\alpha}^{\mathrm{T}}$ 左乘等式的两端有 $(\boldsymbol{B}\boldsymbol{\alpha})^{\mathrm{T}}\boldsymbol{A}(\boldsymbol{B}\boldsymbol{\alpha})=\lambda\boldsymbol{\alpha}^{\mathrm{T}}\boldsymbol{\alpha}$. 因为秩 $r(\boldsymbol{B})=n$，$\boldsymbol{\alpha}\neq\boldsymbol{0}$，知 $\boldsymbol{B}\boldsymbol{\alpha}\neq\boldsymbol{0}$ 以及 $\boldsymbol{\alpha}^{\mathrm{T}}\boldsymbol{\alpha}=\|\boldsymbol{\alpha}\|^2>0$，又因 $\boldsymbol{A}$ 正定，故由

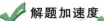

$$\lambda\boldsymbol{\alpha}^{\mathrm{T}}\boldsymbol{\alpha}=(\boldsymbol{B\alpha}^{\mathrm{T}})\boldsymbol{A}(\boldsymbol{B\alpha})>0,$$

得到 $\lambda>0$. 所以 $\boldsymbol{B}^{\mathrm{T}}\boldsymbol{AB}$ 正定.

本题证法虽很多，但得分率却是当年数学一中最低的，人均仅 0.78 分，但是区分度高，反映出优秀考生解本题并不困难. 对于定义法，各概念的衔接与转换是考生复习时应当注意的.

3.【证明】 因 $\boldsymbol{B}^{\mathrm{T}}=(\lambda\boldsymbol{E}+\boldsymbol{A}^{\mathrm{T}}\boldsymbol{A})^{\mathrm{T}}=\lambda\boldsymbol{E}+\boldsymbol{A}^{\mathrm{T}}\boldsymbol{A}=\boldsymbol{B}$，故 $\boldsymbol{B}$ 是 n 阶实对称矩阵. 构造二次型 $\boldsymbol{x}^{\mathrm{T}}\boldsymbol{Bx}$，则 $\boldsymbol{x}^{\mathrm{T}}\boldsymbol{Bx}=\boldsymbol{x}^{\mathrm{T}}(\lambda\boldsymbol{E}+\boldsymbol{A}^{\mathrm{T}}\boldsymbol{A})\boldsymbol{x}=\lambda\boldsymbol{x}^{\mathrm{T}}\boldsymbol{x}+\boldsymbol{x}^{\mathrm{T}}\boldsymbol{A}^{\mathrm{T}}\boldsymbol{Ax}=\lambda\boldsymbol{x}^{\mathrm{T}}\boldsymbol{x}+(\boldsymbol{Ax})^{\mathrm{T}}(\boldsymbol{Ax})$.

$\forall\,\boldsymbol{x}\neq\boldsymbol{0}$，恒有 $\boldsymbol{x}^{\mathrm{T}}\boldsymbol{x}>0$，$(\boldsymbol{Ax})^{\mathrm{T}}(\boldsymbol{Ax})\geqslant0$. 因此，当 $\lambda>0$ 时，$\forall\,\boldsymbol{x}\neq\boldsymbol{0}$，有

$$\boldsymbol{x}^{\mathrm{T}}\boldsymbol{Bx}=\lambda\boldsymbol{x}^{\mathrm{T}}\boldsymbol{x}+(\boldsymbol{Ax})^{\mathrm{T}}\boldsymbol{Ax}>0.$$

二次型为正定二次型，故 $\boldsymbol{B}$ 为正定矩阵.

【评注】 这是数学三当年全卷得分率最低的一道题，得零分者占 62%，得满分的不足 3%，人均仅 1.1 分. 反映出考生对正定矩阵的性质及判别法不熟悉，在用定义法证明及对内积 $\boldsymbol{\alpha}^{\mathrm{T}}\boldsymbol{\alpha}$ 的理解上都有欠缺.

你能否用 $\boldsymbol{B}$ 的特征值全大于 0 来证明矩阵 $\boldsymbol{B}$ 是正定矩阵？提示：定义法.

4.【解】 由已知条件知，对任意的 $x_1,x_2,\cdots,x_n$，恒有 $f(x_1,x_2,\cdots,x_n)\geqslant0$，其中等号成立的充分必要条件是

$$\begin{cases}x_1+a_1x_2=0,\\ x_2+a_2x_3=0,\\ \qquad\vdots\\ x_{n-1}+a_{n-1}x_n=0,\\ x_n+a_nx_1=0,\end{cases}\qquad ①$$

根据正定的定义，只要 $\boldsymbol{x}\neq\boldsymbol{0}$，恒有 $\boldsymbol{x}^{\mathrm{T}}\boldsymbol{Ax}>0$，则 $\boldsymbol{x}^{\mathrm{T}}\boldsymbol{Ax}$ 是正定二次型. 为此，只要方程组 ① 仅有零解，就必有当 $\boldsymbol{x}\neq\boldsymbol{0}$ 时，$x_1+a_1x_2,x_2+a_2x_3,\cdots$ 恒不全为 0，从而 $f(x_1,x_2,\cdots,x_n)>0$，亦即 f 是正定二次型.

而方程组 ① 只有零解的充分必要条件是系数行列式

$$\begin{vmatrix}1&a_1&0&\cdots&0&0\\0&1&a_2&\cdots&0&0\\0&0&1&\cdots&0&0\\\vdots&\vdots&\vdots&&\vdots&\vdots\\0&0&0&\cdots&1&a_{n-1}\\a_n&0&0&\cdots&0&1\end{vmatrix}=1+(-1)^{n+1}a_1a_2\cdots a_n\neq0,\qquad ②$$

即当 $a_1a_2\cdots a_n\neq(-1)^n$ 时，二次型 $f(x_1,x_2,\cdots,x_n)$ 为正定二次型.

【评注】 本题考得不好，得分偏低，还是对二次型正定的理解上有问题. 由二次型 f 正定转化为齐次方程组只有零解，进而转换为 n 阶行列式的计算，如果方程组 ① 多写几个方程，行列式 ② 多写几行、多写几列，计算时可能会少许多无谓的差错.

5.【解】（Ⅰ）因为 $P^{\mathrm{T}}=\begin{bmatrix}E_m & -A^{-1}C\\ O & E_n\end{bmatrix}^{\mathrm{T}}=\begin{bmatrix}E_m & O\\ -C^{\mathrm{T}}A^{-1} & E_n\end{bmatrix}$，所以

$$
\begin{aligned}
P^{\mathrm{T}}DP&=\begin{bmatrix}E_m & O\\ -C^{\mathrm{T}}A^{-1} & E_n\end{bmatrix}\begin{bmatrix}A & C\\ C^{\mathrm{T}} & B\end{bmatrix}\begin{bmatrix}E_m & -A^{-1}C\\ O & E_n\end{bmatrix}\\
&=\begin{bmatrix}A & C\\ O & B-C^{\mathrm{T}}A^{-1}C\end{bmatrix}\begin{bmatrix}E_m & -A^{-1}C\\ O & E_n\end{bmatrix}\\
&=\begin{bmatrix}A & O\\ O & B-C^{\mathrm{T}}A^{-1}C\end{bmatrix}.
\end{aligned}
$$

（Ⅱ）因为 D 是对称矩阵，知 $P^{\mathrm{T}}DP$ 是对称矩阵，所以 $B-C^{\mathrm{T}}A^{-1}C$ 为对称矩阵. 又因矩阵 D 与 $\begin{bmatrix}A & O\\ O & B-C^{\mathrm{T}}A^{-1}C\end{bmatrix}$ 合同，且 D 正定，知矩阵 $\begin{bmatrix}A & O\\ O & B-C^{\mathrm{T}}A^{-1}C\end{bmatrix}$ 正定，那么，$\forall\begin{bmatrix}O\\ Y\end{bmatrix}\neq \mathbf{0}$，恒有

$$(O,Y^{\mathrm{T}})\begin{bmatrix}A & O\\ O & B-C^{\mathrm{T}}A^{-1}C\end{bmatrix}\begin{bmatrix}O\\ Y\end{bmatrix}=Y^{\mathrm{T}}(B-C^{\mathrm{T}}A^{-1}C)Y>0,$$

所以矩阵 $B-C^{\mathrm{T}}A^{-1}C$ 正定.

> **【评注】** 对于抽象的二次型，其正定性的判断往往要考虑用定义法，另外不应忘记首先要检验矩阵的对称性. 本题考得较差，难度系数仅 0.259.

三、合同矩阵

解题加速度

1.【答案】 A.

【解析】 由于 $|\lambda E-A|=\lambda^4-4\lambda^3=0\Rightarrow A$ 的特征值为 4,0,0,0. 又因 A 是实对称矩阵，A 必与对角矩阵 $\begin{bmatrix}4 & & & \\ & 0 & & \\ & & 0 & \\ & & & 0\end{bmatrix}$ 相似. 所以 A 与 B 必相似.

因为 A,B 有相同的特征值，从而二次型 $x^{\mathrm{T}}Ax$ 与 $x^{\mathrm{T}}Bx$ 有相同的正、负惯性指数，从而 A 与 B 亦合同. 故选(A).

2.【解】（Ⅰ）因为 $\lambda=3$ 是 A 的特征值，故

$$
\begin{aligned}
|3E-A|&=\begin{vmatrix}3 & -1 & 0 & 0\\ -1 & 3 & 0 & 0\\ 0 & 0 & 3-y & -1\\ 0 & 0 & -1 & 1\end{vmatrix}\\
&=\begin{vmatrix}3 & -1\\ -1 & 3\end{vmatrix}\cdot\begin{vmatrix}3-y & -1\\ -1 & 1\end{vmatrix}=8(2-y)=0,
\end{aligned}
$$

所以 $y=2$.

（Ⅱ）由于 $\boldsymbol{A}^{\mathrm{T}}=\boldsymbol{A}$，要 $(\boldsymbol{AP})^{\mathrm{T}}(\boldsymbol{AP})=\boldsymbol{P}^{\mathrm{T}}\boldsymbol{A}^2\boldsymbol{P}=\boldsymbol{\Lambda}$，而 $\boldsymbol{A}^2=\begin{bmatrix}1&0&0&0\\0&1&0&0\\0&0&5&4\\0&0&4&5\end{bmatrix}$ 是对称矩阵，故可构造二次型 $\boldsymbol{x}^{\mathrm{T}}\boldsymbol{A}^2\boldsymbol{x}$，将其化为标准形 $\boldsymbol{y}^{\mathrm{T}}\boldsymbol{\Lambda}\boldsymbol{y}$. 即有 $\boldsymbol{A}^2$ 与 $\boldsymbol{\Lambda}$ 合同. 亦即 $\boldsymbol{P}^{\mathrm{T}}\boldsymbol{A}^2\boldsymbol{P}=\boldsymbol{\Lambda}$. 由于

$$\begin{aligned}\boldsymbol{x}^{\mathrm{T}}\boldsymbol{A}^2\boldsymbol{x}&=x_1^2+x_2^2+5x_3^2+5x_4^2+8x_3x_4\\&=x_1^2+x_2^2+5\left(x_3^2+\frac{8}{5}x_3x_4+\frac{16}{25}x_4^2\right)+5x_4^2-\frac{16}{5}x_4^2\\&=x_1^2+x_2^2+5\left(x_3+\frac{4}{5}x_4\right)^2+\frac{9}{5}x_4^2.\end{aligned}$$

那么，令 $y_1=x_1,y_2=x_2,y_3=x_3+\frac{4}{5}x_4,y_4=x_4$，即经坐标变换

$$\begin{bmatrix}x_1\\x_2\\x_3\\x_4\end{bmatrix}=\begin{bmatrix}1&0&0&0\\0&1&0&0\\0&0&1&-\frac{4}{5}\\0&0&0&1\end{bmatrix}\begin{bmatrix}y_1\\y_2\\y_3\\y_4\end{bmatrix},$$

有 $\boldsymbol{x}^{\mathrm{T}}\boldsymbol{A}^2\boldsymbol{x}=y_1^2+y_2^2+5y_3^2+\frac{9}{5}y_4^2$.

所以，取 $\boldsymbol{P}=\begin{bmatrix}1&0&0&0\\0&1&0&0\\0&0&1&-\frac{4}{5}\\0&0&0&1\end{bmatrix}$，有 $(\boldsymbol{AP})^{\mathrm{T}}(\boldsymbol{AP})=\boldsymbol{P}^{\mathrm{T}}\boldsymbol{A}^2\boldsymbol{P}=\begin{bmatrix}1&&&\\&1&&\\&&5&\\&&&\frac{9}{5}\end{bmatrix}$.

3.【答案】 D.

【解析】 $\boldsymbol{A}$ 与 $\boldsymbol{B}$ 合同 $\Leftrightarrow \boldsymbol{x}^{\mathrm{T}}\boldsymbol{A}\boldsymbol{x}$ 与 $\boldsymbol{x}^{\mathrm{T}}\boldsymbol{B}\boldsymbol{x}$ 有相同的正惯性指数，及相同的负惯性指数. 而正（负）惯性指数的问题可由特征值的正（负）来决定. 因为

$$|\lambda\boldsymbol{E}-\boldsymbol{A}|=\begin{vmatrix}\lambda-1&-2\\-2&\lambda-1\end{vmatrix}=(\lambda-3)(\lambda+1)=0,$$

故 $p=1,q=1$.

本题中(D) 的矩阵，特征值为 $\begin{vmatrix}\lambda-1&2\\2&\lambda-1\end{vmatrix}=(\lambda-3)(\lambda+1)=0$，故 $p=1,q=1$.

所以选(D).

【评注】 本题的矩阵 $\boldsymbol{A}=\begin{bmatrix}1&2\\2&1\end{bmatrix}$ 不仅和矩阵 $\begin{bmatrix}1&-2\\-2&1\end{bmatrix}$ 合同，而且它们也相似，因为它们都和对角矩阵 $\begin{bmatrix}3&\\&-1\end{bmatrix}$ 相似.

金榜时代图书·书目

考研数学系列

书名	作者	预计上市时间
数学公式的奥秘	刘喜波等	2021 年 3 月
数学复习全书·基础篇(数学一、二、三通用)	李永乐等	2022 年 7 月
数学基础过关 660 题(数学一/数学二/数学三)	李永乐等	2022 年 8 月
数学历年真题全精解析·基础篇(数学一/数学二/数学三)	李永乐等	2022 年 8 月
数学复习全书·提高篇(数学一/数学二/数学三)	李永乐等	2023 年 1 月
数学历年真题全精解析·提高篇(数学一/数学二/数学三)	李永乐等	2023 年 1 月
数学强化通关 330 题(数学一/数学二/数学三)	李永乐等	2023 年 3 月
高等数学辅导讲义	刘喜波	2023 年 2 月
高等数学辅导讲义	武忠祥	2023 年 2 月
线性代数辅导讲义	李永乐	2023 年 2 月
概率论与数理统计辅导讲义	王式安	2023 年 2 月
考研数学经典易错题	吴紫云	2023 年 3 月
高等数学基础篇	武忠祥	2022 年 9 月
数学真题真练 8 套卷	李永乐等	2022 年 10 月
真题同源压轴 150	姜晓千	2023 年 10 月
数学核心知识点乱序高效记忆手册	宋浩	2022 年 12 月
数学决胜冲刺 6 套卷(数学一/数学二/数学三)	李永乐等	2023 年 10 月
数学临阵磨枪(数学一/数学二/数学三)	李永乐等	2023 年 10 月
考研数学最后 3 套卷·名校冲刺版(数学一/数学二/数学三)	武忠祥 刘喜波 宋浩等	2023 年 11 月
考研数学最后 3 套卷·过线急救版(数学一/数学二/数学三)	武忠祥 刘喜波 宋浩等	2023 年 11 月
经济类联考数学复习全书	李永乐等	2023 年 4 月
经济类联考数学通关无忧 985 题	李永乐等	2023 年 4 月
农学门类联考数学复习全书	李永乐等	2023 年 4 月
考研数学真题真刷(数学一/数学二/数学三)	金榜时代考研数学命题研究组	2023 年 2 月
高等数学考研高分领跑计划(十七堂课)	武忠祥	2023 年 8 月
线性代数考研高分领跑计划(九堂课)	申亚男	2023 年 8 月
概率论与数理统计考研高分领跑计划(七堂课)	硕哥	2023 年 8 月
高等数学解题密码·选填题	武忠祥	2023 年 9 月
高等数学解题密码·解答题	武忠祥	2023 年 9 月

大学数学系列

书名	作者	预计上市时间
大学数学线性代数辅导	李永乐	2018 年 12 月
大学数学高等数学辅导	宋浩 刘喜波等	2023 年 8 月

大学数学概率论与数理统计辅导	刘喜波	2023 年 8 月
线性代数期末高效复习笔记	宋浩	2023 年 3 月
高等数学期末高效复习笔记	宋浩	2023 年 3 月
概率论期末高效复习笔记	宋浩	2023 年 3 月
统计学期末高效复习笔记	宋浩	2023 年 3 月

考研政治系列

书名	作者	预计上市时间
考研政治闪学:图谱+笔记	金榜时代考研政治教研中心	2023 年 5 月
考研政治高分字帖	金榜时代考研政治教研中心	2023 年 5 月
考研政治高分模板	金榜时代考研政治教研中心	2023 年 10 月
考研政治秒背掌中宝	金榜时代考研政治教研中心	2023 年 10 月
考研政治密押十页纸	金榜时代考研政治教研中心	2023 年 11 月

考研英语系列

书名	作者	预计上市时间
考研英语核心词汇源来如此	金榜时代考研英语教研中心	已上市
考研英语语法和长难句快速突破 18 讲	金榜时代考研英语教研中心	已上市
英语语法二十五页	靳行凡	已上市
考研英语翻译四步法	刿凡英语团队	已上市
考研英语阅读新思维	靳行凡	已上市
考研英语(一)真题真刷	金榜时代考研英语教研中心	2023 年 2 月
考研英语(二)真题真刷	金榜时代考研英语教研中心	2023 年 2 月
考研英语(一)真题真刷详解版(三)	金榜时代考研英语教研中心	2023 年 3 月
大雁带你记单词	金榜晓艳英语研究组	已上市
大雁教你语法长难句	金榜晓艳英语研究组	已上市
大雁精讲 58 篇基础阅读	金榜晓艳英语研究组	2023 年 3 月
大雁带你刷真题·英语一	金榜晓艳英语研究组	2023 年 6 月
大雁带你刷真题·英语二	金榜晓艳英语研究组	2023 年 6 月
大雁带你写高分作文	金榜晓艳英语研究组	2023 年 5 月

英语考试系列

书名	作者	预计上市时间
大雁趣讲专升本单词	金榜晓艳英语研究组	2023 年 1 月
大雁趣讲专升本语法	金榜晓艳英语研究组	2023 年 8 月
大雁带你刷四级真题	金榜晓艳英语研究组	2023 年 2 月
大雁带你刷六级真题	金榜晓艳英语研究组	2023 年 2 月
大雁带你记六级单词	金榜晓艳英语研究组	2023 年 2 月

以上图书书名及预计上市时间仅供参考,以实际出版物为准,均属金榜时代(北京)教育科技有限公司!